KB246111

제 2 판

인터넷 시대의 **디지털 멀티미디어**

Nigel Chapman / Jenny Chapman 지음

최종필 / 이상민 옮김

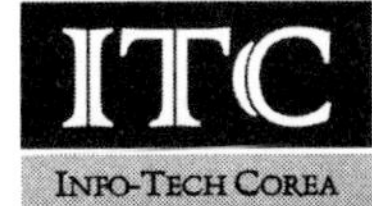

Digital Multimedia, 2nd Edition

Nigel Chapman, Jenny Chapman

머리말

머리말

이 책은 디지털 멀티미디어 초급 과정 교재이다. 이런 교과 과정에는 배경 기술이나 멀티미디어 프로그래밍을 다루는 아주 기술적인 것에서부터 멀티미디어 컨텐츠 제작에 중점을 둔 것까지 아주 다양한 접근 방법이 있다. 다양한 배경을 가진 학생들이 멀티미디어를 목표로 경력을 쌓을 수 있도록 하기 위해서 실무 중심 교육 과정이 점점 더 많이 보급되고 있으며, 이 책은 이런 모든 종류의 교과 과정의 학생들이 사용하기에 적합하다. 멀티미디어 제작자에게는 매체를 디지털로 표현하고 처리하고 방법과 순서를 설명하고, 소프트웨어 기술자에게는 멀티미디어 제작자가 하는 일과 왜 그 일을 해야 하는 지를 설명한다. 궁극적으로 이것은 같은 동선의 양면이라서, 멀티미디어 분야에서 전문적인 일을 하고자 하는 사람은 양면을 모두 알아야 한다.

멀티미디어의 문제와 잠재성을 완전히 이해하기 위해서는 통합하게 될 매체의 특성을 잘 이해하는 것이 필요하다. 이것을 이해하고 나면 매체를 같이 사용하더라도 어떤 일이 일어날 지 분명히 알 수 있다. 이 책은 이것이 가능하도록 구성하였다.

2장은 디지털 멀티미디어의 기반이 되는 기술적인 내용을 전반적으로 다룬다. 계속해서 4개의 장에서는 그래픽과 컬러를 다루고, 3개의 장은 시간-기반 매체를 다루고, 3개의 장에서는 텍스트와 하이퍼미디어를 다룬다. 그래픽, 시간-기반 매체, 텍스트의 설명에 있어서도 멀티미디어의 관점을 잃지 않고, 연관된 측면을 강조한다. 기술적인 배경을 이해하고 나면 다음 장에서는 매체가 통합될 때 나타나는 다양한 디자인 이슈가 발생한다. 마지막 4개의 장은 더 기술적이며, XML과 이 언어의 기반이 되는 스크립트와 네트워크를 설명한다. 기술적으로 깊이 들어가기를 원하지 않는다면 여기를 건너뛰고 뒤에 있는 프로젝트로 넘어가면 된다.

이 책에서는 필요할 때마다 특정 소프트웨어에 대해서 언급하고 있는데, 학생들이 실무 작업에서 만나게 되는 가장 널리 사용되는 프로그램만을 언급하려고 하였다. 이들 응용프로그램을 사용하는 방법에 대한 자세한 내용은 다루지 않는다. 이런 내용은 John Wiley & Sons 출판사에서 2003년 간행된 *Digital Media Tools*라는 책에서 다루고 있다.

이 책에서 멀티미디어는 웹에 많이 치중되어 있다. 분산된 멀티미디어 형태보다 웹을 이용하는 이유는 학생들이 웹 자체와 웹 컨텐츠를 만드는 툴에 접근하기 쉽기 때문이다. 또한 마크업 언어는 텍스트로 표현되므로 내용 설명이 쉽고, 표준 등의 문서를 쉽게 얻을 수 있다. 미래는 알 수 없는 것이기는 하지만, 인터넷이 멀티미디어 컨텐츠의 주요 배포 수단이 될 것은 분명하다. 많은 멀티미디어 교육 과정 졸업자들은 웹 디자인 일을 하기를 원한다.

독자들은 MacOS나 윈도우즈와 같은 운영체제의 현대적인 그래픽 사용자 인터페이스를 사용해 본 경험이 있어야 하고, 웹을 사용해 보았고, 다른 형태의 멀티미디어를 본 적이 있어야 한다. 수학이나 컴퓨터 과학의 사전 지식을 필요로 하지는 않지만 6장의 내용을 이해하기 위해서는 프로그래밍 경험이 있는 것이 도움이 된다.

일부 문단은 이처럼 작은 폰트와 주변을 감싼 선으로 표시된다. 이런 문단은 여담을 담았다. 이러한 부분들은 주제에 약간 벗어나는 내용이나 좀 더 기술 수준이 높은 내용들이며, 생략해도 무방하다.

첫 판에 익숙한 독자는 내용, 삽화, 구조, 표현이 최신의 내용을 담도록 많이 개선되었음을 알 수 있을 것이다. 250가지 항목의 용어 설명을 추가하였다. 그리고 웹 사이트 www.digitalmultimedia.org에 보조 자료가 있다.

역자 머리말

역자 머리말

   멀티미디어 분야는 컴퓨터 관련 분야 중에서 아주 빠르게 발전하고 있으며, 가장 관심을 받고 있는 분야이다. 처음에 멀티미디어 분야에 발을 들여놓을 때 많은 독자들은 분야의 방대함과 기술적인 깊이로 인해서 방향을 잡지 못하는 수가 있다. 어떤 사람은 저작툴 한두 개를 사용해 보는 정도를 통해서 멀티미디어 전반을 이해했다고 생각하기도 하고, 또 어떤 사람은 이미지나 오디오 신호처리와 관련된 분야가 멀티미디어의 핵심이라고 말하기도 한다. 이 책은 균형감을 잃지 않으면서 초보자가 멀티미디어 제분야를 이해하는 데 필요한 기술적인 내용과 적절한 사례를 비교적 상세한 설명을 통해 소개하고 있다. 이 책은 장차 멀티미디어의 화려한 건물을 세우기 위한 기초를 튼튼히 다지는 데 많은 도움이 될 것으로 생각된다.

   원저서에서는 본문의 삽화를 컬러로 처리했으나, 역서에서는 그렇게 하지 못했다. 본문에서 언급된 색상에 대한 내용은 원저서에서의 표현을 그대로 사용하였다. 좀 더 읽기 편한 책을 만들지 못한 것에 대해서 죄송한 마음이지만, 그래도 이 책을 펴내는 데 많은 도움을 주신 ITC 출판사의 최규학 사장님께 감사드린다. 독자 여러분의 건승을 빈다.

역자대표 최종필

차 례

제3장 컴퓨터 그래픽 소개 55

제4장 벡터 그래픽 75

제8장   애니메이션   201

제9장　사운드　231

제10장　문자와 폰트　259

제14장   XML과 멀티미디어   353

제15장   SMIL과 SVG   383

개 요
Introduction

1

"어둡고 폭풍이 부는 밤이었다." 이야기꾼은 이렇게 으스스한 말로 듣는 사람의 주의를 끈 다음에 이야기를 전개한다. 소설 책에서도 이렇게 처음 시작되기도 한다. 라디오 드라마에서는 이런 이야기를 시작할 때 천둥소리와 윙윙거리는 바람소리를 집어넣기도 한다. 이 책을 영화로 만들면, 어두운 장면에 갑자기 번쩍이는 번개와 폭풍에 휘어진 나무의 모습이 나타날 것이다. 화가의 그림에서는 한밤의 폭풍이 다른 모양으로 그려질 수도 있다.

폭풍우의 밤은 여러 **매체(media)** 에서 다르게 나타나며, 다른 느낌을 주는 서로 다른 의미를 통해 이야기를 전달한다. 컴퓨터에서 핵심적인 통찰은 이 모든 매체가 **디지털적(digitally)** 으로 표현될 수 있다는 것이다. 즉, 비트들의 구조적인 모임이 컴퓨터 프로그램으로 조작되며, 디스크나 기타 저장장치에 저장되고, 네트워크를 통해서 전송된다. 이런 공통적인 디지털 표현은 서로 다른 매체가 통합되기 때문에 **멀티미디어(multimedia)** 라고 불린다.

서로 다른 매체의 통합은 전혀 새로운 것은 아니다. 그와는 반대로, 이전에도 혼합된 매체를 일상적으로 사용해왔다. 예를 들어, TV 뉴스에는 음성과 동영상 — 생중계이든 녹화이든 —, 정치가의 사진과 그래픽 삽화와 같은 정지 이미지, 실업률 추세를 보여주는 히스토그램, 부제목 형태의 텍스트, 캡션, 인용구, 자료 출전들이 적절한 음악과 섞여서 나온다. 현대적 극장 공연에서는 2차원 혹은 3차원 미술과 장치(세트, 배경막, 의상), 음악, 녹음되거나 합성된 대사나 생음악, 투사된 정지나 동영상 이미지, 오페라 대화 번역 형태의 텍스트들이 혼합된다.

매체의 통합은 자연스러운 것이다 — 우리는 한 순간에 얻은 모든 감각을 통해서 세상을 인지한다. 매체의 분리는 인위적인 것이며, 만족스럽지도 않다.

영화를 예로 들어 보자. 초창기 영화에는 화면과 소리를 동시에 녹음하고 재생할 방법이 없어서, 필름을 상영하면서 동시에 생음악을 별도로 제공했다: 현대 예술 영화관에서 볼 수 있는 생음악 피아노 반주뿐만 아니라, 대화, 노래, 음악 효과 등도 극장 스크린 뒤에 있는 배우, 가수, 효과 음악을 내는 사람들에 의해 만들어졌다. 1927년에 알 존슨의 The Jazz Singer에서 대사 소리가 동화상과 함께 통합되어 들렸을 때, 청중들은 기립했고 환호했었다. 매체를 디지털로 표현하는(2장에서 다룬다) 기술적 장애가 일단 극복되면, 다음 단계로 분리된 매체가 통합되는 것은 그리 놀라운 일이 아니다. 사실, 디지털 미디어를 분리해서 개별적인 데이터 타입으로 만드는 것은 미숙한 기술에서 요구되는 임시적인 현상이다. 매체의 조합이 아니라면, 디지털 멀티미디어가 기존의 매체 조합의 형태와 무엇이 다른가? 텍스트, 소리, 그림 등을 나타내는 비트들이 컴퓨터 프로그램에 의해 데이터로 처리될 수 있다는

그림 1.1 '어둡고 폭풍이 부는 밤이었다…'

것이다. 이것에 대한 잠재성이 완전히 밝혀진 것은 아니지만, 한 가지만 보아도 이전과 디지털 멀티미디어는 구분된다. 프로그램에 의해 여러 구성요소가 표현되고, 병합되는 순서가 제어되며, 컴퓨터 사용자의 입력을 통해 작업이 이루어지기도 한다. 즉, 디지털 멀티미디어는 **상호작용**(interactive)을 하며, TV 뉴스에서는 불가능하고, VCR이나 DVD 재생기의 간단한 조작을 훨씬 넘어서는 일을 할 수 있게 한다.

앞에서의 시작 부분의 이야기를 디지털 멀티미디어 버전으로 만들면 이렇게 된다. 어둡고 폭풍이 부는 밤의 그림이 보이고, 화면상의 아이콘을 클릭하면, 관계된 장면의 비디오 클립이 재생되거나 음향 효과가 선택적으로 추가된다. 장면의 다른 부분을 클릭하면 그 부분이 자세히 보여지거나, 처음 장면과는 다른 새로운 장면이 보이고, 폭풍우가 치는 어두운 밤에서 시작한 배신자와 속죄에 관한 얽힌 이야기가 여러 갈래로 진행되어 나가거나, 여러 등장인물의 관점에서 이야기를 진행할 수도 있다. 듣는 것이 편하지 않은 사람에게는 대사를 표시하도록 선택할 수 있고, 시력이 좋지 않은 사람에게는 컴퓨터가 해설을 '읽어' 주도록 만들 수도 있다. 여러 가지 취향과 필요에 따라 인터페이스 선택을 달리 할 수 있다. 이야기가 충분한 주의를 끌었다면, 특정한 내용이나 역사적인 내용에 대한 해박한 설명을 여러 매체로 전달해줄 수도 있다. 또한 역할, 줄거리의 변화, 새로운 요소의 추가, 기존의 요소 재병합들을 사용자가 직접 할 수도 있다.

1.1 역사적 문맥

형태가 완성된 영화나 소설에 비하면, 멀티미디어는 아직 초기 단계이다. CD-ROM 사양이 1985년에 정해졌고, 데스크탑에 드라이브가 달린 것은 1989년 경이었다. 월드 와이드 웹이 CERN 외부에 알려진 것은 1992년 초였고, 라인-기반 브라우저를 통해서 몇 개의 서버에 접근하는 형태였다. 1997년 1월에 HTML 3.2 사양이 월드 와이드 웹 컨소시엄 권고로 채택되었을 때, 오디오와 비디오는 특정 회사 소유의 확장을 통해서만 지원되었다. 컴퓨터의 빠른 기술적인 변화에 익숙해져서 멀티미디어가 이미 컴퓨터 세계에서 완성된 것처럼 보인다. 그러나 문화적 변화의 시간 측면에서 보면, 이제 막 시작된 것이다.

영화와 애니메이션 역사의 예는 내용과 소비의 관습이 확립되려면 많은 시간 — 디지털 멀티미디어가 존재한 것보다 훨씬 더 긴 — 이 걸린다는 것을 보여준다. 1895년에 파리 Boulevard des Capucines의 Grand Café에서 뤼미에르 형제에 의해 소개된 첫 번째 영화에서는 근로자가 집으로 돌아가고 역에 기차가 도착하는 모습을 보여준다. 우리가 영화에서 보는 복잡한 줄거리, 등장인물, 메시지가 없어도, 이동하는 모습이 재생되는 것만으로도 충분했다. 초창기의 Georges Mélies는 환상적인 분위기 연출을 위해 랜턴 투사를 이용하는 것처럼, 마술쇼의 일부로 영화를 소개했다. Winsor McCay의 Gertie the Dinosaur는 미국에서 제작된 최초의 단편 에니메이션 중의 하나로써(1909년), 자신의 복합쇼의 일부로 영화를 사용했다. Gertie는 트릭을 사용했지만, McCay는 스크린 앞에 서서 이야기를 하고,[1] 공룡을 꾸짖고, 영화 속으로 걸어 들어가서 공룡의 등을 타고 사라지는 모습을 보여준다.

해설과 에니메이션을 포함하는 영화가 유럽에서 만들어졌는데, 그 자체의 오락물로 스크린 상에 보여졌다. 초창기에 영화를 사용하는 방법이 다양한 것은 영화 상영의 '바른' 방법이 무엇인가에 대한 합의가 없었음을 보여준다. 나중에는 시네마 스크린 이외의 방법으로 보여지는 것은 이상하게 느껴진다.

또 다른 초기 시네마의 두드러진 특징은 기존의 형식이 새로운 매체로 변환되는 방법에 있다. 세계 1차대전 무렵의 뉴스릴은, 연재만화에 해당하는 애니메이션된 만화를 포함하고 있지만, 신문과 같은 원리에 기반을 두고 있

---

[1] 현재 상영되는 버전에서는 그의 독백이 사운드 트랙으로 처리되지만, 소리가 없으면 복합극의 상호작용적인 특징을 충분히 담아내지 못한다.

었다. 연재만화의 주인공은 영화화되었으며, 만화를 그린 사람은 애니메이터가 되었다. 뉴스릴과 애니메이션을 만든 가장 성공적인 스튜디오 중의 한 곳은 William Randolph Hearst가 소유한 International Film Service였다. 그 당시 William은 유명한 많은 연재만화의 배급권을 가지고 있었다.

지금 설명하고 있는 것은 시네마가 발명되고 나서 20년의 기간 동안에 해당하는 것으로서, 아직도 영화는 형식과 내용면에서 초창기의 매체이다. 이와 비슷하게, 멀티미디어도 이전의 매체 형식을 아직도 채용하고 있는데, 이것의 가장 분명한 예는 멀티미디어 백과사전이다. 예전과 같은 일련의 짧은 항목, 인덱스로 검색하는 형태를 가지며, 기존의 매체를 만들던 출판사에서 제작된다. 그 밖의 참조도 Dorling-Kindersley의 CD-ROM처럼 참고 문헌의 형태를 따른다. 전자 소프트웨어 매뉴얼은 하드카피 매뉴얼과는 구조가 다르다. 여기에는 더 나은 검색 기능과 애니메이션 기능이 추가되어 있다.

영화가 매체로서 독자적인 특징을 가질 수 있었던 것은 프레임, 이동, 편집, 특수 효과를 이용해서 새로운 종류의 이미지를 영화 카메라로 만들었기 때문이다. 멀티미디어는 디지털 멀티미디어가 계산에 의해 표현을 통합할 수 있는 데이터라는 장점을 가지고 있으며, 이것을 어떻게 이용할 지 잘 이해할 필요가 있다. 지금은 주로 표현을 상호작용하도록 통제하는 것과 네트워크를 통해 데이터를 이동시키는 것에 한정되어 있다.

1.2 용어

디지털 멀티미디어가 오래되지 않았기 때문에 용어가 만족스럽지 않다. 소프트웨어로 통제하는 매체의 통합을 무엇으로 부를까? 웹 페이지나 CD-ROM에 담긴 백과사전처럼 매체 요소를 표시하는 것이 유일한 목적일 때, 이것을 **멀티미디어 제품**(multimedia production)으로 부르기로 한다. 멀티미디어의 표시에 계산하는 부분이 더 많이 들어가 있으면, 이것을 **멀티미디어 응용프로그램**(multimedia application)이라고 부른다. 멀티미디어 제품의 간단한 예로는, 다가올 영화제의 날짜별 목록, 이미지, 비디오 클립이 포함되어 있는 웹 페이지를 들 수 있다. 멀티미디어 응용프로그램에서는 영화제의 상세한 내용과 관련 자료에 대한 데이터베이스 인터페이스를 제공해서, 사용자가 지도 영역을 이용한 검색 등을 할 수 있다. 이 둘 간의 구분은 명확하지 않다. 멀티미디어 제품의 표현 조정을 위해서는 약간의 계산이 필요할 수도 있다. 따라서 고정된 방식으로 간단히 내용을 표시하는 제품에서부터 동적으로 멀티미디어를 생성해내는 응용프로그램에 이르기까지 상호작용의 정도는 점점 높아진다.

또 하나의 질문이 있다. 우리는 책을 읽고(read), 그림을 보고(look), 비디오를 감상(watch)하고, 소리를 듣는데(listen), 멀티미디어 제품에 대해서는 무엇을 할 수 있는가? 아마도 상호작용을 통해 모든 것을 다 할 수 있을 것이다. 이런 행위나 행위자에 대한 적당한 용어가 없다. 이런 행위자에 대해서는 사용자(user)라는 진부한 용어를 쓸 수밖에 없다. 사용법은 사용자를 대부분의 멀티미디어 제품에 연관시키는 역할을 한다. 책을 읽을 때 독자들의 행위적 역할은 사색적이고 대부분 무의식적인 형태인 데 반해서, 멀티미디어 사용자는 마우스와 키보드와 같은 입력 장치를 이용하여 멀티미디어 제품이 허용하는 범위 내에서 진행을 제어하기 때문에 활동적이다.

멀티미디어와 다중 매체(multiple media)를 구분하는 것이 필요하다. 이것은 사용자의 관점에서 보면 이해하기 쉽다. 다양한 방법으로 여러 매체를 받아들이는 것은 일반적이다: 책을 읽고, 그림을 보고, 소리를 듣기 등. 인지과학에서는 이런 인지를 모달리티(modality)라고 부른다. 예를 들면, 책을 읽고 나서 그림을 보는 등 다중 매체 제품에서는 모달리티 간의 전환이 필요하다. 초기의 많은 '멀티미디어' CD-ROM은 이와 같다. 진정한 멀티미디어는 모달리티를 통합하거나(실생활에서의 예로 쇼핑몰을 걸어서 지나가는 것을 생각해 보라) 매체의 조합에 대처하기 위해 새로운 방식을 개발해야 한다. 친숙한 예로 팝 비디오가 있다. 여기서는 음악과 동영상이 혼합되어 나온다. 가사의 내용에 맞는 화면의 움직임과 음악의 비트에 맞춰서 화면이 분할되는 것이 한 예이다.

모달리티는 인지적인 관점에서 멀티미디어를 바라보는 좋은 방법을 제시하지만, 이 책의 기술적인 강조와 보조를 맞추면, 디지털 멀티미디어를 다음과 같이 정의하여 사용하는 것이 더 바람직하다.

> 두 개 이상의 매체가 결합되어 디지털 형태로 표현되고, 하나의 인터페이스를 통해 보여질 수 있도록 잘 통합하거나, 하나의 컴퓨터 프로그램에 의해 조작될 수 있다.

이러한 정의는 이전보다 더 포괄적이다. 적어도 하나의 매체가 음악이나 비디오 같은 시간-기반인 경우가 많다. 시간의 추가로 인해 새로운 기술적인 어려움이 생긴 것은 분명 사실이다. 동적인 멀티미디어와 텍스트나 이미지와 같은 완전 정적인 멀티미디어 간의 품질 차이를 극복하는 것은 쉽지 않다. 그러나 이런 어려움들은 현재의 디지털 기술에서 과도적인 것이며, 앞으로는 위에서 정의한 일반적인 정의를 사용할 것이다.

1.3 배급

멀티미디어 제품을 생산자에서 소비자로 전달할 수단이 필요하다. 온라인(online)과 오프라인(offline) 배급의 차이를 구분해야 한다.

온라인 배급은 중앙 집중화된 많은 데이터 저장소를 가진 서버 컴퓨터에서 다른 사람의 책상에 놓인 개인용 컴퓨터로 정보를 내보내기 위해 네트워크를 사용한다. 네트워크는 한 조직에서 사용되는 근거리 망일 수도 있지만 보통은 인터넷이다. 특히 월드 와이드 웹은 온라인으로 멀티미디어를 배급하기 위한 수단으로 만들어졌다.

월드 와이드 웹은 인터넷 상의 데이터를 접근하는 수단으로 최고의 위치를 차지했고, 웹과 네트워크가 동일한 것으로 간주되기도 한다. 그러나 사실상 그렇지는 않다. 이에 대해 2장과 17장에서 자세히 설명한다.

멀티미디어를 오프라인으로 배급하려면 이동식 저장 매체가 필요하다. 1990년대 중반에 개인용 컴퓨터에 널리 사용된 CD-ROM은 인터넷에서의 멀티미디어에 어느 정도 영향을 미쳤다. 멀티미디어 데이터 특징을 가진 큰 파일을 담을 수 있도록 용량이 적당하고(대략 650 Mbyte이고, 1.44 Mbyte의 플로피 디스크와 비교된다), 비교적 저렴하게 복제할 수 있다. 초기 CD-ROM 드라이브의 데이터 전송률은 비디오와 음성을 재생하기에는 너무 느렸으나, 최근의 모델은 속도가 증가되어 CD-ROM에서 멀티미디어를 직접 재생할 수 있을 정도가 되었다. 그러나 풀-스크린 비디오를 CD-ROM에서 자연스럽게 재생하는 것은 하드웨어 지원이 없으면 아직 불가능하다.

멀티미디어 CD-ROM은 업계 일부에서 아주 선호했으나, 완전히 대중을 사로잡은 것은 아니었다. 이 형식으로 정교한 작품을 개발하기에는 비용이 많이 들고, 따라서 CD-ROM의 가격이 비교적 높게 유지되었으며, 흥행에 성공한 타이틀도 별로 없었다. 멀티미디어 CD-ROM이 계속 나오기는 하겠지만 온라인 배급이 주가 될 것으로 보인다. 이런 CD-ROM이 멀티미디어 백과사전과 같은 분야에서는 계속 사용될 수는 있지만, 점점 오프라인과 온라인 배급의 혼합 형태로 진행될 것이다. CD에는 고정된 데이터를 담고, 웹 사이트 링크를 통해 내용을 확장하고 업데이트와 지원 정보를 제공하는 방식이 한 예가 된다.

1995년에 CD-ROM을 대체할 DVD의 규격이 업계 컨소시엄에서 발표되었다. 아날로그적인 비디오 저장 방법이 디지털 방식으로 대체되는 것처럼,

이 포맷이 비디오 배급을 위한 **VHS** 카세트를 대체하려는 의도를 가졌었기 때문에 처음에는 **Digital Video Disk**를 뜻했다. 오디오 컴팩트 디스크가 **CD-ROM**으로 변화되었듯이, **DVD**가 모든 디지털 데이터에도 잘 사용될 수 있음을 곧 알게 되었다. 따라서 이름이 **Digital Versatile Disk**로 바뀌었다. **DVD**는 훨씬 더 큰 용량(양면 디스크일 경우 최대 17 Gbyte까지)을 가지며, 최근의 **CD-ROM** 드라이브와 비슷한 전송률(12 × 이상)을 갖는다. 소프트웨어 배급에 가끔 사용되지만, 이런 용도로 **CD-ROM**을 대체하기보다는 원래의 목적인 고품질 비디오 배급에 대부분 사용된다. **DVD** 재생기는 사실 간단한 컴퓨터라서, 간단한 상호작용 기능이 들어간다. 많은 **DVD** 타이틀에는 메뉴 애니메이션을 이용해서 사용자가 서브-타이틀과 언어 옵션을 선택할 수 있고, 영화 예고편이나 특정 위치로 이동을 할 수 있는 기능이 있다. 일부 **DVD**에는 슬라이드 쇼나 간단한 게임 형식으로 정지 화상이 제공된다. **DVD**는 초보적이지만 상호작용이 되는 멀티미디어를 위한 새로운 방법이 되었다.

그러나 온라인 배급은 오프라인에서 불가능한 것이 가능하다. 특히 생방송 멀티미디어 컨텐츠를 제공할 수 있어서, 화상 회의와 방송 멀티미디어와 같은 응용을 가능하게 만들었다. 일반적으로 멀티미디어가 온라인으로 배급되면 **CD-ROM**에서처럼 수동적일 필요가 없다. 즉, 데이터베이스 질의를 실행하는 것과 같은 일이 배급을 받는 쪽에서 일어나게 할 수 있다.

필름: 고정된 프레임의 순서가 하나의 재생 순서를 정의한다.

책: 물리적으로 배치된 텍스트와 페이지는 선형인 읽기 순서를 암시한다.

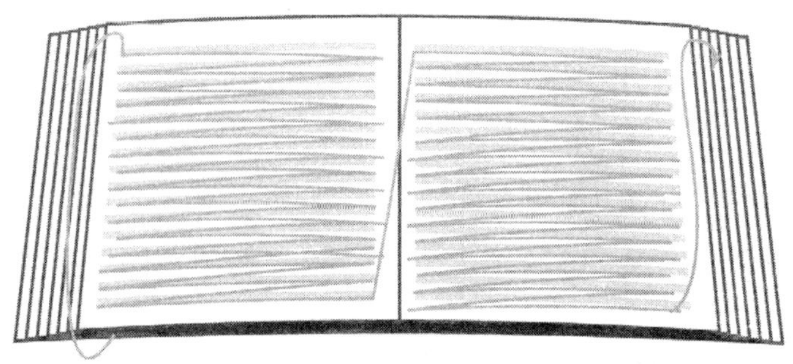

그림 1.2 기존 매체의 선형 구조

1.4 비선형성

일반적으로 서로 다른 매체 형식을 조합하는 데는 두 가지 방식이 사용된다. 즉, **페이지-기반**과 **시간-기반**이다.

페이지-기반은 텍스트, 이미지, 비디오가 2차원적으로 배치되며, 책과 잡지에서 텍스트와 그림이 놓이는 것과 비슷하다. 비디오 클립과 음성과 같은 시간-기반 요소는 마치 이미지인 것처럼 고정된 영역을 차지하며, 페이지에 포함된다. 재생 시작과 멈춤을 제어할 방법이 제공된다. 이들 페이지는 **링크(link)**를 이용해서 합쳐진다. 사용자는 한 페이지에서 다른 페이지로의 이동을 정해진 순서가 아니라 단어나 문구의 밑줄과 같은 링크 표시를 클릭함에

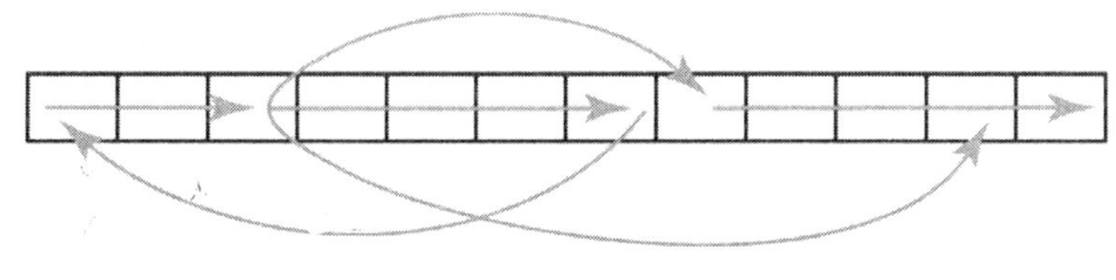

플래시: 상호작용에 의한 제어로 프레임 간을 이동한다.

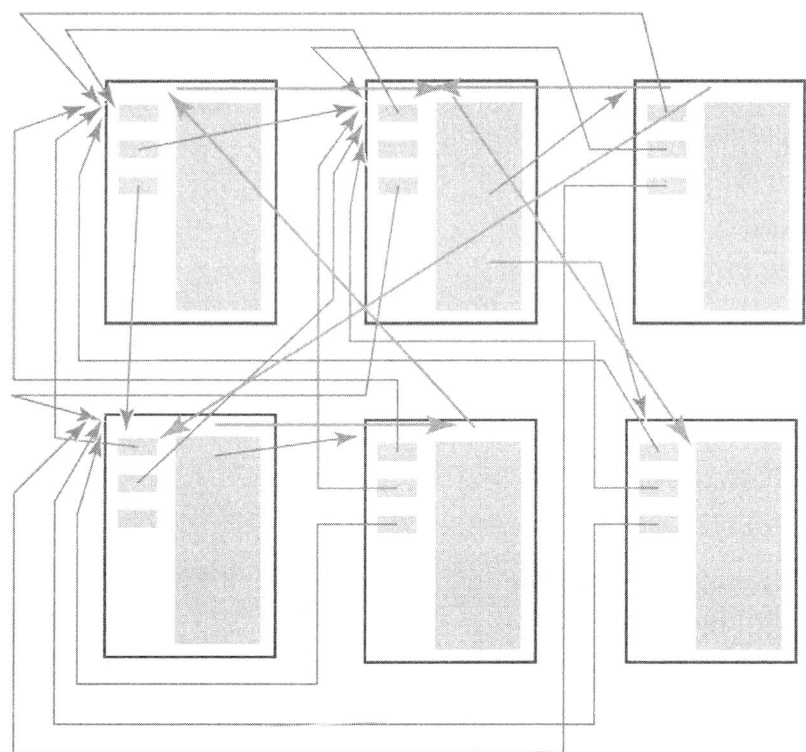

하이퍼미디어: 페이지들의 링크로 임의 순서로 읽을 수 있다.

그림 1.3 비선형 구조

의해 수행할 수 있다. 이런 링크된 페이지-기반의 멀티미디어 제품을 하이퍼미디어(hypermedia)라고 한다. 가장 유명한 하이퍼미디어 시스템이 월드 와이드 웹이다.

하이퍼미디어는 정적인 종이 매체에서 영감을 얻었으며, 공간적으로 배치된 프레임에 시간-기반 특징이 접목되었다. 이에 반해, 시간-기반 멀티미디어에서는 시간이 조직화의 중심 원리이다. 요소들은 시간적으로 배치되어서 순차적으로 보여진다. 이 순차의 요소는 필름과 같이 실시간으로 연속 동작처럼 보이게 하는 적당한 속도로 재생되는 프레임이거나, 슬라이드 쇼에서 한 장씩 보여지는 개별 페이지가 될 수도 있다. 멀티미디어 표현에는 가끔 병렬성이 포함된다. 여러 개의 비디오 클립을 동시에 보이거나 정적인 이미지에 겹쳐 보이게 하거나, 애니메이션과 동시에 음성 트랙이 재생된다. 요소들은 동기화되어 비디오 클립이 재생되는 동안에만 텍스트를 표시하거나, 비디오 클립이 시작하고 10초 동안만 이미지를 표시한다. 웹에서 가장 널리 사용되는 시간-기반 멀티미디어 기술은 플래시이다; 파워포인트와 같은 프레젠테이션 패키지에는 멀티미디어 요소를 넣는 것이 가능해서, 파워포인트 슬라이드 쇼에는 기본적인 멀티미디어 기능을 이용할 수 있다. (이전에는 CD-ROM으로 멀티미디어 프레젠테이션을 하기 위해 디렉터 무비가 사용되곤 했다. 멀티미디어 CD-ROM이 쇠퇴하고 멀티미디어 배급에 인터넷 이용이 늘어남에 따라 디렉터는 플래시로 대체되었다.)

매체를 통합하는 세 번째 모델의 예는 VRML이다. 이것은 8장에서 간단히 설명하는데, MPEG-4에서 사용된다. 요소들은 3차원 장면에 배치된다. 사용자는 3차원 공간에서 이동하면서 만나게 되는 이미지나 객체들을 검사한다. 하이퍼텍스트 기능을 제공하기 위해 링크가 포함되며, 16장에서 설명할 다른 멀티미디어 모델에 적용할 수 있는 스크립트 메커니즘을 이용해서 상호작용도 가능하다. 이런 종류의 장면-기반 멀티미디어는 게임에서 자주 볼 수 있다. 지금까지 VRML이 널리 사용되지 못했고, MPEG-4 표준에서 이 부분이 상업적으로 거의 구현되지 않았기 때문에, 장면-기반 멀티미디어는 표준적인 형태가 없다고 봐야 한다.

이 두 모델에 기반한 멀티미디어 제품은 사용자가 진행을 제어할 수 있도록 상호작용 기능이 확장된다. 16장에서 설명할 스크립트 기능을 이용하면 사용자의 입력에 대해서 어떤 행위가 일어나도록 프로그램을 작성할 수 있다. 또한 시간-기반 표현의 앞이나 뒤의 특정 위치로 이동할 수도 있다. 루프나 분기 구조도 지원하며, 이것은 어느 정도 하이퍼미디어의 링크된 페이지와 유사하다. 스크립트는 주어진 시간 동안에만 행위가 일어나도록 할 수도 있고, 혹은 비디오 클립의 종료와 같은 사건에 응답하도록 할 수도 있다. 이런 스크립트를 사용하면 페이지-기반 멀티미디어에 시간적 조직화를 추가할 수 있다. 시간-기반 멀티미디어에서는 요소가 공간적으로 배치되어야 하고, 플래시 무비가 웹 페이지에 포함되거나 다른 페이지로의 링크를 제공하기도 하기 때문에 매체 조합에서 이들 모델 간의 구분이 모호해진다.

이렇게 모델을 통합하는 개념이 **비선형성(non-linearity)**이다. 많은 기존의 매체에서는 시작에서 끝까지 잘 정의된 분명한 순서가 있다. 연극이나 영화는 처음 장면에서부터 끝 장면까지 보게 된다. 소설이나 잡지 기사는 처음부터 끝까지 읽혀진다. 이런 선형적인 순서와는 다르게, 비디오 테입을 앞뒤로 돌리거나, DVD의 장면 표시로 이동하거나, 책의 페이지를 건너뛸 수도 있지만, 저자는 작품을 순서대로 감상하는 것을 의도하고 제작했다. 이에 반해 비선형성은 하이퍼미디어와 상호작용하는 시간-기반 멀티미디어의 핵심이다. 그림 1.2와 1.3은 이 개념을 보여준다. 13장에서는 멀티미디어에서 자주 사용되는 특수한 비선형 구조를 살펴볼 것이다.

비선형성은 새로운 것이 아니다. 비선형적 읽기 방식으로 구성된 책은 많다: 백과사전, 사전, 기타 참고서적들은 비선형적인 예이다. 목차, 색인, 교차 참조는 사용자가 원하는 곳을 찾을 수 있도록 만든 장치이다. 그림도 동시에 모든 요소를 볼 수 있고, 어떤 순서로 그림의 일부를 보아도 되기 때문에 비선형이라고 간주할 수 있다. 그림은 바라볼 때 의미가 잘 전달될 수 있도록 시각적으로 잘 조직되어 있다. 연극 공연은 선형과 비선형의 구분이 명확하지 않은 예이다. 비록 각 장면이 순서대로 공연되지만 청중의 관심은 무대의 어느 곳에나 해당될 수 있으며, 공연 행위와는 다른 쪽에 관심을 가질 수도 있다. 이것이 영화와 다른 점이다. 영화에서는 카메라가 특수한 방법으로 잡은 각 장면을 관객이 보도록 유도한다.

1.5 상호작용

상호작용은 디지털 멀티미디어와 TV와 같은 혼합 매체를 구분하는 대표적인 특징이다. 예전에는 불가능했던 사용자의 제어를 가능하게 만들었다: "상호작용은 사용자가 정보의 내용과 흐름을 제어할 수 있도록 힘을 실어준다."[2] 이것이 어느 정도는 사실이지만, 제어할 수 있는 정도는 제공된 파라미터의 범위로 극히 한정된다. 어떤 경우라도 상호작용 동작은 프로그램에

---

[2] Tay Vaughan, *Multimedia: Making It Work.*

의해 응답되어야 하기 때문이다. 프로그램으로 코딩된 것들에 한해서만 선택이 가능하다. 그러나 VCR과 같은 하드웨어 장치에서 선택사항을 제공하는 것보다는 컴퓨터 프로그램에서 선택할 수 있도록 하는 것이 훨씬 쉽기 때문에, 멀티미디어 제품에는 사용자가 제어할 수 있는 부분이 많이 있다. 순차적인 선택이 가능하면 그 조합은 아주 많아진다: 예를 들어, 전체가 5단계인데 각 단계마다 4가지 선택이 가능하면 선택의 가짓수는 20개이지만, 택할 수 있는 선택의 순차는 $4^5 = 1024$가 된다. 이런 선택 가능 범위는 사용자에게 무한한 선택을 부여하는 것 같지만, "정보의 내용과 흐름"에 대한 제어는 사용자가 아닌 제품 제작자에게 남아 있다. 더 많은 선택 범위를 준다고 해도 제품 자체의 질을 향상시키지는 않는다. 예를 들어, 웹 사이트에서 기차 시간표 정보에 접근 기능이 제공된다고 해도, 할 수 있는 것은 탑승 인원, 급행, 최적 경로 정도이다. 컨텐츠의 질이 높지 않거나 잘 조직화되지 않은 것을 상호작용의 정도가 보상하지는 않는다. 상호작용에서 최악의 경우는, 페이지의 버튼을 눌렀는데 "공사중"이라는 빈 페이지를 만나는 것이다.

상호작용의 특징은 한때 유행했던 Myst라는 게임을 보면 잘 알 수 있다. 플레이어는 가상 세계의 장면을 묘사하는 일련의 이미지를 본다. 어떤 객체를 클릭하면 어떤 일이 일어난다 — 문이 열리고, 기계가 작동하는 등. 커서를 스크린 테두리에 놓으면 모양이 변하고, 마우스를 클릭하면 화면이 바뀌고 한 프레임에서 나와서 인접 공간으로 걸어 들어가는 것처럼 느껴지게 한다; 이런 방식으로 건물 주위를 돌아다녀 볼 수 있다. 게임의 광고와 평가판에서는 환상적인 세계를 탐험하는 것을 매우 강조한다. 그러나 사실 사용자의 모든 선택과 탐험은 퍼즐의 일부를 완성하는 것에 불과하다. 사용자가 이 모든 것에 대한 제어권을 갖는 것은 아니다. 사용자가 할 수 있는 것은 나가서 다른 퍼즐을 시도하거나 포기하는 것이다. 그러나 당시에 Myst의 대성공은 상호작용이 고품질의 그래픽과 사운드의 환경에 내장되면 제품의 호감도를 극적으로 높인다는 것을 증명했다.

'상호작용'은 이름이 잘못 붙여졌다 — 비록 지금도 많이 사용되고 있기 때문에 앞으로도 사용하겠지만. 선택을 제공하고 그것에 응답하는 것이 컴퓨터의 기능으로 제공된 것의 전부라면, 사용자가 할 수 있는 일은 몇 가지 마우스 동작으로 한정된다. 인공지능의 응용은 도움이 되겠지만, 진정한 상호작용은 또 다른 사람이 포함되어야만 가능하다. 이 경우에도 프로그램이 상호작용을 중재하면 그 형태는 엄격하게 제한된다. 현대의 많은 네트워크 게임에서 상대방 플레이어와 상호작용하는 유일한 방법은 상대를 죽이려고 하는 행위가 전부이다.

상호작용이 컴퓨터로 할 수 있는 멀티미디어에 대한 중요한 기여이기 때문에, 모든 멀티미디어 제품은 상호작용을 지원하려는 경향이 강하다. 끝없이 선택하도록 하는 것이 적절하거나 필요한 것일 수도 있다. 모든 사람이 이것이 불필요하다고 생각하는 것은 아니다. 어떤 경우에는 저자나 감독이 의도한 대로 이야기가 전개되는 것에 청중이 아주 만족할 수도 있다. 이런 많은 경우에는 책을 읽거나 그림을 보는 것이 더 좋다. 디지털 멀티미디어는 모든 것에 다 적당하지는 않다. 제작자가 사용자의 상호작용을 원하지 않을 때도 있다. 많은 예술가들이 디지털 멀티미디어 형태로 작품 활동을 하고 있지만, 많은 경우에 제어를 제한하여 청중들이 작품과 상호작용하는 것을 허용하지 않는다. 그런 제품들은 상호작용이 없거나 선형적인 형태를 벗어나지 않는다 하더라도, 혁신적이고 디지털 영역에서 성취할 수 있는 한계를 극복하려고 노력한다.

1.5.1 사용자 인터페이스

사용자가 선택을 하는 수단은 아주 다양하다. 한편으로는 메뉴, 대화상자, 버튼 등의 사용자 인터페이스 요소들이 있어서 대부분의 운영체제, 주요 응용프로그램, 웹에서 관습적으로 사용된다; 또 다른 한편으로, 어떤 종류의 게임 상호작용에서는 화면의 어느 부분에서도 응답이 가능한 자유스러운 형식을 하고 있다. 관습적인 것을 사용하는 것의 장점은 예측가능성이다: 사용자는 그림 1.4에 보인 것과 같은 대화상자, 팝업 메뉴, 버튼을 만나면 어떻게 해야 할 지를 알고 있다: 텍스트를 치고, 메뉴를 선택하고, 버튼을 클릭한다. 멀티미디어 제품이 의도한 대로 인터페이스 지침을 따라 대화상자와 다른 인터페이스 요소들을 설계하면, 경험있는 사용자들은 추가적인 설명이 없이도 작업을 할 수 있다.[3] 인터페이스 관습에 익숙하지 않은 사용자에게는 관습을 사용하지 않고 간단히 만든 것보다 관습을 사용한 것이 이용하기 어려울 수도 있다는 단점이 있다. 또 다른 단점은 모두 비슷해 보인다는 것이다; 자신의 인터페이스가 운영체제와 달라 보이도록 해야 할 법적인 이유가 있을 수도 있다. 다양한 제어 작업들을 깔끔하게 만들면서도 이런 여러 가지 목적을 달성하는 것은 어려운 작업이다. 예를 들면, Kai Krause가 KPT와 Bryce(그림 1.5)와 같은 제품에서 사용한 혁신적인 인터페이스 설계에 대한 사용자의 평가는 둘로 갈린다. 일부는 혁신적이라고 환영하고, 다른 쪽에

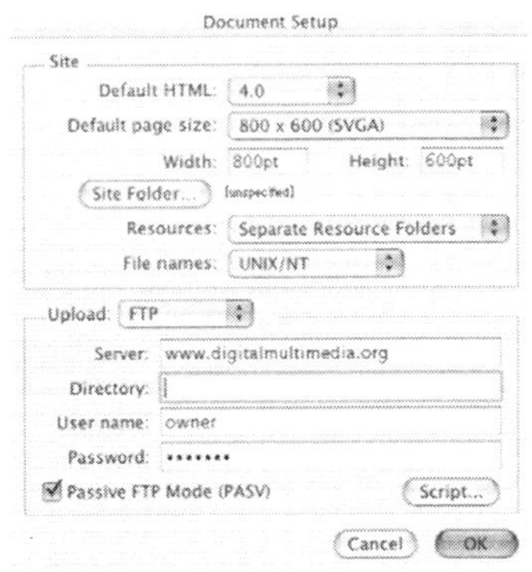

그림 1.4 관습적인 컨트롤 대화상자

---

[3] 웹 페이지는 표준적인 인터페이스 요소를 사용한다.

그림 1.5 비관습적인 사용자 인터페이스(Bryce)

서는 혼란스럽고 부자연스럽다고 비판한다.[4]

컴퓨터 사용자에게 친숙한 인터페이스 요소들은 정적인 그래픽 환경으로 만들어졌다. 시간-기반한 매체 — 비디오, 에니메이션, 사운드 — 가 포함되면, 시작, 멈춤, 되감기, 음량 조절과 같은 새로운 형태의 동작이 가능한 새로운 형태의 제어가 필요해진다. 키보드 단축 기능과 메뉴 명령어를 사용할 수도 있지만 카세트나 VCR의 버튼 모양으로 재생 컨트롤을 흉내내는 것이 더 일반적이다. 음량 조절은 슬라이더나 둥근 다이얼 형태이다. 디지털 비디오 재생기를 특정한 위치로 이동시킬 때 마우스를 사용할 수도 있기 때문에, 긴 띠 모양의 컨트롤과 현재 위치를 나타내는 표시로 나타낸다; 이 표시는 재생 동안에 이동하면서 어느 정도의 재생이 이루어졌는지 알 수 있도록 한다(그림 1.6). 시간-기반 매체는 새로운 인터페이스 관습이 나타나게 한다. 이들 관습은 무시될 수도 있고, 자유로운 형태 혹은 개인적인 인터페이스가 기존 것을 대체할 수도 있다. 그러나 널리 사용되는 인터페이스는 전문 디자이

그림 1.6 비디오 재생을 위한 컨트롤

---

[4] Bryce의 인터페이스는 전체 스크린을 차지하고, 일부 게임처럼 데스크탑과 메뉴바를 가려서 보이지 않게 한다. 이것은 적어도 MacOS 사용자 인터페이스 지침에 반한다. Mac에서는 이렇게 하기가 아주 어렵다. 하지만 프로그램 사용을 방해하지는 않는다는 것이 많은 사용자들의 견해이다.

너에 의해 충분한 테스트가 되었으며, 혁신적이고 우수한 인터페이스는 그 가치가 존중되어야 한다.

1.6 사회 윤리적 문제

기술자들은 기술 그 자체는 중립적이며 선과 악의 도덕적인 가치는 없다고 말한다. 이것은 도덕적 검사가 필요한 기술에 대해 쉽게 선택할 수 있는 변명이다. 이것이 글자 그대로 사실이라고 하더라도 — 왜냐하면 윤리는 지각이 있는 자의 사상이나 행위에만 적용시킬 수 있다는 정의에 의해서 —, 어떤 사회에서나 새로운 기술의 도입은 전에는 존재하지 않았던 행위의 기회를 제공하는 경우가 있다. 그런 경우에는 이 행위에 의해 생기는 윤리적 문제가 특정 기술적 혁신에 의해 생기는 것으로 쉽게 얘기되기도 한다.

1.6.1 멀티미디어 접근: 소비

멀티미디어에서 기술 자체의 본질에 의해 가장 직접적으로 제기되는 문제가 접근에 관한 것이다. 멀티미디어 접근은 적절한 하드웨어와 현대 컴퓨터 시스템을 이용할 수 있는 적절한 숙련도를 갖추는 것과 관련된다. 선진국에서 하드웨어에 접근할 수 있으려면, 경제적인 여유가 있어야 한다. 개인용 컴퓨터기 기진제품처럼 뇌었지만 아직도 비싼 물건에 속한다: 멀티미디어를 처리하도록 설비가 갖추어진 개인용 컴퓨터는 표준 DVD 재생기나 게임 콘솔보다 더 비싸다. 서진국이 아닌 나라에서는 김퓨터가 귀하며 컴퓨터를 사용할 수 있는 기반 시설 — 안정된 전원 공급, 통신망 — 이 부족하다. 몇몇 나라에서는 많은 사람들이 기본적인 읽고 쓰는 것에 접할 기회도 갖지 못하고 있다 — 이것도 빈곤의 부작용이다. 전 세계에는 컴퓨터 접근은 고사하고, 사람들이 당연하다고 여기는 깨끗한 물과 삶에 필수적인 조건조차도 갖추지 못하고 사는 사람들이 상당수 있다. 인터넷의 전 세계적인 성질이나 멀티미디어의 배급에 관해서 얘기할 때 이런 점들도 생각해야 한다.

현대 세계는 복잡하고 모순적이다. 아프리카에서 인터넷 접근이 힘들기는 하지만 인터넷 카페나 지역공동 이용 형태는 존재하며, 위성을 이용해서 고속 접근을 사용하기도 한다. 부유한 나라에서도 지역에 따라서 접근이 가능한 멀티미디어의 종류가 다르다. '광대역' 인터넷 접근은, 기존의 모뎀과 전화선을 이용한 집근에서는 어려운 비디오와 고품질 오디오와 같은 멀티미디어 컨텐츠 접근을 가능하게 한다. 그러나 ADSL이나 케이블 모뎀과 같은 광대역 통신망은 상대적으로 좁은 지역에 인구가 밀집되어 있지 않은 시골 지역에서는 접근이 쉽지 않다. 영국과 같은 곳의 시골 거주자는 또 다른 형태의 접근인 위성 링크를 이용할 수 있지만, 대부분의 영국 내국인에게는 너무 비싸다. 인터넷은 전 세계적인 현상이지만 실제로는 지역에 따라서 다른 모습을 하고 있고, 전혀 모습을 볼 수 없기도 하다.

멀티미디어로의 접근을 막는 또 다른 요소가 있다. 앞에서 언급했듯이 컴퓨터 사용 능력이 필수적이며, 이것은 사용자가 문맹이어서는 안 된다는 것을 뜻한다. 이런 능력은 선진국에서조차도 모두에게 적용되는 것은 아니다. 나이에 따라서 컴퓨터 능력이 다르다. 대부분의 선진국에서는 젊은 사람들이 학교와 집에서 정기적으로 컴퓨터를 접하고 있다. 그러나 그들의 능력은 피상적이며, 컴퓨터 교육의 질은 다른 과목과 마찬가지로 학교마다 다르다. 높은 수준의 컴퓨터 능력은 일을 통해 얻어지기 때문에, 컴퓨터 기술 습득에 실패하면 오랜 기간 실직 상태가 될 수도 있다. 물론 모든 직업에서 컴퓨터를 사용하는 것은 아니기 때문에 직업에 따라 필요한 능력의 정도가 다르다. 이것은 다시 사무직과 육체 노동직의 사회적인 차이를 강화시킨다. 학교에서 컴퓨터를 배우기에는 나이가 너무 많거나, 직장에서 컴퓨터를 사용해 보지 않은 사람에게는 친숙한 그래픽 인터페이스조차도 까다로울 수 있어서, 멀티미디어에 접근할 수 있는 하드웨어는 있다고 하더라도 이것을 잘 이용하지 못하는 경우가 있다.

마지막으로, 육체적인 장애나 학습 장애는 컴퓨터 사용 능력을 떨어뜨리거나 멀티미디어 컨텐츠를 경험하기 어렵게 만든다. 이런 어려움을 개선하는데 컴퓨터가 적당하기 때문에 이상하게 느껴진다. 관절염에서 신경통에 이르기까지 장애의 범위는 다양해서, 어떤 사람에게는 일반적인 키보드, 마우스, 기타 입력 장치를 사용하는 것이 어렵거나 불가능하다. 맹인이나 시각적 손상은 특히 문제이다. 음성 합성기나 점자 키보드와 같은 출력 장치는 맹인도 컴퓨터를 사용할 수 있게 하지만(이런 장치를 사용할 수 있을 정도의 부유함과 사회적 기반이 되어야 한다), 대부분의 멀티미디어는 그래픽이 강조되어 있고 이미지를 정보 전달뿐만 아니라 탐색이나 상호작용의 목적에도 사용한다. 월드 와이드 웹에서 이것을 분명히 확인할 수 있다. 많은 웹 페이지 내비게이션에 이미지 맵이 사용된다; 내비게이션 아이콘으로 작은 이미지를 사용하는 관습은 이미지가 없는 웹 페이지 사용을 어렵게 만든다. 반대로 읽지 못하는 사람에게는 텍스트보다 그래픽 이미지가 더 잘 이해되고, 잘 설계된 이런 요소들의 도움을 받는다. 많은 사람들이 일부 색상을 구분하지 못한다는 것은 잘 알려져 있고, 디자인에 관한 서적에서는 이 문제를 최소화하는 색상 조합의 선택에 관해서 조언하고는 있지만, 자신의 설계 의도와 배치될 때 이것을 적용하는 디자이너는 드물다. 사용자들이 겪게 될 어려움의 범위는 아주 넓고, 모든 매체를 포함하기 때문에 멀티미디어 설계자가 고려해야 할 것이 매우 많다.

월드 와이드 웹 컨소시엄에서는 장애자의 접근 문제를 해결하기 위한 모범적인 일을 하였지만(이것에 관해서는 13장에서 다룬다), 모든 종류의 사람들이 웹 페이지에 접근할 수 있도록 기능을 갖춘 사이트는 많지 않다. 이런 접근의 문제에 해결책을 제시하는 것은 이 책의 범위를 벗어나지만, 많은 주의를 필요로 하는 분야라는 것은 강조한다.

공공 도서관, 학교, 문화 센터, 인터넷 카페에 컴퓨터를 보급하고, 값싼 셋탑 박스와 네트워크 컴퓨터, 교육 프로그램, 인터넷 참여를 홍보하는 것은 모두 인터넷과 멀티미디어의 접근을 넓히는 일이다. 그러나 산업화되지 않은 나라에서는 접근이 전부가 아니라는 것을 알아야 한다. 많은 멀티미디어가 오락이 목적이라면, 이것에 대한 접근 거부는 문제가 되지 않는다. 반면에 멀티미디어 접근이 사회생활의 일상적인 것이라면, 이에 대한 접근 거부는 뒤처지는 결과를 낳는다. 광고에서 URL이 자주 나오는데, 인터넷에 접근할 수가 없다면 광고의 메시지가 올바로 전달될 수 있을까? 멀티미디어가 정보 보급의 주요 통로가 되었다면, 멀티미디어 접근 거부는 정보에 대한 접근이 거부되는 것이다. 현실적으로 사회보장 수혜자 등록에 관한 정보, 의료지원 등의 작업을 집에서 인터넷 연결을 통해 상호작용적인 멀티미디어 연결의 형태로 수행할 수 있다. 그렇지 않으면 번잡하고 침울한 관청에 직접 가서 관련 서류를 작성해야 한다. 정보를 새로운 매체로 제공하도록 변경하면 기존의 경제적 양극화가 심해지기도 하는 것을 볼 수 있다. 극단적인 경우에는 건강 교육 프로그램처럼 정보의 접근이 생명을 구하기도 한다. 정보의 접근은 힘을 얻고 있고, 정보 접근 거부는 정부와 힘 있는 자들이 자신의 이익을 보호하고 영향력을 행사하는 연습에 있어서 가장 큰 무기가 된다. 이런 문제는 사회 정치적인 실체이며 단순히 학교에서 멀티미디어 학생과 제작자 사이의 논쟁거리에 그치는 것은 아니다. 자신이 만들어서 전 세계 혹은 일부에게 배급한 작품은 다른 사람의 삶에 영향을 준다.

1.6.2 멀티미디어 접근: 생산

인터넷에 접근하는 모든 사람은 자신만의 웹 사이트가 있다. 앞에서 나온 어떤 이유로 인터넷을 사용할 수 없는 사람은 그 안의 정보 접근이 거부될 뿐 아니라 표현이나 광고의 장도 거부된다. 그러나 인터넷 접근이 가능한 나라나 사회에서는 컴퓨터에 쓰기 위한 접근이 읽기 위한 접근만큼 넓게 퍼진다. 고객에게 몇 메가바이트의 웹 공간을 제공하지 않는 인터넷 서비스 제공자(Internet Service Provider)는 오래가지 못할 것이다. 웹 사이트를 만드는 값싼 툴(간단한 텍스트 편집기로도 사이트 구축이 가능)과 이 툴의 사용법을 익히기 위한 약간의 노력만 있으면, 세상에 말할 것이 있다고 느끼는 사람은 월드 와이드 웹에 하고 싶은 말을 할 수 있다. 적당한 컴퓨터와 값싸게 인터넷에 접근할 수 있음으로 인해 디지털 작품을 만드는 수단과 배급에 혁신이 이루어졌다.

이에 반해서 전통적인 매체에서 생산과 배급의 수단은 아주 제한적이었다. 가장 쉽게 접할 수 있는 매체가 인쇄된 책일 것이다. 책을 쓰고 인쇄해서 배급하는 것이 가능하지만, 그 비용이 상당하고, 마케팅 체제 없이는 보상이 미미하다. 이런 방식으로 개인적인 제품을 만드는 것은 부유한 사람에게나 가능하다. 대부분의 책은 생산 비용을 상쇄할 수 있는 물량의 장점을 가지고 있고, 효율적으로 책을 배급할 수 있는 출판사에 의해 만들어진다. 출판사는 돈을 벌기 위한 사업을 하기 때문에 팔릴 것이라고 생각되는 책만을 출판한다. 따라서 편집자에게 출판 의사를 제출한다는 것은, 새로운 주제나 소수 독자에게 관심을 끄는 내용을 다루는 초보자보다는 기존의 유명한 저자에게 더 기회가 있다는 것을 뜻한다. 비주류의 내용을 다루는 독립적인 출판업자는 제한된 자원으로 인해 널리 배급하는 데 어려움을 겪는다. 이와는 반대로 웹에서는 누구에게나 잠재적으로 엄청난 독자가 존재한다.

기존의 다른 매체에서도 책에서와 비슷한 상황이 벌어진다. 인쇄된 이미지의 대량 배급은 잡지, 신문, 책을 통해서 이루어지고, 책과 비슷하게 편집자에 의해 제한을 받는다. 많은 사진이나 그림이 연하장, 달력, 카드에 실리거나 카탈로그나 회사 인쇄물에 사용된다. 여기서도 마케팅 부서의 압력이나 회사 가치의 영향력이 실릴 수 있는 작품의 형태로 제약이 가해진다. 순수 예술가는 자신의 작품을 전시할 때 더 높은 장벽을 만난다. 대부분의 전시는 작품 판매로 많은 수수료를 받는 개인 화랑에서 이루어지기 때문에, 이들은 위험을 감수하려고 하지 않는다; 국립현대미술관과 같은 공공 화랑은 생존한 예술가의 작품은 전시하려고 하지 않고 유명 화가의 작품만을 전시한다. 무명 작가가 자신의 작품을 전시하게 되었다 하더라도 전시장에 실제로 온 일부 사람만이 작품을 볼 수 있다. 인쇄된 이미지는 디지털 형태로 바뀌어서 인터넷에 퍼질 수는 있지만, 그림과 기타 예술 작품은 디지털 확산에 의해 상당히 질이 저하되며, 작품의 핵심인 존재감이 없어진다. 그러나 매체를 탐색하는 습관이 훈련된 예술가는 디지털 매체와 멀티미디어가 제공하는 새로운 기회의 장점을 잘 이용할 수 있는 위치에 설 수 있다.

대부분의 녹음된 음악은 거대한 다국적 기업이 소유한 상표가 붙어서 배급된다. 이에 비해 개인적인 상표의 판매는 미미하다. 계약하고 음반을 녹음하고 밴드를 섭외하는 데 투자를 해야 하기 때문에, 음반회사는 팔릴 음반만을 제작하고, 따라서 새로운 음악가가 새롭게 진출하기에는 아주 어려움이 따른다. 이와는 반대로 인터넷에서는 누구의 노래라도 쉽게 내려받기할 수 있다.

'저예산' 영화를 만드는 데에도 막대한 비용이 들어가기 때문에, 영화 매체에 접근하는 것은 다른 형태보다도 더욱 더 제약이 있다. 기존의 매체 중에서 TV만이 넓은 접근을 제공한다. 영화에 비해서 비디오 장치가 비용이 비교적 낮고 특별한 처리를 필요로 하지 않기 때문에, 비디오를 이용하면 아주 제한된 예산으로도 비디오를 제작할 수 있다 — 비록 방송 품질에 이르지는 못하지만. 그러나 다른 매체와 마찬가지로 작품의 전파는 제한되어, 방송에 대한 일반인의 접근 기회는 일부 지방 채널의 구석진 곳으로 한정된다. 7장과 17장에서는 네트워크와 디지털 비디오 기술의 발전으로 인해 비디오 카메라, 컴퓨터, 웹 사이트만 있으면 누구나 자신의 비디오를 인터넷에 방송할 수 있다는 것을 보여준다.

지금까지의 설명이 불완전하고 간략화된 것이지만, 기존의 매체가 월드 와이드 웹 접근에 비해 훨씬 배타적이라는 것은 사실이다. 웹에서는 또한 상호작용하는 멀티미디어도 지원한다. 멀티미디어에 대한 민주적인 접근의 특성이 있다고 선호하는 지지자라 하더라도 웹 사이트를 만드는 것이 전부는 아니다. 직접 방문해 보아야 한다.

1.6.3 멀티미디어 제어

이론적으로는 모든 웹 사이트가 관심을 끄는 정도가 같을 것 같지만, 실제로는 어떤 것이 다른 것보다 더 흥미를 끈다. '웹 서핑' — 다음에는 더 재미있고 유용한 것이 나오리라고 기대하면서 링크를 따라가는 것 — 에 대한 양을 단순 비교하는 것이 더 이상 사람들의 행위를 기술하는 정확한 방법이 아니라는 증거가 제시되고 있다. 대부분의 사람들은 몇 개의 사이트만 습관적으로 방문하며, 무수히 많은 사이트 중에서 적은 수만이 방문자의 흥미를 끈다. 월드 와이드 웹에서 유명한 사이트들은 뉴스 서비스를 제공하거나, 기술이나 생활의 지식, 오늘의 운세, 광고, 온라인 쇼핑을 제공하는 인터넷 서비스 제공자 사이트이다. 이런 웹 **포털**(portal)은, 자신들도 그렇게 부르듯이 주말판 신문과 같이 영화 시사판이나 인터넷판 신문을 제공한다. 처음에는 순수한 검색 엔진 기능만 제공하던 AltaVista 나 Excite 같은 사이트에서도 이제는 이런 웹 사이트의 주말판 신문 모델을 제공한다. 웹 포털의 주요 경쟁은 디지털 메일 주문, 카달로그를 담은 온라인 가게에서 일어난다. 온라인 카달로그는 가정에서 쇼핑하는 사람들을 위해 더 편하게 만들 수도 있지만, 지금은 오프라인과 아주 비슷하고, 기본적인 검색 기능 이외에 추가적인 기능이 거의 없다.

월드 와이드 웹은 잘 구성된 형태를 보여주기도 하지만, 매체의 컨텐츠를 불러올 수도 있다. 1999년에 애플사는 QuickTime TV 를 발표해서 인터넷에서 스트림 비디오를 제공했다. 기존의 케이블이나 위성 서비스처럼 QuickTime TV 에는 채널이 여러 개 있다. 현재는 ABC 뉴스, Fox 스포츠, 워너 브러더스, VH-1, Rolling Stone, WGBH, BBC World Service 채널이 포함되어 있으며, 무료로 다 접근할 수 있는 것은 아니다.

새로운 매체가 나타났을 때 기업들이 기존의 광고나 마케팅 패턴을 따른다거나, 혹은 웹 컨텐츠 제공자가 기존의 뉴스와 오락 정보원에 의존한다는 것이 그리 놀라운 일은 아니다. 유명한 대기업과 기관에 의한 지배 형태는 인터넷으로 고스란히 전달되었다. 그러나 새로운 매체에 대한 이러한 기존 질서의 전달 이외에도, 인터넷은 더 흥미있는 관계의 시작을 가능하게 했다. 즉, 멀티미디어 생산자와 소비자 사이에 새로운 종류의 관계를 만들었다. 기존의 방송, 출판과 마케팅이 일대다 관계이지만, 특정한 관심사에 대해서 작은 그룹 간의 일부-대-일부 관계가 새롭게 만들어졌다. 그러나 실제로 그들은 서로 물리적으로는 고립되어 있다. 인터넷의 구조와 웹 페이지 제작의 낮은 비용으로 인해 기존의 매체에서 하지 못했던 관계를 지원할 수 있게 되었다.

1.6.4 컨텐츠 통제

"그러면 우리는 시인들에게 말해서 시에서 선한 이미지만 담게 하거나, 그렇지 않으면 우리 도시에서는 시를 짓지 말도록 해야 한다. [...] 이것을 따르지 않으면 이 도시에서는 장사를 못하게 해야 한다. 나쁜 이미지에서 우리를 지켜줄 보호자가 없고, [...] 주위 환경으로부터 이런 많은 감정이 쌓이면, 그들 자신의 내부 영혼에 커다란 악으로 자라나게 되며, 이것은 자신도 모르는 동안 이루어진다."

플라톤, 공화론

어떤 주제는 없어지거나 빨리 해결되지 않는다. 플라톤이 **공화론**(The

Republic)을 쓴 지 2300년이 넘었는데, 젊은이들을 보호해야 한다는 문제는 아직도 종종 거론된다. 이것은 인간을 어떻게 다룰 수 있고, 어떻게 다루어야 하는가에 대한 기본적인 질문으로서, 끊임없이 제기되는 윤리적 문제이다. 만족스럽고 실제적인 해법을 찾는 것은 아주 어려워서, 연구자에 의해서나 사회에서 계속 토의될 것이다.

인간의 역사를 보면, 모든 복잡한 사회에서는 정책이나 경제와 같은 수단을 이용해서, 사람들이 무엇을 읽고, 보고, 듣고, 해야 하는가를 통제해 왔다는 것을 알 수 있다. 20세기에는 이런 통제가 공공의 안전이라는 명목으로 정당화되어 왔고, 민주주의에서는 선거민에 의해 널리 지지를 받고 있다. 아주 반대되는 정치 체제에서도 같은 종류의 정당화가 사용된다는 것이 흥미롭다. 냉전으로 알려진 이데올로기 전쟁에서, 다른 집단의 정치적 해로운 영향으로부터 자신들의 집단을 보호하기 위해 이런 통제를 지지한 예가 있다.

인터넷의 빠른 발전으로 받아들일 수 없거나 적절하지 않은 내용이 전례 없이 빠르게 확산되기 때문에, 검열에 대한 새로운 논쟁이 힘을 얻었다. 그러나 검열을 둘러싼 윤리적인 문제는 복잡하며, 역사상 오랜 기간 동안의 토의가 결론이나 합의를 이끌어내지는 못했다. 현재 상황의 색다른 점은 인터넷이 국제적이며, 자신의 집에서 접근 가능하다는 것이다. 접근과 배급이 새로운 차원에서 이루어지고 있다. 월드 와이드 웹은 현재 멀티미디어를 배급하는 가장 효과적인 수단이다. 멀티미디어 제작에 관여하는 사람은 자신도 모르게 검열의 논쟁에 휘말려 있다는 것을 발견할 수 있을 것이다. 그러나 수세기 동안 해답을 찾지 못한 이 어려운 윤리적 문제를 해결할 장치는 아직 없으며, 인터넷의 아주 넓은 접근성으로 인해 문제가 더 복잡해졌을 뿐이다. 이 논쟁에 정말 흥미가 있다면 일반 윤리학과 검열에 관한 책을 상당히 더 보아야 잘 정리된 관점을 세울 수 있을 것이다. 대부분의 사람들처럼 그 이외의 것에 집중하기 원한다면 불필요하게 생기는 논쟁은 참아야 하겠지만, 논쟁의 논점이 무엇이고 주요 이슈의 본질이 무엇인지는 알아야 한다.

현대 사회에서는 출판, 전시, 공연 등을 통제하는 메커니즘이 존재하며, 이것은 정치적 상태와 일치한다. 전 세계에는 다양한 정치 사회 체제가 있기 때문에 단일 검열 모델을 기대하는 것은 현실적이지 않다. 검열 없음, 엄격한 중앙 집중적 통제, 자체-규제 등이 가능하다. 인터넷 컨텐츠는 모든 곳[5]에서 접근할 수 있고, 네트워크가 구성된 방식은 컨텐츠 확산에 책임을 부여하기 어렵게 되어 있다.

---

[5] 앞에서 언급한 대로 제약이 있기도 하다.

어떤 종류의 매체나 멀티미디어 컨텐츠가 사회에서 금지되어야 하는 지를 결정짓는 요소는 사회의 역사, 발전 상태, 정치 체제, 종교 구성과 신앙들이다. 사회의 어떤 그룹들이 아주 비슷한 역사와 문화를 가지고 있으며, 공통된 뿌리에서 파생되었다는 것은 그들의 기본적인 관심사가 비슷한 영역에 있다는 것을 뜻한다. 그러나 이런 경우에도 어느 정도가 허용 가능한가에 대한 정확한 한계는 일치하지 않는 경우가 흔하다. 예를 들어, 여성의 반나가 여러 해 동안 프랑스 남부 해변에서는 흔한 일이었지만, 바다 건너 영국에서는 외설스러운 것으로 간주되었다. 그러나, 또 스칸디나비아에서는 남자 여자 모두 목욕 장소에서 완전 누드인 것은 허용된다. 문화적 다양성이 존재하는 곳에는 예의에 관한 다양한 의견이 존재한다.

모든 사회에는 매체 안에서 표현된 삶에서 허용 가능한 것과 실제로 허용 가능한 것 사이에 간격이 존재한다. 어떤 사회에서는 실제적인 것보다 행위의 표현에 더 관대하지만, 또 다른 사회에서는 한쪽으로 매체를 통제하는 제약으로 인해 특정 매체에 대해서는 아주 엄격하다. 이런 기준의 차이는 컨텐츠에 따라 더욱 세분화된다: 폭력의 표현은 인정되지만 실제로 폭력을 남에게 가한 사람은 처벌된다. 반대로, 섹스 행위의 이미지는 금지하지만 행위 자체는 허용된다. 1930년대 미국의 영화에서 이것이 엿보인다. 이 시기에 행복한 부부가 별도의 침대에서 자는 모습이 보이고 키스와 포옹 이상은 나오지 않는 데 반해서, 갱 영화와 스릴러물에서는 불법적이고 형을 선고받을 정도의 폭력과 살인 장면이 나온다. 한 사회의 검열 표준은 다양한 문화적 종교적 단체에 의해 날로 복잡해지고 있으며, 그 결과로 원리, 믿음, 관례가 아주 다양해졌다.

이런 다양성을 받아들일 대안이 없는데, 인터넷과 기타 현대의 통신 시스템에서는 이것을 어떻게 포용하는가? 단순히 모든 것을 허용하는 것이 포용이 아니다. 제약은 다양성의 일부이다. 모든 사람에게 사회적 제약들을 가할 수 없는 것과 마찬가지로, 모든 사람에게 사회적 자유를 부여하는 것도 받아들일 수가 없다. (여기서는 '인권'의 관점에 관한 것을 말하고 있는 것이 아니다. 인권은 UN 인권 선언처럼, 국제적인 합의를 갖추어온 별도의 윤리적 분야이다.)

PICS(Platform for Internet Content Selection)은 컨텐츠와 검열에 대한 다양한 태도를 지원하는 메커니즘을 제공하려고 한다. 책을 판매 금지하거나 비디오 테입과 잡지를 압류하는 것과 같은 기존의 메커니즘과 PICS의 차이는, 배급의 금지가 아니라 수령을 금지한다는 점이다.

영국과 일부 나라에서는 영화 검열에서 기존의 배급 통제와 수령 통제를 합치려고 시도하고 있다. 극단적인 경우에는 검열에 의해 인증이 거부되면, 어느 거리에서도 영화가 상영되지 못한다. 인증을 받기 위해서는 장면들을 편집해서 잘라내야 한다. 몇 세 이상이면 볼 수 있는 지를 정의하는 '통과' 딱지를 영화에 붙이는 방식이 배급에 영향을 준다. 비디오 테입 배급에서 지적된 것처럼, 이런 시스템의 주요한 결점은 부적당하다고 판단된 컨텐츠의 속성에 대한 표시가 없다는 것이다. 영화의 폭력 등급에 관한 정보가 없으면, 자신이 어떤 영화에 노출될 지를 스스로 통제하는 것이 어렵다.

월드 와이드 웹에서 어디선가 누군가에게 받아들일 수 없는 내용이 있다고 해서, 이것을 금지하는 것은 거의 불가능하다. PICS는 사용자 자신이 그런 것들을 금지하도록 하는 것을 목표로 한다. 기본 아이디어는 간단하다. 각 웹 페이지에 컨텐츠의 등급을 나타내는 레이블을 붙여서, 원하는 내용인지를 평가하는 데 사용하도록 한다. 원하지 않는 내용은 웹 브라우저에 내장된 소프트웨어나 웹 페이지 내용을 전달하는 네트워크 저수준에서 간섭하여 막도록 한다. PICS에서 명기하는 것은 컨텐츠 레이블링의 표준 포맷을 지정하는 것이다. 여기서는 레이블에 담아야 하는 것이 무엇인지, 소프트웨어에서 이것을 어떻게 다루어야 하는 지를 말하지는 않는다. PICS는 컨텐츠를 평가하는 데 사용되는 임의의 기준과 이것을 처리하는 임의의 전략을 제시한다.

PICS는 아주 유연하고, 값에 무관하고, 어떤 종류의 내용을 수신하는 것을 금지할 수 있는 수단인 것처럼 들리지만, 실제로는 어려운 결정을 미룬 것이다. 누가 금지 기준을 결정하며, 누가 소프트웨어에 기준을 적용하며, 누가 웹 페이지에 필요한 레이블을 붙일 것인가? 이론적으로는 환경적으로 해가되거나 정치적으로 걸러야 하는 페이지에 PICS가 레이블을 붙여야 할 것 같다. PICS 서비스 기술(service description)은 등급을 매기는 포맷을 규정하는 문서이다. 필터링 소프트웨어는 이 서비스 기술을 내려 받아서, 여기에 기술된 레이블을 근거로 사용자가 통제를 설정할 수 있다.

PICS가 처음 소개되었을 때, RSAC(Recreational Software Advisory Council)의 레이블 시스템을 이해하는 웹 브라우저에 의해서만 대부분의 필터링이 수행되었다. 문화적으로 특정한 폭력 형태, 섹스, 누드, 언어에만 한정적으로 적용되었다. RSAC는 ICRA(Internet Content Rating Association)로 바뀌었으며, 웹 사이트를 레이블링하는 독립적인 국제기구가 되었다. ICRA는 누드와 섹스, 폭력, 언어에 대한 자세한 항목이나, 담배, 알콜, 마약 소비, 차별 선동, '젊은이들에게 나쁜 영향을 줄 수 있는 내용'에 대해서 운영자에게 질문을 한다. ICRA는 어린이를 보호하는 것을 사명으로 하고 있고, 동시에 언론 자유를 존중하기 때문에 사이트 특징에 대한 객관적인 기술을 PICS 레이블 질문에 담는다. 특정 청중의 적당성 여부에 대한 판결을 담지는 않는다. 부모들은 이런 특징들의 조합에 근거해서 사이트 접속을 허용하거나 거부하도록 브라우저를 설정할 수 있다.

PICS는 검사나 페이지 접근 허용 여부의 판단이 필요하다는 것을 페이지나 서버의 URL에 레이블로 달 수 있는 구조를 하고 있다. 녹색 레이블에 대한 관심이 널리 퍼져서 웹 저작자가 녹색 등급을 붙여야겠다고 느끼거나, 당국에서 웹 페이지를 검사하고 등급을 관장하는 부서를 만들어서 관리를 한다면 녹색 레이블을 모두 붙여 나갈 것이다. 그러나 이런 생각을 공유하는 제 삼자가 없고, 웹 페이지에 붙인 레이블이 신뢰를 얻지 못한다면 정착되지 않을 것이다. 그때는 적당하지 않은 내용이라고 생각되면 아예 보지 않는 것을 제외하면 이것은 방법이 없게 될 것이다. 레이블링 서비스에 대한 신뢰가 있어야 한다. 이런 서비스에 대한 규정은 아직 없기 때문에, 남용의 소지도 있다. 예를 들어, 레이블을 관장하는 부서에서 자신의 정책에 비판적인 페이지에 대해서 접근을 막을 수도 있다.

PICS 레이블은 원래 의도했던 것보다 더 많은 목적으로 사용될 수도 있다. 예를 들면, 특정 타입의 컨텐츠를 가진 웹 페이지를 검색하려면, PICS 레이블만 보면 되기 때문에 간단하다. 특정 내용에 대한 접근을 제한하기 위한 메커니즘이 그 내용이 있는 곳을 쉽게 찾을 수 있는 수단이 되기도 한다.

연습문제

1. 이 책을 영화로 만들려는 생각이 황당하다고 생각하는가?

2. 고 Kingsley Amis는 책이 첫 눈에 확 끌리지 않으면 읽지 않겠다고 주장했었다. 그런 시작을 다음과 같은 곳에서는 어떻게 만들 수 있는가?

   (a) 라디오 극

   (b) 무대 연극

   (c) 영화

   (d) 애니메이션

   (e) 한 장의 이미지

(f) 한 장의 사진

(g) 연재 만화

(h) 노래

(i) 교향곡

가능한 환경이 갖추어져 있다면, 이에 대한 답으로 각각에 대해서 초안을 만들어 보라.

3. 자주 사용되는 멀티미디어 배급 방법으로 **정보 키오스크(information kiosk)**가 있다. 대중에게 박물관 전시물에 대해서 알리거나, 도시 관광 시설 정보를 제공하기 위한 제한된 기능의 컴퓨터 시스템이다. 정보 키오스크가 이 장에서 설명한 것과 질적으로 다른 배급 형식인지 토의하라.

4. 두 개의 웹 사이트를 골라서 개선될 수 있다고 생각되는 점을 적어도 5개(10개이면 더 좋고) 찾아라. 그렇게 판단한 기준을 설명하라.

5. 응용프로그램을 하나 골라서 사용자 인터페이스를 검사하고, 마음에 들지 않는 특징을 10개 찾아라. 그렇게 판단한 이유를 설명하고, 개선점을 제안하라.

6. 인근 지역에 대한 숙박시설 안내와 같은 간단한 주제를 잡고, 다양한 수준의 사람들에게 알기 쉽게 접근 정보를 제공할 수 있도록 1페이지짜리 그림과 텍스트가 들어간 레이아웃을 설계하라.

7. "컨텐츠와 정보의 흐름"에 대한 궁극적인 조종은 프로듀서가 하지, 사용자가 하지는 않는다라고 언급했다. 이 조종을 사용자에게 넘기는 것이 바람직한가에 대해서 토의하라,

8. 자신이 여러 명이 일하는 그룹에 포함되어 있다면, 모든 일원들에게 6가지 필터링 레이블을 만들도록 하고, 이것을 웹 사이트에 적용하여 사용자 가이드로 삼을 수 있도록 적용하고, 비교한 다음, 결과를 토의하라. 가능하다면 이 연습문제를 다른 국가의 다른 그룹에 대해서도 확장해 보라.

9. 독실한 채식주의자 부부가 자녀들이 웹 상의 고기 그림에 노출되지 않기를 바란다. 이런 목적으로 PICS 등급을 사용하는 데 있어서 당면하는 어려움은 무엇인가?

배경 기술
Enabling Technologies

2

디지털 멀티미디어의 생산과 소비는 고속으로 처리할 수 있는 디지털 컴퓨터의 능력에 좌우된다는 것을 잘 알고 있다. 이런 능력을 잘 이용하기 위해서는 매체 데이터가 디지털 형식이어야 한다. 즉, 다양한 형태로 인지되는 이미지, 텍스트, 동영상, 사운드는 컴퓨터 안에서 이진수 패턴으로 바뀌어야 한다. 이런 변환이 일단 이루어지면, 프로그램은 모든 형식의 매체를 변화, 통합, 저장, 표시할 수 있다. 똑같은 데이터가 네트워크를 통해 전송되어, 전 세계 어디로도 배급되거나, CD-ROM이나 DVD와 같은 이동형 저장 장치에 담겨서 원격지로 배달될 수도 있다.

데이터를 디지털로 표현하는 것이 기본적이기는 하지만, 범용 컴퓨터만 디지털 데이터를 처리할 수 있는 것은 아니다. 디지털 비디오는 DVD 재생기로 재생할 수 있고, 디지털 TV는 간단한 셋탑 박스만 있으면 되고, 디지털 오디오는 어떤 CD 재생기라도 CD를 연주할 수 있다. 지금은 프로그램이 가능한 컴퓨터만이 멀티미디어의 완전한 상호작용을 할 수 있지만, 기술이 발전함에 따라 멀티미디어 재생기의 기능을 하는 가전제품이 시장에 나오게 되리라는 것은 명백하다. 그런 장치들은 개인용 컴퓨터보다 훨씬 저렴하게 될 것이고, 이것이 디지털 멀티미디어를 진정한 대중적인 커뮤니케이션 형태로 변환시키게 될 것이다.

2.1 디지털 표현

컴퓨터는 두 개의 상태를 가지는 장치로 만들어진다. 물리적으로 이것은 장치의 회로가 두 가지 잘 정의된 전압 중의 한 가지 안정 상태에 있다는 것을 뜻한다. 더 추상적인 용어로는, 두 개의 값 중에서 하나를 갖는 데이터 단위인 비트(bit)를 이들 장치가 저장하고 처리한다고 말한다. 이 값을 0 V와 3.5 V, on과 off, 참과 거짓, 음과 양이라고 부를 수 있는데, 여기서는 관습적으로 0과 1이라고 하겠다. 8개의 비트가 모이면 더 큰 단위인 바이트(byte)나 워드(word)가 된다. 워드의 크기는 컴퓨터 모델마다 다르지만, 4바이트인 32비트를 워드로 정하는 경우가 많다. 비트가 0 혹은 1이라는 관습을 적용하면 이런 큰 단위는 다음과 같이 해석된다: 각 숫자를 구성 비트로 간주하는 이진수 숫자로 인식된다. 따라시 8비트 0, 1, 1, 0, 0, 0, 0, 1을 포함하는 바이트는 이진수 01100001로 인식되어 십진수 97이 된다. 바이트와 워드를 이런 식으로 해석할 뿐 아니라, 덧셈, 뺄셈, (더 어렵지만) 곱셈, 나눗셈과 같은 기본적인 산술 연산을 수행하는 전자 장치를 만들어서 동일한 형식의 결과를 얻을 수도 있다. 따라서 컴퓨터는 단지 아주 빠른 속도로 계산하는 기계라는 것을 알 수 있다.

그러나 비트와 바이트가 원천적으로 숫자인 것은 아니다. 우리가 이해할 수 있도록 선택한 한 방법이며, 컴퓨터에 구현한 동작이다. 비트 패턴을 다른 식으로 해석하도록 선택할 수도 있으며, 이것이 다른 매체에 속하는 데이터가 디지털로 표시되는 방법이다. 소프트웨어를 작성하고 디스플레이 하드웨어를 만든다면, 패턴 01100001은 이미지의 한 명암값을 뜻하도록 해석될 수도 있다.

숫자와 비트 패턴이 연관되는 방법을 알기 때문에, 비트 패턴을 숫자로 해석할 때 무슨 일이 일어나는 지 아는 것은 쉬운 일이다. 숫자는 쓰기 쉽고, 익숙하다. 따라서 텍스트 글자, 숫자, 혹은 필요한 부호를 고유한 숫자와 연관시켜 코드라는 방식으로 표현한다. 예를 들어, 널리 사용되는 ASCII 글자 집합은 문자와 숫자를 연관시켜서, 소문자 a에 숫자 97(비트 패턴으로는 01100001)을 부여하고, b에 98을 부여하는 식으로 인쇄 가능한 96개의 문자에 숫자를 부여한다. 이런 연관이 의미를 갖기 위해서는 키보드와 프린터와 같은 하드웨어와 소프트웨어가 이와 같은 방식으로 동작하도록 해야 한다. 키보드의 A 글자를 누르면 숫자 97이(혹은 그런 비트 패턴으로 해석되는 전기적 펄스가) 컴퓨터로 전달된다.

다음 장에서 보듯이 이와 같은 숫자와의 연관이 한 점의 이미지 밝기, 혹은 사운드의 순간 크기와 같은 양에도 적용된다. 이런 연관이 본질적으로 임의적이기는 하지만 표현하고자 하는 양에 숫자를 부여하는 방식에는 체계가 있다: 즉, 밝은 것에는 높은 숫자를 부여한다. 이런 특징은 표현되는 양의 성질로부터 나온 것이다.

Lovelace 백작부인 Ada Augusta는 1844년에 디지털 표현의 의미를 이해하고 있었다. 저서 [Babbage의 애널리틱 엔진]에서 "숫자값을 마치 글자나 기타 일반적인 심볼인 것처럼 정렬할 수 있어서, 대수적 표현의 결과를 얻을 수 있다"고 하였다.

컴퓨터 메모리에서 비트는 바이트로 조합되고, 바이트는 일렬로 정렬되어 각 바이트가 정렬된 위치인 **주소(address)**로 구분되기도 한다.[1] 주소는 숫자와 같아서 다른 양처럼 비트 패턴으로 표현되고 저장되고 처리된다. 바이트를 조합하면 **자료구조(data structure)**를 만들 수 있다. 예를 들어, 흑백 이미

---

[1] 일부 컴퓨터는 주소지정 가능 단위가 다를 수 있지만 원리는 똑같다.

지는 작은 사각형 격자 각 점의 밝기에 해당하는 값으로 표현된다. 이 값을 바이트 순서로 저장할 수 있고, 주소를 이용해서 이미지 데이터에 접근할 수 있다. 약간의 계산만 하면 어떤 격자점의 바이트도 주소를 지정할 수 있다. 애니메이션의 연속된 프레임을 표현하는 이런 이미지를 이전과 이후 주소를 부여해서 저장하면, 양방향으로 이미지를 검색할 수 있다.

컴퓨터에서 비트 패턴의 가장 중요한 해석은 우연히도 멀티미디어와 연관된다: 비트 패턴은 메모리에 저장된 값에 대해서 프로세서가 수행해야할 **명령어(instruction)**를 나타내기도 한다. 이런 해석은 하드웨어를 구성하는 방식에 달려 있고, 명령어가 프로세서에 제공될 때 그 영향력이 발휘된다. 명령어가 비트 패턴이므로 명령어의 순차인 **프로그램(program)**은 메모리에 저장되고 실행될 수 있다. 이것이 컴퓨터의 특징을 정의한다: 이것이 **저장 프로그램(stored program)** 기계이다. 하나의 기계가 세금 계산에서부터 비디오 자막 편집에 이르기까지 여러 다양한 작업에 사용될 수 있는 이유가 바로 이 때문이다.

1장에서 비트로 이루어진 공통적인 표현은, 어떤 매체에 담겨 있다고 하더라도 프로그램에 의해 개별적 혹은 통합적으로 조작될 수 있다고 했다. 텍스트, 이미지, 사운드, 비디오, 애니메이션을 비트로 표현하는 방법은 이미 나와 있으며, 미래에 개발될 매체에서도 디지털적 표현이 사용될 것이라고 확신할 수 있다.

2.1.1 디지털화

그림판 프로그램을 이용해서 만들어진 이미지처럼, 멀티미디어 데이터가 처음부터 디지털 형태인 것도 있지만, 이미지 스캐닝과 같이 아날로그 표현을 디지털로 바꾼 것도 있다.

아날로그와 디지털 표현의 차이는 잘 알고 있을 것이다. 그림 2.1에는 아날로그 추시계와 디지털 알람시계가 보인다. 추시계의 분침은 연속적으로 움직이고 시계의 어느 곳이라도 가리킬 수 있으며, 분 표시가 있는 위치만으로 한정되지 않는다. 알람시계는 분의 값만을 표시하며, 60초에 한 번씩만 표시값을 변경한다. 정확한 계산을 위해서는 디지털 표현이 더 편리하다: 예를 들어, 12시 30분이 되려면 얼마나 남았는지 알고 싶으면 12:30에서 표시된 값을 빼면 되는데, 아날로그 시계에서는 시침의 현재 위치와 12와 1의 중간 위치와의 각도의 차이에 근거해서 시간 간격을 추정해야 한다(혹은 시계를 읽어서 머릿속에서 디지털 형태로 변환해서 계산하거나).

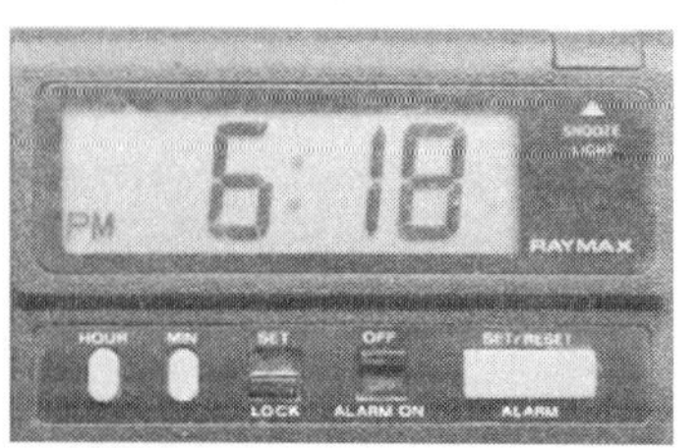

그림 2.1 아날로그와 디지털 표현

시계의 바늘이 연속적으로 움직이지 않는다고 말하는 반대 의견이 있을 수도 있다. 기어와 스텝 모터 등의 장치는 실제로 작은 틱의 연속으로 움직인다. (현재 많은 시계는 아날로그로 보이지만 내부적으로 디지털화되어 있어서, 시계 초침에서 보이는 것처럼 바늘이 이산적인 단계로 움직인다. 태엽으로 동작하는 옛날 시계도 움직이는 부품의 유한한 크기 때문에 실제로 연속적으로 움직이는 것은 아니다.) 전자와 광자의 양자적 성질에 의해 실제로 연속적인 물리적 움직임은 없다. 무한하게 작다는 것은 수학적인 개념이다. 그러나 추시계의 경우처럼 연속적인(아날로그) 값이 더 얻기 쉬우며, 이산적인(디지털) 표현보다 더 정확한 표현을 제공하기도 한다.

멀티미디어에서는 다양한 방법으로 변화하는 값들을 만나게 된다. 예를 들면, 마이크에서 생성된 전기 신호의 진폭이 변화함에 따라 사운드 파형의 크기도 시간에 따라 변한다. 흑백 사진의 한 점의 밝기는 어떤 값도 될 수 있지만, 사진 처리의 물리적 한계에 의해 제한된다. 잴 수 있는 여러 가지 다른 양도 시간과 공간에 따라 변할 수 있다(혹은 동영상처럼 시공간 모두). 여기서는 일반적인 관습에 따라서 재려고 하는 값을 신호(signal)라고 할 것이고, 시변(time-varying)인지 공변(space-varying)인지를 구별하지는 않을 것이다.

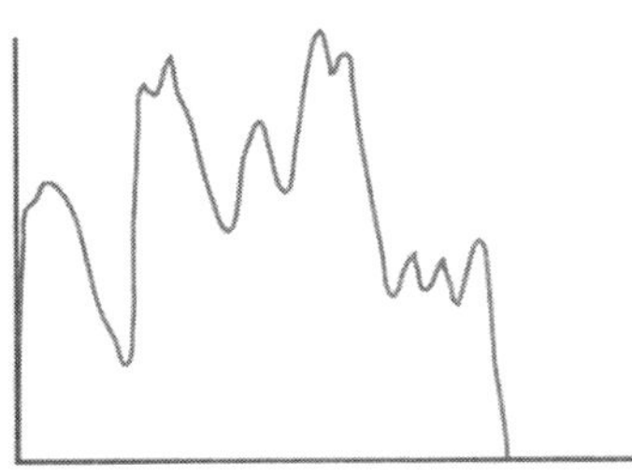

그림 2.2 아날로그 신호

그림 2.2와 같이 연속적으로 변하는 신호에서 측정하는 값과 측정할 수 있는 간격이 아주 작다는 것을 알 수 있다. 이것을 디지털 신호로 변환하려면, 이 두 값을 이산적인 값으로 제한해야 한다. 아날로그 신호를 디지털 형태로 변환시키는 과정인 **디지털화(digitization)**는 이산적인 간격으로 신호값을 측정하는 **샘플링(sampling)**과, 값을 일정한 값들로 제한하는 **양자화(quantization)**로 이루어진다. 샘플링과 양자화는 어느 것이 먼저 수행되어도 상관없다. 그림 2.3은 샘플링이 먼저 이루어지고 양자화가 이루어진 것이다. 이 과정은 특수한 하드웨어 장치인 아날로그 **디지털 변환기(ADC)**에서 일어난다. 연속적인 샘플 간격이 고정된 경우만을 생각하기로 한다. 일정한 시간이나 공간 동안의 샘플 수를 **샘플률(sampling rate)**이라고 한다. 신호가 양자화되는 수준 — 양자화 수준 — 도 일정한 간격이라고 가정한다.

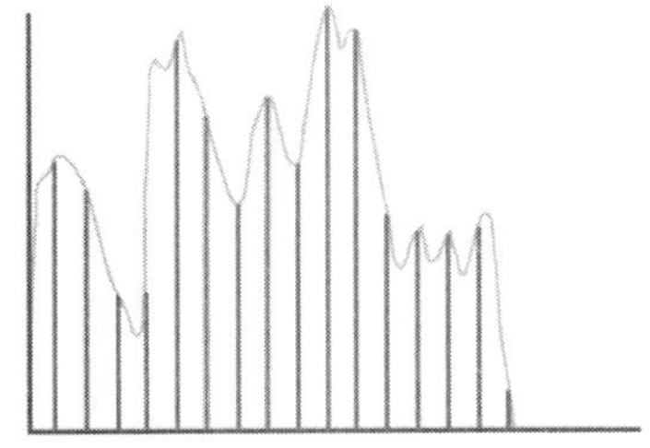

디지털 표현이 아날로그에 비해서 가지는 큰 장점은 어떤 값들 — 양자화 수준에 있는 — 만이 유효하다는 것이다. 신호가 전선을 통해 전송되거나 자기테이프와 같은 매체에 저장된다면, 자속의 유출로 인한 간섭이나 전송 매체의 열에너지의 변화로 인해 랜덤 노이즈가 들어간다. 이런 노이즈는 신호값을 변화시킨다. 신호가 아날로그이면 이런 변화는 발견하기가 어렵다 — 모든 아날로그 값이 유효하기 때문에 노이즈가 섞여도 원래 신호와 구별할 수 없다. 그러나 신호가 디지털이면 노이즈에 의한 작은 변화도 유효한 값을

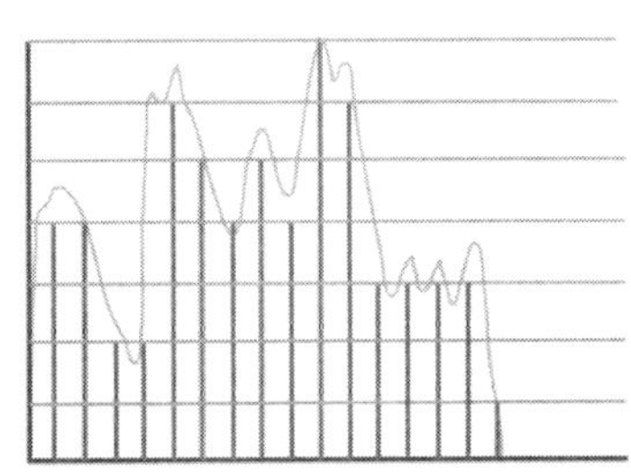

그림 2.3 샘플링과 양자화

양자화 수준 사이의 무효인 값으로 만든다. 양자화를 다시해서 원래 신호를 복구하는 것은 간단하다. 노이즈가 아주 커서 신호를 다른 수준으로 변화시키는 경우에만 전송에서 에러가 발생한다. 이런 경우에도 디지털 신호는 수학적으로 표현되기 때문에 비트 그룹의 산술적 특징에 근거해서 에러를 검출하고 교정하는 장치를 만들 수 있다. 그래서 디지털 신호는 아날로그 신호보다 더 노이즈에 강하고, 복제되거나 노이즈가 있는 매체를 통해 전송되더라도 품질의 저하를 겪지 않는다.

그러나 그림 2.3을 보면 디지털화 과정에서 일부 정보가 없어진다. 디지털화된 결과가 원래의 아날로그 신호에 대한 정확한 표현이라고 어떻게 말할 수 있는가? 얼마나 비슷하게 원래의 신호가 재구성되는지의 정도가 정확도이다. 샘플들을 이용해서 아날로그 신호를 재구성하기 위해 필요한 일은, 샘플들 사이를 무엇으로 채울 지 결정하는 일이다. 재구성 과정은 수학적으로 정확히 기술할 수 있고, 원하는 신호를 만들어내는 이론적인 방법을 제공한다. 실제로는 빠른 하드웨어로 쉽게 구현되는 간단한 방법을 사용한다.

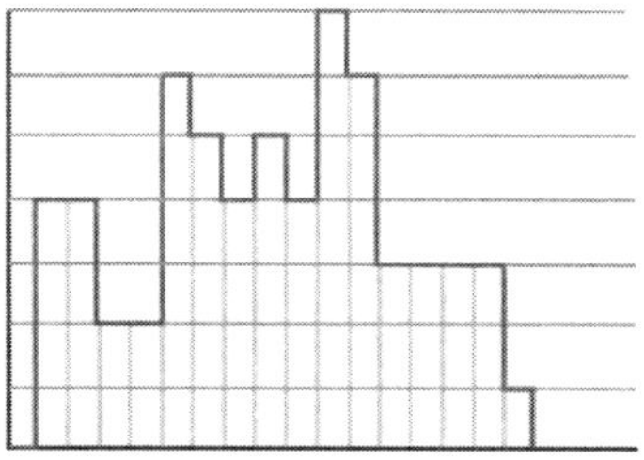

한 가지 방법은 '샘플과 유지'이다: 즉, 샘플값이 다음 샘플 때까지 유지되는 것이다. 그림 2.4에 보이는 것처럼 신호의 전이가 급격하게 일어나며, 원래의 신호와 비슷해 보이지 않는다. 그러나 이런 신호가 CRT 표시기나 스피커와 같은 출력 장치를 통과하면, 물리적 장치의 불완전성으로 인해 이런 불연속점은 부드러워져서 원래의 것과 아주 흡사해진다. (앞으로 사운드와 화면 재생 기술이 발전하면 이 차이가 더 없어질 것이다.)

샘플 간격이 너무 멀면, 샘플 사이에서 놓치게 되는 아날로그 신호가 있어서 재구성은 적절하지 않게 된다. 그림 2.5는 이것을 보여준다. s_i와 s_{i+1}의 연속된 샘플값의 크기는 거의 같고, 이 두 점 사이에 스파이크가 있다는 것이 표시되지 않는다 — 신호는 같은 수준으로 유지된다. 이런 **과소샘플링(undersampling)**이 재구성에 미치는 영향은, 표현하려는 신호의 종류 — 사운드, 이미지 등 — 와 시변 혹은 공변 여부에 따라서 달라진다. 그 결과는 바람직하지 않은 왜곡이나 결점으로 나타난다.

샘플률이 너무 낮으면 샘플링에서 일부 정보를 잃게 된다. 신호가 정확하게 재구성되기에 충분한 샘플률을 알아내고, 그 값이 얼마나 정확하게 만드는가를 알아내는 것은 쉽지 않다. 이것을 더 잘 이해하기 위해 신호를 표현하는 다른 방법을 살펴보자. 나중에 사운드와 이미지 처리에서 비슷한 내용을 이해하는 데 도움을 줄 것이다.

악기의 연주에는 여러 개의 서로 다른 주파수의 파형이 섞여 있다는 것을 알고 있을 것이다. 악기에 따라 다르지만, 기본 주파수와 여러 개의 **고조파**

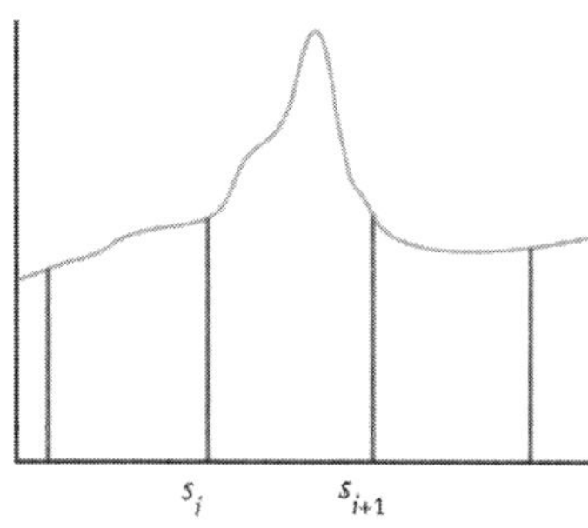

그림 2.4 샘플과 유지 재구성

그림 2.5 과소샘플링

(harmonics)가 있어서, 이것이 고유한 음색을 낸다. 기본 주파수와 고조파는 순수한 톤이다 — 단일 주파수의 사인파. 모든 주기적인 파형은 순수 사인파인 여러 다른 주파수 성분으로 분해될 수 있다. 신호에 대한 개념을 일반화하기 위해서 '주파수'라는 용어를 사용한다. 주파수는 사운드, 라디오, 광파에서 단위 시간당 신호가 주기적으로 변하는 횟수를 뜻한다. 그림 2.6에서 보는 바와 같이 공간 상에서 주기적으로 변하는 신호인 경우에도, 단위 거리당 반복되는 횟수로서 주파수와 같은 의미를 갖는다. 따라서 일반적으로 주파수에는 시간적 혹은 공간적인 의미가 있다. 공간적으로 변하는 신호는 1차원이 아니라 2차원 공간에 적용될 수 있다. 자세한 것은 5장에서 살펴본다.

그림 2.7은 사인파가 다른 주파수와 합쳐져서 복잡한 파형을 만드는 고전적인 예를 보여준다. 사인파의 주파수가 f이고, 진폭이 원래 신호의 3분의 1, 5분의 1, 7분의 1인 $3f, 5f, 7f$ 요소를 하나로 더한다. '고조파'가 더해지면 신호는 더욱 사각파에 가까워진다. 더 많은 주파수 요소가 더해지면 더 비슷해진다.

구성요소의 주파수와 진폭을 이용해서 원래의 신호를 표현할 수 있다. **주파수 영역(frequency domain)**에서 신호의 표현이 주파수와 진폭이다.[2] **푸리에 변환(Fourier Transform)**이라는 수학적 연산을 이용해서 계산한다. 신호에 푸리에 변환을 적용한 결과를 그래프로 표시하면, 수평축은 주파수, 수직축은 진폭을 나타낸다. 전형적인 신호의 **주파수 스펙트럼(frequency spectrum)**은 여러 주파수에서 스파이크로 나타난다. 그림 2.8은 주파수 영역으로 표시되는 사각파를 보여준다. 음의 주파수를 포함하고 있기만 거정할 필요는 없다. 음의 주파수는 위상 전이를 다루기 위한 표현 상의 편의 목적으로 사용되는 것이다. 음의 주파수는 양의 주파수와 대칭된다. 주파수 0에서도 DC 성분 (DC component)이라는 스파이크가 있다. 이 말은 전기 공학에서 오랫동안 사용되어 왔으며, 신호의 적분값과 같으며, 평균값을 나타낸다.

사각파의 예는 높은 주파수 성분이 급격한 전이와 연관된다는 사실을 보여준다. **높은 주파수를 포함할수록 파형의 에지는 더 수직적으로 된다.** 반대로 높은 주파수 성분이 없으면, 변화는 더 부드러워진다. 따라서 이미지를 예리하게 하거나 부드럽게 하는 동작은 특정 주파수를 없애는 **필터(filter)**를 구현하는 것으로 설명할 수 있다 — 5장의 그래픽 처리의 핵심이다.

그림 2.6 주기적인 밝기의 변화

---

[2] 엄밀히 말하면 다른 신호와의 상대적인 거리를 나타내기 위한 위상도 필요하지만, 여기서는 간단히 하기 위해서 생략했다.

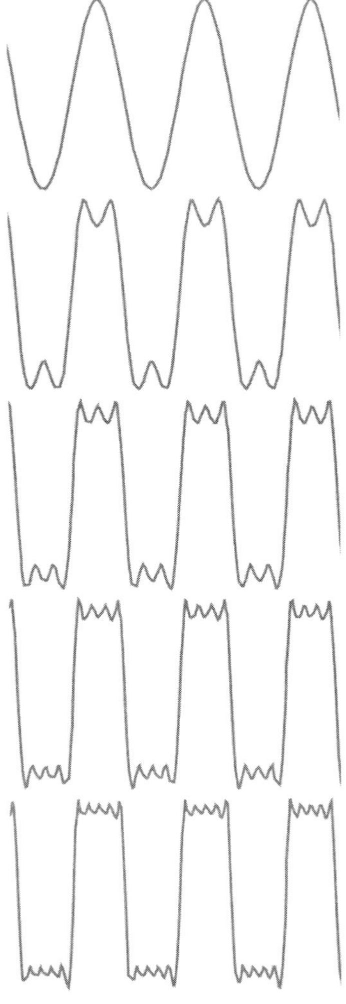

그림 2.7 사각파의 주파수 성분

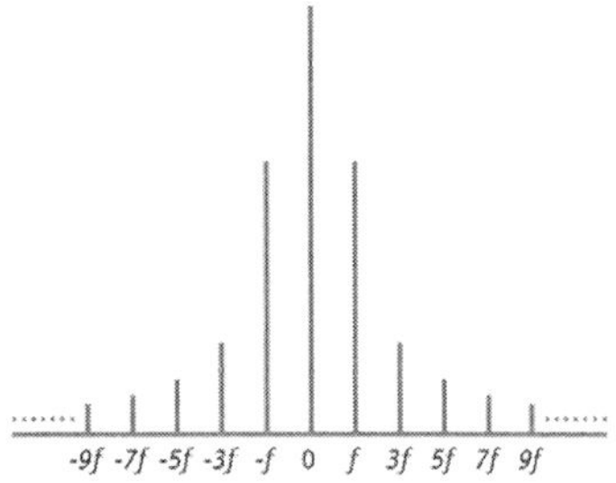

-9f -7f -5f -3f -f 0 f 3f 5f 7f 9f

그림 2.8 주파수 영역으로 변환된 사각파

역푸리에 변환(Inverse Fourier Transform)은 푸리에 변환과 반대로, 주파수 영역의 신호를 받아서 시간 영역으로 만드는 동작을 한다.

원래 신호를 정확하게 재구성할 수 있는 샘플률이 존재하는 지에 대한 질문에 정확한 답을 줄 수 있다. **샘플링 정리**(Sampling Theorem)에서, 신호의 최고 주파수 성분이 f_h일 때, $2f_h$ 이상의 주파수로 샘플링하면 신호를 재구성할 수 있다. 이 제한값을 **나이퀴스트율**(Nyquist rate)이라고 부른다.

오디오 분야의 어떤 책에서는 '나이퀴스트율'을 정확하게 재구성할 수 있는 최고 주파수 성분으로 말하기도 한다. 신호가 f_s로 샘플되면, 나이퀴스트율은 $f_s/2$이다. 이 용어를 양쪽 모두의 의미로 사용하는 것은 바람직하지 않지만, 문맥을 보면 혼란이 없어질 것이다. 여기서는 올바른 재구성을 위한 가장 낮은 샘플률의 의미로 사용할 것이다.

샘플링 정리의 증명은 복잡하지만, 그 핵심적인 내용은 간단한 예를 통해 쉽게 설명할 수 있다. 원반에 하나의 선이 중심에서 바깥쪽으로 그어져 있고, 초당 n 회전의 속도로 시계 방향으로 돌고 있다고 가정하자. 무비 카메라로 원판의 순간사진을 찍어서 '샘플링'한다고 하자. 그림 2.9는 초당 $4n$의 속도로 샘플링해서 얻는 순간사진을 보여준다. 순서를 보면 원판이 시계 방향으로 회전하고 있음을 알 수 있다. 주기적인 신호로 간주하면, 회전 원판은 주파수가 n이고 샘플률은 $4n$으로, 나이퀴스트율을 넘는다. 만일 $4n/3$의 비율로 샘플링하면 어떤 일이 생기는가? 이 샘플링으로 얻을 수 있는 모양은 붉은색 상자에 해당한다. 이 샘플들에서 선의 연속적인 위치를 보면, 원판이 $n/3$의 비율로 반시계 방향으로 도는 것처럼 보인다. (서부 영화에서 역마차 바퀴가 거꾸로 도는 것처럼 보이는 장면을 본 적이 있을 것이다. 필름을 찍은 속도가 바퀴의 실제 회전 속도의 나이퀴스트율보다 작기 때문에 생겼다.) 나이퀴스트율보다 커야 한다. 원판을 정확히 $2n$의 속도로 샘플링하면, 선은 12시 방향과 6시 방향의 위치에서 반복되기 때문에(짙은 회색 상자) 시계 방향으로 도는지 반시계 방향으로 도는지 판단할 수 없다.

샘플링 정리는 신호가 특별한 방법으로 샘플링되어 재구성된 경우에만 성립한다 — 기술적으로 시간 영역에서 이 연산은 샘플된 신호를 주파수 영역에서 완벽한 펄스 함수와 곱하는 연산과 같다. 완벽한 펄스 함수는 특정 주파수 값의 쌍 사이는 1이고, 그 이외에는 0인 함수이다. 푸리에 변환과 역변환을 이용하면 시간 영역에서 원하는 효과를 얻을 수 있는 함수를 정의할 수 있다. 그러나 이 함수는 원점에서 먼 위치에서도 0이 아닌 값을 가질 수 있으며, 따라서 재구성 연산을 구현하는 것은 불가능하다. 실제로는 유한한 폭을 갖도록 근사화시킨다. 완전한 재구성을 위해서는 나이퀴스트율보다 더 높은 비율로 샘플링을 할 필요가 있다.

일반적으로, 신호를 **과소샘플링**(undersample) — 나이퀴스트율보다 낮은 비율로 샘플링 — 하면, 마치 회전 원판의 주파수가 과소샘플에 의해 바뀌듯이, 원래 있던 일부 주파수 성분이 신호 재구성시에 다른 주파수 성분으로 변환된다. 이런 현상을 **앨리어싱**(aliasing)이라고 하며, 다른 매체에서는 다르게 나타난다. 사운드에서는 왜곡으로 들리고, 이미지에서는 울퉁불퉁한 에지 형태로 보이거나, 이미지가 반복되는 세밀한 모양이 있으면 **Moiré** 패턴(그림 2.10)이 나타나고, 동화상에서는 움직임의 순간 멈춤으로 나타난다.

충분하지 못한 양자화 수준의 효과는 불충분한 샘플률로 인한 효과보다 발견하기가 쉽다. 제한된 수로만 값을 나타낼 수 있다면, 그 사이에 있는 미세한 차이는 구별할 수 없다. 이미지에 몇 개의 컬러만을 사용하도록 제한된다면, 붉은색 그림자가 필요한 곳에 심홍색을 써야 할 것이다. 주홍색과 양홍색의 차이는 없어질 것이며, 이런 컬러들 사이의 경계는 없어진다. 흑백 이미지의 효과는 256, 128, 64, 32, 16, 8, 4, 2개의 그레이 단계를 사용했을 때의 차이를 그림 2.11에서 볼 수 있다. 원래의 명암도는 완전 흰색에서 완전 검은색으로 선형으로 변하는데, 그레이의 단계를 줄임에 따라 양자화되

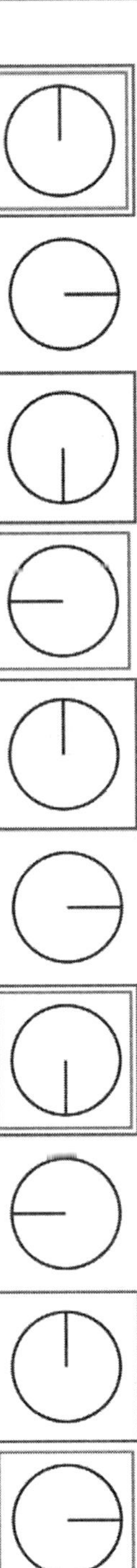

그림 2.9 샘플링과 과소샘플링

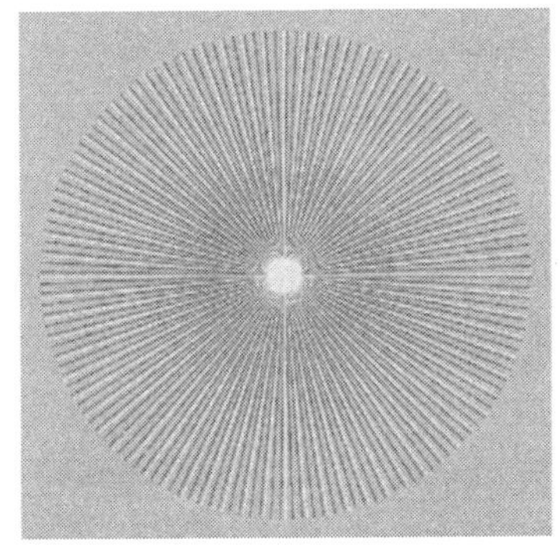

그림 2.10 Moiré 패턴

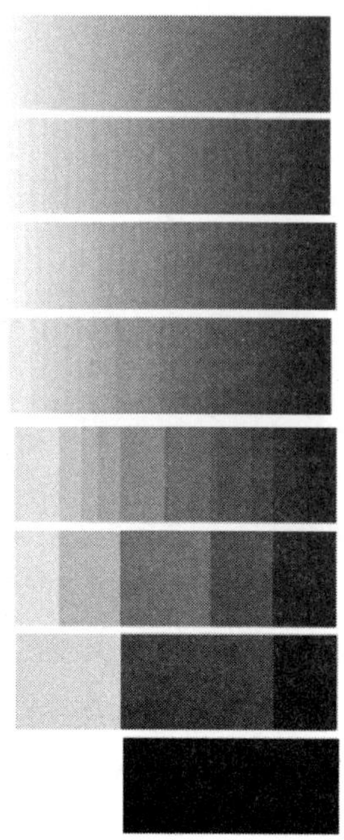

그림 2.11 256, 128, ..., 2 그레이 단계

는 값의 띠가 거칠어진다. 이미지에서 이것의 영향은 포스터화(posterization)로 나타난다. 이것은 밝기 등고선이라고도 불리며, 색상 영역이 값싸게 인쇄된 포스터처럼 보인다. 그림 2.12는 컬러 이미지의 포스터화를 보여준다. 왼쪽에 있는 것은 수백만 컬러의 디지털 사진이고, 오른쪽은 4개의 컬러로 줄여서 포스터화가 분명히 보인다. (종종 일부러 이미지를 포스터화하기도 한다.)

여기서 그레이 단계의 수는 임의로 선정되었다. 양자화 단계의 수를 제한하는 공통적인 이유는 (어떤 종류의 신호에서도) 모든 샘플값에 사용되는 비트 수를 제한함으로써 디지털화된 데이터에 필요한 메모리의 양을 줄이려는 것이다. 여기서는 8, 7, 6, 5, 4, 3, 2, 1비트를 이용했다. 128단계에서도 구별이 가능하지만, 32단계부터는 차이를 뚜렷하게 볼 수 있다.

사운드를 아주 적은 수의 진폭 레벨로 양자화하면, 결과는 양자화 잡음(quantization noise)이라는 왜곡의 형태로 나타나며, 거친 쉬쉬 소리를 낸다. 조용한 상태를 나타내는 값의 전달에도 영향을 준다(모바일 폰에서 낮은 신호 강도의 영역). 양자화 잡음은 8비트(256 레벨)로 샘플되면 분명히 구별이 되지만, 16비트(65536 레벨)에서는 구별하기 힘들기 때문에(아주 전문가를 제외하고) 오디오 CD에서 사용된다.

음악을 만드는 데 드럼 기계나 시퀀서를 이용해 본 적이 있으면, 또 다른 양자화 형식을 본 것이 된다. 이런 장치는 시간적으로 키 양자화를 하기 때문에 정확한 비트를 만들어내지 못한다. 질이 안좋은 것은 16개의 키로 리듬을 양자화한다. 8개의 키로 양자화하면 펑키 당김음을 놓치게 된다 — 너무 적은 양자화 레벨이다. (기계가 아주 엉성하고, 8개의 키로 연주하면서 16개의 키로 양자화하려고 하면 잘못될 수도 있다.)

2.2 하드웨어와 소프트웨어 요구사항

2.2.1 하드웨어

매체를 디지털로 표현하는 것이 개념적으로 아주 간단하고, 디지털화가 수학적으로 잘 이해가 된다면, 왜 디지털 멀티미디어가 비교적 최근에 와서야 개발되었는가? 이제까지 언급하지 않은 것이 자원 요구사항이다. 사운드, 비디오, 이미지는 상당한 양의 디스크 공간과 메모리를 요구한다. 시간-기반 매체도 캡처와 실시간 재생 때문에 아주 많은 양의 데이터를 처리해야 하며, 빠른 프로세서와 높은 전송률의 데이터 버스가 필요하다. 네트워크를 통해 매체 데이터에 접근하는 것은 높은 대역폭을 요구한다. 충분한 빠르기와 메

그림 2.12 포스터화

모리, 고속 디스크와 광대역 네트워크 연결이 가능해진 것은 최근의 일이다. 이런 발전이 일반 소비자에게도 영향을 미침에 따라 멀티미디어의 사용이 더욱 확대될 것으로 기대된다.

멀티미디어 하드웨어 요구사항을 살펴보면, 두 가지 고려할 점이 있다. 멀티미디어 소비와 생산을 위한 요구사항이다. 소비의 경우에는 이상적인 재생 환경보다는 실제로 사용되는 시스템의 능력을 살펴보아야 한다.

PC 제작자 컨소시엄에서는 **멀티미디어 PC(MPC)**라는 사양을 1990년대에 정했다. 이 정의의 마지막인 레벨 3 MPC는 75 MHz 펜티엄 프로세서, 8 Mbyte RAM, 윈도우즈 3.11, 500 Mbyte 하드디스크, 4× CD-ROM 드라이브, CD 음질 오디오 출력, 15-비트 컬러 완전 프레임 재생 기능을 가지고 있었다. 농담같이 들리겠지만 MPC 사양을 만족하는 기계를 소유해야 '멀티미디어가 가능' 하다고 믿었다. G4 iMac은 1.25 GHz 프로세서에서 MacOS X를 돌리며, 512 Mbyte의 RAM, 160 Gbyte 하드디스크, DVD-R writer(물론 CD-ROM 읽기 쓰기도 가능), 내장 56 K 모뎀, 스테레오 스피커, 강력한 그래픽 가속기 카드, 1440×900 픽셀이 가능한 17인치 평판 디스플레이의 사양을 가지고 있으며(혹은 3 GHz 펜티엄 IV 프로세서[3]에 기반하고 같은 양의 메

---

[3] PowerPC와 펜티엄 프로세서는 근본적으로 다르기 때문에, 클럭 속도는 의미있는 비교가 되지 못한다. 3 GHz의 PC가 1.25 GHz의 Mac과 대부분의 작업에서 비슷한 처리 성능을 보인다.

모리와 디스크 공간을 가진 윈도우즈 MX PC 시스템), 이것이 2003년 중반의 디지털 멀티미디어 소비자가 사용할 수 있는 하드웨어 종류를 나타낸다. 이런 비교적 강력한 기계를 쉽게 장만할 수 있을 것 같지만, 일반 사용자는 기업이나 멀티미디어 전문가보다는 기계의 업그레이드를 덜 자주한다. 인터넷에는 비교적 오래된 기계가 수백만대 연결되어 있다는 것을 기억해야 한다. 또한 낮은 가격으로 사용자의 관심을 끄는 최저가 PC는 옛날 모델 프로세서를 사용하고 있으며, 사양이 고급 PC보다 낮다. 기업에서 사용하는 컴퓨터는 워드나 스프레드 시트 같은 비교적 간단한 업무만을 주로 처리하기 때문에 비교적 느린 프로세서와 성능이 떨어지는 그래픽과 사운드 카드를 사용한다.

최고 성능의 데스크탑 기계는 특별한 하드웨어 없이도 DVD로 비디오 재생을 잘할 수 있어야 한다. 새로운 종류의 덜 강력한 기계가 등장하고 있다. 휴대형 'PDA(personal digital assistants)'는 간단한 디지털 주소록에서 강력한 컴퓨터 시스템으로 발전하고 있다. 크기가 작기 때문에 데스크탑 기계의 성능을 따라갈 수는 없고, 저장소의 크기와 디스플레이의 크기가 제한된다. 이런 장치의 통신 기능은 휴대폰망을 이용하기 때문에, 유선망보다 대역폭이 작다. 웹 브라우징과 비디오 통화를 할 수 있는 새로운 세대의 모바일 폰이 등장하고 있다. 이런 종류의 장치들의 기능이 통합되어 멀티미디어 폰이 되면, 웹 브라우징을 포함한 인터넷 접근에 사용될 것이다. 강력한 데스크탑 기계뿐만 아니라 전화나 PDA에서도 접근할 수 있는 페이지를 만들어야 하기 때문에 웹 설계자들에게는 새로운 도전이 되고 있다. 시스템 수준에서는 멀티미디어 구조가 확장성이 있어서, 다른 버전의 제품도 성능의 차이만 다르고 사용할 수는 있어야 한다. 이 질문은 17장에서 다시 나온다.

비록 고품질 멀티미디어 제품을 위한 하드웨어 요구사항이 더 커지고 있지만, 수많은 멀티미디어 제품이 윈도우즈 2000과 매킨토시 컴퓨터에서 실행된다. 이런 시스템들에 특수 목적 그래픽 가속기 하드웨어와 비디오와 오디오 입력 장치 기능이 추가된다. 예를 들어, 앞에서 설명한 iMac보다 더 새로운 G5 Power Macintosh는 2 GHz 프로세서에 빠른 버스와 64 Mbyte의 비디오 메모리, 그리고 강력한 그래픽 카드를 탑재하고 있다. 메인 메모리를 2 Gbyte로 늘이고, 고속 디스크를 추가하고, 기타 특수 주변장치를 설치할 수 있다. 더 평범한 사양으로 만들 수도 있지만 — 많은 웹 페이지는 일반 데스크탑 PC에서 만들어진다 —, 이런 기계에서 만들고 조작할 수 있는 내용의 범위는 제한된다. 반대로, 3-차원 애니메이션 렌더링과 비디오 효과와 같이 계산량이 많은 작업에는 SGI나 Sun사의 고성능 워크스테이션을 이용할 수도 있지만, 이런 장비는 영화나 TV 업계에서 주로 사용된다.

멀티미디어 컨텐츠를 만들기 위해서는 빠른 처리 능력, 고속 데이터 버스, 큰 메인 메모리, 강력한 그래픽 보드가 필요하다. 빠르고 고용량인 보조기억 장치도 필요하다. 사운드, 비디오, 이미지는 많은 양의 저장소를 필요로 한다는 것을 배웠다. 이것을 만드는 과정에서 최종 제품에서 필요로 하는 것보다 훨씬 더 큰 저장 용량을 필요로 할 수도 있다. 예를 들면, 이미지는 레이어로 구성되고(5장 참조), 개별적인 레이어를 '평탄화' 시켜서 만든다. 각 레이어는 최종 이미지와 거의 같은 양의 공간을 차지하고, 이런 레이어가 보통 백 개에 이른다. 고품질 오디오와 비디오 소스는 아주 많은 저장소를 차지한다. 비디오나 네트워크에서 최종적으로 사용하는 압축은 질을 낮추기 때문에, 중간 과정에서는 덜 압축되고, 따라서 파일 크기가 더 큰 것을 사용해야 하고, 높은 압축은 마지막 단계에만 적용해야 한다.

하드디스크의 용량도 늘어나고 있다. 데이터 전송 속도는 초당 3.5 Mbyte 이상의 전송률이 필요한 디지털 비디오에서는 더욱 중요한 요소이다 — 캡처 때는 초당 30 Mbyte 이상이 필요하다. 데스크탑 기계에 사용되는 ATA 버스는 압축된 데이터만을 처리할 수 있다. 그러나 새로운 인터페이스 표준은 더 높은 데이터율을 지원한다. FireWire 400과 FireWire 800은 이론적으로 초당 400 Mbit와 800 Mbit를 제공하고(50과 100 Mbyte에 해당), USB 2.0은 초당 60 Mbyte를 지원하며, 새 버전 SCSI 표준은 초당 160 Mbyte가 가능하다. FireWire은 DV 카메라(7장 참조)와 디지털 스틸 카메라와 같은 가전제품을 컴퓨터에 연결하기 위한 표준 인터페이스로도 사용된다.

비디오 캡처를 위해서는 디스크 데이터 전송이 일정 속도로 유지되어야 하며, 그렇지 않을 경우에는 프레임을 잃어버리게 된다. 미사용 공간이 연속적일 경우에는 이것이 가능하다. 만일 디스크에 조각이 생겨서 미사용 공간이 작은 조각으로 흩어져 있으면, 헤더가 새로운 위치로 이동하느라고 데이터 전송이 간헐적으로 간섭을 받는다. 따라서 비디오 캡처에 사용되는 디스크는 최적화 유틸리티를 이용해서 주기적으로 조각을 제거하거나, 캡처하기 전에 모두 지우는 작업을 해야 한다.

여러 개의 주변장치가 빠른 SCSI나 FireWire 버스를 통해 연결되어 있으면, 디스크를 통해서 데이터가 이동될 때 병목이 생긴다. 하나의 디스크가 FireWire나 Fast SCSI 2에 연결되어 있으면 멀티미디어 제작에 필요한 충분한 성능을 낼 수 있다. 그러나 중앙 서버와 LAN을 이용해서 워크스테이션의 데이터를 공유하고자 한다면, 더 높은 성능이 필요하다. 화이버 채널이나 기가비트 이더넷으로 전송 속도를 올릴 수 있다. 더 비싸지만 고속인 디스크를 쓸 수도 있지만, RAID 배열이 잘 알려진 대안이 된다. RAID는 Redundant Array of Inexpensive Disk를 뜻하며, RAID 배열은 비교적 싸고, 느린 디스크를 모아서 병렬로 동작시킴으로써 개선된 성능을 얻는다.

더 정확하게 RAID는 8단계로 나뉘는데, 각 단계마다 성능과 결함-내성 정도가 다르다. 각 단계에서 강조하는 것은 결함-내성에 관한 부분으로, RAID를 'Redundant' 하게 구성하는 이유가 된다. 그러나 가장 낮은 수준인 Level 0 RAID는 '데이터 스트라이핑' 기법을 사용하는데, 데이터 블록이 여러 디스크에 나뉘어져 쓰여진다. 쓰기 동작은 중첩될 수 있어서, 하나의 드라이브에 물리적으로 전송되는 것보다 더 빠르게 드라이브 버퍼에 쓰여진다. 읽기 동작은 간단히 중첩된다. 디스크 배열은 단일 고용량 드라이브인 것처럼 보인다. RAID 0는 디스크 실패를 막지는 못한다 — 한 디스크가 실패하면 전체 배열이 실패한다. 더 높은 RAID 단계는 데이터 저장 방식에 중복을 적용해서 실패를 견디도록 설계되었다. Level 1이 가장 덜 복잡하다. 디스크 미러링은 성능을 개선시키는 것이 아니라, 성능을 떨어뜨린다. 더 높은 단계에서는 더 복잡한 기법을 사용하지만, 가장 유명한 것은 RAID 단계 0과 1을 조합해서 데이터 스트라이핑의 성능과 디스크 미러링의 결함 방지 효과를 얻는 것이다.

빠르고 큰 디스크 이외에도 멀티미디어 제품에는 더 전문적인 주변장치가 필요하다. 압력 감지 펜이 있는 그래픽 테블렛은 모든 종류의 그래픽 작업에 필수적이다(일부 이미지 교정 작업에서는 예외). 마우스로는 적절한 그림을 그릴 수 없다. 수백만 색을 낼 수 있는 큰(20인치 이상) 고해상도 모니터도 필요하다(일반 사용자는 더 작고 낮은 품질의 디스플레이를 가지고 있다는 것을 기억해야 한다). 이미지 작업을 위해서는 두 대의 모니터를 같이 사용하는 것이 일반적이다. 하나의 모니터에는 대부분의 그래픽 프로그램 사용자 인터페이스에 있는 많은 툴바와 팔레트를 표시하도록 한다. 고해상도 스캐너는 사진이나 인쇄된 매체에서 이미지를 캡처할 때 사용된다. 디지털 카메라가 있으면, 시간, 비용, 필름 처리 실험실이 없어도 디스크로 바로 사진을 받을 수 있다. 비싼 카메라만이 기존의 35 mm SLR 카메라의 품질을 얻을 수 있지만, 디지털 사진이 편리하기 때문에 멀티미디어 이미지 제작을 위한 보편적인 방법이 되었다. 비디오 카메라와 사운드 녹음 장비는 기록을 만들기 위해 필요하다. 요즘은 이런 장비들도 디지털이어서, FireWire 연결을 통해 바로 컴퓨터로 보내서 디지털 데이터를 만들어낸다. 기존의 아날로그 장비를 이용해서 비디오와 오디오를 캡처하려면, 아날로그-디지털 변환기와 압축 하드웨어가 필요하다. 추가적으로 필요한 스튜디오 장비는 마이크, 믹서, 삼각대,

조명 등이며, 얼마나 의욕적이고 전문적이냐에 따라서 달라진다. 일반적으로 사용자의 요구 수준이 높기 때문에, 판매를 위한 제품인 경우에는 제품의 가치가 이것에 맞추어서 높아야 한다.

2.2.2 소프트웨어

모든 매체 타입의 데이터가 비트의 모임인 디지털로 표현되고, 컴퓨터 프로그램에 의해 조작된다고 강조했다. 이미지를 표현하는 비트들에 대해서 하려는 작업은 텍스트나 오디오와는 다를 것이다. 다른 매체 타입에 대해서는 다른 응용프로그램이 개발되어 왔다. 그림에는 이미지 편집, 그림판, 그리기 프로그램, 텍스트에는 편집기와 레이아웃 프로그램, 비디오에는 캡처, 편집, 후처리 소프트웨어, 동화상과 애니메이션에는 특수 패키지, 사운드에는 녹음, 편집, 효과 프로그램과 신서사이저와 시퀀서들이 사용된다.

멀티미디어의 핵심은 다른 매체의 요소들을 이들 프로그램을 이용해서 조합하는 것이다. 이런 조합을 만드는 한 방법은, 서로 다른 매체 데이터를 읽어서 통합된 형태로 만들어 주도록 프로그램을 작성하는 것이다. 그러나 이 방법은 유연성은 아주 좋지만 뛰어난 프로그래밍 실력이 있어야 한다. 프로그램 작성을 하지 않고도 체계적으로 이런 작업을 수행할 수 있는 **저작 시스템**(authoring system)[4]이 개발되어 왔다. 저작 시스템은 마크업 언어의 레이아웃 모델에 기반하거나, 12, 13장에서 설명할 타임라인에 기반한다. 상호작용을 위해서는 스크립트 언어를 이용한 약간의 프로그래밍이 필요하다.

결론적으로, 멀티미디어 제품을 만들기 위해서는 소프트웨어 툴과 어느 정도의 숙련이 필요하다는 것이다. 하나의 툴 사용법을 완전하게 익히는 것은 시간이 많이 걸리고 — 포토샵을 사용할 수 있는 것 자체가 경력이 된다 — 다양한 재능을 요구한다. 프로그램도 잘 짜고, 좋은 이미지 작품도 잘 만들고, 비디오 연출과 그래픽 디자인을 모두 잘하는 예술가는 드물다. 따라서 전문적인 품질의 멀티미디어 제품은 팀을 이루어서 만든다. 혼자서는 멀티미디어를 만들 수 없다는 것은 아니지만, 전문적인 품질 수준에 이르지 못한다. 어떤 경우에는 이것도 꽤 만족스럽다. 개인적인 웹 페이지는 아마추어적으로 보인다. 과학적 가시화는 공상과학과 같은 기준으로 평가되지는 않는다. 도표는 예술 작품과는 다르게 평가된다. 기업들은 자신들이 선호하는 미의 기준을 가지고 있다. 저가의 멀티미디어 소프트웨어 시장에는 비전문가가 쓸 수 있는 웹 페이지 개발용 멀티미디어 패키지가 나와 있다. 이런 패키

---

[4] 'Author' 라는 단어는 동사는 아니지만 이렇게 많이 쓰인다.

지에는 HTML 태그, 자바스크립트 코드, '마법사'와 같은 제품화 과정 안내 등의 기술적으로 세밀한 부분이 생략되어 있다. 수많은 클립아트, 기본적인 애니메이션, 이미 만들어진 매체 요소들을 이용하면 간단한 멀티미디어 제품을 적은 노력으로도 빨리 만들 수 있다.

멀티미디어 정의에 의해서 핵심적인 부분은 결합된 매체가 일관적인 인터페이스를 통해 잘 통합된 것으로 보여지며, 단일 컴퓨터 프로그램에 의해 조작될 수 있어야 한다는 것이다. 이것은 여러 다른 소프트웨어 툴을 이용하고 팀 작업을 이용해서 멀티미디어 제품을 만든다고 설명한 것과는 완전히 비교된다. 통합의 핵심은 다양한 매체를 수용하고, 사용자에게 통합적인 프레임워크를 제공하는 것이다. 여기에는 세 가지 접근 방식이 있다(이들 방식은 나중에 통합되겠지만).

월드 와이드 웹은 하나의 접근 방식을 요약해서 보여준다. 다른 매체를 수용하고(HTML이나 XML 같은 마크업 언어) 전용 브라우저를 통해서 보여줄 수 있는 포맷을 정의한다. 여기서 기본적으로 텍스트이며 그래픽과 다른 매체 요소를 내장하고 있는 웹 페이지를 모아놓은 것이 멀티미디어 제품이 된다. 모든 웹 페이지는 최신 웹 브라우저를 이용하여 볼 수 있다.

두 번째 접근 방식은 서로 다른 매체 타입을 포함하는 양식으로 이루어진 구조를 정의하는 것이다. 여기에는 그 포맷의 데이터를 조작할 수 있는 함수 집합인 API(Application Programming Interface)가 제공된다. 예로는 QuickTime이 있다. QuickTime 무비는 비디오, 사운드, 애니메이션, 이미지, 가상현실, 상호작용 요소를 동기화시켜 포함할 수 있다. QuickTime API는 무비와 상호작용적으로 재생하거나 편집할 수 있도록 하는 함수를 제공한다. 모든 프로그램이 멀티미디어 기능을 제공하기 위해 API를 사용할 수 있다. 웹 페이지가 브라우저에서 표시되듯이, QuickTime 무비는 QuickTime 플레이어에서 재생될 수 있다. 또한 워드 프로세서 문서, 게임, 혹은 다른 작업을 처리하듯이 멀티미디어를 조작하는 특수 목적 프로그램에 내장될 수도 있다. 프로그램에 코드를 추가해서 HTML을 해석하도록 할 수도 있지만, QuickTime은 시스템 수준에서 구현되고 모든 프로그램에서 사용할 수 있기 때문에, QuickTime 지원을 추가하는 데 걸리는 노력을 줄여준다.

세 번째 접근 방식은 이전 것과는 아주 다르다. 멀티미디어 제품 배급을 '독립적'인 형태로 하며, 추가적인 소프트웨어를 사용하지 않는다. 플래시는 이런 방식을 사용하는 예이다. 무비는 CD-ROM으로 배급되는 '프로젝터' 형식으로 저장되고, 플래시 자체가 없어도 모든 사용자 기계에서(구조가 일치하면) 재생된다. 모든 브라우저나 기타 무비-재생 프로그램에서도 재생 가능하다. 이들 세 가지 접근 방식이 언제나 분리되어 호환적이지 않은 것은 아니다. QuickTime은 사운드가 있는 비디오 포맷으로 자주 사용되기 때문에 웹 페이지에 자주 내장된다. 비슷하게 플래시 무비도 인터넷을 통해 배급되기 위해서 웹 페이지에 내장되며, 독립적인 프로젝터보다는 브라우저 안에서 주로 재생된다. 이런 형태의 내장된 매체를 수용하기 위해서는 웹 브라우저를 플러그-인으로 확장해야 한다. 이것은 12장에서 설명한다.

제품화 과정과 소비에 대해서 설명했지만, 그 사이에는 네트워크를 통한 멀티미디어 제품의 전송, 데이터베이스에 저장, 오프라인 배송 매체에 쓰기의 과정이 있다는 것을 알아야 한다.

2.3 네트워크

현대 컴퓨터 시스템은 고립되어 있지 않다. 이더넷 기술을 이용한 근거리 통신망이 작은 조직이나 큰 조직의 일부에서 컴퓨터를 연결하는 데 사용된다. 근거리 통신망은 라우터, 브리지, 스위치로 묶여서 인터넷이 된다. 인터넷은 세계적인 네트워크들의 네트워크이며, TCP/IP라는 표준 프로토콜로 통신한다. 대부분의 네트워크가 상업적인 인터넷 서비스 제공자(ISP)에 의해 운영된다. 이들은 전용선과 라우터를 임대하며, 전화선이나 케이블 TV 망을 이용해서 접근할 수 있도록 편의를 제공한다.

1991년 상업적 이용에 관한 제한을 없앤 이후에 일어난 인터넷의 발전에 대해서는 많은 곳에서 언급되었다. 1장에서 언급한 대로 어디서나 이용할 수 있다는 것이 과장된 점이 있기는 하지만, 개발도상국에서 인터넷은 전화 시스템의 공공 통신망과 비슷하게 빠르게 공공 데이터망이 되어가고 있다.

네트워크, 특히 인터넷은 멀티미디어 배급에 있어서 중요하지만, 또한 엄청난 기술적인 어려움이 있는 것도 사실이다. 인터넷의 경우에 추가적으로 고려해야 할 사항은, 많은 사용자가 기술적인 것을 잘 알지 못하며, TV, 비디오, 사진, 인쇄 매체의 경험에 기반한 품질을 기대한다는 것이다. 인터넷을 통해 배급되는 멀티미디어 컨텐츠는 뉴스와 스포츠 영역에서 기존 매체와 경쟁해야 하며, 사진과 사운드의 낮은 품질을 보상할만한 추가적인 가치 (상호작용성)를 제공해야만 한다. 그러나 이런 상황은 고속 접근 기술이 널리 보급되면서 바뀔 것이다.

상황이 빠르게 변하고 있지만, 대부분의 인터넷 접근은 '모뎀 연결'을 통해서 이루어진다. 모뎀을 통해서 얻을 수 있는 최대 대역폭은 56 kbps

이다.[5]

새로운 컴퓨터들은 V90이나 V92 표준 모뎀을 탑재한다. 이 속도는 전화국에서 모뎀으로 데이터를 '내려받는' 속도에 해당하며, 반대 방향으로는 최대 33.6 kbps가 된다. 모뎀과 전화국 간의 거리와 잡음의 영향으로 이 속도를 내기 힘들다. 실제로는 34 kbps에서 48 kbps 정도가 된다. 14.4 kbps 이하 속도의 옛날 모뎀도 많이 사용되고 있다. 느린 접속 사용자를 위해 이미지와 사운드 비디오 대신에 텍스트를 사용한다고 하더라도, 멀티미디어 배급을 위해서는 28 kbps 이하 속도는 합당하지 않다.

모뎀과 전화국 간의 아날로그 접속을 이용해서 얻을 수 있는 최대 대역폭은 56 kbps이다. 광대역(broadband)이라고 불리는 여러 가지 새로운 기술은 디지털 전화 시스템의 잠재적인 높은 대역폭을 직접 이용하기 위해서, 이런 아날로그 연결을 사용하지 않는다. ADSL(Asymmetric Digital Subscriber Line)은 기존의 구리 전화선을 이용하는 새로운 접속 방법이다. 최대 내려받기 속도가 6.1 Mbps이며, 올려넣기 속도가 640 kbps이다(따라서 '비대칭'이다).[6] ADSL이 먼 지역(전화국에서 5 km 이상 떨어진)은 서비스할 수 없다는 기술적인 제약이 있기는 하지만, 많은 나라의 통신 사업자들은 ADSL 서비스를 제공하고 있다. 통신 회사들은 ADSL이 도시와 큰 지방에서는 채산성이 있다고 생각한다.

가정과 전화국 간의 아날로그 연결의 제약을 없애는 또 다른 방법은 전화망 대신에 케이블 TV 망을 이용하는 것이다. 케이블 모뎀은 데이터를 500 kbps에서 30 Mbps까지 전송할 수 있다. 아주 떨어진 곳의 사용자는 위성을 이용한 광대역 서비스를 이용할 수 있지만, 비용이 ADSL이나 케이블보다 비싸다. 전력선을 이용한 데이터 전송, 무선 근거리 통신망, 고고도 풍선을 이용한 위성 대체 등 많은 광대역 기술이 다양한 개발 단계에 있다. 이런 광대역 서비스는 인터넷 접근이 영속적이며, 전화선과 같은 연결 설정이 필요 없다는 추가적인 장점이 있다. (ADSL은 같은 선을 이용해서 음성과 데이터 전송을 동시에 한다.) 많은 광대역 사용자들은 언제나 연결된 상태인 것이 속도가 높은 것보다 더 가치 있다고 생각한다.

광대역이 가능한 가정의 비율이 많은 나라에서 극적으로 변하고 있다. 2001년 6월에 한국에서 100 중의 14 가정에서 광대역 접근이 가능했고, 미

---

[5] 이 책에서 속도는, 네트워크에서 일반적으로 사용하는 초당 비트 수로 표시하고, 파일 크기 등은 일반 컴퓨터에서 사용하는 바이트 표기를 사용한다.

[6] DSL 중에는 속도는 낮지만 대칭이거나(HDSL은 양방향 1.5 Mbps), 더 빠른 비대칭(50 Mbps 내려받기)인 것도 있다.

국과 일본에서는 100 중에서 3 내지 4, 영국에서는 1 이하였다. 요즈음 한국에서는 인구의 92%가 ADSL 서비스를 받는 데 반해서, 미국과 영국에서는 50%이다. 이 수치는 관계자가 예측하지 못할 정도의 값이다. 대부분의 나라에서 광대역은 일부 가정에서만 가능한 상태이다.

자신의 웹 서버를 운용하는 상업적인 인터넷의 이용자는 ISP에 고정적으로 연결된 전용선 임대를 선호한다. T1과 T3 선은 1.544 Mbps와 44.736 Mbps를 제공한다. T1과 T3 선은 작은 규모의 ISP가 인터넷 백본에 연결된 큰 규모의 ISP와 직접 연결하기 위해서도 사용한다.

'광대역'이라는 용어는 56K 모뎀보다 충분히 빠르다는 것을 뜻하는 마케팅 용어이다. ITU 권고에 의한 '공식적'인 정의는 'primary ISDN보다 빠른'이며, 1.5 내지 2 Mbps이다. 이 정의에 의하면, 광대역은 4분의 1 크기의 완전 프레임률 비디오를 지원할 수 있는데, 현재 대부분의 광대역 서비스는 여기에 미치지 못한다. FCC는 보다 더 보수적인 정의를 하고 있다. 200 kbps의 대역폭을 갖는 서비스는 '광대역'이다. 이것은 웹 페이지가 책 페이지를 넘기는 속도로 바뀔 수 있다는 것을 말한다. 이 정의는 실제와 더 가깝다. ADSL과 케이블 서비스는 최소 256 kbps를 제공한다. 그러나 CD-ROM 드라이브나 LAN보다는 아주 느리다.

표 2.1은 여러 매체 요소가 다양한 연결을 통해 전송될 때 걸리는 시간을 보여준다. 사용자와 ISP 간의 연결만이 언제나 인터넷을 통한 데이터 전송 속도를 제한하는 요소가 되는 것은 아니다. ISP 네트워크 간의 연결 능력과 데이터를 내려받는 기계의 계산 성능도 중요하다. 파일 내려받기 동작이 V90 모뎀의 최대 속도를 사용하지는 않는다. 그러나 케이블 모뎀과 ADSL이 내려받기 속도를 상당히 개선한다는 것은 분명하다. 사용자가 많아짐에 따라 ISP 간의 연결이 업그레이드되고, 전송 속도에 맞춰 서버에서 데이터를

표 2.1 인터넷을 통한 데이터 전송률

	kbps (이론상)	6 kB 텍스트 페이지	100 kB 이미지	4 MB 영화
느린 모뎀	28.8	1.5초	28초	19분
빠른 모뎀	56	1초	14초	9분
T1 라인	1544	< 1초	1초	21초
케이블 모뎀/ ADSL (보통)	6000	< 1초	< 1초	5초
T3 라인	44736	< 1초	< 1초	1초

제공할 수 있는 조건이 맞아야만, 사용자와 ISP 간의 빠른 접근이 유지된다. 데이터 버스 속도는 네트워크 속도보다 빠르기 때문에, 단일 연결에서 후자의 조건은 쉽게 충족된다. 그러나 유명한 사이트의 경우에는 인터넷 사용자의 수가 증가함에 따라 많은 요구를 동시에 서비스해 주어야 한다.

근거리 통신망은 인터넷보다 더 빠른 데이터 전송률을 제공한다. 작은 기관에서 일반적인 LAN 기술은 10 base T 이더넷으로, 10 Mbps를 제공한다. 점점 100 Mbps를 제공하는 100 base T로 대체되고 있으며, 기가비트 이더넷도 사용할 수 있다. 이런 대역폭은 모든 트랜잭션이 공유하기 때문에, 두 컴퓨터 간의 실질적인 대역폭은 더 낮다. 그러나 인터넷에서는 불가능한 멀티미디어 응용들을 여기서는 충분히 지원할 수 있다. 인터넷에서는 화상회의 응용의 품질이 낮지만, 고속의 LAN에서는 가능하다.

2.3.1 클라이언트와 서버

LAN이나 인터넷을 통한 멀티미디어의 온라인 배급은 클라이언트/서버 모델에 기반한다. 이 모델에서 **서버(server)**라고 불리는 프로그램은, 네트워크 상의 다른 기계에서 실행되는 **클라이언트(client)**라 불리는 다른 프로그램으로부터의 **요청(request)**을 통신 채널을 통해서 듣는다. 서버가 요청을 받으면 응답**(response)**을 보내어 서비스나 데이터를 클라이언트에 제공한다. 요청과 응답은, 서버와 클라이언트가 요청과 응답을 주고받을 때 양식과 행위를 관장하는 규칙들의 집합인 **프로토콜**에 부합한다.

온라인 멀티미디어 배급의 형태인 월드 와이드 웹이 클라이언트/서버 모듈의 가장 유명한 구현 예이다. 웹 서버와 클라이언트는 HTTP(HyperText Transfer Protocol)를 이용해서 통신한다. HTTP는 하이퍼텍스트 정보를 빠르게 전송하도록 설계된 간단한 프로토콜이며, 하이퍼텍스트 마크업 언어인 HTML을 이용해서 문서에 마크를 붙인 형태이다. 월드 와이드 웹은 하이퍼텍스트로 많이 기술되며, 그래픽, 사운드, 비디오, MIDI, 기타 데이터 혹은 프로그램을 포함하기도 한다.

HTTP는 웹 서버와 클라이언트 간의 통신을 제공한다. 클라이언트가 먼저 서버에 접속하여 웹 페이지를 요청한다. 서버와 웹 페이지 데이터가 있는 파일의 위치 식별은 http://www.digitalmultimedia.org/DMM2/index.html과 같은 친숙한 '웹 주소'인 URL(uniform resource locator)을 이용한다. 여기서 http://는 클라이언트가 HTTP 프로토콜을 사용한다는 것을 알리는 것이고, www.digitalmultimedia.org는 웹 서버 위치를 식별하는 도메인 네임(domain name)이며, /DMM2/index.html은 기계의 파일 시스템에 있는 파일을 식별한다. 서버는 지정된 파일이 있으면, 데이터 타입(HTML 텍스트, GIF 그래픽, 사운드 등)을 나타내는 추가 정보로 HTTP 응답을 감싸서 내용을 보낸다. 타입에 관한 정보는 다음 절에서 설명한다.

월드 와이드 웹 클라이언트는 보통 인터넷 익스플로러나 모질라와 같은 브라우저이며, 웹 페이지에 상호작용적으로 접근할 수 있도록 한다. 웹 브라우저는 다중 프로토콜 클라이언트로서, 다른 프로토콜을 사용해서도 통신을 할 수 있다(따라서 프로토콜을 구별하는 URL 접두어를 붙인다). 거의 모든 브라우저는 FTP(File Transfer Protocol)를 이용해서 파일 내려받기를 할 수 있다. 최근의 브라우저는 오디오 비디오를 특수 프로토콜을 이용해서 실시간 데이터 스트리밍할 수 있도록 지원한다.

웹 서버는 전용의 강력한 기계에서 운영되며, 많은 트래픽을 감당하기 위해서 윈도우즈 서버 버전, MacOs X, Unix에서 돌아간다. ISP에서는 하나 이상의 기계를 이용해서 고객에게 웹 공간을 제공하기 위한 서버를 운용한다. 자신의 웹 페이지를 갖기 원하는 개인이나 작은 기업은 ISP의 설비를 이용할 수 있다. 접속자 수가 적당하다면, 데스크탑 기계에서도 웹 서버를 운용하는 것이 가능하다. 서버를 운용하는 기계는 영속적으로 인터넷에 접속되어 있어야 하며, 이것은 광대역 접속이 필요하다는 것을 뜻한다.

서버의 기본적인 웹 페이지 서비스 기능 인터페이스가 다른 프로그램에 제공되도록 동적으로 확장된다. 이것은 웹 페이지를 동적으로 생성하고, 데이터베이스에서 추출한 정보를 포함하고, 웹 페이지 형태로 제공된 정보에 기반한 계산을 수행할 수 있도록 한다. CGI(Common Gateway Interface)가 이런 인터페이스에 사용되는 **사실상의** 표준이지만, 마이크로소프트사의 **Active Server Page**나 애플사의 **WebObject**, 공개 표준인 PHP와 JSP의 사용이 늘어나고 있다. 그 이유는 효율이 좋고 데이터베이스 관리 시스템과 더 밀접하게 통합되어 있기 때문이다.

많은 근거리 통신망이 인터넷에서 사용하는 TCP/IP 프로토콜에 기반하고 있으며, 같은 고수준 프로토콜을 사용한다. 예를 들면, 멀티미디어 데이터는 HTTP를 이용해서 제공된다. LAN을 이렇게 구성한 것을 **인트라넷(intranet)**이라고 부른다. 웹 브라우저와 같은 친숙한 인터넷 클라이언트를 이용하고, 기관 내부의 정보 접근에 사설망을 이용하며, 공공 인터넷보다 더 속도가 빠르다. LAN 상의 멀티미디어 응용 수행을 위해 사설 프로토콜을 사용할 수도 있다. 이런 응용은 인터넷을 통한 서비스로는 적합하지 않으며, 한 단체에서 개인적으로 사용할 때 더 적합하다.

2.3.2 MIME 형식

완전히 다른 타입의 매체 데이터를 네트워크를 통해 연결된 이종 컴퓨터 시스템 간에 전달할 때는 파일이나 데이터 스트림에 포함된 데이터의 종류를 구별할 방법이 필요하다. 개별 운영체제는 파일 타입을 구별할 자신만의 방법을 가지고 있다. 흔히 파일 이름의 확장자로 타입을 구분한다. 윈도우 시스템에서 .JPG로 끝나는 파일은 JPEG 이미지 파일이며, .MOV는 QuickTime 무비 형식이다. 컨텐츠 타입과 확장자와의 매핑에 관한 표준은 없다 — 유닉스는 윈도우와 다른 확장자를 쓴다. 모든 시스템이 확장자를 이런 목적으로 사용하는 것도 아니다. MacOS는 파일 타입과 만든이 코드를 같이 파일에 저장하는 독자적인 방법이 있고,[7] 모든 매체 데이터가 파일에 저장되는 것도 아니다. 네트워크 환경에서는 컨텐츠 타입을 구분하는 다른 방법이 필요하다.

MIME(Multipurpose Internet Mail Extension)은 인터넷 메일 프로토콜을 확장한 것으로, 메일 메시지에 평범한 ASCII 텍스트 이외의 데이터를 포함할 수 있도록 한다. 일부 기능은 HTTP에 적용되어 클라이언트의 요청에 대한 서버의 응답에 포함된 데이터 타입을 지정하는 간단하고 편리한 방법을 제공한다. 특히 HTTP 응답에는 다음과 같은 MIME 컨텐츠 타입 헤더가 붙는다.

Content-type: *type/subtype*

여기서 *type*은 텍스트, 이미지, 사운드와 같은 넓은 의미의 데이터 종류를 나타내고, *subtype*은 HTML, GIF, AIFF와 같은 정확한 포맷을 규정한다. 예를 들면, HTML 페이지는 MIME 컨텐츠 타입이 **text/html**이고, GIF 이미지는 **image/gif**이다.

가능한 타입으로는 **text, image, audio, video**가 있으며, VRML과 같은 3-D 모델 데이터를 위한 **model**, 이메일 메시지를 뜻하는 **message**, 실행 프로그램을 포함한 이진 데이터를 뜻하는 **application**이 있다. GNU Zip(gzip)과 같은 것은 MIME 형식이 **application/gzip**이며, 이것의 처리를 위해서는 압축 해제 유틸리티에 내용이 전달되어야 한다.

subtype의 범위는 넓으며, 대부분의 멀티미디어 파일 포맷을 지원한다. 실험적인 임시 subtype에 붙이는 x-는 IANA(Internet Assigned Numbers

---

[7] MacOS X는 파일 이름 확장자와 기존의 MacOS 파일 타입과 만든이 코드를 같이 사용한다.

Authority)에서 유지되는 MIME 형식 목록에는 포함되어 있지 않지만 웹 브라우저에서 많이 사용된다. 예를 들어, MIME 컨텐츠 형식 video/x-msvideo는 IANA에 비디오 subtype으로 등록되지는 않았지만, 인터넷 익스플로러와 넷스케이프 내비게이터에서 AVI 무비로 인식된다. 그러나 QuickTime 무비는 IANA에 등록을 했기 때문에 MIME 컨텐츠 형식이 video/quicktime으로 있어서 subtype이 x-로 시작하지 않는다.

웹 서버와 브라우저에서 MIME 형식이 어떻게 사용되는 지는 12장에서 설명한다.

2.4 표준

Internet Organization for Standardization(ISO)[8]의 표준에 대한 설명은 다음과 같다.

> "표준은 기술적 사양이나 규칙으로 준수되어야 하는 정확한 기준, 지침, 혹은 특징의 정의를 포함하는 문서화된 합의이며, 재료, 제품, 공정, 서비스는 이 목적에 적합하도록 되어야 한다."

표준은 합의이기 때문에, 같은 표준을 따르면 상호 호환성이 있다고 생각할 수 있다. 예를 들면, ISO 표준 집합은 나사와 같다. 어떤 제조사의 표준 나사도 다른 제조사의 표준 나사와 맞다. 즉, 표준 나사로 조립된 장비는 한 나사 제조사에만 종속되지 않는다. 시장 경제에서 이것은 건강한 경쟁을 유도한다. 실제적으로 한 나사 제조사가 파산하더라도 그 나사의 대체품이 존재한다는 것을 뜻한다. 그렇지만 일부 표준만이 법적인 구속력이 있지, 모두 준수해야 하는 강제성이 있는 것은 아니다. 표준을 따르는 것이 가장 최선의 방법을 뜻하는 것도 아니다. 단지 표준화된 방법으로 일을 하자는 것이다.

멀티미디어에서 표준은 인터페이스, 파일 포맷, 마크업 언어, 네트워크 프로토콜 등을 정확하고 형식적인 용어로 정의한다. 이들 표준의 역할은 나사 표준과 유사하다. 이미지 데이터에 대한 표준 파일 포맷이 있으면, 원래 무슨 프로그램으로 만들었나를 고민할 필요없이 그 이미지를 멀티미디어 제품

---

[8] ISO는 IOS를 잘못 타이핑한 것이 아니며, International Standards Organization도 아니다. ISO는 머리글을 따온 약어가 아니라 '같다'를 뜻하는 접두어인 iso-에서 왔다.

에 탑재할 수 있다. 비슷하게, 모든 다른 매체 타입의 표준은 멀티미디어 저작 시스템을 각 매체 요소를 만드는 데 사용된 응용프로그램과 독립적이게 만든다. 그렇지 않으면 모든 멀티미디어 소프트웨어 제조사들은 자신만의 포맷을 이용하는 시스템을 만들 것이다. 일부 제조사에게는 이것이 더 좋아 보일 수도 있지만, 이런 폐쇄적인 시스템은 다른 하드웨어와 소프트웨어 플랫폼을 사용하는 곳에서는 쓸 수 없게 된다. 어떤 플랫폼에서 온 데이터라도 수용할 수 있는 개방형[9] 시스템이 바람직하다.

표준은 네트워크에서 특히 중요하다. 왜냐하면 현대 네트워크는 다른 운영체제를 실행하는 다른 컴퓨터와 연결될 수 있어야 하기 때문이다. 이것은 모든 제조사가 동의할 수 있는 프로토콜과 전기적인 연결에 대한 표준을 따르는 것에 의해서만 가능하다. 현대 네트워크는 국경을 넘어서 세계로 데이터를 전송하기 때문에, 국제적인 표준이 필요하다.

멀티미디어와 관련된 국제적 표준을 만드는 데 관계된 세 개의 단체가 있다. 즉, ISO, IEC(International Electrotechnical Commission), ITU (International Telecommunication Union)이다. ISO는 전기 전자 분야를 제외한 모든 기술 부문의 표준을 만드는 책임을 진다. 전기 전자 분야는 IEC가 맡는다. 정보 기술은 ISO/IEC 합동기술위원회에서 다룬다. ISO는 회원국 간의 국가 표준 — 미국의 ANSI(American National Standards Institute), 영국의 BSI(British Standards Institution), 독일의 DIN(Deutsches Institut für Normung) — 을 담당하는 단체들과 협력하면서 조정자 역할 등을 담당한다. IEC는 국가 전기 기술 표준을 담당하는 단체와 협력한다.

ISO와 IEC는 비정부 기구 — 특수한 형태의 상업적 기업 — 이지만, ITU는 UN의 기관이다.[10] 다른 국제 표준 기관보다 규정이 더 많다. 예를 들어, 라디오 서비스에 주파수를 할당하여 간섭이 일어나지 않도록 한다. 국제적인 조약에 따르도록 강제성을 갖는다. 비디오 포맷과 통신에 관한 ITU 표준은 멀티미디어와 연관된다.

표준이 일반적으로 바람직하지만, 이들 기관을 통한 표준의 합의 과정은 길고 지루하다. 표준은 관련자 간에 합의가 있어야 하기 때문에, 많은 정치와 타협이 필요하다. 주요 표준 단체에서는 표준이 가능한 널리 확산되게 하기 위해서, 초안이 완전한 표준으로 승인되기 전에 상당한 검토 과정을 거친다. 표준은 한 번 정해지면 아주 오랫동안 유지되기 때문에 나사와 같은 분

---

[9] '개방형'이라는 말은 Open Software에서 말하는 소스 코드의 자유 이용을 뜻하는 것이 아닌, 일반적인 의미로 사용됨.

[10] 역사는 UN보다 더 오래된 1865년으로 거슬러 올라간다.

야에는 잘 맞지만, 컴퓨터, 네트워크, 멀티미디어와 같이 빠르게 바뀌는 분
야에서는 이런 과정과 국제위원회를 거치기 전에 이미 낡은 것이 될 수도
있다. 더구나 국제표준화기구는 표준의 판매로 수입을 올리고 있기 때문에,
문서를 무료로 개방하지 않으려고 한다. 웹에서 무료로 문서들을 보아오던
컴퓨터 분야의 사람들에게는 이것이 불만이 되기도 한다 ― 또한 일부 표준
에 높은 가격을 책정하는 것은 작은 소프트웨어 회사들의 접근을 어렵게 만
든다. 그 결과로 반-형식적(semi-formal) 표준과 사실상의 합의가 기존의 공
학 분야보다 더 큰 역할을 한다.

인터넷 표준은 이런 반-형식적 표준 패러다임의 하나이다. 인터넷이 개방
형 네트워크 구조가 된 이래로, 여러 다른 네트워크가 표준 프로토콜에 의해
연결되었다. 인터넷은 Arpanet과 NSFNET에서 시작되었으며, 어느 정도 중
앙 집중적인 관리가 있었다. TCP/IP 프로토콜이 초기에 망 연결에 사용되었
으며, 인터넷의 기초가 되었다. 프로토콜의 추가적인 개발의 책임과 프로토
콜 운영에 필요한 정보 관리는 IAB(Internet Architecture Board)와, 이 산하
기관으로서 기술 개발을 담당하는 IETF(Internet Engineering Task Force),
MIME 타입과 언어 코드를 정하는 IANA(Internet Assigned Numbers
Authority) 등에서 수행한다. 이런 단체들은 인터넷 이외에서는 확고한 역할
과 법적인 영향력이 없다 ― 인터넷 표준을 포함하는 IETF 문서를 '권고를
위한 요청'이라고 부른다. 유사하게 월드 와이드 웹 표준 정의를 담당하는
기관은 W3C(World Wide Web Consortium)이며, 공식적인 지위는 없지만
이곳의 권고안은 표준으로 간주된다. 이런 단체들은 표준화 과정 동안에, 표
준안을 내고 표준안을 배급하는 수단으로 인터넷을 사용하기 때문에 많은
사람들이 초안과 제안에 대해서 의견을 낼 수 있다.

이런 표준 방식의 장점은 빠른 변화의 수용이다. 단점은 제조사들이 표준
을 무시하고, 변형하고, 확장하는 것을 거리낌 없이 한다는 것이다. 이런 무
시 행위와 표준을 발전시키기 위한 합법적인 실험 사이에는 분명한 차이가
있다. 그 예는 HTML의 역사를 보면 알 수 있다. 웹의 개발 초기에 두 개의
브라우저 회사인 넷스케이프와 마이크로소프트가 경쟁하고 있었다. 그들은
각기 HTML 2.0을 확장해서 구현했으며, 서로 호환되지 않았다. 그러나 이
런 확장 대부분은 나중의 HTML 표준 버전에 흡수되었다.

표준이 표준화 단체의 개입이 없이 만들어지기도 한다. 한 기업의 제품이
시장을 장악해서 명실상부한 표준이 되어버린 경우이다. 어떤 경우에는 이
런 사실상의 표준이 공식적인 표준보다 더 널리 사용되기도 한다. 예를 들
면, W3C의 웹 벡터 그래픽 표준인 SVG는 매크로미디어사의 플래시 포맷

보다 널리 사용되지 못했다. 플래시는 거의 모든 브라우저에 구현되었으며, 웹 벡터 포맷의 '표준'으로 널리 사용된다.

연습문제

1. 자연 세계에서 연속적으로 변하는 현상을 세 가지 찾아라. 이것을 표현하기 위해서 무슨 값을 쓸 것이며, 디지털화가 이것에 어떤 영향을 미치는가?

2. 오디오 CD에 사용되는 44.1 kHz의 샘플률은 음악 소리를 재생하는 데 적당한가? 그 근거를 말하라.

3. 영화에서 움직이는 역마차의 장면이 초당 24 프레임으로 촬영되었고, 영사기 회전 속도가 초당 24 프레임으로 투영된다. 같은 필름이 (a) 초당 12 프레임, (b) 초당 30 프레임, (c) 초당 60 프레임으로 투영된다면 어떻게 보이겠는가?

4. 사운드와 이미지의 디지털 표현이 '부정확'하며(양자화 수준의 수나 샘플률에 의해), '진정한' 표현이 아니라고 말한다. 아날로그 표현도 부정확한가? 그 이유를 설명하고 예를 들어라.

5. 양자화 값을 저장하는 데 사용되는 비트 수를 배로 하면 양자화 수준의 수가 제곱이 됨을 증명하라(자신이 만족할 수 있을 정도로).

6. 다음과 같은 목적에 맞도록 구성하기 위해 추천할 만한 적당한 하드웨어와 소프트웨어 목록을 작성하라.
   (a) 웹 페이지 설계만을 하는 작은 회사
   (b) 지역 대학 혹은 멀티미디어 과목 소개를 위한 평생 교육 센터
   (c) 지역 멀티미디어 사용을 위한 공공 도서관 IT 시설

   실제로 예산이 얼마나 드는 지 관련 분야에서 일하는 사람과 상의하고, 자신의 추천 내용을 수정하라.

7. 현재 기술 수준에서, 다음에서 어떤 종류의 매체가 웹 사이트에 성공적이며, 어떤 것은 문제가 될 수 있는가?
   (a) 생방송 스포츠 중계
      (i) 사운드만
      (ii) 사운드와 비디오

(b) 우표 수집광을 위한 개인적인 홈페이지

(c) 대중가요의 음악 비디오 화면

(d) 텍스트와 정지 이미지로된 미술 갤러리의 현재 전시작 카탈로그

(e) 고품질 그래픽의 상호작용적 컴퓨터 게임

(f) 중계인에게 제공되는 최신 주식 가격 표시

(g) 고전음악 연주회의 하이파이 생중계

자신의 답을 설명하라. 성공적일 것 같지 않다고 간주한 매체는 어떤 고급 장비나 앞으로의 기술 발전에 의해 적절해질 수 있는가?

8. 인터넷 접속을 56 kbps 모뎀에서 512 kbps 광대역 연결로 업그레이드했는데, 9배 큰 이미지 파일을 다운로드하는 데 걸리는 시간이 줄지 않았다. 그 이유를 설명하라.

9. ISO 표준 ISO 216은 A, A0, A1, A2와 같은 표준 종이 크기를 정의한다. A4는 사무실에서 가장 많이 사용된다. 이 표준에 맞는 종이는 미국을 제외한 세계 어디에서나 사용된다. 이런 예외가 하드웨어와 소프트웨어 제작자와 사용자에게 어떤 문제를 가져오는가? 어떤 요인으로 ISO 표준 종이 크기가 미국에서 사용되지 않는가?

컴퓨터 그래픽 소개
Introduction to Computer Graphics

　　그래픽(graphic)이라는 용어는 디지털 형태로 저장된 정지 이미지를 컴퓨터에서 만들고, 수정하고, 표시하는 데 사용되는 소프트웨어와 하드웨어 기술을 말할 때, 넓은 의미로 사용된다. 따라서 그래픽은 정지 그림만을 만들고 표시하기 때문이 아니라 동화상과 텍스트 표현의 기초가 되기 때문에 멀티미디어에서 기본적으로 중요하다. 그래픽은 사운드처럼 단지 멀티미디어를 구성하는 매체 중의 하나로 여겨서는 안 된다. 멀티미디어의 모든 시각적인 요소를 가능하게 하는 기술이라고 할 수 있다. 이런 역할을 어떻게 수행하는가를 이해하기 위해서, 먼저 독립적으로 어떻게 동작하는 지 살펴볼 필요가 있다.

　　디지털 이미지는 다양한 방법으로 만들어진다. 디지털이 아닌 매체로 이미 존재하던 것을 스캐너로 디지털화할 수도 있고, 디지털 카메라나 비디오 프레임 그래버로 캡처될 수도 있다. 또는 그래픽 패키지를 이용하거나 그래픽 언어를 이용한 프로그램에 의해 다른 이미지를 만들 수도 있다. 많은 디지털 이미지의 모음이 CD-ROM과 웹 사이트에 있다. 마지막으로, 이미지는 컴퓨터 프로그램의 데이터 처리 결과로 만들어질 수 있으며, 파이 차트나 고체 내의 전자의 파동 구조 시뮬레이션 그림처럼 정교한 형태를 할 수도 있다.

　　이미지는 오랜 역사를 가지고 있으며, 미술, 오락, 정보 제공이나, 영감 고취, 헌신, 흥을 돋우고, 교육, 장식, 통신 수단으로 사용되어 왔다. 따라서 정지 화상은 가장 간단한 형태의 매체로 사용되었다. 수세기에 걸친 경험이 이미지에 담겨져 왔다. 특정한 문화적 맥락에서 캐리커처와 같은 문화적이고 비주얼한 관습을 이해할 수 있다. 그러나 이런 친숙함은 이미지를 디지털 시스템에서 다루는 것을 어렵게 만든다. 왜냐하면 질이 어느 정도 되어야 한다는 기대가 높기 때문에, 시스템의 한계가 문제가 된다.

　　일부 그림판 프로그램이 실제 예술 작품을 상당한 정도로 흉내낼 수 있

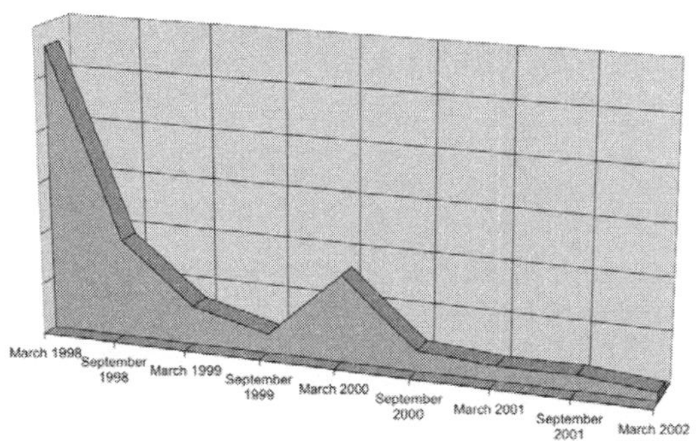

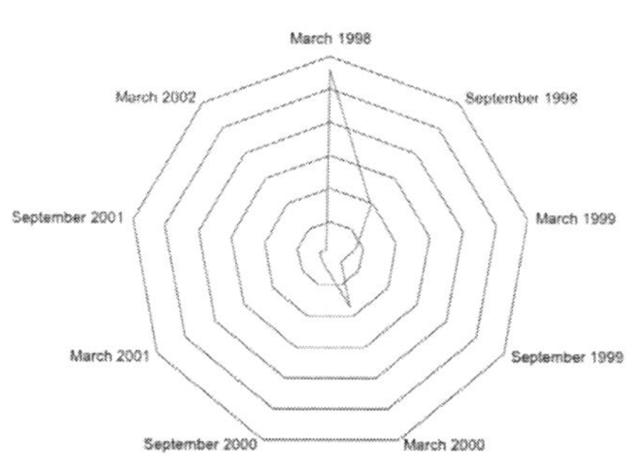

고, 고품질 스캐너는 원작의 미세한 부분을 잡아낼 수 있지만, 이미지는 잡지 사진의 품질에 미치지 못하는 저해상도 모니터에 표시된다. 더 나쁜 것은 표현할 수 있는 색상의 범위가 제한되어 있으며, 시스템마다 다르게 나타난다. 이런 한계를 이해함으로써 자신의 작품이 가능한 좋아보이도록 적절한 대처를 하는 것이 필요하다.

멀티미디어 제품의 그래픽 요소는 CD-ROM, DVD, 인터넷망을 통해서 배급된다. 그러나 디지털 이미지는 인쇄 매체에서도 널리 사용된다. 종이에 인쇄된 이미지를 멀티미디어에 사용하도록 바꾸었거나, 반대로 처음부터 모니터에 표시하기 위해 만들었을 수도 있다. 이것을 효과적으로 하기 위해서는 디스플레이와 프린터의 여러 특징을 고려해야 한다. 특히 컬러는 6장에서 자세히 살펴본다.

더 좋은 이미지 품질을 얻을 때까지 표시 기술은 발전할 것이다. 이미지가 인쇄되거나 액자에 넣어져서 벽에 걸릴 때와 디지털 형태일 때는 다르다. 월드 와이드 웹이 변화된 두드러진 특징이 텍스트-기반 매체에서 많은 그래픽을 포함한 매체로 바뀐 것인데, 이 차이점을 인식하지 못하고 인쇄에 기반한 것을 그대로 웹으로 옮기려고 한 것과 같다. 이것은 페이지를 읽기 힘들게 만들고, 내려받기에 시간이 걸리고, 일반 모니터에서 형편없어 보이고, 정보 검색에 방해가 되게 만드는 결과가 되었다. 나중에 웹에서의 고유한 시각적 표현 방법이 개발되기 시작했으며, 그 한계와 장점을 이용할 수 있게 되었다.

컴퓨터 시스템에서 이미지를 새롭게 사용하는 한 예로는 그래픽 사용자 인터페이스 요소로 아이콘을 사용하는 것이다. 또 다른 예는 데이터를 시각적으로 표현해서 많은 양의 정보를 더 쉽게 이해할 수 있도록 하는 것이다. 그림 3.1은 그림을 여러 가지 형태의 시각적 표현으로 나타내어 추세를 한

그림 3.1 영업 데이터의 4가지 시각화

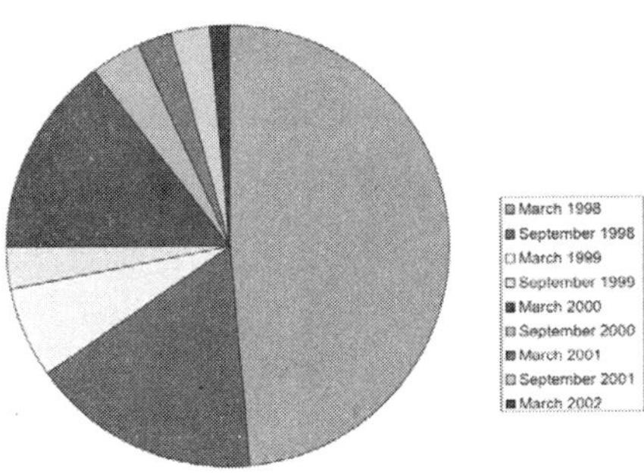

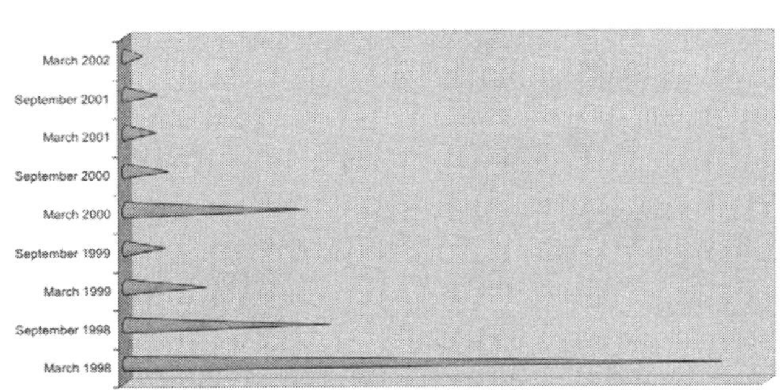

눈에 알아볼 수 있도록 한다. 여기서 보는 것과 같이 같은 데이터도 다양한 스타일로 보일 수 있다. 시각적 특징은 통계적 구조를 담는다. 이런 시각화는 데이터를 가지고 이미지를 생성하기 위해 필요한 계산을 수행하는 컴퓨터에 종속적이기 때문에 표시 기술을 염두에 두고 그 제약 하에 디자인된다.

3.1 **벡**터 그래픽과 **비**트맵 그래픽

그림 표시 전용 응용프로그램, 이미지 편집기, 웹 브라우저와 같은 프로그램을 이용해서 이미지를 조작한다. 모니터는 그림을 **픽셀(pixel)**들의 직사각형 배열로 표시한다. 픽셀은 작은 사각형인 색의 점이며, 충분히 떨어져서 보면 연속된 톤으로 보인다. 그림 3.2는 디지털 사진을 확대해서 이미지를 구성하는 픽셀이 보일 수 있도록 하고 있다. 모니터에 이미지를 표시하기 위해서는 픽셀의 패턴으로 원하는 이미지를 스크린에 만들 수 있도록 픽셀을 적당한 색상이나 명암으로 설정한다. 픽셀값을 설정하기 위해 필요한 저수준의 동작은 그래픽 라이브러리에서 수행된다. 라이브러리에서는 디스플레이 하드웨어와 통신하고 응용프로그램에 높은 수준의 인터페이스를 제공한다.

그래픽 응용프로그램은 표시될 이미지의 모델을 내부적으로 유지하고 있어야 한다. 모델에서 픽셀 패턴을 만드는 과정을 **렌더링(rendering)**이라고 부른다. 그래픽 모델에는 이미지를 기술하는 명시적인 자료구조 형태가 포함되지만, 그래픽 라이브러리 호출 시에는 묵시적으로 사용된다. 그림 데이터가 영속적으로 유지되려면, 파일에도 이와 비슷한 모델이 있어야 한다. 이미지를 표시하기 위해 일어나는 일의 과정은 다음과 같다. 프로그램에 의해 이미지 파일이 읽혀지고, 파일에 있는 이미지 기술에 부합하는 내부적인 자료

그림 3.2 픽셀로 이루어진 이미지

구조가 만들어지고, 그래픽 라이브러리의 함수를 호출하여 표시 가능한 형태로 이미지를 렌더링한다.

그래픽 모델링에 사용되는 두 가지 방식은 **비트맵 그래픽**(bitmap graphic)과 **벡터 그래픽**(vector graphic)으로 구별된다.

비트맵 그래픽에서 이미지는 픽셀값의 배열로 모델링된다. 이 저장값과 스크린에 표시된 물리적인 점의 차이를 들면, 앞의 것은 **논리적 픽셀**(logical pixel), 뒤의 것은 **물리적 픽셀**(physical pixel)이라고 부른다. 가장 간단한 경우에는 논리적 픽셀이 물리적 픽셀에 일대일 대응된다. 모델은 표시되는 이미지의 맵이다. 더 일반적으로는, 모델이 표시되는 이미지와 다른 해상도로 저장되고, 논리적 픽셀에 대해 스케일링이 적용되어 표시된다. 표시되는 것보다 모델이 더 크게 기술될 수도 있다. 표시하기 원하는 부분만큼 잘라내기 위해서는 클리핑이 적용된다. 스케일링과 클리핑이 비트맵 이미지를 표시하기 위해 필요한 연산이다.

벡터 그래픽에서는 이미지가 선, 곡선, 모양으로 이루어진 수학적 기술들로 저장된다. 벡터 이미지를 표시하기 위해서는 모델을 해석하고 픽셀 배열을 생성하는 계산을 해야 한다. 예를 들면, 직선은 끝점을 저장한다. 이것을 표시하려면 이 끝점 사이의 일직선 상에 있는 모든 픽셀의 좌표가 계산되고 적당한 색상이 설정된다. 이런 모델은 SVG나 PDF와 같은 그래픽 언어로 프로그램에서 구현된다.

'벡터 그래픽'이나 '비트맵 그래픽'이라는 용어가 아주 정확하지는 않다. 벡터 그래픽에 대한 더 정확한 용어는 '객체지향 그래픽'이다. 프로그래밍 언어에서 사용되는 '객체지향' 용어와 혼동하지 않기 바란다. 비트맵 그래픽은 **비트맵**을 이용하지 않으며(완전 흑백을 제외하고) 픽셀맵을 이용한다. 그러나 '픽스맵 그래픽'이라는 용어는 널리 사용된 적이 없다. '그래픽'이라는 이름은 벡터 그래픽에서 사용되고, '이미지'는 비트맵 이미지를 뜻하는 것으로 사용되는데, 이것은 구어체 용법에 있어서 혼동을 준다. 이 책에서는 앞 절에서 소개된 용어를 사용할 것이다.

벡터와 비트맵 그래픽 간에는 큰 차이점이 있다. 컴퓨터 시스템에 대한 요구사항이 다르다. 비트맵 이미지는 모든 픽셀값을 기록해야 하지만, 벡터 표현은 더 간결하다. 예를 들면, 그림 3.3에 보이는 것과 같은 짙은 파랑 바탕에 붉은 사각형이 있는 간단한 그림은 45 mm 크기이다. 인치당 72개의 논리적 픽셀로 저장된다면(72 dpi 모니터에서 스케일링 없이 자연스럽게 표시된다), 길이가 128 픽셀인 사각형에 해당하고, 비트맵은 $128^2 = 16384$ 픽셀이 필요하게 된다. 수백만 색상을 표시할 수 있는 모니터로 내보내려면, 색 구

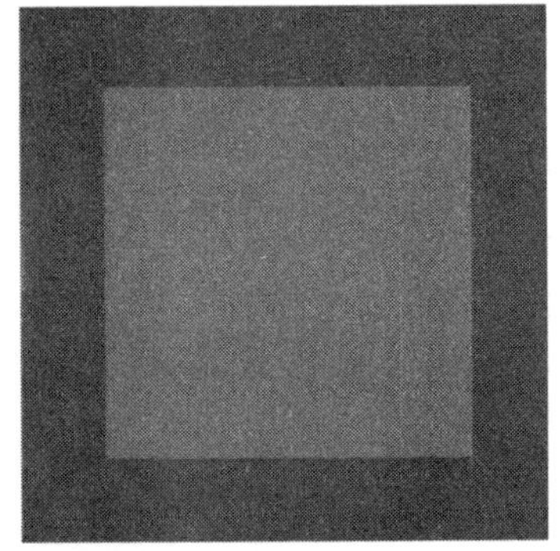

그림 3.3 간단한 그림

별에 24비트가 필요하다. 각 픽셀이 3바이트를 차지하기 때문에 전체 이미지는 48 Kbyte의 메모리를 필요로 한다. 그러나 같은 그림을 내부 외부 사각형의 크기와 색상 정보를 이용해서 기술할 수 있다. SVG 그래픽 언어로 다음과 같이 표시하면, 전체 284바이트를 차지한다.

```
<?xml version="1.0" encoding="utf-8"?>
<!DOCTYPE svg PUBLIC "-//W3C//DTD SVG 1.0//EN"
   "http://www.w3.org/TR/2001/REC-SVG-20010904/DTD/svg10.dtd">
<svg xmlns="http://www.w3.org/2000/svg">
<path fill="#F8130D" stroke="#1E338B" stroke-width="20"
d="M118,118H10V10h108V118z"/>
</svg>
```

대부분의 내용은 SVG 파일이라는 것과 구조를 식별하기 위한 것이고, 86바이트 크기의 두 줄만이 사각형을 정의한다.

```
<path fill="#F8130D" stroke="#1E338B" stroke-width="20"
d="M118,118H10V10h108V118z"/>
```

각괄호 사이에 있는 내용은 외곽을 청색으로 하고, 채움 색을 적색으로 하고, 두께를 20 픽셀로 한다. 비트맵 이미지는 픽셀을 모니터에 복사하면 표시되지만, SVG 버전에서의 표시는 브라우저 플러그-인과 같은 소프트웨어를 써서 표시 가능한 형태로 변환해야 한다. 이것은 그림 표시 속도를 감소시키며, SVG 플러그-인이 이미지가 표시될 컴퓨터 상에 설치되어 있어야 한다.

비트맵과 벡터의 크기는 이미지 내용에 따라 달라진다. 컬러 비트맵을 사용하면, 45 mm 사각형, 인치당 72 픽셀인 24-비트 이미지에 필요한 메모리는 48 Kbyte이며, 이미지의 내용이 얼마나 복잡하든지 상관없다. 비트맵 이미지에서는 모든 논리적인 값을 저장하기 때문에, 저장되는 이미지의 크기와 해상도가 필요한 메모리의 크기를 결정한다. 벡터 표현에서는 이미지를 구성하는 모든 객체의 기술을 저장한다. 그림이 복잡할수록 더 많은 객체가 들어가며, 기술의 양이 더 많아진다. 그러나 픽셀 자체를 저장하지는 않기 때문에, 크기는 해상도와 무관하다.

두 가지 타입의 중요한 차이는 각 방법이 어떤 것을 더 편하게 할 수 있는가에 있다. 많은 이미지 편집 프로그램이 벡터와 비트맵 그래픽을 통합하고 있지만, 비트맵으로 작업하는 페인트(painting) 프로그램과 벡터 표현을 사용하는 그리기(drawing) 프로그램 간에는 전통적인 차이가 있다. 비록 이 차이가 전보다 덜 분명하기는 하지만, Illustrator나 Freehand는 벡터 그래픽 생성과 편집에 주로 사용되며, 비트맵 처리는 제한된 기능만 제공한다. 또한 Photoshop이나 Painter와 같은 패키지는 비트맵 조작 기능은 많지만, 벡터 그래픽은 거의 지원하지 않는다.

그림 3.4와 3.5에 두 개의 꽃이 있다. 처음 것은 Illustrator로 만든 포피꽃 (poppy)의 벡터 그림이고, 다른 것은 붓꽃(iris) 그림을 스캔한 비트맵 이미지이다. 비트맵은 원래 그림을 캡처해 만들며, 연속적인 명암과 질감을 잘 재생한다. 벡터 그림은 분명한 윤곽선을 가지며, 부드러운 곡선들로 이루어져 있고, 균일한 컬러로 채워진 특징을 갖는다.

그림 3.6과 3.7은 두 포맷의 차이를 다른 방법으로 보여준다. 벡터 표현에서는 개별적인 모양 — 꽃잎, 줄기, 수술 — 을 선택하여 이동하고, 회전하거나 개별적으로 변환시키는 것이 쉽다. 그림의 각 요소는 객체로 이미지 모델의 위치와 특징이 저장되기 때문에, 독립적으로 편집될 수 있다. 비트맵 이미지에서 비슷한 효과를 내기 위해서는 원하는 픽셀을 잘라내서 꽃잎이 잘려진 부분을 다시 칠하는 등의 어려운 작업을 해야 한다. 왜냐하면 이미지는 픽셀의 배열일 뿐이며, 어느 것이 줄기이고 어느 것이 꽃잎인지를 나타내는 모델이 없기 때문이다. 따라서 이미지의 일부에 대한 편집은 손으로 어렵게 그려서 선택을 하거나, 근처의 다른 명도나 컬러를 반자동적으로 인지하는 방식으로(믿을 수 없을 경우도 있다) 영역을 선택해야만 가능하다. 반대로, 왜곡이나 번짐 등과 같은 특수 효과를 비트맵에 적용하는 것은 간단하지만, 벡터 이미지에 이런 왜곡을 적용하려면 우선 비트맵 이미지로 변환해야 한다. 왜냐하면 이런 효과들은 어느 객체에 속하는 지 상관없이 이웃하는 픽셀값을 이용해서 값을 변화시키기 때문이다.

이 예들은 두 가지 타입의 이미지 차이를 강조하기 위해서 의도적으로 선택되었다. 전문적인 그리기 패키지를 사용하는 전문가라면 더 섬세한 효과를 만들어낼 수도 있다. 그러나 벡터 이미지는 모양에 채우기하는 방식을 기반으로 하는 것은 동일하다.

벡터와 비트맵 그래픽의 또 다른 주요한 차이는 확장하거나 크기를 바꾸는 방식에 있다. 비트맵 이미지를 원래 크기보다 더 크게 만들려면, 하나의 논리적 픽셀을 최종 출력 장치의 하나 이상의 물리적 픽셀로 매핑시킨다. 논리적 픽셀을 곱해서 크기를 증가시키거나, 두 점 사이를 새로운 픽셀로 보간해서 채우면 된다. 두 경우 모두 질이 떨어진다. 벡터 이미지는 픽셀값이 아니라 구성요소의 모양에 대한 기술로 이루어져 있기 때문에, 간단한 수학적 연산으로 크기를 변화시킬 수 있다. 벡터 이미지를 얼마나 확대시키든지간

그림 3.4 벡터 포피꽃 그림

그림 3.5 비트맵 붓꽃 그림

그림 3.6 벡터 이미지의 변환

그림 3.7 비트맵에 효과 적용

에 곡선의 부드러움은 유지된다. 비트맵에서는 이미지가 커지면 울퉁불퉁해지든지 번짐이 생긴다. 그림 3.8과 3.9는 꽃 그림을 8배 확장시켰을 때 나타나는 효과를 보여준다. 위의 그림에서는 윤곽이 여전히 부드럽지만, 아래 그림에서는 거칠어졌고, 픽셀의 블록 형태가 확연히 보인다.

비트맵 이미지를 다른 해상도의 장치에 표시할 때도 이와 비슷한 문제가 발생한다. 크기가 달라지거나 확대에 의한 품질 저하가 생기기 때문이다. 이미지를 인쇄하고자 할 때는 더 문제가 된다. 모니터 해상도도 다양하기 때문에, 다른 모니터에서는 이미지가 다르게 보인다. 이것은 어쩔 수 없지만, 디자이너는 이런 사항을 기억하고 있어야 한다.

앞에서 나온 '그리기 프로그램'과 '페인트 프로그램'이라는 용어는 벡터와 비트맵 그래픽의 시각적 특징의 차이를 나타낸다. 그리기 프로그램은 개

그림 3.8 벡터 이미지 확장

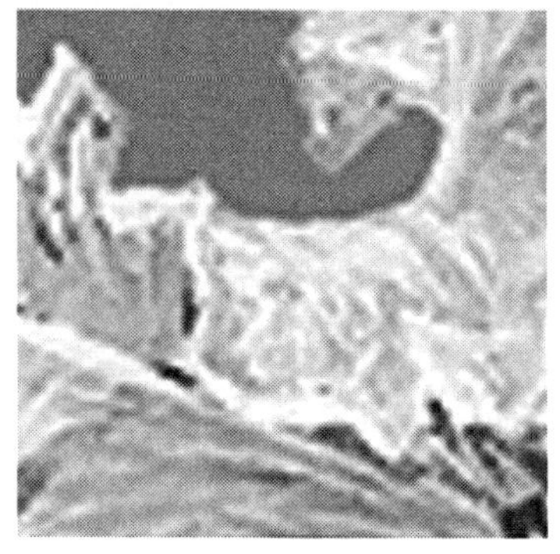

그림 3.9 비트맵 확장

별적인 곡선, 선, 모양들로 벡터 이미지를 만들며, 펜과 잉크 그림, 스프레이 그림, 혹은 기술적 도면의 특징을 갖는다. 모양은 윤곽선으로 나타내고, 컬러는 이런 모양에 의해 정의된 영역에 적용된다. 페인트 프로그램은 다양한 형태를 만들 수 있으며, 임의의 이미지 영역에 컬러를 적용할 수 있다. 최근 페인트 프로그램에서는 숯, 파스텔, 수채화, 유화와 같은 자연스러운 효과를 낼 수 있으며, 수채화용 도화지나 캔버스와 같은 텍스처나 흡수 효과를 지원하기도 한다.

그리기와 페인트 프로그램은 벡터 그래픽과 비트맵 이미지 각각에 가장 적합한 동작을 수행하기 위해 다른 툴들을 사용한다. 그리기 프로그램에는 사각형, 타원, 선, 곡선, 객체 선택, 확대, 이동, 변환, 반사와 같은 툴이 있다. 페인트 프로그램에는 여러 스타일로 그릴 수 있는 브러시, 컬러 교정, 새로 칠하기, 이미지 변경을 위한 필터, 영역 선택 등의 툴이 있다.

페인트 프로그램의 표현력이 더 크지만, 더 많은 메모리를 요구하며, 확대에 문제가 있다. 과학적이나 기업적 목적, 기술적 도안, 일부 그래픽 디자인과 같은 분야의 데이터 표시 응용에서는 페인트 프로그램 정도의 표현력과 비트맵 그래픽이 필요한 것은 아니기 때문에, 그리기 프로그램을 사용하는 벡터 그래픽이 선호된다.

메모리 요구사항, 제작된 이미지의 시각적 특징, 변환과 효과를 주어야 한다는 점을 고려해서 어떤 포맷으로 작업할 지를 결정하는 것이 좋다. 또 하나 중요한 요소는 이미지의 소스이다. 스캔된 이미지, 화면 저장, 디지털 카메라 사진, 캡처된 비디오 프레임은 모두 비트맵이다. 따라서 사진의 조작이나 덧칠을 위해서는 페인트 프로그램이 좋은 선택이다. 프로그램에 의해 생성된 차트, 도안, 데이터 시각화에는 벡터 그래픽을 사용하는 것이 좋다. 컴퓨터로 만들어지는 작품은 작가의 선호, 앞에서 언급한 요소, 사용 가능한 소프트웨어에 따라서 어떤 포맷이 될지가 결정된다.

3.2 벡터와 비트맵 통합

벡터와 비트맵 그래픽은 근본적으로 이미지 표현 방식이 다르므로, 품질 차이로 인해 적용될 수 있는 작업도 다르다. 이 두 가지 타입의 요소를 포함하는 이미지를 같이 사용하는 작업은 흔하지 않다. 예를 들어, 배경으로는 스캔된 이미지를 사용하고, 그 위에는 그려진(벡터) 모양을 배치한다. 이런 작업은 여러 가지 방법으로 할 수 있다.

첫 번째는 벡터를 비트맵으로 변환하거나, 혹은 그 반대로 하는 것이다.

그림 3.10 벡터화

벡터 그래픽 프로그램으로 그림을 그리고, 이것을 비트맵으로 바꾼다. 다음에는 비트맵 조작 프로그램을 이용해서 스캔된 배경과 조합한다. 벡터 그래픽을 비트맵 이미지로 바꾸는 것은 비교적 쉽다. 벡터 기술을 해석하는 과정을 래스터화(rasterizing)라고 한다. 이것은 모니터에 이미지를 표시할 때 쓰이는 것과 같은 알고리즘을 이용한다. 래스터화된 이미지는 벡터의 성질을 잃어버린다 — 더 이상 해상도가 독립적이지 않다. 따라서 래스터화를 하기 위해서는 해상도를 먼저 선택해야 하며, 더 이상은 개별적인 모양을 선택하고 변환할 수 없다 — 픽셀 표현이 된다. 하지만 전체 비트맵 영역에 대해서는 조작을 할 수 있다.

반대로, 픽셀에서 벡터로 변환하는 것은 더 어렵다. 이미지에 있는 모양의 외곽을 구별하고, 이것을 가용한 곡선, 선, 색상으로 근사화시키는 소프트웨어가 필요하다. 벡터화의 정확도를 제어하기 위해서는 파라미터를 설정해야 한다. 예를 들면, 플래시에서 문턱값을 설정해서 두 색상이 같게 인식되도록 하거나, 픽셀 색상을 구별하는 최소 영역을 설정하고, 날카로운 모퉁이가 벡터화될 때 곡선의 부드러운 정도를 설정하도록 한다. 그림 3.10은 그림 3.5의 비트맵 꽃 이미지를 벡터화한 것으로, 서로 다른 파라미터 설정을 사용했다. 원래의 이미지가 미세하게 명암이 변하고 부드러운 외곽선을 하고 있는 반면에, 벡터 이미지는 여러 작은 곡선과 모양들로 이루어져 있다. 이것은 간결하지도 않고, 처음부터 벡터 그래픽으로 이미지를 만드는 것보다 편집이 쉽지도 않다(실제로 이 벡터 이미지는 비트맵보다 크기가 두 배 이상이다). 벡터에 대한 크기 변환, 회전, 변환과 같은 동작을 벡터화된 이미지에도 적용할 수 있다.

벡터화를 단지 이미지의 표현을 바꾸는 수단으로 사용할 수도 있다. 새로운 벡터 이미지를 만들기 위한 시작점으로 사용한다. 그림 3.11은 꽃 그림에 **Illustrator**의 autotrace 툴을 적용한 결과를 보여준다. 모양의 윤곽선을 추적한 경로가 보인다. 맨 위의 간단한 버전은 원래 그림과 차이를 보이지만, 꽃 모양에 기반한 새로운 구성을 만드는 데 일부분으로 사용될 수도 있다. 이 툴을 어디에 적용시키는가에 따라서 만들어지는 모양이 달라진다. 그림 3.11의 아래 그림은 의도적으로 다르게 이미지의 일부를 선택해서 툴을 적용한 것으로, 그 결과 모양이 원래와 더 비슷해졌다. 이것도 새로운 그림의 기초로 사용될 수 있다.

대부분의 그리기 프로그램은 벡터화를 수행하기보다는 비트맵을 그냥 가져오는 방법을 사용한다. 이렇게 가져온 비트맵은 개별적인 객체로 간주되어 이동, 변환을 적용할 수 있다(이미지의 품질에 영향을 미칠 수도 있다). 그러나 벡터화된 이미지나 벡터 형태로 그려진 모양처럼 구성 성분으로 나눌 수는 없으며, 개별적인 모양만을 변화시키는 필터 효과를 적용할 수는 없다. 일반적으로 그리기 프로그램은 이미지 자체의 복제를 만들기보다는 비트맵 이미지에 대해서 포인터를 설정한다. 이것은 비트맵이 벡터 이미지에 내장된 이후에도 페인트 프로그램으로 편집할 수 있고, 이 변화를 벡터 이미지에서 볼 수 있다는 것을 뜻한다.

비트맵을 벡터 그래픽에 내포시킬 필요가 없을 수도 있다. 비트맵 처리 방식인 것처럼 사용자 인터페이스를 제공하면 된다. 최근까지 이미지 편집기는 래스터화와 덧칠하기만 지원했다. 요즘은 일부 그리기 프로그램 — 최근 버전 Illustrator와 Freehand — 에서 '브러시 그리기'를 이용해서 선과 곡선을 그려 벡터 모양을 만들 수 있다. 따라서 수채화나 연필과 같은 자연적인 매체로 만든 것과 같은 효과를 낸다.

벡터 그리기를 이용해서 자연스런 매체처럼 보이도록 하는 것은 페인트 툴을 이용해서 곡선을 그리는 것과는 아주 다르다. 페인트 툴에서는 브러시가 이동할 때 경로 상의 픽셀이 칠해져서 그려진다. 벡터 그리기에서는 경로가 일반적인 벡터 형태로 저장되어 있고, 브러시 느낌을 내도록 하는 정보가 덧붙여진다. 원래 벡터 그래픽이 가진 특징과 질은 유지된다. 어떠한 해상도로도 변환, 수정, 표시될 수 있다. 그러나 보여지는 모습은 일반적인 벡터 그래픽과 똑같아 보이지는 않는다. 흥미로운 것은 경로에 적용된 브러시 그리기는 다른 것으로 변경 가능하며, 경로를 다시 그리지 않고 보여지는 모습을 바꿀 수 있다. 그려진 결과만 보면 그리기와 페인트 프로그램 간의 차이가 모호해졌지만, 내부적으로는 벡터 형태로 저장된 경로에 알고리즘적으로 덧칠하기가 적용된 것이다.

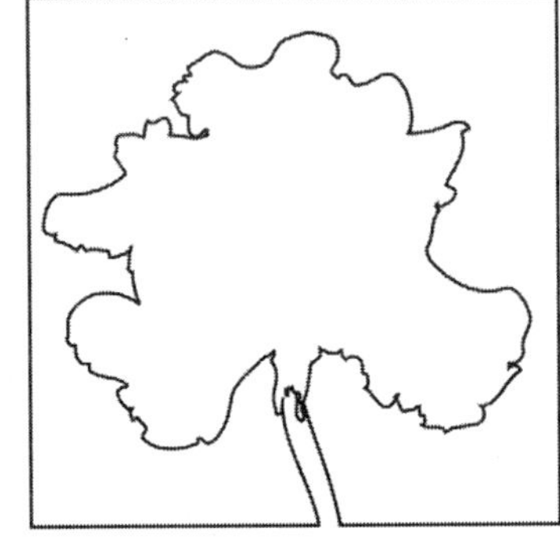

그림 3.11 자동추적된 비트맵

3.3 레이어

작품을 레이어(layer)로 구성하는 것은 벡터와 비트맵 이미지 모두 공통적이다. 포토샵 3에서 레이어의 개념이 소개된 이후에, 레이어는 예술가, 디자이너, 삽화가에게 많은 영향을 미친 디지털 기술 중의 하나가 되었다. 7, 8, 12장에서 레이어가 다른 매체에도 사용된다.

레이어는 빔 투사기에서 사용하는 투명 용지의 디지털 버전과 비슷하다. 레이어 상에 그림을 그리고, 나머지 영역은 투명하게 남겨둔다. 이런 레이어를 겹쳐서 쌓으면 최종 이미지가 만들어진다. 레이어는 투명하기 때문에, 투명한 부분을 통해서 아래 레이어의 내용이 보인다. 이것은 뭐 대단해 보이지 않지만 — 언제나 다른 그림 위에 그림을 그리기 때문이다 —, 레이어를 이

Photo/Layer 1

Photo 2

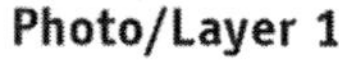 **그림 3.12** 레이어 조합

용하면 이미지의 일부를 모아서 하나로 만들 수 있다.

이런 기능은 비트맵 이미지에서 객체를 구별할 수 있도록 하는 방법을 제공한다. 앞에서처럼 꽃을 비트맵 이미지로 그렸으면, 각 꽃잎은 개별적인 객체가 아니고, 픽셀의 영역이다. 각 꽃잎을 다른 레이어에서 그렸으면, 마치 벡터 이미지로 모양을 만든 것처럼 개별적으로 이동하거나 수정할 수 있다. 레이어를 이용하는 장점 중 하나는 배경을 하나의 레이어로 하고 객체를 그 위에 겹치도록 할 수 있다. 원하는 배경을 찾을 때까지 조합을 바꿀 수 있다. 별개의 레이어로 되어 있지 않다면, 객체를 옮길 때마다 배경을 새로 칠해야 할 것이다. 또한 레이어를 이용하면 이미지의 일부분에 효과를 적용할 수 있다. 효과가 개별 레이어에 적용되기 때문이다. 배경 레이어를 흐리게 만들어서 그 위에 있는 요소를 돋보이게 할 수 있다.

그림 3.12는 간단한 레이어 조합(compositing)의 예를 보여준다. 꽃 사진과 벽에 붙은 나비 사진 두 장으로 시작한다. 포토샵으로 스캔을 하고, 배경에서 나비를 분리한다(5장의 그림 5.7에서 보인 툴을 이용). 확대와 회전을 하여 그림 3.12의 세 번째 그림을 만든다(체크 무늬는 투명한 영역을 나타냄). 이것을 꽃 이미지 위에 놓는다(그림 3.13 참조). 두 개의 레이어를 Normal 섞기 모드를 이용하여 합치면, 오른쪽에 보이는 합성 이미지가 만들어진다. 아래의 레이어는 위 레이어의 투명한 영역을 통해서 보여지기 때문에, 나비가 꽃 위에 올라앉은 것처럼 보인다.

레이어를 이용하는 또 하나의 방법은 디지털 트레이싱 페이퍼이다. 이미

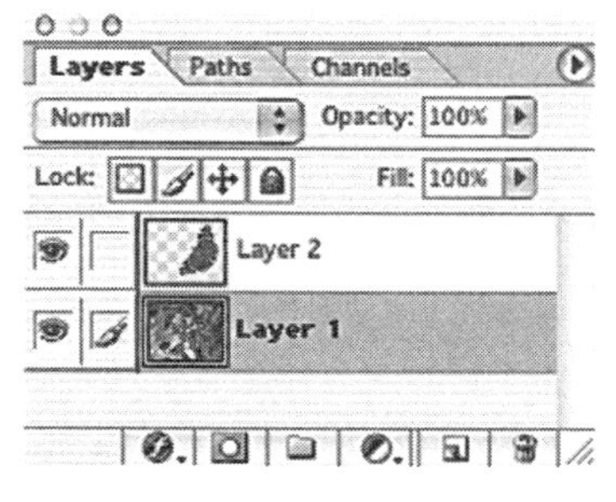

그림 3.13 조합을 위한 레이어

Layer 2 extracted from photo 2

Composited layers

지를 벡터화하는 대신에, 비트맵 형태 그대로 그리기 프로그램에서 가져오기를 한다. 그리고 맨 위에 새로운 레이어를 만들어서 아래에 있는 이미지를 지침삼아 벡터 툴 그리기를 한다. (그리기 프로그램은 레이어를 약하게 보이도록 할 수 있어서, 다른 레이어에서의 작업을 더 선명하게 보이도록 할 수 있다.) 작업이 완료되면 아래의 레이어는 없앤다.

레이어를 이용하는 또 다른 방법은 실험이다. 레이어의 순서를 바꾸는 것은 원래의 내용에 영향을 주지 않기 때문에 겹쳐쌓는 방법을 바꿔볼 수 있다. 레이어를 중복할 수 있고, 보이지 않게 할 수도 있다. 따라서 어느 것이 좋은지 여러 버전의 레이어를 실험할 수 있다. 그림이 결정되면, 보이지 않게 설정한 레이어는 지우고 나머지를 하나로 합치면 공간을 줄일 수 있다.

레이어가 투명 용지와 비슷하다고 했지만, 컴퓨터 내부의 자료구조는 물리적인 제약을 받지 않는다. 용지의 투명한 정도를 마음대로 바꿀 수 있다. 반투명한 레이어를 사용하면 배경을 흐릿하게 만들 수 있다. 개별적인 레이어를 합치는 방법도 변경할 수 있다. 보통은 투명하지 않은 부분의 아래 레이어는 가려서 보이지 않게 되지만, 위 아래의 두 레이어를 섞어서 보이게 할 수도 있다. 투명한 정도가 다른 레이어의 밝기 정도에 따라서 조절되도록 할 수도 있다. 더 복잡한 섞기 모드를 이용하면 레이어를 이용해서 인공적인 이미지도 만들 수도 있다. 그림 3.14는 그림 3.12의 이미지를 이용해서 만들어낸 이미지이다.

그림 3.14 다른 섞기 모드를 사용한 조합

레이어는 요소를 조합시킬뿐만 아니라 여러 가지 효과를 줄 수도 있기 때문에 유용하며, 그 기능이 확장되어 왔다. 포토샵의 **조절 레이어**(adjustment layer)를 이용하면 다양한 효과를 낼 수 있다. 실제적인 응용으로, 이미지 레이어의 픽셀을 변화시키지 않고 효과를 적용하는 데 사용되며, 따라서 안전한 실험 수단을 제공한다.

3.4 파일 포맷

이미지를 유지하고 프로그램 간에 교환하기 위해서는 이미지 데이터를 파일에 저장해야 한다. 데이터를 인코딩하고, 보충 정보를 추가하는 방법은 여러 가지이다. 결과적으로 많은 수의 그래픽 파일 포맷이 개발되었다. 프로그래밍 언어와 마찬가지로, 대다수는 한정된 사람이나 특별한 프로그램, 혹은 특정 플랫폼에서만 사용되었다. 여러 타입의 이미지에 적합한 서로 다른 특징을 가진, 널리 사용된 포맷도 많이 있다.

비트맵 이미지를 위한 여러 파일 포맷의 주요한 차이 중의 하나는 이미지 데이터를 압축하는 방식이다. 비트맵 이미지는 많은 수의 픽셀이 있어서 파일의 크기가 몇 메가바이트에 이르기까지 커진다. 저장 크기와 대역폭을 줄이기 위해서는 데이터 압축 기법이 적용된다. 이미지 압축은 5장에서 자세히 다루겠지만, 여기서는 **무손실**(lossless)과 **손실**(lossy) 압축의 차이를 설명한다. 무손실 압축 알고리즘은 압축으로부터 원래의 데이터를 완전하게 복구할 수 있다. 손실 알고리즘은 일부 데이터 — 이미지의 경우에는 시각적으로 중요하지 않은 미세한 부분 — 를 잃어버리지만 더 큰 압축을 얻을 수 있다.

컬러에 대한 완전한 설명은 6장으로 미루지만, 비트맵 이미지의 크기를 줄이는 한 가지 방법은 표현할 수 있는 컬러의 수를 제한하는 것이다. 256 가지의 컬러를 사용하는 이미지라면 각 픽셀은 1바이트 크기이면 되고, 대부분의 모니터가 지원하는 수백만 컬러를 지원하려면 픽셀당 3바이트가 필요하다.

월드 와이드 웹의 등장은 표준화에 영향을 미쳤다. 어느 특정 파일 포맷을 지정하지는 않았지만 플랫폼 간의 호환성에 대한 필요로 인해 일부 포맷이 거의 표준처럼 되었다.

그 중의 하나가 서로 다른 기종 간의 비트맵 이미지 교환을 위한 공통 포맷으로 CompuServe에서 개발된 GIF이다. GIF 파일은 무손실 압축 기법을 사용하고 256 컬러로 제한된다. 이 포맷의 가장 유용한 특징은, 한 컬러가 투명하게 설정될 수 있어서 GIF 이미지를 색 있는 배경이나 다른 이미지와 함께 표시할 때, 배경이 투명한 영역을 통해서 보일 수 있는 것이다(그림 3.15와 3.16 참조). 이것으로 인해서 사각형이 아닌 이미지를 만드는 것이 가능해졌다. GIF는 만화 형식의 그림이나 컴퓨터로 합성된 이미지와 같은 단순한 이미지에 가장 적합하다. 많은 색을 이용하고 명암의 변화가 심한 스캔된 이미지나 사진에는 덜 적합하다.

그런 이미지에는 JPEG이 적합하다. 엄밀히 말하면 JPEG은 압축 기법이고,[1] 이 기법을 이용해서 압축된 여러 가지 파일 포맷으로 저장될 수 있다 — JPEG 표준에서는 파일 포맷을 지정하지 않는다. 'JPEG 파일'이라는 말이 정확한 용어인 JFIF(JPEG File Interchange Format) 파일을 지칭하는 것으로 사용된다. 최근에 개발된 SPIFF 포맷이 JPEG 이미지에 공식적으로 부여된 포맷이지만, JPEG 데이터는 TIFF를 포함한 다른 파일에 내장될 수 있다.

세 번째로, 웹에서 널리 지원되는 최근의 파일 포맷은 GIF를 대체하기 위

그림 3.15 (붉은색 배경이) 투명하게 비친 GIF

---

[1] 정말 엄밀히 말하면, JPEG은 압축 기법을 개발한 Joint Photographic Experts Group이며 이 이름을 따라 붙인 것이다.

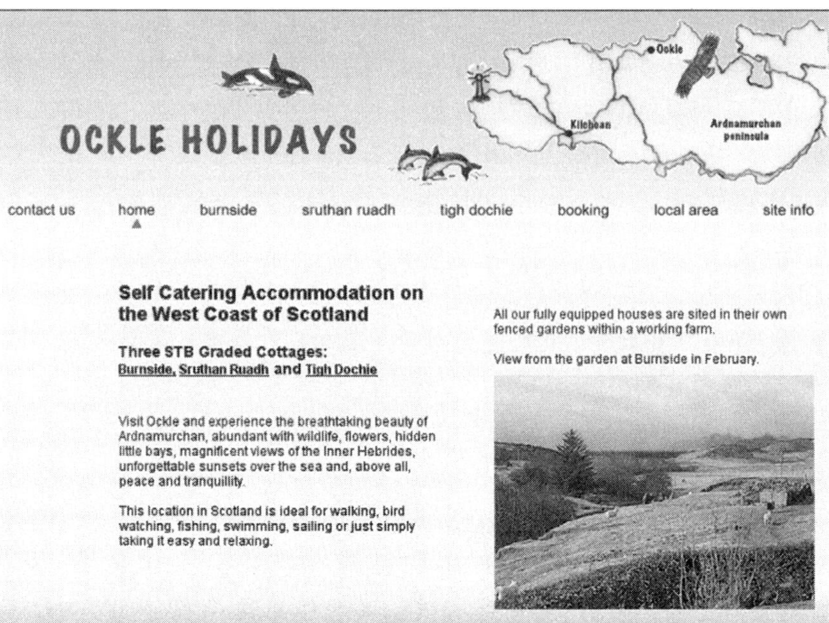

그림 3.16 웹 페이지에 내장된
GIF 파일

해 만들어진 PNG이다. GIF는 사용한 압축 알고리즘에 대한 특허권이
Unisys사에 있어서, GIF 압축이나 해제를 구현하는 프로그램에 라이센스비
를 요구하는 것이 문제이다. PNG는 다른 무손실 기법을 사용하기 때문에
누구나 무료로 구현할 수 있다. 또한 PNG는 256 컬러로 제한되지 않고,
GIF보다 더 정교한 형태로 투명을 조절하는 것이 가능하다. PNG 포맷은
W3C의 후원 하에 개발되었으며, 1996년 발표된 사양은 W3C의 권고안으
로 되어 있다. 그러나 PNG가 널리 퍼지는 것은 아주 느리며, 아직도 GIF와
JPEG이 더 유명하다.

월드 와이드 웹이 아닌 곳에서 유명한 그래픽 파일 포맷은 TIFF, BMP,
TGA(Targa로 불린다)이며, TIFF(Tag Image File Format)는 JPEG을 포함한 여
러 가지 압축 기법을 사용하고, 완전 컬러 비트맵을 저장할 수 있도록 정교
하고 확장성도 있다. 이것들은 거의 모든 플랫폼과 페인트 프로그램에서 지
원되지만, 지원되는 정도가 모두 다 같은 것은 아니라서 한 프로그램에서 만
든 TIFF 파일을 다른 곳에서 읽지 못할 수도 있다. TIFF는 BMP처럼 윈도우
즈에서 지원된다. BMP는 마이크로소프트 윈도우즈 비트맵 포맷으로 불린
다. 플랫폼 종속적이지만 윈도우즈 플랫폼이 아주 많이 사용되고 있어서, 다
른 시스템에서도 많이 지원되고 있다. BMP는 다른 비트맵 포맷과는 다르게
하나의 간단한 무손실 압축 기법만을 지원하며, 일반적으로는 파일을 압축
하지 않고 저장한다. TGA 파일은 초기에 PC에서 256 컬러 이상을 사용할

수 있도록 지원하는 포맷 중의 하나였기 때문에 당시에는 널리 사용되었다. 특정 비디오 캡처 보드에서 사용하기 위해 설계되었지만, 보드는 사용되지 않게 되었어도 많은 플랫폼의 프로그램에서 널리 지원하고 있다.

지금까지 설명한 모든 포맷은 비트맵 이미지를 저장한다. 벡터 그래픽에서는 상황이 다르다. 오랫동안 벡터 그래픽으로는 PostScript이 사용되었다. PostScript는 Adobe Systems사에서 1980년대 중반에 개발했으며, 내장된 그래픽 기능을 가진 프로그래밍 언어가 페이지의 모양을 지정할 수 있게 하였다. 프로시저를 정의할 수도 있어서 PostScript(손으로 작성하는 프로그래밍 언어는 아니다)를 생성하는 응용프로그램에서 페이지 레이아웃에 필요한 자신만의 함수들을 만들 수도 있었다.

PostScript는 페이지 레이아웃을 하기 위한 언어이며, 하나의 이미지를 독립적으로 저장하기 위한 것은 아니다. PostScript에서 EPS(Encapsulated PostScript) 파일에 들어 있는 이미지는 독립적이어서 다른 문서에 내장될 수 있다. 특히 EPS 파일에는 **윤곽선 상자 기술**(bounding box comment)을 이용해서 이미지의 크기를 나타낼 수 있다. EPS는 널리 사용되는 벡터 그래픽 포맷이지만 EPS 이미지를 표시하기 위해서는 완전한 PostScript 해석기가 있어야 한다.

따라서 EPS는 웹에서 사용하기에 이상적인 파일 포맷은 아니다. W3C에서는 SVG(Scaleable Vector Graphics) 포맷을 정의했다(15장 참조). SVG는 XML 안에서 정의되지만, PostScript의 변종이다. PostScript와 같은 이미지 모델을 사용하지만 기능이 적어서 구현이 쉬우며, 네트워크를 통해서 전송하기에는 더 간결하다. SVG는 아직은 널리 사용되고 있지 않다.

SWF 포맷은 Macromedia사의 플래시를 사용하는 벡터 애니메이션을 위해 개발되었지만(8장 참조), 지금은 벡터 이미지에 널리 사용되는 개방형 표준이 되었다. SWF는 W3C의 재가를 받지는 않았지만 수년 동안 주요 웹 브라우저에서 플러그-인이나 직접적으로 지원이 되고 있어서, 사실상의 표준이 되었다. SWF는 아주 간결한 포맷이며, 빠르게 렌더링할 수 있다. 원래 애니메이션에 사용하기 위해서 만들었지만, 정지 이미지에도 사용이 증가하고 있다.

EPS, SWF, SVG는 벡터 기능이 핵심적인 특징이기는 하지만, 벡터 포맷만을 지원하는 것은 아니다. 파일 안에 비트맵을 포함시킬 수도 있다. 벡터와 비트맵 그래픽, **그래픽 메타파일**(graphics metafile)이라고 불리는 텍스트도 수용한다. 또 다른 그래픽 메타파일 포맷으로는 매킨토시 PICT 파일과 마이크로소프트 WMF(Windows Metafiles)가 있다. 순수한 벡터-기반 포맷은 아주 드물며, CAD 패키지에서 사용된다. AutoCAD DXF는 벡터 데이터 교환에 널리 사용되는 복잡한 파일 포맷이다. 벡터-기반 포맷은 3차원 모델에도 널리 사용되는데, 이에 대해서는 4장에서 살펴볼 것이다.

앞에서 설명한 범용 포맷 이외에도 특정 프로그램과 연관된 고유한 포맷이 널리 사용된다. 포토샵과 Illustrator 파일은 인쇄와 출판 업계에서 비트맵과 벡터 그래픽 교환 포맷으로 자주 사용된다. 이들 포맷의 두드러진 특징은 이미지를 만들기 위해서 레이어를 사용한다는 점이다. 포토샵 이미지를 PICT 파일로 내보내기를 하면 '평탄화' 시키고, 모든 레이어를 하나로 묶는다. 이것은 이미지에 추가적인 변경을 원한다면 바람직하지 않다.

분명히 아주 많은 파일 포맷이 사용되고 있기 때문에 포맷 간의 전환이 필요하다. 단순히 바이트 순서를 바꾸는 것에서부터 벡터화 연산에 이르기까지 이 작업의 복잡도는 다양하다. QuickTime은 디지털 비디오 포맷으로 가장 널리 사용되지만(7장에서 자세히 설명), 여러 디지털 미디어 포맷을 저장하고 조작하는 프레임워크와 소프트웨어 구성요소를 제공하는 멀티미디어 구조로 더 잘 알려져 있다. QuickTime은 JPEG 압축 이미지 데이터를 포함하는 고유한 이미지 포맷을 가지고 있지만, JFIF, PNG, GIF, TGA, PICT, TIFF, 포토샵, SWF와 같은 다양한 포맷의 파일을 사용할 수 있도록 가져오기와 내보내기 기능을 제공한다.

연습문제

1. 벡터와 비트맵 그래픽의 주요한 차이점 세 가지를 들어라.

2. 다음 그림 중에서 어떤 것이 비트맵 이미지에 더 적합하고, 어떤 것이 벡터 그래픽에 더 적합한가?
   (a) 회로도
   (b) 건축물 그림
   (c) 식물 그림
   (d) 파이 차트
   (e) 지문
   (f) 세계 지도
   (g) 뇌 스캔
   (h) 어린이 알파벳 책의 그림
   (i) 모나리자 복사
   (j) 미키마우스와 같은 간단한 만화 주인공

3. 벡터 그래픽에서 개별 객체와 객체 그룹을 선택할 수 있다. 그렇다면
    벡터 그림 프로그램에는 레이어가 왜 있는가?

4. GIF 파일이 벡터 그래픽과 같은 종류의 이미지에 적합하다면, 왜
    SWF나 다른 벡터 포맷을 사용하는가?

5. 다음을 표시하기 위해서 어떤 포맷을 선택할 것인가?
    (a) 자신의 사진
    (b) 연재만화 그림
    (c) 박물관 층 안내도
    다음 목적의 각각에 대해서는 어떠한가?
    　(i) 광대역으로 접속하는 웹 페이지에 내장하기 위해서
    　(ii) 전화 모뎀으로 접속하는 웹 페이지에 내장하기 위해서
    　(iii) 다른 플랫폼에 전달하기 위해서
    그렇게 선택한 이유를 말하라.

벡터 그래픽
Vector Graphics

4

벡터 그래픽은 표현이 간결하고, 확장성이 있으며, 해상도에 무관하고, 편집하기 쉬워서, 디지털 이미지를 만드는 데 사용된다. 벡터 그래픽의 간결성은 네트워크에 연결된 멀티미디어에 특히 매력적이다. 분별없이 사용된 비트맵 이미지는 파일이 커져 내려받는 시간이 과도하게 걸린다. 국내 인터넷 사용자의 공통적인 불만은 웹 사이트가 그래픽이 점점 많아져서 페이지를 여는 데 걸리는 시간이 늘어난다는 것이다. 이런 불만을 잘 알고 있는 웹 설계자는 이미지를 자유롭게 사용하는 것을 규제해야 한다고 느낀다. 벡터 이미지는 비트맵보다 크기가 작지만, 웹에서 벡터 그래픽을 적용하는 표준 포맷이 없어서 많이 사용되고 있지는 않다. SVG와 SWF 표준이 점점 많이 사용되면 이것은 바뀔 것이다.

2차원 이미지에서 벡터 그래픽이 최근 몇년 동안은 비트맵 표현에 눌려 왔지만, 이미지가 3-D 모델로 투사되어 만들어진 3차원 이미지에서는 벡터 기법이 필수적이다. 왜냐하면 3차원으로 만들어진 픽셀 모델(voxel)은 아주 강력한 기계가 아니라면 적절하지 않은 점이 있기 때문이다.

4.1 기초

벡터 그래픽 이미지는 수학적으로 쉽게 표현되는 모양을 이용해서 만들어진다. 벡터 그래픽으로 모양을 표현하는 기초가 되는 좌표 기하의 기본적인 사항은 이미 잘 알고 있을 것이다. 좌표와 식으로 모양과 윤곽을 표시하는 것에 익숙하지 않은 사람을 위해서 기본적인 개념을 간략히 소개한다.

4.1.1 좌표와 벡터

이미지는 픽셀의 직사각형 배열로 저장되기 때문에, 하나의 픽셀을 식별하는 자연스러운 방법은 직사각형 배열에서 행과 열의 번호를 이용하는 것이다. 열은 왼쪽에서 오른쪽으로 번호를 붙이고, 행은 아래에서 위로 0에서부터 번호를 붙여서, 픽셀은 (x, y) 쌍으로 고유하게 구별된다. 이것이 **좌표**(coordinate)이며, x는 열 번호이고 y는 행 번호이다. 그림 4.1에서 A 픽셀은 (3, 7)이고, B는 (7, 3)이며, O는 **원점**(origin)인 (0, 0)에 있다.

이미지 안에 있는 픽셀의 좌표는 0과 이미지의 수평(x축) 혹은 수직(y축) 크기 사이의 정수값이다. 모양을 장치에 독립적인 방법으로 모델링하기 위해서는 실수값을 갖는 좌표 시스템으로 일반화할 필요가 있다. 격자에 유한한 픽셀 대신에 무한대로 작은 기하학적 점을 사용할 수 있다. 예를 들면,

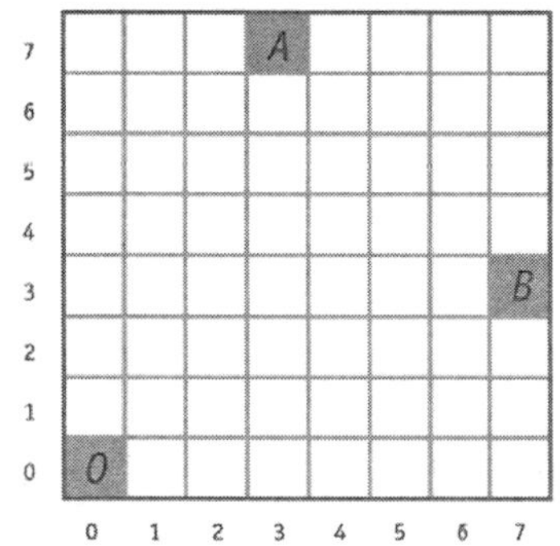

그림 4.1 픽셀 좌표

(0, 0)과 (1, 0) 사이에는 무한히 많은 점이 올 수 있다. 또한 그 값들은 유한한 최대값으로 한정되지 않는다. 음의 좌표도 가능하다. 음수 x값을 갖는 점은 원점 왼쪽에 있고, 음수 y값을 갖는 점은 원점 아래에 위치한다. 원점을 지나는 수직선은 x좌표가 0인 모든 점들로 이루어져 있으며, 이것을 y-축이라고 부른다. 원점을 지나는 수평선은 x-축이다. 그림 4.2에 보이는 것처럼 x와 y축에 일정한 간격으로 점을 찍어서 위치를 표시하여 좌표를 쉽게 읽을 수 있게 한다. 벡터 그리기 프로그램은 선을 그릴 축(자로 부른다)이 표시되게 할 수도 있다.

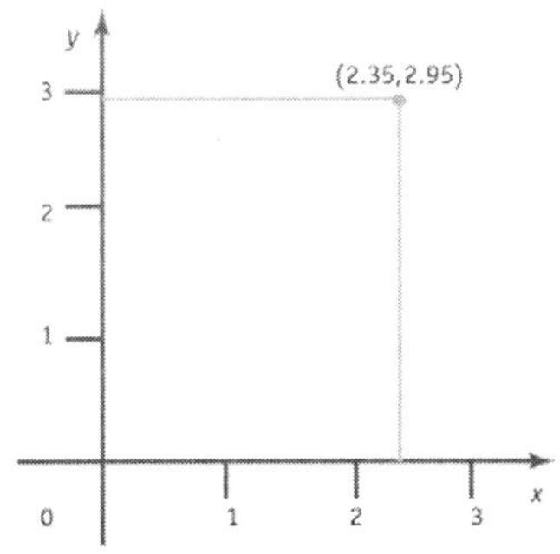

그림 4.2 실수 좌표와 축

수학에서는 위쪽으로 갈수록 y의 값이 커지는 관습을 사용하지만 Java Abstract Windowing Toolkit이나 SVG와 같은 그래픽 패키지와 언어는 아래쪽으로 갈수록 y의 값이 커지는 반대의 관습을 사용한다. 이 관습은 픽셀이 물리적 출력 장치에 그려지는 방식과 잘 맞는다. 출력 장치에서 사용되는 좌표 체계를 걱정할 필요는 없다. 그림 그리는 프로그램이 필요한 변환을 해준다. 이런 변환이 **좌표 변환**(coordinate transformation)의 예이다. 한 체계의 좌표(사용자 공간)가 또 다른 체계(장치 공간)로 변환된다. 장치 독립적인 그래픽이 되기 위해서는 좌표 변환이 필수적이다. 따라서 일반적으로 출력 장치의 좌표 공간에 대해서는 잘 모른다. 좌표 변환이 나타나는 또 다른 예는 이미지를 윈도우에 표시할 때이다. 이미지를 준비할 때는 스크린에 윈도우가 어디에 위치할 지 알지 못하기 때문에, 그림의 객체에 절대 스크린 좌표를 지정하는 것이 불가능하다. 그림은 사용자 좌표 공간에서 준비되고, 표시될 때 장치 공간으로 변환된다.

좌표쌍은 점을 정의하는 데에만 사용되는 것이 아니라 변위 정의에도 사용된다. 예를 들어, 그림 4.1에서 A에서 B로 가기 위해서는 오른쪽으로 4칸, 아래쪽으로 4칸(혹은 -4칸 위) 움직여야 한다. 따라서 A에서 B까지의 변위는 $(4, -4)$로 표시할 수 있다. 일반적으로 점 $P_1 = (x_1, y_1)$과 점 $P_2 = (x_2, y_2)$에서, P_1에서 P_2까지의 변위는 $(x_2 - x_1, y_2 - y_1)$이고, $(P_2 - P_1)$으로 쓴다(그림 4.3 참조). 한 쌍의 값이 이런 변위를 나타낼 때, 이것을 2차원 **벡터**(vector)라고 부른다. 벡터는 방향이 있음에 주의하라. $P_2 - P_1$은 $P_1 - P_2$와 같지 않다. 왜냐하면 P_1에서 P_2로 이동하는 것은 P_2에서 P_1으로의 이동과 방향이 반대이기 때문이다.

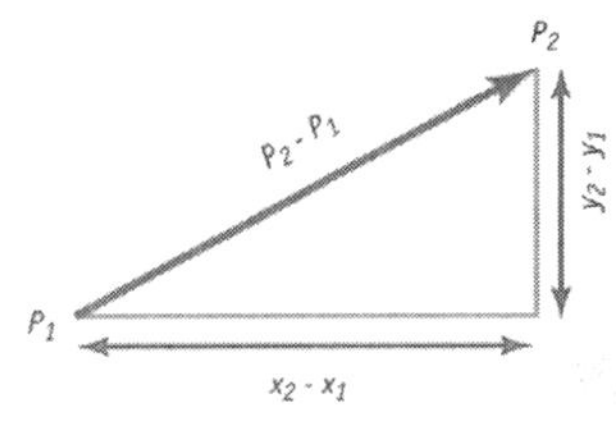

그림 4.3 벡터

벡터 그래픽(vector graphic)이라는 용어는 (x, y) 좌표를 직접 설정하여 음극선관의 전자빔의 위치를 조절하는 출력 장치에서 좌표값을 바꾸면 빔이 이동해서 벡터 자국을 남기는 것에서 유래된 이름이다. 이런 종류의 그래픽 장치는 간단한 모양만을 그릴 수 있기 때문에, 여기서는 모양-기반 그래픽 시스템을 뜻하는 말로 사용한다.

좌표 시스템은 공간에서 점의 위치를 식별한다. '미지수'를 뜻하는 변수를 이용해서 기하학적 모양을 특징짓는 좌표와의 관계를 규정할 때 좌표 기하가 유용하다. 예를 들면, (x, y)가 남서에서 북동으로 45° 각도로 원점을 지나는 직선 상의 어떤 점이면, $x = y$라고 말할 수 있다. 좌표 기하를 이용하면 임의의 직선, 원, 타원 등의 식을 유도할 수 있다. 이런 식을 이용해서 적당한 상수를 저장하기만 하면 모양을 나타낼 수 있다.

실제적으로는 표현이 약간 부족하다. 직선의 식은 $y = mx + c$이고, 상수 m과 c는 기울기와 절편이다. 그러나 직선의 길이가 유한해야 하므로 끝점을 저장해야 한다. m과 c 값은 이 끝점으로 유도될 수 있다. 간단한 대수 연산으로 이것을 보일 수 있다. 직선이 (x_1, y_1)과 (x_2, y_2)를 지나면 m은 $(y_2 - y_1)/(x_2 - x_1)$과 같고, c는 $(x_2y_1 - x_1y_2)/(x_2 - x_1)$와 같다. 끝점의 좌표를 이용하면 직선의 길이와 식의 상수를 모두 나타낼 수 있다.

다른 모양을 저장하기 위한 값도 이렇게 수학적 분석이 모두 간단한 것은 아니다.

벡터 그림을 렌더링할 때, 저장된 값이 사용된다. 예를 들어, 직선의 끝점이 $(0, 1)$과 $(12, 31)$이면, x가 0에서 12까지 변하는 모든 값에서 y의 값을 구할 수 있다. 픽셀의 좌표는 언제나 정수가 되어야 하기 때문에, 픽셀의 일부만 취할 수는 없다. 따라서 픽셀 이미지는 벡터 모델로 기술되는 이상적인 수학적 객체의 근사화에 불과하다. 앞의 직선은 $y = 5x/2 + 1$의 식으로 기술되기 때문에, 홀수인 x에 대해서는 반올림을 해서 y를 정수로 만들어야 한다. 직선을 이루는 픽셀의 좌표는 $(0, 1)$, $(1, 4)$, $(2, 6)$, $(3, 9)$, ... 이다. 선이 연속되게 하기 위해서는 여러 픽셀 블록을 선택하면 블록의 높이가 2 내지 3 픽셀이 되어서, 그림 4.4에 보이는 것처럼 균일하지 않은 계단 모양이 된다. 출력 장치가 이산적인 픽셀 격자에 기반하고 있기 때문에 이것은 피할 수 없다. 출력 장치의 해상도가 낮으면(즉, 픽셀이 비교적 크면), 라인의 울퉁불퉁함이 더 커진다. 이런 현상을 '계단화' 혹은 '울퉁불퉁'이라고 말한다.

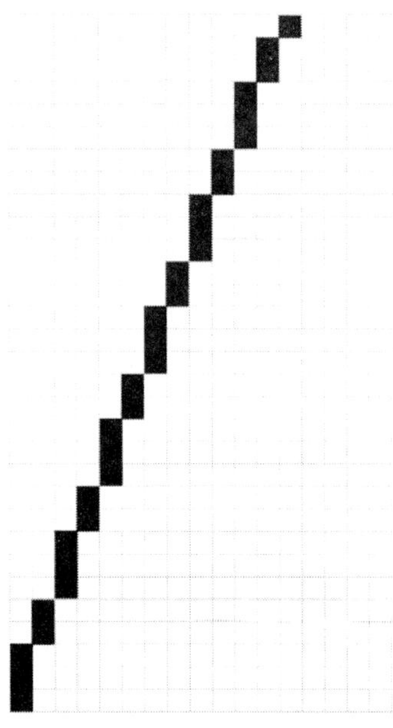

그림 4.4 직선의 근사화

4.1.2 앤티-앨리어싱

벡터 객체를 픽셀로 이루어진 이미지로 만드는 렌더링 과정은 샘플링과 재구성 형태로 간주된다. 그리려는 직선은 연속 신호이고 — x와 y 좌표가 아주 작은 값으로 변한다 — 고정된 유한 간격을 갖는 픽셀값의 순차로 근사시켜야 한다. 그림을 보면 과소샘플링으로 인한 울퉁불퉁한 모양을 하고 있다. 출력 장치 해상도가 증가하면 — 더 높은 비율로 샘플링하면 — 픽셀들은 작아지고, 따라서 울퉁불퉁한 현상은 더 작아질 것이다.

2장에서 신호를 정확하게 재구성하려면 신호의 주파수보다 두 배 이상의 비율로 샘플링해야 한다고 했다. 그런 높은 주파수는 급격한 변화와 연관된다. 이미지에 예리하고 딱딱한 에지 윤곽이 있다면 경계에서 밝기나 컬러 값이 한 값에서 다른 값으로 급격하게 바뀐다. 이런 공간 도메인에서의 불연속은 주파수 도메인에서 무한대의 고주파를 포함하는 것으로 표현된다. 따라서 완전한 재구성이 가능한 샘플링률은 존재할 수 없다. 다른 말로 하면 벡터 모양을 렌더링하는 데 고해상도를 사용하더라도 울퉁불퉁한 것은 언제나 나타난다.

가능한 해상도는 실제적이나 예산의 문제로 제한된다. 특히 멀티미디어에서 벡터 그래픽은 인치당 72에서 120 도트 사이의 해상도를 갖는 모니터에 표시되기 때문에 앨리어싱이 보인다. 이것을 감소시키려면 **앤티-앨리어싱**(anti-aliasing) 기법을 사용해야 한다.

그림 4.4를 보면 계단 현상은 흑백 픽셀의 뚜렷한 대비의 결과이다. 일부 픽셀에 중간 명암값을 사용하면 부드러운 효과를 낼 수 있다. 주파수 영역 표현에서 불필요한 고주파를 제거하고 낮은 주파수로 대체시키는 것이다. 간단히 검은색 픽셀의 농도를 낮출 수는 없다. 사람의 눈에 보이는 선이 부드럽게 보이도록 명암 범위 안에서 선택한다.

픽셀 격자의 방향이 상관없다면 그림 4.5에 보이는 것처럼 1픽셀 넓이의 부드러운 직선을 만들 수 있을 것이다. 전에는 직선의 식에 의해 1픽셀 넓이의 사각형과 겹치는 픽셀 영역이 반 이상일 때 검은색으로 설정했었다. 앤티-앨리어싱에서는 그림 4.6처럼 교차되는 영역에 비례해서 명암 밝기를 설정한다. 흰색이 아닌 픽셀의 수는 더 늘었지만, 그레이 픽셀의 컬러값과 차지한 영역을 곱하면 원래의 검은색만 사용한 경우와 같은 값이 된다. 확대해서 보면 울퉁불퉁은 어느 정도 줄었지만 일관성이 없어 보인다. 정상적인 해상도로 보면 모호성은 있어도 앨리어싱 현상은 감소된다.

4.2 모양

그리기 프로그램을 사용하면 여러 가지 모양을 그릴 수 있다. 이런 것들은 수학적으로 간단히 표현되고, 저장 크기가 작으며, 렌더링이 효율적이다. 보통은 직사각형과 정사각형(둥근 모서리일 수도 있다), 타원과 원, 직선, 다각형, **베지어 곡선**(Bézier curve)이라고 불리는 부드러운 곡선이 제공되며, 혹은

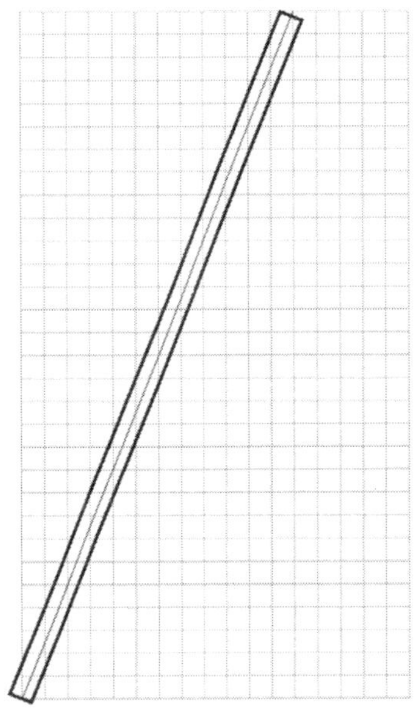

그림 4.5 하나의 픽셀로 근사화된 직선

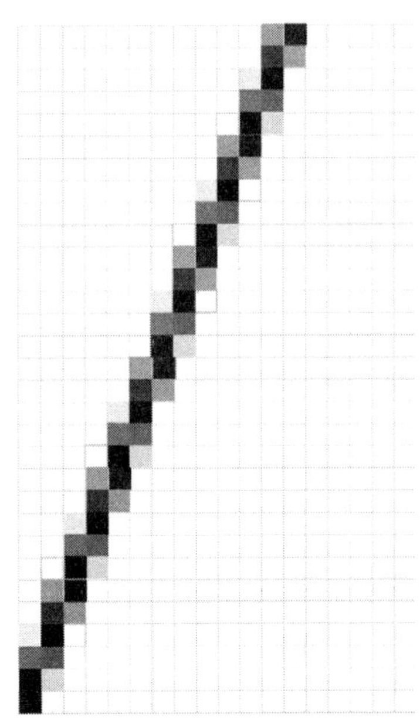

그림 4.6 앤티-앨리어스된 직선

나선과 별 모양이 제공되기도 한다. 이런 요소로 만들어진 모양은 컬러나 패턴 혹은 그래디언트로 채울 수 있다. 프로그램에서는 모양의 벡터 기술을 이용하지 픽셀의 맵을 이용하는 것이 아니므로, 이것들의 이동, 회전, 확대, 기울이기가 쉽다. 벡터 프로그램이 그래픽 기능만으로 한정되는 것 같이 들리겠지만, 베지어 곡선을 사용하는 방법을 알면 복잡하고 미세한 효과를 내는 데도 사용할 수 있다. 그렇지만 벡터 그림 프로그램은 손으로 자유스럽게 그린 매체와는 구별된다.

벡터 그래픽의 잠재력과 한계를 이해하는 좋은 방법은 그리는 프로그램에서 제공하는 기능을 살펴보는 것이다. 예로는 **Illustrator** 가 있다. 다른 전문적인 그리기 패키지에도 같은 개념이 들어 있다. 그리기 패키지로 할 수 있는 일은 그래픽 파일에서 모양이 표현되는 방법에 반영된다. 예를 들어, 펜툴을 선택하고 마우스를 클릭해서 선을 그리면, 내부적으로 선은 끝점의 좌표로 표현된다. **SVG**에서 선은 끝점의 좌표를 속성으로 갖는 **line** 요소로 표현된다.

그림 4.7에 보이는 것과 같이 연결된 선의 순차는 폴리라인(**polyline**)이라는 하나의 객체로 간주된다. 시작점과 끝점이 일치하는 닫힌 폴리라인은 사각형을 그리는 데 사용할 수 있다. 혹은 변이 축과 평행인 사각형은 직사각형 툴을 선택하고 원하는 모서리에서 마우스 버튼을 누르고 반대편 모서리로 드래그하여 그릴 수도 있다. 직사각형은 반대편 모서리의 좌표로 완전히 기술된다. **Illustrator**에서 직사각형은 중심점 사각형 툴을 이용해서 그릴 수도 있다. 중심으로 잡고 싶은 점에서 시작해서 한 모서리에 해당하는 곳으로 드래그한다. 중심점과 한 모서리를 이용한 반대편 모서리의 좌표 계산은 프로그램이 수행한다.

타원은 적절한 툴을 선택하고 원주 상의 한 점에서 다른 점으로 드래그하면 그릴 수 있다. 한 쌍의 점만 있으면 타원의 모양과 위치를 결정할 수 있고, 좌표는 편리한 형태로 변환될 수 있다.

정사각형과 원은 직사각형과 타원의 특별한 경우이기 때문에 따로 표현을 가지고 있을 필요가 없다. 그릴 때 프로그램이 직사각형과 타원을 정사각형과 원으로 제한하도록 하면 된다. **Illustrator**는 직사각형과 타원 툴을 사용할 때 시프트 키를 누르면 정사각형과 원으로 제한된다.

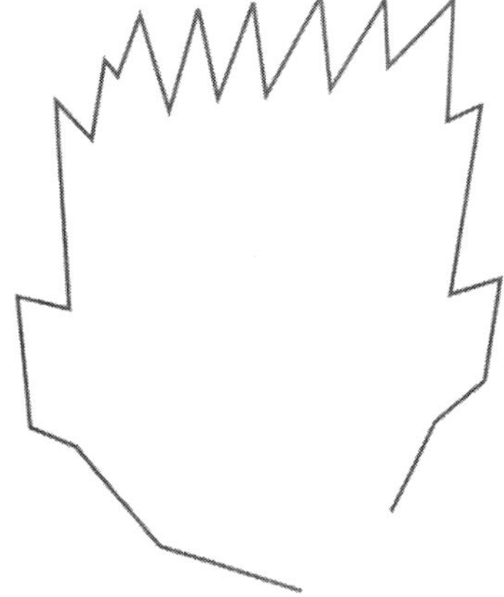

그림 4.7 폴리라인

4.2.1 곡선

많은 기술적인 도면에서는 직선, 폴리라인, 직사각형, 타원이면 충분하다. 좀더 자유로운 그림에는 베지어 곡선이 필요하다.

베지어 곡선에는 그래픽에 유용한 몇 가지 특징이 있다. 베지어 곡선은 두 개의 끝점과 곡선 상에 있지 않고 곡선의 방향을 정하는 두 개의 **방향점**(direction point)을 더해서 전체 4개의 **제어점**(control point)으로 완전히 규정된다. '방향점'은 이 점의 목표를 말해준다. 각 끝점에서 곡선이 어느 방향으로 휘는 지를 나타낸다. 그림 4.8을 보면, P_1, P_4는 곡선의 끝점이고, P_2와 P_3은 방향점이다. 곡선은 P_1에서 시작해서 P_2 방향으로 진행하다가 P_3 방향을 지나 P_4에 도착한다.

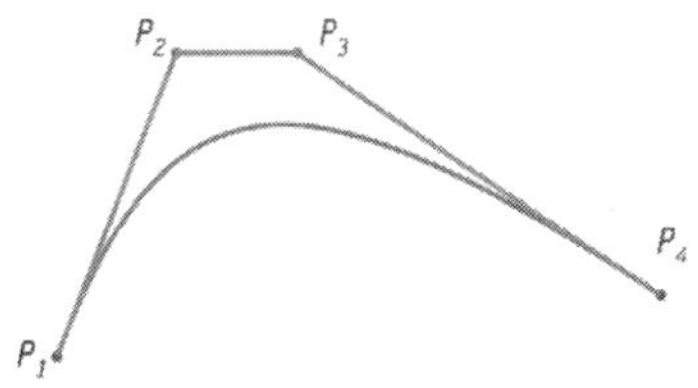

그림 4.8 베지어 곡선

각 끝점에서 방향점까지의 선분 길이가 곡선이 얼마나 넓게 지나가는 지를 결정한다. 이 선분의 길이를 곡선이 방향점을 향해서 가는 속도를 표현한다고 생각할 수 있다. 더 빨리 진행할수록 곡선은 더 멀리 벗어난다.

곡선의 이런 특징은 베지어 곡선이 상호작용으로 그려질 수 있는 기초가 된다. 적당한 툴을 선택하고(보통은 펜), 첫 번째 끝점을 클릭하고, 마치 곡선을 끌어당기듯이 첫 번째 제어점으로 드래그한다. 얼마나 멀리 끌었나를 알 수 있는 **방향 선분**(direction line)을 볼 수 있을 것이다. 다음 절에서 설명하겠지만, 대부분의 응용프로그램에서 방향 선분은 드래그한 방향과 그 반대 방향으로 모두 확장된다. 첫 번째 점 다음에, 곡선을 마치고 싶은 점에서 클릭을 하고, 방향점에서 드래그한다(그림 4.9 참조). 커서를 움직이면서 곡선의 모양이 바뀌는 것을 볼 수 있다. 모양이 마음에 들지 않으면, 제어점을 선택해서 드래그하면 모양과 크기를 바꿀 수 있다.

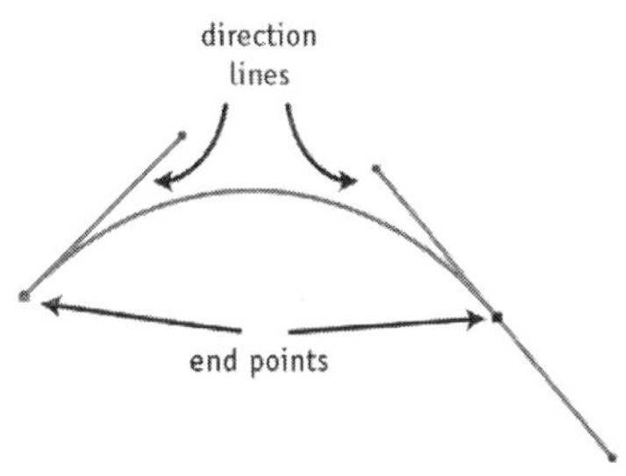

그림 4.9 펜툴을 이용한 곡선 그리기

이런 방식의 4개의 점으로 만든 곡선이 고유한 것인가와 곡선이 언제나 존재하는 지가 궁금할 것이다. 베지어 곡선에 대한 수학책이 아니기 때문에, 자세한 사항은 참고 문헌을 보면 된다. 끝점 P_1, P_4와 방향점 P_2, P_3으로 곡선을 만드는 다음 과정을 잘 보면 이해가 갈 것이다.

P_1과 P_2, P_2와 P_3, P_3과 P_4 사이의 중점을 찾아서 P_{12}, P_{23}, P_{34}로 이름 붙인다. P_{12}와 P_{23}, P_{23}과 P_{34}를 연결한다(그림 4.10 위).

새로운 선의 중점을 P_{123}, P_{234}라고 하고 연결선을 만든다. 마지막 중점 Q는 곡선 상에 있게 된다(그림 4.10 아래).

곡선을 만든 방식이 그렇기 때문에, Q는 곡선 상에 있게 된다. 4개의 점 P_1, P_{12}, P_{123}, Q와 Q, P_{234}, P_{34}, P_4를 가지고 곡선을 만들면 각각 원래 곡선의 왼쪽과 오른쪽 반이 될 것이다. 따라서 Q의 왼쪽과 오른쪽의 두 점에 대해서 중심점을 찾는 방법을 똑같이 적용할 수 있다. 새로 생긴 제어점으로 곡선의 일부를 다시 만들 수 있다. 수학에서는 곡선을 계속 나누어서 곡선 조각이 무한대로 작아지도록 할 수 있다.

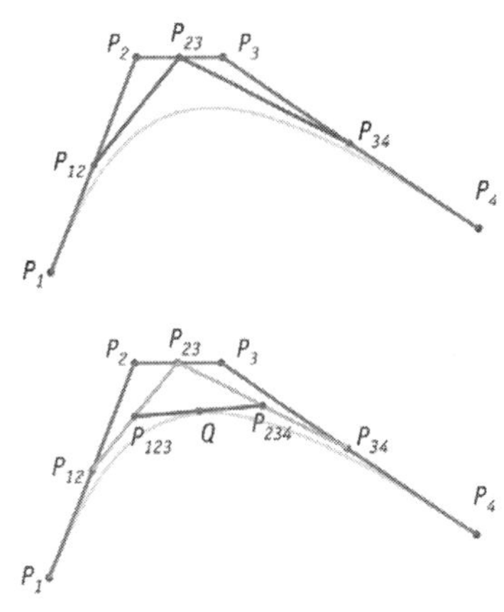

그림 4.10 베지어 곡선 구성

이 작업을 종이나 프로그램에서 수행하면 직선은 구별할 수 없게 되어 부드럽게 표시할 수 있게 된다.

그러나 많이 나누어도 끝점 P_1과 P_4는 선 P_1, P_2와 선 P_3, P_4의 일부이며, 무한대로 나누어도 그대로가 된다. 따라서 이 선은 P_1과 P_4에서 곡선의 탄젠트가 된다. 즉, P_1을 떠난 곡선이 P_2를 향하고, P_3의 방향에서 P_4로 접근해서, 결국 원하는 곡선이 된다. 따라서 탄젠트의 길이가 곡선이 얼마나 넓게 돌아가는지를 제어한다.

4개의 제어점을 이용하면 베지어 곡선을 만들 수 있지만, 결과는 만족스럽지 않거나, 제어점을 옮기면 모양이 어떻게 바뀌는 지 예측할 수 있는 경험이 많지 않을 수도 있다. 그림 4.11에서 4.13은 순서만 다르고 그림 4.8과 같은 점을 사용한 곡선을 보여준다.

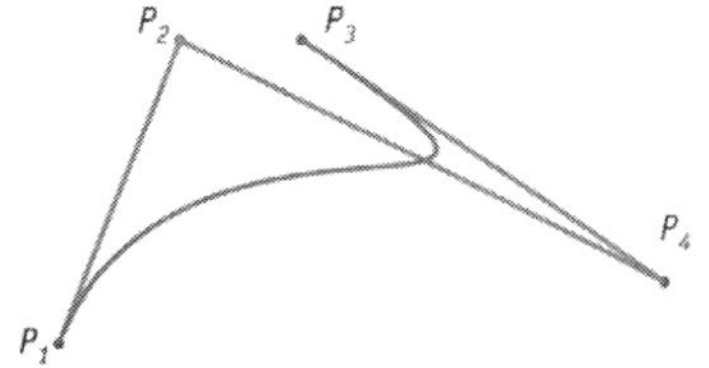

그림 4.11 P_1, P_2, P_4, P_3

4.2.2 경로

하나의 베지어 곡선이 그리고자 하는 목적은 아닐 것이다. 직사각형, 타원, 직선만 있으면 충분한 전형적인 응용을 제외하면, 그림 3.4의 식물의 꽃잎이나 수술과 같은 다양한 불규칙한 곡선과 모양을 그릴 필요가 있을 것이다. 모니터와 프린터의 픽셀 크기는 유한하기 때문에 어떤 곡선이라도 직선을 이용해서 근사화시킬 수 있다. 그러나 실제로 곡선 모양에 대한 적당한 근사를 만들기 위해서는 수많은 아주 짧은 선들이 필요하다. 이것은 모양을 기술하는 양을 늘리기 때문에, 편집과 같은 상호작용을 어렵게 만들어서 벡터 그래픽의 장점을 없앤다.

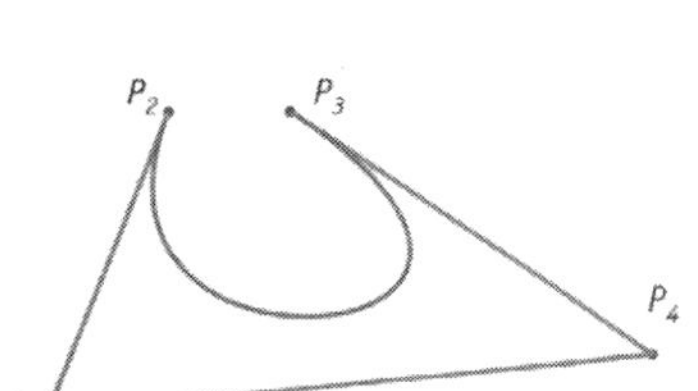

그림 4.12 P_2, P_1, P_4, P_3

베지어 곡선을 유용하게 만드는 것은 이것을 이용하면 더 정교한 곡선과 불규칙한 모양을 만들 수 있다는 점이다. 제어점 P_1, P_2, P_3, P_4가 있는 베지어 곡선은 P_3의 방향에서 끝점 P_4로 접근한다. 제어점 P_4, P_5, P_6, P_7로 두 번째 곡선을 만들면(따라서 첫 번째 곡선과 P_4에서 만난다), P_4에서 시작해서 P_5 방향으로 향한다. P_3, P_4, P_5가 일직선상에 있고 P_5가 P_3과 반대 방향에 있으면 곡선은 P_4를 지나서 같은 방향으로 진행하기 때문에, 그림 4.14의 왼쪽

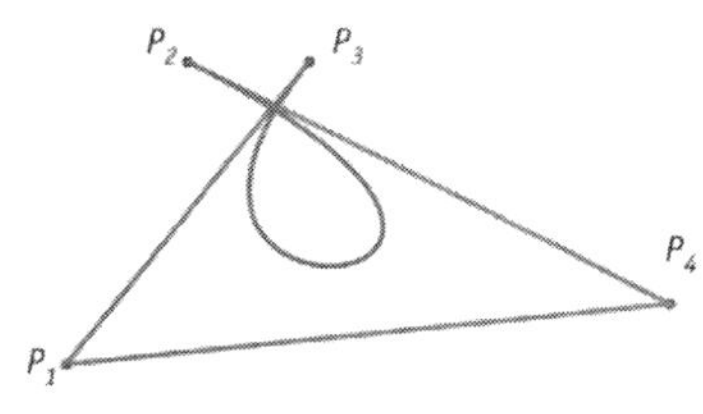

그림 4.13 P_3, P_1, P_4, P_2

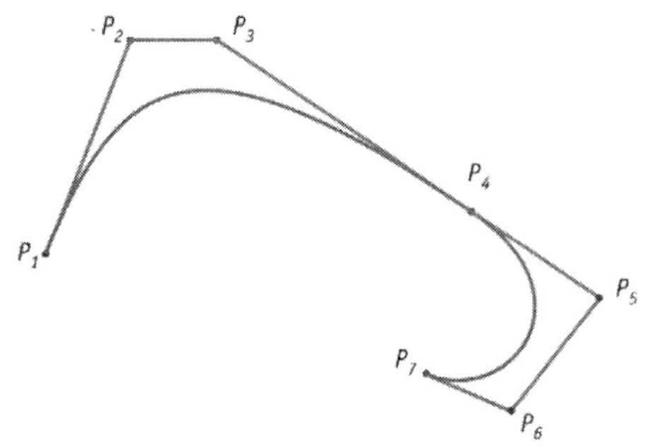

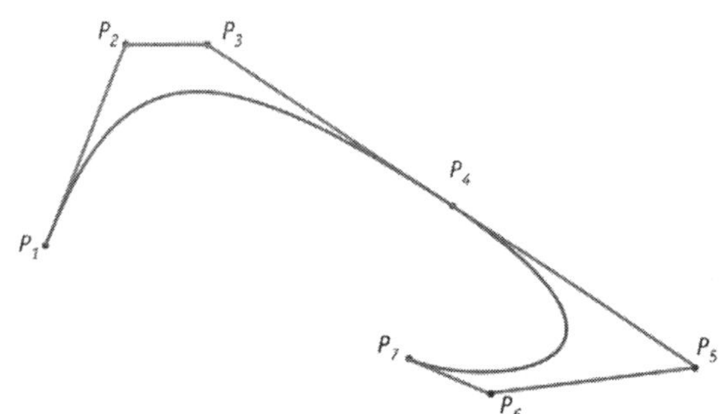

그림 4.14 두 개의 베지어 곡선의 결합

에 보이는 것처럼 부드럽게 연결된다. 오른쪽 그림은 P_4의 양쪽 방향의 방향선분의 길이를 같게 해서 더 부드러워 보인다. 직선을 공간을 향한 궤적이라고 생각하면 공유 끝점을 일정한 속도로 지나간다. 세 점이 일직선 상에 있으면, 방향은 일정하지만 속도는 바뀐다.

제어점이 정렬되고 방향선의 길이가 같으면 연결이 부드럽게 이루어진다. 앞에서처럼 끝점을 드래그하면 방향선이 양쪽에 표시된다. 즉, 그리는 곡선에 속한 방향점과 그 끝에 연결되려는 새로운 곡선에 속한 방향점이 보인다. 따라서 베지어 곡선을 연결하려는 점으로 드래그를 하면 복잡한 형태의 곡선을 쉽게 만들 수 있다.

연결시키는 특징은 곡선을 그리는 다른 종류의 프리미티브에서는 기대할 수 없다. 일반적으로 원, 포물선, 타원의 호를 부드럽게 연결할 수는 없다.

곡선이 부드럽게 연결되기보다는 방향을 바꾸기를 원할 때도 있다. 그렇게 하려면 인접 조각의 방향선이 일직선이 되지 않도록 배치해야 한다(그림 4.15 참조). 그리기 프로그램에서 부드럽게 연결된 곡선을 끊는 적당한 방법이 있어야 한다. Illustrator에서는 방향선을 만들고 option(혹은 alt) 키를 누르면, 방향점을 원하는 방향의 새로운 곡선을 만들도록 드래그할 수 있어서 급격한 모서리를 만들 수 있다. 클릭과 드래그를 혼합하면 임의 방향으로 곡선과 직선을 만들 수 있다.

곡선과 직선 결합에 관한 추가적인 용어로, 직선과 곡선의 모임인 **경로**(path)가 있다. 경로가 자신을 만나면 **닫힌**(closed) 것이고, 그렇지 않으면 **열린**(open) 것이다. 그림 4.16은 열린 경로이고, 그림 4.17은 닫힌 경로이다. 열린 경로에는 끝점이 있는데, 닫힌 경로에는 끝점이 없다. 모든 선과 곡선은 경로의 **조각**(segment)이라고 한다. 조각이 결합되는 장소(조각의 원래 끝점)를 경로의 **앵커점**(anchor point)이라고 부른다. 어떤 곡선과 직선의 모임도 경로가 되며, 모두 연결되어 있지 않아도 된다.

경로를 만드는 일반적인 방법은 펜툴을 이용해서 개별적인 조각을 만드는 것이다. 많은 조정을 할 수 있어서 아주 정교한 곡선을 만들 수 있다. 그러나 손으로 그린 것처럼 보이게 만들고 싶으면, Illustrator의 연필툴을 사용할 수 있다. 이 툴을 선택하면 펜으로 자유롭게 그리는 것처럼 마우스나 압력 감지 펜을 드래그할 수 있다. 실제로는 커서의 이동에 따라 베지어 곡선 조각과 직선으로 근사화된다. 경로가 완성되면 앵커점을 볼 수 있고, 이를 조절할 수 있다. 근사화의 충실도는 감내 정도를 설정하여 조절할 수 있다. 감

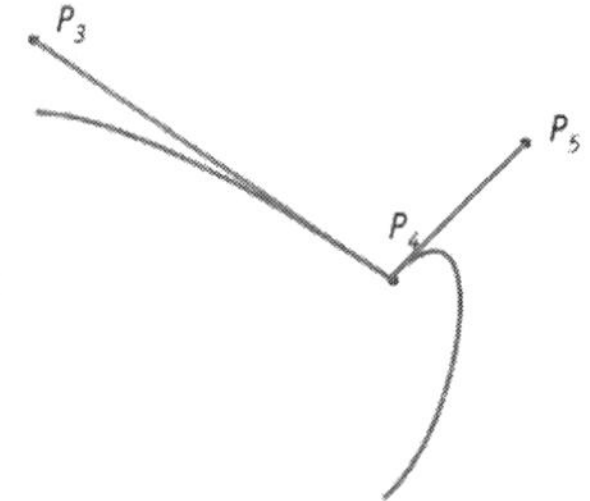

그림 4.15 모서리점

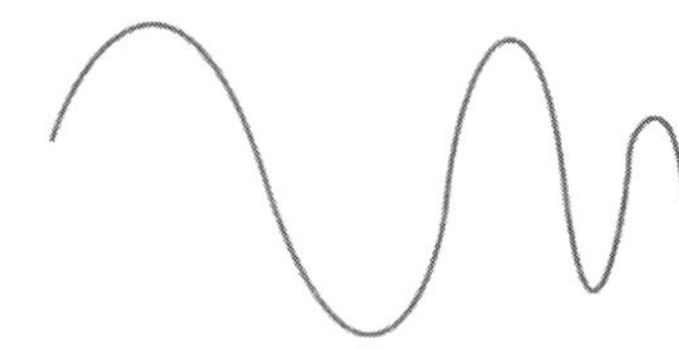

그림 4.16 열린 경로

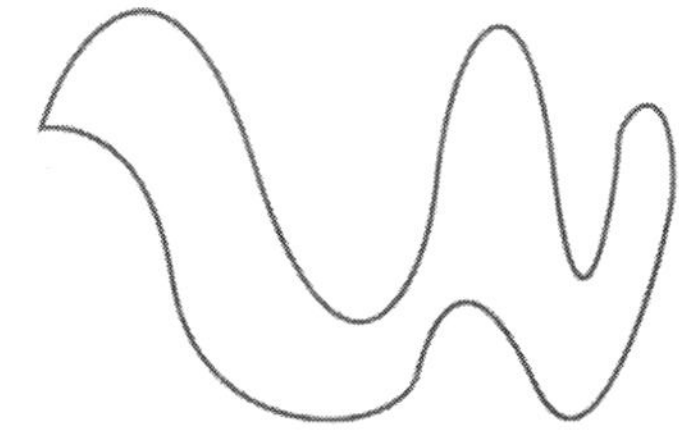

그림 4.17 닫힌 경로

내 정도가 높으면 효율은 좋아지지만 앵커점의 수가 작아지고, 작은 이동은 무시된다.

4.2.3 스트로크와 채움

수학적으로 점이 무한히 작은 것처럼 경로도 무한히 얇다는 추상적 성질이 있다. 곡선을 그리는 법과 경로 그림을 보았으나, 경로에 대한 설명을 한다. 볼 수 있는 형태로 경로를 만들 수 있다. 여기에는 두 가지 방법이 가능하다. 경로에 **스트로크(stroke)**를 가해서 잉크를 칠하는 것처럼 보이게 하거나, 경로를 어떤 모양의 윤곽으로 여기고 **채움(fill)**을 할 수 있다. 컴퓨터 그래픽은 실제 미술 재료와 같은 물리적인 한계에 제약되지 않으므로, 단순한 색상 이외의 패턴이나 명암과 같은 더 정교한 방법으로 스트로크나 경로 채움을 할 수 있다.

실제적으로 그리기를 하면서 경로를 볼 수 있도록 그리기 프로그램은 얇은 스트로크로 경로를 보여준다. 이것이 끝나면 각 경로 세그먼트는 스트로크되거나 채워져서 그 결과를 볼 수 있다.

경로에 스트로크를 가하는 방법을 살펴보자. 종이에 가하는 물리적 스트로크처럼 그리기 프로그램에 의한 스트로크도 특징이 있어서 무게와 컬러로 보이는 모습이 결정된다. 이런 특징은 사용자에 의해 설정되거나 변경될 수 있다. 무게는 스트로크의 두께를 수치적으로 결정함으로써 설정된다. 컬러의 지정은 더 복잡한데, 이에 대해서는 6장에서 다룬다.

3장에서 지적했듯이 일부 그리기 프로그램은 숯이나 붓과 같은 자연스러운 스트로크를 흉내내는 것이 가능하다.

그리기 프로그램에서는 점선을 지원하는 것이 일반적이다. 점의 길이와 그 사이 간격의 길이를 지정할 수 있다. 사용자가 적절한 단위로 수치값을 집어넣으면 된다.

스트로크에서 더 정교한 특징은 끝점의 모양이다 — line cap. 두께가 어느 정도 되면 끝을 잘라서 사각형 모양으로 만드는 것은(butt cap) 보기가 좋지 않다. 끝이 반원 모양이 되는 **원형 캡(round cap)**을 이용하는 것이 좋다. 세 번째로 경로의 끝점이 두께의 반 정도 더 나가는 방식인 **돌출 캡(projecting** cap)이 있다. 이것은 경로 상대적인 스트로크의 무게가 모든 방향에서 같게 된다. PostScript에서는 세 가지 캡 방식을 모두 지원하며, PDF와 SVG에 포함된다. Illustrator와 같은 그리기 프로그램에서도 지원된다. 점선과 여러 캡을 조합한 모양이 그림 4.18에 있다.

모서리점에서의 연결도 고려해야 한다. 넓은 선이 90°로 만나면 깨끗하지만, 다른 각도에서는 간격이나 중첩이 생기기 때문이다. 몇 가지 방법으로 이것을 없앨 수 있다. Illustrator에서 제공하는 세 가지 선 연결 방식은 mitre(액자 그림처럼 외곽선이 만날 때까지 확장된다), round(원호를 이용해서 원형 모서리를 만든다), bevel(연결되는 조각이 사각형으로 끝나며, 마무리는 삼각형으로 채워져서 연결점을 평탄하게 만든다)이다. 아주 작은 각도로 만나는 조각에 mitre가 사용되면, 긴 스파이크가 나타난다. 이것을 없애려면 제한을 두어서, 스파이크의 길이와 스트로크 폭의 비가 제한을 넘으면 mitre를 bevel로 바꾼다. 그림 4.19는 다양한 연결 스타일을 보여준다.

스트로크가 경로뿐 아니라 외곽선과 채움에 사용될 수도 있다. 닫힌 경로에만 채움을 할 수 있을 것 같지만, 대부분의 그리기 프로그램은 열린 경로에도 채움을 할 수 있다 — 채움 동작은 내부적으로 끝점 사이를 직선으로 연결해서 경로를 닫는다.

가장 간단한 채움은 단일 컬러를 이용하는 것이고, 보통 사용하는 방식이다. 채움이 일어나면 그 밑에 있는 것은 보이지 않게 된다. 수채화처럼 밑의 컬러와 혼합할 방법은 없다. 배경색으로 모양을 채워 그 밑에 있는 것을 보이지 않도록 할 때 사용하기도 한다.

그래디언트 채움(gradient fill)과 패턴(pattern)을 이용해서 더 멋있는 효과를 만들 수도 있다.

그림 4.20은 두 가지 그래디언트 채움을 보여준다. 컬러나 명암을 연속적으로 변화시키면서 채우면 된다. 가장 간단한 경우 — 선형(linear) 그래디언트 — 에는 모든 끝의 컬러가 지정되면, 그 사이가 섞여진 중간값으로 부드럽게 채워진다. Illustrator에서는 중간값을 설정할 수 있어서 그래디언트의 중간점을 조절할 수 있다. 섞는 또 다른 방법은 그림 4.20의 아래에 보인 것과 같이 중심점에서 바깥으로 채워지면서 값이 변하는 것이다. 이것을 방사형(radial) 그래디언트라고 한다. 그림 4.21의 더 정교한 그래디언트는 Illustrator의 그래디언트 메시툴을 이용해서 만든 것이다. 2차원 그물망을 설정하고(그림의 왼쪽) 각 점에 컬러를 지정하여 사이에 컬러가 섞이도록 한다. 메시의 형태는 원하는 대로 바꿀 수 있다.

그래디언트 채우기는 벡터 그리기 프로그램에서 자주 사용되며, 분무기로

그림 4.18 점선 효과

그림 4.19 연결 스타일

 그림 4.20   그래디언트 채우기

뿌린 효과를 낸다.

패턴 채우기는 그림 4.22처럼 영역을 반복적인 패턴으로 채운다. 패턴은 타일(tile)이라는 요소로 만들어진다. 타일은 그리기 프로그램으로 만들어진 작은 그림 조각이다(비트맵을 객체로 가져오기하는 기능도 포함). 영역을 어떻게 패턴으로 채울 것인가는 이름을 보면 알 수 있다. 목욕탕에 있는 타일처럼 사각형 타일을 붙여서 만드는 방법은 타일을 복사해서 x, y축에 평행하게 행과 열에 배치하면 된다. 채우려는 영역에 의해 끝에서는 패턴이 잘라진다. 이음매 없이 연결하기 위해서는 상당한 기술이 필요하다. 타일은 기하학적인 패턴을 만들기 때문에 텍스타일이나 벽지와 같은 곳에 적합하다. 텍스처 효과를 내는 데도 사용된다. 패턴 채움은 배경에 자주 사용된다.

어떤 그리기 프로그램에서는 경로 스트로크에 패턴을 이용할 수 있어서 텍스처 형태로 외곽선을 그린다. 이것은 타일을 경로에 수직으로 배치해야 하기 때문에 패턴 채움보다 더 어렵다. 타일이 모서리를 돌아갈 때도 문제가 된다. 따라서 경로를 위한 타일 패턴에는 모서리 타일로 특별한 것을 사용한다.

경로 채움은 내부 영역을 확인해야 한다. 모양이 간단하면 문제는 쉽지만, 경로가 여러 번 교차되는 식으로 아주 복잡할 수도 있다. 그림 4.23은 단일 경로를 보여준다. 어디가 내부이고 어디가 외부인가? 정확한 답은 없다. 내부의 개념에 대해서 여러 다른 해석이 가능하다. 그림 4.24는 Illustrator에

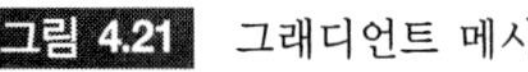 그림 4.21   그래디언트 메시

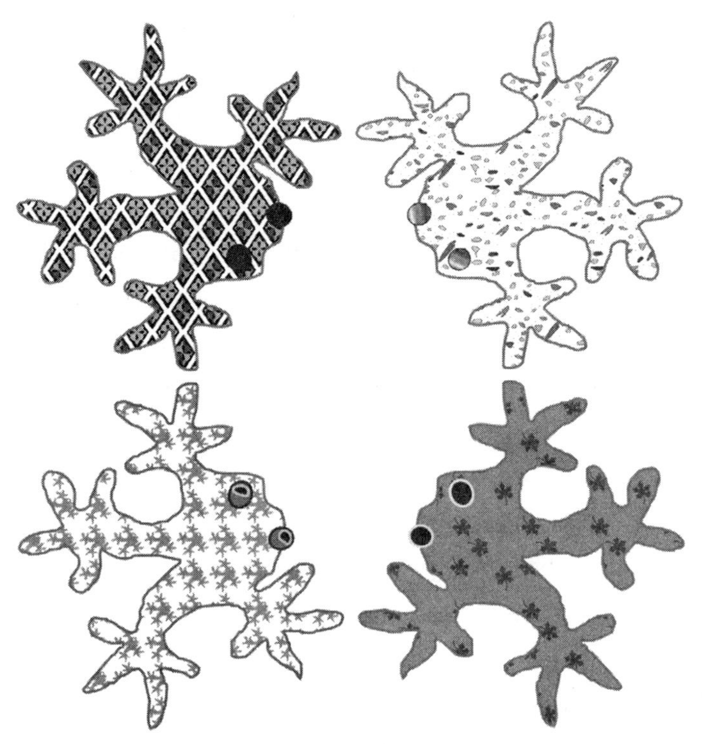

서 해석한 답을 보여준다. 영이 아닌 꼬임수 규칙(non-zero winding number rule)에 기반한 다음 알고리즘에 의해서 나타낸 것이다. 한 점이 경로 안쪽이라는 것을 결정하기 위해 어떤 방향으로든 (개념적으로 무한한) 선을 그린다. 꼬임수를 0으로 놓고, 선을 따라가면서 왼쪽에서 오른쪽으로 지나가는 경로와 만날 때마다 꼬임수에 1을 더하고, 오른쪽에서 왼쪽으로 지나가는 경로와 만날 때마다 꼬임수에서 1을 뺀다. 마지막에 꼬임수가 0이면, 그 점은 경로의 바깥에 있는 것이고, 그렇지 않으면 안쪽에 있는 것이다. 이 알고리즘은 방향성이 있는 경로에 의존하고, 앵커점이 추가된 순서에 의존한다.

4.3 변환과 필터

벡터 이미지를 구성하는 객체는 자신을 정확하게 기술할 수 있을 정도로 충분한 몇 개 값의 형태로 저장된다: 선분은 끝점, 직사각형은 모서리와 같은 형태. 이미지를 구성하는 실제 픽셀값은 표시될 때까지 계산될 필요가 없다. 이 저장된 값을 변경하여 객체를 조작하는 것은 쉽다. 예를 들어, 한 선

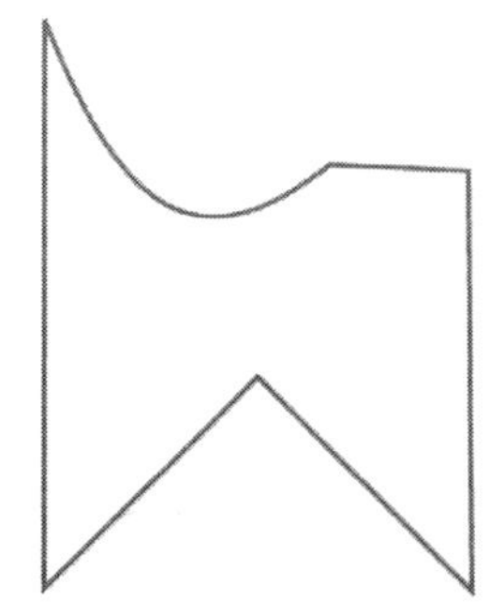

그림 4.25 간단한 모양

그림 4.26 이동

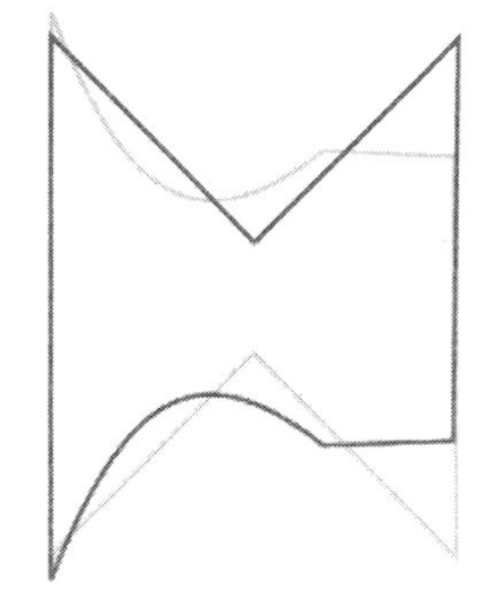

그림 4.27 반사

이 (4, 2)에서 (10, 2)로 x-축과 평행하게 지나갈 때, 이것을 5칸 위로 옮기려면 끝점의 y-축에 5를 더하면 된다. 끝점은 (4, 7)에서 (10, 7)로 x-축과 평행하게 가게 된다. 이 장의 앞에서 소개한 용어를 이용해서 컴퓨터에 저장된 모델을 편집하고 이미지를 변환한다.

몇 가지 변환만이 이 방법으로 가능하다. 가장 중요한 것은 한 점에 대한 이동(translation)(객체의 선형 옮김), 확대(scaling), 회전(rotation), 선에 대한 반사(reflection), 찌그림(shearing)(객체의 축의 각도 변형)이다. 그림 4.25에서 4.30까지는 이런 변환을 보여준다. 모든 최근의 그리기 프로그램은 스크린 상에서 객체를 직접 조작하여 이런 변환이 가능하도록 한다. 예를 들어, 객체를 드래그하여 새로운 위치에 놓으면 이동이 된다.

변환은 다음과 같은 동작에 의해 이루어진다. 이동하려는 객체 모델의 x와 y 좌표에 변위를 더하면 된다. 객체를 Δ_x 오른쪽, Δ_y 위로 올리려면, 점 (x, y)를 $(x + \Delta_x, y + \Delta_y)$로 바꾼다. 음수 Δs 이동은 반대 방향이 된다. 확대는 좌표에 적당한 값을 곱하면 된다. x와 y 방향으로 다른 값이 적용될 수도 있다. x의 방향으로 s_x, y의 방향으로 s_y 만큼 길이를 증가시키려면 (x, y)는 $(s_x x, s_y y)$로 바뀌어야 한다. (s값이 1보다 작으면 크기가 줄어든다) 크기를 두 배로 하고 싶으면 좌표값에 2를 곱하면 된다. 그러나 이렇게 하면 동시에 객체의 위치에 영향을 준다. (예를 들어, 단위 사각형의 꼭지점이 (1, 2)와 (2, 1)이면, 여기에 2를 곱하면 (2, 4)와 (4, 2)가 되어 변의 길이가 2가 되지만 위치가 바뀐다.) 그 자리에서 확대를 하려면, 적절한 위치로 이동해서 곱한 다음에 원래의 위치로 다시 이동시켜야 한다.

원점에 대한 회전과 축에 대한 반사는 쉽다. 점 (x, y)를 원점에 대해서 시계 방향으로 θ각만큼 회전하려면, $(x \cos \theta - y \sin \theta, x \sin \theta + y \cos \theta)$로 변환하면 된다(간단한 삼각함수 공식을 적용하면 된다). x-축에 대한 반사는 $(x, -y)$, y-축에 대한 반사는 $(-x, y)$를 적용하면 된다. 객체의 모든 점에 적용시키면 전체 객체가 변환된다. 임의의 점과 임의의 선에 대한 회전과 반사는 더 복잡하지만 개념은 간단하다. 자세한 것은 연습문제에서 다룬다.

마지막으로, 찌그러짐은 x-축을 위쪽으로 각도 α만큼, y-축을 각도 β만큼 변형시켜 만든다(그림 4.31 참조). (x, y)를 $(x + y \tan \beta, y + x \tan \alpha)$로 변환시키면 된다.

기타 변환으로, 경로의 앵커점과 제어점을 옮기는(좌표 변환) 변환도 있다. 이것은 그리기 프로그램에서 상호작용으로 수행된다. 앵커점과 제어점을 경로에서 추가하거나 제거해서 객체의 모양을 미세하게 바꿀 수 있다.

구조적인 큰 변환과 제어점의 자유 조작에 의한 영향 이외에 **필터**(filter)를 사용한 방법도 있다. ('필터'라는 용어는 사진에서 광학 필터를 이용해서 비슷한

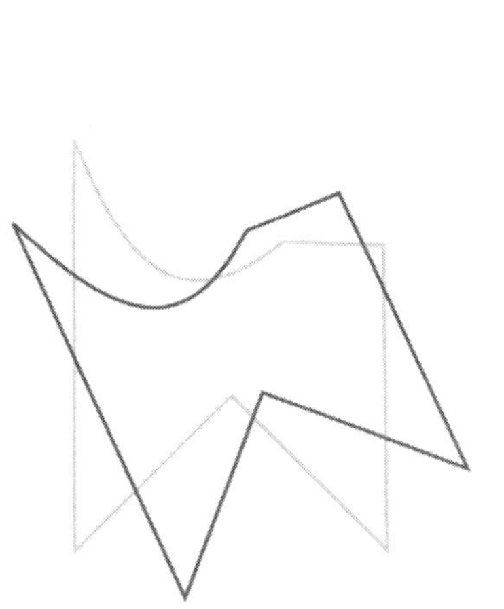

그림 4.28 회전

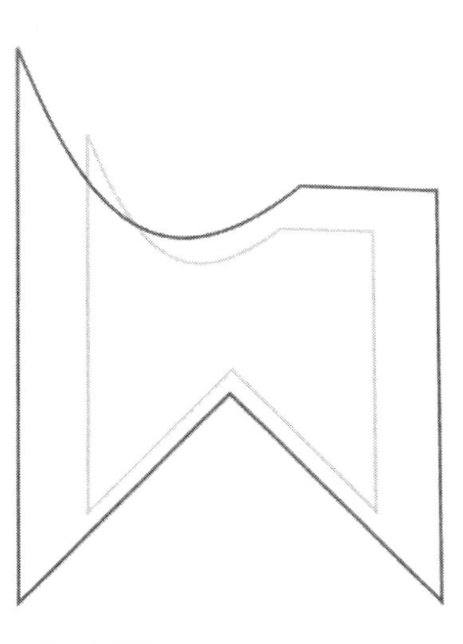

그림 4.29 확대

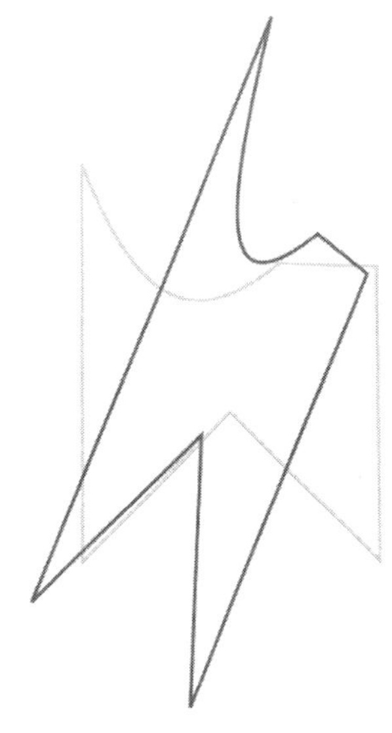

그림 4.30 찌그림

효과를 내는 것에서 왔다.) 객체를 선택하고 메뉴에서 필터 동작을 선택하면, 선택된 객체에 효과가 적용된다. Illustrator에서 쓸 수 있는 필터로는 객체의 앵커점을 울퉁불퉁한 위치로 옮겨서 거친 모서리로 만드는 roughening, 앵커점을 임의로 옮기는 scribbling, 모서리를 부드러운 곡선으로 만드는 rounding corner가 있다. 대부분의 필터에는 앵커점의 최대 이동 거리와 같은 파라미터 설정을 할 수 있다. 파라미터는 슬라이더와 같은 컨트롤을 이용해서 설정할 수도 있다.

변환에 대한 중요한 점은 객체의 점의 좌표를 변경하거나, 효율적으로 계산할 수 있는 산술 동작에 의해서 저장된 모델을 변경함으로써 이루어진다는 사실이다. 마지막에 표시될 이미지는 객체의 모든 픽셀이 변환되어야 하지만, 모델 내의 일부 점들만 필요에 의해 재계산될 수도 있다.

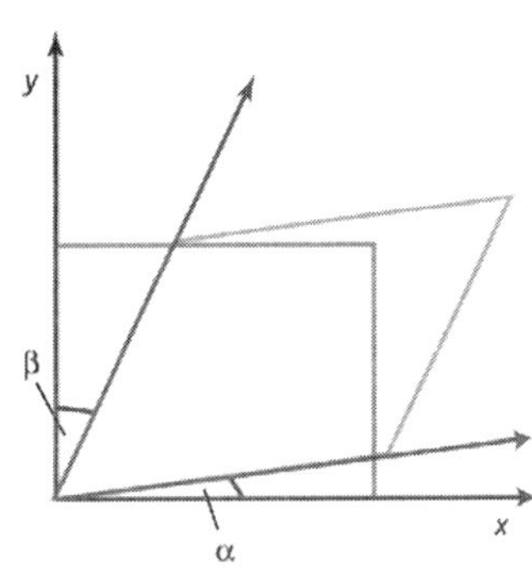

그림 4.31 기울어진 축

4.4 3-D 그래픽

스크린 상의 그림은 언제나 2차원이지만, 그림이 만들어진 모델이 2차원 모양으로 한정될 필요는 없다. 3차원 객체 모델은 우리가 공간을 인지하는 것과 더 부합한다. 마치 모델에 대한 사진을 찍는 것처럼 평면에 대한 투사를 통해서 2차원 그림이 생성된다. 기계 부품을 설계하거나 시뮬레이션에

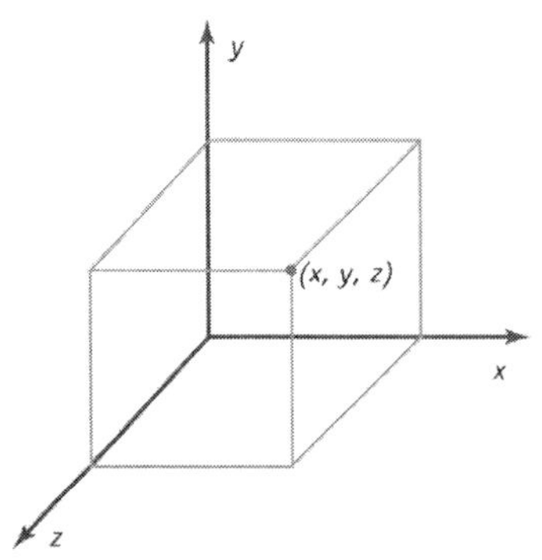

그림 4.32 3차원에서 축

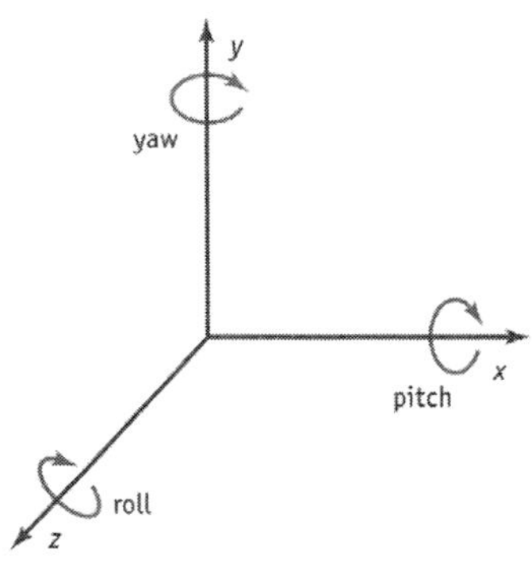

그림 4.33 3차원 회전

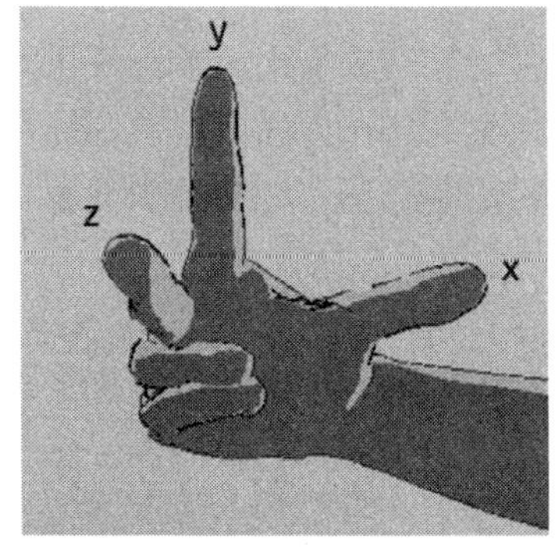

그림 4.34 오른손 좌표 체계

의한 시각화를 할 때처럼 객체의 차원에 대한 수치적 기술을 가지고 있으면, 처음부터 2차원 이미지를 만드는 것보다 더 쉬울 수도 있다. 3차원 모델은 같은 객체에 대해서 여러 다른 이미지를 만들 수 있게 한다. 예를 들면, 집 모델이 있으면, 정면, 뒤쪽, 측면, 근접, 원거리, 위에서 본 모습 등을 만들 수 있다. 2차원이라면 이들 이미지들을 각기 별도로 그려야 한다.

3-D 그래픽(3-D graphic)은 3차원 모델에 기반한 벡터 그래픽이며, 복잡하다. 툴을 완벽하게 사용하는 것도 아주 어렵다. 여기서는 3-D 기술의 주요 특징을 요약해서, 이것의 어려운 점과 이것이 제공하는 기회를 이해할 수 있도록 한다.

수학에서는 좌표 기하를 2차원에서 3차원으로 일반화하는 것이 어렵지 않다. 2차원 좌표 시스템에서 x와 y축은 서로 직교한다. 이 축을 종이에 그리고 이 종이를 핀으로 벽에 붙이면, 이 핀은 나머지 두 축과 직교하는 세 번째 축이 된다. 원점에서 벽을 따라 수평과 수직 위치를 x와 y 축이라고 하고, 세 번째 축을 z-축이라고 부른다. 세 개의 좌표는 3차원 공간에서 점의 위치를 정의한다(그림 4.32 참조).

2-D 그래픽의 프리미티브 기하 모양은 3차원 객체로 바뀐다. 원이 구가 되고, 정사각형이 정육면체가 된다. 3차원 벡터는 2차원 벡터와 같은 방법으로 변위를 정의하고, 이것을 이용해서 3차원 공간에서 이동을 나타낼 수 있다.

2차원에서는 점에 대한 회전이었으나, 3차원에서는 선에 대한 회전이다. 임의의 선에 대한 회전은 축에 대한 회전을 이용하면 되지만, 그림 4.33에 보인 것처럼 세 가지 회전이 존재한다.

세 번째 차원을 이야기할 때, z-축은 x–y 평면의 가상적인 벽에서 밖으로 나오는 방향이라고 했다. 왜 안쪽 방향으로 하면 안되나? 이유는 없다. 우리가 사용하는 좌표 체계는 관습일 뿐이다. 그림 4.34에 보이는 것처럼 **오른손**(right-handed) 좌표 체계이다. 왼손 좌표 체계도 똑같이 유효하고, 컴퓨터 그래픽에서 종종 사용된다. 그렇지만 오른손 좌표 체계가 수학에서 더 널리 사용되고, 이것을 거의 따르게 된다. 앞에서는 수직축에 y를 붙이는 관습을 사용했지만, 어떤 체계에서는 x와 y 축을 수평적 **대지 평면**(ground plane)이라고 하고, z-축을 높이라고 정의하기도 한다. 이런 경우에는 세 가지 회전의 이름이 다르게 붙여져야 한다 — roll은 언제나 앞에서 뒤로 가는 축을 싸고도는 움직임에 해당한다.

세 번째 차원에 의해 복잡해지는 것은 회전의 경우에만 한정되는 것은 아니다. 경로에 의해 모양을 정의하는 대신에, 표면에 의해 객체를 정의해야 한다. 이것은 수학적으로 더 복잡하고 시각화하기도 훨씬 어렵다. 실시간 3차원 모델의 렌더링은 강력한 워크스테이션에 의해서만 가능하기 때문에, 설계 동안에는 거친 근사화 방법을 이용해야 한다.

객체들이 모델링되면, 공간 상에서 배치되어야 한다. 완전한 장면을 만들기 위해서 특별히 객체를 만들거나, 예전에 만들었던 3-D 클립 아트에서 가져와서 만든 라이브러리를 이용한다. (일부 개인용이나 기업용 3-D 응용프로그램은 이미 만들어진 모델을 공간에 배치하는 것만 가능하다.)

객체 간의 공간적인 관계뿐만 아니라 큰 객체의 일부가 되는 객체 간의 관계도 고려해야 한다. 대부분의 복잡한 객체는 계층구조이다. 하위 객체는 더 하위 객체로 구성되는 식이다. 마지막 하위 객체는 아주 작은 구성요소로 쉽게 모델링된다. 예를 들면, 자전거는 프레임, 두 개의 바퀴, 안장, 핸들로 이루어져 있다. 바퀴는 살과 축이 있고, 테두리에 타이어가 있다. 축은 원통이고 더 이상 나눌 수 없다. 계층적 모델링은 여러 분야에서 복잡한 것을 다룰 때 사용하는 좋은 방법이다. 3-D로 애니메이션할 때 특히 중요하다. 객체가 전체적으로 어떻게 움직여야 하는가를 정하기 위해서는 구성요소 간의 관계를 잘 이용해야 한다.

더 이상 렌더링은 수학적으로 단순하지 않다. 3-D 공간 상에 객체의 수학적 모델이 있어야 하지만, 평면 그림 형태가 되어야 한다. 3-D 모델을 평면에 투영하기 위해서 르네상스 시절에 사용한 투영법을 사용한다고 하면, 뷰포인트, 즉 가상 카메라의 위치가 있어야 하고, 거리에 따른 크기 변화가 반영되어 그림이 렌더링되어야 한다.

조명도 생각해야 한다 — 광원의 위치, 강도, 빛이 퍼지는 타입인지 집중하는 타입인지. 빛과 객체 표면의 상호작용, 주변 환경 — 물 속 장면이나 연기가 채워진 방인 경우 — 도 고려해야 한다. 실제처럼 보이게 하려면 객체의 기하학적인 특징만이 아니라 표면 특징도 들어가야만 — 컬러만이 아니라 텍스처도 포함 — 다른 각도나 다른 조명 조건에서 표면이 그럴듯해 보인다. 물리학의 빛 모델을 이용해서 3차원 시스템을 만들면 적당하지만 완벽하지는 않다. 불필요한 빛을 흡수하기 위한 음의 스포트라이트와 같이 물리적으로 불가능한 것을 이용하기도 한다.

이런 많은 복잡함이 추가되어 3-D 그래픽 이론은 2-D 그래픽보다 훨씬 더 정교하다. 또한 3-D 소프트웨어는 더 복잡하고 사용하기 어렵다. 3-D 모델 렌더링은 훨씬 계산량이 많아서, 데스크탑에서 원하는 성능을 얻기 위해 추가적인 하드웨어(PCI 카드의 3-D 가속기 형태)를 필요로 한다.

그림 4.35 합집합

그림 4.36 교집합

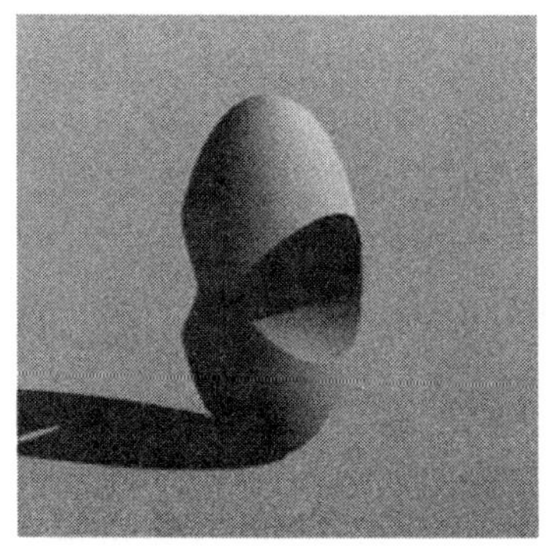

그림 4.37 차집합

4.4.1 3-D 모델

3-D 객체를 만드는 일반적인 방법은 세 가지이다. 가장 간단한 방법인 고체 기하 **구성**(constructive solid geometry)은 정육면체, 원통, 구, 사각뿔과 같은 몇 개의 기하학적 프리미티브를 이용해서 더 복잡한 객체를 만든다. 이 요소들을 누르거나 잡아당겨서 변형시켜 모양을 만든다. 집합론의 합집합, 교집합, 차집합 연산을 적용해서 이들을 결합시킬 수도 있다.

이런 동작들은 실제로는 물리적으로 불가능하지만, 두 객체가 차지하는 공간을 공유하도록 배치하는 것이다. **합집합**(union)은 두 개에 의해 점유된 공간을 합쳐서 새로운 객체를 만든다. 그림 4.35는 수평 원통과 수직 타원체의 합집합으로 만들어진 객체를 보여준다.[1] **교집합**(intersection)은 두 객체가 공유하는 공간이다. 그림 4.36은 같은 원통과 타원체에 의해 공유된 영역을 보여주는데, 어떤 모양이라고 표현하기 힘들다. 마지막으로 **차집합**(difference)은 한 객체에는 속하나 다른 것에는 속하지 않는 영역이다. 그림 4.37처럼 단단한 객체에 구멍을 낼 때 사용된다.

자유 모델링(free form modelling)은 객체의 외곽 표면 표현을 기본으로 삼는다. 2차원에서 닫혀진 모양의 경로를 3차원으로 일반화한 것이다. 선과 곡선으로 경로를 만드는 대신에, 평평한 다각형과 굽은 면으로 표면을 만든다. 다각형의 메시(mesh)로 만든 표면은 비교적 쉽게 렌더링할 수 있다. (3-D 게임처럼 빠른 렌더링이 필요하면, 다각형을 삼각형으로 제한하면 효율적으로 된다. 또한 다각형이 평평하다는 것이 보장된다.) 그러나 직선으로 곡선을 근사화할 때처럼 다각형으로 굽은 표면을 근사시킬 때 부드럽게 맞지 않는 문제가 생긴다. 이것은 빛이 표면에서 반사되는 방법에 영향을 주기 때문에 문제가 된다. 반사에 문제가 생기면 모가 난 모양이 눈에 잘 띈다.

베지어 곡선을 3차원 표면으로 일반화시켜 부드럽게 만나는 굽은 면을 만드는 것이 가능하다. 정육면체 베지어 표면에는 16개의 제어점이 필요하다. 곡선을 앵커점에서 만나게 하고 연결된 제어점을 일직선 상에 놓으면 되듯이, 공통 곡선면에서 만나게 하고 연결된 제어점을 같은 평면에 두면 된다. 이것은 말은 쉽지만, 베지어 면에서 하나의 제어점을 옮기면 전체 면의 기하학적 모양이 어떻게 바뀔지 예측하기 어려운 형태로 영향을 주기 때문에, 상호작용하는 3-D 응용프로그램에서 이 작업을 하는 것은 쉽지 않다. 더 쉬운 방법은 NURB(non-rational B-spline)이라는 표면을 이용하는 것이다. 제어점을 옮기는 것은 지역적으로만 영향을 준다. 실제로 밀고 당기고 하여 원하는 형태로 조각하는 것이 가능하다. NURB는 고급 시스템에서만 지원된다.

---

[1] 그림자는 이것이 3차원이라는 것을 쉽게 알아볼 수 있게 하기 위한 치장일 뿐이다.

윤곽선 표현 구조의 일반성과 제약으로 인해서 모델링을 처음 시작하는 것이 쉽지 않다. 이 문제를 극복하기 위해 대부분의 3-D 프로그램은 규칙적인 구조나 2-D 모양의 대체에서 객체를 생성하는 수단을 제공한다. 결과를 직접 사용하거나 표면 메시를 수정해서 더 나은 모양으로 만들 수도 있다.

기본 개념은 2차원 모양을 절단면으로 간주하고, 절단면을 경로를 따라 이동시킴으로써 부피를 만드는 것이다. 가장 간단한 경로는 직선이다. 모양을 직선을 따라 이동시키면 객체가 만들어진다. 예를 들어, 원을 이렇게 하면 원기둥이 만들어진다. 이 과정이 플라스틱이나 금속을 개방된 곳을 통해 지나가게 함으로써 담을 모양의 물건을 만드는 제조 공정과 비슷하다고 해서 **사출**(extrusion)이라고 부른다. 글자를 사출하는 기법은 기업의 로고 제작에 자주 사용된다. 더 정교한 객체를 만들기 위해서는 곡선 경로를 사용하고, 지나감에 따라 크기가 변할 수 있어야 한다. 경로가 기존의 베지어 경로라면 유기적인 모양을 만들 수 있다. 원이면 방사상 대칭인 객체가 된다. 적당한 모양을 선택하고 원형 경로를 이용하면 컵, 화병, 기계 부품 등을 만들수 있다. 이것을 lathing이라고 부른다.

세 번째 모델링 방법은 **프로시쥬어 모델링**(procedural modelling)이다. 식과 모양의 특징을 정의하는 상수값 저장에 의해 모델을 기술하는 것이 아니라, 알고리즘이나 프로시쥬어에 의해 객체를 기술하는 것이다. 2차원에서 원을 $x^2 + y^2 = r^2$의 식으로 정의하는 것이 아니고, '원점에서 일정한 거리 r 떨어진 곳에 해당하는 곡선을 그린다'와 같은 프로시쥬어로 정의한다. 이 경우에는 프로시쥬어 표현이 그리 좋아 보이지 않지만 — 식이 프로시쥬어 구현 방법을 다 말해준다 — 더 복잡한 자연적인 객체는 수학적 식을 이끌어내기가 쉽지 않기 때문에 알고리즘이 더 편리하다.

가장 잘 알려진 프로시쥬어 모델링 기법은 **프랙탈**(fractal)이다. 모든 레벨에서 같은 구조를 가진 모양으로 설명된다. 그림 4.38은 이런 유명한 모양과 만들기를 보인다. 4개의 같은 길이 선분 조각으로 중간이 튀어나온 맨 위의 모양에서 시작한다. 각 조각을 크기가 작아진 자신의 모양 복제로 대체하면 두 번째 그림이 된다. 같은 방법으로 각 조각을 크기가 작아진 자신의 복제로 대체해간다. 무한대로 반복하면 가운데가 불룩하고 양쪽에 작게 불룩한 곡선이 된다. 일부분을 확대해서 보면 같은 모양이 반복됨을 알 수 있을 것이다.

해안선, 산, 구름 모양과 같은 자연적인 것의 모습을 이런 성질로 근사화시킬 수 있다. 작은 규모의 구조가 큰 규모의 구조와 같다. 그림 4.39는 이 곡선 세 개를 합쳐서 만든 눈 모양을 보여준다.

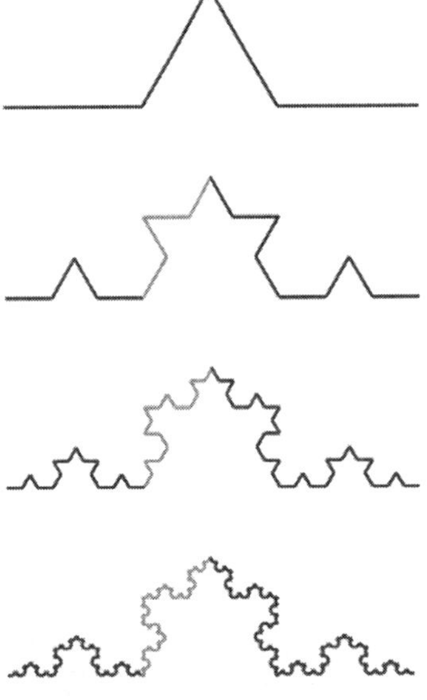

그림 4.38 유명한 프랙탈 곡선 만들기

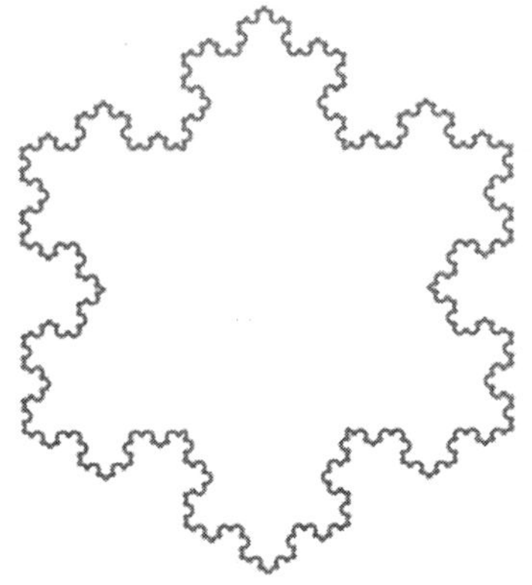

그림 4.39 프랙탈 눈 모양

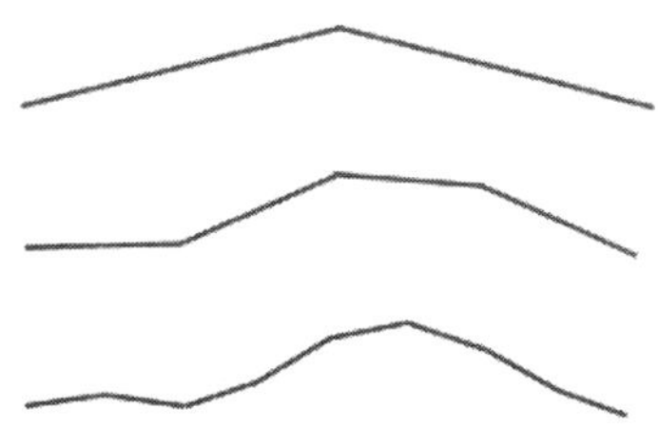

그림 4.40 프랙탈 산 경사면 만들기

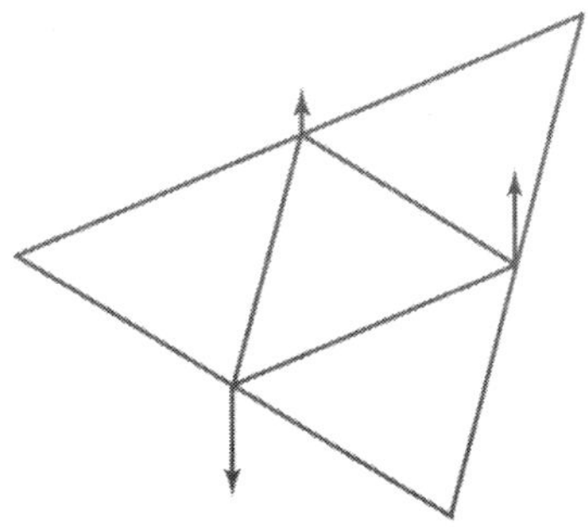

그림 4.41 3-D 임의 프랙탈 만들기

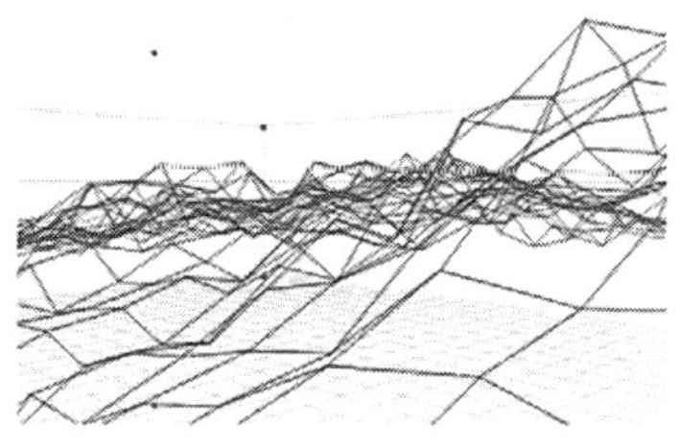

그림 4.42 프랙탈 지표면

프랙탈을 3차원 구조로 확장해 볼 수 있다. 이런 구조는 식으로 기술할 수는 없지만, 재귀적 알고리즘으로는 쉽게 기술된다.

프랙탈 알고리즘을 이용해서 자연 현상을 모델링할 때, 임의적인 요소를 추가한다. 예를 들어, 하나의 선분을 두 개로 자르고, 중심점을 어느 정도 옮긴 다음에, 반으로 나누는 작업을 재귀적으로 반복한다. 옮기는 거리가 일정하지 않고 임의적이면, 내부적으로 똑같은 복제가 사용되지 않았는데도 다른 확대에서 비슷하게 보인다. 그림 4.40은 이렇게 만들어진 곡선을 보여준다. 이 그림은 산의 경사와 닮았다. 3차원에 이것을 적용하면 내부적으로 삼각형을 나누어서 지표 모양을 만들 수 있다. 삼각형의 세 변의 중점을 연결해서 더 작은 4개의 삼각형을 만들 수 있다. 중점은 원래 삼각형이 있는 평면에서 수직으로 임의의 위치에 놓인다. 그림 4.41과 같이 작은 삼각형에도 적용한다. 이런 과정을 임의의 다각형에도 적용할 수 있으며, 자연적인 지표 모양을 얻을 때까지 반복하면 그림 4.42와 같은 경치를 만들 수 있다.

이런 모델링에 사용된 구조는 수학적으로 엄밀하게 말하면 프랙탈이 아니다. 수학적인 프랙탈은 **모든** 스케일에서 같은 구조를 보인다. 프랙탈은 **자체-모사**(self-similar)이다. 컴퓨터 그래픽에서는 이것이 불가능하다. 하나의 픽셀보다 더 작은 정도는 보일 수가 없고, 자연적인 모습을 만들려면 임의적인 요소가 들어가야 한다. 모델링에 사용되는 임의적 구조는 **임의 프랙탈**(random fractal)이라는 부류의 유한 근사이다. 임의 프랙탈은 어떤 스케일에서도 전체 구조와 동일한 통계적 분포를 갖는다. 이런 **통계적 자체-모사** 특성을 가지려면 객체를 만드는 각 단계에서 랜덤값에 제약을 부가해야 한다.

그 밖에 두 가지 프로시쥬어 모델링 기법을 간단히 소개한다. **메타볼**(Metaball)은 부드러운 객체를 모델링하는 데 가끔 사용된다. 메타볼은 단순한 구이지만, 물리학에서 대전된 구 주변의 전기장과 같은 수학적 상호작용이 포함된다. 두 개의 메타볼이 가까이 놓이면 장이 붙어서 부드러운 윤곽을 이루면서 합쳐진다(그림 4.43 참조). 3-D 그래픽에서 이 윤곽은 복잡한 모양의 표면이 된다. 서로 붙는 메타볼을 합쳐 복잡한 객체를 만들 수 있다. 부드럽고 유기적인 성질의 모양은 다른 모델링 방법을 이용해서는 만들기 어렵다. 메타볼을 이용해서 객체를 만드는 과정은 찰흙 만들기와 비슷하다. 이 방법에 기반한 툴은 기존의 기하학적 체계보다는 직관적인 느낌에 더 의존한다. 다른 모양에 대해서도 비슷하게 주변의 장을 모델링할 수 있다. 이런 모델은 표면의 모양이 볼의 위치로부터 알고리즘적으로 계산되기 때문에 프로시쥬어적으로 간주된다.

비, 분수, 불꽃놀이, 풀과 같이 같은 특성을 가진 많은 수의 반-독립적인 요소로 구성된 현상을 모델링하기에 적합한 방법을 설명하지 않았다. 요소들이 움직이기도 하며, 움직이는 법칙은 분수의 경우처럼 특정한 모양을 나타내기도 한다. 개별적인 물방울, 풀잎, 불꽃 등을 배치하여 모델링하려면, 정밀한 작업이 필요하며, 시간도 많이 걸리고, 작업자를 구하기도 어렵다. 입자 시스템(particle system)은 많은 입자로 이루어진 모양을 몇 개의 파라미터로 표시하고, 이것을 이용해서 개별 입자의 위치를 알고리즘적으로 계산할 수 있다. 입자 시스템은 처음에 영화의 특수 효과에 사용되었는데,[2] 지금은 3-D 시스템에서 다양하게 사용된다.

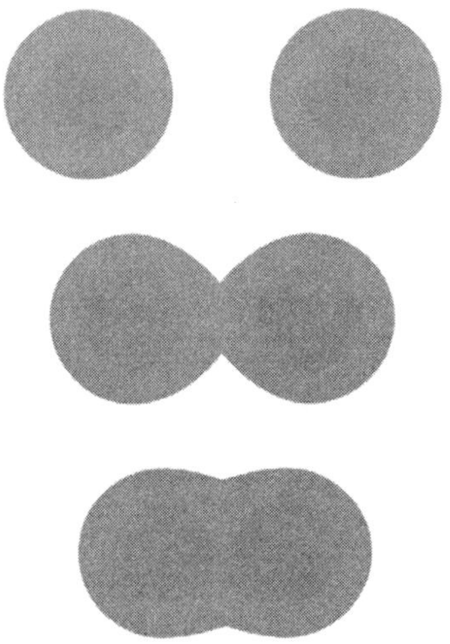

입자 시스템에서 사용된 프로시쥬어 모델링 기법을 극단적으로 적용하면 물리학이 된다. 만들어진 모델링 기법은 객체의 모습에 달려 있다. 만일 모델이 객체의 물리적 특성에 기반하기를 원하면 — 질량과 밀도, 탄성도, 광학적 성질 등 —, 보이는 모습은 물리 법칙으로 유추할 수 있다. 이런 물리적 모델은 객체가 어떤 위치나 환경에 놓이더라도 객체의 기술 하나로 그 모양을 알 수 있기 때문에 아주 강력하다. 운동의 법칙이 포함되면 물리적 모델은 움직이는 물체를 기술하는 데 사용할 수 있으며, 애니메이션을 만들 수 있다. 최근에 텍스타일 모델링에 관한 많은 연구가 이루어져 어느 정도의 성과가 있기는 하지만, 많은 계산을 필요로 하기 때문에 연구실이나 많은 예산의 영화 제작에만 사용이 한정된다.

그림 4.43 메타볼 주위에 합쳐진 장

4.4.2 렌더링

3-D 모델은 컴퓨터 내부에서만 존재한다. 우리가 볼 수 있는 것은 이것으로부터 만들어진 2차원 이미지이다. 모델에서 마지막 이미지를 만들거나 3-D 응용프로그램에서 모델에 대한 작업을 하는 경우가 있다. 두 가지 경우 모두 렌더링 동작이 필요하다. 두 번째 경우에는 시각적 검토가 가능하도록 충분히 빨라야 한다. 고품질 이미지를 렌더링하는 것은 시간이 아주 많이 걸리기 때문에, 모델을 만들 때 품질을 고려해야 한다. 렌더링의 복잡성과 필요한 계산량이 많기 때문에, **렌더링 엔진**(rendering engine)이라는 특별한 모듈에서 처리하는 것이 일반적이다. 렌더링 엔진은 멀티프로세싱이 가능하도록 최적화되어서, 병렬로 동작하는 여러 개의 프로세서를 사용함으로써 속도를 높일 수 있다.

---

[2] 처음 사용한 곳은 *Star Trek II: The Wrath of Khan*의 '창조 효과'를 만들 때이다.

그림 4.44 3-D 그래픽으로 만든 현실 사진

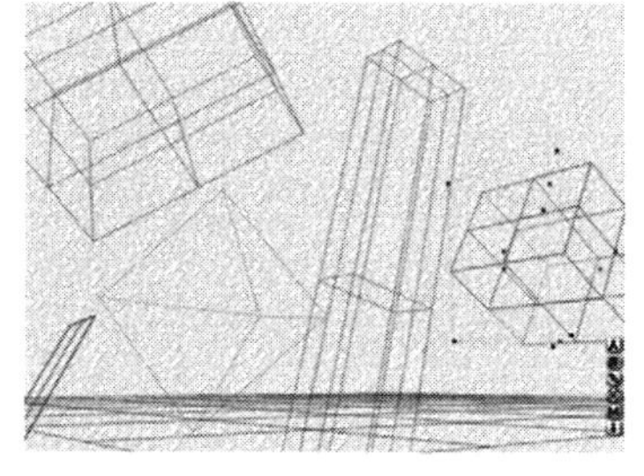

그림 4.45 3-D 객체의 와이어 프레임 렌더링

거의 모든 현대 3-D 그래픽은 사진과 같이 실제적인 모양을 열망한다. 르네상스 투사법을 사용하고(원거리 사물은 가까운 거리 사물보다 더 작게 보인다), 광학 법칙에 따른 빛의 표면 반사를 표현하려고 한다. 그림 **4.44**는 중간급의 소프트웨어로 쉽게 얻을 수 있는 이미지의 예를 보여준다. 투사법에서 사용된 수학은 오랫동안 사용되었기 때문에, 3-D 모델의 어느 노드를 이미지 평면의 어느 점에 대응시키는 일은 어렵지 않다. 객체의 에지와 표면을 이루는 다각형을 보기 위해서 이 점을 연결하면 그림 4.45에 보이는 **와이어 프레임**(wire frame) 이미지를 만들 수 있다. 이것은 CAD 시스템에서도 유용한데, '문을 열면 피아노가 들어갈 수 있나'와 같은 질문에 답을 줄 수 있는 정보를 제공한다.

와이어 프레임의 가장 두드러진 특징은 표면이 없다는 것이다. 표면이 자세히 보이지 않는다는 것은 분명한 단점이고, 객체의 방향을 판단할 수 있을 정도의 충분한 정보를 포함하지 않는다는 것도 단점이다 ─ 그림 4.45에서 모든 객체의 모양과 방향을 알 수 있고, 어느 꼭지점이 가장 가까이 있는시 알 수 있는가? (그림 4.46을 보면 답을 알 수 있다.) 객체의 표면이 보여지려면 어느 면이 보여져야 하는가를 결정해야 한다. 투사 관점에서 멀리 있는 쪽이 가려진다. 어느 면을 보일 지 결정하려면 객체 모서리 좌표에 근거한 모델에서 출발하는데, 그리 간단하지 않다. 은닉 **표면 제거**(hidden surface removal)를 위한 몇 가지 알고리즘이 소개되었다. 이 작업이 이루어지고 나면, 다음은 보이는 면을 어떻게 렌더링할 지 결정하는 일이다.

한 가지 방법은 인접하는 면이 같은 색이 되지 않도록 임의적으로 색칠하는 것이다. 이 방법은 사진처럼 현실적이지는 않지만 객체의 모양이 분명하게 보인다. 또 한 가지 방법은 객체에 하나의 색을 할당하고, 전체 표면을 그 색으로 렌더링하는 것이다. 표면에 대한 일반적인 생각과 더 맞는 것 같지만, 시각적으로는 모호함이 남는다. 이런 모호성을 해결하고 사진처럼 보이는 이미지를 만들기 위해서는 빛이 표면과 상호작용하는 방법을 고려해야 한다. 이것은 빛과 표면 특징에 관한 충분한 정보가 모델에 포함되어야 한다는 것을 뜻한다. 대부분의 3-D 모델링 프로그램에서는 객체에 색상과 반사도와 같은 파라미터 값을 설정함으로써 표면 특징을 넣을 수 있게 한다. (일부 시스템은 모델의 표면에 칠을 해서 표면 특성을 간접적으로 지정하게 하기도 한다.) 광원은 객체와 같은 방법으로 만들고 위치시킬 수 있다. 디자이너는 단지 광원의 종류 — 스포트라이트인지 점 광원(태양과 같은)인지 —와 위치, 강도를 선택한다. 빛과 모델에 사용된 매질에 맞는 이미지를 만들어내는 것은 렌더링 엔진이 담당한다.

그림자 알고리즘(shading algorithm)이라는 또 다른 알고리즘을 사용할 수도 있다. 빛과 표면이 상호작용하는 방식이 다르고,[3] 적절한 효율성으로 렌더링이 수행될 수 있도록 서로 다른 근사화 방법을 사용한다. 렌더링 엔진은 특정 모델이 필요로 하는 적절한 그림자 알고리즘을 선택할 수 있도록 한다. 최종 이미지의 품질과 필요한 계산량은 절충할 수 있다.

다각형으로 이루어진 표면의 그림자를 만드는 가장 간단한 방법은 표면을 비추는 빛과 표면의 광학적 성질에 기반해서 각 다각형의 컬러값을 계산하는 것이다. 인접 다각형은 다른 색일 수 있고 — 예를 들면, 광원에서의 각도가 다를 수 있다. 이것이 다각형 간의 불연속성을 두드러져 보이게 한다. 이런 현상을 없애기 위해서는 더 정교한 알고리즘으로 정점에서 계산된 컬러값을 기반으로 다각형 사이의 색을 보간해야 한다. 한 가지 보간 방법은 발명자의 이름을 딴 Gouraud shading이다. 또 다르게 보간하는 방법은 Phong shading이다. Phong의 방법은 조명 모델이 specular reflection — 객체 표면에서 반사되는 빛 — 을 고려하면 더 좋아진다.

앞에서 설명한 그림자 알고리즘은 각 객체를 독립적으로 다루지만, 실제로는 객체의 모습이 다른 객체의 존재에 따라서 영향을 받는다. 극단적인 예로, 거울은 반사하는 객체에 의존하지만, 물이 꽉 찬 유리는 그 뒤에 무엇이 있는가에 따라 모습이 달라진다. 일반적으로 빛이 여러 객체에서 반사되어 눈에 들어오고, 색과 표면에 의해 영향을 받는다. 레이트레이싱(ray tracing)은

---

[3] 이 모델은 물리학에서 왔지만, 적절한 결과를 얻기 위해서 휴리스틱을 사용한다.

이것을 고려한 그림자 알고리즘이다. 빛의 경로를 렌더링된 이미지의 각 픽셀에서부터 광원까지 따라가는 방식으로 동작한다. 그 과정에서 빛은 여러 표면에서 반사되고, 조명 모델과 객체 재질에 관한 정보를 고려해서 픽셀의 컬러와 강도를 계산한다. 그림 4.46은 그림 4.45에 서로 다른 표면 재질을 적용해서 레이트레이싱에 의한 렌더링을 한 결과를 보여준다. 레이트레이싱 계산은 아주 복잡하고, 모든 픽셀에 대해서 반복되어야 한다. 따라서 최근까지는 고성능 워크스테이션에서만 사용이 한정되었지만, 개인용 컴퓨터 속도가 급속히 빨라지면서 데스크탑 3-D 시스템에서도 레이트레이싱을 사용하는 것이 가능하게 되었다. 투명 혹은 반투명 객체가 포함된 장면에서 특히 좋은 결과를 얻을 수 있다.

객체 간의 상호작용에 대한 또 다른 방법은 radiosity이다. 인접한 표면 간의 복잡한 반사를 모델링한다. 분산되고 흐릿한 빛의 표현이 정확하며, 실내 장면에 유용하다. radiosity는 다른 그림자 알고리즘보다 더 정확한 광학 물리학에 기반한다. 빛에 대한 계산도 다른 것과 다르게 계산된 빛의 값을 모델에 추가한다. 이것은 처음 빛의 값 계산은 느리지만 이미지의 최종 렌더링이 아주 효율적으로 된다는 것을 뜻한다.

이런 그림자 알고리즘은 객체를 구성하는 매질에 관한 정보에 의존한다. 표면에 대한 충분히 자세한 정보가 있어도 작은 부분을 정확하게 표현할 만큼 충분하지 않을 수도 있다. 3-D 모델에 표면 정보를 추가하는 유명한 방법이 **텍스처 매핑**(texture mapping)이다. 표면이 털, 나무껍질, 모래, 대리석과 같은 특정한 종류의 모습을 나타내도록 하는 패턴으로서, 객체의 표면을 수학적으로 감싼다. 렌더링된 객체의 픽셀에 수학적 변환이 적용되어 이렇게

그림 4.46 다른 광원과 표면 특징을 레이트레이싱으로 렌더링

감싼 모양을 갖게 된다. 잡지에서 사진을 잘라내서 어떤 물체를 둘러싸서 붙이는 것을 생각하면 된다. 물체가 상자라면 표면이 그림 모양을 갖게 된다. 그러나 불규칙한 모양을 가진 객체에서는 작업이 쉽지 않을 것이다. 아주 얇은 고무로된 종이 그림이라면 이런 모양에 붙일 수는 있지만, 모양이 왜곡될 것이다. 텍스처 매핑은 고무로 된 그림을 붙이는 것과 같아서 왜곡이 생길 수도 있지만, 표면 처리를 할 수 있는 편리한 방법을 제공한다. 연관된 동작으로, 표면 모습을 위해서 그림을 이용하는 것이 아니라, 울퉁불퉁하거나 거친 질감을 적용하는 bump mapping, 2-차원 지도와 같은 방법에 기반한 광학적 특성을 수정하는 transparency mapping과 reflection mapping이 있다.

렌더링 알고리즘은 사진과 같은 이미지를 만드는 데는 아주 좋지만, 완벽하지는 않다. 렌더링된 이미지를 포토샵과 같은 이미지 조작 프로그램으로 읽어서 5장에서 설명하는 것과 같은 처리를 더 거치기도 한다.

연습문제

1. 앤티-앨리어싱은 수평 수직선의 모양에는 영향을 주지 않는다. 참인가 거짓인가?

2. (수학) 벡터 그래픽에서 객체를 모두 포함하는 가장 작은 사각형인 객체의 테두리(bounding box)를 알면 여러 가지 목적에서 편리하다.
   (a) 테두리 자체는 타원을 표현하는 데 적절하다는 것을 보여라.
   (b) 베지어 곡선은 타원으로 표현할 수 있는가?

3. 컨트롤 포인트 P_1, P_2, P_3, P_4를 가진 베지어 곡선과 P_4, P_5, P_6, P_7을 가진 곡선이 P_4에서 만나서 P_3, P_4, P_5가 일직선 상에 있고, P_5와 P_3이 P_4와 같은 쪽에 있으면 어떤 일이 일어나는가?

4. 점 P_1, P_2, P_3, P_4로 베지어 곡선을 표시하는 24가지 방법이 있다. 그림 4.8에 있는 곡선에서 사용된 점들의 모든 조합으로 가능한 곡선을 그려라. 좌표는 (0, 0), (4, 10), (8, 10), (20, 2)이다. 곡선의 어떤 쌍이 동일하며, 어떤 것이 기하학적 변환에 의해서 다른 것으로 바뀔 수 있는가?

5. 그래디언트 채움은 어떤 저급 그래픽 언어에서는 직접 제공되지 않는다. 선형, 방사형 그래디언트를 이 장에서 설명한 벡터 그래픽 프리미티브를 이용해서 어떻게 구현할 수 있는지 설명하라.

6. (a) 경로에 대한 한 점의 꼬임수를 계산하는 알고리즘은 경로의 일부를 만나거나 수직으로 만나면 어떻게 할 수 없다. 이럴 때는 어떻게 해야 하는가?

(b) 0이 아닌 꼬임수 규칙의 대안으로 사용되는 것은 홀수-짝수 규칙(odd–even rule)으로, 같은 방법으로 한 점에서 선을 그리고 교차점을 센다. 이번에는 경로가 선을 지나갈 때만 센다. 짝수이면 점은 경로 밖에 있는 것이고, 홀수이면 안쪽이다. 이 방법이 꼬임수 규칙과 언제나 같은 결과를 내는가? 그렇지 않다면 언제 그런 일이 생기나?

7. 차집합은 교환법칙이 성립하지 않는다. 즉, 모양 B에서 모양 A를 뺀 것은 모양 A에서 모양 B를 뺀 것과는 다르다. 그림 4.37은 타원체에서 원통을 뺀 모양을 보여준다. 원통에서 타원체를 뺀 모양을 그려라.

8. 3-D 장면을 렌더링하기 위해서 레이트레이싱을 사용하지 않는 경우는 언제인가?

비트맵 그래픽
Bitmapped Images

5

개념적으로 비트맵 이미지는 벡터 그래픽보다 훨씬 간단하다. 모양을 수학적으로 모델링할 필요가 없다. 단지 이미지의 모든 픽셀값을 저장하면 된다. 이것은 이미지를 만들 때 모든 픽셀에 값을 할당해야 한다는 것을 뜻하지만, 많은 이미지들이 스캐너, 디지털 카메라와 같은 외부 소스로부터 만들어진다.

5.1 해상도

해상도의 개념은 간단하지만, 이 용어가 사용되는 방식이 다양해서 혼란을 준다. 해상도는 연속적인 이미지를 유한한 픽셀을 가지고 얼마나 세밀하게 근사시키는가의 척도를 말한다. 따라서 샘플링과 밀접하게 연관되고, 2장에서 소개한 샘플률에 대한 내용이, 이미지가 보이는 방법에 해상도가 영향을 미치는 것과 관련된다.

해상도를 규정하는 두 가지 일반적인 방법이 있다. 프린터와 스캐너에서 해상도는 단위 길이당 도트의 수이다. 데스크탑 프린터의 해상도는 600 dpi이고, 책을 만드는 데 사용하는 해상도는 1200에서 2700 dpi이다. 평판 스캐너의 해상도는 기본이 300 dpi이고 최고는 3600 dpi에 달한다. 고품질 작업에 사용되는 투과 스캐너와 드럼 스캐너는 더 높은 해상도를 갖는다.

비디오에서 해상도는 **픽셀 차원**(pixel dimension)으로 표시되는 프레임의 크기로 규정된다. 예를 들어, PAL 프레임은 768 × 576 픽셀이고, NTSC 프레임은 640 × 480이다. TV나 비디오 모니터의 물리적인 크기를 알면 인치당 도트값을 계산할 수 있다. 비디오에서는 이미지 비디오를 픽셀 차원으로 지정하는 것이 더 의미가 있는데, 같은 픽셀로 표시되는(같은 비디오 표준을 사용하는) 모니터의 크기가 다양하기 때문이다. 마찬가지로 디지털 카메라도 이미지의 픽셀 차원으로 해상도를 규정한다.

픽셀 차원을 알면, 이미지가 얼마나 자세한지를 알 수 있다. 출력 장치의 인치당 도트 수를 알면 이미지가 얼마나 크게 될지를 알 수 있다.

컴퓨터 모니터는 비디오 모니터와 같은 기술에 기반하기 때문에, 640 × 480(VGA) 혹은 1024 × 768과 같은 이미지 크기로 해상도를 표시한다. 그러나 모니터 해상도를 인치당 도트 수로 말하기도 하는데, 컴퓨터에서는 큰 디스플레이를 사용해서 픽셀 차원을 크게 하기도 하기 때문이다. 640 × 480 픽셀을 표시하는 14인치 모니터는 대략 72 dpi이고, 같은 dpi에서 17인치 모니터는 832 × 624 픽셀을 표시할 수 있다.

컬러 프린터는 더 복잡하다. 6장에서 보듯이 4개나 6개의 잉크로 모든 색을 내기 위해서는 도트를 묶어서 광학적 혼합에 의해 원하는 색을 만든다. 따라서 컬러 픽셀의 크기가 개별 잉크 방울의 크기보다 더 크다. 이런 색 혼합 방식을 이용하는 프린터의 해상도는 인치당 줄(lines per inch)로 나타낸다. 이 숫자는 기존의 프린터 업계에서 사용하던 용어에서 스크린 규칙(screen ruling)이라고도 부른다. 인치당 줄 수는 인치당 도트의 5분의 1정도이다 — 정확한 비율은 도트를 배치하는 방법에 달려 있고, 프린터마다 다르며 운영자가 조정할 수도 있다. 컬러 프린터가 1200 dpi 해상도라고 하더라도, 이미지에서 이런 해상도를 얻을 수 있다는 것은 아니라는 것을 알아야 한다. 인치당 137줄 수가 잡지 인쇄에 사용된다. 이 책은 인치당 150줄을 사용한다.

비트맵 이미지에서, 이미지는 픽셀값의 배열이기 때문에 픽셀 차원이 있다. 입출력 장치와는 다르게 **물리적**(physical) 차원은 없다. 추가적인 정보가 없으면 이미지가 표시될 때의 물리적 크기는 표시 장치의 해상도에 의존한다. 예를 들어, 그림 3.3의 사각형은 넓이가 128 픽셀이다. 매킨토시 모니터와 같은 72 dpi로 표시되면 45 mm 크기가 된다. 115 dpi의 고해상도 모니터에 표시되면 28 mm 크기가 되고, 600 dpi 프린터에 인쇄되면 5 mm 크기가 된다.[1] 일반적인 식은 다음과 같다.

$$\text{물리적 차원} = \frac{\text{픽셀 차원}}{\text{장치 해상도}}$$

장치 해상도는 단위 길이당 픽셀이다. (장치 해상도가 인치당 픽셀이면, 물리적 차원은 인치가 된다.)

이미지는 스캔되기 전의 원래 크기가 있거나, 페인트 프로그램에서 이미지를 만들 때 사용하던 캔버스 크기와 같은 원래 크기가 있다. 이미지가 출력 장치 해상도에 따라 축소나 확대되지 않고, 원래 크기로 표시하고 싶은 경우가 있다. 이것을 위해서 대부분의 이미지 포맷은 이미지 데이터의 해상도를 기록한다. 해상도는 인치당 **픽셀**(ppi)을 사용하며, 물리적 장치의 해상도와 구별된다. 저장된 해상도는 이미지가 만들어진 장치의 값이 되는 것이 일반적이다. 예를 들어, 이미지를 600 dpi로 스캔하였으면 저장된 이미지 **해상도**(image resolution)는 600 ppi이다. 이미지의 픽셀이 이 해상도로 생성되었기 때문에, 이미지의 물리적 차원은 픽셀 차원과 이미지 해상도로부터 계산될 수 있다. 소프트웨어에서 원래 크기로 표시하려면 **장치 해상도/이미지**

---

[1] 화면에 잘 보이던 그림을 인쇄하면 우표만하게 된 것을 본 적이 있을 것이다.

해상도로 확대하면 되기 때문에 쉽다. 예를 들어, 6인치 × 4인치 사진이 600 dpi로 스캔되면 비트맵은 3600 × 2400 픽셀 크기가 된다. 72 dpi 모니터에 표시되면 그림은 50인치 × 33.3인치가 된다(아마도 스크롤바가 필요하다). 원하는 크기로 보이게 하기 위해서는 72/600 = 0.12 비율이 곱해져야 원래 크기가 된다.

이미지의 해상도가 표시 장치 해상도보다 작으면 확대되어야 하며, 픽셀의 보간이 필요하게 된다. 이것은 이미지 품질의 저하를 가져오기 때문에, 멀티미디어 제품에서 사용하는 이미지는 표시되는 모니터보다 큰 해상도를 가지고 있는 지 확인해야 한다.

반대로 이미지의 해상도가 출력 장치보다 더 크면, 원래 크기를 표시하기 위해 픽셀을 잘라서 이미지를 줄여야 한다. 이 과정을 **다운샘플링**(down-sampling)이라고 한다. 여기에 모순이 있다. 높은 해상도의 이미지가 낮은 해상도 장치에 표시되기 위해 다운샘플링되면, 원래 해상도가 표시 장치 해상도와 같은 이미지보다 더 질이 좋다. 예를 들면, 600 dpi 스캔이 72 dpi 스크린에 표시되면, 이미지 표시에 사용된 픽셀이 같다고 해도 72 dpi 스캔보다 더 좋아 보인다. 이것은 스캐너가 개별적인 점을 스캔하기 때문이며, 낮은 해상도에서 이 점은 더 넓게 떨어지기 때문에 이미지의 미세한 부분을 놓치게 된다. 고해상도 스캔은 저해상도에서 없는 정보를 갖게 되며, 이 정보가 다운샘플 때도 사용된다. 예를 들면, 픽셀의 컬러는 저해상도 스캔의 단일 값 대신에, 해당 블록의 값 평균으로 결정된다. 이것은 컬러 그래디언트를 더 부드럽게 하고 울퉁불퉁한 것을 줄인다. 표시되는 것보다 더 높은 해상도에서 이미지를 샘플링하는 기술을 **오버샘플링**(oversampling)이라고 부른다.

그림 5.1은 해상도가 이미지 품질에 미치는 영향을 보여준다. 왼쪽 그림은 고해상도 스캔을 한 것이고, 오른쪽 그림은 스크린 해상도를 (책의 인쇄 해상도로) 업샘플링한 것이다.

다운샘플링하는 소프트웨어가 고해상도 이미지에서 얻는 추가 정보를 잘 이용하도록 작업을 수행할 수 있다면, 분명히 오버샘플링된 이미지의 품질이 우수하다. 웹 브라우저는 다운샘플링을 잘 못해서, 저해상도로 얻는 결과보다 그리 좋지 않다. 월드 와이드 웹을 위한 이미지는 포토샵과 같은 프로그램을 이용해서 미리 다운샘플링되어야 한다.

이 장 후반에 비트맵 이미지에 기하학적 변환을 적용할 때, 재샘플링을 자세히 설명한다.

한 번 제거된 정보는 복구할 수 없다. 이것은 가급적 고해상도 비트맵 이

그림 5.1 고해상도와 저해상도 이미지

미지를 유지하다가 필요한 경우에만 다운샘플링하는 것이 좋다는 것을 뜻한다. 그러나 고해상도 이미지의 단점은 더 많은 픽셀을 가지고 있어서 더 많은 디스크를 차지하고, 네트워크 전송이 더 오래 걸린다는 것이다. 이미지의 크기는 해상도의 제곱으로 커지기 때문에, 고해상도를 통해 품질에 이득을 얻을 수 있지만, 실질적으로는 가능한 낮은 해상도를 사용한다. 표시 장치의 품질이 적당한 정도의 최소값을 사용하는 것이 좋다. 72나 96 dpi 이하의 해상도에서도 이미지 파일은 다루기가 힘들다. 품질의 저하를 과도하게 하지 않고 크기를 줄이기 위해서는 데이터 압축 기법을 이용해야 한다.

5.2 이미지 압축

그림 3.3을 보면 비트맵 표현에 48 Kbyte를 필요로 한다. 이런 추정은 이미지가 픽셀당 3바이트인 배열로 저장된다는 것을 가정한 것이다. 이미지를 표시하거나 조작하려면 이런 형식으로 표현되어야 하지만, 픽셀값을 저장하거나 네트워크를 통해서 전송하기 위해 기록하는 것이라면 훨씬 더 간결한 데이터 표현을 사용할 수 있다. 모든 픽셀을 명시적으로 저장하는 대신, 한 값과 그 값이 연속적으로 나타나는 횟수를 사용한다. 예를 들어, 첫 번째 행은 같은 컬러의 128 픽셀이므로, 행을 저장하는 데 384바이트를 사용하는 대신에 4바이트를 이용해서 3바이트는 컬러값을 저장하고 나머지로는 횟수를 저장한다. 각 행을 구별해서 얻는 이득이 없다면, 즉, 행을 구별하지 않으면 2580 픽셀이 같은 컬러를 가진다. 다음에는 다른 컬러가 88 픽셀 나오고,

이것도 264바이트가 아니라 횟수와 컬러값을 4바이트에 저장한다.

같은 컬러의 연속된 픽셀을 하나의 컬러값과 연속된 픽셀의 수로 대체하는 간단한 방법을 RLE(run-length encoding)이라고 부른다. 다른 압축 방법과 마찬가지로, 공간을 절약하기 위해서는 약간의 계산을 필요로 한다. 다른 압축과 공통적인 또 한 가지 특성은 효율성이 압축하려는 이미지에 의존한다는 것이다. 이 예에서는 많은 저장소를 절약할 수 있는데, 이미지가 아주 간단하고 같은 컬러의 영역이 커서 같은 픽셀값이 오래 지속되기 때문이다. 두 값이 교대로 나오는 픽셀로 이루어진 이미지라면, RLE를 그대로 적용하면 'run'의 길이가 1이 되어 저장 장소가 많이 필요하게 될 것이다. 더 현실적으로는 연속적으로 명암이 변하는 이미지인 경우에는 효율이 떨어질 것이고, 단일 컬러의 영역이 있는 이미지는 효율이 높을 것이다.

압축 기법에는 '압축'된 버전이 압축을 하지 않은 것보다 더 커질 수 있다는 일반적인 성질이 있다. 이것은 당연하다. 만일 입력에 상관없이 언제나 압축이 일어나는 알고리즘이 있다면, 자신의 출력을 다시 압축해서 더 높은 압축을 얻고, 이것을 여러 번 반복할 수 있을 것이다. 그러면 나중에는 1바이트만 남게 된다. 이것이 무모해 보여도 종종 사람들은 이런 알고리즘을 개발했다고 주장하기도 한다.

RLE 인코딩은 중요한 성질이 있다. 인코딩된 데이터의 압축을 해제하여 원래 데이터를 정확하게 복구할 수 있다. 그림 3.3의 48 Kbyte 배열에 RLE 압축을 적용하고, 다시 해제 알고리즘을 적용하면 원래의 배열을 얻을 수 있다. RLE는 무손실(lossless) 압축 기법의 한 예이기 때문에, 압축과 해제를 통해 정보를 잃지 않는다(그림 5.2 참조). 이에 비해 손실(lossy) 압축 기법은 압축 과정에서 일부 정보를 잃는다. 일단 없어진 정보는 다시 복구되지 않기 때문에, 압축한 후 해제하면 결과는 원래 데이터의 근사값이 된다(그림 5.3 참조). 손실 압축은 원래 아날로그 형태인 이미지와 사운드 같은 데이터에 적합하다. 2장에서 보았듯이 어쨌든 디지털 표현은 근사값이기 때문이다. 좋은 압축 알고리즘은 중요하지 않은 이미지나 사운드 데이터만 제거해서 품질의 저하없이 저장소를 절약할 수 있게 한다. 그러나 매번 압축/해제 사이클을 반복하면 정보를 잃게 되므로, 품질이 점점 낮아진다.

압축에 관한 완전한 설명은 이 책의 범위를 벗어나므로 여기서는 주요 알고리즘만 설명한다.

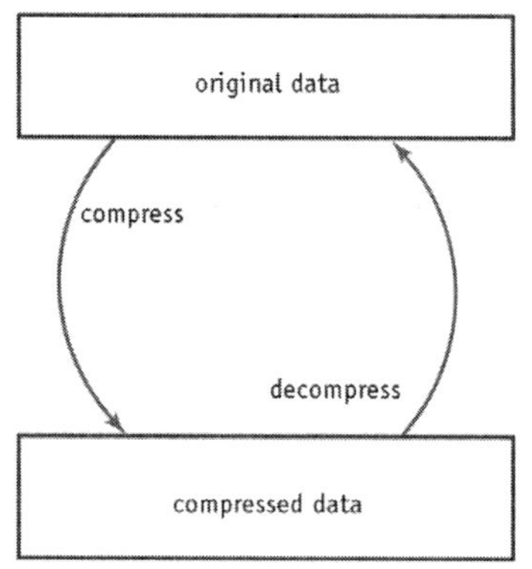

그림 5.2 무손실 압축

5.2.1 무손실 압축

RLE는 이해하기 가장 쉬운 무손실 압축 알고리즘이지만, 가장 효율적이지는 않다. 정교한 무손실 알고리즘의 두 가지 형태를 소개한다. 첫 번째 종류의 알고리즘은 데이터를 재코딩하여 가장 자주 나타나는 값에 적은 비트를 할당한다. 예를 들어, 이미지가 256 컬러를 사용하면 각 픽셀이 8비트를 차지한다(6장 참조). 그러나 컬러에 서로 다른 길이의 코드를 할당해서, 가장 빈번한 컬러는 1비트, 다음으로 빈번한 컬러는 2비트 등으로 하면, 대부분의 이미지에서 저장 공간을 절약할 수 있다. 이런 **가변-길이 코드**(variable-length code)를 이용하는 인코딩 방법은 1940년대 후반 데이터 압축과 정보 이론 연구에서 시작되었다. 이런 종류의 가장 유명한 알고리즘이 **허프만 코딩**(Huffman coding)[2]이다.

허프만 코딩과 그 변종은 1970년대 후반 가변-길이 코드가 **사전-기반**(dictionary-based) 압축 기법에 비해 더 많이 사용되기 시작한 이래로 더 복잡한 압축 기법의 일부로 아직도 사용된다. 사전-기반 압축은 표 혹은 사전을 만들어서 입력 데이터에 있는 바이트 스트링(반드시 문자인 것은 아니다)을 넣는다. 모든 스트링은 사전의 포인터로 대체된다. 이 과정은 컴파일러가 심볼 테이블을 이용해서 구문 분석을 하는 토큰화와 비슷하다. 가변-길이 코딩 방식과 비교해서 사전-기반 방식은 고정-길이 **코드**로 사전에 있는 가변-길이 **스트링**을 가리킨다. 이런 방식의 압축 효과는 어떤 스트링을 사전에 넣을 지 선택하는 것에 달려 있어서 코드를 바꾸면 공간을 줄일 수 있다. 사전의 항목은 길고 자주 나타날수록 이상적이다.

사전을 만들고 사용하는 두 가지 기법이 1977년과 1978년에 Abraham Lempel과 Jacob Ziv에 의해 발표되었다. 따라서 이 기법을 LZ77, LZ78이라고 부른다. LZ78의 변형이 Terry Welch에 의해 고안되었고, 그 이름을 딴 LZW 압축이 Unix의 **compress** 유틸리티와 GIF 파일에서 사용됨으로써 가장 널리 퍼지게 되었다. LZ77과 LZ78의 차이점은 사전을 만드는 방법에 있다. LZW는 LZ77을 개선한 것이다. 그러나 LZW는 한 가지 단점이 있다. 3장에서 말했듯이 특허권을 Unisys사가 소유하고 있어서 사용요금을 물린다. 따라서 PNG 파일에 사용되는 압축 방법은 LZ77에 무관한 것에 기반하고 있으며, 범용 압축 프로그램인 PKZIP에서도 사용되고 있다.

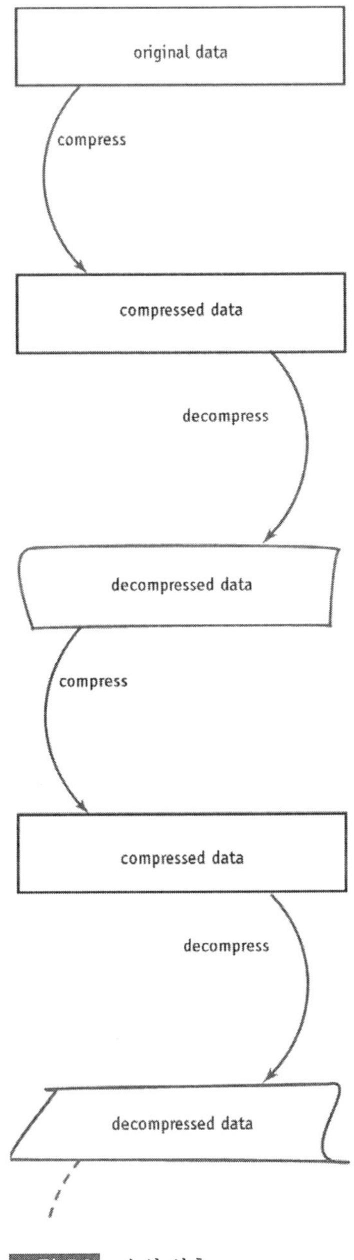

그림 5.3 손실 압축

5.2.2 JPEG 압축

무손실 압축은 어떤 종류의 데이터에도 적용할 수 있다. 이진 실행 프로

---

[2] 허프만 코딩은 자료구조에 관한 책에 자주 나온다. 왜냐하면 트리 사용의 좋은 예를 보여주기 때문이다.

그램, 스프레드 시트 데이터, 혹은 텍스트와 같은 어떤 종류의 데이터는 한 비트라도 깨지면 전체 데이터를 못쓰게 되므로, 특정한 압축 방법을 써야만 한다. 이미지 데이터는 상당한 데이터 손실을 감내할 수 있기 때문에, 손실 압축이 효과적으로 사용될 수 있다. 가장 중요한 손실 이미지 압축 기법은 JPEG 압축이다. JPEG은 Joint Photographic Experts Group을 뜻한다. 세밀하고 연속적인 톤을 가지는 사진이나 유사한 이미지에 적합하다 — 일반적인 비트맵 이미지도 같은 특징을 갖는다.

2장에서 이미지의 밝기나 컬러값을 신호로 간주했으며, 그 구성 주파수를 분리할 수 있다고 하였다. 이것을 시각화하기 위해서 이미지에 저장된 픽셀값이 컬러를 나타낸다고 생각하지 말고, 변수 z의 값이라고 간주한다. 각 픽셀은 x와 y 좌표에 대해서 z값을 가지며, 이것은 3차원 모양을 정의한다. 그림 5.4는 3장의 붓꽃 이미지를 와이어 프레임과 밝기를 높이로 해서 3-D 형태로 표시한 것이다. 모든 파형은 푸리에 변환을 통해서 주파수 영역으로 변환될 수 있다고 하였다. 또한 높은 주파수 성분은 밝기의 급격한 변화와 연관된다고 하였다. 실험에 의하면 사람은 높은 주파수를 잘 감지하지 못한다는 것이 밝혀졌다.

이제까지 주파수 영역의 표현을 신호의 성질을 알아보는 방법으로만 간주했다. JPEG 압축은 이미지를 주파수 영역으로 변환시켜 작업한다. 그러나 푸리에 변환을 이용하는 것이 아니라 DCT(Discrete Cosine Transform)을 이용한다. DCT가 푸리에 변환과는 다르게 정의되지만, 이것 역시 신호를 주

그림 5.4 무손실 압축

파수 영역으로 만들어서 분석한다. 픽셀의 배열을 받아서 이미지의 주파수 성분 크기를 나타내는 계수의 배열을 만드는 계산을 한다. 밝기가 x와 y에 따라서 변하는 2차원 이미지에서 시작해서, 이 방향의 공간 주파수에 해당하는 계수의 2차원 배열을 얻는다. 출력 배열의 크기는 픽셀 배열과 같다. 이미지에 DCT 연산을 적용하는 것은 많은 계산을 필요로 하기 때문에(걸리는 시간은 픽셀 이미지 크기의 제곱에 비례한다), 전용 하드웨어 없이 이런 종류의 압축을 하려면 강력한 프로세서가 필요하다. 지금도 전체 이미지를 한 번에 DCT 적용하는 것은 실제적이지 않다. 대신에 이미지를 8×8로 나누어서 개별적으로 변환한다.

이미지를 주파수 영역으로 변환시키는 것은 압축이 아니다. 주파수 성분대로 분리하여 정보의 제거가 최소로 감지될 수 있도록 데이터의 형태를 바꾸는 것이다. 이미지의 인지에 많은 영향을 주지 않는 고주파수 정보를 제거할 수 있다. 이것은 높은 주파수 성분이 가질 수 있는 값에 차별을 두면 가능하다. 예를 들어, DCT로 생성된 각 주파수의 값이 0에서 255 사이이면, 가장 낮은 주파수의 계수는 모든 정수값의 범위를 인정하고, 약간 더 높은 주파수는 4로 나누어지는 값만 갖도록 인정한다. 가장 높은 주파수는 0과 128 값만 인정한다. 다시 말하면, 여러 다른 주파수는 고주파수일수록 적은 단계를 갖도록 양자화된다. JPEG 압축에서 모든 주파수 계수에서 사용되는 양자화 수준은 양자화 행렬을 통해서 규정된다.

양자화 과정은 이미지가 저장되는 장소를 두 가지 방식으로 절약하게 한다. 첫째는 양자화가 되면 많은 성분이 0의 계수를 갖게 된다. 둘째는 0이 아닌 계수를 저장하는 데 더 적은 비트가 요구된다. 데이터 표현에 중복이 있다는 것을 이용하면 양자화된 계수의 배열에 두 가지 무손실 압축 기법을 적용할 수 있다. 0들은 **run-length** 인코딩을 한다. 나머지 값들은 **Huffman** 코딩을 한다. 되도록 0이 오래 지속되게 하기 위해, 그림 5.5처럼 계수를 지그재그 순서(**zig-zag sequence**)로 처리한다. 배열의 왼쪽 위 구석에서 양방향으로 갈수록 주파수가 증가하기 때문에 이것은 효율적이다. 다시 말하면, 이미지 상의 인지할 수 있는 정보는 배열의 왼쪽 위에 집중되어 있고, 오른쪽 아래에는 0으로 채워질 가능성이 많다. 따라서 전통적인 행이나 열 순서로 하면 0이 끊어지게 되지만, 지그재그 순서로 하면 끊어지지 않고 오래 지속된다.

JPEG 데이터의 해제는 압축 과정의 역이다. **run**을 확장하고 **Huffman** 인코딩된 계수를 풀어서 **역이산 코사인 변환**(Inverse Discrete Cosine Transform) 시키면, 주파수 영역의 데이터가 공간 영역으로 복구되어 이미지의 픽셀이

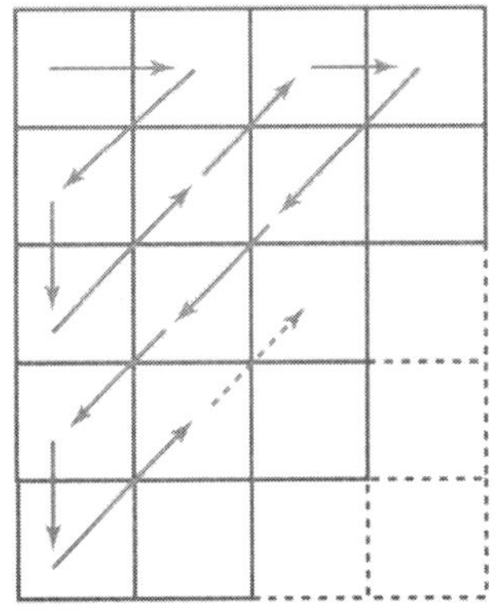

그림 5.5　지그재그 순서

된다. 역 DCT 는 DCT 와 아주 비슷하게 정의된다. 역변환에 필요한 계산량은 전방 변환의 것과 동일하기 때문에, JPEG 의 압축과 해제에 걸리는 시간은 거의 같다. '역양자화' 과정은 없는 것에 주의하라. 양자화 과정에서 없어진 정보는 영원히 없어진 것이며, 압축 해제된 이미지는 원래의 근사값이다. 그러나 근사화의 품질은 좋다.

JPEG 압축의 근사화 정도가 뛰어나서 이 책의 이미지 크기와 해상도에서는 예시하기가 어렵다. 낮은 품질의 JPEG 이미지도 극단적으로 확대하지 않고서는 원래와 구별할 수 없다. 스크린 해상도에서는 그 효과가 보일 수도 있다.

JPEG 압축의 가장 유용한 특징은 압축 정도를 조절해서 압축된 이미지의 품질을 조절할 수 있다는 것이다. 즉, 양자화 행렬의 값을 바꾸면 된다. JPEG 압축을 구현하는 프로그램에서 품질 선택을 하면 이미지 품질과 압축 사이의 적절한 타협점을 정할 수 있다. 가장 높은 품질이라고 해도 손실 압축에 해당한다. 시각적으로 구별할 수는 없지만, 그렇다고 해서 '무손실'인 것은 아니다.

JPEG 표준은 무손실 모드를 정의하지 않는데, 무손실 방법은 손실 JPEG 의 DCT-기반 방법과는 아주 다른 알고리즘을 사용한다. 무손실 JPEG 압축은 널리 퍼진 적이 없다. 바로 JPEG-LS 표준이 나왔으나, 이것도 널리 퍼지지는 못했다. 또 다른 JPEG 표준이 2000 년 말에 채택되었다. JPEG2000 은 새로운 세기의 이미지 압축 표준을 목표로 했다. ISO 에서 JPEG2000 의 목표를 다음과 같이 설명했다: "[...] 여러 특성을 갖고(자연 이미지, 과학, 의료, 원격 감지, 텍스트, 렌더링된 그래픽 등), 여러 이미지 모델을 허용하고(클라이언트/서버, 실시간 전송, 이미지 라이브러리 저장, 제한된 버퍼와 대역폭 등), 여러 종류의(흑백, 그레이, 컬러) 정지 화상을 하나의 시스템에서 지원하기 위한 새로운 이미지 코딩 시스템을 만들기 위해서" 이 목표를 달성하기 위해서 JPEG2000 은 웨이브렛 압축이라는 기법을 사용한다. 그러나 압축 프로시쥬어가 더 복잡하다. 2003 년 말 시점에서 가까운 장래에 새로운 표준이 JPEG 을 대체할 것 같지는 않다 — JPEG2000 은 웹 브라우저에서 많이 구현되지 않았다.

JPEG 압축은 연속된 명암의 사진이나 스캔된 이미지에 적용하면 아주 효율적이다. 이런 이미지는 큰 품질의 저하없이 원래 크기의 5% 정도로 압축된다. 이런 이미지에 대해서 이 정도의 효율을 갖는 무손실 압축 기법은 없다. 더 거칠게 양자화를 하도록 낮은 품질로 설정해서 더 많은 정보를 제거하면 더 높은 압축률을 얻을 수 있다. 그렇게 하면 8×8 사각형의 윤곽이 표시가 난다. 이 불연속은 다른 주파수 성분이 각 블록에서 제거되었다는 것을 뜻한다. 낮은 압축 수준(즉, 높은 품질 설정)에서는 인접 블록의 공통 특성에 대한 정보가 충분히 유지되기 때문에 별 문제가 되지 않는다. 그러나 많은 정보가 제거될수록 공통적인 특징을 잃게 되며, 윤곽선이 표시나게 된다.

압축된 이미지에서 이런 바람직하지 않은 특징을 **압축 결점**(compression artefact)이라고 부른다. 날카로운 모서리가 있는 이미지를 JPEG으로 압축할 때도 결점이 나타난다. JPEG은 날카로운 부분을 부드럽게 만든다. 사진 이미지의 경우에는 이것이 별 문제가 되지 않지만, 컴퓨터로 만든 이미지를 압축하면 문제가 될 수 있다. 특히 이미지 안에 포함되는 작은 텍스트는 JPEG에 의해 에지가 흐려져서 글자를 읽을 수 없게 된다. 이 경우에는 LZ77 압축을 사용하는 PNG 포맷으로 저장하면 된다.

5.3 이미지 조작

비트맵 이미지는 모든 픽셀값을 저장하기 때문에, 원한다면 어떤 픽셀이나 픽셀 그룹의 값을 변경할 수 있다. 대부분의 이미지에서 픽셀을 개별적으로 편집하는 것은 시간이 걸리고 지루한 작업이다 — 일부 픽셀 변경이 전체 이미지를 어떻게 달리 보이게 하는지 알 수 있는가? 혹은 초점이 맞지 않은 사진의 윤곽선을 선명하게 하기 위해서는 어느 픽셀을 어떻게 바꾸어야 하는가? 이미지 편집을 편하게 하기 위해서는 이런 동작을 한 픽셀에 대한 변경을 하기보다는 좀 더 높은 수준에서 처리하는 것이 좋다. 많은 동작을 필터와 마스크를 이용하며, 사진 이미지를 변경하는 기존의 기법들과 연관해서 설명한다.

이미지 조작을 설명하기에 앞서, 왜 조작을 해야 하는 지를 먼저 살펴볼 필요가 있다. 두 가지 큰 이유가 있다. 하나는 이미지의 생성이나 디지털화 과정에서 장비나 기법이 잘못되어 생긴 이미지의 훼손을 수정할 필요가 있을 때이다. 또 다른 하나는 자연스럽게 만들기 어렵거나 불가능한 이미지를 만들 때이다. 전자의 예는 '적목' 제거이다. 카메라 렌즈에 가까이서 플래시를 써서 사진을 찍으면 눈동자가 빨갛게 나온다.[3] 일반 사용자용 이미지 조작 프로그램은 적목 제거와 같은 작업을 한 번의 키 조작으로 수행하는 일련의 조작 기능을 갖는 명령어를 제공한다. 두 번째 목적의 조작은 특수 효

---

[3] 적목은 피사체의 망막에서 반사되는 빛에 의해 생긴다.

과의 범주에 해당한다. 포토샵과 같은 이미지 조작 프로그램은 내장 필터, 효과, 툴킷을 제공해서 저수준 조작을 가능하게 한다. 포토샵은 제삼자가 플러그-인을 만들어서 추가적인 효과나 툴을 이용할 수 있도록 한 개방형 구조이다 — 포토샵의 플러그-인 개발도 자체로 한 업종이 되었으며, 다른 많은 프로그램도 이것을 이용할 수 있다.

비트맵 이미지에 대해서 공통적으로 수행되는 많은 조작은 출력에 관계되며, 멀티미디어와 관련이 없다. 전형적인 멀티미디어 작업은 이미지의 해상도나 크기를 바꾸는 일이다. 모니터에 표시되어야 하는 이미지가 가끔은 높은 해상도를 가지고 있어서 다운샘플링해야 한다. 이미지의 크기는 웹 페이지와 같은 레이아웃에 맞도록 조정될 필요가 있다.

포토샵은 의심의 여지없이 가장 유명한 이미지 조작 프로그램으로, 사실상 업계 표준이다. 포토샵과 비슷한 기능과 툴을 가지면서 Unix 시스템의 오픈 소프트웨어 라이선스로 배급되는 Gimp라는 강력한 패키지도 있다. 두 개 모두 멀티미디어와는 관련없는, 인쇄를 위한 기능을 많이 포함하고 있다. Adobe의 ImageReady나 Macromedia의 Fireworks와 같은 패키지는 웹 이미지 준비에 적합하며, 인쇄 기능이 많이 생략되어 있고 웹에 적합한 기능을 많이 가지고 있다. 예를 들면, 내려받기 속도를 높이기 위해서 하나의 이미지를 작은 조각으로 나누는 기능이나 '이미지 맵'을 만들기 위한 hotspot 추가하기 등이 있다.

5.3.1 선택, 마스크, 알파 채널

앞에서 언급했듯이, 비트맵 이미지는 개별적인 객체로 저장되지 않는 픽셀의 배열이다. 벡터 이미지에서는 가능하지만, 프로그램에서 편집을 위해 그림에서 보이는 사각형이나 원을 그 모양대로 선택할 수는 없다. 모양에 대한 기술이 명시적으로 프로그램에서 사용할 수 있도록 제공되는 정보가 아니기 때문이다. 우리 눈과 뇌에서 구별한 것이다. 컴퓨터 프로그램에서 조작하기 위해서는 이미지의 일부를 선택하기 위한 다른 수단이 있어야 한다.

비트맵 이미지를 선택하는 데 사용되는 툴은 벡터 그래픽에서 모양을 그리는 데 사용하는 툴과 거의 같다. 기존의 작가가 인쇄된 이미지의 모양을 칼로 오려내는 것처럼 영역을 선택해야 한다. 간단한 선택 툴은 사각형과 타원형 marquee 툴이다. 그리기 프로그램에서 한 것처럼 사각형이나 타원을 드래그 해서 영역을 선택한다.

원하는 영역이 단순한 사각형이나 타원이 아닐 경우가 있다. 이런 불규칙한 모양을 위해서는 다른 그리기 툴의 변형을 이용해서 선택하고자 하는 영역을 자유 곡선으로 표현하도록 한다. 곡선보다는 다각형 올가미가 사용된다. 베지어 그리기 펜도 사용 가능하다. 이런 툴을 이용하면 노력은 들지만 상당히 정확하게 선택하고자 하는 외곽을 지정할 수 있다. 선택을 쉽게 하기 위해 픽셀값을 영역 선택 정의에 사용하도록 하는 두 가지 툴이 사용된다. 즉, 마술지팡이(magic wand)와 자석 올가미(magnetic lasso)이다.

마술지팡이는 컬러에 기초해서 영역 선택을 할 수 있도록 한다. 이 툴을 선택하고, 이미지를 클릭하면 커서와 비슷한 색을 가진 모든 인접 픽셀이 선택된다. 그림 5.6은 아주 불규칙한 모양을 마술지팡이로 선택한 예를 보여준다. 위 이미지에서 검은색 잎 영역을 클릭하였다. 선택된 영역이 가운데 그림처럼 marquee로 표시되어 보인다. 선택된 영역이 배경에서 제거되면 아래와 같이 된다. 어느 정도 다른 값을 비슷하다고 허용할 것인가는 설정할 수 있다.

자석 올가미는 원리가 다르다. 다른 올가미 툴처럼 선택하려는 영역 둘레로 드래그한다. 그러나 그려진 외곽만을 따라가는 것이 아니라, 커서의 일정 거리 내에서 에지를 찾아서 외곽을 설정한다. 현격하게 차이가 날 때 에지로 간주한다. 에지로 인지될 수 있는 거리와 색의 차이 정도는 설정 가능하다. 이미지의 에지가 잘 정의되어 있고, 이 두 값이 큰 값으로 설정되어 있으면, 대충 객체 주위를 선택하면 대비가 큰 에지에 외곽이 자동으로 설정된다. 에지가 잘 정의되어 있지 않으면, 에지를 구분하는 대비값을 작게 설정하고, 검사 거리도 줄이고, 외곽 선택도 더 신중하게 하면 된다. 그림 5.7에 예가 보인다. 나비의 미세한 더듬이도 선택되었다.

일단 선택이 되었으면, 필터와 같은 모든 툴을 이용해서 이미지의 선택된 부분에만 변화를 줄 수 있다. 이것을 다른 말로 하면 **마스크(mask)**이다 — 선택되지 않아서 영향을 받지 않는 부분. 이미지 조작 프로그램은 이미지와 더불어 여러 개의 마스크를 저장할 수 있다. 따라서 선택한 것을 기억시킬 수 있으며, 하나 이상의 조작을 수행할 수 있다 — 일반적인 선택은 일시적이며 또 다른 선택을 하게 되면 사라진다.

이미지의 일부를 마스크로 없애는 기법은 작가나 사진사가 오랫동안 사용해왔다. 물리적 마스크와 스텐실로 빛이나 물감의 마스크 처리를 했다. 카드보드 스텐실은 물감을 통과시키거나 막는다. 디지털 마스크를 만들어서 '전부 혹은 전무'로 동작시키려면 픽셀당 1비트가 필요하다. 0이 선택된 영역, 1이 나머지 영역이 된다. 마스크 자체도 픽셀의 배열이기 때문에 하나의 이미지로 간주할 수 있다. 픽셀당 1비트가 사용되었으므로 이 이미지는 흑백이다. 사진에서처럼 흰 부분이 이미지를 통과시키고, 검은 부분은 막는다.

그림 5.6 마술지팡이로 선택

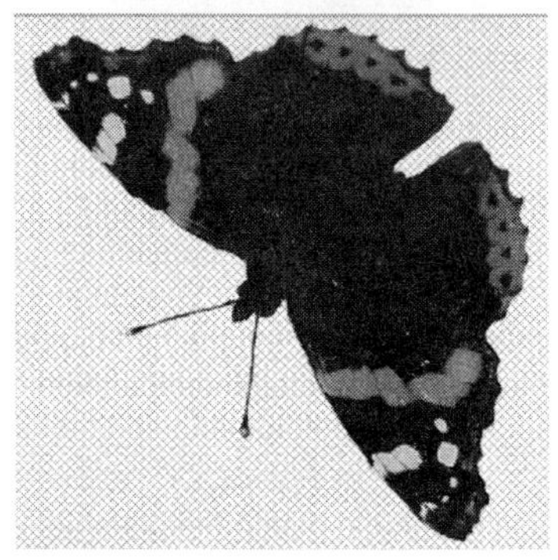

그림 5.7 자석 올가미로 선택

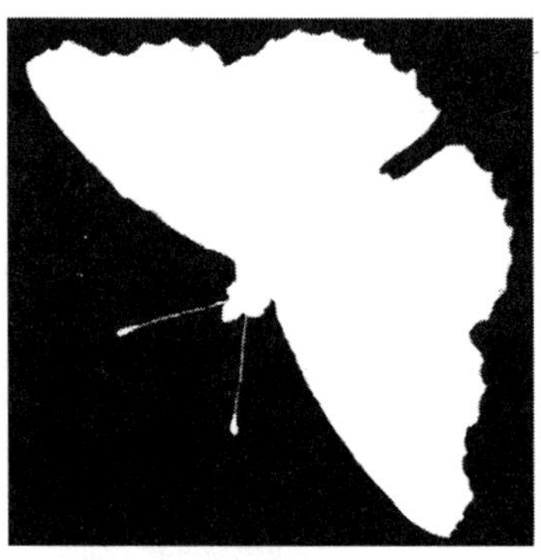

그림 5.8 자석 올가미로 선택해서
만든 마스크

그림 5.8은 1-비트 마스크를 보여준다.

디지털 마스크는 물리적 매체가 갖기 어려운 특징들을 갖는다. 하나 이상의 비트를 이용하면 마스크가 그레이스케일 이미지가 되어 투과 정도를 조절할 수 있다. 6장에서 자세히 설명하겠지만 이런 종류의 그레이스케일 마스크를 알파 채널(alpha channel)이라고 부른다. 반투명 마스크로 가려진 영역에 대한 칠하기, 필터링, 수정은 알파 채널값에 비례해서 적용된다. 8비트를 픽셀 마스크에 이용해서 256 단계의 투과값을 갖도록 하는 것이 일반적이다.

스텐실과 비교하면 알파 채널은 물감의 투과 정도를 바꿀 수 있는 스텐실이다. 이런 스텐실은 날카롭게 잘린 모양의 에지를 부드럽게 만들어 주는 데 사용될 수 있다. 비슷한 방법으로 선택된 에지를 '부드럽게' 만들 수 있다. 알파 채널에서 흑에서 백으로 갑자기 바뀌는 대신에 중간 그레이 값을 통해 점차적으로 바뀌게 할 수 있다. 적용되는 모든 효과는 경계선에서 바로 멈추는 것이 아니라 점차적으로 사라지게 된다. 알파 채널의 또 다른 적용 사례는 마스크 에지에 앤티-앨리어싱을 적용하는 것이다. 앤티-앨리어싱이 아주 좁은 영역에서 '부드럽게' 만드는 것과 비슷하지만 의도는 아주 다르다. 부드럽게 만드는 것은 보이게는 하지만 효과를 점차 사라지게 하는 것이고, 앤티-앨리어싱은 돌출되어 보이지 않도록 울퉁불퉁한 모서리를 가려서 보이지 않게 하는 것이다.

일반적으로 포토샵 이미지의 레이어는 그 밑의 것을 다 가린다. 그러나 모든 레이어가 자신의 레이어 마스크(layer mask)를 가질 수 있기 때문에, 그 레이어에 알파 채널을 적용할 수 있다. 두 레이어가 겹쳐질 때, 위의 레이어에 마스크를 적용하고, 아래 레이어가 위 레이어의 마스크된 부분을 통과해서 보이게 할 수 있다. 1비트 마스크이면, 아래 레이어는 검은색 마스크에만 보인다. 레이어 마스크가 그레이스케일 이미지이면, 아래 레이어는 그레이 영역을 통해서 부분적으로 보여진다. 합쳐진 이미지의 결과 픽셀값 p 는 $p = \alpha p_1 + (1-\alpha)p_2$ 로 계산된다. 여기서 p_1, p_2 는 두 레이어의 해당 픽셀값이고, α 는 0과 1 사이로 정규화된 값으로, 8비트로 저장되면 255 단계가 된다.

레이어 마스크 채널은 다양한 구성 효과를 만들어 낼 수 있다. 그림 5.9는 1-비트 레이어 마스크를 이용한 예를 보여준다. 그림의 위에 세 개의 이미지가 있다. 삼색기의 크기를 바꾸고 파리 지도 위에 놓는다. 마술지팡이를 이용해서 에펠탑을 잘 선택하여 마스크를 만든다. 포토샵으로 선택을 저장하고, 다른 이미지에 적재할 수 있다. 그림 5.9의 아래 중간을 삼색기의 레이

그림 5.9 레이어 마스크를 이용한 합성

어 마스크로 사용하면 오른쪽의 합성 이미지를 만들 수 있다. 마스크는 맵이 탑 이외의 자리를 통해서 비춰 보이도록 한다. (이런 효과를 내는 유일한 방법이 이것만은 아니다. 연습문제 8번 참조.)

그레이스케일 레이어 마스크를 사용하는 덜 정교한 방법이 그림 5.10에 보인다. 컬러와 그레이스케일 버전의 사진이 위에 있고, 별도의 레이어에 놓인다. 레이어 마스크를 아래 왼쪽처럼 대각선 선형 그래디언트로 만든다. 이 마스크를 적용하면 합성된 이미지는 아래 오른쪽처럼 컬러가 점차 없어지게 된다.

5.3.2 픽셀 점 처리

이미지 처리는 각 픽셀에 대해서 새로운 값을 계산하는 것이다. 가장 간단한 방법은 다른 픽셀값 없이 옛날 값만을 이용해서 새 값을 계산하는 것이다. 따라서 픽셀값 p로 새로운 값 $p' = f(p)$를 계산한다. 여기서 f는 매핑함수(mapping function)이다. 이런 함수는 **픽셀 점 처리**(pixel point processing)를 수행한다. 별로 유용하지는 않지만, 픽셀 점 처리의 예는 그레이스케일을 음수화하는 것이다. $f(p) = W - p$이고, 여기서 W는 흰색을 나타내는 픽셀값이다.

가장 복잡한 픽셀 점 처리는 컬러 교정과 수정으로 6장에서 자세히 설명한다. 여기서는 그레이스케일 이미지의 전형적인 픽셀 점 처리 응용인 밝기와 대비 변경만을 다룬다. 컬러 처리는 그레이스케일 조절의 확장이다 — 간

그림 5.10 알파 채널 마스크로 섞기

단하지는 않지만.

거친 조정은 모니터나 TV에 있는 것과 같은 **밝기(brightness)**와 대비 (contrast) 슬라이더로 조절할 수 있다. 밝기 조절은 모든 픽셀값을 일괄적으로 올리거나 내리기 때문에, 밝기를 올리면 모든 픽셀이 밝아지고 내리면 모든 픽셀이 어두워진다. 대비는 이미지의 가장 밝은 곳과 가장 어두운 곳의 차이를 늘이거나 줄임으로써 값의 범위를 조절한다. 대비를 올리면 밝은 곳은 더 밝아지고 어두운 곳은 더 어두워진다. 내리면 모든 값이 중간 명암으로 간다. 매핑함수로 말하면, 이런 조절은 그래프 상에서 선형의 관계가 된다. 밝기의 조절은 직선과 y-축이 만나는 y 절편을 바꾼다. 대비의 조절은 직선의 기울기를 바꾼다.

수준 대화(level dialogue)를 이용해서 매핑함수의 모양에 변화를 줄 수 있다. 선형 매핑함수의 끝점을 개별적으로 옮길 수 있어서 이미지의 흑백 수준을 설정할 수 있다. 이런 조절은 그래픽에서 매핑함수를 수평 수직으로 늘이거나 줄인다. 적당한 수준 선택을 돕기 위해 이미지 히스토그램(image histogram) 표시가 사용된다. 이것은 픽셀값의 분포를 보여준다. 수평측은 가능한 값을 나타내고(8-비트 그레이스케일 이미지이면 0에서 255까지), 막대는 각 값에 해당하는 픽셀 수이다. 수준 대화 시 그림 5.11에서 보이는 것처럼 이 히스토그램이 두 개의 슬라이더와 함께 표시된다. 위의 것은 입력값의 범위를 조절한다. 왼쪽 슬라이더는 검은색으로 매핑되는 픽셀값을 조절한다. 즉, 그래픽 상에서 매핑함수 직선의 x-축 절편값을 옮긴다. 오른쪽은 흰색으로 매핑되는 픽셀값을 조절해서 직선의 최고점을 옮긴다. 아래쪽 슬라이더는 비슷한 방식으로 출력값에 영향을 준다. 흑과 백으로 사용될 픽셀값을 결정한다. 직선의 끝점을 위 아래로 옮긴다. 명암 범위가 골고루 퍼지게 하려면, 입력 슬라이드를 끝점이 최고값과 최저값이 되도록 하면 된다.

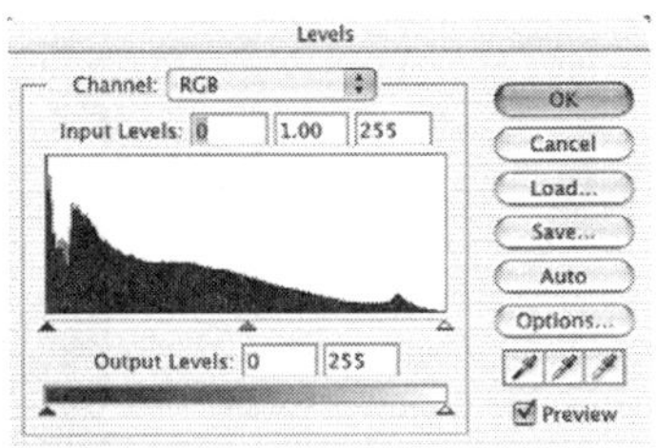

그림 5.11 수준 대화에서 히스토그램

지금까지 모든 조절이 옛 값과 새 픽셀값 간의 선형 관계에 한정되었다. 그림 5.11에서 위에 보이는 세 번째 슬라이더는 더 유연한 대응이 가능하게 만든다. 세 번째 점은 이미지의 중간 명암에 해당한다. 이미지의 밝기가 특정 범위에 집중되어 있을 때, 해당 위치로 중심점을 이동시키면 밝기가 값의 범위의 중간에 위치되도록 조절된다.

그림 5.12는 노출이 잘못된 사진이 수준 조절을 통해 어떻게 되는지를 보여준다. 맨 위 왼쪽에 자동 노출로 집안을 찍은 원래의 사진이 있다. 내부와 창문을 통해 보이는 곳의 대비가 높아서 결과가 이렇게 되었다. 이미지의 히스토그램이 옆에 보인다. 빛의 분포가 균일하지 않다. 전체 사진의 수준을 조절해서는 문제가 해결되지 않는다. 과잉-노출된 외부와 과소-노출된 내부에 대해서 다르게 조절할 필요가 있다. 따라서 우선 이것을 분리할 마스크를 만든다.

밝은 부분을 분리하기 위한 마스크가 그림 5.12의 위 오른쪽에 있다. 왼쪽에 있는 두 번째 히스토그램은 3 영역의 픽셀값 분포를 보여준다. 중간 왼쪽에 조절된 이미지 결과도 보인다. 어두운 부분에 대한 마스크와 전후의 히스토그램도 보인다. 최종 조절된 이미지와 히스토그램이 맨 아래에 있다. 최종 이미지가 낮은 빛 수준 때문에 약간 거칠어졌지만(조절된 히스토그램의 스파이크 때문에), 조절에 의해 전체적인 질은 상당히 개선되었다.

앞의 밝기와 대비 조절 기능은 매핑함수 f의 그래픽에 특정한 변경을 가하는 것으로서, 개별 픽셀값을 변화시켰다. 포토샵에서는 **곡선 대화(curves dialogue)**를 이용하면, 제어점을 드래그하거나 연필 툴로 다시 그려서 그래

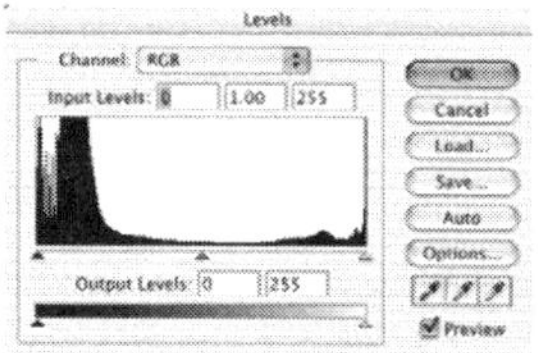

Histogram of original image

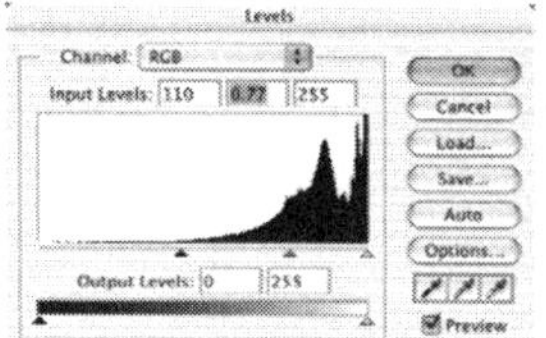

Histogram of light areas

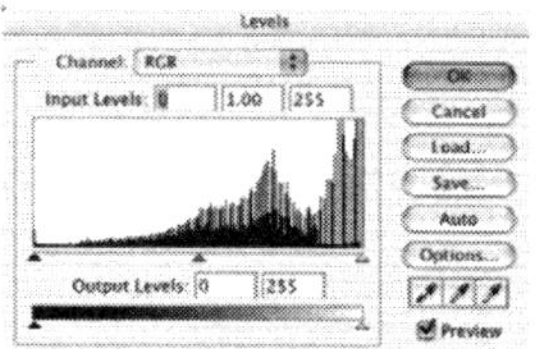

Histogram of light areas after adjustment

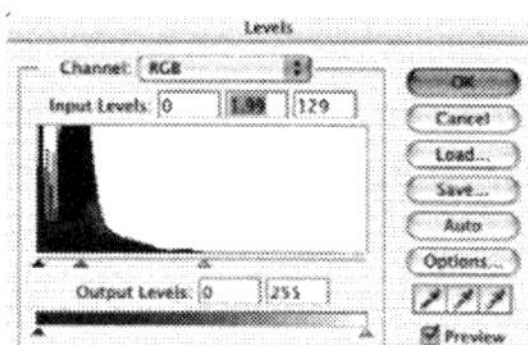

Histogram of dark areas

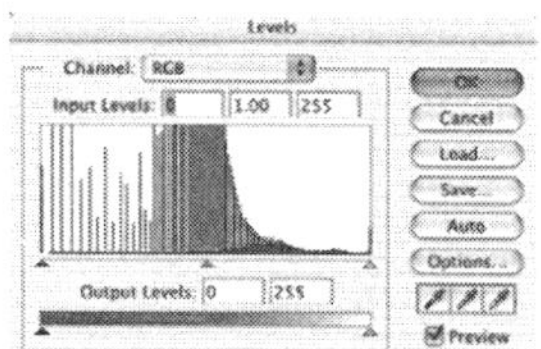

Histogram of dark areas after adjustment

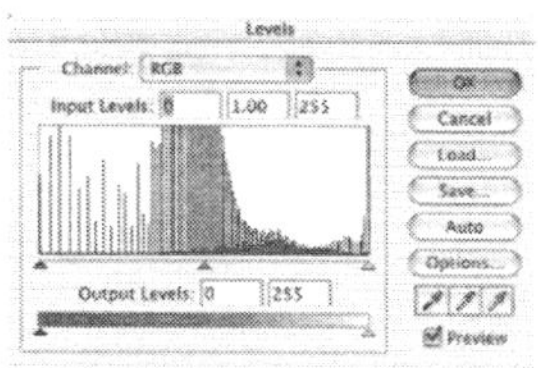

Histogram of complete image after adjustment

Original image

Mask for light areas

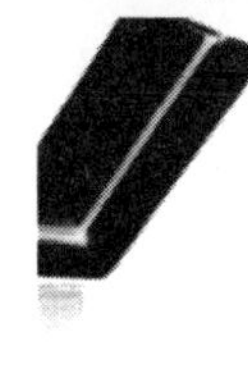

Image after adjusting light areas

Mask for dark areas

Image after adjusting light and dark areas

그림 5.12 수준 조절

프를 세밀하게 조절할 수 있다. 명암 수준을 새로운 값으로 자유롭게 조절할 수 있으면, 이상한 효과가 만들어질 것 같지만, 잘못 노출된 사진이나 보정이 안 된 스캐너를 보정할 수 있도록 정교한 교정 작업이 가능해진다.

조절하기 전에는 기울기가 1인 직선이어서 입력과 출력이 똑같으며, f는 항등함수이다. 임의대로 곡선을 만들면 인공적인 밝기와 어두움이 만들어진다. 그림 5.13은 같은 이미지에 세 가지 곡선이 적용된 모습을 보여준다. 첫 번째 조절은 원래 일몰 장면을 새벽 풍경처럼 만든다. (여기서는 간단하게 모든 이미지에 조절을 가했지만, 밝은 영역과 어두운 영역에 대해서 마스크를 만들고 다른 조절을 가하면 더 좋은 결과를 얻을 수 있다.) 두 번째 조절은 원래 직선을 뒤집으면 어떻게 되는지를 보여준다. 컬러가 반대가 된다. 마지막으로 체계적이지 않은 곡선의 모양이 만들어내는 효과를 보여준다. 명암 조절에는 단순한 대비와 밝기 슬라이더가 제공하는 것보다 더 많은 조절이 사용된다. 예를 들면, 그림 5.14에 보인 S-모양 곡선이 이미지의 대비를 증대시킨다. 중심점은 고정되었고, 1/4 지점의 제어점을 아래로 당겨서 어두움을 강조하고, 3/4 제어점을 위로 당겨서 밝기를 강화한다. 곡선이 부드러운 것은 대비는 강화되었어도 명암의 범위는 유지되며 밝기의 급격한 변화가 없다는 것을 뜻한다.

5.3.3 픽셀 그룹 처리

함수에 의해 새로운 픽셀값을 계산하는 두 번째 종류의 변환 처리는 옛날 값에만 의존하는 것이 아니라 인접한 픽셀값을 이용한다. 이런 종류의 함수는 **픽셀 그룹 처리(pixel group processing)**를 수행하여 앞 절의 픽셀 점 처리 동작과는 질적으로 다른 효과를 만들어낸다. 이 동작들은 이미지에서 특정 공간적 주파수를 없애거나 감소시킨다. 이런 **필터링(filtering)** 동작은 픽셀의 값이 주변 값과 합쳐져서 구현된다. 왜냐하면 한 픽셀과 이웃들의 상대적인 값은 그 영역에서 밝기나 컬러가 바뀌는 방식에 대한 정보를 포함하기 때문이다. 픽셀값을 조합하는 잘 정의된 연산은 이런 관계를 변경시키고, 이미지를 구성하는 주파수를 바꾼다. 이런 처리를 하는 수학이 복잡하지만, 출력은 단순한 구조의 연산에 속한다.

주파수 영역으로 이미지 변환(예를 들어, DCT 이용)을 하고 주파수 성분의 범위를 선택하는 필터링 동작을 하는 대신에, 공간 영역에서 필터링을 수행할 수도 있다 — 픽셀과 이웃들의 가중 평균 계산에 의해. 각 픽셀에 적용된 가중치는 특정 필터링 동작을 결정하며, 이미지의 모양에 나타날 효과를 결정짓는다. 특정 필터는 가중치의 2차원 배열 형태로 규정할 수 있다. 예를 들면, 한 픽셀과 그 주변의 8개 픽셀값을 취해서 9로 나누고, 모두 더해서 새 픽셀값을 만드는 필터는 다음과 같이 쓸 수 있다.

    1/9 1/9 1/9
    1/9 1/9 1/9
    1/9 1/9 1/9

가중치의 배열을 컨볼루션 마스크(convolution mask)라고 하고, 계산에 사용된 픽셀들은 컨볼루션 커널(convolution kernel)이라고 한다(필터링을 수행하

Original photograph

Adjusted to simulate daytime

그림 5.13 곡선 조절

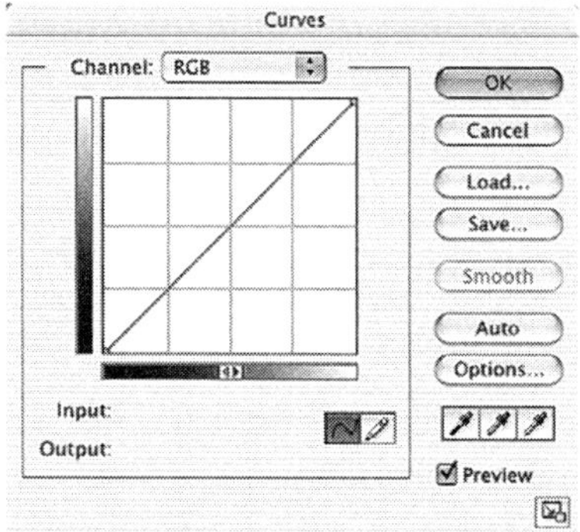
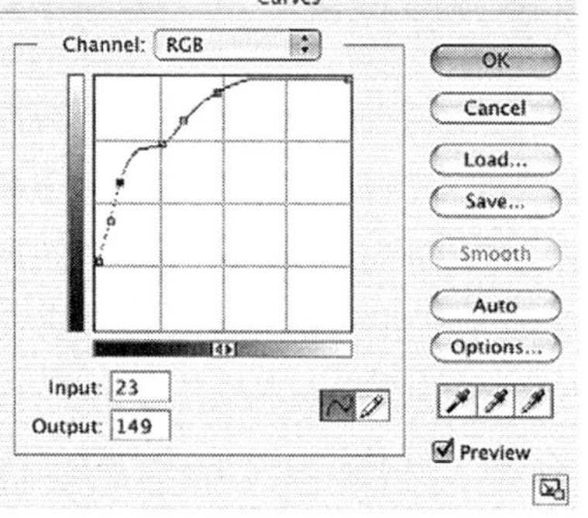
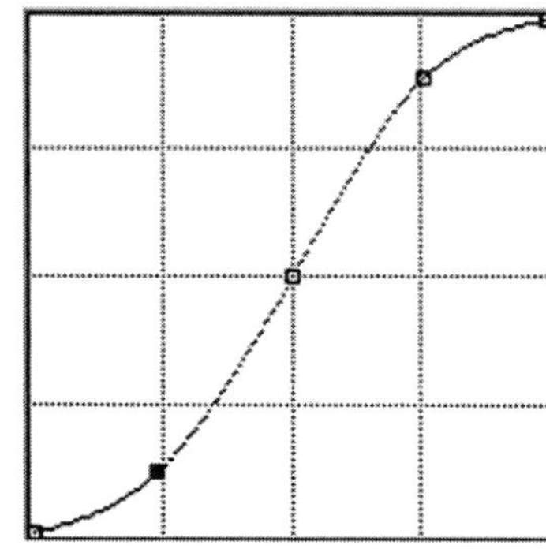

그림 5.14 대비를 강화시키는 S-곡선

는 주파수 영역에서 곱셈이 공간 영역에서 컨볼루션으로 불리기 때문에).

일반적으로, 픽셀의 좌표가 (x, y)이면 이웃들이 $(x - 1, y + 1)$, $(x, y + 1) \ldots (x, y - 1)$, $(x + 1, y - 1)$이고, 다음과 같은 컨볼루션 마스크로 필터링을 하면,

$$
\begin{array}{ccc}
a & b & c \\
d & e & f \\
g & h & I
\end{array}
$$

(x, y)의 새로운 픽셀값 p'는 다음과 같이 된다.

$$
\begin{aligned}
p' = {} & ap_{x-1,y+1} + bp_{x,y+1} + cp_{x+1,y+1} \\
& + dp_{x-1,y} + ep_{x,y} + fp_{x+1,y} \\
& + gp_{x-1,y-1} + hp_{x,y-1} + ip_{x+1,y-1}
\end{aligned}
$$

여기서 $p_{x,y}$는 (x, y)의 픽셀값이다. 원래 이미지의 픽셀이 컨볼루션 커널로서 마스크를 9번 통과하면서 가중치를 골라서 곱하고, 이 값을 더해서 3×3

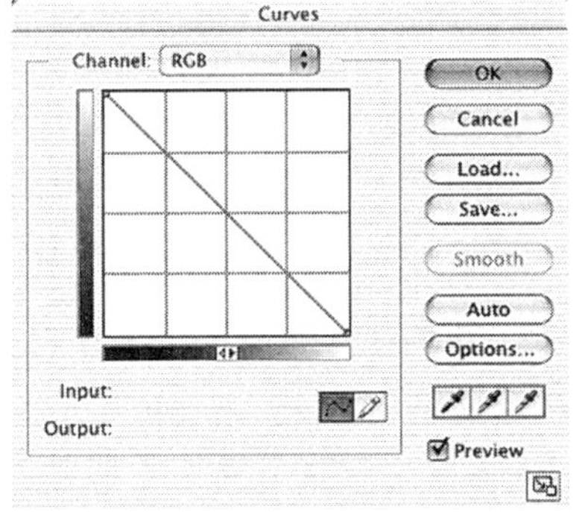

Reversed

Special effects

픽셀 블록의 가운데 값을 만든다.

컨볼루션은 계산량이 많은 과정이다. 위의 식에서 보듯이, 3 × 3 컨볼루션 커널로 각 픽셀의 새로운 값을 계산하기 위해서는 9번의 곱셈과 8번의 덧셈이 필요하다. 480 × 320 크기의 이미지에서 필요한 전체 계산은 1382400번의 곱셈과 1228800번의 덧셈이 되어 2백 5십만 번 이상의 연산을 하게 된다. 컨볼루션 마스크는 픽셀 세 개 길이의 사각형일 필요는 없으며 — 보통 사각형이며 홀수가 사용된다 —, 더 큰 마스크와 더 큰 커널을 사용할 수도 있고, 더욱 많은 계산량이 필요해진다.[4]

공간 필터가 시각적으로는 어떤 효과를 나타내는가? 앞의 1/9을 값으로 하는 간단한 컨볼루션 마스크를 보자. 9개의 픽셀값이 모두 117이라면 필터는 효과가 없다: 117/9 × 9 = 117. 일정한 컬러나 밝기의 영역에서는 필터가 픽셀을 바꾸지 않는다. 그러나 날카로운 수직 에지의 영역에 적용되는 것

---

[4] 가우시안 필터를 큰 이미지 파일에 적용하는 것이 새 컴퓨터의 '실제 응용'에 대한 벤치마크로 자주 사용된다.

을 생각하면, 컨볼루션 커널은 다음과 같을 수 있다.

117 117 27
117 117 27
117 117 27

중간 픽셀의 새로운 계산값은 105가 된다. 오른쪽의 밝은 영역으로 이동하면, 영역은 다음과 같이 보인다.

117 27 27
117 27 27
117 27 27

새로운 픽셀값은 57이 된다. 따라서 117에서 27로의 급격한 에지가 105에서 57의 중간값을 거쳐가는 점진적인 전이로 대체되었다. 이 효과는 **블러링**(blurring)이다. 파스텔 그림을 손가락으로 문질러서 에지를 흐리게 만드는 것과 같다. 신호처리의 관점에서 보면, 높은 주파수를 필터로 제거해서 이미지의 공간적 파형을 부드럽게 만든 것에 해당한다(기술자들은 이 동작을 **저역통과 필터**(low pass filter)라고 한다).

블러링은 스캔 결과 조절에 사용된다. 과소샘플링에 의한 울퉁불퉁한 에지, Moiré 패턴, 과도한 JPEG 압축으로 인한 블록화와 같은 디지털 결점을 완화시키는 데 유용하다.

앞에서 설명한 컨볼루션 마스크는 고전적인 블러링 필터이지만, 적용되는 영역이 제한되고 동일한 계수의 사용으로 전부이거나 전무인 효과를 나타내어 부자연스러운 효과를 만들어낸다. 또한 블러의 양도 작고 고정적이다. 좀 더 일반적인 대안으로는 **가우시안 블러**(Gaussian blur)가 있다. 그림 5.15에 보인 가우스 '종 곡선'과 같이, 계수값이 중앙에서 점진적으로 작아진다. 이것은 자연스러운 블러를 만든다. 블러의 범위 — 종 곡선의 넓이인 컨볼루션 계산에 포함되는 픽셀 수 — 는 조절 가능하다. 포토샵의 대화상자에서 필터의 '반지름'을 픽셀로 지정할 수 있다. 반지름이 0.1 픽셀이면 효과가 작다. 0.2에서 0.8 픽셀 사이의 값이면 앨리어싱 결점을 없애는 데 적합하다. 더 큰 값은 다른 효과를 낸다. 한 가지 응용은 그림자이다. 객체를 선택해서 약간 어긋나게 검정색으로 채운 새로운 레이어에 복사하면 그림자가 만들어진다. 반지름이 4에서 12 픽셀인 가우시안 블러를 그림자에 적용하면 에지를 부드럽게 만들어서 더 진짜처럼 보이게 한다. 반지름이 100 픽셀 이상이면 전체 이미지를 흐리게 만든다. 실제로는 지정된 반지름이 아니라, 벨 곡선의 모양을 지정하는 파라미터가 블러링 효과를 제한한다.

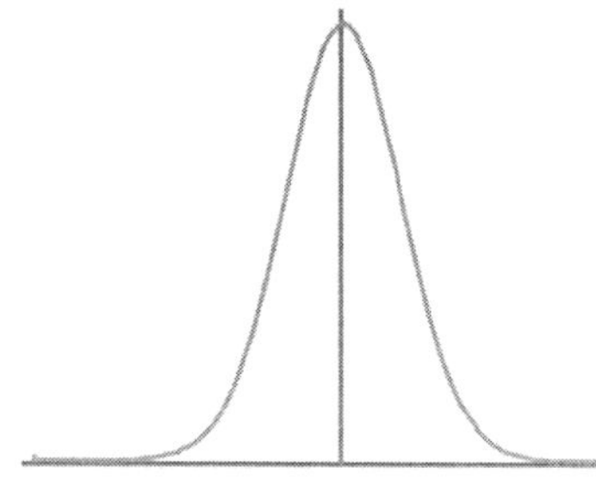

그림 5.15 가우스 종 곡선

그림 5.16은 가우시안 블러를 적용한 전형적인 예이다. 스캔된 수채화의 스캐닝 결점을 제거하기 위해 작은 블러를 적용했다. 결과는 원래와 아주 흡사하게 되었다. 그러나 그림 5.17의 블러는 반지름 29픽셀이 적용되었으며, 이미지를 아주 다른 것으로 만들었다.

다른 종류의 블러는 방향이 있으며 움직임을 나타낸다. 그림 5.18은 확대 옵션으로 방사형 블러를 적용한 모습을 보여준다. 확대점으로 날아 들어가는 것과 같은 효과를 준다.

블러링을 디지털 이미지에 적용하면 놀라운 효과를 낸다. 이미지의 에지를 날카롭게 만들 수도 있다. 이런 목적으로 사용되는 컨볼루션 마스크는 다음과 같다.

$$-1 \quad -1 \quad -1$$
$$-1 \quad 9 \quad -1$$
$$-1 \quad -1 \quad -1$$

이 마스크는 저주파수 성분을 제거하고, 불연속에 연관되는 고주파수 성분을 남긴다. 고주파수를 제거하는 블러링 필터처럼, 같은 값을 갖는 픽셀 영역에 대해서는 변화가 없다. 더 직관적으로는 인접 픽셀의 값을 빼고, 중간값을 큰 계수값으로 곱하면 중간 픽셀과 주위에 공통인 값이 제거된다.

이 마스크를 다음과 같이 점차적으로 변하는 컨볼루션 커널에 적용한다.

$$117 \quad 51 \quad 27$$
$$117 \quad 51 \quad 27$$
$$117 \quad 51 \quad 27$$

여기서 모든 왼쪽의 픽셀값은 117이고, 오른쪽은 27이다. 3 픽셀에 대해 계

그림 5.16 스캔된 이미지, 필터링으로 수정됨

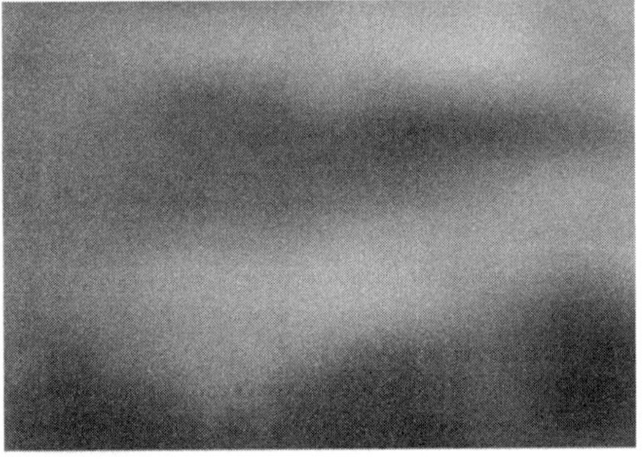

그림 5.17 큰 가우시안 블러

산되는 새로운 값은 317, −75, −45가 된다. 음의 픽셀값은 허용되지 않으므로 뒤의 두 값은 0(검은색)이 된다. 양쪽의 값이 일정한 영역은 그대로이지만, 점진적인 변화 부분은 급격한 선으로 바뀌었다. 이런 필터는 세밀한 것을 강조한다.

위의 예에서 보듯이, 컨볼루션 마스크를 이용해서 날카롭게 하는 것은 에지를 거칠게 한다. 이것은 세밀한 것의 강조보다는 이미지 분석에 더 적합하다. 이런 작업에는 **무딘 마스킹**(unsharp masking) 동작이 더 일반적이다. 필터링 동작으로 생각하면 더 이해하기 쉽다. 블러링은 고주파수를 제거한다. 따라서 원래의 이미지에서 블러된 이미지를 제거하면 블러에 의해 제거된 주파수만 남게 된다 — 이것은 날카로운 에지에 해당. 이것이 정확하게 원하는 것은 아니다. 에지는 강조하고 싶지만 이미지의 다른 부분은 그대로 두고 싶다. 원래 이미지를 복사하고, 가우시안 블러를 적용하고, 원래의 값에 적당한 스케일 값을 곱한 것에서 이 블러된 마스크 픽셀값을 **빼면** 무딘 마스킹[5] 동작이 된다. 스케일 값을 2로 하면 일정한 값의 영역은 바뀌지 않는다. 불연속 영역에서 강조가 생긴다. 이것이 그림 5.19에 보인다. 맨 위의 곡선은 에지 부분의 픽셀값 변화를 나타낸다. 왼쪽은 낮은 밝기 영역이고 오른쪽은 높은 밝기 영역이다. (여기서는 연속적인 변화를 예시했지만 실제 이미지는 이산적인 픽셀이다.) 가운데 곡선은 가우시안 블러를 적용한 효과를 보여준다. 상수 영역까지 경사가 확장되면서 전이가 부드러워졌다. 맨 아래에는 원래의 값의 두 배에서 가운데 곡선을 **뺀** 결과를 보여준다. 전이의 경사는 더 급해졌고, 에지 끝에서의 오버슈트로 인해서 시각적인 대비가 더 높아졌다. 그 효과는 그림 5.20에 보이는 것처럼 에지가 강조되었다.

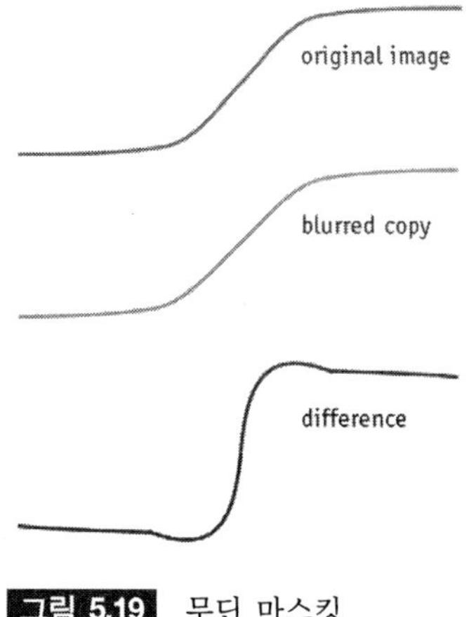

그림 5.19 무딘 마스킹

그림 5.18 방사형 확대 블러

그림 5.20 무딘 마스킹을 이용한 에지 강조

---

[5] 원래는 음성으로 블러된 사진을 조합하는 암실 처리에서 유래됨.

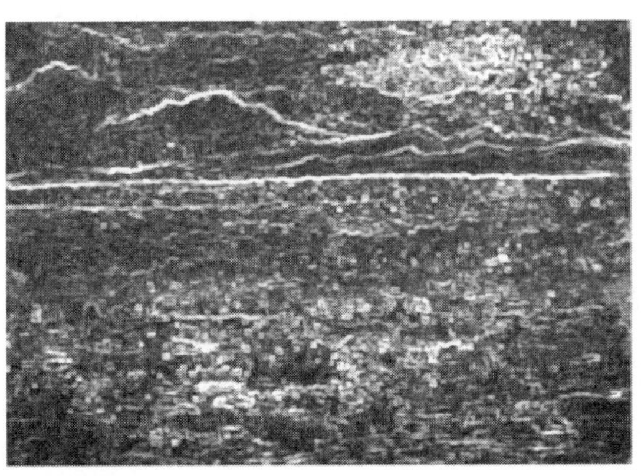

그림 5.21 극단적인 가우시안 블러 이후에 무딘 마스킹 적용

그림 5.22 Glowing edge

가우시안 블러를 사용했기 때문에 마스크에 적용될 수 있는 블러의 양은 조절 가능하다. 사용자가 문턱값을 설정할 수 있다. 원래 픽셀과 마스크 간의 차이가 문턱값보다 작으면 에지 강조가 일어나지 않는다. 이것은 노이즈가 강조되는 것을 막는다.

이 동작은 이미지의 특징을 강조시키지만 정보가 추가되는 것은 아니다. 반대로 정보가 실제로는 없어진다. (이미지를 블러시키면 정보를 잃는다는 것을 생각하면 더 이해하기 쉽다.) 블러링과 날카롭게 하는 것은 반대이지만, 진정한 역은 아니다. 즉, 이미지를 블러하고 날카롭게 하거나, 날카롭게 하고 블러했다고 원래의 이미지를 얻을 수는 없다. 이들 동작을 적용할 때 잃어버린 정보는 복구할 수 없다. 그림 5.21은 그림 5.17에 무딘 마스킹을 적용한 결과이다. 강력한 블러링에 의해 얼마나 정보가 많이 남았는지를 잘 보여준다.

블러링과 날카롭게 하기는 과학 군사적 이미지 처리 응용에서 핵심적이지만, 창의적인 목적으로 이미지 조작 소프트에어에서도 사용될 수도 있다. 포토샵에는 아주 다양한 필터가 있다. 제삼자의 플러그-인도 아주 많다. 이들 중 많은 것이 이 픽셀 그룹 처리에 기반하고 있다. 이런 필터들은 같은 컬러의 에지나 영역을 골라내서 수정한다. 그림 5.22는 바다 그림에 대한 'glowing edge' 필터가 적용된 모습을 보인다.

포토샵이 있으면, **Custom** 필터를 보자(필터 메뉴의 **Other** 부메뉴에 있다). 5 × 5 행렬에 계수를 넣으면 자신만의 컨볼루션 마스크를 만들 수 있다.

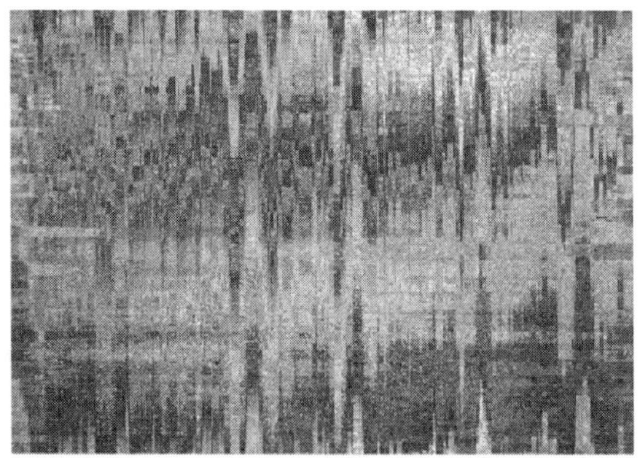

그림 **5.23** 사각형파를 이용한 왜곡

그림 **5.24** 회전된 이미지

또 다른 종류의 필터들은 원리가 다르다. 이들은 여러 가지 종류의 왜곡을 만든다. 그림 5.23은 구형파 패턴에 의해 수정된 바다 이미지이고, 그림 5.24는 회전시키는 필터가 적용되어 아주 새로운 이미지를 보여준다. 이 예에서 보듯이, 필터는 결합할 수 있다. 여러 가지 필터를 적용해서 쉽게 만들 수 없는 자기 취향의 이미지를 만드는 일은 흔하다.

5.4 기하학적 변환

확대, 이동, 반사, 회전, 찌그리기는 모두 **기하학적 변환**(geometrical transformation)이라고 부른다. 4장에서 보듯이 이런 변환을 벡터 모양에 적용하는 것은 각 점들을 기하학적으로 이동시키고 변환된 모델을 렌더링하면 쉽게 할 수 있다. 비트맵에 기하학적 변환을 적용하는 것은, 모든 픽셀을 변환시켜야 하고, 이것이 종종 이미지의 재샘플링을 요구하기 때문에 간단하지 않다.

그래도 기본적인 방식은 유효히다. 이미지의 모든 픽셀에 4장의 식을 이용해서 변환을 적용하면 변환된 이미지에서의 새로운 픽셀 위치를 얻는다. 이것은 원래의 이미지를 스캔하고 각 픽셀의 새 위치를 계산할 알고리즘을 제안한다. 또 다른 대안으로는 각 픽셀에 대해서 원래 이미지의 픽셀을 찾는 변환된 이미지를 계산하는 것이 있으며, 이것이 더 성공적이다. 따라서 원래 좌표 공간을 변환된 이미지로 매핑하는 대신에 역매핑을 계산한다. 이런 방향으로 처리하는 것의 장점은 필요한 픽셀값만을 계산한다는 점이다. 그러나 두 가지 방법 모두 픽셀의 유한한 크기로 인해서 문제가 생긴다.

예를 들면, 이미지를 s배만큼 확대시켜 본다. (간단히 하기 위해 수평과 수직 방향 모두에 같은 배율을 적용한다.) 역매핑을 선택해서 벡터 모양을 확대하려면, 확대된 이미지의 좌표값 (x', y')를 $(x, y) = (x'/s, y'/s)$에 있는 값으로 설정하면 된다. 일반적으로 x'/s와 y'/s는 정수가 아니며, 하나의 픽셀로 식별되지 않는다. 반대 방향으로 이 동작을 살펴보면, 원래 이미지의 (x, y) 좌표에 있는 픽셀값을 취해서 확대한 $(x', y') = (sx, sy)$ 위치로 매칭시킨다. 여기서도 s가 정수가 아니면, 새로운 값은 픽셀 사이에 해당할 것이다. s가 정수라고 해도 새로운 이미지의 일부 픽셀만이 값을 갖는다. 예를 들어, $s = 2$이면 짝수 행의 짝수 번째 픽셀만이 이 매핑에 의해 원래 이미지의 픽셀에 대응되고 4분의 3은 정의되지 않는다. 확대 이미지를 만들기 위해서는 픽셀값을 계산하기 위해 보간법을 이용해야 한다는 것을 알 수 있다.

그러나 보간법이 필요한 것은 확대만이 아니다. 이미지에 기하학적 변환을 적용하면, 값이 픽셀 사이에 해당된다. 72 ppi로 5분의 1인치에 저장된 영역의 이미지를 오른쪽으로 옮기는 간단한 예를 생각해 보자. 이미지를 축소시키면 비율이 정수가 아니더라도 같은 현상이 일어난다. 이미지의 해상도를 바꾸면 비슷한 문제가 생긴다는 것을 기억하면 이유를 알 수 있다.

연속적인 이미지를 만든다고 생각해 보면 설명이 쉽다. 샘플된 이미지의 픽셀 사이 값을 얻을 수 있고, 다시 샘플링할 수 있다. 2장의 디지털화에서 샘플에서 신호를 재구성하는 방법과 유사하다. 실제로는 재구성을 하고 단일 동작으로 재샘플링한다.

임의의 고주파수를 포함한 일반적인 이미지에서 재구성은 완벽하지 않다는 것을 안다. 샘플링 이론에서 최선의 재구성 방법은 가능하지 않다. 할 수 있는 일은 저장값에 기반한 보간을 이용해서 재구성을 인정할 수 있을 정도로 근사화시키는 것이다. 몇 가지 보간법이 사용된다. 포토샵에는 세 가지 방법이 제공된다. 더 정교하고 계산량이 많은 알고리즘이 사용될수록 더 좋은 근사화가 된다.

변환을 적용하는 예를 들어본다. 원래 이미지의 점 (x, y)에 있는 값을 계산해서 결과 이미지의 점 (x', y')에 있는 픽셀을 만든다. 그런데 x와 y는 정수가 아니다. 저장할 때와 같은 해상도로 원래 이미지 (x, y)를 샘플하기 위해 (x, y)가 중심인 픽셀을 그린다 — 목표 픽셀(target pixel). 그림 5.25에서 보듯이 이 픽셀은 원래 이미지의 4 픽셀과 겹친다. 그림에서 X 표시는 짙은 회색으로 표시된 목표 픽셀의 중심이고, P_1, P_2, P_3, P_4는 주변의 픽셀이다. 각각의 중심은 작은 사각형으로 표시되어 있다.

가장 간단한 보간법은 가장 가까운 이웃(nearest neighbour)을 이용하는 것

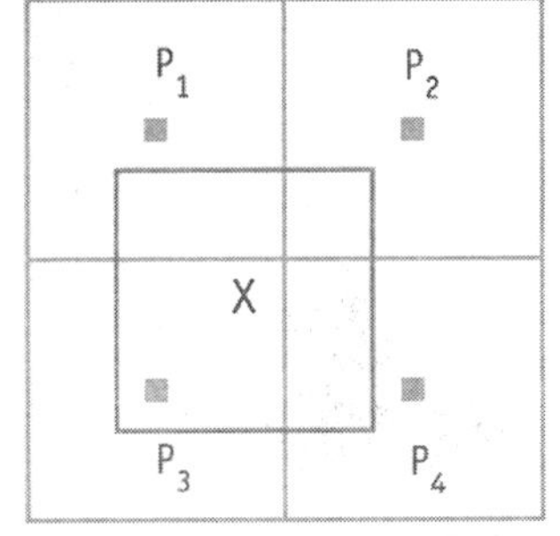

그림 5.25 픽셀 보간법

이다. (x, y)에서 가장 가까운 픽셀의 값을 이용한다. 이 경우에는 P_3이다. 일반적으로 — 업샘플링이나 이미지 확대의 경우에 가장 분명하다 — 가장 가까운 이웃으로 같은 픽셀이 선택된다. 그 결과로 변환된 이미지는 과소샘플링의 모든 증상인 픽셀 블록과 울퉁불퉁한 에지가 보인다. 가장 가까운 이웃을 이용한 이미지 확대는 원래 픽셀을 확대경으로 보는 것과 같다.

쌍일차(bilinear) 보간법을 쓰면 더 좋은 결과를 얻는다. 이것은 4개의 인접 픽셀값을 이용한다. 목표 픽셀과 교차되는 영역에 비례해서 값이 합쳐진다. 그림 5.25에서 P_1 값은 선에 포함된 영역만큼 곱해져서, 나머지 3픽셀로부터의 영역의 크기만큼 곱해진 값과 더해진다.

만일 a와 b가 x와 y의 소수이면 목표 픽셀의 중심이 (x, y)일 때, 결과 (x', y')에 있는 픽셀값이 다음과 같이 간단히 계산된다.

$$(1 - a)(1 - b)p_1 + a(1 - b)p_2 + (1 - a)bp_3 + abp_4$$

여기서 p_i는 픽셀 P_i의 값이고 $1 \leq i \leq 4$이다.

이런 간단한 계산은 값이 양쪽 방향으로 선형으로 변한다는 가정에 근거하고 있다(따라서 '*bilinearly*'). 또 다른 방법은 (x, y)에 대해서 수평 수직으로 떨어진 두 쌍의 픽셀값을 이용해서 x에서 수평으로 떨어진 거리와 y에서 수직으로 떨어진 거리를 계산에 사용한다. 실제로는 값들이 그렇게 간단하게 변하지는 않아서, 쌍일차 보간값은 불연속을 보인다. 더 좋은 결과를 얻으려면 **쌍이차 보간(bicubic interpolation)**을 이용할 수 있다. 보간은 cubic spline에 기반한다. 즉, 중간값이 직선이 아닌 저장된 픽셀을 연결하는 베지어 곡선에 있다고 가정한다. 곡선을 그릴 때와 같은 이유인 부드럽게 연결하기 때문에 여기서도 사용된다. 따라서 재샘플된 이미지도 또한 부드럽다.

쌍이차 보간은 다른 두 방법보다 시간이 더 걸리지만, 비교적 효율적인 알고리즘이 개발되었고, 현대의 기계는 하나의 이미지에서 이것이 문제가 되지 않을 만큼 충분히 빠르다. 이 보간법의 유일한 단점은 날카로운 에지가 블러되는 것이다.

그림 5.26에서 5.28은 가장 가까운 이웃, 쌍일차, 쌍이차 보간을 이용해서 같은 이미지를 확대한 모습을 보여준다.

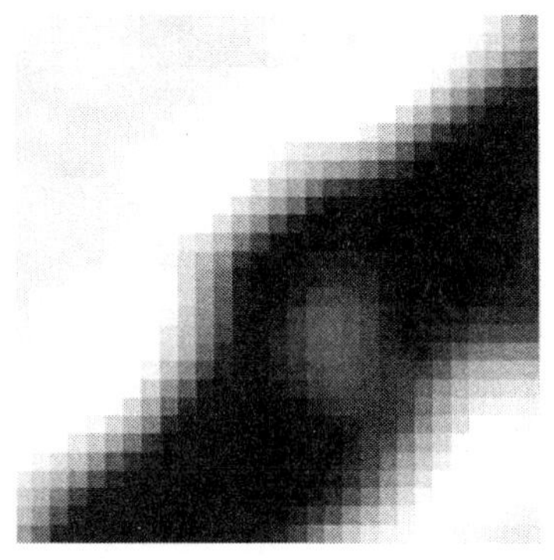

그림 5.26 가장 가까운 이웃 보간

그림 5.27 쌍일차 보간

그림 5.28 쌍이차 보간

연습문제

1. 그림 5.1의 두 이미지는 같은 해상도로 인쇄되었는데 왜 다르게 보이는지 설명하라. 두 이미지를 만들기 위해서 원래의 스캔된 이미지에 어떤 처리들이 수행되었는가?

2. 비트맵 이미지의 크기와 해상도를 바꾸기 원한다고 가정하자. 가해지는 처리 순서에 따라 결과가 달라지겠는가?

3. 그림 3.3의 이미지에 있는 2580개의 픽셀을 개수와 값의 쌍으로 나타내었다. 이것이 일반적으로 이미지를 인코딩하기에 적절하지 않은 이유는 무엇인가? 더 좋은 방법은 무엇인가?

4. 모든 입력에 잘 들어맞는 압축 알고리즘은 없다. N바이트의 파일에 저장되는 여러 다른 입력을 가지고 더 형식적인 증명을 하라.

5. 그림 3.5에 대해서 틀린점이 있다. 최초의 그림은 검은 종이에 그려졌다(그림 5.29 참조). 복사하기 쉽게 하기 위해서 배경을 3장에 보이는 것처럼 그래디언트로 바꾸었다. 이렇게 하는 방법을 모두 설명하라.

6. 그림 5.30에 보이는 것처럼 사진을 19세기 후반의 초상화 사진처럼 바꾸는 방법을 설명하라. 둘레 장식을 어떻게 만드는가?

그림 5.29 원래 배경이 있는 붓꽃 그림

그림 5.30 왼쪽의 사진에서 오른쪽 그림 만들기

7. 앤티-앨리어싱 마스크에 왜 알파 채널이 필요한지 설명하라.

8. 지도가 깃발 위의 레이어에 있다면 그림 5.9의 합성 이미지를 어떻게 만들 수 있는지 설명하라.

9. (a) 밝기와 (b) 대비 슬라이더를 움직일 때와 같은 효과를 내려면 이미지의 입력-출력 곡선을 어떻게 바꾸어야 하는지 설명하라. 이런 조절이 이미지의 히스토그램에 어떤 영향을 주는가?

10. 대비가 아주 심한 이미지를 고치기 위해서는 곡선의 모양을 어떻게 해야 하는지 설명하라. 대비 슬라이더로 대비를 단순히 낮추는 것보다 이 방법이 더 좋은 이유는 무엇인가?

11. 스캔된 이미지를 '날카롭게' 해 달라고 요청받으면, 대부분의 전문가는 약한 가우시안 블러를 적용하고나서 날카롭거나 무딘 마스크 필터를 사용한다. 그 이유는?

12. 모션 블러는 셔터 속도가 충분히 빠르지 않은 상태에서 움직이는 객체의 사진을 찍었을 때 나타나는 현상이다. 속도감을 내기 위해서 의도적으로 이미지에 가해지기도 한다. 모션 블러 필터가 되기 위한 컨볼루션 마스크를 만들어라. 블러링의 다른 어떤 특징이 변경 가능해야 하는가?

13. 컴퓨터 잡지의 튜토리얼 기사에 있는 스크린 캡처는 왜 읽기가 어려운가?

14. 비트맵 이미지에 회전을 적용하면 왜 픽셀 보간이 필요한지 자세히 설명하라.

15. 이미지를 다운샘플링할 때 쌍일차나 쌍이차 픽셀 보간을 이용하는 것 이외의 대안으로는 저역 통과 필터(blur)를 우선 적용하고 가까운 이웃을 이용하는 방법이 있다. 이것이 동작하는 이유를 설명하라.

컬러
Colour

6

벡터 그래픽과 비트맵 이미지는 모두 컬러를 사용할 수 있다. 대부분의 사람들에게 있어서 컬러는 일상적인 경험이지만 실제로는 컬러가 상당히 복잡한 현상이라는 것을 알고 놀라워한다. 디지털 이미지를 컬러로 표현하고 정확하게 출력 장치로 재생하는 것은 당연히 쉬운 일이 아니다.

컬러를 이해하는 데 가장 중요한 것은 사람들이 항상 컬러를 필요로 하는 것은 아니라는 것이다. 흑백 사진 및 필름의 존재는 사람들이 컬러가 없이도 완벽하게 이미지를 잘 인식하고 이해할 수 있다는 것을 증명한다. (다만, 충분한 밝기의 차이가 있어야 한다.) 사실, 1930년대부터 사용된 Fred Astaire 영화필름의 우아한 밝기와 1950년대 MGM 뮤지컬의 화려한 천연색을 비교해 보면, 색의 추가가 반드시 더 나은 것이 아니라는 것을 증명하기에 충분하다. 이것은 광고 에이전시와 뮤직 비디오 제작자들에 의해 잘 이해된 사실이다. 실제로, 컬러 없이 이미지만 사용하는 것이 여러 가지 장점을 갖기도 한다. 나중에 보게 되겠지만, 흑백의 비트맵 이미지 필름은 컬러 이미지 필름보다 더욱 작게 할 수 있다. 또한 흑백 이미지는 컬러와 달리 서로 다른 모니터에서 컬러를 재생하는 데 생기는 여러 가지 변환이 거의 필요없다. 어떤 사람들은 컬러 모니터를 가지고 있지 않거나 또는 흑백 모드의 사용을 원한다는 것과 소수의 사람들은 컬러를 전혀 볼 수 없다는 것도 잊지 말자. 게다가 많은 사람들은 어떤 컬러들 간의 차이를 잘 구별할 수도 없다. 흑백으로 (더 정확하게는, 회색조로) 작업함으로써 완벽히 볼 수 없는 이미지를 피할 수 있다.

그러나 사람들은 컬러를 기대하고 있고, 컬러를 효과적으로 이용한다면 이미지를 더 잘 처리할 수 있다. 때때로, 이미지의 사용 목적에 따라 컬러는 꼭 필요하다. 예를 들면, 의류 카탈로그에서 컬러는 사람들의 구매 결정에 영향을 줄 것이므로, 실망과 불평을 하지 않도록 정확해야 한다.

컬러의 효과적인 사용은 몇 가지 규칙으로 요약될 수 있는 것이 아니다. 전통적인 분야에 종사하고 있는 아티스트와 디자이너의 경험은 컬러를 잘 이용하게 해줄 것이므로, 멀티미디어 제작에서는 가능한 한 예술적으로 훈련된 전문가에게 컬러의 선택을 맡기는 것이 현명하다. 멀티미디어 제작에 사용되는 이미지의 디지털 특성과 제약은 우리가 컬러를 다루는 방법을 변화시킬 것이다.

6.1 컬러

컬러는 두뇌가 인식하는 주관적인 감각이다. 컬러를 전자적으로 재생하거나 디지털화하기 위해서는 물리적인 현상을 측정하고 재생할 수 있는 주관적인 감각과 관련된 컬러 모델이 필요하다.

빛은 전자기적인 발광의 형태이기 때문에, 우리는 그 파장과 세기를 측정할 수 있다. 눈으로 볼 수 있는 빛의 파장은 대략 400 nm에서 700 nm 사이이다. 이 측정값들은 **스펙트럼 세기 분포**(SPD: spectral power distribution; SPD)로 나타낼 수 있다. SPD는 어떤 특정한 소스로부터 나온 빛의 세기가 파장에 따라 어떻게 변화하는 지를 나타낸다. 그림 6.1은 전형적인 태양광의 SPD를 나타낸 것이다. 학교에서 빛을 실험할 때 프리즘을 이용하여 광선을 스펙트럼으로 분할하는 것처럼, SPD는 빛을 파장별로 분할하고 파장들의 세기를 측정한다. 그렇지만, 컴퓨터 그래픽에서 컬러를 구분할 때 SPD를 사용하는 것은 너무 불편하므로 우리는 다른 접근 방법을 찾아야 한다.

사람의 눈은 두 종류의 감각기관 세포를 가지고 있다. 먼저, **로드**(rod)는 야간에 시력을 제공하며 컬러는 구별할 수 없다. 다음으로, **콘**(cone)은 세 개의 서로 다른 빛의 파장에 반응한다. 색에 대한 인식은 세 가지 파장의 그룹에 대한 눈의 반응에서 나온다는 것을 **삼색자극**(tristimulus) 이론이라 한다. 이 이론은, 세 가지 요소 각각에 대한 가중치가 주어지면, 임의의 컬러는 단지 세 가지 값만으로 구별될 수 있다는 것이다.

색의 삼색자극 이론은 종종 다음과 같이(부정확하게) 요약될 수 있다. 콘의 각 타입은 빨간색, 녹색, 파란색 빛 중의 하나에 반응한다. 임의의 컬러에 대한 감각은 빨간색, 녹색, 파란색 빛을 적당히 혼합함으로써 만들 수 있다. 빨간색, 녹색, 파란색을 **가법원색**(additive primary colours)이라 부른다. (이것은 미술가들이 말하는 기본 컬러가 아니다.) 이를 적용하면, 특정 컬러는 그 컬러가 가진 빨간색, 녹색, 파란색 빛의 비율로 정의할 수 있다. TV 스크린과 컴

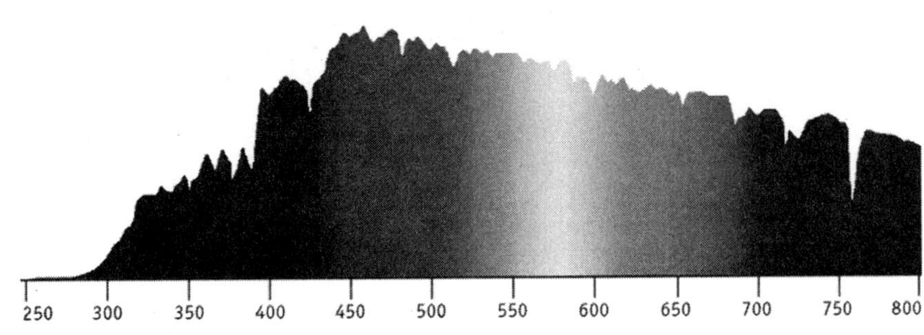

그림 6.1 태양광의 스펙트럼 세기 분포

퓨터 모니터의 픽셀은 빨간색, 녹색, 파란색 빛을 방출하는 서로 다른 세 가지 형광물질 점(dot)을 만들고, 세 가지 전자빔으로 각 컬러를 하나씩 활성화시킨다. 원하는 컬러를 만들기 위해, 우리는 각 전자빔의 세기를 조절하기만 하면 된다. 그러면 빛의 세기에 해당되는 컬러가 형광물질에 의해 방출된다. 임의 픽셀의 세 구성점에서 방출된 빛을 광학적으로 혼합하면, 마치 한 픽셀에서 원하는 컬러가 만들어진 것처럼 보이게 된다.

이 방법으로 모니터를 만들 수 있기 때문에, 간략화된 삼색자극 이론이 다소 옳다는 것은 분명하며, 이 이론을 기초로 하여 우리는 많은 것을 처리한다. 그렇지만, 이것은 간략화된 이론이며, 컬러의 더 복잡한 특성을 무시함으로써 약간의 사소한 문제가 나타날 수 있다. 다행히, 최악의 경우는 인쇄하는 것과 관계가 있으며 멀티미디어 작업에서는 자주 발생하지 않는다. 우리가 자주하는 작업인 컴퓨터 모니터 상에 컬러를 재생하는 것은 간단한 일이다.

6.2 RGB 컬러

컬러가 **빨간색, 녹색, 파란색**의 빛으로 구성된다는 이론을 **RGB 컬러 모델**이라 한다. RGB 컬러 모델에서 컬러는 세 값으로 표현된다. 원하는 컬러를 만들기 위해서는 빨간색(R), 녹색(G), 파란색(B)의 비율이 주어져야 한다. 여기서 첫 번째 질문은 '빨간색, 녹색, 파란색이 의미하는 것은 무엇인가?' 이다. 답은 이들이 표준의 기본 SPD에 해당하는 세 가지 컬러의 이름이라는 것이다. TV와 비디오 산업계에는 여러 가지 표준이 혼재한다. 비록 모니터들은 ITU의 HDTV 권고안인 ITU-R BT.709에 기술되어 있는 RGB 컬러의 표준 버전으로 만드는 것이 추세이지만, 컴퓨터 분야에는 보편적으로 인정된 표준이 없다. 컴퓨터 디스플레이를 위한 R, G, B의 실질적인 표준이 없으므로, 임의의 특정 RGB 값에 대응하여 만들어진 컬러는 모니터 간에 상당한 차이가 있을 수 있다.

또한 눈에 보이는 임의의 컬러를 R, G, B 요소의 결합으로 표현할 수 없다는 것을 깨닫는 것도 중요하다. 그림 6.2는 소위 RGB 색역(gamut of colours)이라 불리는 것으로, 표현될 수 있는 컬러와 눈에 보이는 컬러 간의 관계를 그림으로 나타낸 것이다. 지느러미 모양의 영역은 모든 컬러를 공간적으로 표현한 것이다. (그림에 대한 정확한 설명은 아래의 내용을 보라.) 녹색은 왼쪽 끝, 빨간색은 바닥 오른쪽, 파란색은 바닥 왼쪽 정점을 향해서 놓여 있다. RGB 색역의 삼각형 영역은 완전히 지느러미 모양에 둘러싸여 있다. 이는 빨간색, 녹색, 파란색을 더하여 만들 수 없는 어떤 컬러가 있다는 것을 보여준다. 그렇더라도 R, G, B의 기본색을 단순히 더하는 것으로 가장 넓은 색상 범위를 만들 수 있다는 것에 주목하자. 이를 적용하여, 모든 컬러 영역 안에 딱 맞는 가장 큰 삼각형을 그릴 수 있다면, 그 정점들은 빨간색, 녹색, 파란색에 대응될 것이다.

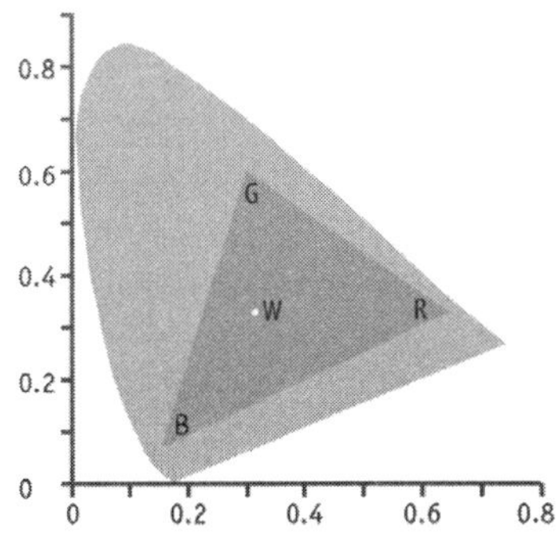

그림 6.2 RGB 색역

그림 6.2에 그려진 것은 정확하게 무엇일까? 완전한 이해를 위해서는 인용문헌의 모든 참고 도서를 살펴보아야 되겠지만, 대략적인 것은 다음과 같다. 이 다이어그램은 1931년 CIE(Commission Internationale de l'Eclairage)의 후원으로 이루어진 작업을 통해 얻은 것이다. 샘플에 맞는 컬러를 만들기 위해, 빨간색, 녹색, 파란색 빛을 섞는 실험에서, 어떤 컬러들은 기본 색상을 제거하는 것이 필요하다는 것을 발견했다. 세 가지 기본요소를 단순하게 X, Y, Z로 정의한 CIE는 스펙트럼 분포를 '표준 관찰자'의 눈에 맞추었다. 눈에 보이는 임의의 컬러는 단순히 기본요소를 더함으로써 얻을 수 있게 하였다. $x = X/(X + Y + Z)$, $y = Y/(X + Y + Z)$, $z = Z/(X + Y + Z)$ 라 두면, 모든 컬러는 x, y와 Y값에 의해 완전히 정해질 수 있음을 알 수 있다. 왜냐하면, X, Z는 위의 식에서 알 수 있기 때문이다. (z가 중복되는 것에 주목하라.) Y는 밝기이기 때문에, x와 y는 그 색깔의 밝기와 상관없이 컬러를 지정한다. 이것이 그림 6.2에 표시된 x와 y축이다. (이 다이어그램은 밝기와 관계없이 컬러 정보를 그렸기 때문에 CIE 색도(chromaticity diagram)라고도 불린다.) 곡선 영역은 하나의 파장으로 구성된 SPD 값을 그려서 얻는다. 이 값은 400 nm에서 700 nm 사이이다. 이 영역은 최저와 최고 주파수를 잇는 직선으로 둘러싸인 부분까지이다. RGB 색역은 정점(CIE에 의해 정의된)에 R, G, B를 가진 삼각형 내에 포함되어 있다.

불행히도, 기본요소 X, Y, Z는 물리적인 광원으로 실현될 수 없다.

실제로, 현실에서 인식되는 대부분의 컬러들은 RGB 색역으로 분류된다. 따라서 RGB 모델은 컬러를 표현하는 데 유용하며, 단순하고 효과적인 방법을 제공한다. 컬러는 세 가지 값으로 표현될 수 있으며 우리는 (r, g, b)의 형식으로 표현하기로 한다. 여기서 r, g, b는 컬러를 구성하는 빨간색, 녹색, 파란색 빛의 양이다. '양(amount)'이란 기본요소의 순수한 빛에 대한 비율을 의미한다. 예를 들어, 퍼센트로 표시하면, (100%, 0%, 0%)는 순수한 빨간색을 표현하며, (50%, 0%, 0%)는 좀 더 어두운 빨간색을 표현한다. 반면, (100%, 50%, 100%)는 오히려 강렬한 자주빛을 표현한다. 검정색은 빛이 없는 것이기 때문에, 그 RGB 컬러값은 (0%, 0%, 0%)이다. 흰색 빛은 세 가지의 순수한 기본 색상의 빛을 포화된 비율로 혼합하여 만든다. 그러므로 흰색의 RGB 컬러는 (100%, 100%, 100%)이다. 특정 컬러의 빛을 만들기 위해서는 이 세 가지 기본 컬러가 혼합되어야 한다. 이러한 가산 혼합(additive mixing)을 도료의 혼합과 혼동하지 말라. 도료의 혼합은 도료가 빛을 흡수하기 때문에 감산 혼합(subtractive mixing)이다. 컴퓨터 모니터는 빛을 방출하므로 반드시 가산적인 모델(additive model)을 기반으로 고려해야 한다. 스캐너는 스캔된 문서에서 반사된 빛을 감지해서 동작한다. 그러므로 스캐너 또한 가산적인 컬러(additive colours)로 동작한다.

r, g, b 세 가지 숫자는 어떤 의미에서 절대값이 아니고 단지 상대적인 값이므로, 다른 값과 구별할 수 있다면 편리하게 이 값의 범위를 선택할 수 있다. 컬러에 대한 많은 중요한 질문처럼, '얼마나 많은 색상이면 충분한가?'에 대한 답변도 주관적이다. 사람들은 서로 다른 컬러를 구별하는 능력에 차이가 있다. R, G, B 요소값 각각에 대한 256가지의 조합으로 만들어진 약 1,680만 개의 서로 다른 컬러를 모두 구별할 수 있는 사람은 거의 없다.

6.2.1 컬러 깊이

256은 디지털로 표현하기에 매우 편리한 숫자이다. 왜냐하면, 하나의 바이트(8비트)는 서로 다른 많은 값(0에서 255 사이의 값)을 가질 수 있기 때문이다. RGB 컬러는 3바이트, 즉 24비트로 표현될 수 있다. 컬러값을 위해 사용된 비트 수를 종종 컬러 깊이(colour depth)라 부른다. 3바이트가 사용될 때, 컬러 깊이는 24이다. 또한 24비트 컬러 깊이를 종종 24비트 컬러라고 줄여서 표현한다. 24비트에서, 자주색은 (255, 127, 255)로 저장되며, 검정색은 (0, 0, 0), 흰색은 (255, 255, 255)로 저장될 수 있다. (값은 0부터 시작된다.)

컬러 깊이는 단지 24만 있는 것은 아니다. 자주 쓰이는 것은 아니지만, 다른 한 가지는 1비트(bi-level) 컬러이다. 한 비트는 서로 다른 두 컬러를 구별할 수 있다. 일반적으로 이 컬러는 흰색과 검정색으로 생각하지만, 실제 표시되는 출력 장치에 따라 달라진다. (예를 들어, 오렌지색과 검은색 모니터가 인간 공학 측면에서 잠시 유행했었다.) 4비트의 컬러 깊이는 16개의 서로 다른 컬러를 가진다. 이것은 임의의 색을 나타내기에는 명백히 불충분하지만, 이미지를 가장 단순한 컬러로 나타낼 수 있다. 반면에 16개의 서로 다른 회색 레벨은 훌륭한 회색조의 이미지를 만들 수 있다. 회색은 $r = g = b$인 RGB 컬러값 (r, g, b)로 표현되기 때문에, r, g, b 중 하나의 값으로 회색 레벨을 상세히 표현할 수 있다. 그림 6.3은 서로 다른 4가지 컬러 깊이로 동일한 사진을 보여준다. 컬러 수가 감소함에 따른 포스터 효과(posterization effect)에 주목하라.

그림 6.3의 두 번째 그림은 8비트 컬러 깊이를 나타내고 있다. 이 그림에서, 1바이트는 256가지의 컬러를 제공하며 개인용 컴퓨터 모니터나 웹(World Wide Web)에서 널리 사용된다. 여러 컴퓨터 시스템들은 컬러값을 위해 16비트를 사용한다. 16은 3으로 나눌 수 없기 때문에, RGB 값을 16비트 형식으로 저장할 때, 한 비트는 사용되지 않은 채로 남거나 또는 세 요소에 다른 비트 수를 할당한다. 전형적으로, 빨간색과 파란색은 각각 5비트를 사용하고 녹색에는 6비트를 할당하므로 녹색값을 두 배 더 지정할 수 있다. 이러한 비트 할당은 인간의 눈이 다른 두 색상 요소보다 녹색에 더 민감하다는 관찰에 근거한다.

24비트는 눈이 구별할 수 있는 컬러보다 더 많이 표현하기에 충분하지만, 30, 36 또는 48비트와 같은 더 큰 컬러 깊이의 사용이(특히 스캐너에 의해)

그림 6.3 24, 8, 4, 1비트 깊이의 사진(왼쪽부터)

늘어나고 있다. PNG 파일 형식은 48비트 컬러를 지원하고 있다. 이러한 매우 큰 컬러 깊이는 두 가지 목적으로 사용된다. 첫째, 여분의 비트에 들어 있는 추가 정보는, 이미지가 더 작은 컬러 깊이로 감소될 때, 디스플레이를 위해 더 정밀한 근사값을 사용할 수 있게 해준다. 둘째, 컬러를 미세하게 구별하는 것이 가능하다. 그러므로 크로마-키(chroma-key)와 같은 효과가 매우 정확하게 적용될 수 있다(7장 참조).

트루컬러(true colour)나 하이컬러(hi colour)라는 용어는 때때로 각각 24비트와 16비트 컬러를 위해 사용된다. 그러나 이들 용어는 사람들에 의해 종종 막연하게 사용된다. 우리는 이러한 용어들의 사용을 피할 것이다.

컬러 깊이는 비트맵 이미지의 크기를 결정하는 중요한 요소이다. 논리 픽셀은 24비트 컬러에 대해 24비트가 필요하다. 8비트 컬러에 대해서는 8비트, 1비트 컬러에 대해서는 단지 하나의 비트가 필요하다. 그러므로 24비트에서 8비트로 이미지의 컬러 깊이를 감소시킬 수 있다면, 이미지의 파일 크기는 1/3로 감소될 것이다. 256가지의 서로 다른 회색의 명암으로 구성된 이미지(대부분의 사람들이 구별할 수 있는 그 이상)는 24비트 컬러로 된 동일한 이미지에 대해 3분의 1 크기가 될 것이다. 반면에, 임의로 선택된 256 컬러의 집합을 사용하는 것은 바람직하지 않은 결과를 가져온다. 컬러 깊이가 감소해야 하고 그레이스케일의 사용을 원하지 않는다면 다른 방안을 찾아야만 한다.

6.2.2 인덱스 컬러

지금까지는 저장된 R, G, B 값이 모니터의 세 개 전자빔의 강도를 조절하는 데 직접적으로 사용되어 나타낼 컬러를 결정한다고 가정했다.[1] 이것은 특별히 24비트 컬러의 경우에 해당된다. 이러한 색의 배열을 **직접 컬러**(direct colour)라 부른다. 저가의 컴퓨터 시스템과 웹(WWW)에 매우 광범위하게 사용되는 다른 방법은 **인덱스 컬러**(indexed colour)로 알려져 있다.

컬러 모니터 스크린은 24비트 컬러값에 의해 표현되는 수백만 컬러를 나타낼 수 있다. 그러나 이는 픽셀당 3바이트로, 전체 스크린 이미지를 수용할 만큼 비디오 RAM(VRAM)이 충분한 경우이다. (표 6.1은 선택된 스크린 크기

---

[1] 전자 빔에 가해지는 전압과 인에 부딪칠 때 나오는 빛의 세기와의 관계는 비선형적이며, 빛이 눈에 들어올 때 그 세기가 눈에서 느껴지는 정도도 이와 같다. 따라서 그 값을 단순히 전압으로 사용할 수 없지만 이런 비선형성을 보상하기 위한 하드웨어가 사용된다.

표 6.1 컬러 깊이와 VRAM

VRAM (Mbytes)	스크린 해상도	최대 컬러 깊이
1	640×480	24
	832×624	16
	1024×768	8
	1152×870	8
2	640×480	24
	832×624	24
	1024×768	16
	1152×870	16
4	640×480	24
	832×624	24
	1024×768	24
	1152×870	24
	1280×1024	16
8	640×480	24
	832×624	24
	1024×768	24
	1152×870	24
	1280×1024	24

에서 최대 컬러 깊이를 지원하는 데 필요한 VRAM의 크기를 보여준다.) 컬러 깊이에 대한 다른 제약은 24비트 컬러로 된 이미지 파일이 디스크 공간을 너무 많이 차지하거나 네트워크에서 전송할 때 너무 오랜 시간이 걸린다는 점을 고려해야 한다는 것이다. 이러한 이유들 중 어떤 것 때문에, 각 픽셀당 단지 1바이트만 사용하도록 제약을 받는다면, 어떤 이미지 하나에 많아야 256개의 서로 다른 색만을 사용할 수 있다. 우리가 필요로 하는 모든 이미지에 대해 표준의 256 컬러 집합만을 사용하는 것, 즉 8비트 직접 컬러(direct colour)를 사용하기 위한 시도는 받아들이기 어려울 정도로 제한적이다. 인덱스 컬러는 256개의 특정 컬러 **팔레트**(palette)를 각 이미지에 관련시키는 수단을 제공한다. 예를 들어, 피카소의 그림 'blue period' 의 모조작을 만들기 원한다면, 파란색 명암을 표현할 수 있는 팔레트를 사용하여 적당한 결과를 얻을 수 있다. 만약 스펙트럼 상에 일정하게 분포된 256 컬러의 집합으로부터 단지 파란색들만 사용해야 한다면, 많은 세밀한 부분과 내용들은 보이지 않게 될 것이다.

인덱스 컬러를 이해하는 한 가지 방법은 그림을 숫자로 나타낸 등가의 디지털 값으로 생각하는 것이다. 숫자 키트를 가진 그림에서, 그림의 영역은 작은 숫자들로 번호가 매겨져 있다. 이 번호는 특정 컬러의 물감통을 나타낸다. 우리가 인덱스 컬러를 사용할 때, 픽셀은 이미지와 연관된 팔레트에서

24비트 컬러를 구별하는 작은 수로 저장된다. 하나의 그림 안에서 컬러를 구분할 필요가 있는 부분들만 숫자로 나타낸다. 따라서 팔레트는 이미지에 사용된 컬러에 대해서만 단지 24비트 RGB 값을 가진다. 이미지를 보여줄 때, 그래픽 시스템은 각 픽셀에 저장된 하나의 바이트 값에 대응하는 컬러를 팔레트로부터 찾고, 찾은 값을 그 픽셀의 컬러로 사용한다. 그림 6.4는 인덱스 컬러를 이용하여 저장된 두 개의 이미지에 대하여 사용된 팔레트의 서로 다른 컬러 특성을 보여준다.

경험이 많은 프로그래머들은 즉시 이 전략을 알아차릴 것이다. 즉, RGB 값을 보관하기 위해 8비트를 사용하는 대신, 256개의 엔트리를 가진 테이블의 인덱스를 갖도록 하는 것이다. 각 엔트리는 완전한 24비트 RGB 컬러값을 가지고 있다. 예를 들어, 특정 픽셀이 24비트 RGB 값의 컬러로 디스플레이되어야 한다면, (255, 127, 255)인 24비트 RGB 값을 저장하는 대신, 그 값이 저장된 테이블의 위치를 알리는 인덱스를 저장하는 것이다. (255, 127, 255)가 테이블의 18번째 엔트리에 위치한다고 가정하면, 픽셀은(그림 6.5에

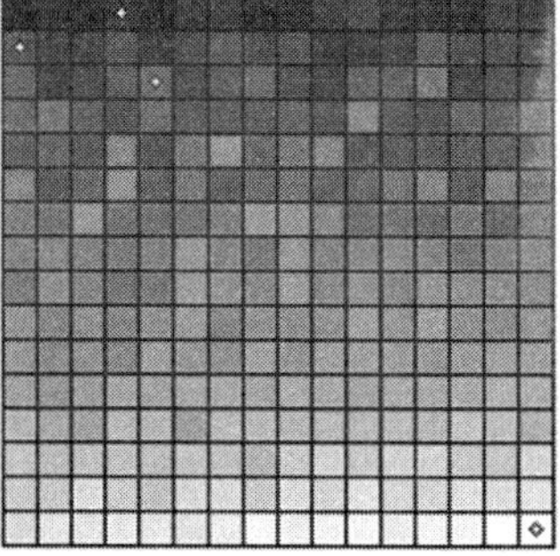
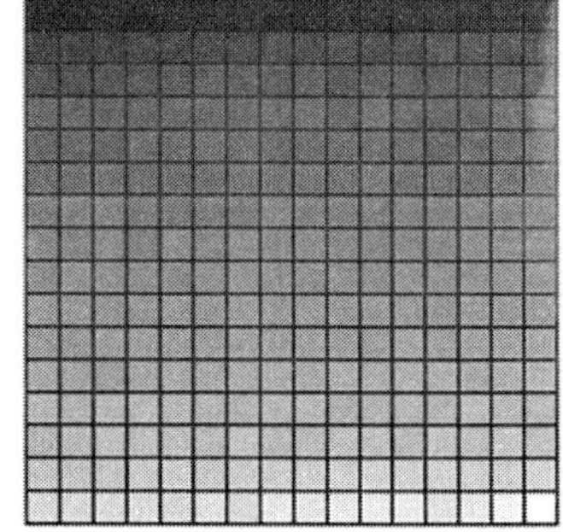

그림 6.4 이미지와 컬러 팔레트

서처럼) 오프셋 17을 가질 것이다. 이와 같은 컬러값의 인덱스 테이블을 **컬러 참조표**(CLUT: colour lookup table) 또는 더 간단히 팔레트라 부른다. 논리 픽셀에 저장된 **논리 컬러**(logical colour)를 물리 픽셀에 의해 디스플레이되는 **물리 컬러**(physical colour)로 매핑하는 것과 같다고 생각하면 이해하기가 쉽다. 이러한 매핑은 일반적으로 모니터의 비디오 하드웨어에 의해 실행된다. 디스플레이를 하는 프로그램이 수행해야 하는 일은 정확한 팔레트를 로드하는 것이다. (비록, 디스플레이 하드웨어가 24비트 직접 컬러를 지원할지라도 이미지 파일의 크기를 줄이기 위해 때때로 인덱스 컬러가 사용된다. 이 경우, CLUT 참조는 소프트웨어에 의해 수행된다.) 팔레트가 따로 제공되지 않는다면, 기본 시스템 팔레트가 사용될 것이다. (주요 플랫폼들의 시스템 팔레트는 서로 다르다.)

단지 8비트 컬러만 표현할 수 있는 VRAM을 가진 컴퓨터에서, 서로 다른 팔레트를 사용하는 두 개의 이미지를 동시에 다른 윈도우에 나타내어야 할 때 어떤 일이 발생할 지를 생각해 보면, 인덱스 컬러를 사용할 때 어떤 일이 일어나는지 이해하는 데 도움이 될 것이다. 프로그램이 잘 설계되지 않았다면, 활성 윈도우와 연관된 컬러 팔레트만 로드될 것이다. 이 팔레트는 대부분 파란색의 음영으로 구성되어 있고 5번째 엔트리가 엷은 하늘색이라고 하자. 만약 그 윈도우를 여전히 보여주면, 다른 이미지 내의 픽셀값 4는(팔레트의 오프셋은 0에서 시작한다.) 여전히 엷은 하늘색을 나타낼 것이다. 다른 이미지의 팔레트의 5번째 요소는 붉은 갈색인데도, 파란색 이미지의 윈도우가 활성화되는 동안에는, 붉은 갈색이어야 할 픽셀들이 엷은 하늘색이 될 것이다. 논리 컬러값은 절대적으로 컬러를 확인하여 구별하는 것이 아니며 팔레트에 상대적인 것이다. 동일한 웹 페이지 상에서 두 개의 이미지를 모두 디스플레이해야 할 때, 두 개의 이미지를 동일한 윈도우에 디스플레이해야 한다면 문제가 생기는 것을 알 수 있을 것이다. 두 개를 모두 디스플레이하기 위해서는 하나의 팔레트를 사용해야 할 것이다. 두 이미지를 구성하는 컬러가 동일하지 않는 한, 각 이미지의 컬러를 더 적은 수로 줄여야 할 것이다. 비록 하드웨어가 24비트 컬러를 지원하더라도, 각각의 이미지에 정확하게 인덱스 컬러를 사용하도록 팔레트를 지정해 주는 소프트웨어(예로, 웹 브라우저)가 필수적이다. 만약 인덱스 컬러를 사용한다면, 이미지 파일은 실제 이미지 데이터에 따른 팔레트를 저장해야 한다. 그러나 이미지 데이터 자체는 픽셀당 8비트만 요구하므로 1/3로 줄어든다. 이것은 임의의 이미지에 대하여, 공간을 절약하는 결과를 가져올 것이다. 더 적은 컬러들을 갖는 이미지에 대해서는 256보다 더 적은 엔트리의 팔레트를 사용하도록 파일 형식이

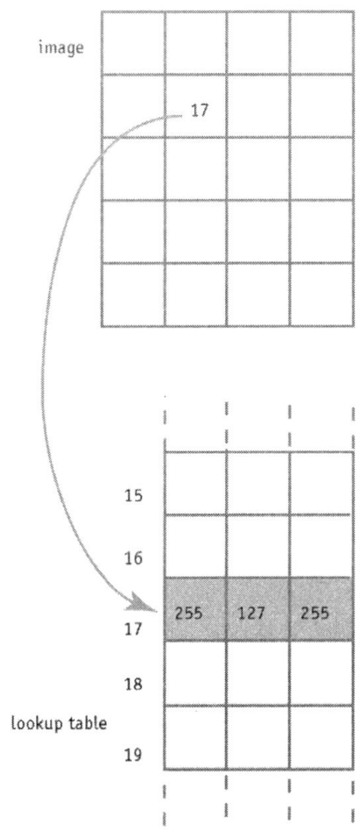

그림 6.5 컬러 참조표(lookup table)의 사용

지원한다면, 팔레트의 색인으로 사용되는 비트 수는 더 줄어들며, 이에 따른 공간 절약은 더 많아질 것이다.

3장에서 언급한 파일 형식인 PNG, BMP, TGA와 TIFF는 컬러 팔레트의 사용을 허용한다. GIF는 8비트 인덱스 컬러 이미지만 지원하지만 컬러 팔레트를 요구한다. SGI 이미지 파일은 별도의 파일로 팔레트를 가져야 한다. JFIF와 SPIFF 파일은 인덱스 컬러를 지원하지 않는다. 24비트 컬러로 저장된 JPEG 이미지는 디스플레이될 시점에(필요하다면) 8비트로 감소되어야 한다. 포스트스크립트(PostScript)와 EPS, PDF와 같은 파생 파일들은, 비록 일반적으로 포스트스크립트에 내재된 비트맵 이미지로 제한되지만, 인덱스 컬러를 복잡한 방법으로 지원한다.

만들어진 이미지에 대하여 사소한 변화는 생기겠지만, 256 컬러의 팔레트는 제한적으로 쓸만하다. 그렇지만, 사진이나 스캔된 자료처럼 이미 24비트 컬러로 존재하는 이미지를 가지고 있다면, 8비트 인덱스 컬러를 사용하도록 컬러 수를 감소시키는 것이 필요하다. 감소된 팔레트에는 없는 컬러로 나타내어야 하는 이미지 영역은 어떻게 할 것인가?

명백히, 없어진 컬러는 팔레트 내에 있는 컬러 중의 하나로 대체되어야 한다. 이를 위한 일반적인 두 가지 방법이 있다. 첫째는 그 픽셀의 컬러값에 가장 가까운 컬러의 CLUT 인덱스로 대체하는 것이다. 이것은 바람직하지 않은 결과를 가져올 수 있다. 컬러가 왜곡될 수 있을 뿐만 아니라 두 개의 유사 컬러가 동일한 색으로 대체될 때 세밀한 부분이 손실될 수 있다. 이것은 3장에서 언급한 **포스터 효과(posterization)**로 알려져 있다.

포스터 효과가 허용되지 않을 때, 팔레트에 없는 컬러는 다른 방법으로 대체할 수 있다. 사람 눈이 실제 존재하지 않는 컬러를 광학적인 합성으로 만드는 방법과 같이, 하나의 컬러 영역을 서로 다른 여러 컬러의 패턴으로 대체하는 것이다. 예를 들면, 이미지는 엷은 핑크색의 영역을 가지고 있지만 우리가 사용해야 하는 팔레트에는 그 컬러가 없다고 하자. 우리는 그 영역의 픽셀 중 일부는 빨간색으로, 일부는 하얀색으로 칠함으로써 엷은 핑크색을 시뮬레이션할 수 있다. 이러한 처리를 **디더링(dithering)**이라 부른다. 이 과정은 색을 칠할 영역의 픽셀들을 그룹으로 묶고, 적당한 패턴으로 각 그룹 내의 픽셀에 컬러를 적용하는 형태로 이루어진다. 이 과정은 **하프톤 처리(half-toning)**를 확장한 것이다. 하프톤 처리는 검은색 또는 흰색의 점만을 인쇄할 수 있을 때 그레이스케일로 출력하는 데 사용된다. 저해상도에서, 디더링은 좋지 못한 결과를 가져올 수 있으며, 따라서 고해상도 작업에 더 적합하다.

그림 6.6은 2 × 2 픽셀 블록에 흑백을 배치하는 5가지 방법을 보여준다.

픽셀이 충분히 작고, 충분한 거리를 두고 이미지를 본다면, 이 패턴들은 서로 다른 5개의 회색조(흑백을 포함해서)로 판단될 것이다. 그림 6.7은 어떻게 하프톤으로 만들어지는지를 보이기 위해 픽셀의 크기를 확장한 것이다. 일반적으로, $n \times n$ 픽셀의 블록은 $n^2 + 1$개의 회색 레벨을 시뮬레이션할 수 있다. 그러므로 디더링되는 블록의 크기가 증가할수록 회색 레벨의 수도 증가하지만 해상도는 떨어진다.

만약 각 픽셀이 검은색이나 흰색 대신, 256 컬러 중 하나라면, 상응하는 패턴은 수백만 컬러의 시뮬레이션으로 얻을 수 있다. 그러나 이 시뮬레이션된 컬러는 사실상, 실제 스크린 상의 영역에 네 번 적용된다. 그러므로 이미지의 유효 해상도는 반이 될 것이며, 세밀한 부분의 손실을 가져온다. 이것은 600 dpi를 초과하는 해상도가 보통인 인쇄에서 흔히 사용되며, 72 dpi의 모니터 상에 이미지가 표시될 때는 종종 강제적으로 사용해야 한다.

이것은 어떤 컬러가 팔레트에 사용되어야 하는가 하는 의문을 남긴다. 이상적으로, 팔레트는 이미지에서 가장 중요한 컬러로 채울 것이다. 이것은 가장 보편적인 방법으로, 원래의 24비트 버전을 조사하여 인덱스 컬러로 변형하고자 할 때, 포토샵과 같은 프로그램이 자동적으로 팔레트를 구축하기 용이한 방법이다. 때때로, 비록 컬러의 사용이 더 복잡해지겠지만, 중요한 컬러가 모두 있다는 것을 확실하게 하기 위해 팔레트를 수작업으로 구성해야 할 필요도 있다. (즉, 자동적으로 구축된 팔레트를 편집해야 할 필요가 있다.)

이미지를 표시하는 모든 프로그램이 사용자 팔레트를 반드시 사용할 것이라고 보장할 수는 없다. 일부는 디폴트 시스템 팔레트를 사용할 수도 있고 당황스런 결과를 가져올지도 모른다. 만일 그런 가능성이 있다면, 이미지를 준비할 때 시스템 팔레트를 변환해 두는 것이 좋다. 불행히도, 주요한 플랫폼을 위한 시스템 팔레트는 서로 다르다. 보통 안전한 **웹 팔레트(Web-safe palette)**라 불리는 제한된 216 컬러 집합은, 8비트 컬러를 사용하고 있는 시스템 상에서 웹 브라우저에 의해 재현되는 유일한 팔레트이다.

그림 6.8은 하나의 이미지에 대한 디더링 효과와 팔레트의 선택을 나타내고 있다. 원래의 이미지는 왼쪽 상단에 있고, 그 오른쪽은 이미지의 컬러에서 디더링과 더불어 자동으로 선택된 '적합한(adaptive)' 팔레트를 사용한 경우이다. 왼쪽 하단에는 디더링이 없는 동일한 팔레트가 사용되어 명확히 포스터 효과를 볼 수 있다. 마지막은 디더링과 함께 안전한 웹 팔레트를 사용한 것이다. 마지막 이미지의 팔레트에는 단지 72 컬러가 있다는 것을 알 수 있을 것이다. 이것은 안전한 웹 컬러의 나머지가 이 이미지에서 사용되지 않기 때문이다. 그러므로 그들은 팔레트에서 제거된다. 이것은 이미지 상에

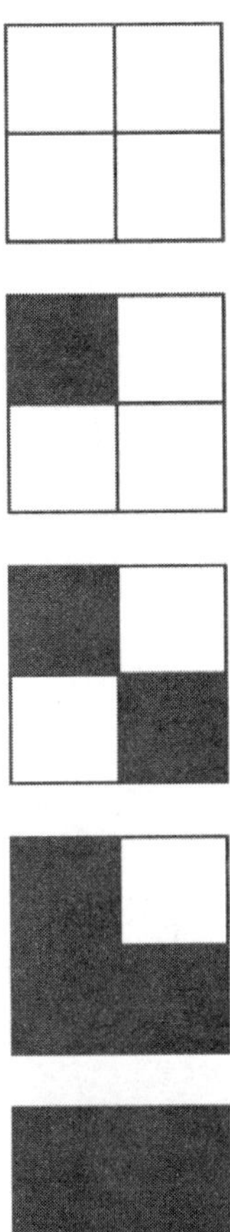

그림 6.6 디더링 패턴

그림 6.7 디더링에 의한 회색조

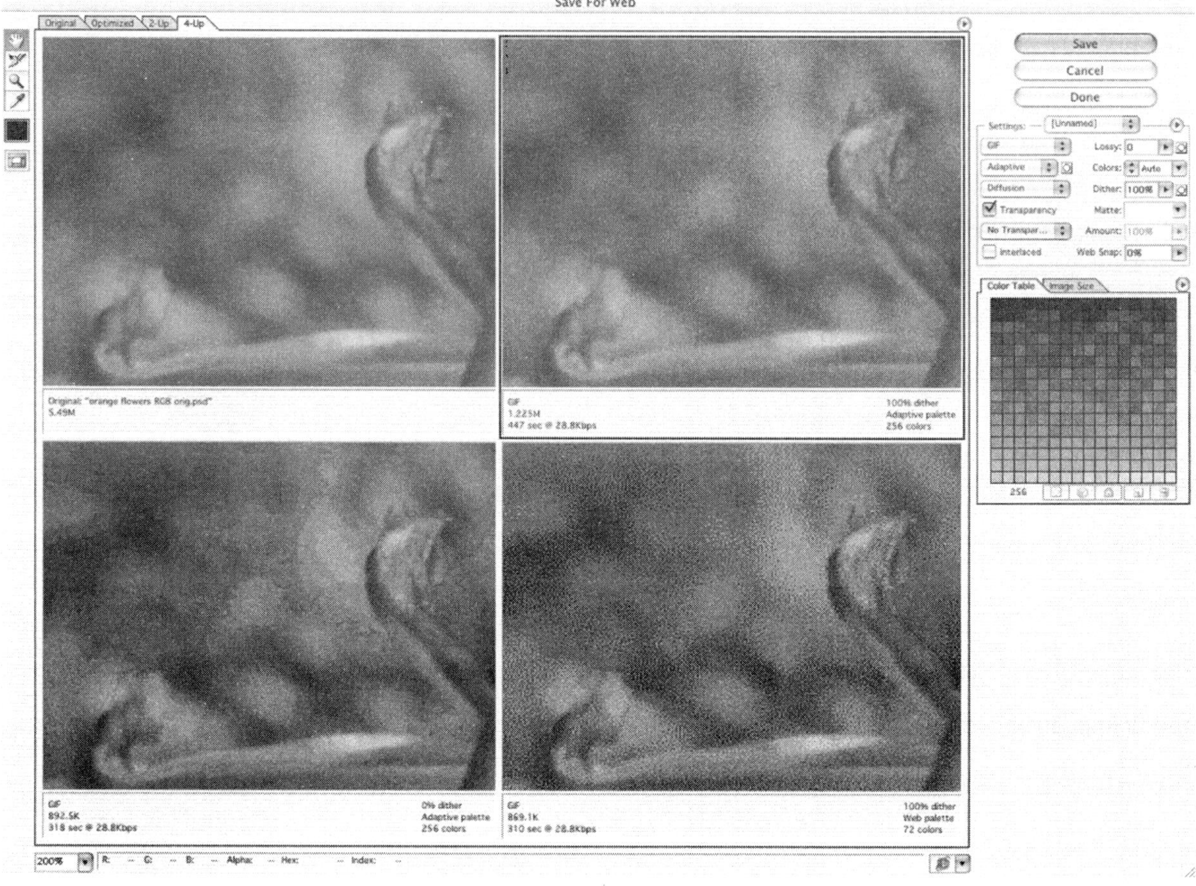

그림 6.8 여러 가지 디더링 패턴의 효과

어떤 영향도 주지 않고 그 크기를 감소시킨다.

6.3　다른 컬러 모델들

　RGB 컬러 모델은 멀티미디어 이미지에 사용된 컬러를 표현하는 가장 중요한 수단이다. 왜냐하면, RGB 컬러는 컴퓨터 모니터에서 색을 만들어내는 방법과 스캐너가 컬러를 감지하는 방법에 부합되기 때문이다. 다른 몇 개의 컬러 모델도 사용되고 있으며, 특히 인쇄된 이미지를 가지고 작업하거나 RGB와 다른 컬러 방식을 사용하는 소프트웨어를 사용해야 할 필요가 있기 때문에, 그러한 모델들에 대해서도 알아야 한다.

6.3.1 CMYK

그림 6.9는 1801년 Thomas Young에 의해 처음 고안된 것으로, 자주 보았을 것이다. 주요 3색인 빨간색, 녹색, 파란색의 빛이 더해진 영역이 흰색 부분이다. 이들 3색이 겹치는 영역은 빛의 전부를 반사시킨다. 단 하나의 컬러가 비치는 곳에서는 그 색이 보이게 되지만, 세 가지 색이 겹치는 곳에서는 흰색이 보이게 된다. 두 가지 색이 겹치는 곳에서는 두 개의 주요 색상이 혼합된 새로운 컬러를 보게 된다. 이러한 새로운 컬러들은 보통 **시안색**(cyan)이라 불리는 엷은 파란색조와 **자홍색**(magenta)이라 불리는 약간 푸른빛을 띤 빨간색과 **노란색**(yellow)이다. 이러한 색상 각각은 주요 색상 두 개를 더하여 만들어진다. 빛의 3원색을 혼합하면 백색광을 만들기 때문에, 파란색과 녹색의 혼합물인 시안색은 백색광에서 빨간색을 빼서 만드는 것과 같다.

이러한 효과를 대수적으로 표현할 수 있다. 빨간색, 녹색, 파란색은 R, G, B로, 시안색, 자홍색, 노란색은 C, M, $Y^{2)}$로, 흰색은 W로 나타낸다. 빛을 더해서 혼합하는 것은 $+$로, **빼**는 것은 $-$로 표현한다.

$$C = G + B = W - R$$
$$M = R + B = W - G$$
$$Y = R + G = W - B$$

각 식에서, 가장 왼쪽의 컬러는 가장 오른쪽 색의 **보색**(complementary colour)이라 부른다. 예를 들면, 자홍색은 녹색의 보색이다.

이것은 두 가지 면에서 의미를 갖는다. 첫째, 미술과 디자인에서 컬러의 사용에 큰 영향을 끼친 컬러 미학의 기본이 된다. 둘째, 빛을 더하는 대신 **빼**는 것에 의해 컬러를 만든다는 생각은 잉크로 쓰고 색을 칠하기에 적당한 컬러 모델을 제공한다. 왜냐하면 채색된 형태는 빛을 흡수하는 방법이며 이 컬러 모델이 본질이기 때문이다.

이해해야 할 중요한 포인트는 채색되어 있는 표면에서 반사된 빛에 의해 컬러가 변경되지 않는다는 것이다. 예를 들면, 밝은 백색광 아래에서 그럴듯한 사진을 찍으려 할 때, 그것으로부터 반사되는 빛은 사진 그 자체의 컬러를 간섭하는 하얀 반사광을 만들 것이다. 종이와 같이 염색된 표면에서 반사된 빛에 의해서는 컬러가 변하지 않지만, 그것들을 통과해 나오는 빛에 의해서는 컬러가 변하게 된다. 염색, 잉크 또는 페인트의 일부를 통과하여 빛이 움직이는 동안, 안료는 어떤 주파수에서 빛을 흡수한다. 따라서 통과해 나오

그림 6.9 보색

---

2) 노란색을 뜻하는 Y와 휘도를 나타내는 Y를 혼동하지 말라.

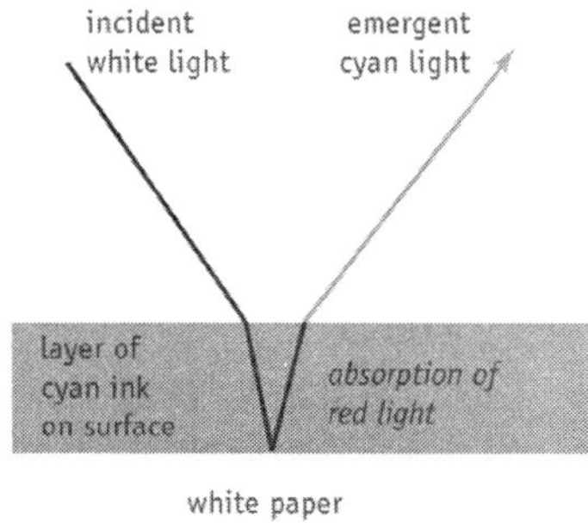

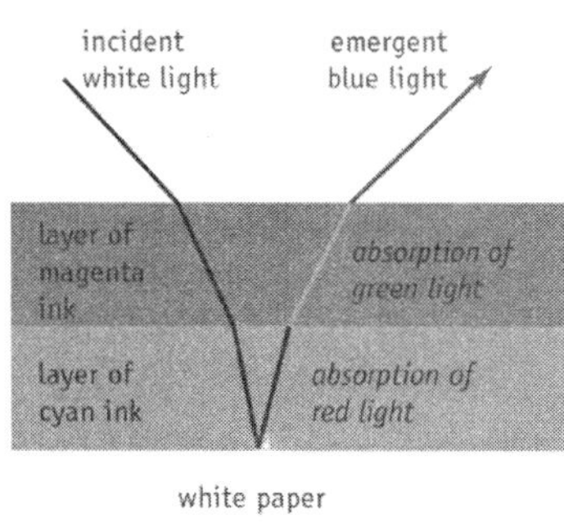

그림 6.10 컬러 잉크의 효과

는 빛은 색을 가진다. 페인트가 섞이든지 또는 염색이 될 때는 구성 성분의 모든 주파수를 흡수한다. 예를 들어, '시안색 잉크'에 대해 설명하기로 한다. 잉크를 하얀 종이에 쓸 때 백색광을 비추면, 백색광이 빨간색 요소를 흡수할 것이고, 녹색과 파란색이 결합하여 시안색을 만들고 이 색이 반사된다(그림 6.10 참조). 만일 우리가 하얀 종이 위에 시안색 잉크의 층을 형성하고, 그 위에 자홍색 층을 추가하면, 자홍색 잉크는 발생하는 녹색광을 흡수할 것이다. 따라서, 그림 6.10의 하단에서 보는 것처럼, 시안색 잉크와 자홍색 잉크의 결합으로 파란색 컬러를 만든다. 마찬가지로, 시안색과 노란색을 섞으면 녹색을, 자홍색과 노란색을 섞으면 빨간색을 만든다. 세 컬러를 모두 혼합하면 모든 입사광을 흡수할 것이고 검은색을 만들게 된다. 시안색, 자홍색, 노란색 잉크가 다른 비율로 혼합된 것은 그 비율에 따라 빨간색, 녹색, 파란색 빛을 흡수할 것이며, 빨간색, 녹색, 파란색인 빛의 삼원색을 가산함으로써 얻는 것과 동일한 컬러 범위를 만들어낸다. 이와 같은 이유로 시안색, 자홍색, 노란색(C, M, Y)을 **감법원색**(subtractive primaries)이라 부른다. 이 감법원색은 전통적으로 미술가들이 사용하는 원색이다. 그림 6.11은 채색되어 있는 세 가지 페인트의 혼합에 의해 만들어질 수 있는 컬러의 적용 범위를 나타낸다.

실제로, 정확히 보색의 빛만을 흡수하는 잉크를 제작하는 것은 불가능하다. 원하지 않는 일부 컬러도 같이 흡수되는 것은 어쩔 수가 없다. 결과적으로, CMY를 사용하여 인쇄될 수 있는 색역은 RGB의 색역과 같지 않다. 게다가, 세 컬러를 모두 혼합하여 검은색을 만들게 되면 좋은 검은색을 만들지 못하며, 서로 다른 세 가지 잉크를 사용하는 것은 종이에도 좋지 않고 마르는 시간도 오래 걸린다. 이와 같은 이유로, 인쇄를 하는 잡지와 책에는 세 가지 감법원색 외에 검은색이 추가된다. 4가지 컬러 CMYK(cyan, magenta, yellow, black)가 인쇄 작업에 사용된다. 이 컬러들을 **프로세스 컬러**(process colour)라고 한다. 그림 6.12는 CMYK 컬러의 색역을 표시한 것이다. 이전에 표시했던 RGB 색역과 비교해 보라. CMYK 색역이 RGB보다 작다는 것을 알게 될 것이다. 그러나 엄밀하게 부분집합은 아니며, CMYK 컬러가 RGB 색역 밖으로 나온 경우도 있고 그 반대인 경우도 있다. 또한 컬러를 혼합하는 방법의 차이와 검은색이 있기 때문에, 색역이 삼각형이 아니라는 것을 알게 될 것이다.

인쇄에 있어서는 감법의 CMYK 컬러 모델과 잉크와 종이의 성질을 이해하는 것이 고품질의 컬러 표현에 매우 중요하다. 멀티미디어의 경우, CMYK는 직접적인 의미가 덜하다. 만일 당신이 만든 멀티미디어 제품을 그 멀티미디어에 포함된 컬러로 인쇄될 수 있도록 하려면, 그 이미지들이 단지 CMYK

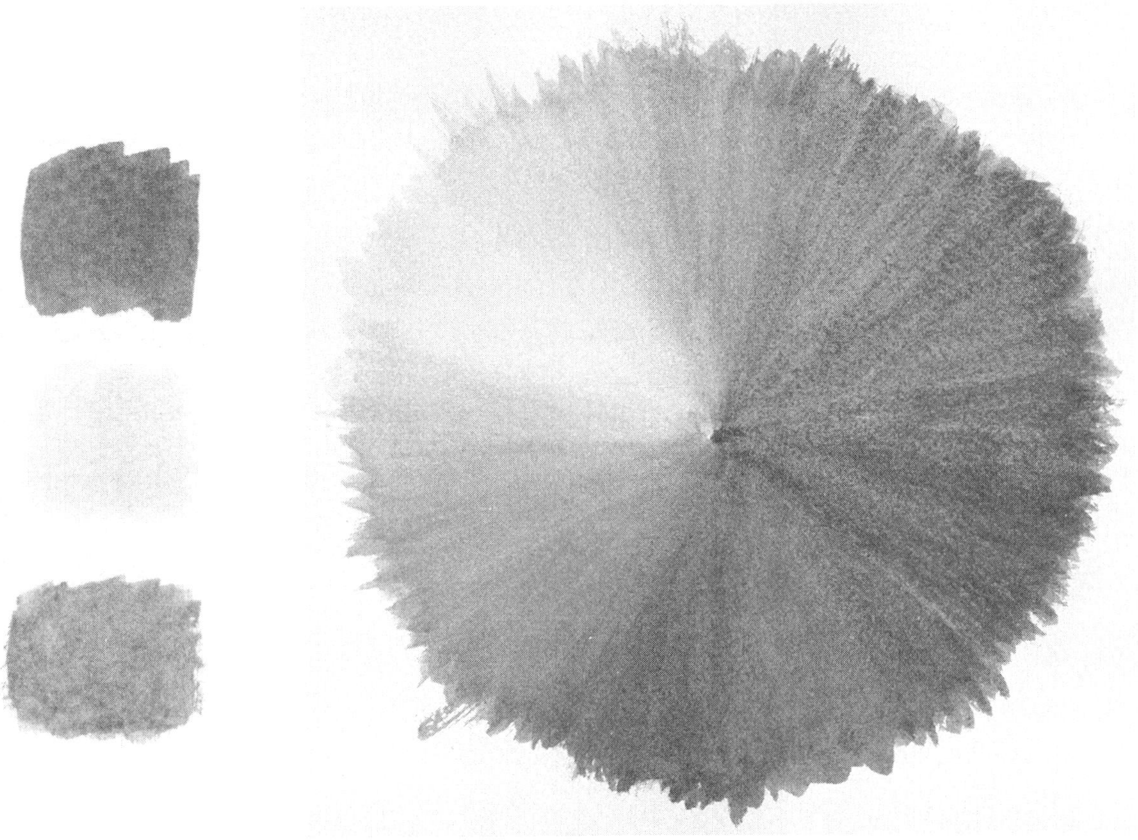

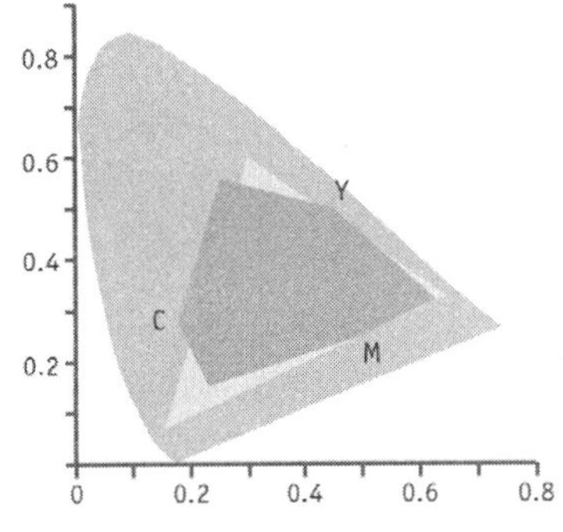

그림 6.11 감법 컬러 혼합

색역 내의 컬러를 갖도록 해야만 한다. 그렇지 않으면 인쇄물에 컬러 변이가 생길 것이다. 만일 이전에 어떤 인쇄 매체에서 사용된 이미지로 작업하고 있다면, 그 이미지들의 컬러가 RGB 대신 CMYK 값으로 저장된 것을 알게 될 것이다. 이 이미지들을 멀티미디어에 적당한 파일 형식으로 바꿀 때에는 CMYK 컬러값을 RGB로 바꾸어야 할 필요가 있을지도 모른다. (포토샵과 같은 프로그램은 이것을 할 수 있다.)

6.3.2 HSV

컬러를 그 주요 구성요소로 분해하는 것은 이론적으로 일리가 있다. 이 과정은 모니터, 스캐너, 컬러 프린터가 동작하는 데 반영된다. 하지만 우리가 일상적으로 경험하는 컬러를 설명하는 방법으로는 적당하지 않다. 엷은 파란색(cyan)을 보면서, 이 색을 녹색과 푸른 보라색의 결합물로 연관시키지는 않을 것이다. 그러나 순수한 파란색과 다른 파란색들을 구분할 때는 초록

그림 6.12 CMYK 컬러의 색역

빛이나 자주빛을 띤 파란색이 얼마나 많이 포함되어 있는지, 얼마나 밝은지 어두운지를 구분할 것이다.

좀 더 공식적인 용어로 표현하면, 컬러를 색상(hue)과 채도(satu-ration) 및 밝기(brightness)로 표현할 수 있다. 물리학의 의미로 보면, 색상은 대부분의 빛 에너지가 집중되는(우세한) 특별한 파장이다. 색상은 빛의 순수한 컬러인 것이다. 덜 과학적인 표현으로는, 색상은 보통 이름으로 구별한다. 뉴턴(Isaac Newton)은 무지개의 일곱 스펙트럼을 빨간색, 오렌지색, 노란, 녹색, 파란색, 남색, 보라색의 7 색상으로 구별하였다. 뉴턴은 신비스런 이유로 무지개를 일곱 색으로 구분하였지만, 이것은 단지 4가지 색인 빨간색, 노란색, 녹색, 파란색으로 구별하는 것이 더 보편적이다. 다른 컬러는 이 색들을 확장하거나 또는 두 색을 혼합함으로써 정의할 수 있다.

순수한 색상은 그 색상과 흰색을 혼합함으로써 더 또는 덜 '묽게' 될 수 있다. 지배적인 색상(파장)은 같다. 그러나 다른 색상의 존재는 컬러를 더 엷게 만든다. 컬러의 채도는 그 순도의 척도이다. 포화된 컬러는 순수한 색상이다. 흰색이 혼합될수록 채도는 감소한다. 컬러의 보임은 빛의 세기에 의해 변경될 것이다. 더 적은 빛은 더 어둡게 보이게 한다. 컬러의 밝기는 얼마나 밝은지 어두운지의 척도가 된다.

측정할 수 있는 우세한 파장(dominant wavelength)의 값으로 색상을 수식적으로 표현할 수는 있지만, 기대하는 만큼 단순하지가 않다. 어떤 색상은 단일 파장으로 나타낼 수 없다. 대부분의 사람들은 자주색이 색상(hue)일 것이라고 생각하지만, 자주색에 대한 SPD는 짧은 파장과 긴 파장(빨간색과 파란색) 모두에서 피크값을 가진다. 감산 혼합에 의거해서, 백색광에서 녹색조의 우세한 파장을 빼면 자주색이 만들어지는 것을 알 수 있다. 바꾸어 말하면, 자주색의 색상은 우세한 파장과 관련이 있지만, 네거티브 피크(negative peak)의 형식을 가진다.

페인트에 관해 생각하면, 색상은 순수한 컬러이다. 흰색을 추가하는 것은 그 채도를 감소시키며, 이를 **명조(tint)**라 한다. 검은색을 추가하는 것은 그 밝기를 감소시키며, 이를 **명암(tone)**이라 한다.

19세기 초부터 화가와 시각 예술가들은 컬러에 대한 생각을 체계화한 '컬러 바퀴(colour wheel)'를 만들었다. 서로 다른 색상들을 하나의 원으로 만들고, 원 둘레에는 동일한 간격으로 감산원색을 배치하고 그 사이에 가산원색을 배치하였다. 따라서 각 원색은 그 보색과 마주하고 있다(그림 6.13 참조). 미술 용어로, 원색이라고 보통 불리는 것은 감산원색이다. 이 컬러들의 보색을 2차색이라 부르며, 2차색과 원색을 혼합하여 만든 보조 컬러는 3차

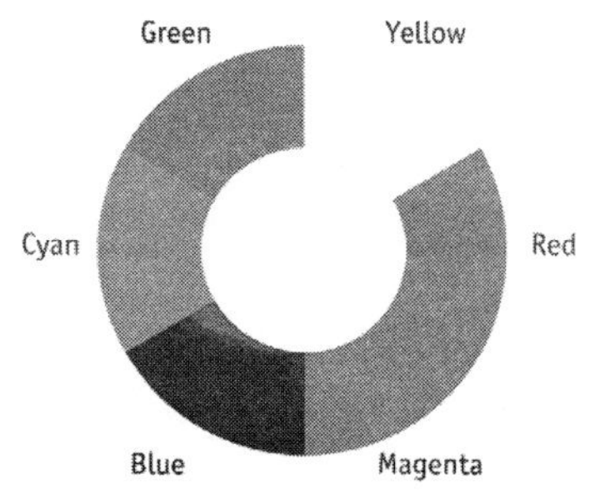

그림 6.13 컬러 바퀴

색이 된다. (때때로 3차색은 컬러 바퀴의 원색과 2차색 사이에 추가된다.)

이 컬러 바퀴는 다른 컬러 모델을 만들기 위해 확장될 수 있다. 먼저, 원색, 2차색, 3차색 등으로 원 주변을 계속 확장한다. 어떤 색상이라도, 0°인 빨간색에 대한 상대적인 값으로, 보통 시계 반대 방향으로 측정된 원의 각도로 정의될 수 있다. 채도(saturation)는 원 중심에 흰색을 넣음으로써 모델에 추가될 수 있다. 이렇게 하면, 원 둘레의 포화된 색상에서부터 원 중심의 순수한 흰색까지 명도(tint)의 그라데이션을 보여주게 된다. 이 모델에 밝기를 추가하려면, 3차원이 필요하다. 원통의 맨 꼭대기에 컬러 원판이 있고, 아래쪽으로 이동할수록 그 밝기가 감소하는 유사한 슬라이스로 원통이 구성된다고 상상하자. 그러면 하단의 검은색이 있는 곳까지는 점진적으로 어두운 회색을 가질 것이다. 각 슬라이스의 컬러는 대응하여 톤이 낮아질 것이다. 특정 컬러는 색상(H)(빨간색으로부터 얼마나 멀리 있는지), 채도(S)(중심축과 얼마나 가까이 있는지), 밝기값(V)(실린더에서 얼마나 위에 있는지)으로 정의될 수 있다. 이러한 컬러 표현 형식을 HSV 모델이라고 부른다. 이 구조는 그림 6.14에서 원통을 통한 두 개의 예제 슬라이스로 설명되어 있다.

HSV 원통의 끝을 향해 움직임에 따라, 채도의 변화 정도는 더 적어질 것이다. 하단에는 빛이 더 적어서 흰색의 추가 범위가 적어지며, 상단에는 빛이 더 많아서 검은색의 추가 범위가 적어진다. 따라서 원통보다 더 좋은 모델은 두 개의 원추로 설명하는 것이다. 하나는 하단이 하나의 검은색 점으로, 다른 하나는 상단이 하나의 흰색 점으로 좁아지는 원추이다. 이 기하학적 컬러 모델을 HLS라 부른다. HLS는 색상(hue), 채도(saturation) 그리고 명도(lightness)를 나타낸다.

때때로 HSB 컬러 모델을 볼 것이다. 이것은 단지, 값을 나타내는 덜 명확한 V(value) 대신 밝기를 의미하는 B를 사용하는 것으로, 기술된 HSV 모델과 동일한 것이다.

비록 HSV 모델은 화가가 컬러에 대해 생각하는 방법과 유사하지만, 원 주위 색상의 순서는 실제 컬러의 조화와는 무관하다. 색상의 순서는 임의적이며 어떤 물리적 근거도 가지고 있지 않다.

모든 컬러 모델은 컬러를 숫자의 집합으로 지정하고, 3차원 공간에서 그들의 관계를 시각화하는 방법을 제공한다. 컬러를 기술하는 이러한 방법은 컬러를 인식하는 사람들의 주관적 요소에 독립적이다. 컴퓨터 프로그램에 있어서는 컬러를 수로 나타내는 객관적인 사양이 필수적이다. 대부분의 사람들은 수로 표현된 컬러를 직관적으로 알지 못한다. 그렇지만, 그래픽 프로그램에서는 **컬러 픽커 다이얼로그(colour picker dialogue)**를 이용하여 컬러를

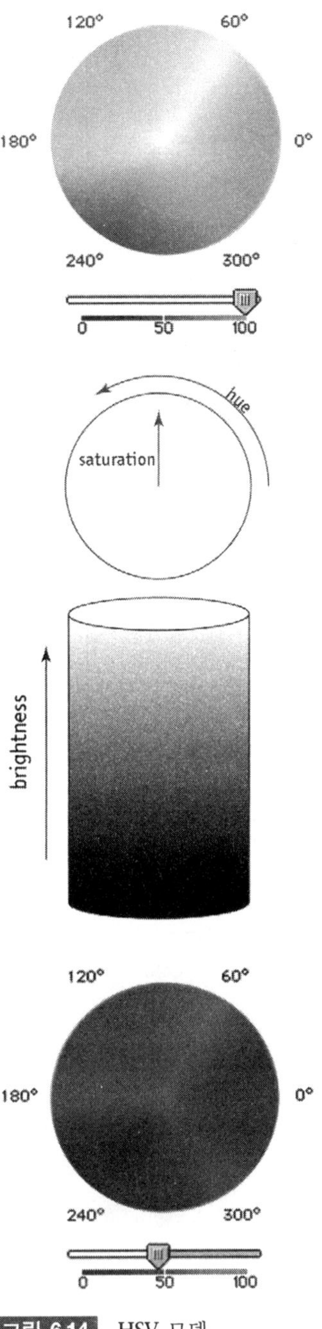

그림 6.14 HSV 모델

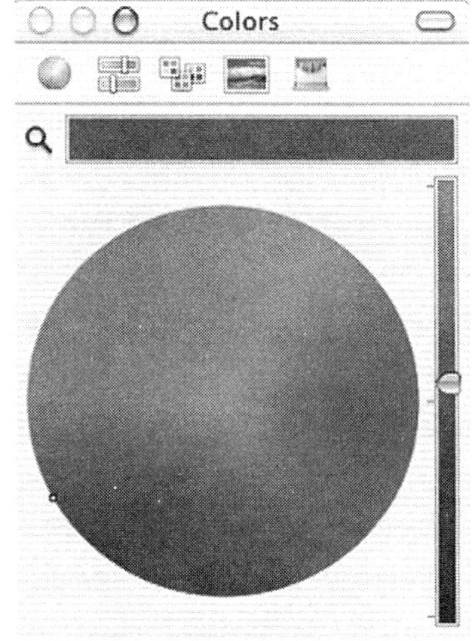

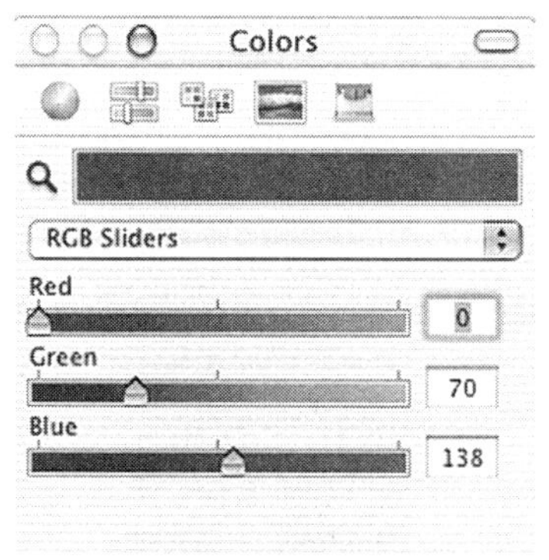

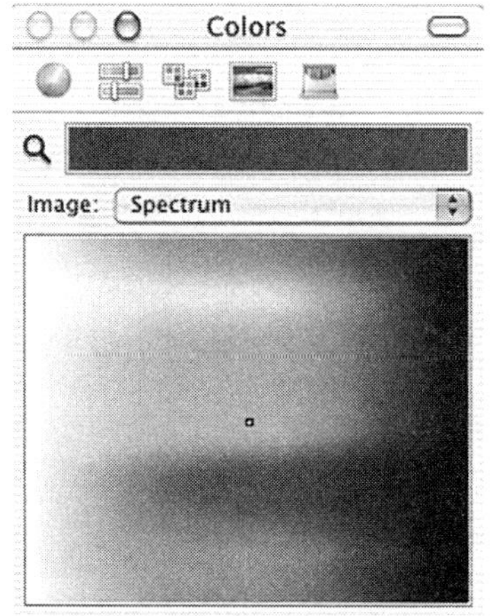

그림 6.15 컬러의 픽커들

선택하는 것이 일반적이다. 이 방법은 우리가 논의한 컬러 모델 중의 어떤 것을 기본으로 할 것이고, 요소값에 의해 컬러를 선택할 수 있다. 그림 6.15 는 매킨토시 시스템 소프트웨어에 의해 제공된 컬러 픽커의 일부를 보이고 있다. 상단의 HSV 컬러 픽커에서, 슬라이더는 V값을 조절하기 위해 사용된 다. 원통에 상응하는 슬라이스가 표시되고, 원판에서 하나의 점을 클릭하여 컬러를 선택한다. 아래의 RGB 픽커는 슬라이더를 단순히 삼원색을 조절하 기 위해 사용하며, 스펙트럼 픽커는 직접 컬러를 클릭하여 선택하도록 한다.

6.3.3 색차-기반 컬러 공간

어떤 목적을 위해서는 해당 컬러에서 이미지의 밝기 정보를 분리하는 것 이 유용하다. 역사적으로, 이와 같이 처리하는 중요한 동기는 이전에 나온 흑백 수신기와 호환될 수 있는 컬러 TV 신호를 전송하는 수단을 만들기 위 한 것이었다. 밝기와 컬러를 분리해냄으로써 컬러 정보가 흑백의 수신기에 의해 감지되지 않으며, 밝기를 단색 신호로 간주하는 방법으로 화면을 전송 하는 것이 가능해졌다. 일단 컬러와 밝기를 분리하는 수단이 고안되었으므 로, 두 개의 신호를 별도로 처리하는 것이 가능하게 되었다. 특히, 아날로그 방송에서는 밝기보다는 컬러를 전송하는 데 더 적은 대역폭을 사용하는 것 이 보통이다. 왜냐하면, 눈은 밝기보다는 컬러에 덜 민감하기 때문이다. 인 간의 시각 기관이 밝기와 컬러를 별도로 처리한다고 추측하는 데는 근거가 있다.

RGB 컬러 표현의 기본은 빛이 항상 삼원색으로 나뉘어질 수 있다는 것이 다. 우리가 밝기라고 생각하고 있는 것(픽셀이 더 밝거나 더 어둡게 보이는 정 도)은 빨간색, 녹색, 파란색의 요소값과 분명히 관련되어 있다. 왜냐하면, 이 값들은 각 요소의 빛이 얼마나 많이 방출되고 있는지를 알려주기 때문이다. 밝기를 단순히 $(R + G + B)/3$로 모델화하고 싶겠지만, 서로 다른 요소의 색을 구별하는 눈의 민감도를 고려하지 않았기 때문에 이 식은 적절하지 못 하다. 녹색은 빨간색보다 컬러의 밝기를 인식하는 데 더 많은 도움을 주며, 파란색은 전혀 도움이 되지 않는다. 그러므로 RGB 값으로부터 밝기를 측정 하기 위해서는 세 구성요소에 별도의 가중치를 주어야 한다. 이 계산에 사용 되는 여러 가지 다른 공식이 있다. 대부분의 컴퓨터 모니터와 TV 수상기에 사용되고 있는, 요즘의 음극선관을 위해 권고된 공식은 $Y = 0.2125R + 0.7154G + 0.0721B$이다. 이렇게 정의된 Y를 휘도(luminance)라 부른다.

빨간색, 녹색, 파란색 값은 휘도와 삼원색 중의 두 가지로 다시 구성될 수 있다. 기술적인 이유이지만, 보통은 두 가지 **색차**(colour difference) $B - Y$

와 $R - Y$를 사용하는 것이 일반적이다. 다른 응용에서는 다른 방법으로 주요 삼원색이 다루어진다. 아날로그 TV를 위해서는 Y가 비선형적으로 변경된 Y'과 가중치를 갖는 색차 U, V가 사용된다. 디지털 TV는 $Y'C_BC_R$로 불리는 변형을 사용한다. 이것은 Y'UV와 같지만 색차 계산을 위해 다른 가중치를 사용한다.

6.3.4 장치 독립적인 컬러 공간

RGB와 CMYK는 가장 일반적으로 사용되는 컬러 모델이지만 두 모델 모두 장치 의존적(device-dependent)이다. 모니터가 다르면 삼원색인 빨간색, 녹색, 파란색도 다르며, 다른 종류의 잉크와 종이는 시안색, 자홍색, 노란색, 심지어 검은색까지 다르다. (255, 127, 255)로 RGB 값이 주어질 때, 어떤 컬러가 특정 모니터 상에서 재생될지 정확하게 알 수 없다. 또한 두 개의 모니터 상에서 같은 색이 될지 또는 심지어 같은 모니터 상에서도 언제나 같은 색이 재생될지를 보장할 수 없다.

앞에서 언급한 것과 같이, CIE(Commission Internationale de l'Eclairage)는 객관적이고 장치 독립적인 컬러를 정의하기 위한 작업을 수행하였다. 그 기본 모델인 CIE XYZ 컬러 공간은 컬러에 민감한 우리 눈이 반응하는 세 개의 자극에 가까운 요소 X, Y와 Z를 사용한다. 이 모델은 장치 독립적이지만, 작업하기 어려울 뿐만 아니라 물리적 광원으로 실현하는 것이 불가능하다. 이 모델도(RGB, CMYK, HSV 및 대부분의 다른 컬러 모델이 그렇듯이) 일정하게 인식되지 않는다. 일정하게 인식되는 모델은 그 값들 중 하나가 바뀌면 외부에서 볼 때도 같은 변화가 생기는 모델일 것이다. 예를 들어, 만일 RGB 모델이 일정하게 인식되는 모델이라면, R 요소가 1에서 11까지 변화할 때 인식된 붉은 정도도 101에서 111까지 동일한 변화를 가져올 것이다. 그러나 그렇지 않다. 이는 RGB 값에 따른 두 컬러 간의 떨어진 거리 계산에, 두 컬러의 차이가 어느 정도인지를 생각하는 우리의 인식을 반영하지 않은 것이며, 제한된 팔레트로 이미지를 축소할 때 가장 가까운 컬러를 찾는 것이 어렵다는 것을 의미한다.

수년간 CIE는 매우 일정하게 인식되는 컬러 모델을 만들려고 노력했지만 결코 성공적이지 못했다. 원형의 XYZ 모델에서 더욱 더 일정하게 인식되도록 재정의한 두 모델이 1976년에 만들어졌다. 이것이 L*a*b*와 L*u*v* 모델이다(종종 Lab와 Luv 또는 CIELAB과 CIELUV로 표기한다).

두 모델 모두에서, L* 요소는 균등한 밝기이고 다른 두 요소는 컬러 차이이다. L*a*b*는 CMYK에서처럼 감산적으로 결합하는 방법으로 컬러를 지정

그림 6.16 RGB 컬러 이미지와 R, G, B 채널(왼쪽부터)

한다. '실험실 컬러(Lab colour)'가 컬러 차이값의 표준으로 인쇄 산업에서 널리 사용되고 있다. L*u*v*도 유사한 모델이지만, RGB에서와 같이 가산적으로 컬러 차이값을 구한다. 따라서 L*u*v*는 모니터와 스캐너에 적합한 장치 독립적인 컬러 모델을 제공한다.

6.4 채널과 컬러 보정

앞에서, 24비트 RGB 컬러 이미지는 각 픽셀을 위해 단일 24비트 값이 저장된 것으로 간주하였다. 이것은 컬러가 일부 파일 형식에서 저장되는 방법이며, 또 다른 방법도 있다. 각 픽셀에 대해, 빨간색, 녹색, 파란색 각각을 8비트로 저장한다. 즉, 자료구조의 면에서 볼 때, 단일 24비트 값 배열 대신 1바이트로 구성된 배열 세 개를 저장한다. 이 방법은, 3바이트 수는 대부분의 기계에서 조작하기가 쉽지 않기 때문에, 계산하는 데 다소의 장점을 갖는다. 또한 물리적 저장장치 레이아웃이 실제로 이 형식인지에 관계없이, 개념적으로 컬러 이미지를 구성하는 데 유용하다.

세 개의 배열 각각은 그 자체로 이미지로 간주될 수 있다. 각 컬러를 별도로 취급하면, 이는 그레이스케일 이미지로 간주하는 것이 된다. 컬러 이미지를 만드는 세 개의 그레이스케일 이미지 각각을 **채널**(channel)이라 부른다. 따라서 **빨간색 채널, 녹색 채널** 및 **파란색 채널**로 부른다. 그림 6.16은 RGB 컬러 이미지와 채널 세 개를 나타낸 것이다.

　각 채널은 별도로 조작될 수 있다. 채널은 이미지이기 때문에, 보통 포토
샵이나 유사한 이미지 편집 도구를 이용하여 조작할 수 있다. 특히 레벨
(level)과 커브(curve)는 각 채널의 밝기와 대비(contrast)를 독립적으로 바꾸
는 데 사용될 수 있다. 변경된 채널을 결합하면, 합성된 이미지의 컬러 밸런
스도 변할 것이다. 이러한 방식의 컬러 보정 동작은 스캐너와 다른 입력 장
치의 미비점을 보상할 때 자주 요구된다. 그림 6.17에서 예를 보여주고 있

그림 6.17　컬러 보정 및 과도한 보정

다. 왼쪽의 스캔된 사진은 컬러 캐스트가 나타난다. 중간 이미지에서 이것이 보정되었다. 오른쪽 이미지는 컬러 보정이 얼마나 인공적으로 컬러 이미지를 만들어 줄 수 있는지를 보여준다.

앞 문단에서 말한 채널의 레벨을 조절하는 것이 단순한 동작처럼 들릴지도 모른다. 실제로, 비록 일부 컬러 조정은 단순하지만, 세 개의 채널 대비를 최대화하여 원하는 결과를 만들어 내기까지는 매우 오랜 시간이 걸릴 수 있고 상당한 경험과 세밀한 판단을 요구한다. 어떤 이미지 조작 프로그램들은 컬러 보정을 돕기 위해 다소의 인공지능을 갖고 있는 소프트웨어 모듈인 '마법사' 또는 '보조자'를 갖고 있다.

때때로, 더 단순한 처리법이 적절할 때도 있다. 밝기와 대비 조절을 색조 조절 한 가지로 처리하는 것처럼, **컬러 밸런스와 색상과 채도** 조절로 세 가지 컬러 채널의 레벨을 조정하는 덜 다듬어진 방법도 있다. 컬러 밸런스는 시안 색과 적색, 자홍색와 녹색, 노란색과 파란색 각 쌍에 대해 하나씩, 세 개의 슬라이드를 제공한다. 이것은 각 쌍의 상대 비율을 조절하도록 한다. 조절은 그림자, 중간톤 또는 하이라이트에 별도로 적용될 수 있다. 색상과 채도 조절은 지정된 범위 내에서 컬러의 H, S, V 요소 각각을 바꾸도록 함으로써 유사한 방법으로 수행된다. 만일 HSV 사양으로 자주 작업한다면, 이것은 더 직관적인 방법으로 컬러를 조절하는 방법을 제공한다. 그림 6.18은 이러한 방법으로 조정하는 예를 보여주고 있다. 2월(북반구에서)에 찍힌 사진에서 보는 바와 같이, 단지 색상과 채도 슬라이더를 조절함으로써 봄의 장면으로 바뀌었다.

비록 우리가 단지 RGB 컬러를 논의하고 있지만, 임의의 컬러 공간에 저장된 이미지는 채널로 분리될 수 있다. 특히, CMYK 이미지의 채널은 인쇄 처리에 필요한 컬러로 분리되며, $Y'C_BC_R$ 이미지의 채널은 비디오 신호의 구성요소에 대응된다. 게다가, 그레이스케일 이미지를 복합 이미지의 한 개 채널이라고 간주하는 생각은 알파 채널의 개념을 확장한 것이다. 알파 채널은 5장에서 소개했다. 비록 알파 채널은 디스플레이된 이미지를 구성하는 컬러 채널과 완전히 다르게 동작하지만, 그 표현이 공통적인 것은 매우 유용하다.

이러한 이원성의 가장 흔한 응용 중의 하나는 찍은 사진에 실제로 없었던 사람을 삽입하는 것이다. 이것은 파란색을 배경(옷의 어느 것도 푸르지 않다는 것을 확인하고)으로 사람의 사진을 찍음으로써 가능하다. 사람을 위한 이미지 데이터 전부는 **빨간색** 채널과 녹색 채널에 있을 것이다. 파란색 채널은 사람과는 관계없는 이미지가 될 것이다. 그러므로 파란색 채널의 복사본으로 구성된 알파 채널은 배경을 가릴 것이고, 그림을 분리한다. 다음으로, 그림을

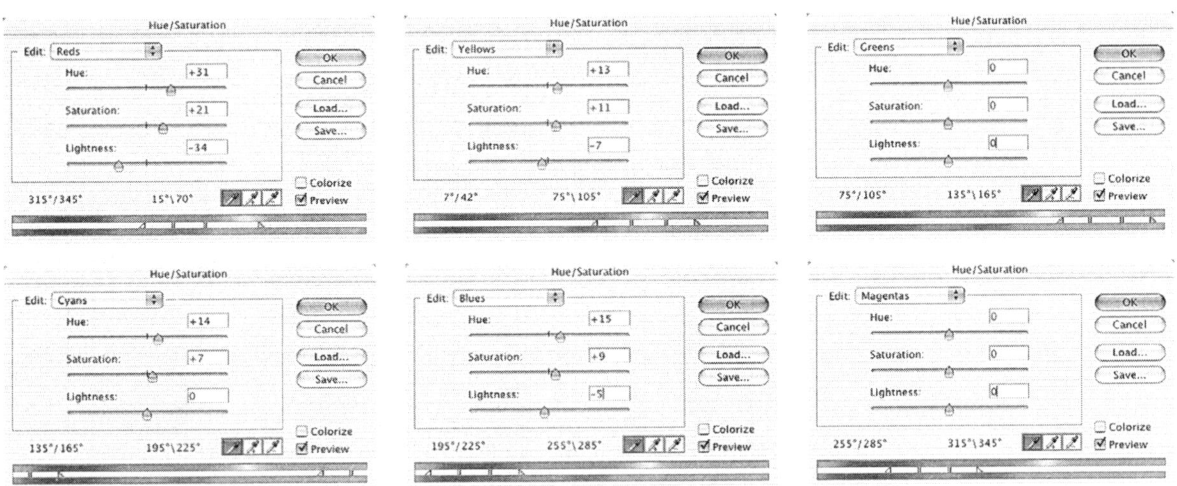

그림 6.18 색상과 채도 조정

복사하는 것은 단순한 일이다. 선택된 마스크를 이용하여 그림의 윤곽을 드러내고 장면에 그것을 붙여 넣는다. 이 블루 스크린 기법(blue screen technique)은 위조된 이미지를 만들 때처럼 비디오와 영화 제작에서 흔하게 사용된다.

다른 종류의 컬러 이미지 처리는 각각의 채널에 그레이스케일 처리를 적용함으로써 구현될 수 있다. 중요한 실례가 JPEG 압축이다. 비록 이 방법은 8비트로 동작하기 위한 표준이지만 컬러 이미지에 흔히 적용된다. 따라서 각 채널은 개별적으로 압축된다. 이것의 장점 중 하나는 압축 알고리즘이 이미지에 사용된 컬러 공간에 영향을 받지 않는다는 것이다. 이것은 단지 어떤 채널을 가져와서 압축하는 것이다. 또한 컬러 공간을 선택하고 채널의 전처리를 자유롭게 한다. JPEG 압축기가 이미지를 $Y'C_BC_R$로 한 후, 컬러의 색차를 다운샘플(downsample)하는 것이 일반적이다. 왜냐하면, 사람의 눈은 밝기의 변화보다 컬러 변화에 덜 민감하기 때문이다. 이와 같은 '크로마 다운샘플링(chroma downsampling)'은 비디오 신호의 압축과 전송을 위해 흔히 사용된다. 이것은 7장에서 언급할 것이다.

6.5 컬러의 일치

컬러 조정은 성가신 일이고, 잘못된 조정은 이미지에 돌이킬 수 없는 손상을 초래할 수 있다. 처음에 올바르게 조절하는 것이 더 좋겠지만, 모니터와 스캐너가 다르면 컬러의 특성이 변하므로 그렇게 하는 것이 쉽지가 않다. 최근의 소프트웨어는 이러한 차이를 보정하는 데 목적을 두고 개발되고 있다. 이것은 장치가 컬러를 어떻게 감지하고 재생하는지를 기술하는 **프로파일**(profile)의 사용을 기본으로 한다.

임의의 특정 모니터의 컬러 특성을 기술하는 데는 많은 정보가 필요하지 않다. 빨간색, 녹색, 파란색 형광체가 방출하는(R, G, B의 **색도**) 색이 어떤 것인지만 정확히 알 필요가 있다. 이러한 것은 적당한 과학적인 장비를 사용해서 측정할 수 있고, 그런 다음 CIE의 장치 독립적인 컬러 공간 중 하나에 의해 표현될 수 있다. 또한 각 요소의 최대 채도를 알고 있을 필요가 있다. 즉, 각 전자 빔이 최대가 될 때 어떤 일이 일어날지 알아야 할 필요가 있다. 만약 흰색의 구성과 농도를 특성화할 수 있다면 어떤 일이 일어날지 추론할 수 있다. 왜냐하면, 이것이 (24비트) RGB 값 (255, 255, 255)가 무엇인지를 알려주기 때문이다. 흰색의 값(모니터의 **백색점**)은 장치 독립적인 컬러 공간에서 정의될 수 있다.

때때로 절대 온도로 나타낸 백색점의 컬러 온도(colour temperature)를 볼 수 있을 것이다. 이것은 완전한 복사체(이른바 '흑체')에 의해 방출된 빛의 스펙트럼 구성은 단지 그 온도에 의존한다는 사실에 근거한 것이다. 컴퓨터를 위한 대부분의 컬러 모니터는 9300 K의 색 온도에 대응되는 백색점을 사용한다. 이것은 햇빛(약 7500 K) 또는 종래의 텔레비전 모니터(약 6500 K)보다 훨씬 높다. (텔레비전은 희미하게 불이 켜진 곳에서 볼 것이라는 가정 하에서 설계된다.) 세 컬러 모두가 최대 세기일 때 모니터에 의해 방출된 '하얀' 빛은 실제로는 아주 파랗다. 컴퓨터 모니터는 실제로 흑체가 아니다. 이는 컬러 온도가 단지 백색점의 특징에 근사한다는 것을 의미한다.

끝으로, 모니터 동작의 가장 복잡한 요소는 표현된 RGB 값에 대응하여 방출되는 빛의 세기이다. 이 관계는 단순한 선형적인 것이 아니다. 100의 입력에 대응하여 방출된 빛의 세기는 10의 입력에 의해 만들어진 것을 10배한 것이 아니며, 10의 입력은 1의 입력에 의해 만들어진 것을 10배한 것이 아니다. 물리적 장치는 그처럼 동작하지 않는다.

장치 독립적인 **빨간색**, 녹색, 파란색 및 백색점과 감마값을 가지면, RGB 컬러값을 절대적이고 장치 독립적인 CIE 컬러 공간의 컬러값으로 변경하는 것이 가능하다. CIE 컬러 공간은 RGB 값에 대응하여 모니터에 재생되는 컬러를 정확히 표현한다. 이것이 실제 **컬러 관리**(colour management)의 이면에 숨은 원리이다.

컬러 관리가 요구되는 전형적인 경우, 이미지는 어떤 입력 장치를 사용하여 준비된다. 그것은 그래픽 에디터에 의해 디스플레이로 사용되는 모니터일 수도 있고 스캐너일 수도 있다. 어느 쪽이든, 이미지는 RGB 값을 사용하여 파일에 저장될 것이다. RGB 값은 입력 장치가 컬러를 컬러값으로 **컬러 프로파일**에 사상시키는 방법을 반영한다. 이것을 우리는 '이미지가 입력 장치의 컬러 공간을 사용하여 저장된다' 라고 말한다. 후에, 같은 이미지가 다른 모니터 상에 표시될 수도 있다. 이미지 파일에 저장된 RGB 값은 출력 장치로 사상될 것이며, 출력 장치는 입력 장치와 다른 프로파일을 가지고 있을 것이다. 입력 장치의 컬러 공간에 저장된 컬러는 마치 출력 장치의 컬러 공간에 있는 것처럼 잘못 해석된다.

이것을 보정하는 한 가지 방법은 이미지 파일에 입력 장치의 프로파일 정보를 내장해두는 것이다. EPS, PDF, TIFF, JFIF, PNG 및 다른 파일들도 정도의 차이만 있을 뿐 그런 정보를 내장해 둘 수 있다. 적어도, R, G, B의 색도 및 백색점과 감마는 파일에 포함될 수 있다. 이미지를 표시하기 위한 소프트웨어는, 원칙적으로 이 정보를 이미지 파일에서 찾아낸 RGB 값을 장치 독립적인 컬러값으로 사상시키는 데 사용한다. 그런 다음, 출력 모니터의 장치 프로파일을 사용하여, 그 값들을 출력 장치의 컬러 공간으로 사상시킬 수 있다. 따라서 컬러는 입력 장치에 있을 때와 똑같이 표시된다. 물론, 입력 장치 컬러 공간의 몇몇 컬러는 출력 장치 컬러 공간에서 사용할 수 없을 수도 있다. 따라서 컬러 관리만이 출력 장치가 지정된 컬러를 정확하게 표시하는 것을 보장할 수 있다.

컬러 관리 소프트웨어를 사용하는 다른 방법은 선택된 출력 장치의 프로파일을 사용하여 모니터에 표시된 컬러를 변경하는 것이다. 이러한 방식으로, 컬러를 정확하게 미리 볼 수 있다. 이러한 작업 방식은, 특히 실제 인쇄 출력 비용이 비싸거나 시간이 많이 걸릴 경우, 인쇄의 사전작업에서 유용하다.

장치의 한계를 넘어서는 정확한 컬러 재생을 얻기 위해, 장치 프로파일은 단순히 RGB 색도, 백색점 및 감마 상수값 외에 더 많은 정보를 필요로 한다. 실제로, 예를 들면, 세 개의 다른 컬러를 위한 감마값이 반드시 같을 필요는 없다. 이미 언급한 대로, 전달 특성은 감마에 의해 실제로 정확하게 표시되지 않는다. 만약 모니터뿐만 아니라 프린터에서도 컬러 재생을 관리하고자 한다면, 잉크의 C, M, Y, K 색도와 잉크의 분산 특성 및 종이의 흡수도와 반사도를 포함한 많은 이슈들을 고려해야 할 필요가 있다. 그리고 필름 또는 비디오에 출력하기 위해서는 다른 정보가 더 필요할 것이다.

컬러 관리 소프트웨어를 위한 최초 동기는 인쇄 산업에서 나왔으며, 이를 위한 것이 이미 개발되어 있다. ICC(International Colour Consortium)는 표준 장치 프로파일을 정의했다. 이것은 광범위한 장치들의 컬러 특성을 상당히 정교하게 기술한다. ICC 장치 프로파일은 컬러 관리 서비스를 제공하기 위해, 애플의 컬러싱크(ColorSync)와 같은 컬러 관리 소프트웨어, 포토샵과 다른 어도비 프로그램에 내장된 어도비 컬러 관리 시스템, 코닥의 정밀컬러관리(Precision Color Management) 시스템에서 사용된다. 컬러싱크는 시스템 소프트웨어 레벨에서 컬러 관리를 제공한다. 이것은 개개의 매킨토시 애플리케이션에 대해 상당히 정교한 통합된 컬러 관리 서비스를 제공한다. TIFF와 EPS 파일은 완전한 ICC 프로파일을 수용할 수 있다.

불행히도, 어떤 두 개의 장치도 정확히 동일하지는 않다. 모니터의 경우, 튜브 수명과 그들의 컬러 특성이 시간이 지나면 변화하기 때문에 상황은 더 나쁘다. 비록 모니터 제조업자에 의해 제공된 일반 프로파일이 도움은 되겠지만, 컬러 관리의 장점을 완전히 얻기 위해서는 자주 개별 장치를 교정해야 할 필요가 있다. (한 달에 한 번 정도가 권고된다.) 최상급의 일부 모니터는 자동으로 조정된다.

왜 프로파일 데이터가 파일에 내장되는지 궁금할 것이다. 이미지가 디스플레이될 때 L*a*b*와 같은 출력 컬러 공간에 사상할 수 있는 장치 독립적인 형식을 왜 입력단에서 사용하지 않는 것일까? 이유는 대부분의 기존 소프트웨어가 장치 독립적인 컬러값으로 동작하지 않는다는 것이다.

저장된 컬러값을 위한 장치 독립적인 컬러 공간을 사용하는 것은 분명히 바람직한 것이다. sRGB(standard RGB) 컬러 모델은 그런 공간을 제공하려는 것이다. 이것은 RGB 모델에 근거하고, R, G, B의 색도 및 백색점과 감마를 위한 표준값을 지정한다. 표준값은 대부분의 모니터에서 얻어진 전형적인 값을 선택한다.[3] 그 결과, 만일 디스플레이 소프트웨어가 sRGB 공간을 인식하지 못하고 컬러 변환 없이 이미지를 표시하더라도, 그것은 여전히 합리적으로 보일 것이다. sRGB 컬러의 사용은, 특히 웹 상의 그래픽에 적합하다. 웹 상의 대부분의 이미지들은 단지 터미널에 표시될 것들이기 때문이다.

연습문제

1. 컴퓨터 모니터의 주위에 반투명의 탄제린(tangerine) 컬러 플라스틱을 사용하는 것이 온당한지를 논하라.

2. 만일 RGB 컬러의 세 요소가 3차원 공간의 데카르트 좌표에 있고, 그 값이 0과 1 사이에 놓이도록 정규화한다고 간주하면, 그림 6.19처럼 단위 정육면체로서 RGB 컬러 공간을 시각화할 수 있다. 이 육면체의 8개 꼭지점에 대응하는 컬러는 어떤 것인가? 원점에서 (1, 1, 1)까지의 직선은 무엇인가? 컬러를 시각화하는 이러한 표현의 유용성에 대해 설명하라.

3. $r = g = b$인 RGB 컬러값 (r, g, b)는 왜 회색조를 표시하는가?

4. CLUT가 256 엔트리(따라서 픽셀은 단지 단일 바이트를 필요로 한다)를 가지며, 각 엔트리는 3바이트 폭일 경우, 공간을 절약하는 구조를 제공하는 인덱스 컬러를 사용하기 전의 이미지 크기는 얼마가 되어야 하는가?

5. 다음 중 어떤 이미지에 대해 인덱스 컬러를 사용하는 것이 좋은가?
   (a) 국기 표현
   (b) 화성 표면의 사진
   (c) 해변에서 찍은 당신 자신의 사진
   (d) 흑백의 Fred Astaire 영화의 스틸 사진
   디더링 없이 시스템 팔레트를 써도 좋은 것은 어떤 것인가?

6. 가장 중요한 컬러가 가장 흔하게 나타나는 컬러가 아닌 이미지의 예를 들어라. 이때 어떤 문제가 발생하는가?

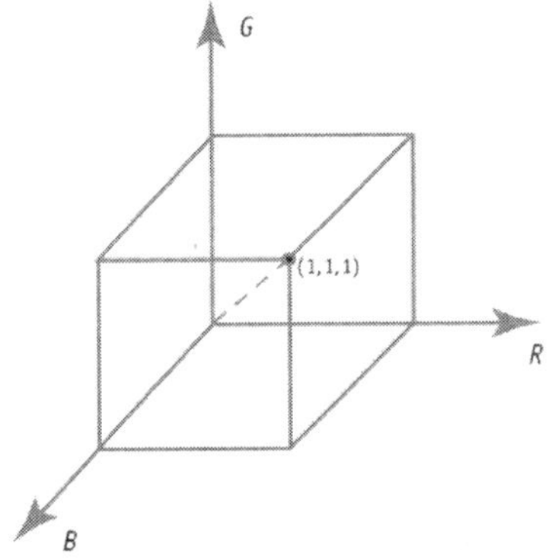

그림 6.19 RGB 컬러 공간

---

3) 지지자들도 있지만 또 다른 전문가들은 이 선택된 값이 최선이 아니라고 믿는다. 포토샵 5.0은 sRGB를 기본 컬러 공간으로 사용했지만 사용자의 요구에 의해 5.01 업데이트에서는 바뀌었다.

7. 만일 한 아이에게 빨간색, 녹색, 파란색 페인트만 담긴 페인트박스를 주면, 이것으로 시스틴(Sistine) 교회의 천장을 칠하기에 적절한 컬러 범위로 혼합할 수 있을까?

8. 어떤 컬러 공간이 이미지를 저장하는 데 사용되어야 하며, 그 이유는 무엇인가?

9. 아마도, 노출이 부족하여 빨간색이 너무 많은 이미지를 가지고 있다고 생각하자. 빨간색 채널을 보정하기 위해 어떤 조정을 해야 하는가? 그 조정으로 인해 생기는 원하지 않는 부작용은 무엇인가? 그럴 경우 무엇을 할 것인가?

10. 그림 6.18에 보이는 가장 눈에 띄는 조정의 결과는 밝은 녹색으로 바뀐 것이다. 그러나 스크린 샷을 보면 녹색으로 만들 어떤 일도 하지 않았다는 것을 알 것이다. 왜 이렇게 되었는가?

11. 슈퍼맨의 유니폼은 파란색이고, 가슴에는 노란 S자가 있고, 망토는 빨간색이다. 비행하는 슈퍼맨의 이미지를 어떻게 만들 것인가?

비디오
Video

7

영화나 비디오 혹은 TV 방송에서, 또는 컴퓨터 시스템이나 디지털 저장 매체에서, 움직이는 영상을 나타내기 위해 현재 사용되는 모든 방법은 잔상이라는 현상에 근거한 것이다. 시각의 자극은 '후속 이미지(after-images)'를 발생시키는데, 이와 같이 눈이 반응하는 과정에서 생기는 지연 현상이 바로 잔상이다. 정지한 이미지의 연속 장면이 충분히 높은 비율(이를 융합 빈도(fusion frequency)라 한다)로 우리 눈에 보인다면, 잔상으로 인해 우리는 각각의 이미지를 인식하기보다는 연속적인 느낌을 경험하게 된다. 만일 연속적인 이미지가 약간씩만 다르다면, 한 이미지에서 다른 이미지로 바뀌는 변화에 의해 이미지가 움직이는 것으로 인식될 것이다. 융합 빈도는 보는 환경과 이미지의 밝기에 좌우되며, 대략 초당 40개 정도의 이미지이다. 이 빈도보다 적으면 깜빡거리는 현상을 인식할 것이다. 그리고 그 빈도가 계속 줄어들면, 결국 움직인다는 착각이 없어져서 정지한 이미지가 차례대로 보여진다는 것을 인식하게 된다.

멀티미디어 제작에 사용하기 위해 동영상을 만드는 것에는 두 가지 다른 방법이 있다. 즉, 실제 움직임을 비디오 카메라로 녹화하여 프레임을 연속적으로 기록하거나, 컴퓨터에서 각 프레임을 하나씩 만들거나 캡처하여 프레임을 만드는 경우이다. 첫 번째 경우에 대해 **비디오(video)**라는 단어를 사용하고, 두 번째 경우에 대해 **애니메이션(animation)**이라는 용어를 사용한다. 비디오와 애니메이션은 움직이는 영상의 형태이기 때문에 같은 특징을 공유한다. 그러나 둘 사이에는 기술적인 차이가 있다. 실제의 움직임인 비디오의 경우, 실시간 움직임의 재현을 성취할 수 있도록 빠르게 이미지들을 기록하는 것이 필수적이며, TV 방송을 위해 규정된 표준과 장비의 접속 규격에도 부합되어야 한다. 우리가 컴퓨터에서 비디오를 재생할 경우, 이러한 요구사항이나 표준과는 대부분 부합되지 않는다. 설상가상으로, 다른 분야에 사용할 경우에는 또 다른 여러 가지 표준이 있다.

앞으로 우리가 살펴보겠지만, 비디오는 컴퓨터 시스템의 처리 성능, 저장 장치 및 데이터 전송 성능에 영향을 받는다. 또한 비디오는 소비자들로부터 많은 요구가 있으며, 소비자들의 기대는 보통 TV 방송 경험에 기반을 두고 있다. 비디오는 기술적 변화의 영향을 받기 쉬운 멀티미디어의 한 영역이다. 전형적으로, 비디오는 가정의 TV 수상기보다 훨씬 더 작은 윈도우에서 감소된 프레임률로 재생될 것이다. 그러므로 비디오는 저급의 플랫폼을 고려하여 멀티미디어 제작 시에 적절하게 사용되어야 한다.

요즘의 영화는 초당 24 프레임의 비율로 보여주는데, 필름 영사기는 각각의 프레임을 두 번 보여준다. 따라서 투사하는 프레임의 비율은 48이다. TV와 비디오를 위해 NTSC 시스템은 대략 초당 30 프레임의 비율로 보여준다. 그러나 실제는 두 배의 비율로 재생된다. 왜냐하면, 각각의 프레임은 두 개의 필드로 나뉘어서 비월주사되기 때문이다. PAL과 SECAM 시스템도 초당 50 필드(25 프레임)로 비슷하게 작동한다. 컴퓨터 모니터에서 이미지를 디스플레이할 때, 디스플레이되는 이미지의 비율을 선택할 수 있다. 상대적으로 높은 재생 속도는 모니터의 깜빡거림을 없애준다. 디지털 디스플레이는 인터레이스된 필드를 요구하지 않는다. 그러나 이미지는 움직임의 잔상이 나타나지 않게 충분히 빠르게 디스플레이되어야 한다. 비록 높은 비율이 더 좋지만, 초당 12–15 프레임 정도이면 충분하다.

7.1 비디오의 디지털화

디지털 비디오를 만들 때는 항상 데이터의 크기를 고려해야 한다. 비디오 시퀀스는 많은 프레임으로 구성되어 있다. 각각의 프레임은 비디오 카메라 내에 있는 센서에 의해, 연속적으로 변화하는 신호를 디지털화해서 만들어진 이미지이다. 비디오 프레임은 항상 비트맵 이미지를 사용한다. 북아메리카 또는 일본에서 사용하고 있는 NTSC 비디오 프레임의 이미지 크기는 넓이가 640 픽셀, 높이가 480 픽셀이다. 24비트 컬러를 사용하면 각 프레임은 $640 \times 480 \times 3$ 바이트, 즉 900 KB 크기가 된다. 압축되지 않은 NTSC 비디오는 초당 약 30 프레임으로 구성된다. 따라서 매초당 약 26 MB 이상이며, 매분당 1.6 GB 크기이다. 서부 유럽이나 오스트레일리아에서 사용하고 있는 PAL 시스템은 약간 더 크다. 초당 25 프레임의 768×576은 초당 31 MB이고, 분당 1.85 GB이다. 이러한 비율로는 비디오를 CD-ROM 또는 DVD에 저장할 수 없다. 빠른 네트워크로도 전송할 수 없으며, 우리가 알고 있는 인터넷은 확실히 불가능하다. 충분한 크기의 디스크 배열을 사용한다면 영화 전체를 저장할 수 있지만, 최신의 SCSI와 Firewire 표준에 해당하는 높은 데이터 전송 속도가 요구된다.

높은 데이터 전송률이 필요한 것은 동영상 때문이라는 것을 인식해야 한다. 각 장면은 차례대로 전송되어야 하며, 연속적인 움직임으로 인식되도록 충분히 빨라야 한다. 각 프레임은 많은 양의 비트맵 이미지 데이터를 저장하고 있다. 5장에서 살펴본 것과 같이, 이미지에 어떤 형태의 압축을 적용함으로써 이러한 데이터의 크기를 줄일 수 있다. 인터넷과 같이 상대적으로 느린

그림 7.1 비디오는 정지 프레임의 집합이다.

네트워크에서의 전송을 위해, 또는 CD-ROM으로부터의 직접적인 재생을 위해 데이터의 양을 줄이기 위한 여러 가지 압축 방법을 사용해야 한다. 실시간 비디오의 캡처를 위해서는 지정된 하드웨어가 요구하는 속도로 빠르게 압축이 실행되어야 한다.

디지털 비디오는 카메라를 통해서 직접 캡처하거나 비디오 테입 레코더(VTR) 또는 방송 신호로부터 간접적으로 캡처될 수 있다. 현재의 기술은 카메라 또는 컴퓨터에서 디지털화와 압축을 수행할 수 있다. 디지털 VTR은 디지털 신호로 기록하고, 아날로그 VTR은 아날로그 신호로 기록한다.

디지털화와 압축은 카메라 내부에 있는 회로를 사용하여 이루어지며, 순수한 디지털 신호가 빠른 속도의 인터페이스를 거쳐 카메라에 전송된다. 비디오 캡처를 위해 가장 일반적으로 사용되는 하드웨어의 조합은, 디지털 캠코더나 DV 포맷의 다양한 형태(mini-DV(이것을 줄여서 간단히 'DV'라 부름)라고 부르는 것과 DVCAM 또는 DVCPRO) 중 하나를 사용하는 VTR을 FireWire 인터페이스로 컴퓨터에 연결하는 것이다. (FireWire는 이전에는 IEEE 1394로 알려져 있었으나 더욱 특색있는 이름으로 공식적으로 수용되었다. 소니(SONY)가 만든 장비에는 이 인터페이스에 iLink라는 이름을 사용한다.) 세 가지의 DV 유형은 서로 다른 비디오 포맷을 사용하며, 에러 교정 정도 및 아날로그 스튜디오 장비와의 호환성이 다르다. 그러나 같은 포맷으로 디지털 비디오를 컴퓨터로 전송하므로, 소프트웨어는 장비의 세 가지 형태를 구분할 필요가 없다. Mini-DV는 비록 세미 전문가의 비디오를 위한 것이지만, 본질적으로 소비자 포맷이다. 다른 두 가지 포맷은 전문가들이 사용하기에 더 적합하다.

비록 DV의 질은 매우 좋지만 이것은 압축된 포맷이며, 5장의 비트맵 정지 이미지에서 본 것처럼, 압축은 가공물(artefact)을 만들고 후속처리와 재압축을 방해하게 된다. 그림 7.3은 압축되지 않은 비디오의 프레임과 DV로 압축된 프레임을 보여준다. 어떤 차이점을 찾기가 매우 힘들다. 그러나 그림 7.4처럼 확대해서 보면, DV에는 가공물이 있다. 극도로 확대한 그림 7.5는 몇부분에서 실제로 픽셀이 얼마나 변했는지를 보여주고 있다.

그림 7.2   초당 25 프레임 비디오

'DV'는 Digital Video를 나타낸다. 그러나 이 표현은 디지털 형태로 비디오 데이터를 저장하고 조작함을 뜻하는 보다 일반적인 의미로 사용된다. 우리는 이러한 일반적인 의미로 사용하며, 'DV'는 특정 표준을 의미할 때 사용한다.

만약 디지털화가 컴퓨터에서 수행된다면, 방송 비디오 표준에 따르는 아날로그 비디오 신호를 컴퓨터에 부착된 **비디오 캡처 카드**의 입력에 공급해야 한다. 이 카드가 아날로그 신호를 디지털 신호로 변환한다. 때때로 컴퓨터의 중앙 처리 장치에서 작동되는 소프트웨어를 사용하며 압축할 수도 있지만, 통상적으로 디지털 데이터는 디스크에 저장 또는 네트워크로 전송되기 전에 카드에서 압축된다. 이 변환은 아날로그 신호를 외부 연결 장치로 보내어 DV 신호로 바꾸고, DV 신호를 FireWire를 통해 컴퓨터로 보낸다.

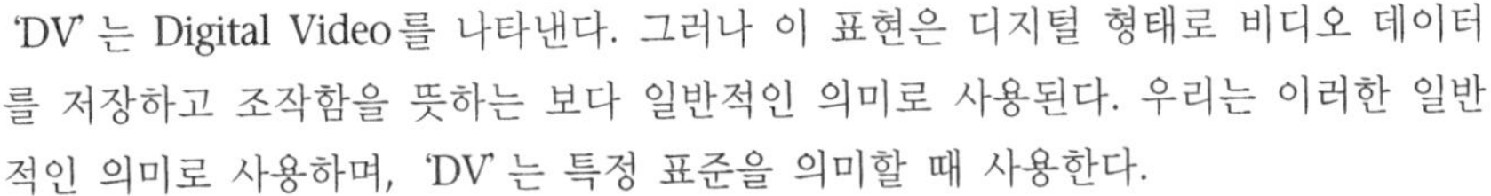

그림 7.3   압축되지 않은 프레임(왼쪽)과 DV로 압축된 프레임(오른쪽)

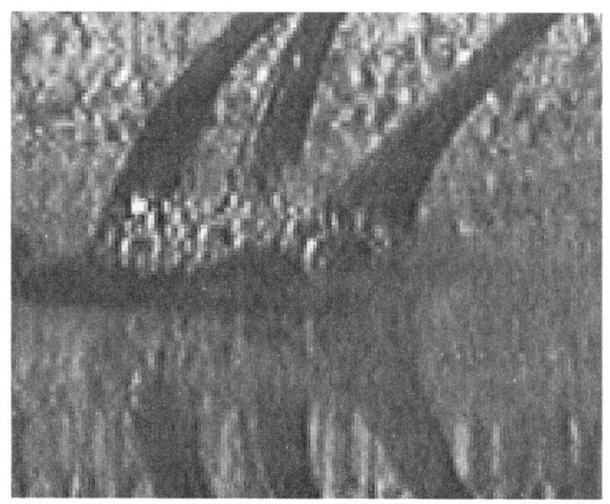

그림 7.4 확대한 압축되지 않은 프레임(왼쪽)과 가공물이 보이는 DV 프레임(오른쪽)

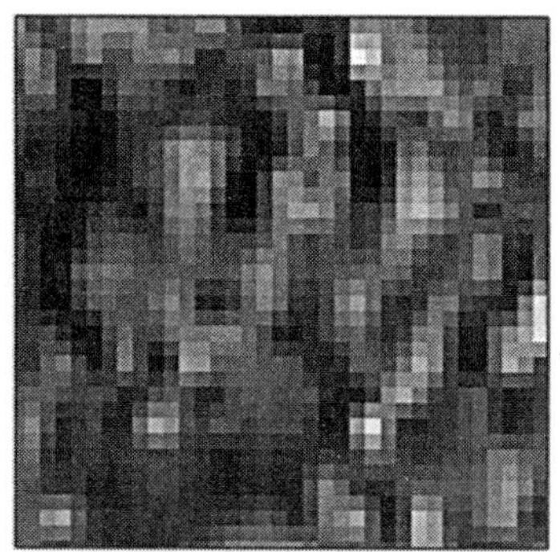
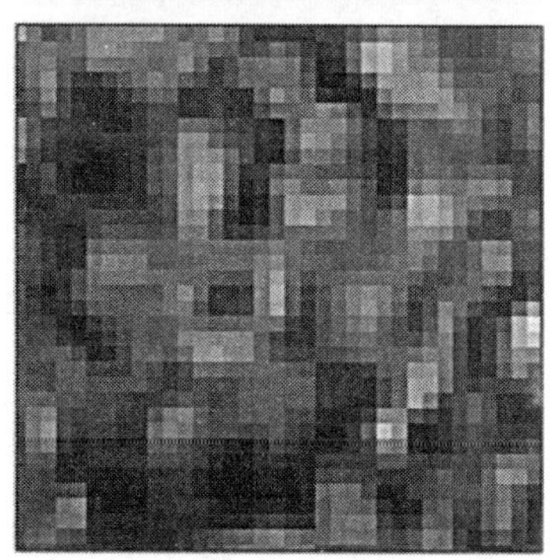

그림 7.5 압축되지 않은 프레임(위)의 픽셀과 DV 프레임(아래)의 픽셀에서 컬러 값 변화

카메라 내에서 디지털화하는 것이 컴퓨터 내에서 디지털화하는 것보다 많은 장점을 가진다. 아주 짧은 거리라 할지라도 아날로그 신호가 케이블을 통해 전송될 때는 잡음에 의해 작은 양이라 할지라도 필연적으로 오류가 발생한다. 아날로그 신호에 잠재해 있는 잡음이 자기 테입에 저장된다. 일반적으로 가정집의 장비에 사용되는 컴포지트 비디오 신호는 컬러와 밝기 정보의 간섭에 의해 왜곡되기 쉽다. 특히 VHS 테입에 저장될 때(DVD 플레이어와 디지털 TV가 일반적으로 사용될 때까지는), 방송 TV와 VHS 비디오에는 늘 잡음과 왜곡이 존재하게 된다. 이러한 현상은 압축의 유효성을 줄일 수 있다. 만약 카메라 내부에서 디지털화가 이루어진다면, 2장에서 지적한 것과 같이, 디지털 신호는 노이즈나 간섭을 받지 않고 케이블로 전송되어 테입에 저장된다. 소스의 깨끗한 신호에 압축을 적용하는 것이 더 효과적이다.

소비자가 DVD의 깨끗한 영상에 익숙해질수록 디지털 TV의 VHS 잡음은 더 작아지고 허용되지 않을 것이며, 아날로그 비디오가 사라지는 것은 단지 시간문제일 뿐이다.

카메라 내에서 디지털화를 수행하는 단점은 사용자가 그것을 제어할 수 없다는 것이다. 디지털 비디오 카메라에 의해 생성된 데이터 스트림은 표준에 적합해야 한다. 일반적으로 DV는 데이터 스트림에 필요한 데이터를 생성하므로 압축이 뒤따라야 한다. 아날로그 비디오 캡처 보드와 연관된 소프트웨어는 일반적으로 사용자가 압축 파라미터를 제어할 수 있어서, 영상의 질과 데이터율(즉, 파일 크기)을 절충할 수 있게 해준다.

DV 장치와 비디오 캡처 보드는 디지털화와 압축뿐만 아니라, 그 역인 복원과 디지털 신호를 아날로그 신호로 변화하는 것도 수행한다. 신호를 압축하는 것과 복원하는 장치를 압축기/복원기라 하며, **코덱**이라 부른다. DV 캠코더나 캡처 카드에 있는 하드웨어 코덱을 사용하면, 비디오 신호를 캡처하여 컴퓨터에 저장하고, 캠코더의 소켓이나 비디오 카드의 출력에 연결하여, 외부 비디오 모니터에서 완전 모션(full motion)으로 재생하는 것이 가능하다. 그러나 사용자들이 어떤 하드웨어 코덱을 가지고 있는지를 알 수 없으므로, 일반적으로 고객의 컴퓨터 모니터에서 비디오가 재생되는 것을 원하게 된다. 따라서 **소프트웨어 코덱**이 필요하다. 이것은 하드웨어 전용 코덱과 같은 기능을 수행하는 프로그램으로, 컴퓨터의 모니터에서 비디오를 재생시키기 위한 것이다. 일반적으로 소프트웨어는 전용 하드웨어보다 속도가 느리다. 그러나 소프트웨어를 사용하여 방송 프레임률의 전체 스크린(full screen) 비디오를 재생하는 것은 현재의 가장 **빠른** 데스크탑에서 가능하다. 예전 컴퓨터 또는 성능이 떨어지는 컴퓨터는 전체 크기와 **빠른** 속도의 비디오를 부드럽게 재생할 수 없다. 네트워크는 일반적으로 충분히 **빠른** 속도로 비디오를 전송할 수 없다. 그래서 웹에서의 비디오는 작은 프레임을 사용하고, 낮은 프레임률을 사용하므로 질이 떨어지게 된다.

일반적으로, 소프트웨어 코덱에 적합한 압축 알고리즘과 하드웨어 코덱에 적합한 것과는 차이가 있다.

7.2 스트림 비디오

하드디스크, DVD 또는 CD-ROM으로부터 사전 녹화된 비디오 클립을 재생하는 것과 네트워크에서 비디오를 실행하는 것은 전혀 다른 것이다. 후자는 원격 서버로부터 전송된 비디오 스트림 데이터가 **도착하자마자** 표시되는 것으로, 전체적인 비디오 클립을 디스크에 다운받아 그것을 재생하는 것과는 다르다. 이러한 **스트림 비디오**는 소스 비디오가 서버에 있다는 점에서 방송 TV와 비슷하며, TV 송신기가 신호를 전송하면 수신하는 즉시 화면을 보는 것처럼 동작한다. 전체 클립을 다운받는 것은 TV 방송국에서 원하는 때에 프로그램을 볼 수 있도록 비디오 테입을 보내주는 것과 같다. 스트림 비디오는 라이브 비디오를 전송할 수 있도록 하였고, 전통적인 방송법으로 비디오를 컴퓨터로 가져온 것이다. 그러나 이것은 전통적인 방송 TV에서처럼 하나의 송신기로 여러 시청자에게 방송하는 방식과는 다르다. 어떤 적합한 장비를 갖춘 컴퓨터는 수신자이면서 동시에 송신자의 역할을 할 수 있다. 따라서 사용자들은 비디오 회의에 참석하여 시각적으로 의사소통을 할 수 있다.

스트림 비디오의 본질적 장애물은 대역폭이다. 많이 압축되어 일반 프레임 크기의 4분의 1로 줄어든 비디오는 초당 1.86 메가비트의 대역폭을 요구한다. 그러므로 좋은 질의 스트림 비디오는 LAN, T1 회선 및 광대역(ADSL과 케이블 모뎀)에서만 가능하다. V90 모뎀을 사용하는 다이얼 업 인터넷 연결은 이 정도의 데이터율을 다룰 수 없다. 대역폭이 가능할지라도, 최소의 지연으로 데이터를 배달해야 하며 과도한 '지터'가 없어야 한다. 지연으로 인한 편차는 독립적으로 배달된 비디오와 오디오 스트림의 동기를 잃어버리게 한다. 17장에서 이 주제를 다룬다.

웹(World Wide Web) 상에서 비디오를 전송하는 방법과 **실제 스트리밍(true streaming)**이라 불리는 것의 차이를 이해하는 것이 도움이 될 것이다. 가장 간단한 방법은 임베디드(embedded) 비디오라 부르며, 영화 파일이 서버에서 사용자의 컴퓨터로 전송되고, 전체 파일이 도착되면 디스크로부터 재생된다. 이것을 개선한 방법을 **점진적 다운로드(progressive download)** 또는 **HTTP 스트리밍**이라고 한다. 이 방법에서 파일은 여전히 사용자의 디스크로 전송되지만, 도착한 양이 충분하면 곧바로 재생된다. 이것은 그림 7.6에서 설명하고 있다.

재생을 시작하기 전에 분명한 지연이 있다. 왜냐하면, 점진적으로 다운로드되는 영화는 질을 유지하기 위해서 네트워크 연결의 대역폭을 초과한 데이터율로 만들어지기 때문이다. 재생이 완료된 후에 영화 파일은 사용자의 하드디스크에 항상 남아 있다. (적어도 웹 브라우저의 캐시에 남아 있다.) 따라서 전체 영화를 저장하기에 충분한 디스크 공간이 사용 가능해야 한다. 그러므로 점진적인 다운로드는 영화 필름 같은 큰 파일을 사용하지 않으며, 또한 이러한 방법은 라이브 비디오를 위해 사용될 수 없다.

이와는 반대로, 실제 스트리밍 비디오는 사용자의 디스크에 저장될 수 없다. 작은 버퍼를 이용하여 스트림의 각 프레임이 네트워크를 통해 도착하자마자 재생된다. 이것은 스트림이 계속 이어진다는 의미이며, 따라서 실제 스트리밍은 라이브 방송을 위해서 사용된다. 저장된 영화의 스트림은 서버의 저장 장치 크기에 의해 제한된다. 라이브 스트림을 제외하고, 스트림의 특정 위치를 임의로 액세스하는 것은 가능하다. 따라서 실제 스트리밍은 VOD(video on demand) 응용에 적당하다.[1] 문제는, 재생을 위해 얼마나 빠

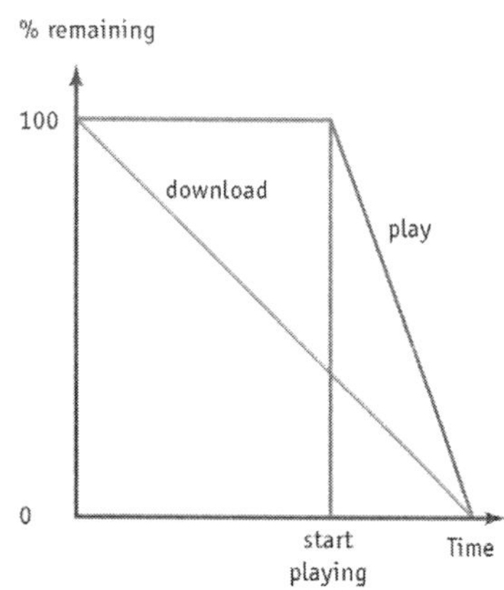

그림 7.6 점진적 다운로드

---

[1] 무비의 전체 복사본이 사용자 기계에 남자 않는다는 것은 저작권이 있는 내용일 경우에는 더욱 선호된다.

르게 데이터 스트림을 네트워크에서 전송할 수 있는가이다. 다른 측면에서 본다면, 이것은 영화의 데이터율을 의미하고, 따라서 영화의 질은 네트워크 성능에 의해 제한된다. 최고의 연결 상태라 할지라도 인터넷 스트림 비디오는 방송 TV의 화질을 제공하지 못한다.

그러면, 왜 귀찮게 하는가? 해답은 때때로 다음 슬로건, 즉 '모든 웹 사이트는 하나의 TV 방송국이다. (Every Web site a TV station)'로 요약될 수 있다. 스트리밍 비디오 서버 소프트웨어는 무료이거나 별로 비용이 들지 않는다. 영구적인 인터넷 연결을 하고 있는 사람은 누구나 스트림 비디오 컨텐츠를 전송할 수 있다. 많은 ISP는 그들 자신의 서버를 운용할 수 없는 소비자들에게 스트리밍 설비를 제공한다. 인터넷 스트리밍은 전통적인 TV 방송 설비보다 더 많이 접속되며, 소수의 비전통적인 비디오를 위한 새로운 채널을 제공한다. 또 다른 해답은 스트림 비디오는 전통적인 방송에 비해 상호작용적이기 때문이다.

7.3 비디오 표준

디지털 비디오는 카메라로 캡처되며, 또한 TV 수상기에서 재생할 영상을 녹화하는 데도 카메라를 사용한다. 값이 싼 웹 카메라(Webcam)를 제외하고, 컴퓨터에 접속하기 위해서 카메라를 제작하는 것은 경제적으로 현실적이지 못하다. 그러므로 멀티미디어 제작에 있어서, 우리는 TV 규격에 부합하는 신호를 다루어야만 한다. 디지털 장치는 프레임 크기 및 프레임률과 같은 본질적인 특징에서 오래된 아날로그 장치와 호환성을 유지해야만 한다. 따라서 디지털 비디오를 이해하기 위해서는 아날로그 방식을 살펴볼 필요가 있다.

7.3.1 아날로그 방송 표준

아날로그 방송의 컬러 TV를 위해 사용되는 표준에는 세 가지가 있다. 이 중에서 가장 오래된 것은 NTSC((US)National Television Systems Committee)이다. 이것은 북아메리카, 일본, 대만과 남아메리카의 일부에서 사용된다. 대부분의 서유럽에서는 PAL(Phase Alternating Line)로 알려진 표준을 사용한다. 그러나 프랑스는 SECAM(Séquential Couleur avec Mémoire)이 사용된다. SECAM은 구소련과 동유럽에서 광범위하게 사용되며, PAL은 또한 오스트레일리아와 뉴질랜드 그리고 중국에서 사용된다. 아프리카와 아시아 지역 대부분에서 채택된 표준은 유럽의 식민지 역사의 패턴을 따른다. 남미는 NTSC 방식과 PAL을 변형시킨 방식을 쓰는 국가들이 혼재한다.

NTSC, PAL과 SECAM 표준은 컬러 TV 영상을 방송 신호로 부호화하는 기술과 관련된 것이다. 그러나 그 이름들은 프레임률 및 라인 수와 같은 특성과는 별 상관없이 느슨하게 붙인 것이다. 이 특성들을 알기 위해서는 TV 영상이 어떻게 표시되는지를 이해하는 것이 필요하다.

컴퓨터 모니터와 같이, TV 수상기는 래스터(raster) 스캔 원리로 작동한다. 개념적으로, 스크린은 페이지 위의 텍스트 행처럼 수평선으로 나뉘어진다. CRT(cathode ray tube)에서 세 개의 전자 빔이 각각 원색을 위해 방출되면, 자기장에 의해 편향되어 화면을 가로질러 한 줄을 주사한 후, 다음 행을 주사하기 위해 아래로 내려간다. 형광점은 전자 빔이 가해졌을 때 세기에 따라 빛을 내게 된다. 따라서 우리가 보는 화면은 수평선의 순서로 위에서 아래로 구성된다. (만일 큰 TV 스크린을 자세히 보면 선을 볼 수 있다.)

위에서 말했던 것처럼, 만일 깜박거림을 없애려면, 스크린은 초당 대략 40번 갱신(refresh)되어야만 한다. 전체 화면을 매초당 40번 전송하는 것은 큰 대역폭이 요구되며 비실용적이다. 대신, 각 프레임을 두 개의 **필드**로 나눈다. 하나는 각 화면의 홀수 번째 선으로 이루어지고, 다른 하나는 짝수 번째 선이 된다. 이것을 차례로 전송한다. 그러므로 각 프레임은 비월주사(interlacing) 필드(그림 7.7)로 구성된다. 각 필드는 홀수 또는 짝수, 상위와 하위, 필드 1과 필드 2 등 여러 가지로 부른다. 원래, 필드가 전송되는 비율은 그 지역의 AC 주파수와 일치하도록 선택되어야 한다. 따라서 서유럽에서는 초당 50의 필드 비율과 초당 25 프레임률이 PAL에서 사용된다. 북아메리카에서는 초당 60의 필드 비율이 흑백 송신을 위해 사용되었다. 그러나 컬러 신호가 NTSC에 추가되었을 때, 소리에 간섭을 일으키는 것이 밝혀졌고, 따라서 필드 비율은 1000/1001을 곱한 초당 59.94 필드가 되었다. 비록 NTSC 프레임률이 초당 30 프레임으로 자주 이야기되지만, 실제는 29.97이다.

비디오가 컴퓨터 모니터 위에서 재생되는 것은 비월주사 방식이 아니다. 대신, 각 프레임의 선을 위에서 아래까지 차례로 프레임 버퍼에 쓴다. 이것은 **점진적인 주사(progressive scanning)**로 부른다. 전체 화면이 높은 비율로 프레임 버퍼에 의해 갱신되므로, 점멸은 발생하지 않는다. 그리고 프레임률도 방송에 필요한 것보다 훨씬 더 낮다. 아날로그 영상 신호가 디지털화될 때, 필드를 합쳐서 프레임을 만들 수도 있고 필드를 분리하여 저장했다가 재생할 때 조합할 수도 있다. 필드가 실제로는 분리되었다가, 이러한 방식으로 조합하는 것은 바람직하지 않은 결과를 초래할 수 있다. 만일 물체가 **빠르게**

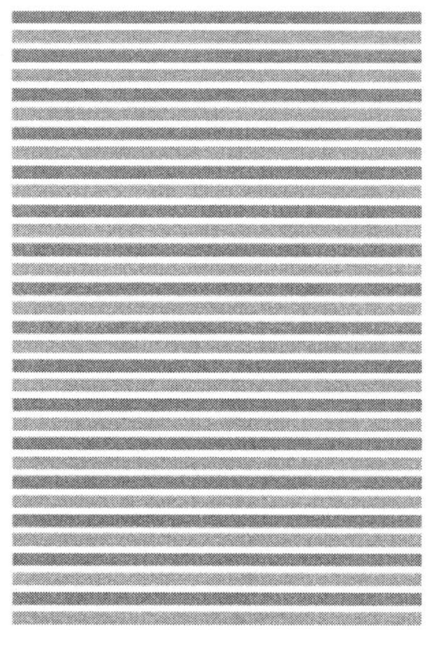

그림 7.7 비월주사 필드(홀수, 짝수 필드)

그림 7.8 비디오 프레임과 분리된 필드들

그림 7.9 합쳐진 필드의 '빗 효과 (comb effect)'

움직이고 있으면, 물체는 두 필드 사이에서 위치가 변화한다. 그림 7.8은 프레임의 일렁임(blow-ups)의 예를 보여준다. 여자 배우가 회전하고 움직일 때, 프레임 왼쪽의 외투가 앞으로 나오는 것이 첫 필드에서보다 두 번째 필드에서 더 큰 것처럼 보인다. 필드가 점진적인 표현을 위해 단일 프레임으로 조합되면, 움직이는 대상의 가장자리는 그림 7.9에서 보는 것처럼 빗(comb)과 같은 형태를 가질 것이다. 이러한 현상을 예방하기 위해, 단일 프레임을 구축할 때는 두 필드의 평균을 얻는 '역 인터레이싱(de-interlace)'이 필요하다. 그러나 이것은 비교적 결함이 있는 방법이다. 다른 옵션은 필드의 반을 버리는 것이다. 예로, 모든 짝수 필드를 버린다. 그리고 전체 프레임을 얻기 위해 비어 있는 필드에 분실 정보를 집어넣는 것이다. 이것도 예측 가능한 결함이 있는 결과를 초래한다. 반면에, 아날로그 비디오에 초당 60개나 50개의 필드가 있다는 사실은, 때때로 각 필드를 단일 프레임으로 바꾸는 데 유용하게 사용될 수 있다. 즉, 2초 동안 느린 속도로 캡처된 비디오를 1초 동안 캡처된 이미지에 집어넣는 것이다. 만일 비디오가 충분한 속도(30 fps 또는 25 fps)로 플레이되면, 보간법(interpolation)으로, 화질 손실은 거의 눈에 띄지 않게 필드를 프레임으로 만들 수 있다.

각 방송 표준은 선의 시작을 표시하는 기호의 패턴과 선 내의 화상 정보를 부호화하는 방법을 정의한다. 우리가 화면으로 보는 선 외에, 동기화 및 다른 정보를 포함한 여분의 선들이 각 프레임에서 전송된다. NTSC 프레임은 525 라인이며, 그 중 480 라인이 영상 정보를 포함하고 있다. PAL과 SECAM은 625 라인을 사용하며, 그 중에서 576 라인은 영상이다. 라인 수와 필드 비율로 주사 표준을 나타내는 것이 보통이다. 예를 들면, 우리가 보통 NTSC라고 부르는 것은 525/59.94이다.

원래 영화로 만들어진 것을 비디오 테입에 담았을 때, 이것을 디지털화해야 할 수도 있다. 예를 들면, 멀티미디어 영화 안내서를 만들려고 하는 경우이다. 대부분의 영화는 초당 24 프레임으로 영사된다. 따라서 모든 비디오 표준과 맞지 않는다. 24개의 영화 프레임을 30 NTSC 비디오 프레임에 맞추기 위해서는 3-2 풀다운(pull down)으로 알려져 있는 방법이 사용된다. 첫 번째 영화 프레임은 첫 번째 세 개의 비디오 필드를 위해 기록된다. 두 번째는 두 개, 세 번째는 세 개 등등으로 기록된다. 이 형식으로 디지털화하고 난 후에 3분의 2를 제거하는 것이다. 그리고 원래의 비율인 초당 24 프레임으로 되돌린다. PAL을 사용할 때는 영화 프레임을 약간 빠르게만 보여주면 되므로 프레임률을 조절하는 것만으로도 충분하다.

7.3.2 디지털 비디오 표준

디지털 비디오를 위한 표준이 아날로그 비디오보다 결코 덜 복잡하지 않다. 기존 장치와의 호환성 때문에 이것은 어쩔 수 없다. 아날로그 신호 대신 디지털 데이터 스트림의 사용도 포맷과 필드 비율을 스캔하는 것과 직접적인 관계가 있다. 따라서 디지털 비디오 포맷도 625/50과 525/59.94를 표현하는 것이 가능해야 한다. 새로 나온 HDTV(High-Definition Television) 규격도 수용되어야 한다. 일부에서는 현재의 두 가지 포맷을 통합하는 것을 시도했었다. 그러나 불행히도, 소비자 사용을 위한 것과 전문 사용자 송신을 위한 다른 디지털 규격이 채택되었다.

다른 아날로그 데이터와 같이, 비디오도 디지털 형식으로 바꾸기 위해 샘플링되어야 한다. 공식 명칭은 ITU-R BT.601이지만 CCIR 601[2])로 더 자주 불리는 권고안이 디지털 비디오의 샘플링을 정의하고 있다. 비디오 프레임은 2차원이므로, 두 가지 방향으로 샘플링되어야 한다. 주사선은 명백히 종적인 방향으로 정렬된다. 주사 표준에 관계없이, CCIR 601은 각 줄에 대해 360개의 색차 샘플의 집합 두 가지와 720개의 휘도 샘플로 구성된 수평 샘플 영상 포맷을 정의한다. 따라서 색차와 인터레이싱을 잠시 무시하면,

---

[2]) CCIR은 ITV-R이라는 단체의 옛날 이름이다.

CCIR 601에 따라 PAL 프레임은 720 × 576 픽셀로 구성되며 NTSC 프레임은 720 × 480 픽셀로 구성된다.

주의깊은 독자는 이 설명이 혼란스러울 것이다. 앞에서 PAL과 NTSC 프레임의 크기는 각각 768 × 576과 640 × 480 픽셀이라고 설명했다. 따라서 상황을 명확히 하는 것이 필요하다. PAL과 NTSC는 아날로그 표준이다. 프레임은 수직 라인으로 나뉘어져 있지만, 각각의 라인은 연속적인 신호로 만들어지며, 디지털 이미지처럼 실제로 픽셀로 나누어지는 것이 아니다. 한 라인의 픽셀 수는 영상 라인(576 또는 480)의 수에 프레임의 **외관비**(넓이와 높이의 비율)를 곱하는 것에 의해 생성된다. 이 외관비는 PAL과 NTSC 방식에서 4:3이다. 아날로그 신호를 디지털화하는 영상 캡처 카드는 이 비율의 비트맵 형태로 프레임을 생성한다. 연산의 기초를 이루는 것은 픽셀이 정사각형이라 가정하는 것이다. 이 가정에 의해, CCIR 601은 두 시스템을 위해 동일한 샘플링률을 정할 수 있고, 모든 라인에서 같은 수의 수평 샘플을 제공하는 것과 같은 바람직한 성질을 가지게 된다. CCIR 601 픽셀은 정사각형이 아니다. 625 라인을 가진 시스템의 경우는 높이보다 넓이가 약간 넓다. 525 라인의 시스템에서는 넓이보다 높이가 약간 더 높다. CCIR 601에 따라 샘플링된 비디오를 표시하는 장치는 적합한 형태로 픽셀을 사용하기 위해서 조정되어야 한다.

CCIR 601에 따라 샘플링된 비디오는 밝기 구성요소와 두 개의 색차 구성요소로 이루어진다. 컬러 공간은 기술적으로 $Y'C_BC_R$이다. 세 가지 구성요소는 밝기 Y 및 색차 $B-Y$와 $R-Y$이다. 첫 번째 단계로, 디지털 비디오의 크기를 축소하기 위한 **색차 서브샘플링**을 수행한다. 사람의 눈은 컬러의 변화보다 밝기의 변화에 더 민감하다는 경험적인 관찰에 의한 것이다. CCIR 601에서 사용되는 샘플의 정렬을 4:2:2 샘플링이라고 부른다. 이것은 그림 7.10에서 설명된다. 각 라인에서 Y 샘플 수는 $B-Y$와 $R-Y$의 두 배이다. 각 구성요소를 위해 8비트를 사용하면, CCIR 601 비디오를 위한 결과적인 데이터 전송 속도는 초당 (20 MB를 넘는) 166 Mbit이다.

왜 2:1:1이 아닌 4:2:2인가? 왜냐하면, 다른 샘플링 정렬이 가능하기 때문이다. 특별히, DV에서처럼, 디지털 비디오를 위한 어떤 표준은 4:1:1 샘플링이다. 이때는 각 라인에 있는 모든 네 번째 픽셀이 컬러를 위해 샘플링된다.

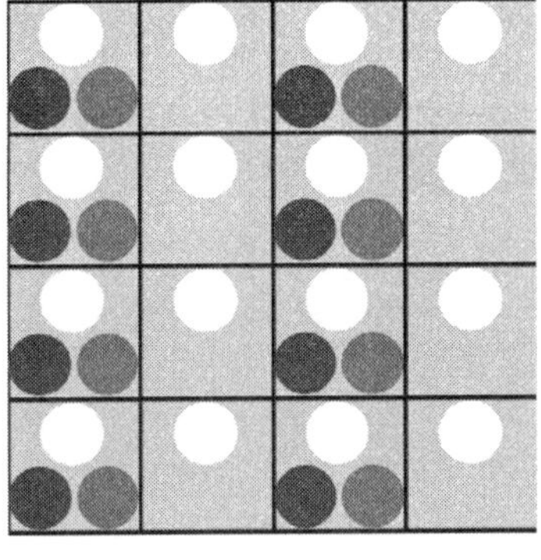

그림 7.10 4:2:2 색차 서브샘플링

7.3.3 DV와 MPEG

샘플링은 영상 신호를 디지털 표현으로 만든다. 이것은 압축되어야만 하고, 송신을 위해 데이터 스트림의 형태를 이루어야 한다. 데이터 스트림 포맷과 압축 알고리즘을 지정하는 표준이 추가적으로 필요하다. 두 개의 분리된 표준이 있다. 두 표준 모두 CCIR 601에 따라 스캔된 $Y'C_BC_R$ 요소를 기반으로 하지만, 색차 서브샘플링이 추가된다.

우리가 이전에 언급했던 것처럼, 소비자와 준 전문가를 위한 디지털 비디오 장비는 DV 표준에 기초한다. 스튜디오 장치, 디지털 방송 TV 및 DVD는 MPEG-2를 기반으로 한다. MPEG-2는 ISO/IEC의 MPEG(Motion Picture Experts Group)에 의해 만들어진 것이다. 이전의 MPEG-1 표준은 주로 비디오 CD 포맷을 위한 것이었으며, 이것은 나중에 만들어진 MPEG 비디오 표준의 기초를 제공했다. 이들 중 가장 최근에 만들어진 MPEG-4는 스트림 비디오를 위한 포맷 중의 하나이다.[3]

DV와 그 변형인 DVCAM과 DVPRO는 모두 DV와 같은 압축 알고리즘과 데이터 스트림을 사용한다. 이것은 항상 초당 25 Mbit의 데이터율과 5:1의 압축비를 가진다. 그러나 높은 질의 DVPRO와 전문가용인 Digital-S 포맷은 4:2:2의 샘플링을 사용하며, 4:1:1을 사용하는 DV와는 다르다. 그리고 상대적으로 더 높은 비트율을 사용하므로 더 나은 화질을 제공한다. 이것들은 전문가용이다. 끝으로, HDDV는 DV의 고선명도 버전이며, 적은 예산으로 영화를 만드는 것에 적합하다.

MPEG의 여러 표준들은 **프로파일**과 **레벨**로 이루어지는 계열로 구성된다. 각 프로파일은 데이터 스트림의 특징을 정의한다. 예를 들면, 우리가 다음 절에서 보는 것처럼, MPEG-2는 디지털 비디오 데이터를 부호화하는 여러 다른 방법을 허용한다. 각 레벨은 어떤 파라미터, 특히 프레임의 최대 크기와 데이터율, 색차의 서브샘플링을 정의한다. 비록 레벨과 프로파일의 모든 조합이 정의되어 있지는 않지만, 각 프로파일은 하나 또는 그 이상의 레벨에서 구현된다. MPEG-2에서 가장 일반적인 조합은 **메인 레벨**(Main Level)에서 **메인 프로파일**(Main Profile)과의 조합(MP@ML)이다. 이것은 4:2:0의 색차 서브샘플링과 CCIR 601 스캐닝을 사용한다. 이것은 초당 15 Mbit의 데이터율을 가지며, MPEG-2에 의해 제공된 압축 데이터 중 가장 정교한 표현을 제공한다. MP@ML은 디지털 TV 방송과 DVD 비디오를 위해 사용되는 포맷이다.

MPEG-4는 초당 10 Kbit의 느린 것에서부터 최고 1.8 Mbit까지 또는 그 이상의 비트율까지 멀티미디어 데이터 범위를 제공하기 위해 설계된 야심찬 표준이다. 이것은 MPEG-4가 휴대폰부터 HDTV까지의 응용에 사용되는 것

---

[3] 이 분야에서 MPEG-4의 주요 경쟁자는 Microsoft사의 Video for Windows 포맷이다.

을 허용한다. 이 요구를 수용하기 위해, MPEG-4는 많은 프로파일을 정의한다. 프로파일 각각은 데이터 스트림을 부호화하며 MPEG-4 표준의 데이터 타입을 만들기 위한 툴을 제공한다. 이들 대부분은 영상 데이터와 관련이 있는 시각적인 프로파일이다. 특히, SP(Visual Simple Profile)는 인터넷에서 비교적 낮은 대역폭 비디오 스트리밍에 사용될 수 있으며, PDA와 같은 압축을 푸는 데 상대적으로 낮은 컴퓨팅을 요구하는 덜 강력한 장치에서 사용하기 적합하다. 약간 더 정교한 ASP(Visual Advanced Simple Profile)는 데스크탑 컴퓨터를 위한 광대역 비디오 스트리밍에 적합하다. 이 프로파일들에 대한 서로 다른 레벨은 프레임 크기 및 비트 전송 속도와 같은 파라미터의 값을 지정한다. 예를 들면, SP@L1(Simple Profile의 레벨 1)은 176×144 픽셀의 프레임 크기에 대해 64 kbps의 비트 전송 속도를 지정한다. ASP@5는 PAL CCIR 601 전체 화면 크기(720×576)에서 8000 kbps를 지정한다. 그러므로 MPEG-4는 이 두 가지 프로파일만으로 최대의 비트율과 프레임 크기 그리고 이미지 질을 제공한다. 잠재적으로, MPEG-4 비디오는 DVD 비디오 등을 위한 MPEG-2를 대체할 수 있다. 그러나 MPEG-2를 사용하는 DVD에 대한 기존의 투자로 인해 두 가지가 오랫동안 공존할 것이다.

MPEG-4 압축은 퀵타임과 리얼미디어(RealMedia)에서 지원되며, 플래시(Flash) 영화에 비디오를 추가하기 위한 소렌슨 스퀴즈(Sorenson Squeeze) 코덱의 기반 기술이다. MPEG-4는 또한 윈도우 미디어(Windows Media) 버전 9보다 낮은 버전에서 지원되었다. 그러나 윈도우 미디어 버전 9에서는 마이크로소프트가 자신의 사유 코덱으로 대체했다. MPEG-4 비디오는 또한 DivX 시스템에서 사용되고 있다. SP와 ASP를 지원하는 MPEG-4 코덱과 더불어 DivX 비디오 파일은 AVI 파일 형식을 사용한다. 압축된 파일의 크기가 작고 좋은 화질로 인해, DivX는 인터넷에서 비디오를 배급하기 위한 포맷으로 인기가 높다. 이런 점에서 이것은 MP3 오디오 포맷과 비교된다. MP3는 광대역에서 다운로드될 수 있도록 충분히 간결한 파일을 만드는 것이 가능하며, 무료 코덱을 사용하여 재생될 수 있기 때문이다. DivX 코덱의 값싼 버전으로 비디오를 부호화할 수도 있다. 그래서 독립적인 영화 제작자들은 인터넷에서 이용할 수 있는 DivX 포맷으로 쉽게 작업할 수 있게 되었다. 우려되는 것은, MP3 음악 파일이 넓게 불법으로 교환되었던 것과 마찬가지로, 개봉된 영화를 DivX를 사용하여 DVD로부터 부호화하여 불법으로 교환하려는 사람들이 있을 수 있다는 것이다.

7.4 비디오 압축

우리는 보통 비디오 데이터가 디지털화될 때 압축된다는 것을 알았다. 디지털 비디오 형식은 압축과 밀접하게 관련되어 있다. 따라서 컴퓨터 내부에서 비디오가 어떻게 표현되고 조작되는지를 생각하기 이전에, 우리는 그것에 적용되었던 압축 기술을 알아보아야만 한다.

디지털 비디오 카메라와 비디오 캡처 보드에 적용된 압축 형식은 같은 장치를 통해서 재생하는 것이 최적이다. 예를 들면, DV 비디오는 DV 덱(deck) 또는 캠코더를 통해 가장 잘 재생되며, 컴퓨터 모니터로는 그렇지가 않다. 우리가 멀티미디어 제작물을 비디오 시퀀스로 만들 때, 특별한 비디오 하드웨어를 가지고 있는 사용자를 대상으로 하는 것이 아니며, 비디오가 컴퓨터의 프로세서를 사용하여 재생되는 것으로 가정하는 것이 안전하다. 더욱이, 비디오 데이터는 하드디스크나 CD-ROM 또는 DVD로부터 재생되거나 네트워크 접속을 통해 전송되는 것을 가정해야 한다. 그러므로 비디오 데이터는 두 번 압축될 것이다. 첫 번째는 캡처하는 동안, 그 다음은 그것을 배급하기 위해 준비할 때이다. 이것을 알기 위해서는 양쪽 모두에 사용되는 압축 알고리즘의 일반적인 특징을 이해할 필요가 있다.

모든 비디오 압축 알고리즘은 비트맵 이미지의 시퀀스로 이루어진 디지털화된 비디오에 대해 동작한다. 이 비디오 시퀀스를 압축하는 방법에는 두 가지가 있다. 5장에서 소개한 기술을 사용하여, 각각의 이미지를 분리하여 압축하거나 프레임의 서브 시퀀스에서 차이만 저장하는 방법으로 압축하는 것이다. 이 두 가지 기술은, **인트라 프레임**(intra-frame) 압축과 **인터 프레임**(inter-frame) 압축이 더 정확한 용어이지만, 보통 **공간 압축**(spatial compression)과 **시간 압축**(temporal compression)이라 부른다. 당연히, 공간 압축과 시간 압축은 함께 사용될 수 있다. 공간 압축은 이미지 시퀀스에 적용된 실제 이미지의 압축이므로, 정지 이미지에 대한 무손실 압축과 손실 압축의 차이를 구별하는 것이 필요하다.

일반적으로, 무손실 압축 방법은 충분히 높은 압축률을 얻을 수 없기 때문에 비디오 데이터를 관리할 수 있을 정도로 축소할 수 없다. 그렇지만, 손실 압축과 재압축된 비디오는 이미지 질에서 일반적으로 왜곡이 생기므로 가능하면 피해야 한다. 캡처에 사용된 압축은 멀티미디어 전송에 적합하지 않기 때문에 종종 재압축을 피할 수 없다. 더욱이, 특수 효과의 생성 또는 세밀한 수정작업 같은 후속작업을 위해, 비디오 압축을 푸는 것이 필요하므로 각 프레임의 개별적인 픽셀이 변하게 된다. 이러한 이유 때문에, 만일 충분한 디스크 공간이 있다면, 후속작업은 압축되지 않은 비디오로 하는 것이 현명하다.

시간 압축 알고리즘의 원리는 쉽게 알 수 있다. 일련의 프레임 중에서 어떤 프레임을 키 **프레임**(key frame)으로 지정한다. 가끔, 키 프레임은 규칙적인 간격으로 지정된다. 예를 들어, 압축기가 호출될 때 매번 여섯 번째 프레임이 키 프레임으로 선택될 수 있다. 이 키 프레임은 압축되지 않거나, 단지 공간적으로 압축된다. 키 프레임 사이의 프레임 각각은 **다른 프레임**으로 대체된다. 대체되는 프레임들은 원래 그 위치에 있던 원본 프레임과 가장 최근의 키 프레임과의 차이, 또는 선행 프레임과의 차이만을 기록한 것이다. 많은 시퀀스에서, 차이는 프레임의 단지 일부분에서만 나타난다. 예를 들어, 전형적인 '헤드라인 뉴스' 장면에서, 사람의 머리와 배경, 상체, 뉴스 리포터를 볼 경우와 같다. 대부분의 뉴스 시간 중 발표자의 얼굴 중 일부분만 움직인다. 배경과 발표자의 상체는 거의 고정된 상태로 있다. 이러한 고정된 부분에 해당하는 픽셀은 프레임 사이에서 같은 값을 유지한다. 그러므로 차이만 표시한 프레임은 완전한 프레임보다 훨씬 적은 정보를 가지고 있다. 이 정보는 완전한 프레임이 요구하는 것보다 훨씬 적은 공간에 저장될 수 있다.

우리는 압축 기술을 프레임의 관점에서 설명했다. 그 이유는 점진적 주사 방법으로 재생되는 컴퓨터와 관련한 비디오에 관심이 있기 때문이다. 그러나 서술된 기술은 비월주사되는 비디오 필드에도 마찬가지로 잘 적용될 수 있다. 이것이 다소 더 복잡하지만 개념적으로는 어떤 차이도 없다.

비디오 한 장면의 압축과 복원에 같은 시간이 필요한 것은 아니다. 만약 그렇다면 그러한 코덱은 대칭적이라고 말하고, 그렇지 않다면 비대칭적이라고 말한다. 이론적으로 비대칭적이라는 것은 양방향에 모두 적용되지만, 일반적으로는 압축을 하는 것이 압축을 푸는 것보다 훨씬 더 많은 시간이 걸린다는 것을 의미한다. 그러나 재생은 합리적인 빠른 프레임률로 이루어져야 하므로, 압축을 푸는 것이 압축을 하는 것보다 더 길어지는 코덱은 본질적으로 필요가 없다.

손실된 압축 비디오의 질은 단지 주관적으로 판단된다. 얼마나 많은 정보가 사라졌는지 측정할 수 있지만, 시청자에게는 중요한 문제가 아니다. 결론적으로, 비디오 질을 설명하는 데 사용되는 용어는 아무래도 모호하다. 가장 일반적으로 사용되는 용어중의 하나는 '방송의 질'이다. 이것은 TV 수상기에서 수신하는 질을 의미하는 것이 아니라, 방송되기에 적합한 내용인지를 의미한다. 더 좋은 질은 전문적인 스튜디오에서만 만들어진다. 이것은 좋은 최상급 장비를 사용하기 때문이다. '거의 방송 수준의 질'은 마케팅하는 사람들이 즐겨 쓰는 단어이다. 이것은 방송의 질을 의미하는 것이 아니다. 'VHS 수준의 질'은 모호한 단어이다. VHS 테입은 광범위한 범위에서 사용 가능하다. 가정에서 쓰는 싼 VCR부터 전문가 또는 방송용 테입까지 있다. 일반적으로 'VHS 수준의 질'은 '받아들일만 하다'는 것을 의미한다고 생각하면 합리적이다.

7.4.1 모션 JPEG

JPEG 이미지 압축과 같이, 많은 비디오 압축 기법들은 DCT(Discrete Cosine Transform)에 기초를 두고 있다. 가장 직접적인 접근은 시간적인 압축 없이 JPEG의 압축 방법을 각 프레임에 적용하는 것이다. JPEG 압축을 컬러 이미지의 세 가지 구성요소에 각각 적용하며, 이미지 데이터 저장에 사용되는 컬러 공간에 상관없이 같은 방법으로 작업을 한다. 비디오 데이터는 색차 샘플링을 한 후 $Y'C_BC_R$ 컬러를 사용하여 저장된다. JPEG 압축은 서브샘플링으로 이미 얻어진 압축의 이점을 이용하며, 이 데이터에 직접적으로 적용된다.

비디오 시퀀스의 각 프레임에 JPEG 압축을 적용하는 기술을 **모션 JPEG** 또는 MJPEG 압축이라 부른다.[4] MJPEG는 이런 방식의 비디오 압축을 나타내는 느슨한 정의이다. MJPEG는 대부분의 아날로그 캡처 카드에 사용된다. 캡처 카드는 입력 비디오 신호를 JPEG 알고리즘에 의해 복잡한 계산을 수행하는 특별한 목적의 하드웨어를 가진다. 개개의 하드웨어 제조자는 모션 JPEG를 독립적으로 구현했고, 어떤 표준이 없으므로 구현 결과, 특히 압축 데이터가 저장되는 방법이 약간씩 다르다. 최근, 디지털비디오협회는 MJPEG-A 표준 포맷에 동의했다. 이것은 퀵타임에서 지원되며, 다른 하드웨어를 사용하고 있는 시스템 사이에서 압축 데이터가 교환될 수 있도록 보장하고 있다. 아날로그 비디오를 DV와 같은 완전한 디지털 포맷으로 넘겨받음에 따라, MJPEG 압축의 사용은 줄어들 것이다.

정지 화상 JPEG처럼, 모션 MPEG 코덱은 압축률과 화질을 사용자가 지정할 수 있도록 한다. 질을 직접 지정하는 대신에, 보통은 비디오 코덱의 최대 데이터 전송 속도를 지정함으로써 적당한 화질을 지정할 수 있게 한다. 예를 들면, 만일 비디오가 DVD로부터 재생될 때, 최대 데이터 전송 속도인 초당 3 MB의 전송 속도는 약 7:1의 압축비에 해당하며, 이것은 일반적으로 중저가의 캡처 카드에서 제공된다. 더 비싼 카드는 더 높은 데이터 전송 속도(더

---

[4] MPEG와 혼동하지 않도록 주의

낮은 압축비)를 제공하므로 더 좋은 질을 제공한다. 그러나 멀티미디어에 사용할 때는 배급을 위해 비디오 데이터에 높은 압축을 적용하는 것이 반드시 필요하다. 그러므로 가능한 최상의 비디오로 작업하는 원칙과 어긋나지만, 만약 마지막 결과물이 CD-ROM이나 인터넷을 위한 것이라면 최고의 캡처 보드로 작업할 필요는 없다.

7.4.2 DV

DV 압축도 역시, DCT와 후속의 양자화로, 비디오 스트림의 데이터 크기를 축소한다. 그러나 25 Mbit(3.25 MB)의 일정한 데이터 전송 속도 내에서 MJPEG보다 더 높은 화질을 얻기 위해 약간의 트릭을 추가한다.

DV 압축은 CCIR 601과 같은 크기로 프레임을 색차 서브샘플링하는 것으로 시작한다. 묘하게도, 서브샘플링 방식은 비디오 표준인 PAL 또는 NTSC에 의존한다. PAL은 공동위치(co-sited) 샘플링에 의한 4:2:0 서브샘플링을 사용하며, NTSC는 4:1:1을 사용한다.[5] 4×2 픽셀 블록 내에서 각 구성요소의 샘플 수는 같다는 것을 그림 7.11과 7.12가 보여준다.

각 프레임의 8×8 픽셀 블록에 DCT를 사용하여 변환시키고, 그런 다음 양자화를 하며, JPEG 압축과 같이 지그재그 순서로 런 길이와 허프먼(Huffman) 방식으로 부호화한다. 그러나 두 가지 추가적인 처리가 있다.

첫째, DCT는 다음의 두 가지 중 한 가지 방법으로 각각의 64 픽셀 블록에 적용될 수 있다. 만일 각 필드의 이미지 차이가 없는 정적인 프레임이면, 변환은 8×8 전체 블록에 적용된다. 이것은 홀수, 짝수 필드에 교대로 선을 만든다. 움직임이 많아 필드가 다르면, 블록은 두 개의 8×4 블록으로 나뉘어지고 각각은 독립적으로 변환된다. 이것은 움직임에 따라 프레임을 더 효율적으로 압축하게 한다. 압축기는 움직임 보상을 사용해서 프레임 사이의 움직임을 결정해야 한다. 또는 양쪽의 DCT 변환을 계산하고, 더 작은 변환 결과를 가진 한쪽을 선택한다. 어떤 것을 DV 표준으로 선택할 것인지는 규정되지 않았다.

둘째, 완전한 프레임 블록에 대해 계수를 저장하기 위한(공간을 최대로 잘 사용하기 위한) 정교한 재배치가 수행된다. DV 스트림의 비디오는 초당 정확히 25 Mbit가 사용되어야 한다. 압축 과정에서의 이러한 추가적인 절차로 인해서, DV는 MJPEG의 초당 25 Mbit에서보다 더 좋은 화질을 얻을 수 있다.

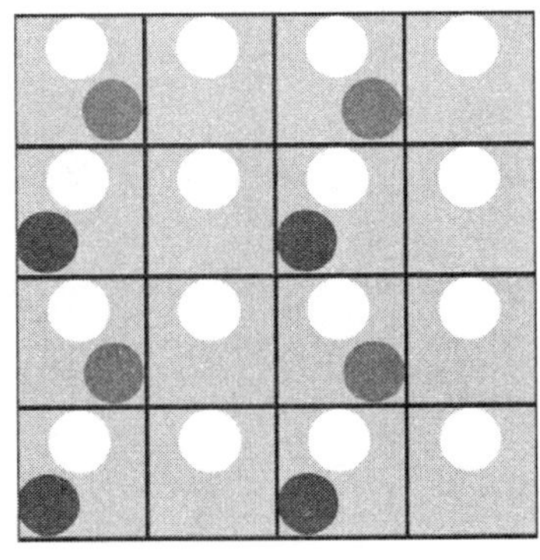

그림 7.11 4:2:0 색차 서브샘플링 (PAL DV)

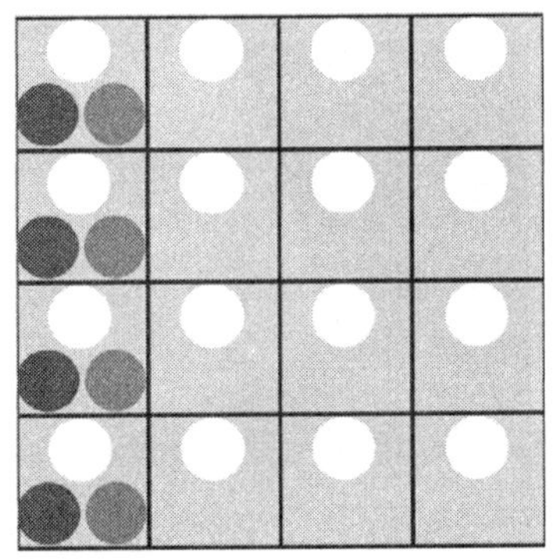

그림 7.12 색차 서브샘플링 (NTSC DV)

---

[5] 실제로 DVCPRO는 NTSC와 PAL에 4:1:1을 사용한다.

그림 7.13 두 프레임 사이에 이동하는 물체

그림 7.14 위치 변화 부분(흰색)

그림 7.15 모션 보상을 할 부분

7.4.3 MPEG 비디오

MPEG-4는 현재 멀티미디어를 위한 MPEG 표준 중에서 가장 중요하다. 그러나 비디오의 처리는 이전의 MPEG-1 표준에 기초를 두고 있다. MPEG-1은 때때로 웹 또는 CD-ROM의 비디오를 위해서 사용된다. 따라서 MPEG-1 압축을 자세히 기술하고, 이것과 MPEG-4의 차이를 설명할 것이다.

MPEG-1

MPEG-1 표준[6]은 실제로 압축 알고리즘을 정의하고 있지 않다. 이것은 데이터 스트림 구문과 복원기로 정의되어 있어서, 제조자들이 서로 다른 압축기를 만들게 한다. 따라서 시장에서 경쟁하는 장점은 있다. 실제로 압축기는 완전히 함축적으로 정의되어 있다. 그러므로 MPEG-1 압축은 JPEG이나 DV처럼 공간 압축과 함께 움직임 보상에 기초를 둔 시간 압축의 조합으로 설명할 수 있다.

시간 압축의 본질적인 접근은, 이전의 프레임에 상응하는 픽셀로부터 현 프레임 내의 각 픽셀값을 뺀 차이로 프레임을 만드는 것이다. 프레임 간의 차이가 없는 영역에서, 이 뺄셈의 결과는 0이다. 만일 변화가 국소적이면, 차이 프레임(difference frame)은 다수의 0 픽셀을 포함할 것이다. 그리고 이들은 키 프레임보다 훨씬 더 잘 압축될 것이다. 가끔은 영상 전체가 움직이는 물체로 구성되기도 한다. 그림 7.13은 장면 표시기(clapperboard)를 통한 간단한 예를 보여준다. 영화의 연속된 두 개의 프레임에서, 장면 표시기가 스크린을 가로지르면, 다른 부분은 가만히 있지만 뒷 배경인 해변 부분을 가리게 된다. 그림 7.14는 픽셀이 변하는 면적을 표시한다. 이 부분은 차이 프레임에 저장되어야만 할 것이다. 만일 우리가 어떻게든 장면 표시기에 해당하는 면적을 알 수만 있다면, 움직임 보상(motion compensation)을 사용하여 이동에 따른 변경된 픽셀 부분만 그림 7.15에 기록할 수 있을 것이다.

MPEG-1 압축기가 장면 속의 물체를 식별하지는 못한다. 대신, 프레임 내의 물체들을 매크로 블록(macroblocks)이라 부르는 16×16 픽셀 블록으로 나누고, 이 프레임의 매크로 블록에 대응하는 다음 프레임의 매크로 블록이 어디에 위치하는지 소재를 예측한다. 이러한 예측에는 어떤 강력한 인공지능도 사용되지 않으며, 제한된 영역 내에서 모든 가능한 위치 변화를 시도해 보고 가장 일치하는 것을 선택한다. 차이 프레임은 예측된 프레임에서 매크로 블록을 빼는 것에 의해 만들어지며, 거의 0인 픽셀로 구성되므로 공간

---

[6] ISO/IEC 11172: '최대 1.5 Mbit/s 디지털 저장 매체를 위한 동화상과 오디오 코딩'

압축 이후에는 차이 프레임이 더 작아지게 된다.

시간 압축은 어디에선가부터 시작되어야 한다. MPEG의 키 프레임을 I-화면(I-pictures)이라 부른다. 여기서 I는 intra를 의미한다. 이 프레임들은 완전히 공간적으로 압축된다(intra-frame). 이전 프레임을 사용한 차이 프레임은 P-화면(predictive picture)이라 부른다. P-화면은 이전의 I-화면 또는 P-화면에 기초를 두고 있다. MPEG는 나중 프레임으로부터 예측한 프레임도 허락한다. 이것이 B-화면이다. 그림 7.16은 역방향(backward) 예측이 왜 유용한지를 보여주고 있다. 맨 위의 시작 프레임에서, 여배우의 형상은 숨겨져 있다. 그러나 시퀀스가 진행됨에 따라 움직이는 장면 표시기 뒤로부터 나타난다. 만일 우리가 I-화면으로 이 프레임을 사용하고 싶어한다면, 다음 P-화면은 그림의 모든 픽셀에 대한 정보를 기록해야만 한다. 그러나 그녀는 나중 프레임에 존재한다. 따라서 만일 중간 프레임을 그림 7.16의 위 프레임과 아래 프레임으로부터 예측한다면 더 많은 압축을 얻게 될 것이다. B-화면은 다음의 I-화면이나 P-화면 또는 모두로부터 움직임 보상을 사용할 수 있다. 그러므로 이것을 **양방향 예측**(bi-directionally predictive) 화면이라 부른다.

비디오 클립은 I, P, B-화면의 시퀀스를 압축한 형태로 부호화할 수 있다. 이 시퀀스가 규칙적인 것을 요구하는 것은 아니다. 그러나 인코더는, 일반적으로 GOP(Group of Pictures)로 알려져 있는 반복적인 시퀀스를 사용하며, 항상 I-화면으로 시작된다. 그림 7.17은 전형적인 예를 보여준다. GOP 순서는 **IBBPBB**이다. (시간선과 같이 왼쪽부터 오른쪽으로 읽어야 한다.) 영상은 01에서 06까지의 프레임과 11에서 16까지의 두 개 그룹을 보여준다. 화살표는 순방향과 양방향 예측이다. 예를 들면, P-화면 04는 GOP의 시작인 I-화면 01에 의존한다. B-화면 05와 06은 이전의 P-화면 04와 다음 I-화면 11에 의존한다. 화면의 세 가지 타입은 모두 JPEG 압축의 버전인 MPEG-1을 사용하여 압축된다. 전형적으로, P-화면은 I-화면보다 3배로 압축되며, B-화면은 P-화면보다 1.5배로 압축된다. 그러나 B-화면을 재구성하는 것이 다른 화면을 재구성하는 것보다 더 복잡하므로, GOP의 패턴을 선택할 때 압축과 계산 복잡도를 절충하게 된다. 흔한 GOP 패턴은 **IBBPBBPBB**와 **IBBPBBPBBPBB**이다. 그러나 앞에서 말했던 것처럼, MPEG-1 명세서는 화면의 시퀀스를 규

그림 7.16 가려진 물체를 나중 프레임에 재현한 화면

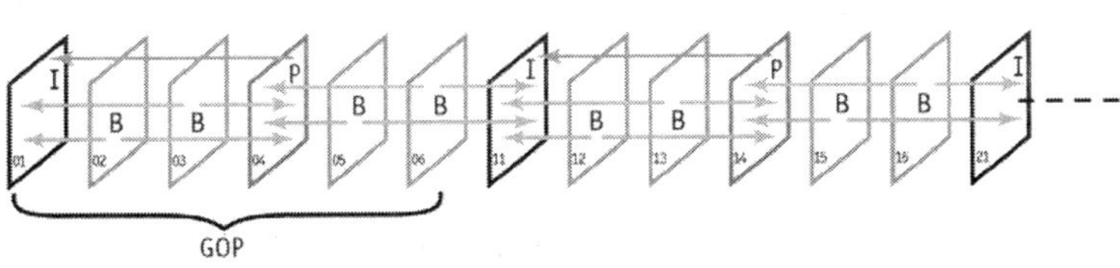

그림 7.17 MPEG의 재생 순서

그림 7.18 MPEG 의 비트스트림 순서

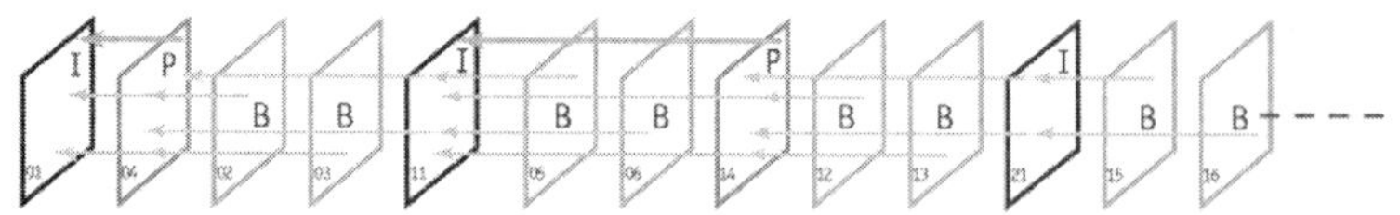

칙적인 패턴으로 만들 것을 요구하지는 않는다. 그리고 정교한 인코더는 압축할 비디오 스트림의 성질에 따라 I-화면의 횟수를 조절할 것이다.

디코더의 경우 명백한 문제가 B-화면에 있다. 해당되는 프레임을 재구성하는 데 요구되는 정보 중 어떤 것은 이후에 오는 I 또는 P-화면에 포함된다. 이 문제는 시퀀스를 재배열함으로써 해결된다. 프레임의 실제 순서에 부합된 화면의 순서를 '재생 순서(display order)'라 부르며, 이것은 송신을 위해 적당한 '비트스트림 순서(bitstream order)'로 재배치되어야만 한다. 그림 7.18은 그림 7.17의 재생 순서를 비트스트림 순서로 표시한 것이며, 모든 화살표는 오른쪽에서 왼쪽으로 예측되고 있음을 보여준다. 즉, 모든 예측된 프레임은 그것이 의존하는 영상 이후에 온다. 첫 번째 GOP가 두 번째 것과 다르게 재배열된 것을 알아차렸을 것이다. 후속의 시퀀스 그룹은 다시 두 번째 그룹에 의해 형성된 패턴을 확장할 것이다. 이러한 압축 이전에, MPEG-1 비디오 데이터는 4:2:0으로 서브샘플링되어 있다. 이 외에도, 만약 프레임이 352×240으로 크기가 제한된다면,[7] 30 fps 프레임률의 비디오는 초당 1.8 Mbit의 데이터율로 압축될 수 있다. 이 데이터율은 컴팩트 디스크 비디오를 위한 것이다. 비록 더 큰 프레임 크기와 다른 프레임률도 사용되지만, 이것이 MPEG-1 비디오를 위한 전형적인 규격이다. 그러나 MPEG-1은 인터레이싱이나 HDTV 포맷을 다룰 수 없다. 따라서 방송과 스튜디오 작업을 위한 MPEG-2가 필요하게 된다.

이전의 설명은 MPEG 압축과 압축을 푸는 것이 계산적으로 명백히 비싼 작업이라는 것이다. 게다가 우리가 말했던 것보다 더 복잡한 것도 있다. 기본적으로 MJPEG처럼, MPEG 비디오는 특정 하드웨어를 사용하여 재생될 수 있어야 한다. 사실, CD 비디오를 사용하는 파라미터는 광범위하게 선택될 수 있었으므로, MPEG 디코더는 표준이 제정된 1993년까지는 VLSI 칩으로 만들어졌다. 프로세서 속도의 향상은 소프트웨어만을 사용하여 MPEG-1 비디오를 재생할 수 있다는 것을 의미한다. 그러나 파일 크기가 작아졌다는 의미는 아니다. 650 MB CD-ROM은 그 비율로 약 40분의 비디오를 담을 수 있다. 8.75 GB의 DVD는 9시간 이상을 담을 수 있다.

---

[7] 이 크기의 4:2:0 비디오를 SIF(Source Input Format)이라고 한다.

MPEG-4

MPEG-4는 야심찬 표준이다. 이것은 여러 가지 유형(비디오, 정지 이미지, 애니메이션, 3차원 모델 등등)으로 구성된 멀티미디어 스트림의 인코딩 방법을 정의한다. 그리고 개별적으로 전송된 대상물의 표현을 수신단에서 장면으로 구성하는 방법을 제공한다. 이 아이디어는 모든 것을 하나의 비디오 프레임 시퀀스로 구성하기보다는 각 타입의 객체를 최적화된 방법으로 표현하는 것이다. 이것은 더 큰 압축을 얻을 수 있을 뿐만 아니라, 객체는 그 자신의 동질성을 유지하므로 얻어진 장면에서 더 쉽게 상호작용할 수 있다.

우리가 이전에 말했던 것처럼, MPEG-4는 비디오 데이터를 위한 여러 프로파일을 정의한다. 더 높은 수준의 프로파일은 한 장면을 임의 형태의 비디오 객체로 나누는 방법을 채택한다. 예를 들어, 여자 가수와 공연장의 배경은 따로따로 압축될 수 있다. 배경을 압축하는 최상의 방법과 화면을 압축하는 최상의 방법은 같지 않을 수도 있다. 따라서 두 가지를 분리하는 것으로 인해, 전체의 압축 효율은 증가할 수 있다. 그러나 장면을 여러 객체로 나누는 것은 간단한 일이 아니다. 그러므로 하위 프로파일(Simple Profile과 Advanced Simple Profile)은 정사각형 객체로 제한한다. 그리고 이러한 프로파일은 퀵타임(QuickTime)과 DivX 같은 시스템에서 구현되었다. 그러므로 MPEG-4 비디오 압축은 전통적인 프레임-기반 코덱이며, MPEG-1 코덱을 수정한 것이다. I-화면은 양자화와 DCT 계수를 허프먼 코딩 방법으로 압축한다. 그러나 P-화면과 B-화면 생성에 사용되는 개선된 움직임 보상은 MPEG-1보다 더 좋은 화질을 제공한다.

SP(Simple Profile)는 인터프레임 압축에 단순히 P-화면만 사용한다. (P-화면은 단지 이전 화면에만 의존한다.) 이것은 B-화면의 복원이 다른 복잡한 기법보다 더 효율적이라는 것을 의미한다. 따라서 SP는 PDA나 휴대용 비디오 재생기와 같은 장치에 적합하다. ASP(Advanced Simple Profile)는 B-화면 및 또 다른 특성을 추가적으로 사용한다.

7.4.4 다른 코덱들

MPEG-4는 웹에서 비디오를 표현하는 데 가장 선호하는 코덱이 되었다. 그러나 때때로 예전 코덱을 사용하여 압축된 비디오도 접하게 될 것이다. 이들 중 가장 일반적인 세 가지는 시네팩, 인텔 인디오, 소렌슨(Cinepak, Intel Indeo, Sorenson)이다.

이 세 가지 모두는 **벡터 양자화**로 알려져 있는 기술에 기반을 둔 것이다. 그것은 다음과 같은 방법으로 작동된다. 각 프레임은 벡터 양자화에서의 벡터들인 작은 정사각형 픽셀 블록으로 나뉘어진다. 코덱은 **코드 책(code** book)으로 불리는 상수 벡터들의 모음을 사용한다. 코드 책 벡터는 컬러가 일정한 부분, 뾰족하거나 부드러운 모서리, 또는 다른 재질감 등 하나의 이미지에서 발생할 수 있는 전형적인 패턴을 표시한 것이다. 양자화는 이미지 내의 각각의 벡터를 그것에 가장 근접한 코드 책 벡터로 할당하는 과정이다. 벡터 양자화는 압축을 가져오게 된다. 왜냐하면, 이미지 내의 각각의 벡터는 코드 책에 대한 인덱스로 대체되기 때문이다. 이미지는 저장된 인덱스들과 코드 책으로부터 해당 코드 책 벡터를 복사하여 대체하는 단순한 프로세스에 의해 다시 만들어질 수 있다. 따라서 압축을 푸는 것은 매우 효율적이고 특수한 목적의 하드웨어 없이도 수행될 수 있다. 반면에, 압축은 계산 집중적인 프로세스이다. 따라서 이 코덱은 매우 비대칭적이다. 예를 들면, 시네팩을 사용하여 프레임을 압축하는 것은 압축을 푸는 것보다 150배 이상의 시간이 걸린다.

시네팩, 인텔 인디오와 소렌슨 모두는 키 프레임과 차이 프레임을 사용하여 시간 압축을 함으로써 벡터 양자화 압축을 증가시킨다. 소렌슨은 움직임 보상을 포함하는 더 정교한 기법을 사용하는데, 움직임 보상은 MPEG 압축에서 사용되는 것과 매우 비슷하다. 압축을 푸는 프로세스는 비교적 효율적이지만, 중급의 프로세서에서 이 코덱을 사용할 때는 전체 화면 크기의 완전 모션을 재생할 수 없다. 그러므로 이런 프로세서들은 축소된 프레임률에서 재생되는 작은 프레임에 보통 사용된다. VHS 수준의 화면은 4분의 1 프레임 크기(320 × 240 픽셀)와 초당 12 프레임에서 얻을 수 있다. 소렌슨 코덱 (셋 중 가장 효율적이다)은 이 정도의 비디오를 압축할 수 있다. 따라서 초당 50 KB의 데이터율을 가지며 1×(1배속) 속도 CD-ROM 드라이브에 의해 전달될 수 있다.

셋 중에서, 시네팩은 높은 압축비와 압축된 비디오를 효과적으로 재생할 수 있어서 예전의 컴퓨터들이 사용하기에 특히 적합하였으며, 지금도 여전히 인기가 있다. 인텔 인디오는 시네팩의 일반 특징과 유사하다. 그러나 비대칭 방식이 아니므로 압축 속도가 대략 30% 정도 빠르다. 이것은 원래 하드웨어로 구현되었다. 그러나 지금은 효율적인 소프트웨어 버전을 이용할 수 있다. 일반적으로 시네팩은 움직임이 많은 비디오에 뛰어나며 인디오는 정적인 경우에 더 좋다. 그러나 이들의 질은 두드러지게 좋지는 않다. 소렌슨은 이 세 가지 코덱 중 가장 나중에 만들어졌고, 압축률과 질이 다른 두 코덱보다 뛰어난 것으로 알려져 있다.

7.4.5 코덱의 비교

그림 7.19부터 7.24까지는 DV 원본과 세 가지 코덱의 화질을 단순히 비

그림 7.19 DV 프레임 원본

그림 7.20 DV 프레임(자세한 화면)

그림 7.21 MPEG-4(자세한 화면)

그림 7.22 Sorenson(자세한 화면)

그림 7.23 Cinepak(자세한 화면)

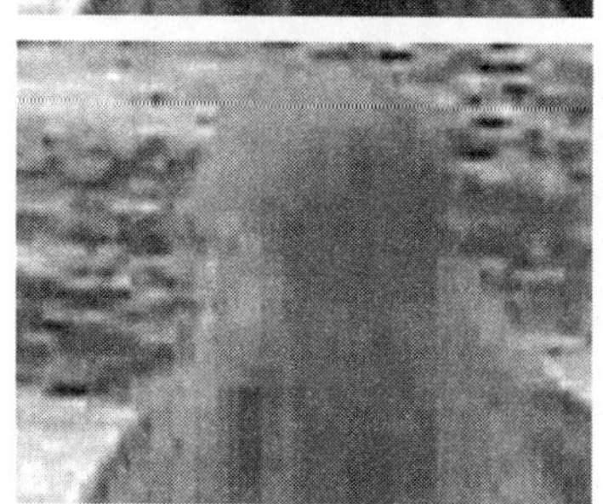

그림 7.24 DV(위)와 Cinepak(아래)의 확대한 이미지 비교

교한 것이다. 우리가 앞에서 보았던 것처럼, DV 프레임에는 압축에 따른 변형된 부분이 생길 수 있다. 그러나 오히려 이것이 비교하기 위한 기준점 역할을 하고 있다.

그림에서 보는 것처럼, MPEG-4와 DV 프레임은 사실상 분간할 수 없다. 그러나 두 개의 다른 코덱은 이미지의 선명함과 밝기가 인식할 수 있을 만큼 변한 것을 보여준다. 특히, 시네팩은 소녀의 얼굴 부분을 확대하여 비교한 그림을 보면 상당히 화질이 좋지 못하다.

이 프레임들은 모든 코덱을 중간 정도의 화질에 맞추어 얻은 것이다. 프레임당 평균적인 메모리 크기는, 원본 DV가 161 KB이고, MPEG-4 버전은 95 KB, Sorenson 비디오는 114 KB, Cinepak은 68.5 KB이다. 그러므로 Cinepack이 가장 작은 파일 크기를 갖지만, 상당히 질이 낮다. MPEG-4는 손실을 인식할 수 없을 정도이면서도 상당히 많은 압축을 할 수 있다. 압축을 푸는 효율성만 제외하면 MPEG-4가 가장 좋다.

7.5 퀵타임

바로 앞 절에서 본 것처럼, 다양한 디지털 비디오 압축 기법과 데이터 포맷이 존재한다. 즉, DV, MPEG-1, MPEG-2, MPEG-4, 몇 개의 변형된 MJPEG, 다양한 소프트웨어 압축기, 디지털 비디오 워크스테이션 제조자들에 의해 고안된 독점적 설계 등 여러 가지가 존재한다. 이 각각의 기법들은 인코딩할 정보를 다양하게 요구한다. 요구 조건의 다양성 때문에, 공통의 비디오 파일 포맷을 설계할 희망은 거의 없다. 그리고 모든 관련자들이 공통 포맷에 동의할 것이라는 가능성도 없다. 표준화에 대한 좀 더 합리적인 접근은 구조적인 프레임워크에 기초를 두는 것이다. 이 프레임워크는 가지각색의 구체적인 비디오 표현을 조절하는 데 충분한 추상적인 레벨에서 정의된다. 몇몇 그러한 접근이 제안되어 왔지만, **퀵타임**(QuickTime)이 사실상의 표준으로 자리잡게 되었다.

퀵타임은 1991년 애플사에 의해 소개되었고, 그 이후 새로운 버전으로 확장되었다. 퀵타임이 다루는 대상물은 **영화**이다. 사실 영화가 비디오 시퀀스의 추상적 개념이지만, 퀵타임 영화는 다른 형태의 비디오도 포함할 수 있다.

원래, 퀵타임의 관심은 비디오를 포함한 시간에 기반을 둔 미디어에 있었다. 모든 영화는 **시간 기준**(time base)을 가지고 있다. 시간 기준은 재생되어야 하는 비율과 현재의 위치를 기록한다. 이 둘은 영화가 어떤 시스템에서도 정확한 속도로 재생될 수 있도록 하기 위해, 시간 기준을 클럭과 동기시키는 시간 좌표 시스템(time coordinate system)과 관련해서 정해진다. 영화가 재생될 때, 만일 요구된 프레임률 정도로 충분히 빨리 디스플레이될 수 없다면, 몇몇 프레임은 버리고 영화의 전체적인 움직임이 정확하고 동기화가 유지되도록 만든다. 시간 좌표 시스템 또한 영화에서 특정한 위치를 지정하게 해준다. 따라서 특정 프레임에 접근할 수 있다. 이것은 결국 영화의 비선형 편집을 용이하게 해준다. 영화의 비선형 편집(non-linear editing)은 다음 절에서 설명될 주제이다.

퀵타임의 성공은 컴포넌트 기반의 구조에 대부분 기인한다. 이것은 새로운 포맷과 이에 따른 새로운 동작을 구현하기 위해, 퀵타임 구조에 컴포넌트를 끼워 넣는(plug) 것이 가능하다는 뜻이다. 컴포넌트는 어떤 정해진 인터페이스를 수행하기 위한 작은 프로그램이다. 일련의 표준 구성요소는 배급되는 형태로 공급된다. 표준의 컴포넌트 집합에는 MPEG-4, Sorenson, Cinepak, Intel Indeo 코덱을 구현하기 위한 많은 압축 컴포넌트가 포함되어 있을 뿐만 아니라, **시퀀스 포착 컴포넌트**(sequence grabber component)들은 비디오를 디지털화하기 위해 사용된다. 이것들은 사용자로부터 파라미터를 전달받아 디지털화하는 하드웨어와 통신한다. 표준의 **영화 제어기 컴포넌트** (movie controller component)는 영화 재생에 필요한 사용자 인터페이스를 제공한다.

퀵타임은 또한 스트리밍 비디오를 위해 사용될 수 있다. 퀵타임의 스트리밍 구현은 공개된 인터넷 표준 프로토콜, 특히 RTSP(Real Time Streaming Protocol)에 기반을 두고 있다. 이것은 비디오 스트림의 재생을 조절하는 데 사용되며, 비디오 스트림은 RTP(Real Time Protocol)를 사용하여 네트워크에서 전송된다. 이 프로토콜들은 17장에서 설명한다. 스트리밍 퀵타임 비디오는 웹 페이지나 퀵타임을 사용한 응용에 끼워 넣을 수 있다. 영화를 위한 몇몇 다른 버전도 있다. 연결 요구 조건에 맞도록 압축하기 위한 여러 버전으로 28.8 Kbps 버전, 56 Kbps 버전, T1 버전, 케이블 모뎀 버전 등이 있고, 이들로 인해 사용자에게는 다 같은 하나의 영화처럼 보이게 된다. 퀵타임은 스트리밍뿐만 아니라 점진적 다운로드도 지원한다.

스트리밍 퀵타임은 특별한 방식으로 전송하는, 단지 퀵 타임 그 자체이다. 모든 퀵타임 코덱은 스트리밍을 위해 사용될 수 있다. 그러나 대부분의 네트워크 연결에서 영화를 스트림하기에 충분한 압축을 얻기 위해서는 가장 낮은 화질로 사용되어야 하며, 작은 프레임 크기로 축소되어야 한다. 현재의 기술로는 퀵타임의 MPEG-4 코덱을 사용한 결과가 가장 좋다.

퀵타임은 자체의 파일 포맷을 가지는데, 이것은 비디오 및 다른 미디어를 저장하는 매우 융통성 있는 방법을 제공한다.[8] 이 포맷을 모든 미디어에 요구하지도 않고, 또 퀵타임에 기반을 둔 응용 소프트웨어가 다른 파일 형태에 접근하는 것도 가능하도록 하기 위해, 단지 컴포넌트를 추가시켜 다른 포맷도 마치 퀵타임의 파일 형식인 것처럼 다룰 수 있다. 이런 방식으로 지원되는 포맷은 MPEG-1, MPEG-4, DV, OMF와 마이크로소프트의 AVI, OpenDML 등이다. 이것이 설명하듯이, 퀵타임의 컴포넌트 구조는 쉽게 확장될 수 있다. 예를 들면, DivX 네트워크사는 퀵타임이 DivX 영화를 재생하는 데 사용될 수 있도록 컴포넌트를 개발했다. 또 다른 예는, 새로운 비디오 캡처 카드가 개발될 때 제조자가 **비디오 디지타이저 컴포넌트**를 만든다면, 퀵타임에 기반을 둔 어떠한 응용프로그램이라도 새로운 카드를 사용하여 데이터를 포착해서 비디오를 재생할 수 있고, 그 비디오를 편집할 수 있으며, 그것을 다른 포맷으로 전환할 수 있다. 특정한 포맷과 달리, 이러한 추상적 개념

---

[8] QuickTime 포맷은 MPEG-4 데이터의 MP4 포맷의 기초로 사용되었다.

은 최종 사용자인 비디오 편집과 재생 소프트웨어에도 적용된다. 예를 들면, 비디오 편집자가 편집된 영화를 저장하고 싶다면 압축 방법 옵션을 선택하면 된다.

쿽타임은 MacOS뿐만 아니라 32비트 윈도우즈 플랫폼에서 완전히 호환성 있는 형태로 이용할 수 있다. 쿽타임은 또한 전문가용 SGI 워크스테이션에서도 지원된다. 자바를 위한 쿽타임 버전도 개발되었다. 쿽타임 시스템 소프트웨어에서 이행되는 기본적인 것뿐만 아니라, 인기있는 웹 브라우저를 위한 플러그 인이 쿽타임과 함께 배급된다. 이것은 웹(World Wide Web)에서, 비디오 분배를 위한 포맷으로 쿽타임 파일이 사용될 수 있음을 의미한다.

두 가지 다른 주요한 비디오 포맷이 있다. 리얼 네트워크(Real Network)사의 리얼비디오(RealVideo)는 스트리밍 쿽타임과 매우 유사하며 스트리밍 비디오 포맷으로 널리 사용된다. RealVideo는 MPEG-4와 같은 프로토콜에 기반을 두고 있으며, MPEG-4를 지원한다. 그러나 자체의 독점적 코덱도 가지고 있다. 그것은 MPEG-4보다 더 나은 압축을 얻을 수 있다고 주장한다. RealVideo는 최초의 상업적 스트리밍 비디오 포맷이며, 웹 상에서 인기가 있다.

다른 주요한 비디오 포맷은 AVI이다. AVI 파일은 쿽타임과 유사한 목적으로 만든 마이크로소프트사의 윈도우즈 미디어를 위한 포맷이다. 그것은 코덱과 포맷을 지원하는 것이 쿽타임보다는 덜 포괄적이며, 독점적 코덱을 사용한다. 윈도우즈 운영체제가 널리 퍼져 있기 때문에, AVI는 특히 마이크로소프트 시스템에서 매우 광범위하게 사용된다. 그러나 쿽타임처럼 교차 플랫폼(cross-platform) 표준으로 자리잡는 데에는 사실상 실패했다. 앞서 서술했던 것처럼, 쿽타임은 직접적으로 AVI 파일을 다룰 수 있다.

7.6 편집과 후속작업

비디오를 촬영하고 녹화하는 것은 단지 원료를 얻은 것이다. 완성된 비디오를 만든다는 것은 부가적인 일을 필요로 한다. 편집은 부품들을 모아서 전체를 만드는 과정이다. 디졸브와 같은 장면 전환은 촬영된 장면 사이에 적용될 수 있다. 그러나 이것은 원 화면에 어떠한 변화도 생기지 않는다. 우리는 장면 전환(transition)과 후속작업(post-production)을 구분한다. 후속작업은 원 화면에 변화를 만들거나 추가하는 것이다. 이 단계에서 생기는 많은 변화들은 우리가 5장에서 설명했던 이미지 조작 작업의 결과이며, 색과 대비의 수정, 흐릿하게 하거나 선명하게 만드는 것 등등이다. 합성(다른 촬영 장면의 요

소를 하나의 장면으로 조합하거나 겹치게 하는 것)은 종종 후속작업 동안 수행된다. 예를 들면, 별개로 촬영된 그림이 배경 화면으로 삽입될 수 있다. 요소들은 후속작업으로 애니메이션을 만들 수도 있고, 만들어진 애니메이션을 살아 있는 움직임과 특수 효과로 더욱 특색있게 할 수도 있다.

7.6.1 영화와 비디오 편집

영화 편집은 물리적인 과정이다. 영화의 한 장면을 구성하기 위해서는 다른 장면들과 겹쳐 이을 수 있도록 두 개의 클립으로 나눈다. 각 클립은 다듬어질 수 있고, 잘릴 수 있으며, 겹쳐 이어질 수 있고, 정렬되거나 재배치될 수 있다. 비록 원리는 영화 편집과 같을지라도, 비디오 편집은 실제로 영화 편집과 상당히 다르다. 사실, 비디오 테입을 망가뜨리지 않고 정확하게 자르거나, 겹쳐 잇는 것은 불가능하다. 비디오 테입에 녹화된 사진을 재배치하는 유일한 방법은 그것을 새 테입에 복사하는 것이다. 요구된 순서로 재배치하기 위해 두 개의 테입 기계를 사용한다. A 기계의 출력 신호는 B 기계의 입력으로 보내져서, B 기계는 A가 재생하는 것을 녹화한다. 원래의 테입은 A 기계에 놓이고 원하는 장면이 시작되는 지점까지 감긴다. 그런 다음 B 기계는 그 장면을 녹화한다. 녹화는 A 기계가 내부의 정확한 지점까지 감기는 동안 멈춘다. 그런 다음 B 기계에 있는 테입에 복사되면, 바른 순서로 편집된 비디오를 얻게 된다.

좀 더 강력한 정렬 방법은 A, B, C 세 개의 기계를 사용하는 것이다. 세 개의 편집 기계는 대부분의 데스크탑 비디오 편집 소프트웨어에서 사용된다. 두 개 혹은 세 개의 기계로 비디오를 편집하는 것은 변화가 생길 때마다 테입이 복사되어야 한다. 그리고 복사하는 과정에서 노이즈에 의해 손상이 생기는 것은 당연하다. 상업적 비디오를 위해 사용되는 가장 좋은 아날로그 시스템조차도 복사할 때마다 항상 약간의 손상을 일으킨다. VHS 테입의 경우 단지 두 번의 복사작업만으로도 심각한 품질의 손상을 일으킨다. 두 번째 결점은, 순서대로 겹쳐 이을 수 있는 영화와 대조적으로, 테입은 처음부터 끝까지 선형으로 구성되어야 한다는 것이다. 이것은 작업의 융통성을 줄인다. 디지털 비디오가 광범위하게 사용되므로, 아날로그의 세 기계 편집 방법은 사용되지 않고 대부분의 비디오 편집은 컴퓨터에서 실행된다.

7.6.2 디지털 비디오 편집과 후속작업

디지털화는 작업 형태가 영화 편집에 가깝지만, 물리적 처리 과정 없이도 비디오 편집이 가능하게 만들었다. 선형의 아날로그 비디오 편집과 비선형의 디지털 비디오 편집 사이의 차이점은, 비유적으로, 타자기를 사용하는 것과 워드프로세서를 사용하는 차이로 설명할 수 있다. 전통적인 타자기에서 타자된 단어는 수정이 제한적이다. 만일 종이 전체를 다시 타이프해야 한다면, 이것은 다음 페이지까지도 망칠 수 있다. 워드프로세서의 경우, 수정은 어디서든 가능하며, 페이지나 레이아웃을 고려하지 않고 텍스트가 어떤 순서로도 작성될 수 있다. 임의적으로 데이터에 접근할 수도 있고 변화시킬 수도 있는 능력은 비디오 편집 소프트웨어도 마찬가지이다.

임의적인 접근 외에도 디지털 비디오 편집의 또 다른 큰 이점은 비파괴적(non-destructive)이라는 점이다. 원본의 클립은 결코 변화되지 않는다. 이것은 편집가가 자신의 마음에 따라 얼마든지 장면을 자르거나 다시 붙이는 것이 가능하다는 의미이다. 게다가 영화와는 달리, 편집된 디지털 비디오는 즉시 재생될 수 있다. 하드웨어와 소프트웨어의 발달로, 최근에는 데스크탑 장비조차도 편집된 디지털 비디오를 즉각적으로 재생할 수 있다.

DV 캠코더와 FireWire를 비롯하여 프로세서의 성능 향상, 하드디스크의 용량 증가와 같은 하드웨어의 발전으로 인해, 소비자들 사이에 디지털 비디오 편집에 대한 관심이 커지게 되었다. 홈 비디오를 편집하기 위해 고안된 소비자 지향의 편집기에서부터 영화와 TV 스튜디오에서 사용되는 최첨단 기술을 사용한 편집기에 이르기까지 넓은 범위의 소프트웨어가 존재한다.

비디오 편집은 주로 시간이 경과하는 동안의 사진 배열과 소리의 동기화에 관한 것이다. 대부분의 디지털 후속작업은, 5장에서 설명했던, 이미지 조작 작업의 응용으로 생각할 수 있다. 후속작업의 두 가지 중요한 유형은 이미지 수정과 합성이다.

비디오 시퀀스는 단일 이미지의 결점으로 인해 손상될 수 있다. 예를 들면, 지나치게 노출되었거나, 노출이 부족하거나, 초점이 맞지 않아 흐려지게 되거나, 수용하기 힘든 가공물이 나타날 수 있다. 이 결점들은 특성에 따른 치료법으로 수정할 수 있다. 그러므로 후속작업 시스템은 이미지 조작과 같은 수정 기능을 제공하지만, 단일 이미지에 대한 것이 아니라 비디오 시퀀스에 적용되는 것이다.

대부분의 수정은 레벨 조절을 위한 슬라이더와 같은 파라미터를 가진다. 수정이 시퀀스에 대해 이루어질 때, 각각의 이미지에 같은 파라미터를 사용하거나 아니면 시퀀스 전체를 한꺼번에 변화시키는 것이 더 바람직할 수 있다. 예를 들면, 대부분의 시퀀스가 노출이 부족하게 촬영되었다면, 같은 수정이 프레임마다 필요할 것이다. 따라서 처음 설정한 조절이 여러 프레임에 적용될 것이다. 적절한 수정을 각각의 프레임에 개별적으로 적용하는 것도

그림 7.25 디졸브(dissolve)

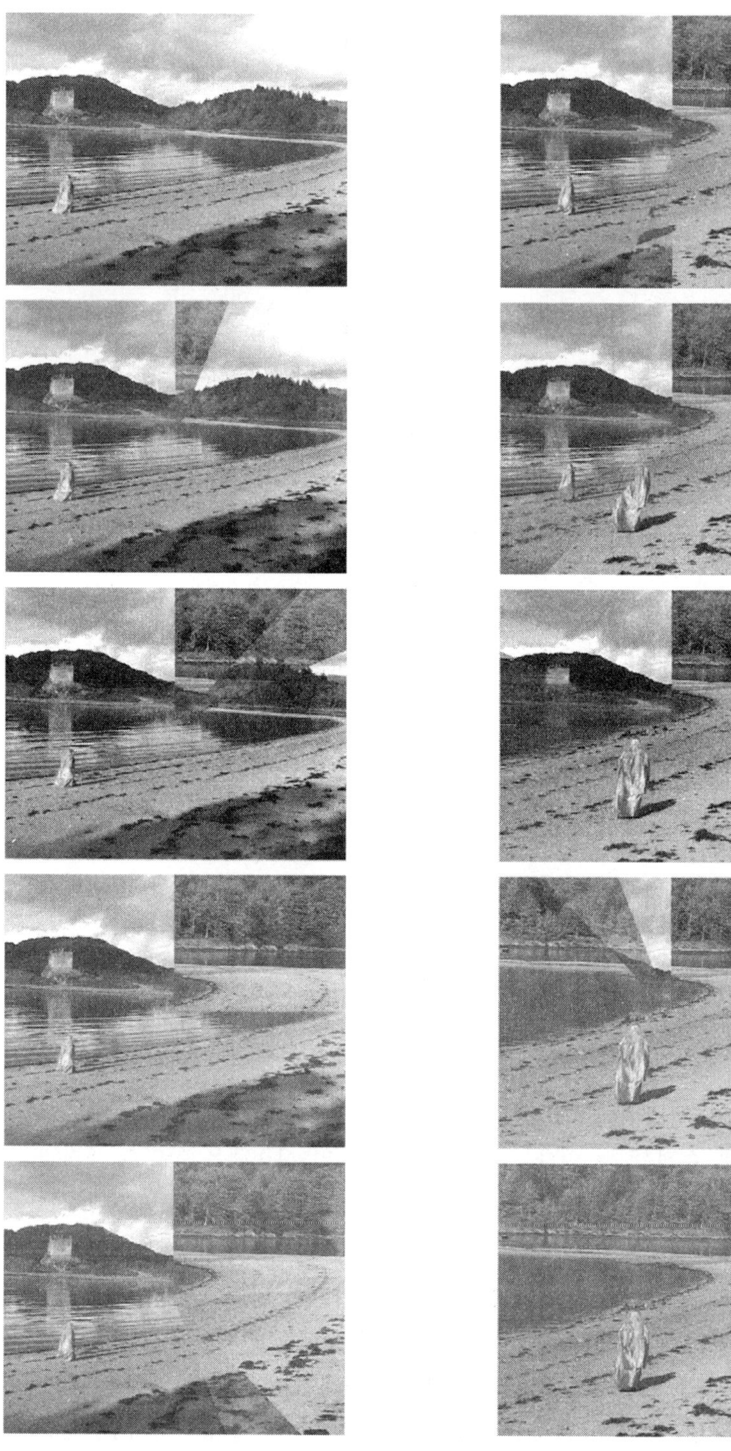

그림 7.26 시계 방향의 장면 전환(clock wipe)

가능하다. 이것은 때때로 꼭 필요하며, 키 프레임에서 파라미터를 지정하는 것도 가능하다.

우리가 5장에서 설명한 이미지 조작 작업에서 분리된 층을 합성했던 것처럼, 후속작업에서도 분리된 비디오 트랙을 합성할 수 있다. 정지된 이미지에서처럼, 포개질 트랙 부분은 투명해야 한다. 비디오의 경우, 투명한 영역을 선택하는 것을 키(keying)라 부른다.

우리가 6장에서 단일 이미지를 위해 설명했던 **블루 스크린**(blue screening) 기법은 별개의 요소를 장면에 삽입하기 위해 오랫동안 비디오에서도 사용되었다. 이 기법의 전통적인 사용 예는 모델을 실황 비디오에 추가시키거나, 배우들을 불가능하거나 위험한 상황에 놓이게 하는 것 등이다. 디지털 후속작업 시스템은 전통적인 블루 스크린 기법을 지원한다. 배우나 모델은 특별한 파란색 스크린 앞에서 촬영된다. 그런 다음 파란색 채널은 제거된다. **크로마 키**(chroma keying)는 마술지팡이 도구를 사용하여 얻어진 것으로부터 알파 채널을 만드는 것과 본질적으로 같다.

몇몇 응용에서, 마스크를 만들어 내기 위한 투명한 영역을 명시적으로 지정하는 것이 가능하다. 영화와 비디오에서 합성을 위해 사용되는 마스크를 **매트**(matte)라 부른다. 매트는 한 화면으로부터, 마이크 받침대처럼, 종종 원하지 않는 요소를 제거하는 데 이용된다. 혹은 실황 장면에 정지한 이미지를 합성하는 데 사용되기도 한다.

그림 7.27 컬러 옵셋 필터를 비디오에 적용한 경우

그림 7.28 특수 효과를 얻기 위해 여러 필터를 비디오에 적용한 경우

투명한 부분을 얻기 위한 또 다른 방법은 알파 채널을 사용하는 것이다. 이것은 종종 정지한 이미지와 합성하기 위해 매트를 사용할 때 아주 좋은 방법이다. 그림 7.29와 7.30은 비디오 응용을 사용할 때 생기는 레이어 혼합의 복잡성을 설명한다. 알파 채널과 **루마 키 마스킹**(luma key masking)을 사용하여 빛이 나는 비둘기를 화면에 삽입했다.

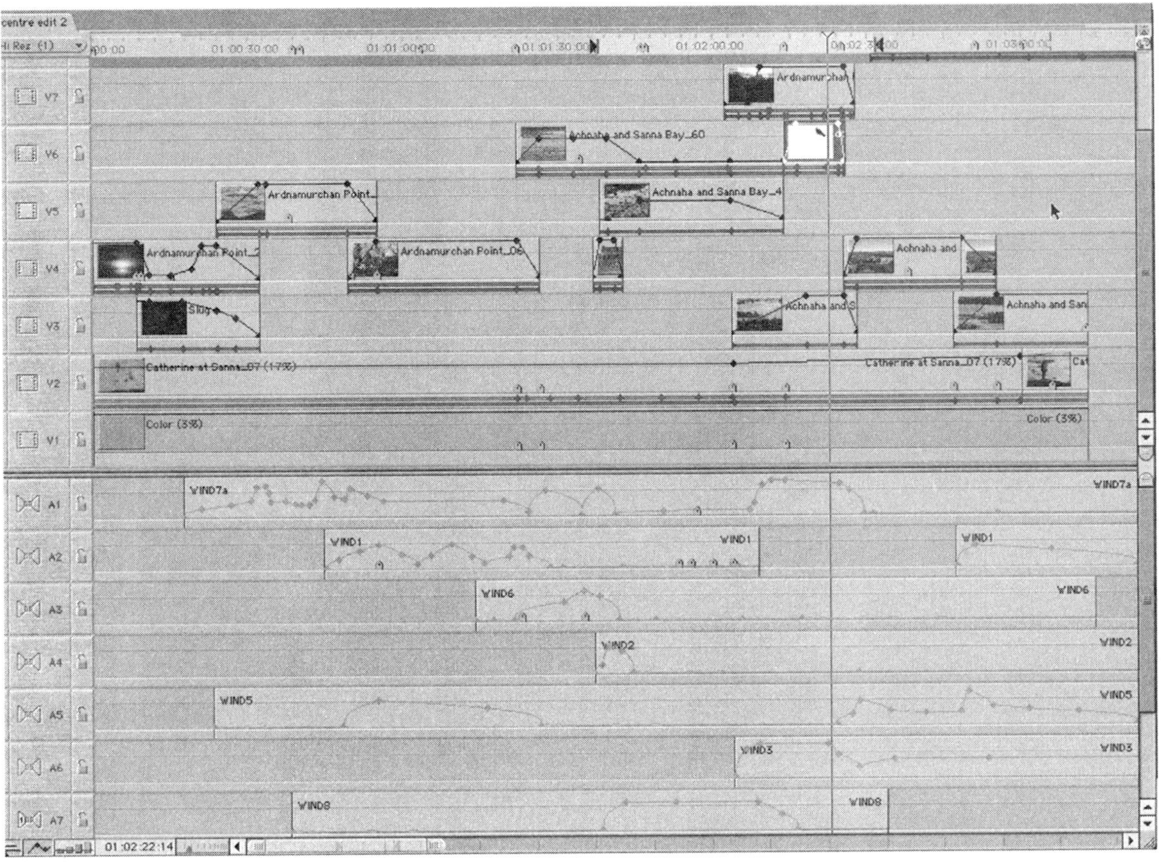

그림 7.29 여러 레이어의 비디오와 오디오를 합성하기 위한 시간선(Final Cut Pro 사용)

7.6.3 비디오 배급을 위한 준비

편집과 후속작업은, 최종 비디오가 멀티미디어 제작물로 배급되거나 혹은 비디오 테입에 담겨 배급될 경우 모두, 거의 같은 방식으로 이루어진다. 멀티미디어의 경우, 제작물 배급을 위한 추가적인 단계가 보통 요구된다. 이것이 필요한 이유는 편집과 후속작업을 위해 사용되는 플랫폼과 재생 플랫폼이 대부분 같지 않기 때문이다. 비디오가 저가의 장비에 사용될 수 있도록 배급하려면, 비디오 원본의 어떤 부분을 희생해야 한다.

이 경우 무엇을 희생할 것인가? 가능성은 프레임 크기, 프레임률, 컬러 깊이, 이미지의 질 등이다. 비디오 프레임의 크기를 감소시키는 것은 비디오 파일의 크기와 대역폭을 줄이는 비교적 손쉬운 방법이다. 사람들은 보통 그들의 모니터 가까이에 앉아 있으므로 큰 사진은 불필요하며, 모니터의 해상도가 보통 TV의 해상도보다 더 좋으므로 컴퓨터 화면에서는 저해상도의 이

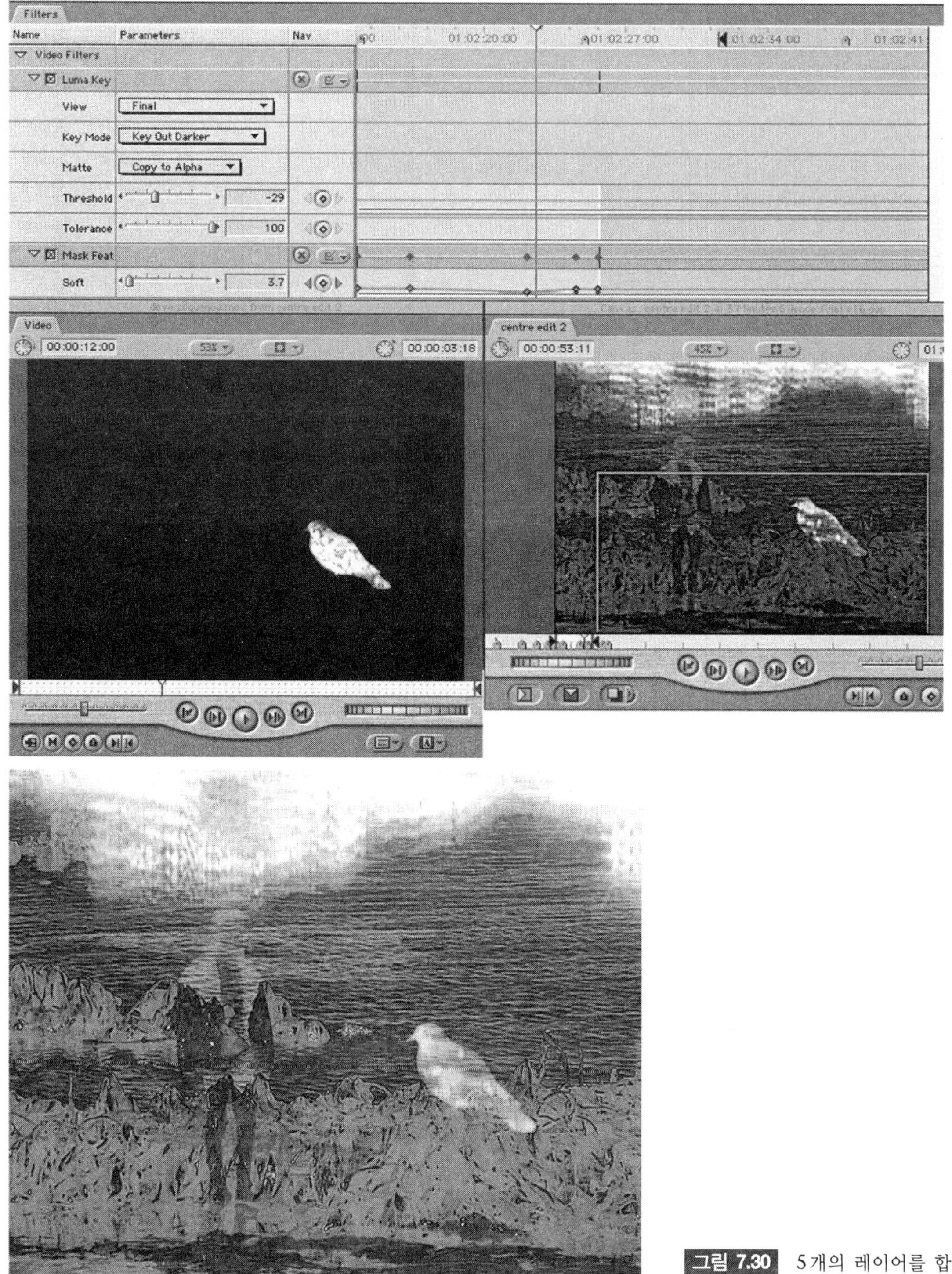

그림 7.30 5개의 레이어를 합성한 비디오

미지도 TV보다 더 부드러워 보인다. 유사하게, 프레임률을 감소시키는 것도 종종 사용된다. 연속되는 움직임으로 보이기 위한 잔상 효과는 약 12 fps의 프레임률이면 유지된다. 깜빡거림을 없애려면 더 높은 프레임률이 요구된다. 이것은 컴퓨터 모니터에 관한 경우가 아니다. 컴퓨터 모니터는 VRAM으로 부터 훨씬 더 높은 비율로 리프레시된다. 1/4 크기의 프레임을 사용하고, 30 fps에서 15 fps로 프레임률을 감소시키면 데이터의 양은 1/8로 감소된다.

컬러 깊이를 비디오에 보통 사용되는 24비트에서 8비트로 감소시키면 다시 1/3로 줄어든다. 6장에서 설명했듯이, 이것은 인덱스 컬러를 사용하거나 표준 팔레트에 있는 색들로 제한함으로써 가능하다. 불행히도, 모든 비디오 코덱이 회색조 이미지의 사용을 지원하는 것은 아니다.

이런 방안들이 받아들여지지 않는다면, 이미지 품질을 희생하면서 데이터를 더 압축해야 한다. 우리는 이미 적절한 코덱의 특징들을 설명했다. 모든 코덱은 매우 높은 압축률을 사용하면 가공물이 생긴다는 것을 알아야 한다. 이를 최소화하기 위해서는 필터를 사용하는 것이 필수적이다. 그러나 이것은 또한 사진 정보의 손실로 귀결될 것이다.

연습문제

1. 비디오 작업을 할 때, 어떤 경우에 하드웨어 코덱이 필요한가?

2. 다음 프로젝트를 위한 시스템의 이상적인 비디오 구성요소를 명시하라.

   (a) 유명인의 집에서의 비디오 인터뷰를 녹화한다. 그리고 웹 페이지에 통합하기 위해, 비디오 녹화물뿐만 아니라 고화질의 정지 이미지를 얻고자 한다.

   (b) 비디오 회의를 인터넷을 통해 실황으로 진행한다.

   (c) 올림픽 게임의 멀티미디어 제작을 위해, 100 m 단거리 경주의 결승선 비디오를 근접 녹화하여 우승자를 식별할 수 있도록 한다.

   (d) 은행의 감시 시스템을 법정의 시각적인 증거물로 제공하고자 한다.

   (e) 빠르게 흐르는 계곡물의 비디오 녹화물을 웹 페이지의 작은 윈도우에서 느린 움직임으로 부드럽게 표현한다.

   (f) 꽃이 피는 장면을 연속 촬영하여, 웹의 원예 사이트에서 사용하고자 한다.

3. 2번과 같은 프로젝트들을 수행하기 위한 실제적인 시스템을 사용 가능한 장비에 기초하여 명시하라.

4. 가정에서 사용하기 위한 멀티미디어 소프트웨어 애플리케이션 설계에 당신이 관여한다고 가정하자. 즉, 자녀의 생일 파티를 녹화하여 다른 지역에 사는 조부모님께 CD-ROM으로 보내는 멀티미디어 작업을 사용자가 스스로 할 수 있도록 프로그램을 개발하고자 한다. 이 프로그램을 위해서, 비디오에 대해 어떤 가정을 할 것이며, 어떤 설비를 제공해야 하는가?

5. 초당 2,500바이트의 평균 데이터율을 제공하는 연결에서, 점진적인 다운로드를 사용하여 30분 동안 905 KB의 영화를 다운받으려고 한다. 영화가 재생되려면 얼마나 기다려야 하는가? 왜 사용자는 갑작스런 재생을 경험하게 되는가?

6. 90분 장편영화를 저장하기 위해 다음과 같은 형식을 사용할 때, 얼마나 많은 저장 공간이 필요한가?

   (a) CCIR 601

   (b) MP@ML MPEG-2

   (c) DV

   (d) SP@L1 MPEG-4

   (e) ASP@L5 MPEG-4

   각각의 형식에 적당한 애플리케이션을 예시하라.

7. 시간 압축을 사용하는 압축 기술에서, 다음과 같은 일반적인 비디오 관용구의 효과는 무엇인가?

   (a) 컷(cuts)

   (b) 디졸브(dissolves)

   (c) 수작업 카메라 조작(hand-held camera work)

   (d) 줌(zooms)

   (e) 팬(pans)

   어떤 경우가 움직임 보상에 도움을 주는가?

8. 9개의 프레임 시퀀스 IBBPBBPBB를 GOP로 사용하는 MPEG 인코더를 가정하자. 인코더에 의해 압축된 첫 번째 18 프레임 사이의 의존성을 보여주는 다이어그램을 그려라. 어떻게 영상이 비트 스트림 순서로 재조정되는지를 보여라. 첫 번째 9개 프레임의 비트스트림 순서에서 I와 P 및 B 프레임의 패턴이 두 번째 9개 프레임과 왜 다른지

설명하라.

9. TV나 비디오 테입으로부터 다음과 같은 클립을 캡처하라.

(a) 전통적인 흑백 필름

(b) 현대의 멜로 홈드라마

(c) 채플린(Chaplin) 또는 캐톤(Keaton)의 무성 코믹 단편

(d) 교양적인 다큐멘터리

(e) 테크니컬러의 뮤지컬 코미디

10. 그림 7.26의 프레임을 자세히 보면, 시계 와이프(clock wipe)에 의해 교체된 부분에서 빗 형태를 볼 수 있다. 이것의 원인이 무엇인지를 설명하라.

애니메이션
Animation

8

애니메이션은 프레임을 한 개씩 사용하여 움직이는 그림을 만드는 것으로 정의할 수 있다. 또한 이 말은, '디즈니 애니메이션' 또는 '웹 애니메이션'처럼, 이러한 방법으로 만들어진 시퀀스를 의미하기도 한다. 20세기 전반에 걸쳐, 애니메이션은 엔터테인먼트, 광고, 교육, 영화 예술 및 비디오를 위해 사용되었고, 지금은 월드 와이드 웹과 멀티미디어 프레젠테이션에서도 광범위하게 사용되고 있다.

애니메이션이 어떻게 동작하는지 알기 위해, 종이에 도형이나 그림의 시퀀스를 만든다고 생각하자. 이 시퀀스에서 도형과 그림 내의 요소나 캐릭터들이 변하거나 움직이려면, 이들을 변화시키거나 재배치해야 한다. 하나의 그림과 다음 그림 사이의 변화는 매우 적겠지만 대단히 중요할 수 있다. 일단 그림이 완성되면, 그림의 시퀀스에 따른 정확한 순서로 한 프레임씩 촬영한다. 필름을 재생할 때, 이 정지 화상의 시퀀스는 실제 동작을 실시간으로 촬영한 프레임의 시퀀스와 같은 방법으로 인식된다. 즉, 시각의 잔상에 의해, 연속되는 정지 화상은 움직이는 이미지로 인식하게 된다. 만일 빠른 움직임이나 변화를 주고 싶다면, 시퀀스 상의 연속적인 이미지 간의 차이가 천천히 점진적으로 변화하거나 느리게 움직일 때보다 훨씬 더 커야 한다.

'애니메이트(animate)'는 말 그대로 '생명을 불어넣는 것'이다. 이것은 시퀀스로 촬영된 정지된 캐릭터나 물체(또는 무엇이든지)가 일반 영화나 비디오 속도로 재생될 때, 살아서 움직이는 것처럼 보이게 하는 처리 방법의 본질을 나타낸 말이다.

영화는 초당 24 프레임씩 영사되기 때문에, 전통 매체에 그려진 애니메이션은 매초당 24개의 그림이 필요하다. 또한 매분당 1,440개의 그림이 필요하며, 비디오로 제작된 애니메이션의 경우는 더 많은 그림을 필요로 한다. 실제로, 부드러운 움직임이 필요없는 애니메이션은 '두 개로' 촬영될 수 있다. 이것은 각 그림(또는 어떤 것이든)을 두 개의 프레임으로 촬영하는 것을 의미한다. 효과적인 프레임은 영화의 경우 초당 12 프레임, NTSC 비디오는 초당 15 프레임이다. 디지털 애니메이션은 실제로 이러한 낮은 프레임률로 재생될 수 있다.

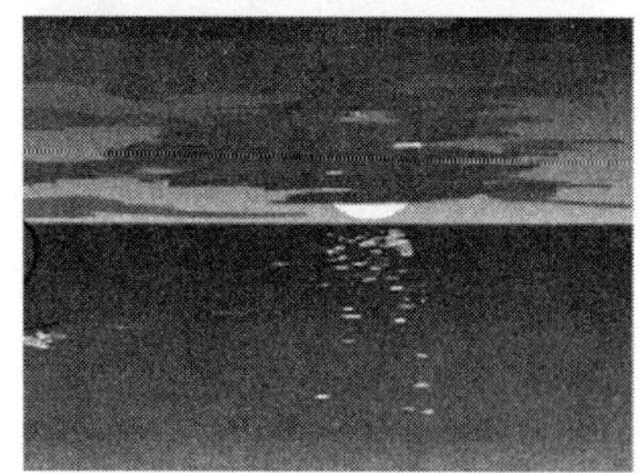

만일 애니메이션을 종이 위에 그림이나 도형을 그리는 방법으로 만들려면, 촬영될 모든 프레임 각각에 대해 이미지 전체를 그리는 것을 반복해야 한다. 이는 막대한 작업량이 소모되므로, 작업시간을 줄이고 새로운 표현 방법을 찾기 위한 애니메이션 기법들이 많이 고안되었다. 최근까지 가장 많이 알려져 있고 널리 사용되고 있는 것은 **셀 애니메이션(cel animation)**이다. 이 작업 방식은 움직여야 할 장면 내의 요소를 '셀'로 알려진 투명 용지에 그

리고, 별도로 그려진 배경 위에 놓는다. 시퀀스를 만들 때, 셀에 있는 움직이는 요소만 각 프레임에 다시 그려져야 한다. 장면에서 고정된 부분은 단 한 번만 제작된다. 장면 변화가 더 많은 복잡한 경우는 프레임 사이에서 변화하는 것들을 그린 많은 셀이 포개질 것이다. 전통적인 셀 애니메이션 개념과 기법은 디지털 영역에 특히 적합하다고 판명되었고, 인기를 끈 많은 TV 만화영화가 셀 방식의 디지털 형태로 제작되었다.

월트 디즈니 스튜디오의 영향으로 인해, 셀 애니메이션도 한층 업그레이드되었다. 이 스튜디오에서는 3차원 느낌을 추가하기 위해 다중 평면(multi-plane) 세트를 사용했다. 셀은 애니메이션에서 가장 잘 알려진 기법이 되었다. 뽀빠이(Popeye)부터 그 이후의 거의 모든 주요 만화 시리즈에서 사용되었을 뿐만 아니라, 1937년 **백설공주와 일곱 난장이**부터 시작된 많은 장편 영화에서도 사용되었다. 그러나, 1890년 영화가 처음 만들어질 때부터, 애니메이션은 여러 가지 다른 수단을 사용하여 만들어졌다. 많은 아티스트들은 종이에 각 프레임을 개별적으로 그리는 작업을 실제로 한다.

본질적으로 2차원인 이러한 것들에 대한 명백한 대안은 3차원 또는 정지화상(stop-motion) 애니메이션이다. 이 방식에는 여러 기법이 있다. 그러나 공통적으로 무대 세트처럼 생긴 소형의 3차원 세트를 사용하며, 그 위에서 물체가 조심스럽게 이동하게 된다.

비록 애니메이션의 여러 가지 기법을 별도로 적용하는 것이 편리할 수도 있지만, 혼합 형식(셀과 3D의 혼합)이 종종 사용된다. 또한 애니메이션을 실제 영화 필름과 결합하는 것도 오랜 전통이다. 이것의 가장 유명한 실례는 아마도 '누가 로저 래빗을 모함했나?' (1988)일 것이다. 최근, 영화산업에서 디지털 기술의 적극적인 채택으로, 실제 액션과 애니메이션을 함께 사용하는 것이 늘어나고 있다. 예를 들어, 1933년에 제작된 고전 **킹콩(King Kong)**이나 다른 많은 괴물 영화와 같이 전통적인 것부터, **매트릭스(The Matrix)**나 그 후편과 같이 디지털인 것까지, 관객들은 아마도 '특수 효과'나 많은 것들이 기본적인 애니메이션 기법에 의해 완성되었다는 것을 잘 알지 못할 것이다.

애니메이션의 전통적인 모든 형식은 디지털 영역에서도 적용된다. 더욱이, 디지털 기술은 새로운 환경에서 애니메이션의 사용과 그에 따른 기법들을 위한 새로운 기회를 제공한다.

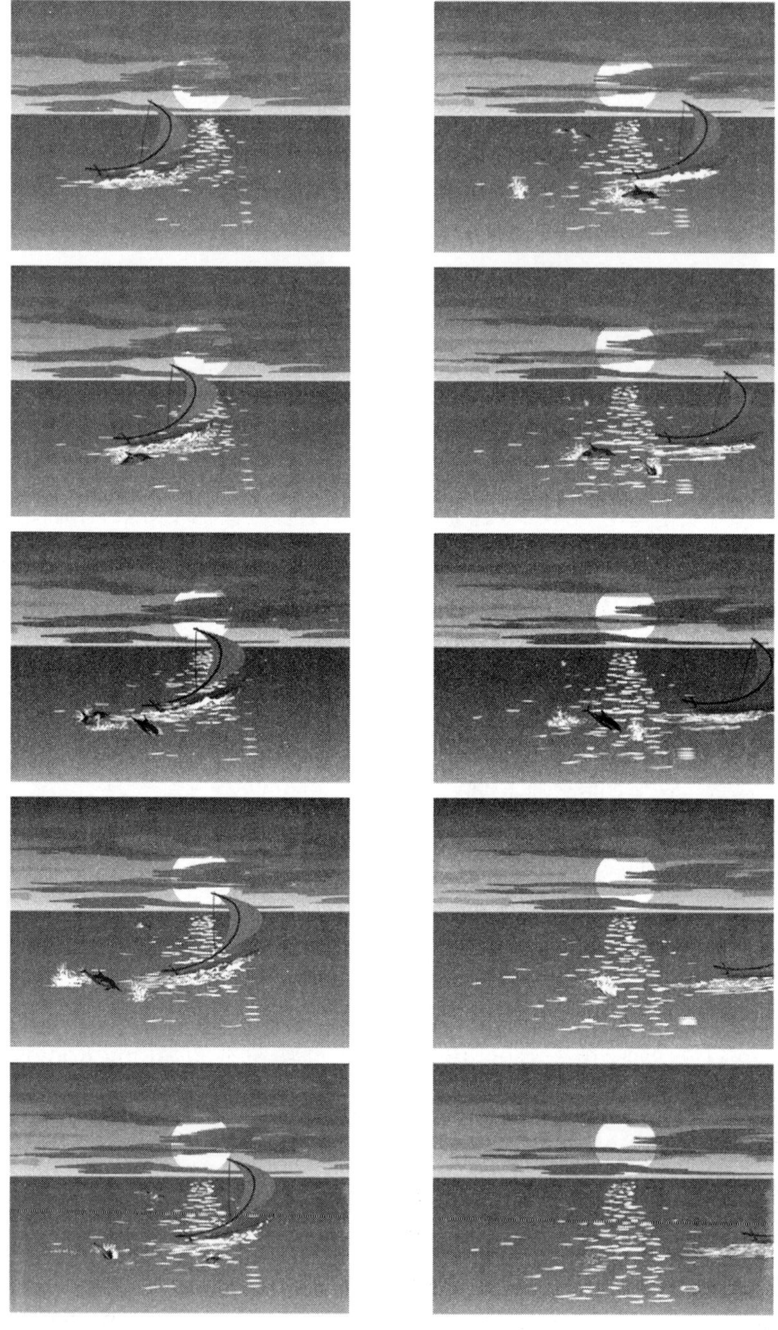

그림 8.1　셀 방식과 비슷한 디지털 애니메이션

8.1 캡처된 애니메이션과 이미지 시퀀스

나중에 알게 되겠지만, 디지털 기술은 애니메이션을 만드는 새로운 기법을 제공한다. 컴퓨터는 또한 멀티미디어 프로덕션에 적합한 애니메이션을 앞에서 설명한 오래된 기법들을 함께 사용하여 디지털 형식으로 만드는 데도 효과적으로 사용될 수 있다. 현재 이러한 방식으로 애니메이션을 준비하는 것(비디오 카메라와 전통적인 애니메이션 기법을 함께 사용하는 기술)은 이 장의 후반에서 다루게 될 완전히 컴퓨터로만 생성하는 기법보다 더 풍부한 표현을 할 수 있다.

필름이나 비디오 테입 위에 애니메이션을 저장하는 대신, 비디오 카메라를 컴퓨터에 직접 연결하여 애니메이션의 각 프레임을 디스크로 캡처한다. 프레임이 종이나 셀 위에 그려졌든지, 3-D 세트로 구성되었든지 혹은 다른 어떤 기법을 이용하여 만들어졌든지 상관없다. 만일 라이브 비디오를 캡처하고 있다면, 카메라에 들어오는 전체 데이터 스트림을 저장하는 대신, 정확하게 셋업한 단일 프레임의 디지털 버전을 저장하면 된다. 많은 유틸리티들이 이런 종류의 **프레임 포착(frame grabbing)**을 수행한다. 그리고 일부 비디오 편집 프로그램들도 이 기능을 제공한다. 예를 들면, 프리미어(Premiere)는 **Capture** 메뉴에서 **Stop Frame** 명령을 제공한다. 모든 프레임 포착은 대략 다음과 같은 방법으로 작업한다. 즉, 레코딩 윈도우가 나타나고 카메라를 통해서 현재 장면이 보인다. 또한 샷을 검사하기 위해 이 기능을 사용할 수 있고, 한 프레임을 캡처하기 위해 키를 누를 수 있다. 이것은 정지 영상 또는 AVI나 퀵타임(QuickTime) 무비 시퀀스에 추가할 때 사용하기 위한 것이다. 만족스럽지 못한 프레임은 삭제될 수 있다. 시퀀스를 만들기 위한 프레임 셋을 캡처했으면, 퀵타임 무비 또는 연속적으로 번호가 부여된 이미지 파일로 캡처된 프레임 셋을 저장할 수 있다.

애니메이션을 디스크로 캡처하는 것은, 단지 비선형 편집뿐만 아니라 7장에서 설명한 후속작업을 위한 것이며, 또한 전통 매체로 표현된 애니메이션을 순수 디지털 애니메이션 및 모션 그래픽스와 결합할 수도 있다. 그림 8.2는 이러한 혼합 방법으로 만들어진 작품의 실례를 보여준다.

어떤 전통적인 애니메이션에는 카메라를 사용할 필요조차 없다. 만일 종이 위에 일련의 그림이나 도형을 그렸다면, 이미지 파일을 만들기 위해 스캐너를 사용할 수 있다. 필름 스캐너는 심지어 필름 위에 직접 애니메이션을 디지털화할 수 있다. 비디오 카메라 대신 디지털 스틸 카메라를 사용하여 디스크로 이미지를 다운로드할 수도 있다. 이러한 모든 경우에 비디오 카메라

그림 8.2 캡처된 정지 프레임을 디스크에 저장하여 디지털 애니메이션과 결합하는 장면

를 사용하는 것보다 더 높은 해상도와 더 큰 컬러 범위를 가지고 작업할 수 있다.

페인터(Painter)와 플래시를 포함한 몇몇 컴퓨터 프로그램은 영화 파일을 열어 개개의 프레임을 수정할 수 있다. 이와 유사하게, 프리미어는 임포트(import)와 재임포트 기능이 있다. 이것은 새로운 가능성을 제공한다. 예를 들면, 비디오의 원래 물체를 변경하거나 바꿀 수 있다. 이것은 실제 동작에 애니메이션을 추가하는 한 가지 방법이다.

애니메이션의 순서를 결정하기 위해 정지 이미지 파일 여러 개를 사용하는 대신, 단일 '이미지' 파일로 여러 이미지를 나타낼 수 있다. 이러한 기능을 제공하는 많은 파일 형식 중 가장 대표적인 것은 GIF이다.

일련의 이미지를 저장할 수 있는 GIF 파일의 기능은 웹 페이지에 값 싸고 질 좋은 애니메이션 형식을 제공하기 위해 사용되었다. 웹 브라우저는 GIF 파일이 로드될 때, 그 파일 안에 포함된 각 이미지를 차례대로 표시할 것이다. 충분히 빠르게 표시되면, 이미지는 애니메이션처럼 보일 것이다. GIF89a 버전은 animated GIF의 동작을 제어하는 데이터 항목을 가진다. 즉, 애니메이션이 반복되는 횟수나 프레임률을 지정할 수 있다. 그러나 animated GIF는 애니메이션 특징을 웹 페이지에 추가하기 위한 신뢰할만한 방법을 제공하지는 못한다. 대부분의 브라우저 동작 방식처럼, animated GIF가 표시되는 방법은 사용자에 의해 변경될 수 있다. 반복은 정지될 수 있고, 애니메이션이 되지 않을 수도 있다. 그리고 만일 이미지 로딩이 불가능하면 animated GIF는 전혀 보이지 않을 것이다. animated GIF의 주요한 장점은 플러그-인이나 사용한 스크립트에 의존하지 않는다는 것이다. 따라서 여러 브라우저에서 animated GIF를 볼 수 있다.

무료 또는 저렴한 몇몇 유틸리티를 사용하면, 주요한 플랫폼 위에서 여러 이미지를 단일 animated GIF로 결합할 수 있다. 프리미어와 플래시는 이와

같은 형식으로 영화를 저장한다. 그리고 전용의 웹 그래픽 프로그램(예컨대 ImageReady와 Fireworks)은 기존 이미지들을 변경하여 animated GIF를 만들어낼 수 있다. 그러므로 GIF 파일은 잠재적으로 어떤 애니메이션 형식도 저장할 수 있다. 그러나 GIF 애니메이션이 적절히 구현되어 실행되더라도 많은 단점이 있다. 즉, 소리를 추가할 수 없으며, 256 컬러 팔레트로 제한된다. 아울러, 이미지는 손실없이 압축된다. 이것은 이미지의 질은 보존할지 모르지만 많은 압축을 제공할 수 없으므로, 임의의 확장된 애니메이션 시퀀스에 이 형식을 사용하는 것은 진지하게 검토해야 한다. 보통, animated GIF의 각 프레임은 브라우저에 도착하는 대로 표시된다. 네트워크는 과도하거나 불규칙한 흐름, 프레임 간의 지연이 있을 수 있고, 이로 인해 파일 안에 지정된 프레임률과 네트워크 속도는 무관하게 된다. 그러나, 만일 애니메이션을 반복 설정하면, 애니메이션이 처음 한 번 완전히 실행된 후 브라우저의 로컬 캐시에 복사될 것이다. 그리고 다음 루프는 단지 사용자의 프로세서와 디스크에 의해 제한된 속도로 실행될 것이다. 일반적으로, animated GIF가 작지 않은 한 부드러운 애니메이션을 위해 충분히 높은 프레임률로 재생될 경우는 거의 없다. 그러므로 animated GIF는 실제 애니메이션에 사용되지 않으며, 네온사인 광고와 비슷하게 이미지를 변화시키는 데 주로 사용된다. 아마도 이런 이유로, 웹 페이지 광고에서 animated GIF가 가장 자주 사용된다. 애니메이션 광고를 누구나 웹 페이지에 만들 수 있을 정도로 사용하기 쉽지만, animated GIF의 사용이 최근 줄어들었다.

임의 기간 동안 캡처된 애니메이션에 소리가 포함된다면 비디오 형식을 사용한 최상의 결과물이 될 것이다. 캡처하거나 그려진 애니메이션 시퀀스를 그대로 저장하거나 또는 퀵타임으로 변환했다고 한다면, 그 자체로 퀵타임 무비가 된다. 따라서 편집될 수 있고, 다른 클립과 결합될 수 있고, 다른 비디오 클립처럼 웹 페이지에 포함될 수 있다. 퀵타임의 애니메이션 코덱은

만화 스타일로 그려진 애니메이션의 장점을 이용할 수 있도록 설계되었다. 이 장의 뒷부분에서 보겠지만, 이것은 컴퓨터로 3-D 애니메이션을 제작할 때 자주 사용된다. 압축은 런길이 인코딩(RLE: run-length encoding)에 기반을 두고 있으며, 코덱을 최상의 질로 설정할 때도 손실이 없다. 물론, 더 높은 압축비를 위해 사용될 때는 손실이 발생하는 모드도 있다. 이 코덱은 단조로운 스타일의 애니메이션에 적합하도록 만든 것이다.

8.2   '디지털 셀'과 스프라이트 애니메이션

3장에서 기술한 바와 같이, 셀 애니메이션에 대한 기술은 레이어에 집착하게 했을지도 모른다. 레이어를 이용하여 정지 이미지를 별도로 만들 수 있다. 예를 들어, 걷고 있는 사람과 그 배경은 각각 독립적으로 변경되거나 움직일 수 있다. 애니메이션 시퀀스의 프레임은 고정된 배경 레이어와 프레임 간에 어떤 변화가 일어나는 하나 이상의 레이어와 결합되어 만들어질 수 있다. 따라서, 애니메이션을 만들기 위해, 첫 프레임은 이미지 내의 배경 레이어를 만드는 것부터 시작해야 할 것이다. 다음으로, 별개의 레이어 위에 움직일 요소를 만든다. 첫 번째 프레임을 저장한 후, 다음 프레임은 첫 번째 배경 레이어를 붙여 넣고, 애니메이션에 변화를 줄 다른 레이어들을 추가한다. 이러한 방식으로, 스크립트를 사용하지 않고도 각 프레임의 정적 요소들을 다시 만들 필요가 없다.

애니메이션의 동작이 단순한 곳에는, 단지 어떤 레이어의 이미지를 옮겨 놓거나 위치만 바꾸면 된다. 간단한 예로, 별을 배경으로 한 행성의 움직임을 애니메이션으로 작업한다고 생각하자. 첫 프레임은 별이 있는 배경 레이어와 행성 이미지를 갖는 전경 레이어로 구성될 수 있다. 그런 다음 프레임을 만들기 위해, 이들 두 레이어를 복사하고, 이동 툴을 이용하여 행성의 이미지 위치를 조금 바꾸어 놓는다. 계속 이러한 방식을 사용하여 행성이 배경을 가로지르는 움직임을 만들 수 있다.

레이어를 디지털 셀처럼 사용하면 애니메이션 제작 시간을 절약할 수 있다. 그러나 기술한 대로, 완성된 애니메이션을 저장하는 방법에는 영향을 미치지 않는다. 각 프레임은 이미지 파일로 저장되므로, 후에 그 시퀀스는 퀵타임 무비나 animated GIF, 또는 다른 어떤 표현 형식으로 변경되어야 한다. 프레임들이 동일한 요소의 집합으로 만들어지는 시퀀스에는 분명 많은 중복이 있다. 아마도, 시퀀스가 압축될 때, 중복 정보는 제거될 것이다. 그러

나 그 이후에 압축하는 것은, 그 중복성이 이미 제거된 형식이므로, 시퀀스를 처음 저장할 때만큼 압축되지는 않을 것이다.

이동 객체(moving objects)에 기반한 애니메이션 형식을 **스프라이트 애니메이션**(sprite animation)이라고 하며, 이 객체들을 **스프라이트**(sprite)라 부른다. 더 정교한 움직임은 때로 **페이스**(face)라 불리는 이미지 집합으로 만들 수 있다. 이것은 인간을 닮은 캐릭터의 '보행 사이클'을 만드는 예로 설명할 수 있다(그림 8.3 참조). 스프라이트의 위치를 전진시키고 페이스를 이용해 반복하게 함으로써 캐릭터를 걷게 할 수 있다.

퀵타임은 스프라이트 트랙(sprite track)을 지원한다. 이것은 '키 프레임 샘플(key frame sample)' 뒤에 '오버라이드 샘플(override sample)'이 오는 형태로 애니메이션을 저장한다. 키 프레임 샘플은 애니메이션에 사용된 모든 스프라이트의 페이스에 대한 이미지들과 페이스가 표시되어야 할 방향뿐만 아니라 각 스프라이트의 공간적인 특성(위치, 위치 결정, 가시성 등)을 포함한다. 오버라이드 샘플은 이미지 데이터를 포함하지 않는다. 다만 어떤 형태로든 변경된 스프라이트의 특성에 대한 새로운 값을 포함한다. 그러므로 오버라이트 샘플은 매우 작다. 퀵타임 스프라이트 트랙은 영화의 비디오와 사운드 트랙과 결합될 수 있다.

스프라이트 애니메이션은 애니메이션된 시퀀스를 저장하는 방법이다. 그러나 종종 다른 용도로도 사용된다. 스프라이트의 특성 변화를 저장하는 대신에, 변경된 값을 프로그램에 의해 동적으로 얻을 수 있다. 스프라이트 특성의 계산은 외부 사건(예컨대 마우스의 이동)이나 사용자의 입력에 의존하여 만들어질 수 있다. 바꾸어 말하면, 애니메이션된 객체의 이동과 그 객체의 외형적 움직임은 사용자에 의해 조절될 수 있다. 스프라이트를 이러한 방식으로 사용하는 것은 컴퓨터 게임에서 광범위하게 이용된다.

8.3 키 프레임 애니메이션

1930년대부터 1940년대 사이, 월트 디즈니(Walt Disney)가 주도한 미국의 만화 산업은 애니메이션의 대량 생산 방법을 개발하였다. 이러한 개발의 중심에는 노동의 분업이 자리하고 있었다. 자동차를 제작하는 헨리 포드(Henry Ford)의 조립 라인 생산 방법은 복잡한 작업을 반복적인 세부작업(sub-task)으로 쪼갠다. 세부작업은 비교적 숙련되지 않은 근로자에 의해 수행될 수 있다. 디즈니의 방법도 그림 제작을 세부작업으로 나누는 것이었고,

보행 사이클을 위한 스프라이트 페이스

그 중 일부는 비교적 숙련되지 않은 직원이 수행할 수 있었다. 디즈니는 포드가 공정을 분업화했던 것만큼 애니메이션의 분업화에 성공하지 못했다. 캐릭터 디자인, 그림의 개념, 스토리 보드, 검사 및 애니메이션의 대부분은 항상 경험이 풍부하고 재능 있는 아티스트가 작업해야 했다. 필름의 최종 셀 제작 이외에는 숙련된 만화 제작자가 키 프레임(key frames)을 만들었다.

비디오 압축 환경에서 이미 설명했고, 또한 퀵타임 스프라이트 트랙과 관련해서도 언급했던 것처럼, 키 프레임은 프레임 전체가 저장되며, 키 프레임 간의 프레임들은 그 차이만 저장된다. 보통, 키 프레임은 이동의 양 끝단(보행의 시작과 끝, 낙하물의 최정상과 최하단 등)에서 사용하며, 그 사이에 무슨 일이 생기는 지를 결정한다. 그러나 키 프레임은 중요한 변화가 발생하는 임의 지점을 표시하기 위해 사용될 수도 있다. 중간에 놓인 프레임들은 '중간 과정 작업자들(in-betweeners)'에 의해 거의 기계적으로 그려질 수 있다. 만화 제작 책임자들은 생산성을 늘리기 위해 함께 작업할 중간 과정 작업자를 여러 명 두어, 그림을 셀로 옮기고 색칠하는 지루한 작업은 부하 직원에게 위임했다.

중간 과정(in-betweening)은 수학에서 알고 있는 지점 사이에 있는 함수 값을 계산하는 보간법과 유사하다. 어떤 의미에서, 모든 디지털 이미지는 수치적으로 표현된다. 그러나 벡터 이미지의 수치적 표현이 비트맵 이미지의 수치적 표현보다 더 단순하므로, 수치적 보간 방법에 더 적합하다. 벡터 모양에 적용될 수 있는 변환(이동, 회전, 축소, 확대 그리고 변형 등)은 더욱 정밀하게 보간될 수 있도록 수치적으로 이루어진다. 따라서 움직임은 키 프레임 한 쌍으로부터 시작되며, 수치적인 중간 작업에 의해 생성될 수 있다. 이것은 전통적인 방식과 비교해서 상당히 일을 줄여주며, 만화와 비슷한 애니메이션을 플래시와 같은 프로그램에 의해 디지털 방식으로 제작할 수 있음을 의미한다.

단지 직선 상의 움직임만을 고려한다면, 보간의 가장 간단한 형식은 선형(linear)이다. 이것은 물체가 각 프레임 간에 동일한 거리를 움직이므로, 시작과 마지막 키 프레임 안에 있는 객체가 프레임당 움직인 거리는 전체 거리를 시퀀스 내의 프레임 수로 나눈 것이다. 이것은 두 가지 문제를 야기한다.

첫째, 객체가 움직이자마자 최대 속도에 달하며 객체가 멈춰 설 때까지 움직임이 계속 유지된다. 실제로 그렇게 움직이는 것은 없다. 더 자연스러운 움직임을 만들기 위해, 보간된 모션을 구현하는 프로그램(플래시를 포함해서)들은 수작업된 애니메이션 기법을 사용한다. 정지에서 이동으로 바뀔 때, 처음 몇몇 프레임은 느리게 증가하도록 점진적으로 만들어진다. 이러한 처리

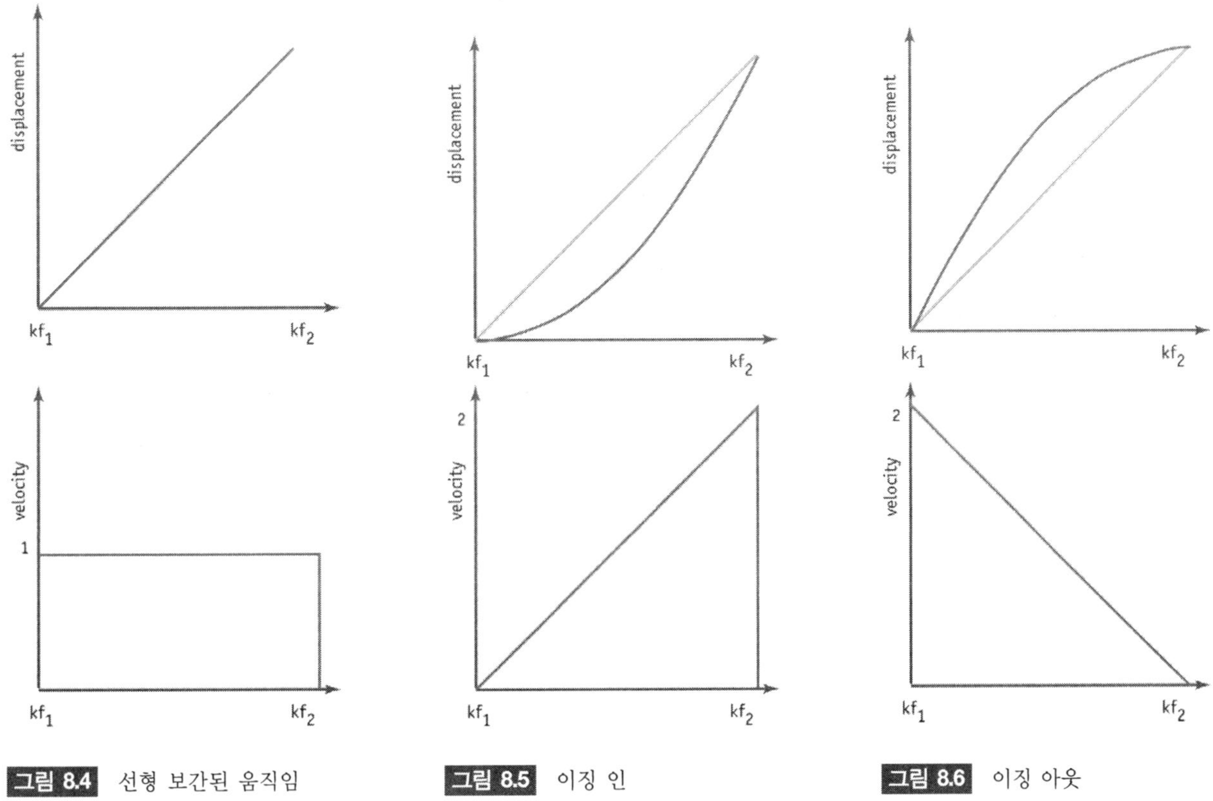

그림 8.4　선형 보간된 움직임　　　**그림 8.5**　이징 인　　　**그림 8.6**　이징 아웃

를 이징 인(easing in)이라 부른다. 반대로, 감속 처리하는 것은 이징 아웃 (easing out)이라 한다.

　선형 보간의 두 번째 문제는 그림 8.7에서 보는 바와 같다. 각 시퀀스가 직선과 같이 개별적으로 보간되기 때문에 kf_2에서 심한 불연속이 있다. 속도 그래프에서 보는 바와 같이, 이것은 애니메이션이 그 지점에서 갑작스러운 감속으로 나타날 것이다. 이징 슬라이더를 조정하여 불연속을 부드럽게 할 수 있다. 그러나 이 문제에 대해 더 일반적인 해결책은, 4장에서 설명한 베 지어 곡선(Bézier curve)을 사용하여 부드러운 움직임을 얻는 것이다.

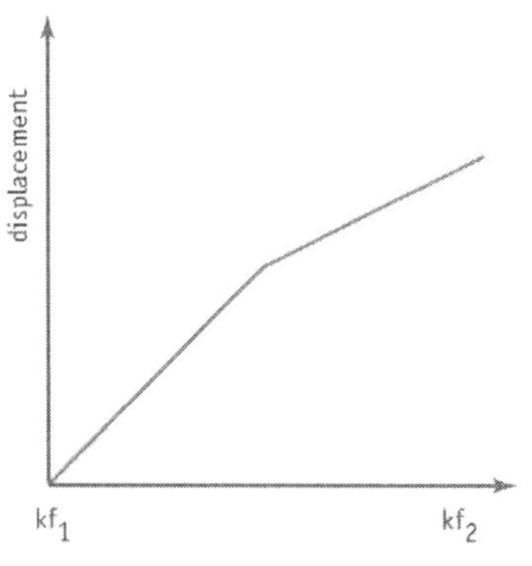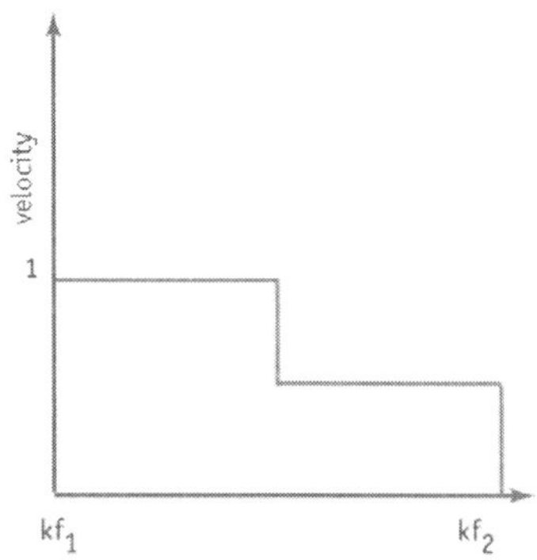

그림 8.7 속도의 급격한 변화

8.4 웹 애니메이션과 플래시

애니메이션은 animated GIF나 임베드된 비디오 형식으로 웹 페이지에 추가될 수 있다. 그러나 가장 유명한 웹 애니메이션 형식은 **쇽웨이브 플래시**(SWF: Shockwave Flash)이다. 이것은 매크로미디어(Macromedia)의 플래시를 이용하여 만든다. SWF는 벡터 애니메이션 형식이다. 이 형식은 특히 웹 애니메이션에 적합하다. 왜냐하면, 앞 절에서 간략히 설명한 바와 같이, 그래픽 객체를 벡터 형식으로 간략하게 표현할 수 있고, 움직임을 벡터 데이터에 대한 수치적 연산으로 표현할 수 있기 때문이다. 그러므로 SWF 애니메이션은 비디오나 다른 비트맵 형식보다 더 적은 대역폭을 요구한다.

플래시는 애니메이션 프로그램 그 이상이며, ActionScript라 부르는 강력한 스크립팅 언어를 지원한다. 이 스크립트 언어는 애니메이션에 상호작용을 추가하고, 플래시로 만든 사용자 인터페이스로 웹 응용프로그램을 만들 수 있게 한다. 16장에서 플래시의 이러한 면을 볼 수 있다. 플래시로 애니메이션을 만들기 위해 스크립팅이 사용될 수 있다. 수작업으로 움직임을 만드는 대신, 물리 법칙이나 수학적인 표현(예컨대, 새 무리가 그룹으로 움직이는 방식)으로 움직이는 객체를 만들 수 있다.

8.4.1 시간선과 무대

플래시로 만들어지는 애니메이션은 **시간선**(timeline)을 이용하여 작성된다. 이것은 프레임의 순서를 그래픽으로 표현한 것으로 비디오 편집 응용프로그램의 시간선과 유사하다. 애니메이션은 각 프레임을 순차적으로 시간선에 삽입함으로써 한 번에 하나씩 프레임을 만들어 제작한다.

플래시의 **무대(stage)**는 하부 윈도우(sub-window)로서, 객체를 그려 프레임을 만드는 장소이다. 일러스트레이터(Illustrator)나 프리핸드(Freehand)의 드로잉 툴과 유사한 내장된 드로잉 툴을 이용하여 객체를 무대 위에 생성하거나 또는 임포트할 수 있다. JPEG과 PNG을 포함한 비트맵 이미지 형식도 임포트되며, 벡터 객체를 만들기 위해 자동으로 트레이스될 수 있다. 이미지는 플래시 프레임 내에서 비트맵 형식으로 사용될 수 있지만, 회전이나 크기가 변경되면 이미지의 질이 떨어질 가능성이 있다. 포괄적인 기능이 텍스트에 지원된다. 레이어들은 프레임의 요소들을 구성하는 데 사용될 수 있다. 또한 레이어들은 움직임을 보간하는 데 중요한 역할을 한다. 그림 8.8은 플래시에서 보는 무대와 시간선을 나타낸다. 플래시 인터페이스에는 벡터 드로잉 툴이 있는 툴박스와 컬러 혼합을 위한 호스트 팔레트, 정렬, 변환 적용, 인쇄 옵션 설정 등이 있다.

무비가 처음 만들어질 때, 무비에는 비어 있는 하나의 키 프레임만 있다. 기존 키 프레임 시간선에 키 프레임이 추가되는 즉시, 이전 키 프레임의 컨텐츠가 복사된다. 대부분의 애니메이션 시퀀스는 프레임 간에 단지 작은 변화만 있기 때문에, 애니메이션을 만드는 효과적인 방법은 현재 시퀀스의 맨 끝에 점진적으로 키 프레임을 추가하여 그 컨텐츠가 변하도록 하는 것이다. 이러한 애니메이션을 지원하기 위해, 플래시는 **양파 껍질(onion-skinning)** 기

그림 8.8 Flash의 시간선(위)과 무대(아래)

능을 제공한다. 이 기능이 동작되면, 현재 프레임 아래 최고 5개의 선행 프레임이 반투명하게 표시된다. 이것은 프레임 간의 변화를 쉽게 알아보게 하고, 객체를 정확하게 정렬할 수 있도록 한다.

키 프레임뿐만 아니라, 시간선에는 단순 프레임(simple frame)들도 있을 수 있다. 단순 프레임들은 어떤 객체도 가지고 있지 않다. 무비가 재생될 때, 단순 프레임들은 가장 최근의 키 프레임의 컨텐츠를 계속해서 표시한다. 즉, 단순 프레임들은 키 프레임 위에 놓인다. 프레임과 키 프레임을 별개의 레이어에 독립적으로 추가할 수 있다. 따라서 고정된 배경 이미지를 가진 한 개의 레이어와 그 레이어 위에 움직이는 요소를 표현한 또 다른 레이어가 놓일 수 있다. 배경 레이어는 시작될 때 단 하나의 키 프레임만 가질 것이다. 반면, 움직이는 레이어들은 객체가 움직이는 모든 지점에서 키 프레임을 가질 것이다.

8.4.2 심볼과 트위닝

그래픽의 객체는 **심볼**(symbol)이라 불리는 특별한 형식으로 라이브러리에 저장될 수 있다. 심볼은 객체들을 재사용할 수 있게 한다. 다수의 심볼 인스턴스(instance)가 무대 위에 놓일 수 있다. 인스턴스들은 근본적으로 모두 동일할 것이지만, 각 인스턴스의 크기와 방향을 변경시키기 위해 변형(transformation)이 적용될 수 있다. 인스턴스는 심볼에 링크되어 있다. 만일 심볼이 바뀌면, 모든 인스턴스 또한 자동적으로 바뀐다.

보간된 애니메이션은, 정의에 의해, 대부분 객체를 재사용하기 때문에, 객체의 모션을 보간하는 것(또는 플래시에서의 **트위닝**(tweening))은 심볼에 나타난다. 여러 방법으로 트위닝된 모션을 만들 수 있다. 가장 단순하게, 키 프레임을 시간선에 선택하면, 객체는 무대 위에 그려진다. **Create Motion Tween** 명령은 **Insert** 메뉴에서 선택된다. 이것은 트위닝을 설정하고, 객체를 라이브러리에 심볼로서 저장한다. 또 다른 프레임은 트위닝된 시퀀스의 맨 끝에서 만들어지고, 심볼은 새로운 프레임 내의 새로운 위치로 이동된다. 그림 8.8에서와 같이, 트위닝은 두 개의 키 프레임 사이에 화살표로 시간선 상에 나타난다. 그림 8.9에서 보는 바와 같이, 두 특성 레이어는 직선으로 스크린을 가로질러 물체를 이동시키기 위해 트위닝되었다. 애니메이션은, 수작업으로 배치한 키 프레임 사이를 자동적으로 트위닝된 세그먼트의 시퀀스로 만드는, 이러한 과정을 반복함으로써 만들어질 수 있다.

하나의 심볼을 무대에서 직선으로 이동시키는 것은 예술적인 감흥을 거의 주지 못한다. 키 프레임의 위치가 다른, 별개의 레이어에 트위닝을 적용하면 다수 심볼들의 독립적인 애니메이션이 가능하다. 여기서 각 심볼들은 단일 캐릭터의 한 부분이 될 수 있다. 모션의 애니메이션 작업을 한층 더 쉽게 하기 위해, 객체는 숨겨진 레이어 상의 그려진 경로를 따라 이동될 수 있다. 모션 패스(motion path)는 직선이 아니다. 마지막으로, 위에서 기술한 처리 과정을 비록 '모션 트위닝(motion tweening)'으로 부르지만, 객체의 크기, 방향, 불투명도와 컬러 또한 같은 방법으로 보간될 수 있다.

모션 트위닝뿐만 아니라, 플래시는 **외형 트위닝**(shape tweening, 흔히 모핑(morphing)이라 부름)을 지원한다. 이것은 키 프레임 사이에서 그래픽 객체의 외형이 변형되도록 보간하는 것이다. 예를 들어, 정사각형은 원으로 바뀔 수 있다. 이 장의 처음 부분과 그림 8.10에서 8.12까지에 나타낸 애니메이션은 외형 트위닝에 의해 만들어졌다.

사실, 플래시에는 세 종류의 심볼이 있다. **그래픽**(graphic) 심볼은 단순히 벡터 객체를 재사용한 것이다. 모션 트위닝을 위해 만들어진 심볼은 기본적인 그래픽 심볼이다. **버튼**(button) 심볼은 플래시 무비에 상호작용을 추가하기 위해 사용된 특별한 형태의 심볼이다. 이것은 16장에서 기술될 것이다. **무비 클립**(movie clip) 심볼은 무비를 재생하는 시간선을 가진 내장형 애니메이션이다. 예를 들면, 그림 8.10과 같이, 점프하고 있는 돌고래 한 마리에 대한 무비 클립 심볼을 생성하여, 배와 바다와 구름이 있는 기본 애니메이션에 추가하였다.

무비 클립 심볼 인스턴스는 자신의 시간선을 갖기 때문에, 무비가 멈췄을 때에도 그 인스턴스들은 계속 재생될 것이다. 그림 8.12는 배가 멈출 때(무비가 멈출 때)에도 돌고래 떼가 계속 튀어 오르는 것을 보여준다. 그림 8.13은 무비 클립뿐만 아니라 외형 트위닝과 모션 트위닝으로 많은 레이어에서 애니메이션을 만드는 것을 보여준다.

벡터 방식과 트위닝의 성질은 제작된 애니메이션을 간결하게 표현할 수 있다. SWF 파일은 **아이템**(item)으로 구성된다. 아이템은 크게 두 등급으로 나눌 수 있다. **정의 아이템**(definition item)은 애니메이션에 사용된 심볼의 정의를 목록(dictionary)에 저장하기 위해 사용된다. **제어 아이템**(control item)은 심볼을 위치시키거나, 제거하거나, 이동시키는 명령어이다. 배치와 이동은 변환 행렬을 이용하여 지정된다. 그러므로 위치와 크기 변환 또는 회전이 동시에 지정된다. SWF는 객체에 대한 정의와 그 객체들을 조작하는 명령어들을 포함하고 있는 프로그램과 비슷하다. SWF 데이터는 이진 형태로 부호화되고 압축되므로 크기가 매우 작은 파일이다.

그림 8.9 모션 트위닝으로 만든 간단한 애니메이션

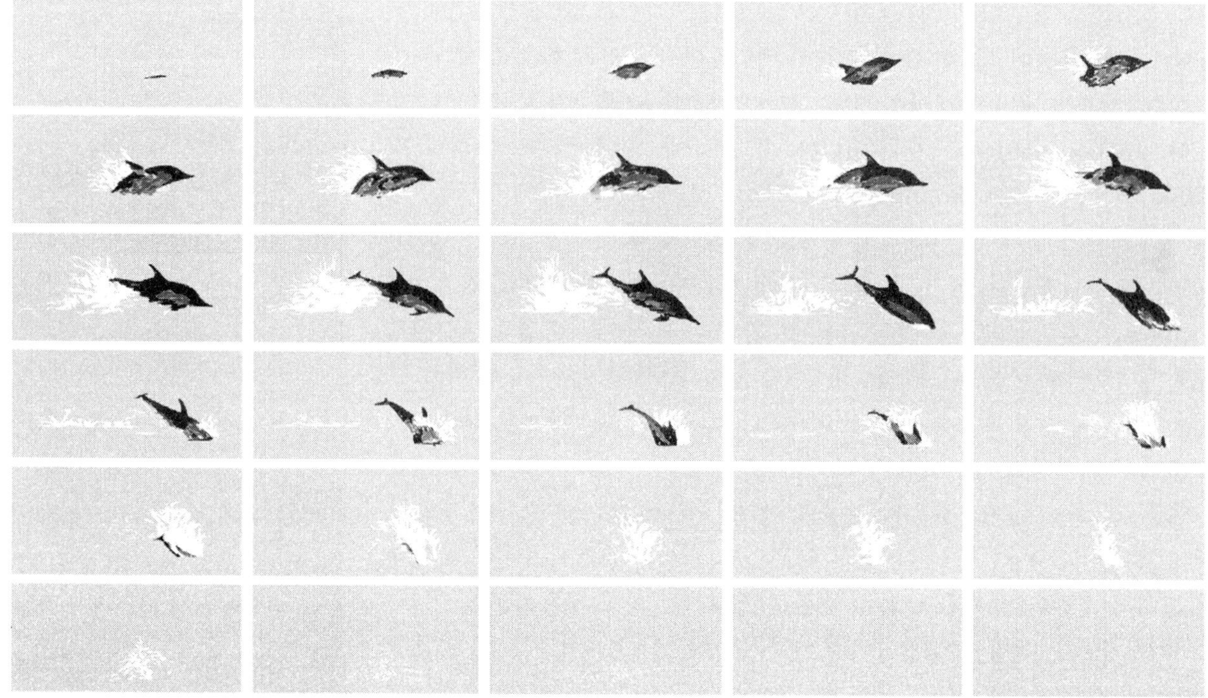

그림 8.10 튀어 오르는 돌고래의 무비 클립 심볼

그림 8.11 무비에서 무비 클립 심볼의 움직임과 다른 동작과의 동기

그림 8.12 무비 클립 심볼과 무비는 독립적으로 재생된다.

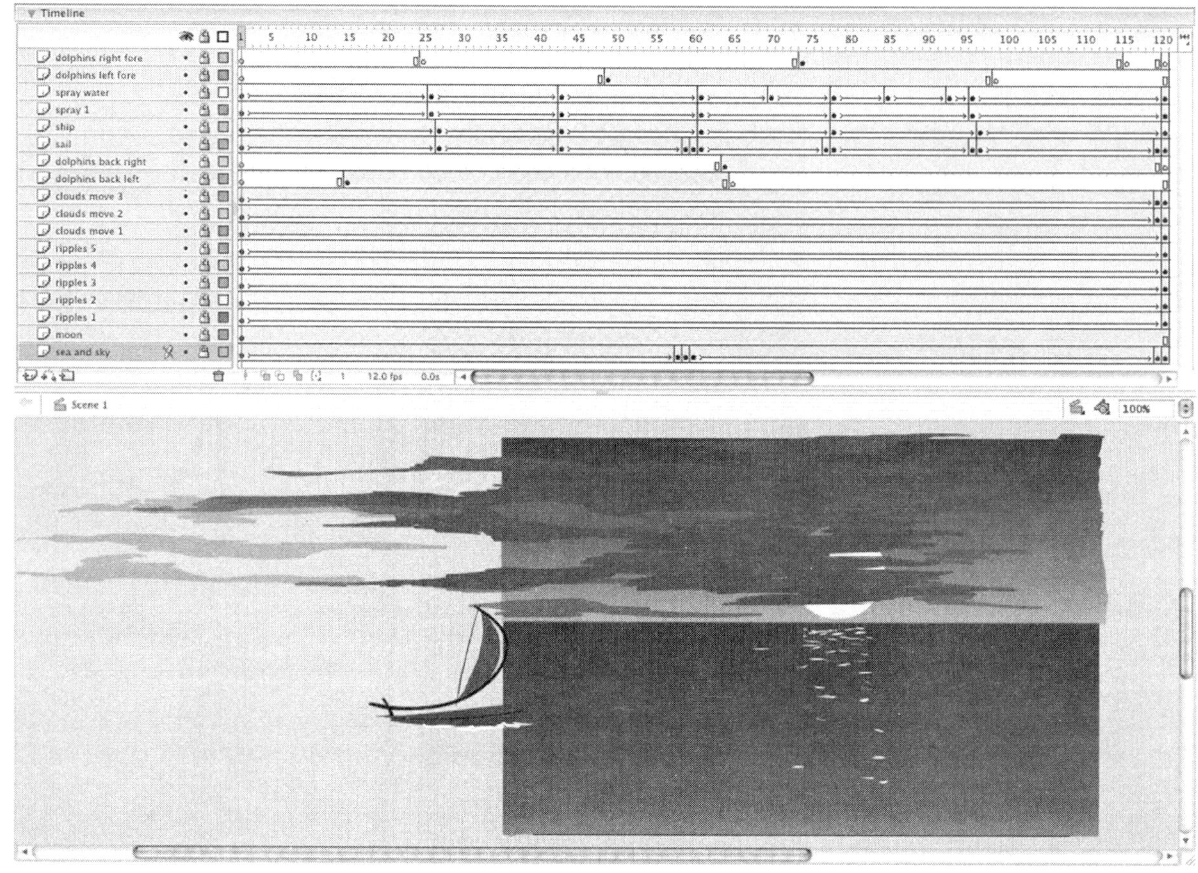

그림 8.13 복잡한 Flash 애니메이션의 시간선과 무대

8.5 모션 그래픽스

키 프레임 사이의 보간(interpolation)은 비트맵 이미지에 적용될 수 있다. 비트맵은 식별할 수 있는 객체를 포함하고 있지 않기 때문에, 애니메이션의 요소를 구분하기 위해서 여러 레이어를 사용하는 것이 필수적이다. 셀 애니메이션과 거의 비슷하게, 각 레이어는 무엇인가가 그려진 투명한 아세테이트 용지와 같다. 레이어는 독립적으로 움직일 수 있으므로, 애니메이션은 별개의 레이어에 각 요소들을 위치시키고, 프레임 간에 레이어를 이동하고 변경함으로써 애니메이션을 만들 수 있다. 키 프레임 사이에서의 이동이나 변경은 보간될 수 있다. 전형적으로, 키 프레임 사이에서, 레이어는 다른 위치로 이동되거나, 회전되거나, 크기가 바뀔 수 있다. 이러한 기하학적 변경은

쉽게 보간된다. 그러나 지금은 비트맵 이미지에만 관심을 두고 있기 때문에, 5장에서 설명한 바와 같이, 비트맵 이미지를 다시 샘플링해야 할 수도 있고 따라서 화질이 손상될 수 있다.

애프터이펙트(AfterEffects)는 이런 종류의 애니메이션을 위한 뛰어난 애플리케이션으로 포토샵 및 일러스트레이터와 잘 연동된다. 포토샵 이미지의 모든 레이어와 알파 채널은 그대로 애프터이펙트에 임포트될 수 있다. 일러스트레이터 그림의 레이어도 그대로 임포트되어 래스터화될 수 있다. 그러므로 애니메이션의 각 요소를 별도의 레이어에 준비하기 위해 포토샵 또는 일러스트레이터의 툴과 기능을 사용하고, 그 결과를 애프터이펙트로 임포트하여 레이어를 애니메이트하는 공동작업이 가능하다.

가장 단순한 애니메이션은 레이어를 재배치하고, 키 프레임 사이의 모션을 보간하는 것으로 만들 수 있다. 레이어를 결합하고 시간에 따라 변하는 효과와 필터를 추가하여 움직이는 그래픽 디자인을 얻는다. 그림 8.14에 보인 카운트다운 시퀀스는 애프터이펙트에 일련의 정지 이미지를 임포트하고, 이 이미지들을 이러한 방법으로 애니메이션한 것이다. 완전한 비트맵을 보간한 것 이외에, 어떤 움직이는 요소도 사용하지 않았다. 비트맵 이미지에 움직임과 시간에 따라 변하는 필터를 이용하여 얻을 수 있는 이 효과는 만화 또는 예술 애니메이션보다 그래픽 디자인에 더 많이 쓰인다. 이것은 대체로 **모션 그래픽스(motion graphics)**라는 더 시사적인 이름으로 알려져 있다.

애프터이펙트는, 공간과 시간 모두에서, 선형 보간과 베지어(Bézier) 보간을 지원한다. 선형 보간은 급격한 방향 변화를 가져오며, 베지어 보간은 부드러운 방향 변화를 가져온다. 이들은 공간적 보간의 다른 형식으로, 이미지를 보여주는 윈도우에 있는 레이어를 이동시킴으로써 설정된다. 시간적 보간은 시간에 따른 위치 변화율에 영향을 미친다. 시간적 보간과 공간적인 보간 기법은 독립적이므로, 선형의 시간적 보간을 베지어 모션 패스와 함께 사용할 수 있으며, 그 반대의 경우도 마찬가지로 사용할 수 있다.

카운트다운 예제가 보여주는 것처럼, 비트맵 표현은 위치, 각도, 크기 및 다른 특성들이 시간에 따라 변화될 수 있다. 따라서 기하학적 변환 이외에 더 근본적으로 시간에 기반을 둔 레이어의 변경이 이루어질 수 있다. 5장에서 언급한 대로, 비트맵 이미지는 여러 가지 효과 및 필터와 함께 다루어질 수 있다.

예를 들면, 그림 8.15는 짧은 영화의 타이틀 시퀀스에서 추출한 프레임들이다. 타이틀 'part of'는 어둠 속의 흐릿한 모습에서 최대로 명료해질 때까지 점점 더 선명해지고 밝게 된다. 최대로 명료해지면, 다시 어두워지기 전

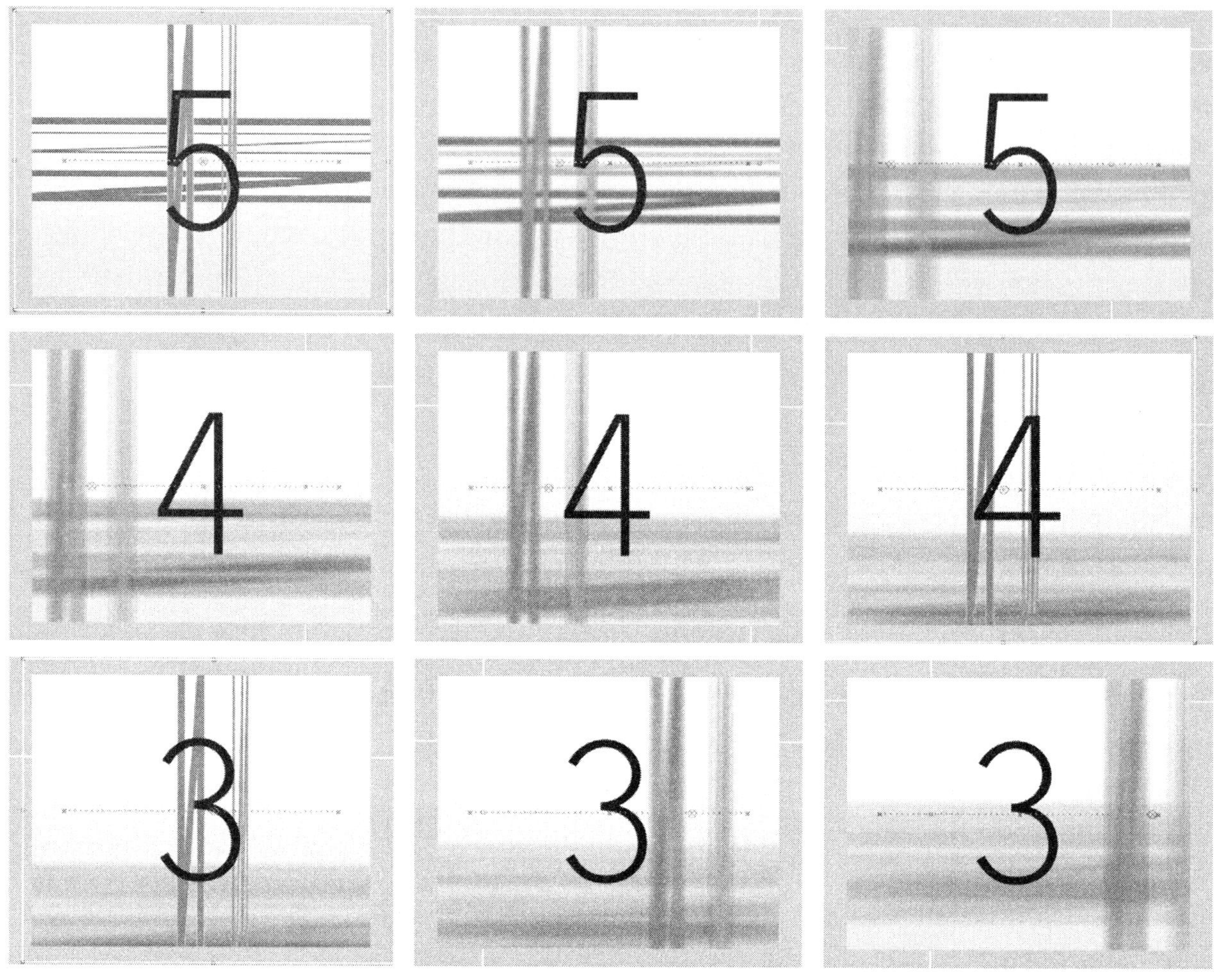

그림 8.14 간단한 모션 그래픽스

까지 2~3초 동안 유지된다. 이것은 밝기를 변화시킴과 함께, 시간에 따라 변하는 가우시안 블러(blur)를 텍스트에 직용함으로써 이루어진다. 실제 텍스트는 포토샵으로 만들어진 변경될 수 없는 단일 정지 이미지였다. 그림 8.15는 또한 가우시안 블러 그래프와 사용된 밝기값을 나타낸다. 베지어 보간은 천천히 뚜렷해지도록 하기 위해 사용된다. 그래프의 평평한 부분에서 보는 바와 같이, 중간의 두 프레임 사이의 값은 일정하게 유지된다. 그리고 타이틀을 사라지게 하기 위해서, 대칭적인 보간이 마지막 키 프레임에 사용된다. 마지막 키 프레임에서의 값은 도입부의 키 프레임 값과 같다.

시간 차원을 이미지에 추가하여 새로운 효과를 얻는 것도 가능하다. 그림

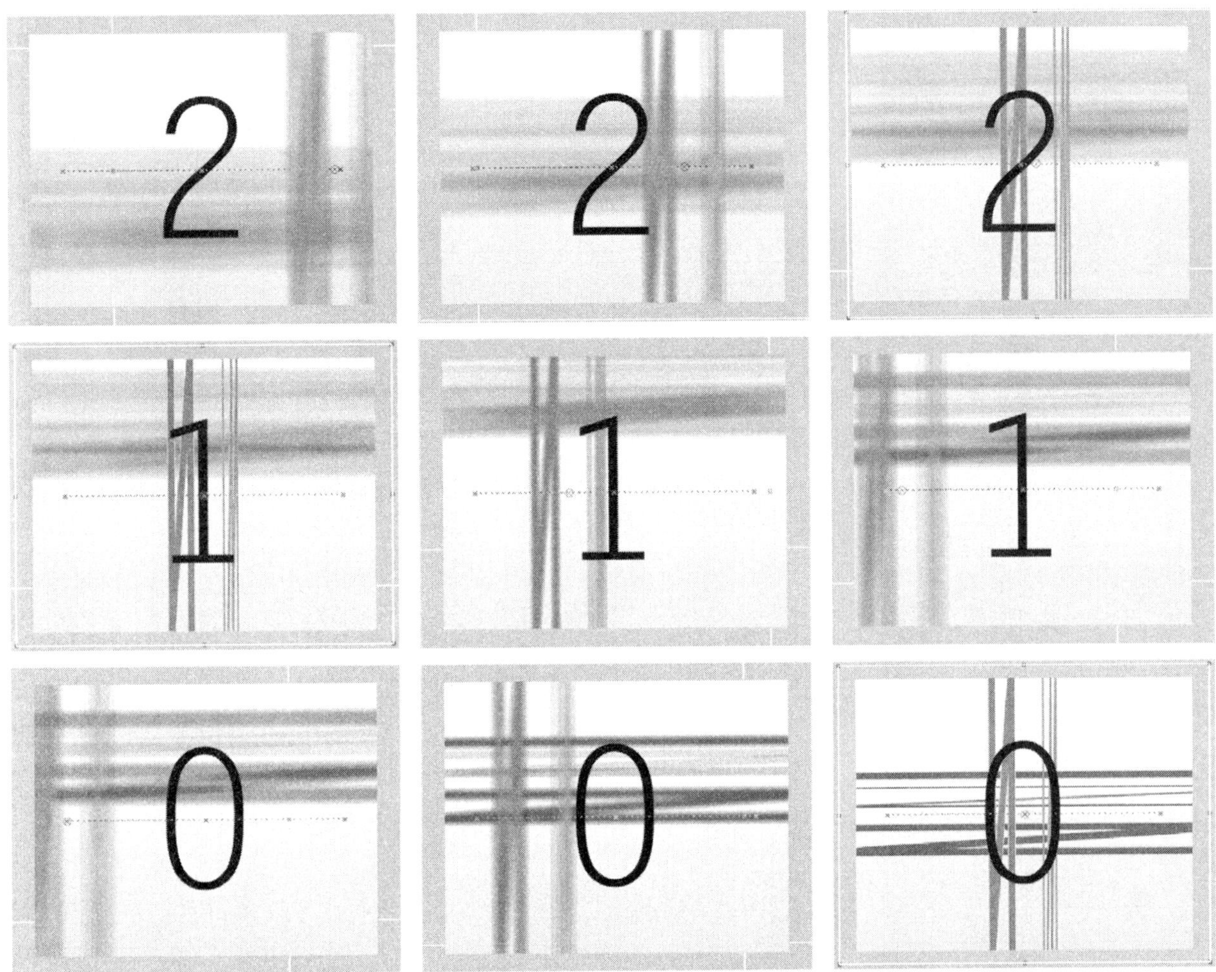

8.16은 숫자에 파편(scatter) 효과를 적용하여 얻은 카운트다운 애니메이션
의 다른 버전 일부를 보여준다.

8.6 3-D 애니메이션

3-D 애니메이션을 설명하기는 쉽지만 만들기는 훨씬 어렵다. 이 장과 4장
에서 이미 소개한 것들 외에 어떤 새로운 개념도 필요하지 않다. 3-D 모델의
특성은 수치적 값으로 정의된다. 숫자가 변하면 공간 상의 객체의 위치, 회

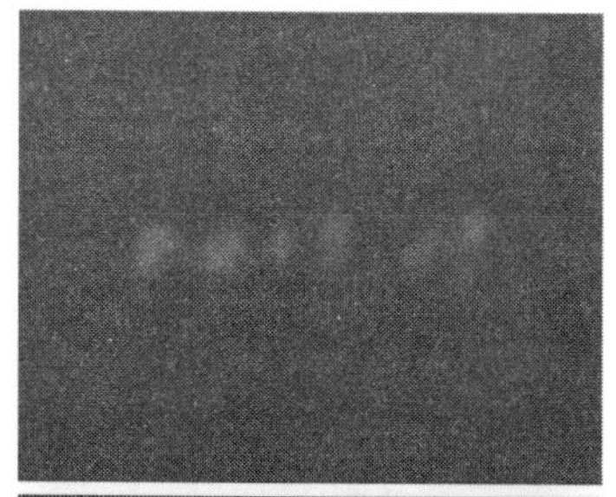

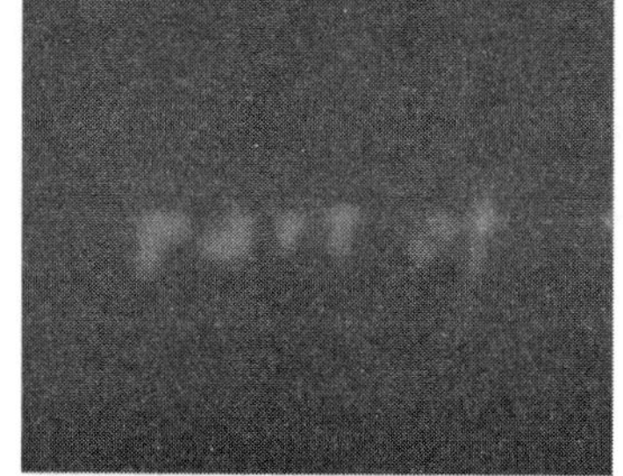

그림 8.15 보간 필터

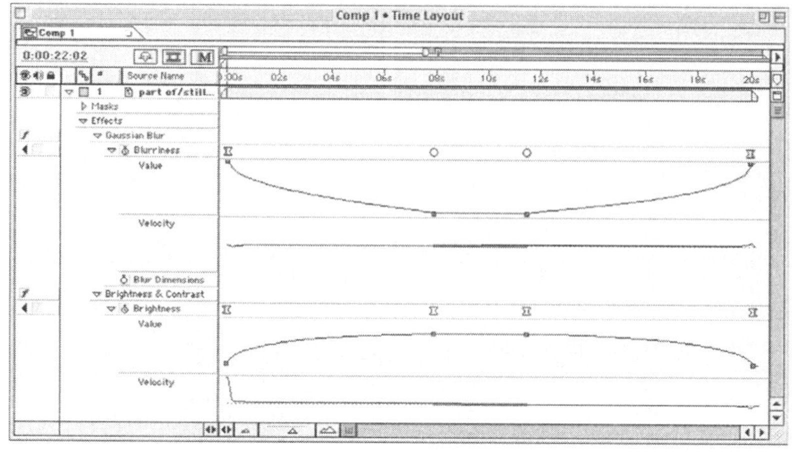

전, 표면 특성과 심지어 외형과 같은 객체의 특성이 변한다. 또한 광원의 세기와 방향 그리고 카메라의 위치와 방향도 수치적으로 정의된다. 따라서 3차원으로 애니메이션을 제작하기 위해 필요한 것은 다음과 같다. 초기 장면을 설정하고, 초기 장면이 애니메이션의 첫 프레임이 되도록 한 후, 파라미터에 약간의 변화를 주어 다음 프레임을 표현하는 것을 반복하는 것이다. 변경되고 있는 값이 숫자이기 때문에, 어떤 변화는 키 프레임 사이에서 보간될 수 있으며, 시간선은 애니메이션을 구성하는 데 편리하게 사용될 수 있다. 또한 3차원에서, 모션 패스는 움직임을 기술하기 위해 사용될 수 있다. 3-D 모델은 움직이는 객체를 2-D 이미지들로 표현해야 하기 때문에, 카메라를 이동하거나 물체를 보는 위치를 바꾸어 그림 8.17과 같이 객체를 날게 만들 수 있다.

로고와 구를 회전시키는 것과 같은 단순한 3-D 애니메이션은 매우 쉽게 만들 수 있으며, 이러한 작업을 위한 전용 패키지가 있다. TV 광고, 뮤직 비디오, 영화의 특수 효과를 위해 사용되는 품질이 좋고 사진처럼 사실적인 애니메이션들은 많은 자원을 필요로 한다. 그러나 멀티미디어 프로넉션은 좀처럼 시간, 프로세서 성능 및 메모리, 전용 소프트웨어, 매우 숙련된 인력 등의 자원을 제공할 수 없다. 이러한 이유로 인해, 3-D 애니메이션에 대한 완벽한 처리에 관심이 있는 독자들은 참고문헌에 있는 관련 도서를 보기 바란다.

3-D 애니메이션 제작이 보기보다 어려운 몇 가지 요인이 있다. 첫째는 3차원으로 시각화하는 것의 어려움이다. 시간이 추가되면, 2차원의 컴퓨터 스크린에 4차원을 처리해야 한다. 어려움은 두 번째 요인으로 더 악화된다.

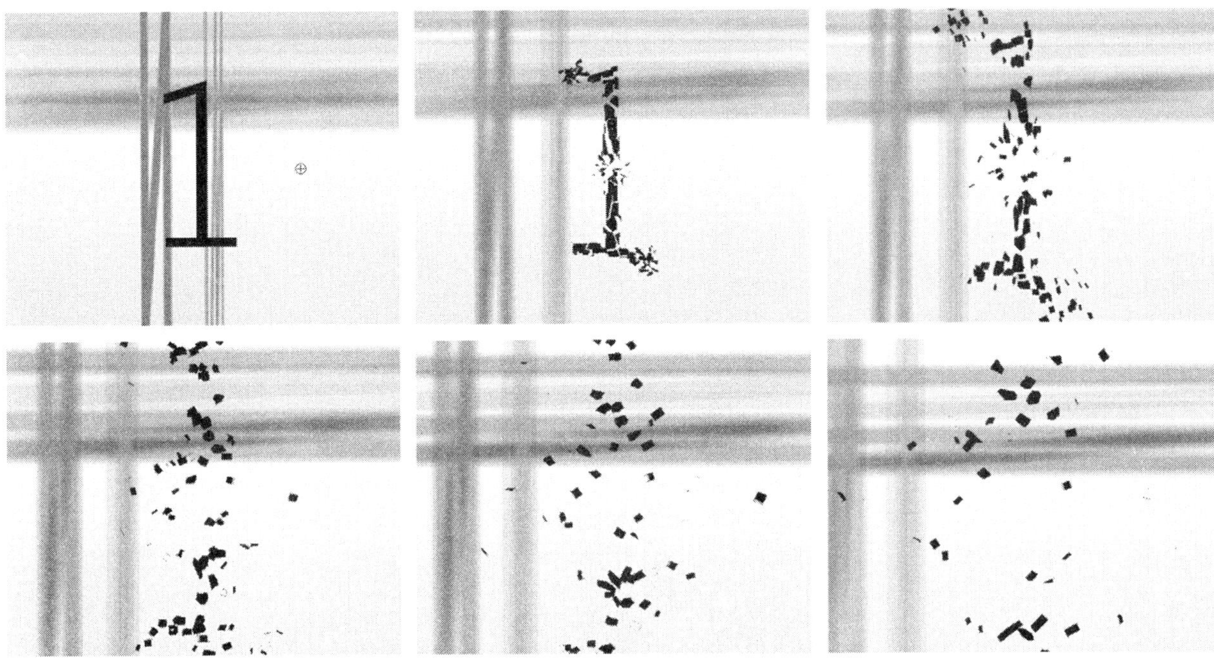

그림 8.16 순수한 시간적 효과

두 번째 요인은 3-D 애니메이션을 표현하는 데 필요한 처리 성능이다. 고급 세이드 알고리즘(shading algorithm)은 단일 이미지를 처리하는 데 많은 시간을 소비한다. 완성된 애니메이션을 위해 매초당 처리되어야 할 이미지는 최소 12개, 최대 30개이다. 이것은 가장 강력한 워크스테이션 또는 분산 프로세서를 제외하고는 어떤 것에서도 미리보기를 충분히 표시하기가 불가능하다.

컴퓨터로 생성된 3-D 애니메이션에 대해 채택된 해결 방법은 제작자에게 움직임에 대한 완전한 제어를 할 수 있도록 풍부한 인터페이스를 제공하는 것이다. 그림들을 애니메이션하기 위한 이 방식은 꼭두각시를 부리는 사람(puppeteer)이 마네킹을 통제하기 위해 사용했던 제어 방식과 유사하다. 심지어 모션 센서를 장착한 옷이 때때로 사용된다. 이것은 컴퓨터 프로그램에 의해 애니메이션을 처리하는 것과는 완전히 대조적이다.

일부 3-D 애니메이션 시스템은 물리학의 운동 법칙에 맞게 동작한다. 예를 들면, 이러한 시스템들은 물체가 0부터 가속될 수 있도록 사용자가 파라미터를 지정할 수 있게 한다. 이러한 동작은 가능한 모션을 몇 개의 등식으로 캡슐화한 단순한 물리적인 법칙에 근거한다. 불행히도, 많은 현실적인 운

그림 8.17 3-D 장면 주위의 카메라 이동

동 타입은 그렇게 쉽게 설명될 수 없고 다른 수단을 사용해야만 한다.

운동학(Kinematic)은 질량 또는 힘을 고려하지 않은 물체의 운동에 대한 학문이다. 즉, 무엇이 물체를 움직이게 하는가보다는 어떻게 물건이 움직이는가에 관심이 있다. 애니메이션에서, 인간이나 동물의 움직임은 연결 구조가 가장 중요하다. 예를 들면, 팔의 여러 부분은 어떤 정해진 방법으로만 움직일 수 있다. 사실적인 움직임을 만들기 위해, 팔의 3-D 모델은 실제 팔과 동일한 **운동학 제약조건(kinematic constraint)**을 지켜야만 한다. 예를 들어, 만일 팔이 올라가면 손도 같이 올라가야 한다. 애니메이션 시스템에서, 이러한 방법으로 움직임을 모델링하는 것은 애니메이션 제작자에게 별로 도움이 되지 않는다. 예를 들어, 걷고 있을 때 발은 지면에 있어야만 한다. 넓적다리를 움직임으로써 걷는 것이 정확하게 표현되도록 하기 위해서는 팔다리를 움직이는 방법에 대한 상당한 이해가 필요하다. 애니메이션 제작자가 발을 배치하면, 소프트웨어가 다리의 움직임을 해결하는 것이 바람직하다. 결과부터 원인까지 거꾸로 작업하기 때문에, 이러한 타입의 모델을 **역 운동학(inverse kinematic)**이라 부른다. 역 운동학은 물체를 연결된 체인 구조로 모델화한 어떤 구조에도 적용될 수 있다.

8.7 가상현실

원래, '가상현실'은 인공적인 세계의 감각 경험을 기술하는 말로 사용되었다. 머리의 움직임에 민감하게 반응하는, 머리에 쓰는 디스플레이(head-mounted display) 장치는 사용자의 눈에 이미지를 보여주는 데 사용된다. 이미지는 머리를 움직이면 변하게 되어, 사용자는 주위를 둘러보면서 3-D 세계에 있는 것처럼 느끼게 된다. 데이터 글러브는 손의 움직임을 추적하여 디스플레이에 사용자의 팔 이미지가 보이도록 한다. 햅틱(haptic) 인터페이스는 촉각 피드백을 제공하여 사용자가 가상 세계에서 물체를 만지고 느낄 수 있게 해준다. 궁극적으로는 이러한 가상현실이 멀티미디어의 최종 목표가 될 것이다.

가상현실에 필요한 인터페이스 하드웨어가 고가이기 때문에, 가상현실은 항공 및 산업 시뮬레이션과 전문가 게임 아케이드에 국한된다. 3-D 그래픽의 가상현실이 만들어져 있지만, 이 버전은 아직 광범위한 지지를 얻지 못하고 있다. 왜냐하면, 데스크탑 컴퓨터의 프로세서 성능 때문에 실망스러운 결과를 만들기 때문이다. 가상현실이 다소 성공적으로 웹 페이지에서 동작하

그림 8.18 무릎뼈는 허벅지와 연결되어 있고...

는 두 개의 VR 기술은 간단히 언급할만하다.

8.7.1 VRML

가상현실 모델링 언어(VRML: Virtual Reality Modeling Language)는 VR과 웹의 열풍 속에 1994년에 만들어졌다. 웹 브라우저를 인터페이스로 사용하여, 인터넷 상에 가상 세계를 제공하려는 의도였다. VRML은 3-D 객체와 장면을 프로그램 언어와 같은 표기법으로 기술하는 텍스트-기반 언어이다. VRML 1.0은 좀 더 추가된 기능을 가지며, 주요한 특징은 URL을 이용하여 하이퍼링크를 임베드할 수 있는 기능이었다. 그 뒤, VRML 2.0은 상호작용에 대한 지원이 추가되었고, 비디오와 오디오를 VRML에 임베드할 수 있게 하였다. 상호작용은 16장에 기술된 스크립팅을 통해 이루어진다. VRML은 1997년 12월에 ISO 표준이 되었다.

VRML은 기하학적 형태(육면체, 원통, 구 등)와 재질로 물체를 나타낸다. 객체의 표면에 질감을 매핑할 수 있으며, 빛의 종류와 위치를 지정하는 것에 의해, 다양한 방법으로 장면을 볼 수 있다. 그러므로 VRML은 기존의 3-D 모델링 프로그램으로 만들 수 있는 장면을 기술할 수 있다. 예를 들면, 지형은 고도 그리드의 VRML 객체 타입으로 모델링될 수 있다. VRML 장면을 손으로 구축하는 것은 수고스럽지만 오차를 감소시킨다. 그러나 대부분의 경우, 3-D 대화형 모델링 툴에서 나오는 출력물로 VRML을 생성한다. 이것은 장면을 구축하는 더 쉬운 방법을 제공한다.

앞서 언급했던 대로, VRML은 상호작용 기능과 내장된 멀티미디어를 제공한다. VRML 파일이 적당한 브라우저(적합한 플러그-인이 있는 웹 브라우저 또는 전용 VRML 브라우저)로 다운로드되면, 사용자는 VRML이 기술하는 3-D 세계를 탐험할 수 있다.

3-D 공간 안에서 움직이는 착각을 주기 위해서는 VRML이 실시간으로 표현되어야 한다. 여러 번 이야기한 대로, 3-D 모델의 현실적인 렌더링은 과도한 계산이 요구되는 작업이므로, 보통은 3-D 가속기 카드와 같은 특별한 하드웨어가 필요하다. 이것은 VRML이 널리 사용되는 것을 방해하는 주요 장애물 중의 하나이다.

8.7.2 퀵타임 VR

퀵타임 VR(또는 줄여서 QTVR)은 퀵타임의 일부로, 매우 기본적인 VR 경험을 제공한다. 두 종류의 퀵타임 VR 무비가 있는데, 파노라마 영화(panoramic movie)와 객체 영화(object movie)가 그것이다. 파노라마 영화는 360°

시야를 제공한다(예를 들면, 방의 내부 또는 산에 둘러싸인 골짜기). 마우스를 이용하여, 마치 주변을 둘러보는 것처럼, 사용자는 장면을 드래그할 수 있다. 또한 좀 더 상세히 장면을 보기 위해서 줌인이나 줌아웃할 수도 있다. 대조적으로, 객체 영화는 마치 주변을 둘러보는 것처럼, 사용자가 다른 각도에서 객체를 볼 수 있도록 한다. 두 가지 QTVR 무비 모두 핫 스팟(hot spot)을 가지고 있다. 이것은 다른 무비와의 링크를 위한 활성 영역이다. 핫 스팟을 클릭하면 현재의 무비가 링크된 무비로 교체된다. 핫 스팟의 전형적인 사용은, 사용자가 문을 통해서 하나의 방에서 다른 방으로 가게 할 경우이다.

QTVR 무비는 브라이스(Bryce)와 같은 3-D 프로그램에 의해 생성될 수 있다. 또한 실제 장면과 객체를 표현한 사진에 의해서도 생성될 수 있다. 최상의 결과를 얻기 위해서는 특별한 회전 장비가 사용된다. 각 화면은 일정 속도로 회전하고 있는 장비를 가지고 촬영한 후 스캔한다. (또는 디지털 카메라를 사용하고 있으면 컴퓨터로 읽어들인다.) 그런 다음, 특별한 소프트웨어가 QTVR로 만든다.

QTVR은 퀵타임의 일부이기 때문에, 파노라마와 객체 무비는 오디오 및 비디오와 함께 결합될 수 있다. 퀵타임을 사용하는 어떤 소프트웨어를 통해서도 파노라마와 객체 무비를 볼 수 있다. 특히, 웹 브라우저의 퀵타임 플러그-인은 QTVR을 웹 페이지에 임베드할 수 있다. (12장 참조)

퀵타임 VR과 VRML은 특별한 인터페이스 장치나 강력한 워크스테이션 없이도 구현이 가능한 장점을 가진다.

연습문제

1. 애니메이션 시퀀스로 전통적인 예술 작품을 캡처하기 위해 스캐너 또는 디지털 스틸 카메라를 사용하는 경우의 장점과 단점은 무엇인가? 어떤 타입의 애니메이션을 위해 컴퓨터에 연결된 비디오 카메라를 사용해야만 하는가?

2. 특수 효과 프로그램을 사용하지 않고, 어떻게 실황(live-action) 비디오 시퀀스에 애니메이션을 결합시킬 수 있는가?

3. 만일 애니메이션 시퀀스가 퀵타임으로 저장되었다면, 코덱을 선택하는 데 영향을 주는 요인은 무엇인가? 어떤 환경 하에서, 애니메이션 된 시퀀스를 실황 비디오 시퀀스처럼 처리하는 것이 적합한가?

4. 애니메이션 시퀀스를 위해, 언제 animated GIF를 사용하는 것이 적합한가? animated GIF와 관련된 문제점은 무엇인가?

5. 스프라이트 애니메이션 트랙과 애니메이션을 포함하고 있는 비디오 트랙은 어떤 면에서 본질적으로 다른가?

6. 스프라이트 애니메이션이 특히 적합한 작품은 어떤 것이며, 이유는 무엇인가?

7. 키 프레임 사이에 '중간 작업(in-betweening)'을 하기 위해, 기본적인 선형 보간을 사용하는 것과 관련된 문제점은 무엇인가?

8. 이징 인과 이징 아웃하는 움직임을 설정하기 위해서는 플래시의 이징 기능을 어떻게 사용해야 하는가?

9. 모션 패스를 위해서는 베지어 보간을 사용하고 속도를 위해서는 선형 보간을 사용하여, 애프터이펙트 내에서 위치가 애니메이션되는 물체의 움직임을 기술하라.

10. 포토샵이나 페인터와 같은 비트맵 그래픽 애플리케이션에서, 비디오 클립을 위한 아주 간단한 타이틀을 단일 이미지로 만들어서 정지 이미지 파일로 저장하라. 사용 가능한 툴을 이용하여(Premiere, AfterEffects 등), 이 단일 이미지에 시간에 따라 변하는 효과와 필터를 적용하여 기분 좋은 10초짜리 타이틀 시퀀스를 만들어라. (만일 더 정교한 결과를 얻기 위한 툴을 가지고 있다면, 여러 레이어 상에 원형 이미지를 만들 수 있고 각각을 별도의 애니메이션으로 제작할 수도 있다.)

11. 3-D 애플리케이션을 이용하여 생성된 모델이 사용자에게 촉각 피드백을 제공하는 햅틱(haptic) 인터페이스에 대한 정보를 충분히 갖고 있는가? 그렇지 않다면, 어떤 추가적인 정보가 필요한가?

소리는 지금까지 언급했던 여러 디지털 매체와는 다른 종류이다. 다른 모든 미디어는 우리 눈을 통해 인식되기 때문에 주로 시각적이다. 반면, 소리는 듣는 감각을 통해 인지된다. 귀는 눈이 빛을 인식하는 것과는 완전히 다른 방식으로 대기의 진동을 감지한다.[1] 그리고 두뇌는 이 결과로 생기는 신경 자극에 반응한다. 그러나 소리는 우리가 고찰했던 다른 미디어와 공통점도 가진다. 대부분의 사람들에게 소리는 색깔처럼 매일 접하는 친숙한 현상이며, 물리적인 것과 심리적인 요소가 혼재된 복합물이다.

소리가 색깔과 공통되는 또 다른 특징은 소리를 항상 필요로 하지 않을 수도 있다는 것이다. 가장 좋아하는 음악조차도 이웃의 오디오 시스템으로 인해 계속적으로 피해를 당한다면, 귀에 거슬리는 달갑지 않은 것이 될 수 있다. 거의 모두가 휴대용 게임 콘솔의 전자 소음, 핸드폰의 벨소리, 혹은 개개인의 헤드폰에서 새어 나오는 소리에 화나게 된다. 그러한 장치를 생각없이 사용하는 것이 현대인의 생활 모습이다. 멀티미디어 제품에서 소리의 사용은 신중해야 하며, 적어도 사용자들이 언제라도 소리를 끌 수 있도록 해야 한다.

소리에는 두 가지 특별한 형태가 있는데, 그것은 음악과 음성이다. 이들은 멀티미디어 제품에서 가장 흔하게 사용되는 소리의 형태이다. 음악과 음성은 소리나 소음과는 다른 기능을 가지며, 멀티미디어에서 특별한 역할을 수행한다. 음악과 음성의 독특한 특징을 표현하는 방법이 개발되어 왔으며, 특히 음성을 위한 여러 압축 알고리즘이 개발되었다. 반면, 음악은 소리로서가 아니라 가상 악기 연주를 위한 명령어로 표현된다.

9.1 사운드의 본질

만일 소리굽쇠가 딱딱한 표면과 충돌한다면, 그 살은 규칙적인 진동 수로 흔들릴 것이다. 그 살들이 앞뒤로 움직일 때, 공기는 압축되어 진동과 함께 움직인다. 인접한 공기 분자 사이의 상호작용이 주기적인 압력 변동으로 인해 파동처럼 전달된다. 소리 파동이 귀에 다다를 때, 고막은 소리와 같은 진동 수로 흔들리게 된다. 이 진동은 내이(안쪽 귀)의 메커니즘을 통해 전달되고, 신경 자극으로 전환된다. 이것을 우리는 소리굽쇠에 의해 생겨나는 단일 음조의 소리로 해석한다.

모든 소리는 대기 혹은 탄력 있는 매체에서, 에너지를 진동으로 전환시키

---

[1] 텍스트는 예외적으로 다른 방법으로 렌더링되지만 그래픽 표현은 일반적이다.

는 것에 의해 생성된다. 일반적으로 전체 과정은 몇 단계로 이루어진다. 각 단계에서 에너지는 다른 형태로 전환된다. 예를 들면, 어쿠스틱(acoustic) 기타의 한 줄을 픽(plectrum)으로 튕기면, 연주자의 손의 운동 에너지는 줄에서 진동으로 전환된다. 이것은 기타의 줄 받침을 거쳐 기타 몸통의 반향을 일으키는 공동(cavity)으로 전달된다. 이것은 기타의 특이한 공명에 의해 확장되어, 소리가 풍부하게 되고, 울림 구멍(sound hole)을 통해 전달된다. 대신 전자 기타 줄 중의 하나를 튕기면 그 줄의 진동은 기타 리드(lead)를 통해 앰프로 보내지고 파동을 일으킨다. 앰프에서는 이를 증폭하고, 스피커를 작동시키는 데 사용된다. 스피커 코일로 보내진 신호 변동은 자석의 변동을 일으킨다. 자석의 변동은 스피커 콘(cone)을 작동시키며, 스피커 콘은 인접한 공기를 압축하고 진동하게 하여 음원을 만든다.

좋은 소리굽쇠의 살은 단일 주파수로 진동하는 반면, 대부분의 다른 소리의 원천은 우리에게 친숙한 다양한 소리와 소음들을 발생시키면서 좀 더 복잡한 방식으로 진동한다. 2장에서 언급했듯이, 기타 줄에서 생성되는 것과 같은 단음(single note)은 기본 음조의 배수인 주파수를 갖는 몇 가지 요소로 구성된다. 2장에서 설명했던, 주파수 도메인에서 신호를 표현하는 일반적인 경우에서처럼, 소리를 주파수 구성요소의 상대적인 진폭으로 표현한 것을 주파수 스펙트럼(frequency spectrum)이라 부른다.

인간의 귀는, 개개인의 주파수 반응은 크게 다르지만, 일반적으로 20 Hz와 20 kHz 사이의 주파수를 탐지할 수 있다고 여겨진다. 특히, 상한 주파수의 한계는 나이가 들수록 빠르게 감소한다. 어린이들은 들을 수 있지만, 어떤 성인들은 20 kHz 이상의 높은 소리는 들을 수 없다. 일반 피아노의 가장 높은 음은 4186 Hz의 기본 주파수를 갖는다.[2] 그러나 이것은 악기의 음색을 구분하는 음의 순간적인 움직임이다. 소리는 시간에 따라 변화한다. 우리가 관찰했듯이, 단일한 음은 특색 있는 발성을 만들고, 뒤이어 감쇠할 것이다. 처음의 주파수 스펙트럼이 변화되어 나중에는 사라진다. 말이나 음악과 같이, 긴 시간 주기로 퍼져 있는 소리는 주파수 스펙트럼을 계속 변화시킨다. 우리는 시간에 따른 진폭을 그림으로써 소리의 파형을 나타낼 수 있다. 파형의 관찰은 소리의 유형별 특징을 구분하는 데 도움을 준다.

그림 9.1에서 9.7까지는 소리의 형태에 따른 파형을 보여준다. 그림 9.1은 음성의 예이다. 화자가 'Feisty teenager'를 두 번 반복한 것으로, 분명하게 음절을 확인할 수 있고, 같은 어구가 반복되는 것을 알 수 있다. 두 번째는 더 빠르고 좀 더 강조하여 발음한 것이다. 소리는 옥외에서 녹음되었으

---

[2] 즉, 평균율을 이용하면 중앙의 라 음은 440 Hz이다.

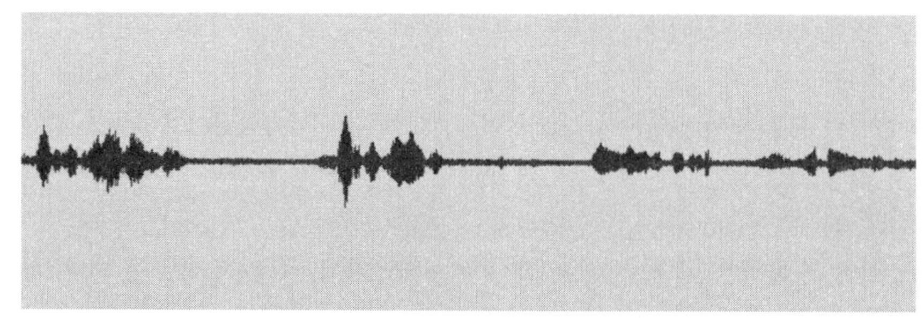

그림 9.1 'Feisty teenager'를 두 번 발음한 파형

며, 배경 소음이 있다. 이것은 축을 따라 움직이는 얇은 밴드처럼 보이는 부분이다. 개별적인 음절을 잘라 새 단어들과 합성하기 위해 재결합하는 것이 가능하다. 만일 음성을 압축해야 한다면, 어구들 사이에 있는 침묵을 제거하면 된다. 명확하게 구별된 음절은 비디오와 동기를 맞추기가 좋다.

다음 4개의 그림은 음악 파형을 보여준다. 처음 3개는 순수한 악기에 관한 것이고, 음성의 특성을 나타내지 않는다. 그림 9.2는 오스트레일리아의 토착악기 didgeridoo의 파형이다. 이 파형의 특징은 계속되는 단조로운 저음이다. 그림 9.3은 소그룹과 함께 피아니스트가 연주한 부기우기의 파형을 보여준다.

리듬은 명확하게 가시적이지만, 오른손에 의해 연주된 멜로디인지를 구분하는 것은 불가능하다. 그림 9.4는 완전히 다른 파형이다. 이것은 바이올린, 첼로, 피아노를 위해 편곡된 현대적 작품을 연주한 것으로, 매우 동적인 특

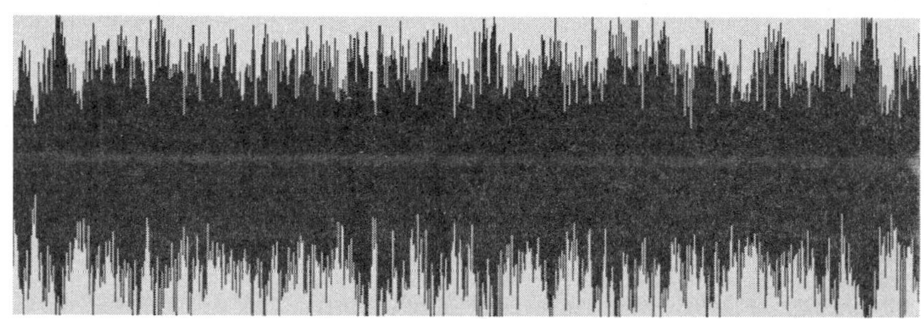

그림 9.2 Didgeridoo 악기의 파형

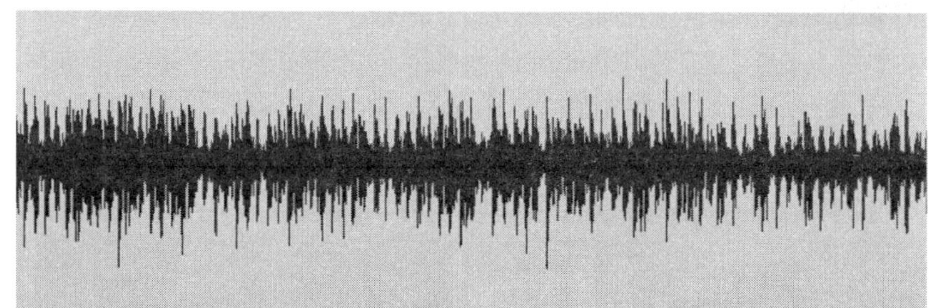

그림 9.3 Boogie-woogie를 피아노로 연주한 파형

그림 9.4 바이올린, 첼로와 피아노의 연주 파형

그림 9.5 전형적인 노래의 파형

성을 보여준다. 노래는 음성과 음악의 특징을 결합한 것이다. 그림 9.5는 전형적인 노래 파형이다. 각각의 단어 음절이 리듬처럼 쉽게 인지될 수 있다. 그러나 노래된 어구들 사이의 공백은 음악의 반주로 가득 차 있다.

그림 9.6과 9.7은 둘 다 자연의 물소리이다. 첫 번째 것은 작은 시냇가에서 물이 흐르는 소리를 녹음한 것으로 거의 같은 파형이 계속 지속된다. 물

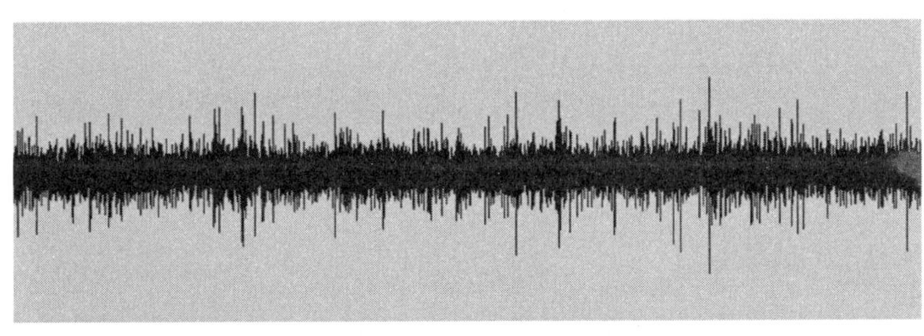

그림 9.6 시냇가의 물 흐르는 소리의 파형

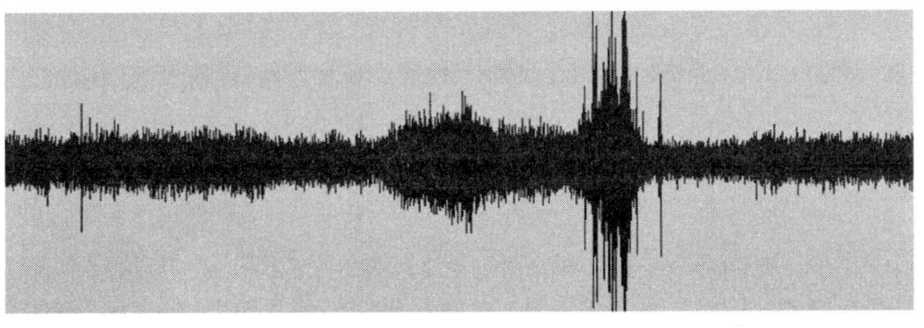

그림 9.7 해변의 파도 파형

의 흐름은 거의 변화가 없다. 두 번째 파형은 해변에서 녹음되었다. 파도의 일정한 파형과 두 개의 독특한 사건이 있다. 첫 번째는 마이크 가까운 곳에서 파도가 치는 것이며, 두 번째는 가까운 바위 웅덩이에 튀긴 물이 바위의 갈라진 틈으로 쏙 들어가는 것이다. 파형은 이처럼 소설처럼 읽혀질 수 있다.

이 예가 설명하듯이, 파형은 소리의 전반적인 특성을 보여줄 수는 있지만, 상세한 것을 전해주지는 않는다. 눈에 보이도록 디스플레이하는 것의 주된 이점은 정적인 특성을 보여주는 것이다. 이것은 소리의 시간적인 구조 분석을 비교적 간단하게 만들며, 동적으로 변화하는 소리를 분석하는 것과 비교된다.

소리 인식에 있어서 가장 유용한 감각 중 하나는 **입체음향효과**(stereophony)이다. 두뇌는 왼쪽 귀와 오른쪽 귀에 들리는 신호의 강도와 위상의 차이를 가지고 음원을 식별한다. 만일 동일한 신호가 두 귀에 보내진다면, 두뇌는 한 개의 음원이 앞에 있는 것으로 인식한다. 이를 확대하여, 만일 두 개의 모노 채널을 생성하기 위해 두 개의 마이크를 사용하여 소리를 녹음하면, 소리의 위치는 두 채널의 상대적인 강도에 좌우될 것이다. 만일 이 둘이 똑같다면 중간이 될 것이고, 왼쪽 채널이 더 크다면 왼쪽에 있게 될 것이다.

9.2 사운드의 디지타이징

소리의 디지털화는 2장에서 설명된 양자화 과정과 샘플링의 직접적인 예이다. 이 동작은 전자적인 아날로그 신호를 디지털 변환기로 변환하기 때문에, 소리 정보는 디지털화되기 전에 전자 신호로 변환되어야 한다. 이것은 아날로그 녹음이나 방송에서처럼 마이크나 다른 변환기에 의해 행해질 수 있다.

9.2.1 샘플링

만일 하이파이(high-fidelity) 재생이 요구된다면, 들을 수 있는 전체 주파수 범위 내에서 샘플링률이 선택되어야 한다. 들을 수 있는 범위의 한계가 20 kHz라면, 샘플링 이론(Sampling Theorem)에 의해 40 kHz의 최소 비율이 요구된다. 오디오 CD에 대해 사용되는 샘플링률은 44.1 kHz이다. 이것은 매체의 크기에 따라, 요구된 재생 시간[3]을 얻기 위해 제조자들이 선택한

---

[3] 관습에 따라서 폰 카라얀의 베토벤 9번 교향곡 녹음의 연주 시간

정밀한 숫자이다. 오디오 CD가 널리 사용됨으로 인해, 호환성을 제공할 수 있도록, 같은 샘플링률이 컴퓨터의 사운드 카드에도 사용된다. 더 낮은 음질이 허용될 수 있는 곳이나 제한된 대역폭이 요구되는 경우에는 44.1 kHz를 정수로 나눈 값이 사용되며, 22.05 kHz는 보통 인터넷에서 오디오를 전달할 때 사용된다. 반면에, 11.025 kHz는 때때로 육성을 위해 사용된다. 또 다른 중요한 샘플링률은 DAT(digital audio tape) 녹음기나 더 좋은 사운드 카드에 사용되는 48 kHz이다. DAT는 실황녹음이나 낮은 비용으로 스튜디오 작업을 하기에 매우 적합한 매체이며, 멀티미디어를 위한 소리를 녹음하는 데 종종 사용된다.

DAT와 CD 플레이어는 디지털 출력을 발생시킬 수 있는 장점을 가진다. 디지털 출력은 다른 디지털 하드웨어 없이도 컴퓨터에 의해 읽혀질 수 있다. 이 점에 있어서, 이 둘은 DV 카메라와 유사하다. 놀랍게도 디지털 오디오 입력은 흔하지가 않다. 따라서 DAT나 CD 플레이어의 아날로그 출력을 사운드 카드에 의해 다시 디지털화하는 것이 종종 필요하다.

48 kHz에서 만들어진 사운드를 비디오와 결합할 때, 다시 샘플링해야 할 경우가 종종 발생한다. DAT가 사운드를 캡처하는 데 광범위하게 사용되고, 48 kHz를 지원하는 사운드 카드가 흔해졌지만, 어떤 비디오 응용들은 아직 더 높은 샘플링률을 지원하지 못한다. 그러므로 멀티미디어의 경우 44.1 kHz에서 사운드를 샘플링하는 것이 더 바람직할 수 있다. 44.1 kHz는 주요 데스크탑 비디오 편집 프로그램에서 지원된다.

샘플링은 샘플 사이의 간격을 유지하기 위해 매우 정확한 클럭 펄스에 의존한다. 시계가 흔들린다면 간격도 흔들릴 것이다. 이러한 타이밍 변화를 지터(jitter)라 부른다. 지터로 인해 재구성된 신호에는 노이즈가 생긴다.

9.2.2 양자화

어떤 매체를 아날로그에서 디지털로 변환할 때, 양자화 레벨의 수는 보통 편리한 비트 수에 맞추어 선택된다는 것을 2장에서 언급했다. 사운드의 경우, 샘플 크기의 가장 일반적인 선택은 CD 오디오에 사용된 것처럼 16비트이며, 이는 65,536 양자화 레벨을 제공한다. 허용될 수 있는 최소의 사운드는 8비트이다. 이것도 왜곡이 허용되는 음성 통신 같은 응용에만 사용될 수 있다. 하이파이(higher fidelity) 재생을 위해 24비트까지 오디오 샘플을 녹음하기도 한다. 그러나 이것은 상당히 정밀한 ADC 회로가 요구된다. 양자화 잡음은 작은 진폭의 신호에서는 최악이 될 것이다.

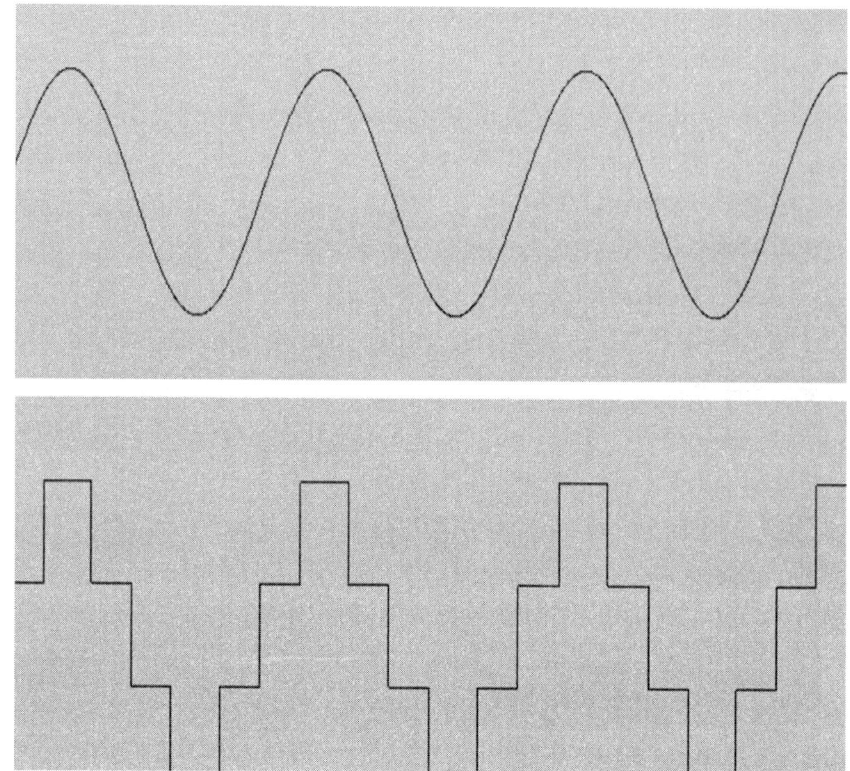

그림 9.8 완전한 사인파(위)와 디지털 샘플링 파형(아래)

그림 9.8에서, 위쪽 파형은 순수한 사인파(sine wave)이며 아래쪽은 디지털화된 버전으로, 원래 신호의 진폭 범위는 오직 4개의 레벨만으로 표현할 수 있다. 명백히, 샘플된 파형은 원래의 파형에 대한 형편없는 근사치이다. 이 근사치는 각 샘플을 위한 비트 수를 증가시킴으로써 향상될 수 있다.

샘플링하기 전에, 작은 크기의 랜덤 노이즈가 아날로그 신호에 더해진다. '디더링'이라는 용어는 잡음을 주입한 것을 나타내기 위해 오디오 분야에서 사용된다. 샘플링의 효과는 그림 9.9에서 설명된다. 위쪽 파형은 디더링을 한 사인곡선이다.[4] 아래쪽 파형은 이 디더링된 신호를 샘플링한 버전이다. 잡음의 존재는, 그림 9.8에서처럼 급격하게 양자화 레벨이 이동하는 대신, 양자화 레벨을 점진적으로 교체되도록 해준다.

그림 9.10은 신호의 주파수 스펙트럼으로 샘플링과 디더링의 효과를 설명해 준다. 이 그림에서, 수평 x축은 주파수를 나타내며, 수직 y축은 진폭을 나타낸다. 그리고 색상은 강도를 시각적으로 표시하기 위해 사용되었으며, z축은 시간을 나타낸다.

---

[4] 효과를 좀 더 분명히 보여주기 위해서 정상적인 것보다 더 잡음이 많은 것을 사용했다.

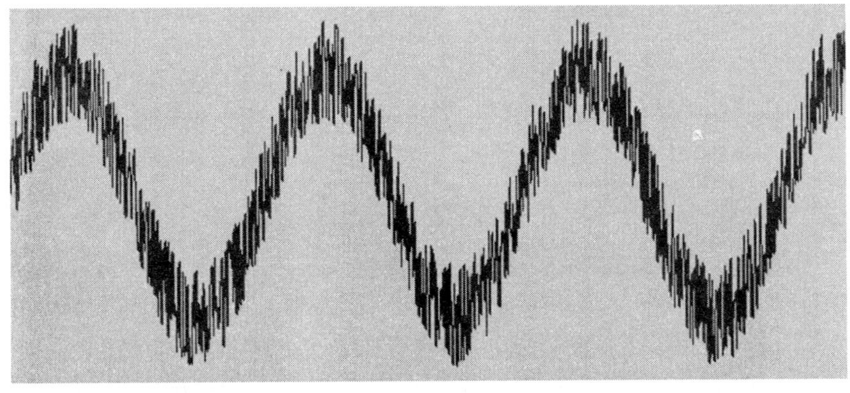

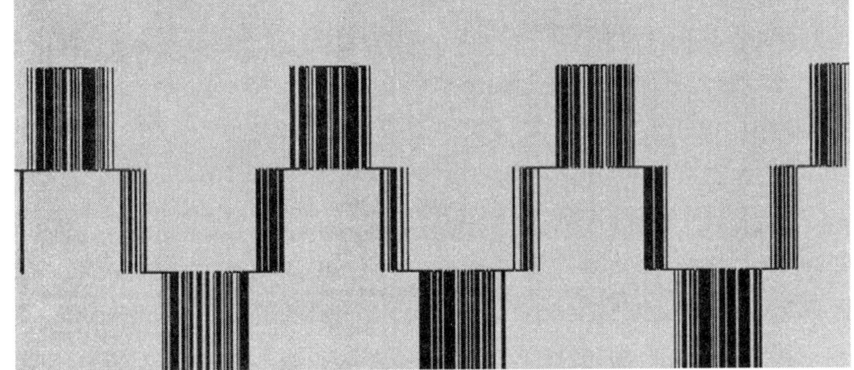

그림 9.9 디더링한 파형

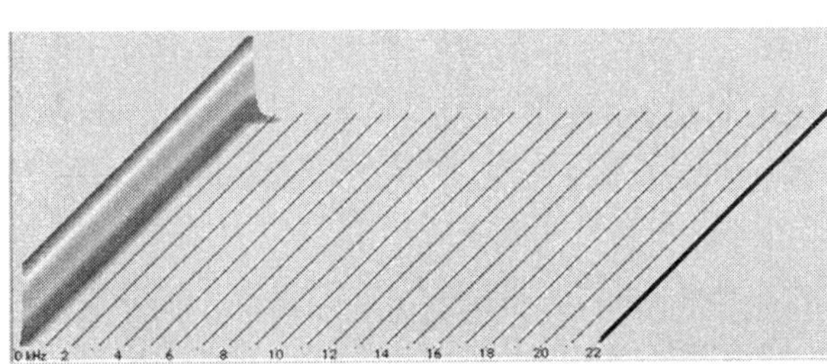

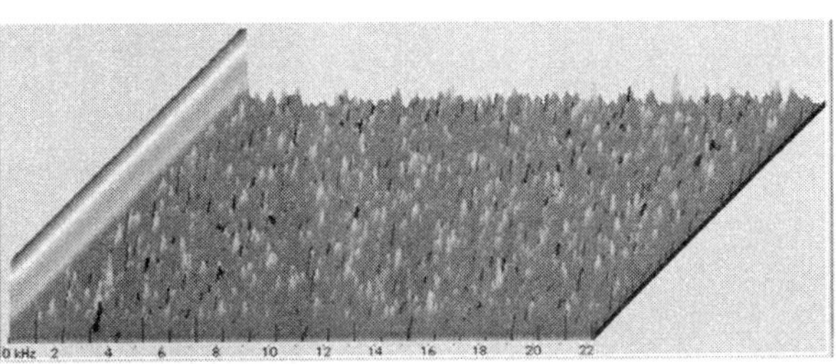

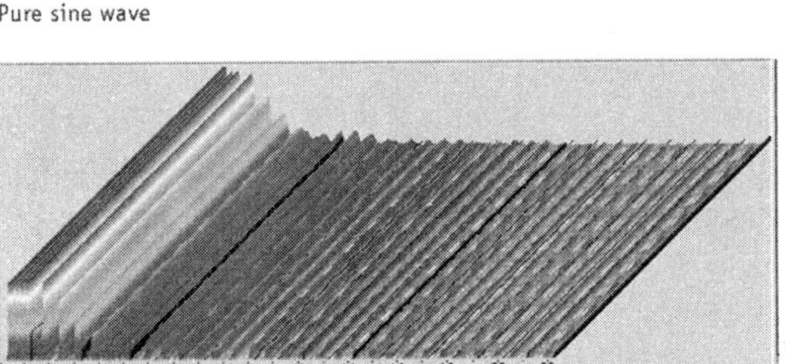

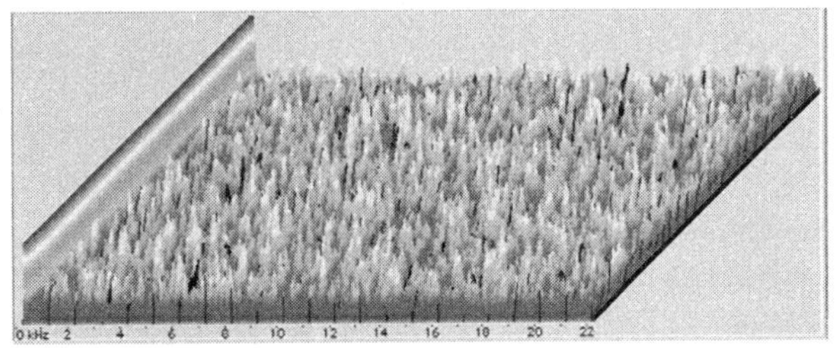

그림 9.10 샘플링과 디더링 효과를 보여주는 소리의 주파수 스펙트럼

9.3 사운드 처리

적절한 오디오의 입출력과 프로세싱 하드웨어와 소프트웨어를 가진 데스크탑 컴퓨터는 다중 트랙 녹음 스튜디오의 기능을 수행할 수 있다. 전문적인 설비는 비용이 많이 들고 많은 자원을 요구한다. 전형적인 녹음 스튜디오는 거대한 믹싱 콘솔과 사용자 인터페이스를 가지고 있으며 아주 복잡하다. 다행히도 멀티미디어의 경우에는 좀 더 간단한 설비로도 충분하다. 포토샵과 드림위버가 동작하는 방식처럼, 플랫폼에 무관한 사실상의 단일 표준 사운드 애플리케이션은 현재까지는 존재하지 않으며, 특별한 하드웨어 지원이 필요한 몇 개의 패키지가 사용되고 있다. 이들 중 대부분은 MIDI 시퀀싱과 다중트랙 레코딩을 위한 것으로 음악에 편중되어 있다.

데스크탑 사용을 위한 산업 표준 사운드 애플리케이션이 없기 때문에, 어떤 특정한 예를 사용하지 않고, 일반적인 용어로 사운드 프로그램이 제공하는 기능을 설명할 것이다.

9.3.1 녹음과 임포팅

많은 데스크탑 컴퓨터에는 마이크가 달려 있어서, 이것으로 녹음을 할 수 있을 거라고 생각하기 쉽다. 그러나 이것으로 만족스런 결과를 얻는 것은 거의 불가능하다. 마이크 자체가 작고 저렴한 것일 뿐만 아니라, 컴퓨터의 환풍기와 디스크 드라이브에 가까이 있기 때문에 이들에 의한 잡음을 피할 수 없다. 대신, 외부 마이크를 사운드 카드에 연결하는 것이 훨씬 좋다. 그러나 가능하다면 전문가용 마이크를 사용해서 녹음하는 것이 좋다. 사운드의 품질이 중요하거나, 높은 수준으로 음악을 녹음하기 위해서는 잘 갖추어진 스튜디오를 사용하는 것이 필수적일 것이다.

녹음하기 전에, 샘플링률과 샘플 크기를 선택하는 것이 필요하다. 사운드가 아날로그 형태에서 시작된다면, 그 선택은 파일 크기와 대역폭을 고려해서 결정될 것이다. 파일 크기와 대역폭은 사운드가 최종적으로 처리될 장비에 의존하게 된다. 일반적으로, 신호가 처리될 때는 신호의 질 저하를 최소화하기 위해 가능한 가장 높은 샘플링률과 샘플 크기가 사용되어야 한다. 샘플 크기를 축소하는 것이 샘플링률을 축소하는 것보다 음질에 더 큰 영향을 끼친다. 파일 크기를 절반으로 줄이는 것은 샘플링률이나 샘플 크기를 절반으로 줄임으로써 얻을 수 있는데, 전자가 더 좋은 방법이다.

디지털화된 오디오의 크기를 보여주기는 간단한 계산을 제시한다. 샘플링률은 매초당 얻어진 샘플의 수이다. 따라서 샘플링률이 r Hz이고, 샘플 크기가 s비트라면 디지털화된 사운드의 데이터는 매초당 $rs/8$바이트가 된다. 그러므로 CD 음질의 경우, $r = 44.1 \times 10^3$, $s = 16$이라면 매초당 86 KB[5]가 되며, 분당 대략 5 MB가 될 것이다. 이 계산은 단일 채널에 관한 것으로, 오디오는 거의 항상 스테레오에서 녹음되므로, 이 경우는 데이터 크기가 두 배가 된다. 반대로, 스테레오가 요구되지 않는 곳은 모노로 녹음함으로써 절반이 된다.

레코딩의 가장 성가신 영역은 신호 레벨을 정확하게 유지하는 것이다. 만일 입력 신호의 레벨이 너무 낮다면 녹음된 소리가 너무 조용할 것이며, 만일 레벨이 너무 높다면 **클리핑**(clipping)이 생길 것이다. (그림 9.11은 사인파에 대한 결과를 보여준다.) 클리핑된 결과는 특히 불유쾌한 찌그러진 소리로 들릴 것이다. 이상적으로, 신호는 클리핑을 피할 수 있는 가장 높은 레벨에서 녹음되어야 한다. 사운드 애플리케이션은 레벨이 모니터될 수 있도록 보통 레벨 미터(level meters)를 제공한다. 사운드 카드가 이를 지원하는 경우, 이득 조절(gain control)로 레벨을 조정할 수 있다. 몇몇 사운드 카드는 이 기능을 제공하지 않으며, 유일한 옵션은 장치의 출력 레벨을 조절하는 것이다.

사운드를 녹음하는 것에 대한 더 단순한 대안은 사운드를 오디오 CD에서 가져오는(import) 것이다. 오디오 CD는 CD-ROM과 다른 포맷을 사용하지만 적절한 소프트웨어에 의해 읽혀질 수 있다. 퀵타임 사운드 애플리케이션은 CD에서 트랙을 여는 오디오 CD 임포트 기능을 제공한다.

이것이 사운드를 임포트하는 가장 단순한 방법이지만, 대부분의 녹음된 음악은 저작권으로 보호된다. 따라서 허가를 얻는 것이 필수적이다. 인터넷에는 풍부한 음원이 있지만, 많은 이들이 불법적으로 이용하며 사용료를 지불하지 않는다. 이 파일들을 다운로드해서 듣는 것은 저작권 보유자의 허가 없이 이용하는 것으로, 일반적으로 불법이다.

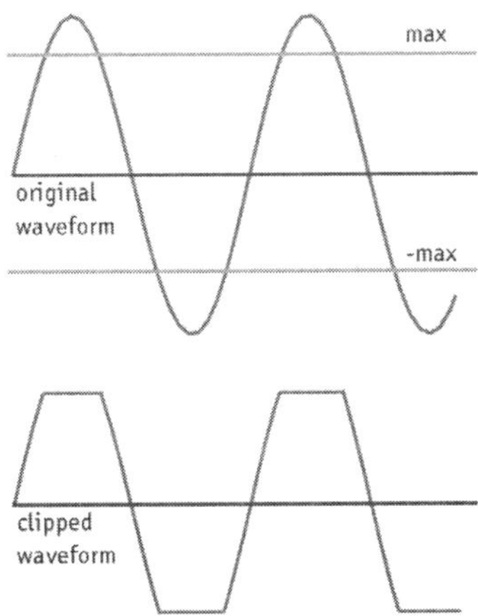

그림 9.11 클리핑

9.3.2 사운드 편집과 효과

녹음된 사운드에 대해 수행되는 작업은 몇 가지 유형으로 구분할 수 있다. 이들 대부분은 비디오 편집에서도 행해지는 것이며, 유사한 동기로 수행된다.

첫째, 클립자르기, 결합하기, 재배열하기의 편집이 있다. 본질적으로 시간을 기반으로 한 사운드의 특성은 시간선을 기반으로 한 편집 인터페이스에 적합하다. 전형적인 사운드 편집 윈도우는 트랙으로 분리된다. 이것은 전통

---

[5] kHz에서 k는 1000을 나타내지만 kbyte에서 k는 1024이며 컴퓨터에서 사용되는 관습을 따른 것이다.

적인 레코딩 장비에서 사용되는 분리된 테입 트랙을 본따서 그래픽 형태로 제공된다. 각 트랙의 사운드는 파형으로 보여진다. 편집은 트랙의 선택된 부분을 자르고, 붙이고, 옮기고, 버리는 과정이다. 각각의 스테레오 레코딩은 각 채널에 하나씩 두 트랙을 가진다. 편집 과정 동안 많은 트랙이 분리된 레코딩으로부터 사운드를 결합하기 위해 사용될 것이다. 그 결과, 이것들은 최후의 모노 혹은 스테레오 출력을 위해 하나 혹은 두 트랙으로 믹싱될 것이다.

편집뿐만 아니라, 오디오 역시 후속작업 과정을 거친다. 이것은 사운드의 결함을 고치고, 품질을 향상시키거나 특성을 변경하기 위한 작업 과정이다. 필터에 의해 이미지를 수정하는 것처럼, 사운드 변경은 게이트와 필터로 설명할 수 있다. 아날로그 게이트와 필터는 원하는 효과를 만드는 회로에 기반한 반면, 디지털 프로세싱은 샘플을 조작하여 신호를 만드는 알고리즘에 의해 수행된다. 이런 식으로 얻을 수 있는 결과는 아날로그 회로로 얻는 것보다 훨씬 더 크다. 몇몇 표준의 플러그-인 포맷은 프로그램 사이의 공유를 허용한다. 오디오 애플리케이션은 아니지만, 프리미어(Premiere)의 효과 플러그-인 포맷이 광범위하게 사용되고 있다. 좀 더 전문적인 수준에서는 큐베이스(Cubase)의 VST와 디지디자인(DigiDesign)의 프로툴(ProTools)과 관련된 포맷이 인기가 있다.

좀 더 빈번하게 요구되는 수정작업은 원치 않는 잡음을 제거하는 것이다. 예를 들면, 그림 9.1에서처럼, 불가피하게 야외에서 녹음되었기 때문에 마이크에 잡힌 배경 잡음을 제거하는 것이 바람직할 것이다. 잡음 게이트(noise gate)는 이런 목적을 위해 사용되는 장비이다. 잡음 게이트는 음악에서 쉬쉬하는 소리(hiss)를 제거하는 데 효과적이다. 그러나 잡음 게이트처럼 타협 없는 필터링(전부 아니면 전무)보다 소음을 감소시키기 위한 좀 더 섬세한 방법이 있다. 어떤 주파수의 대역을 제거하는 필터를 사용하여 특정한 주파수 범위 내의 잡음을 제거할 수 있다. 낮은 주파수가 통과하는 것을 허용하는 저역 통과(low pass) 필터는 높은 주파수를 제거하며, 쉬쉬하는 소리(hiss)를 제거하는 데 사용될 수 있다. 높은 주파수는 통과하고 낮은 주파수는 막는 고역 통과(high pass) 필터는 '럼블'(rumble; 덜거덕거리는 소리)을 제거하는 데 사용된다. 럼블은 기계적 진동에 의해 야기되는 낮은 주파수이다. 그림 9.12와 9.13은 그림 9.7의 파도소리 스펙트럼과 파형에 대한 저역 통과 필터와 고역 통과 필터의 결과를 보여준다. (각 그림의 위쪽 스펙트럼과 파형은 오리지널 사운드이다.) 노치 필터(notch filter)는 단일의 협대역 주파수를 제거한다.

사운드의 특성을 바꾸는 효과는 공연과 녹음을 보충하기 위한 사소한 것에서부터 사운드를 바꾸거나 원래 사운드에서 새로운 사운드를 만들어내는 것까지 여러 가지가 있다. 단일 효과는 이 동작에 영향을 미치는 파라미터

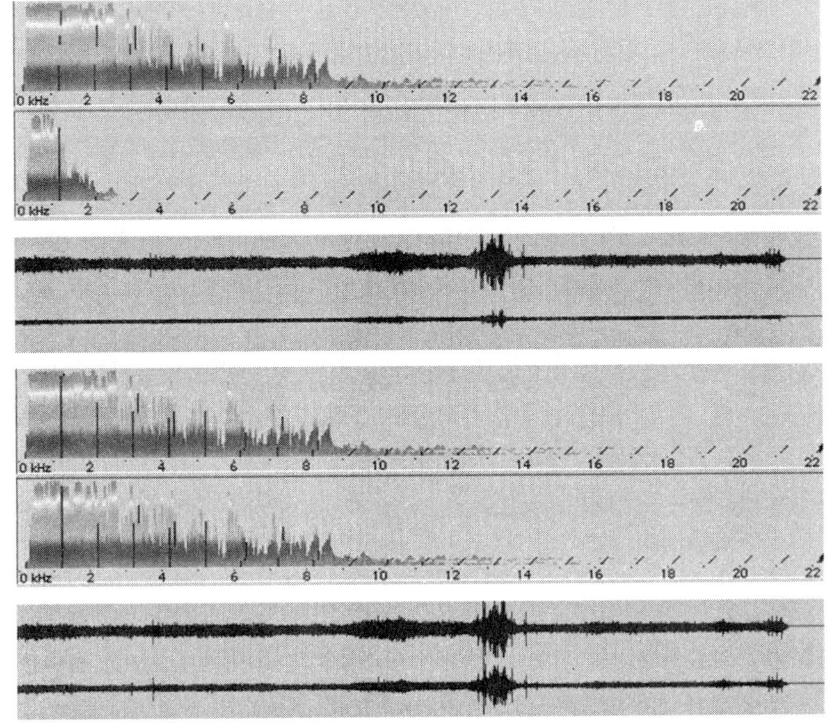

그림 **9.12** 저역 통과 필터

그림 **9.13** 고역 통과 필터

값에 의존하며, 서로 다른 시점에서 다양한 방식으로 사용될 수 있다. 예를 들면, 반향(reverb) 효과는 시간적으로 지연된 희미한 소리를 원래 소리의 복사본에 덧붙임으로써 얻어진다. 그림 9.14는 파도 사운드에 에코를 추가한 효과를 보여준다. 다른 효과도 유사한 방식으로 다양한 용도에 사용될 수 있다.

시간 늘림(time stretching)과 피치 변경(pitch alteration)은 특별히 디지털 사운드에 적합한 효과와 밀접한 관련이 있다. 아날로그 녹음에서 사운드의 길이를 바꾸는 것은 그것이 재생되는 속도를 바꿈으로써 가능하며, 이것은 피치를 바꾼다. 디지털 사운드는 샘플을 삽입하거나 제거함으로써 피치를 바꾸지 않고 길이를 변화시킬 수 있다. 거꾸로, 피치는 음의 길이에 영향을 주지 않고 변화될 수 있다. 시간 늘림은 사운드를 비디오나 다른 사운드와 동기시킬 때 필요하다. 예를 들면, 만일 설명하는 말이 너무 길어서 화면에 맞출 수 없다면, 사운드 트랙은 사람 목소리의 피치를 높이지 않고 시간을 줄일 수 있다. 이것은 음성 트랙을 더 빠른 속도로 재생하면 된다. 시간 늘림은 또한 템포를 바꾸기 위해 음악에 적용될 수도 있다.

피치 변경은 몇 가지 방식으로 사용될 수 있다. 우선 악기의 피치를 바꾸는 데 사용될 수 있다. 예를 들면, 튜닝되지 않은 기타 음에 사용될 수 있다.

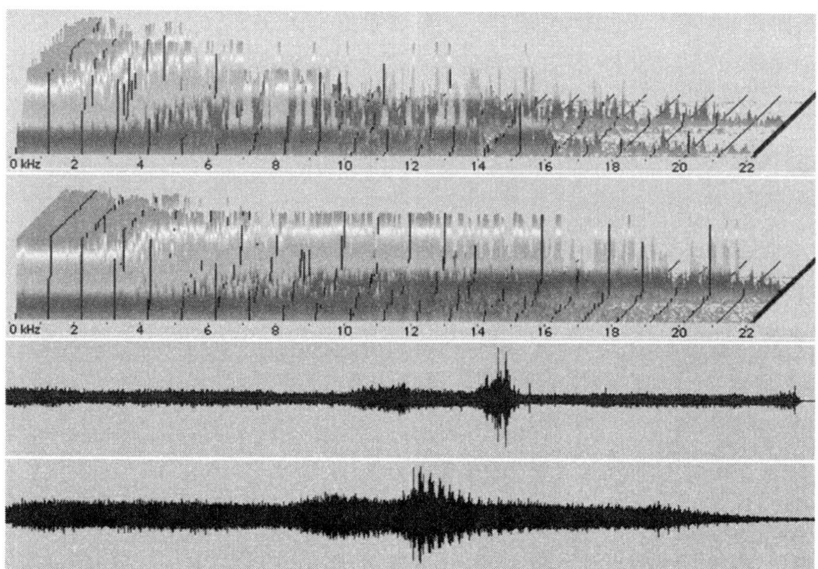

그림 9.14 에코

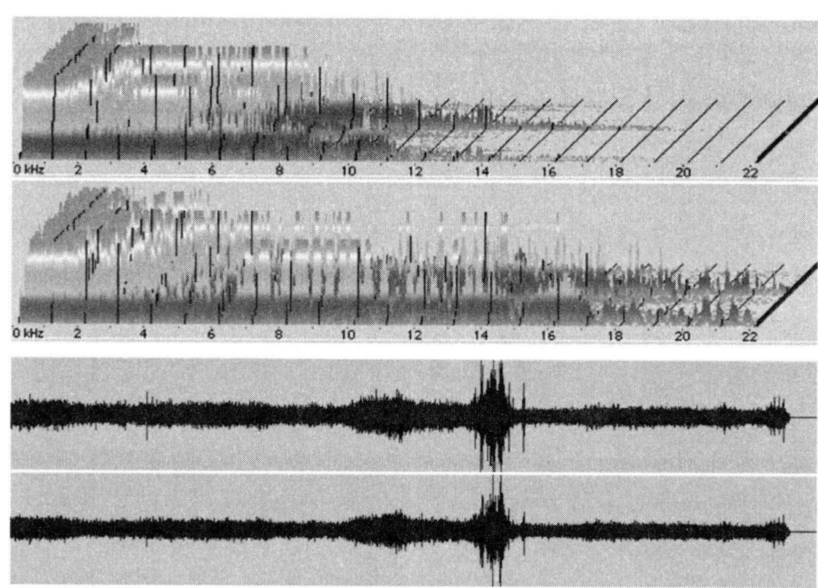

그림 9.15 피치 이동

피치 변경은 또한 음악을 다른 키로 바꾸는 데 사용될 수 있다. 그림 9.15는 파도소리 피치를 한 옥타브 올린 것(즉, 주파수를 두 배로 한 것)을 보여준다.

9.4 압축

CD 음질 오디오 데이터의 양은 비디오 데이터의 양만큼은 아니지만, 전화 회선을 통한 인터넷 연결 대역폭을 능가하며, 긴 시간의 녹음은 많은 디스크 공간을 차지한다. 스테레오로 녹음된 3분 동안의 노래는 25 MB를 차지한다. 그러므로 오디오를 멀티미디어에서 사용하거나, 특히 인터넷을 통해 보낼 때에는 압축될 필요가 있다. 사운드 파형의 복잡하고 예측할 수 없는 특성은 손실 없는 압축 방법의 사용을 어렵게 한다. 허프먼 코딩은 사운드의 진폭 대부분이 사용되는 샘플 크기의 최대값 이하일 경우에 효과적이다. 그러나 이것은 특별한 경우이고, 일반적으로 손실 압축의 몇 가지 형태가 사용된다.

음성에 적용될 수 있는 분명한 압축 기술은 말이 없는 부분을 제거하는 것이다. 즉, 말이 없는 시간 동안에 대해 44,100개의 샘플을 0으로 저장하는 대신, 침묵의 길이를 저장한다. 이 기술은 우리가 5장에서 언급했던 손실 없는 런 길이 인코딩(run-length encoding)의 특별한 경우처럼 보인다. 그러나 그림 9.1에서 보듯이, '침묵(silence)'은 절대적이지 않다. 만약 값이 정확하게 0인 샘플들만 런 길이 방식으로 인코딩한다면 거의 압축을 얻지 못할 것이므로, 기준 신호 이하의 샘플들은 모두 0인 것처럼 취급해야 한다. 이 결과로 손실이 생기며, 복원된 신호는 원래의 것과 동일하지 않게 된다.

손실 방식의 오디오 압축 원리는 손실 이미지 압축에서 사용되는 것과 다르다. 왜냐하면, 우리가 두 매체를 인식하는 방식이 다르기 때문이다. 이미지에서 색의 빠른 변화는 무시해도 좋지만, 사운드의 빠른 변화와 관련된 높은 주파수는 매우 중요하다. 따라서 몇 가지 다른 원리를 사용하여 무시할 데이터를 결정해야 한다.

9.4.1 음성 압축

전화 회사는 1960년대 초부터 디지털 오디오를 사용해 왔으며, 전화선의 제한된 대역폭은 효과적인 음성 압축 기술을 개발하게 만들었다. 이를 위한 기술이 **압축확장(companding)**으로 알려진 기술이다. 이 아이디어는 비선형의 양자화 수준을 사용하는 것으로, 상위 레벨은 하위 레벨보다 더 간격이 커지게 된다. 따라서 조용한 소리가 큰 소리보다 좀 더 상세하게 표현된다. 이것은 우리가 볼륨 차이를 인식하는 방식에 부합된다.

그림 9.16은 비선형 양자화의 예를 보여준다. 양자화된 값이 증가하려면 신호값은 대수적으로 증가해야 한다. 이것은 압축을 필요로 한다. 왜냐하면, 선형의 양자화 기법이 요구하는 것보다 더 작은 비트로 입력값의 범위를 표현해야 하기 때문이다. '압축확장(companding)'은 '압축/확장(compressing/expanding)'의 줄인 말이다.

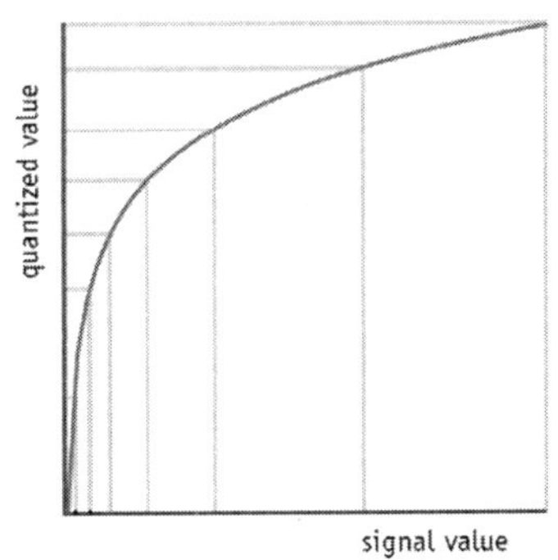

그림 9.16 비선형 양자화

서로 다른 비선형의 압축확장 함수가 사용될 수 있다. 전신에 사용하기 위한 중요한 비선형 압축확장은 ITU 권고안에 정의되어 있다. 권고안 G.711은 μ-법칙이라 불리는 함수를 정의한다. 이것은 북미와 일본에서 사용되며, Sun과 NeXT 시스템에서 오디오를 압축하는 데 채택되었고, 이를 이용한 압축 파일은 인터넷에서 흔히 볼 수 있다. 다른 ITU 권고안은 대부분의 나라에서 사용되며, A-법칙이라 불리는 함수에 기초한다.

전화 신호는 보통 8 kHz에서 샘플링된다. 이 비율에서, μ-법칙 압축은 12비트의 동적 범위를 단지 8비트로 줄여 데이터율을 1/3로 감소시킨다.

μ-법칙은 다음 식으로 정의된다:

$$y = \log(1 + \mu x)/\log(1 + \mu) \quad (x \geq 0\text{에 대해})$$

여기서 μ는 압축확장의 양을 결정하는 파라미터이며, μ = 255는 전화통신에서 사용된다.

A-법칙은

$$y = \{Ax/(1 + \log A) \qquad (0 \leq |x| < 1/A\text{에 대해})$$
$$= \{(1 + \log Ax)/(1 + \log A) \quad (1/A \leq |x| < 1\text{에 대해})$$

으로 정의된다.

광범위하게 사용되는 또 다른 중요한 기술은 ADPCM(Adaptive Differential Pulse Code Modulation)[6]이다. 이것은, 연속적인 샘플들 사이의 차이값을 저장하는 방식에 기초를 두고 있다는 점에서, 비디오의 인터 프레임 압축과 관련이 있다. 오디오와 비디오의 다른 특성으로 인해, ADPCM에서 샘플 간의 차이값 처리는 약간 복잡하다.

샘플보다 더 적은 비트 수로 차이값을 저장할 수 있다면 압축을 얻게 될 것이다. 오디오 파형은, 연속적인 비디오 프레임과는 달리, 빠르게 변화할 수 있으므로 차이값이 샘플값보다 반드시 훨씬 더 적을 것이라고 가정할 수가 없다. 그러므로 기본적인 DPCM은 이전의 샘플들에 근거하여 샘플의 예측된 값을 추정하고, 예측값과 실제값 사이의 차이를 저장한다. 만일 그 예측이 옳았다면 차이는 작을 것이다. ADPCM은 양자화된 차이를 표현하기 위해서 사용된 단계 크기(step size)를 동적으로 변화시킴으로써 더 큰 압축

---

[6] PCM은 오디오와 통신 분야에서 사용되는 용어로 디지털 데이터를 0과 1의 연속적인 펄스로 표현한다. 또 다른 표현으로 데이터를 전송 스트림으로 나타내는 펄스폭 변조(Pulse Width Modulation)도 있다.

을 얻는다. 큰 차이는 큰 단계를 사용하여 양자화되고, 작은 차이는 작은 단
계를 사용하여 양자화된다. 이 방법의 세부사항은 복잡하지만, 압축확장처럼
정보의 변화율을 고려하여 정보를 저장하기 위한 비트를 효율적으로 이용하
는 것이다.

ITU 권고안 G.721은 16 Kbps와 32 Kbps의 데이터율로 전신에서
ADPCM을 사용하기 위한 형식을 규정한다. 더 낮은 데이터율은 더 많은 압
축으로 얻을 수 있다. **선형 예측 코딩**(Linear Predictive Coding)은 음성을 표
현하는 데 목소리 영역 상태의 수학적 모델을 사용한다. 오디오 샘플로서 음
성을 전달하는 대신, 수학적 모델의 상태에 해당되는 파라미터를 보낸다. 수
신단에서, 이 파라미터를 모델에 사용하여 음성을 만들 수 있다. 이런 식으
로 압축된 음성은 2.4 Kbps의 낮은 속도로 전달될 수 있다.

9.4.2 인지 기반 압축

효과적인 손실 압축의 비밀은 중요하지 않은 데이터를 확인하고, 그것을
버리는 것이다. 만일 오디오 신호를 직접적인 방식으로 디지털화할 수 있다
면, 들을 수 없는 사운드에 해당하는 데이터는 디지털화된 버전이 될 것이
다. 그러나 소리의 인식은 귀를 거쳐서 두뇌에 전달되는 감각이다. 그리고
귀와 두뇌는 단순한 방식으로 음향에 반응하지 않는다.

물리적으로 존재함에도 불구하고, 특히 두 가지 현상으로 인해 어떤 소리
를 듣지 못하게 된다. 소리가 너무 조용해서 들을 수 없거나, 다른 소리 때문
에 방해를 받는 경우이다.

듣기의 경계선(threshold of hearing)은 소리를 들을 수 있는 최소의 수준이
다. 이것은 그림 9.17에서 보듯이, 주파수에 대해 비선형적으로 변화한다.
매우 낮거나 매우 높은 주파수의 소리를 듣기 위해서는 중간 범위의 톤보다

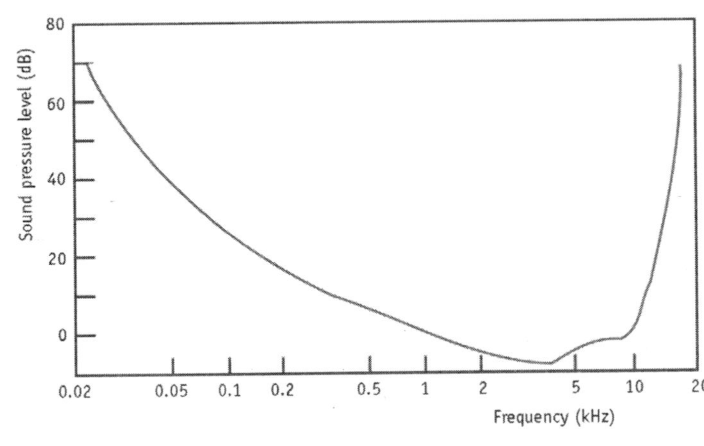

그림 9.17 듣기의 경계선

훨씬 더 커야 한다. 압축 알고리즘은 들을 수 있는 한계점 이하의 데이터를 버린다. 이런 방식의 알고리즘은 귀와 두뇌가 소리를 인식하는 방식에 대한 수학적 설명인 **심리음향**(psycho-acoustical) 모델을 사용한다. 이 경우, 주파수에 따라 변화하는 듣기의 경계선을 기술할 수 있어야 한다.

큰 톤은 동시에 발생하는 좀 더 부드러운 톤을 모호하게 할 수 있다.[7] 이것은 단지 큰 톤이 더 부드러운 톤을 '들리지 않게(drowning out)' 하는 것이 아니다. 그 효과는 좀 더 복잡하며, 두 톤의 상대적 진동 수에 의존한다. 이 현상은 **마스킹**(masking)으로 알려져 있으며, 더 큰 톤의 영역에서 듣기의 경계선 곡선이 변경되는 현상이다. 그림 9.18에서 보는 것과 같이, 듣기 경계선은 마스킹 톤에 근접한 곳에서 올라가게 된다.

개발된 것 중 가장 잘 알려진 알고리즘은 MPEG 표준에서 오디오 압축을 위해 규정한 것들이다. MPEG-1과 MPEG-2는 원래 비디오 표준이지만, 대부분의 비디오는 관련된 사운드를 가지고 있기 때문에, 오디오 압축도 포함한다. MPEG 오디오는 너무 성공적이어서 사운드 압축, 특히 음악을 위해 종종 사용된다.

MPEG-1은 오디오 압축을 세 개의 **레이어**로 규정하고 있다. 인코딩 과정은 레이어 1에서 레이어 3으로 갈수록 복잡성이 증가한다. 반면, 이 결과로 압축된 오디오의 데이터율은 감소한다. 레이어 1에서 각 채널은 192 Kbps, 레이어 2는 128 Kbps, 레이어 3은 64 Kbps의 데이터를 갖는다. (이 데이터율은 스테레오의 경우 두 배가 될 것이다.) MPEG-1 레이어 3 오디오를 MP3로 부르며,[8] 이것은 고품질을 유지하면서도 약 10:1의 압축률을 가진다.

CD의 전형적인 트랙은 3 MB 이하로 압축될 수 있다. 이 데이터율을 가

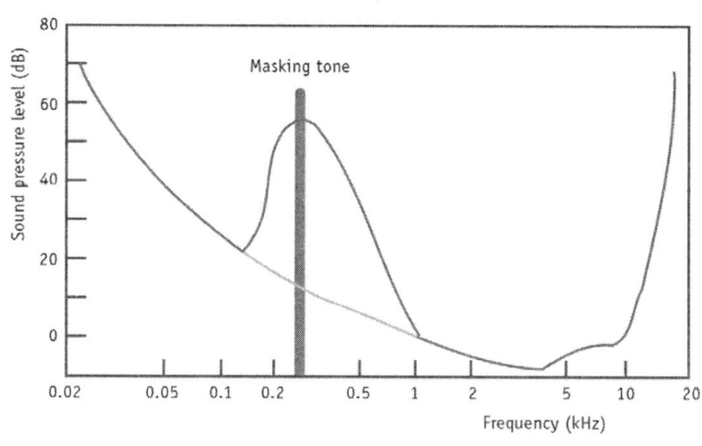

그림 9.18 마스킹

---

[7] 사실 약간 늦거나 약간 앞서는 부드러운 톤을 모호하게 만들 수도 있다.

[8] MP3는 MPEG-3를 뜻하는 것이 아니다. MPEG-3는 없다.

진 사운드의 특성을 때때로 'CD 음질'로 주장하지만, 이것은 과장된 것이다. 그러나 더 높은 비트율로 좀 더 좋은 음질이 레이어 3에서 사용될 수 있다. MP3는 또한 더 낮은 비트율에서, 예를 들어 스트리밍을 위한, 오디오를 인코딩할 수 있다.

MPEG-2 표준의 오디오 부분은, 서라운드를 처리하기 위한 몇 가지 확장을 제외하고는, 본질적으로 MPEG-1과 동일하게 오디오를 인코딩한다. MPEG-2 표준은 또한 새로운 오디오 코덱인 AAC(Advanced Audio Coding)를 규정하고 있다. MP3와는 달리, AAC는 초기의 MPEG 표준 혹은 더 낮은 레이어와 호환성이 없다. 이러한 표준과의 호환성을 포기함으로써, AAC는 MP3보다 더 낮은 비트율에서 더 높은 압축률을 얻을 수 있다. MP3처럼, AAC는 인지 기반 인코딩에 기초한다. 그러나 더 부가적인 기술과 좀 더 복잡한 구현으로 인해 같은 비트율에서 AAC가 MP3보다 더 우수한 것으로 평가된다. 그리고 MP3보다 더 낮은 비율에서도 AAC가 더 좋은 것으로 평가된다. 예를 들면, 96 Kbps의 AAC 오디오는 128 Kbps MP3보다 우수하다. AAC는 MPEG-4로 통합되어 확장되었다.

손실 압축은 항상 모호한 말처럼 들린다. 어떻게 특성에 영향을 주지 않고 정보를 버릴 수 있을까? MPEG 오디오의 경우, 버려진 정보는 들을 수 없다는 것이 쟁점이 되었다. 이 논쟁은 광범위한 듣기 테스트에 의해, 많은 사람들이 음악을 위한 포맷으로 MP3를 지지하고 수용하는 것으로 결론이 났다. (몇몇 사람들은 MP3 오디오의 특성에 대해 지적하지만 대부분의 사람들은 까다롭게 굴지 않는다.) 그러나 손실 압축의 MPEG 오디오는, 만일 여러 번 복원하고 다시 압축된다면, 점진적으로 나빠질 것이다. 그러므로 그것은 배급용 포맷으로서만 적절하며, 제작을 위해서는 사용되지 않아야 한다.

9.5 파일 형식

디지털 오디오의 발전은 대부분 음반과 방송 산업에서 이루어졌으며, CD와 디지털 오디오 테입과 같은 미디어의 전달과 재생을 위한 물리적인 데이터 표현에 관한 것이었다. 이 분야에서는 표준이지만, 컴퓨터에서 디지털 사운드의 사용은 규제할 표준이 없다. 세 개의 주요 플랫폼은 자체의 사운드 파일 포맷을 가진다. MacOS는 AIFF, Windows는 WAV(또는 WAVE), Unix는 AU[9]이다. 그러나 모든 플랫폼에 대한 애플리케이션은 동일하다. 인터넷

---

[9] 더 정확하게 WAV는 Microsoft RIFF 파일의 변종인 오디오 파형 파일 포맷이고, AU는 NeXT/Sun 오디오 파일 포맷이다.

은 그래픽보다 오디오 표준에 영향을 끼쳤고, 퀵타임, 윈도우즈 미디어, 리얼오디오 모두 다른 오디오 형식을 사용한다. 음악을 교환하는 서비스로 인해, 인터넷에서 인기 있는 오디오 포맷의 선두주자는 MP3이다.

9.5.1 MP3

MP3는 압축된 오디오 스트림을 '프레임'이라 부르는 청크(chunk)로 분리하는 자체의 파일 포맷을 가진다. '프레임' 각각은 비트율을 자세히 표시하는 헤더, 샘플링 주파수 및 다른 파라미터를 가진다. MP3 파일은 또한 트랙 제목, 연주자, 노래가 수록된 앨범 등 음악 내용에 관한 메타데이터도 포함하고 있다. 이 파일은 컴퓨터와 모바일 음악 재생기에 음악을 다운로드하거나 저장하는 데 광범위하게 사용된다.

그러나 MP3는 파일 포맷이 아니라 인코딩 방식이므로, MP3 데이터는 다른 파일 형식에도 저장될 수 있다. 특히, 퀵타임은 MP3로 인코딩된 오디오 트랙을 포함할 수 있으며, 플래시의 SWF 무비는 그 속의 모든 사운드를 압축하기 위해 MP3를 사용한다.

9.5.2 스트리밍 오디오 형식

7장에서, 스트림 비디오가 TV 방송과 유사하다고 설명했다. 스트림 오디오는 라디오 방송과 유사하다. 즉, 사운드는 사용자의 기계에 먼저 저장되는 것이 아니라, 네트워크로 전달되어 도착하는 즉시 재생된다. 비디오에서처럼, 이것은 보통의 하드디스크에 저장하기에는 너무 크기가 큰 생방송의 전달과 파일의 재생을 가능하게 한다. 오디오는 낮은 대역폭을 요구하므로, 비디오보다 사운드의 스트리밍이 더 효과적이다.

첫 번째 성공적인 스트리밍 오디오 포맷은, 지금은 Real G2로 통합된 RealVideo를 만든, 리얼 네트워크(Real Networks)의 RealAudio였다. 이것은 다이얼 업 회선과 광대역 인터넷 연결에 적절한 데이터율과 사운드 품질을 유지하기 위해 독점적인 압축기를 사용한다. RealAudio는 또한 요구되는 대역폭을 줄이기 위해 다운샘플링을 사용한다. 스트리밍 퀵타임 또한 오디오를 위해 사용될 수 있다. 퀵타임은 고품질의 오디오를 위해 AAC 코덱을 가지고 있다. Windows Media 오디오도 스트림될 수 있다. MP3뿐만 아니라, 이 세 개의 포맷은 실황 콘서트와 인터넷 라디오 방송에 사용된다. 그리고 또한 'POD(play on demand)' 음악을 제공하는 데도 사용된다.

9.6 MIDI

만일 우리가 악보를 썼다면, 그것을 보내는 방법은 두 가지가 있다. 먼저 그것을 연주하고, 연주한 것을 녹음하여 그 녹음된 것을 보낼 수 있다. 혹은, 작곡 표기법을 사용하여 악보를 보내고 스스로 연주할 수도 있다. 이 두 가지 방법은 비트맵 및 벡터 그래픽 방식과 유사하다. 첫 번째 경우, 우리는 실제 사운드를 보낸다. 두 번째 경우는 사운드를 재생하는 방법을 알려주는 일련의 지시사항을 보낼 것이다. 두 경우 모두 몇 가지 가정을 하고 있다. 레코딩의 경우, 공연을 녹음한 것이 어떤 매체이든지 재생할 수 있는 기계를 가지고 있다고 추정한다. 악보의 경우, 우리는 선택된 작곡 표기법을 읽을 수 있으며, 악보에 표시된 악기를 구할 수 있고, 스스로 연주할 수 있거나, 그 악기들을 연주할 수 있는 음악가들을 구할 수 있다고 좀 더 지나친 가정을 하고 있다. 만일 그 음악이 심포니 오케스트라를 위해 편곡된 것이라면, 이 것은 더 많은 어려움이 생길 것이다. 반면, 만일 녹음된 것을 받았다면, 모든 어려움은 해결될 것이다.

지금까지는 디지털화된 사운드, 즉 녹음에 해당하는 전달 방법만을 고려했다. 그러나 악보를 전달하는 것, 즉 음악을 제작하는 명령어를 전달하는 방법도 존재한다. 이것은 적절한 소프트웨어나 하드웨어에 의해 해석될 수 있다. 사운드 파일의 경우, 이들을 읽을 수 있는 소프트웨어를 가져야 한다. 명령어의 경우는 그것을 해석하는 소프트웨어와 해당 악기소리를 만들기 위한 몇 가지 장치를 가져야 한다.

MIDI(Musical Instruments Digital Interface)는 원래 '신디사이저(synthesizer)', '샘플러(sampler)' 및 드럼과 같은 전자 악기 사이의 통신을 위한 표준 프로토콜로 고안되었다. 표준 하드웨어 인터페이스를 정의하고 음의 시작과 끝을 가리키는 일련의 명령어에 의해, 1970년대 록 스타들의 사랑을 받았던 수많은 악기를 단일 키보드로 제어하는 것이 가능하게 되었다.

더욱 중요한 것은 명령어의 시퀀스를 내보내도록 프로그램되어 있는 장치에 의해 자동적으로 악기들이 제어된다는 점이다. 처음에, **시퀀서(sequencer)** 는 비교적 다루기 힘든 인터페이스에 사용하기 위한 프로그램이 들어 있는 특별한 하드웨어 장치였다. 컴퓨터 프로그램이 좀 더 편리하고 융통성 있는 시퀀싱 수단을 제공할 수 있음을 알고 난 후부터 컴퓨터에 기반을 둔 시퀀서가 널리 이용되기 시작했다. 소프트웨어 시퀀서는 편집 기능과 작곡 기능을 제공하므로, 파일에서 MIDI 시퀀스를 파일로 저장할 필요가 있다. 이 요구는 MIDI 파일을 위한 표준 파일 포맷, 즉 디스크에 MIDI를 저장하는 방식을 개발하게 하였다. 분명하게, 그러한 파일들은 MIDI 관련 소프트웨어를 가진 컴퓨터 사이에 교환될 수 있다.

MIDI 파일을 재생하려면, MIDI를 이해하는 악기가 필요하다. 그러나 적절한 하드웨어나 소프트웨어를 갖춘 컴퓨터는 그 자체로 그러한 악기가 될 수 있다. 사운드를 MIDI 명령어에 따라 재생하기 위해, 사운드 카드에서 합성하거나 샘플 형태로 디스크에 보관할 수 있다. 그러므로 MIDI 파일은 음악을 전달하기 위한 수단이다. MIDI 파일은 어떤 오디오 데이터도 포함하고 있지 않기 때문에, 실제로 디지털화된 사운드 파일보다 훨씬 더 크기가 작다. 그러나 같은 이유로 충실도(fidelity)는 보장할 수 없다.

9.6.1 MIDI 메시지

MIDI 메시지는 악기를 연주할 때 어떤 것을 지시하기 위한 명령어이다. 메시지는 기계 명령어와 같은 방식으로 인코딩되어 있다. **상태 바이트**는 메시지의 유형을 지정하며, 파라미터를 나타내는 하나 혹은 두 개의 데이터 바이트가 상태 바이트 뒤에 온다. 예를 들면, 가장 일반적으로 사용되는 메시지는 'Note On'이다. 이것은 두 개의 파라미터를 가진다. 즉, 소리를 낼 음 하나를 가리키는 0에서 127 사이의 수와 키를 얼마나 빨리 눌러야 하는가를 지시하는 키 속도(key velocity)이다. 따라서 음의 실제 소리는 MIDI 메시지에 의해 키보드 하드웨어가 생성하며, 음악가가 그 키를 연주할 때처럼 들릴 것이다.

다른 주목할 만한 MIDI 메시지는 음을 끝내는 'Note Off'로, 터치의 정도를 지시하는 '키 압력(Key Pressure)'과 기타리스트가 줄을 구부림으로써 음 값을 역동적으로 변화시키는 것과 같은 '피치 벤드(Pitch Bend)'를 포함한다.

9.6.2 범용 MIDI

이전 설명은 음이 어떻게 발생되는가를 설명한 것이며, 그것이 어떻게 특별한 소리와 관련되는지에 대해서는 설명하지 않았다. 전형적으로 신디사이저와 샘플러와 같은 MIDI에 의해 조절되는 악기들은 다양한 음색을 제공한다. 신디사이저는 연주자에 의해 종종 **패치**(patch)라 불리며, 서로 다른 합성된 사운드를 제공하고, 샘플러는 서로 다른 악기의 샘플들을 제공한다. MIDI의 'Program Change' 메시지는 0과 127 사이의 값을 사용하여 새로운 음색을 선택한다. 이 값을 음색으로 매핑하는 것은 MIDI 표준에서 규정하고 있지 않으며, 제어될 특별한 악기에 의해 좌우된다. 그러므로 피아노와 바이올린을 위한 MIDI 파일은 트럼본과 케틀드럼으로 연주하는 도중에 끝날 가능성도 있다. 이러한 상황을 해결하기 위해, 범용 미디(General MIDI)라 부르는 MIDI 표준의 부록이 만들어졌다. 이것은 'Program Change' 메시지에 의해 사용된 값에 대한 128가지의 표준 음색을 지정하며, 표 9.1에서 제시되었다.

드럼과 타악기 샘플러의 경우, 'Program Change' 값은 드럼 키트, 다양한 종류의 심벌즈, 북의 종류 등 많은 요소에 의해 다양하게 해석된다(표 9.2 참조).

퀵타임은 MIDI와 유사한 기능을 제공한다. QuickTime Musical Instruments는 악기 샘플들을 제공하며, QuickTime Music Architecture는

표 9.1 범용 MIDI 음색 번호

1	Acoustic Grand Piano	44	Contrabass	87	Synth Lead~7
2	Bright Acoustic Piano	45	Tremolo Strings	88	Synth Lead~8
3	Electric Grand Piano	46	Pizzicato Strings	89	Synth Pad~1
4	Honky-tonk Piano	47	Orchestral Harp	90	Synth Pad~2
5	Rhodes Piano	48	Timpani	91	Synth Pad~3
6	Chorused Piano	49	Acoustic String Ensemble~1	92	Synth Pad~4
7	Harpsichord	50	Acoustic String Ensemble~2	93	Synth Pad~5
8	Clavinet	51	Synth Strings~1	94	Synth Pad~6
9	Celesta	52	Synth Strings~2	95	Synth Pad~7
10	Glockenspiel	53	Aah Choir	96	Synth Pad~8
11	Music Box	54	Ooh Choir	97	Ice Rain
12	Vibraphone	55	Synvox	98	Soundtracks
13	Marimba	56	Orchestra Hit	99	Crystal
14	Xylophone	57	Trumpet	100	Atmosphere
15	Tubular bells	58	Trombone	101	Bright
16	Dulcimer	59	Tuba	102	Goblin
17	Draw Organ	60	Muted Trumpet	103	Echoes
18	Percussive Organ	61	French Horn	104	Space
19	Rock Organ	62	Brass Section	105	Sitar
20	Church Organ	63	Synth Brass~1	106	Banjo
21	Reed Organ	64	Synth Brass~2	107	Shamisen
22	Accordion	65	Soprano Sax	108	Koto
23	Harmonica	66	Alto Sax	109	Kalimba
24	Tango Accordion	67	Tenor Sax	110	Bagpipe
25	Acoustic NylonGuitar	68	BaritoneSax	111	Fiddle
26	Acoustic Steel Guitar	69	Oboe	112	Shanai
27	Electric Jazz Guitar	70	English Horn	113	Tinkle bell
28	Electric clean Guitar	71	Bassoon	114	Agogo
29	Electric Guitar muted	72	Clarinet	115	Steel Drums
30	Overdriven Guitar	73	Piccolo	116	Woodblock
31	Distortion Guitar	74	Flute	117	Taiko Drum
32	Guitar Harmonics	75	Recorder	118	Melodic Tom
33	Wood Bass	76	Pan Flute	119	Synth Tom
34	Electric Bass Fingered	77	Bottle blow	120	Reverse Cymbal
35	Electric Bass Picked	78	Shakuhachi	121	Guitar Fret Noise
36	Fretless Bass	79	Whistle	122	Breath Noise
37	Slap Bass~1	80	Ocarina	123	Seashore
38	Slap Bass~2	81	Square Lead	124	Bird Tweet
39	Synth Bass~1	82	Saw Lead	125	Telephone Ring
40	Synth Bass~2	83	Calliope	126	Helicopter
41	Violin	84	Chiffer	127	Applause
42	Viola	85	Synth Lead~5	128	Gunshot
43	Cello	86	Synth Lead~6		

표 9.2 범용 MIDI 드럼 번호

35	Acoustic Bass Drum	47	Low -Mid Tom Tom	59	Ride Cymbal~2
36	Bass Drum~1	48	Hi Mid Tom Tom	60	Hi Bongo
37	Side Stick	49	Crash Cymbal~1	61	Low Bongo
38	Acoustic Snare	50	Hi Tom Tom	62	Mute Hi Conga
39	Hand Clap	51	Ride Cymbal~1	63	Open Hi Conga
40	Electric Snare	52	Chinese Cymbal	64	Low Conga
41	Lo Floor Tom	53	Ride Bell	65	Hi Timbale
42	Closed Hi Hat	54	Tambourine	66	Lo Timbale
43	Hi Floor Tom	55	Splash Cymbal		
44	Pedal Hi Hat	56	Cowbell		
45	Lo Tom Tom	57	Crash Cymbal~2		
46	Open Hi Hat	58	Vibraslap		

MIDI의 특징을 통합한다. 퀵타임은 표준 MIDI 파일들을 읽을 수 있어서, 퀵타임이 설치된 컴퓨터는 소프트웨어만으로 MIDI 음악을 재생할 수 있다. 퀵타임은 또한 외부의 MIDI 장치를 제어할 수 있다. MIDI 트랙은 오디오, 비디오, 혹은 퀵타임에 의해 지원되는 어떠한 미디어 형태와도 결합될 수 있다.

9.6.3 MIDI 소프트웨어

Cakewalk Metro와 Cubase 같은 MIDI 시퀀싱 프로그램들은 비디오 편집 소프트웨어의 기능과 유사한 캡처 기능과 편집 기능을 제공한다. 이들은 서로 다른 음색에 할당된 여러 트랙들을 지원한다.

음악은 컴퓨터에 부착된 MIDI 제어기로부터 MIDI 인터페이스를 거쳐 재생될 때 캡처될 수 있다. 시퀀서는 연주자가 정확한 템포를 유지하도록 하기 위해 메트로놈의 똑딱거리는 소리를 발생시킬 수 있다. 테입 녹음기처럼 시퀀서를 사용하고 실시간으로 연주를 캡처하는 것이 일반적이지만, 때때로 MIDI 데이터는 하나의 음만 가질 수 있다.

시퀀서는 녹음하는 동안 정확히 16번째 음, 혹은 8번째 음인 셋잇단음표나 어떤 음표의 길이에 맞게 템포를 양자화한다. 이것은 율동적으로 느슨한 연주를 엄격한 템포로 만들게 한다. 결과적으로는 기계 같은 느낌을 주겠지만, 음악가들은 좀처럼 정확한 박자로 연주하지 않기 때문에, 음악의 일정한 스타일을 위해서는 바람직할 것이다.

대부분의 프로그램은 보표에 음과 다른 상징들(늘림이나 당김 등)을 사용하는 고전적 음악 기보법을 허용한다. 어떤 프로그램은 인쇄된 낱장 악보를 스캔하여 OCR을 통해 음악을 MIDI로 변형시킨다. 반대로, MIDI를 인쇄된 악보로 변환하여 자동으로 음악을 연주하는 것도 가능하다.

디지털 오디오는 많은 컴퓨터 자원을 요구하지만 MIDI는 그렇지 않다. 음악을 표현하는 이 두 가지 방식은 각각 서로 다른 소프트웨어를 사용했으며, 원래 분리되어 있었다. 컴퓨터의 발전으로 이 둘은 단일의 응용으로 통합되었으며, MIDI 트랙도 포함된 완전한 오디오를 얻게 되었다. MIDI는, 벡터 그래픽이 픽셀로 래스터되고 변형될 수 있는 것처럼, 오디오로 변형될 수 있다. 구현하는 것이 훨씬 더 어렵지만, 반대의 경우도 때때로 지원된다.

9.7 사운드와 화면의 결합

사운드는 비디오나 애니메이션 제작물의 일부분으로 빈번하게 사용된다. 사운드와 화면의 동기는 상당히 중요한 문제이다. 동기는, 사람이 말하는 화면과 사운드 트랙을 같이 내보내는 경우에 아주 명확하게 볼 수 있다. 만일 동기가 약간 벗어난다면, 그 결과는 약간 당황스럽겠지만, 많이 벗어났다면 그 결과는 아주 우스워질 것이다. 사운드와 화면이 연관된 경우, 시간 관계는 엄격히 유지되어야 한다.

동기를 위해서는 제때에 특정 시점을 지정하는 것이 필수적이다. 영화는 프레임으로 나뉘어져 있다. 이것은 시간을 지정하는 자연스런 수단을 제공한다. 비디오 테입은 물리적인 프레임을 가지고 있지 않지만, 타임코드를 비디오 테입에 쓸 수 있다. 오디오 테입도 유사하게 타임코드를 쓸 수 있으며, 이 코드는 오디오와 비디오 테입을 일치시키기 위해 사용될 수 있다.

그러나 사운드는 디지털 도메인에서조차 연속적이다. 디지털 사운드를 위해 사용되는 높은 샘플링률은 단일 샘플에 너무 짧은 시간 간격을 사용함을 의미한다. 사운드에 있어서, 타임코드에 의해 얻어진 프레임은 단지 유용한 픽션이다. 이 허구적인 분할은 디지털 오디오와 비디오를 동기시킬 때 계속해서 사용된다. 이것은 Final Cut Pro와 같은 비디오 편집 응용에서 사운드 트랙과 픽처 트랙을 같은 시간선에 둘 수 있게 한다.

오디오 트랙은 파형처럼 볼 수 있다. 사운드 트랙이 화면과 상관없이 만들어졌을 때, 사운드를 화면에 맞추는 것은 필수적이다. 말의 시작 음절을 확인하기 위해 파형을 봄으로써, 편집자는 사운드 트랙의 의미있는 포인트를 확인할 수 있다.

비디오 편집 프로그램에서 동기를 얻을 수 있다. 그러나 비디오와 사운드 트랙은 재생될 때 동기가 유지되어야 한다. 만일 사운드와 비디오가 물리적으로 독립적이라면(예를 들어, 분리된 네트워크로 전달될 때), 동기는 때때로 잃어버릴 수 있다. 비디오와 오디오가 로컬 하드디스크로부터 재생될 때는, 구성요소의 서로 다른 속도 때문에 보장될 수는 없지만, 동기가 더 수월하다.

연습문제

1. 식별할 수 있는 피치(pitch)를 가진 자연음의 예를 들어라.

2. '로우-파이(lo-fi)' 디지털 사운드의 샘플링 주파수는 왜 44.1 kHz를 정수로 나눈 값을 사용하는가?

3. 노래는 말과 음악의 특징을 모두 가지고 있다. 어떤 압축 알고리즘이 노래에 적합하다고 여겨지는가?

4. 야외 공간에서 녹음을 하면, 바람이 부는 소리를 마이크가 픽업하는 문제가 발생한다. 디지털화된 녹음으로부터 그와 같은 잡음을 제거하는 방법을 설명하라. 당신의 방법은 어느 정도 성공할 것으로 기대하는가? 바람의 잡음을 제거하기 위한 대안을 제시하라.

5. 4장의 벡터 그래픽의 앤티 앨리어싱은 충분하지 못한 샘플링률을 위한 해결 방법이다. 이 장에서는 불충분한 양자화 레벨로 인한 문제를 완화하기 위한 방법으로 디더링을 설명했다. 디더링은 적은 수로 샘플된 오디오의 질을 개선하는 데 명백하게 도움이 되는가? 디더링 사운드와 6장에서 설명한 디더링 컬러 사이에는 어떤 연관성이 있는가?

6. 어떻게 단일 악기의 스테레오 녹음에 'cross-fade'를 적용할 수 있는지 설명하라. (사운드가 점차적으로 사운드 스테이지의 왼쪽 끝에서부터 오른쪽 끝으로 이동하며 나타나도록.)

7. 레벨이 너무 높거나 낮게 디지털화된 사운드를 어떻게 교정할 수 있는가? 멀티미디어에서 극히 넓은 동적인 범위의 사운드를 어떻게 녹음할 수 있는가?

8. 디지털화된 사운드를 확장하거나 축소하는 데 제한이 있는가? 사운드의 어떤 측면이 그러한 제한에 영향을 주는가?

9. (a) 음량의 변화 없이 옥타브에 의해 피치가 증가하도록 사운드의 디지털 표현을 변경하는 과정을 설명하라. (옥타브에 의한 피치의 증가는 주파수를 두 배로 한 것과 같다.)

   (b) 옥타브에 의해 피치가 증가하도록 MIDI Note-on 메시지를 변경하는 과정을 설명하라.

10. 멀티미디어 제품에서, 사운드와 영상 사이의 동기화를 잃어버리게 하는 요인은 무엇이라고 생각하는가? 이러한 일이 일어나는 경우를 최소화하기 위한 방법은 무엇인가?

10

문자와 폰트
Characters and Fonts

10.1 문자집합
- 표준
- 유니코드와 ISO 10646

10.2 폰트
- 폰트 접근
- 폰트의 분류와 선택
- 폰트 용어
- 디지털 폰트 기술

텍스트는 이원적인 성질을 가지고 있다. 문자의 시각적인 표현과 그래픽적 요소가 그것이다. 또한 텍스트의 디지털 형식도 언어의 표현임에 틀림없다. 즉, 컴퓨터의 기억장치에 저장되어 있거나 네트워크를 통해 전송된 비트 패턴은 문어체의 기호와 연관이 있다. 저장된 텍스트를 표시하고자 할 때는 시각적인 면이 중요하다. 따라서 스크린이나 페이지 상에서 문자의 모양, 문자 간격, 라인의 배치, 문단과 텍스트의 분할과 같은 주제에 관심을 갖게 된다. 이러한 디스플레이 문제는 전통적으로 **활판인쇄(typography)** 기술과 관계가 있다. 지난 수세기 동안 누적된 활판인쇄 기술 대부분이 멀티미디어의 텍스트 요소를 디스플레이하는 데 적용될 수 있다.

이 장에서는 문어체의 기본 단위(문자들)가 어떻게 디지털 형식으로 표현되고, 디지털로 표현된 문자가 어떻게 디스플레이를 위해 시각적인 형태로 바뀔 수 있는지에 대해 알아본다. 멀티미디어 텍스트에서, 디지털 폰트가 어떻게 인쇄된 텍스트처럼 선명하게 보일 수 있는지를 설명할 것이다.

10.1 문자집합

텍스트의 이원적인 본질을 기억한다면, 어휘 **컨텐츠(lexical content)**와 **외형(appearance)**은 쉽게 구별할 수 있다. 컨텐츠는, 문자집합이 단어나 구두점 또는 다른 기호의 의미를 갖게 하는 것이다. 텍스트의 외형은 문자의 정확한 모양, 크기, 페이지나 스크린 상에서 컨텐츠를 정렬시키는 방법과 같은 시각적 속성을 가지고 있다. 예를 들면, 다음 두 문장의 컨텐츠는 동일하나 외형은 그렇지 않다.

```
The Right Hon was a tubby little chap who looked as if
he had been poured into his clothes and had forgotten
to say 'When!'
```

The **Right Hon** was a tubby little chap who looked as if he had been *poured* into his clothes and had forgotten to say 'When!'

외형과 컨텐츠의 구별은 생각하는 만큼 아주 명확하지는 않다. 그럼에도 불구하고, 외형과 컨텐츠의 구별은 텍스트가 가지고 있는 두 가지 성질을 분리하는 데 유용하다.

문자는 알파벳으로 그룹화된다. 특정 알파벳은 어떤 언어를 문서 형태로 나타내는 기초가 된다. 기호들의 어떤 집합도 알파벳이 될 수 있다. 이것은 중국어와 일본어에 사용되는 기호들과 같은 표의적인 기록체제에 사용되는 기호들의 집합도 포함되며, 각 문자는 서양 스타일의 알파벳 음성 문자뿐만 아니라 한글과 같은 중간 음절 알파벳도 있다. 문자 이외에 구두점, 숫자와 수학 기호도 알파벳에 포함시키고, 같은 문자의 대문자와 소문자를 다른 기호로 취급한다. 그러므로 영어 알파벳에는 문자 A, B, C, ... Z와 a, b, c, ... z가 포함된다. 또한 콤마와 느낌표 같은 구두점, 숫자 0, 1, ... 9 그리고 ＋와 ＝ 같은 공통 기호도 포함된다.

텍스트를 디지털 방식으로 표시하기 위해, 어떤 알파벳 문자와 컴퓨터 시스템에 저장된 값을 사상(mapping)시킬 필요가 있다. 우리가 저장할 수 있는 유일한 값은 비트 형태이다. 2장에서 설명한 바와 같이, 이것은 이진 정수로 해석될 수 있다. 따라서 문자를 정수로 사상시키는 문제가 된다. 사상은 각 문자가 정확하게 하나의 숫자와 연관되게 할 것이다. 수학적인 용도와 거의 관련이 없는, 이러한 연관을 **문자집합**(character set)이라 부르며 그 도메인(사상이 정의된 알파벳)은 **문자 레퍼토리**(character repertoire)라 부른다. 레퍼토리의 각 문자에 대해, 문자집합은 그 범위 내의 **코드값**(code value)을 정의하며, 이것은 때때로 **코드 포인트**(code point)의 집합이라 불린다. 영문 텍스트를 위한 문자집합에 대한 문자 레퍼토리는 대문자와 소문자의 알파벳 26문자뿐만 아니라 10개의 숫자와 일반적으로 사용되는 구두점들을 포함한다. 러시아어를 위한 문자집합의 문자 레퍼토리는 키릴 문자의 알파벳을 포함할 것이다. 두 문자집합 모두는 동일한 코드 포인트 집합을 사용할 수 있다. 즉, 코드 포인트 집합이 양쪽 문자집합에 동시에 사용되지 않는다면, 영어 알파벳의 문자는 키릴 문자의 알파벳 문자와 같은 코드값을 가질 수 있다. 일본어 칸지(Kanji)를 위한 문자 레퍼토리는 일반 용도의 1945개 표의문자와 일본 교육부에 의해 인정된 이름을 위한 166개를 포함하여 6000개 이상의 문자를 가진다. 따라서 칸지는 영어나 키릴 문자의 문자집합보다 훨씬 더 많은 개별 코드 포인트를 필요로 한다.

문자집합의 존재는 텍스트의 편집과 검색 같은 작업을 지원하는 데 적합하다. 왜냐하면, 문자집합은 코드값으로 문자를 저장하기 때문에, 정수를 비교하면 두 문자가 같은지를 알 수 있기 때문이다.

문자에 대해 완전히 임의로 숫자를 할당하는 대신, 체계적인 형태로 할당하는 것이 문자집합을 사용할 때 장점을 갖는다. 특히, 컴퓨터에 의해 쉽게 조작될 수 있는 비교적 적은 범위 내의 정수를 사용하는 것이 좋다. 또한 연속되는 문자의 코드값이 연속되는 숫자라면, 정렬과 같은 텍스트에 대한 동작을 단순화시킬 수 있다.

표 10.1 ASCII의 출력 가능 문자들

32		33	!
34	"	35	#
36	$	37	%
38	&	39	'
40	(	41	)
42	*	43	+
44	,	45	-
46	.	47	/
48	0	49	1
50	2	51	3
52	4	53	5
54	6	55	7
56	8	57	9
58	:	59	;
60	<	61	=
62	>	63	?
64	@	65	A
66	B	67	C
68	D	69	E
70	F	71	G
72	H	73	I
74	J	75	K
76	L	77	M
78	N	79	O
80	P	81	Q
82	R	83	S
84	T	85	U
86	V	87	W
88	X	89	Y
90	Z	91	[
92	\	93	]
94	^	95	_
96	`	97	a
98	b	99	c
100	d	101	e
102	f	103	g
104	h	105	i
106	j	107	k
108	l	109	m
110	n	111	o
112	p	113	q
114	r	115	s
116	t	117	u
118	v	119	w
120	x	121	y
122	z	123	{
124	|	125	}
126	~		

10.1.1 표준

문자집합과 관련한 매우 중요한 고려사항이 표준화이다. 서로 다른 컴퓨터 사이에서 텍스트를 전송하고, 제조사가 다른 주변장치를 인터페이스시키고, 네트워크를 통해 의사를 소통하는 것은 일상적인 일이다. 따라서 매번 다른 제조업자의 문자 코드를 변환해야 하는 일은 수용하기 힘들며 표준의 문자 코드가 필요하다.

불행히도, 표준화는 결코 단순한 업무가 아니며, 문자 코드에 관한 상황은 여전히 불만족스러운 채로 남아 있다.

ASCII(American Standard Code for Information Interchange)는 1970년대 이후 가장 널리 쓰이는 문자집합이다. 각 코드값을 저장하는 데 7비트를 사용하기 때문에, 총 128개의 코드 포인트가 있다. 그러나 ASCII의 문자 레퍼토리는 단지 95개 문자로 구성된다. 0에서 31까지와 127은 폼 피드, 캐리지 리턴, 삭제와 같은 제어 문자(control character)에 할당된다. 제어 문자는 전통적으로 텔레타이프 장치의 동작을 제어하기 위해 사용되었다. 제어 문자 대부분은, 이제는 더 이상 어떤 유용한 의미도 갖지 않지만, 다른 목적을 위해 응용프로그램에서 종종 사용된다. 표 10.1은 ASCII 문자집합을 보여준다. (코드값이 32인 문자는 스페이스이다.)

더 넓은 범위의 언어를 지원하기 위한 시도는, 1972년 ASCII가 ISO 표준(ISO 646)으로서 채택되면서 시작되었다. 예를 들어, 악센트가 붙은 일부 문자와 국가별 통화 기호를 수용하기 위해, ISO 646은 미국에서 사용된 ASCII 버전에 몇몇 국가의 변형을 추가했다.

어떤 나라에서 만든 파일을 다른 나라로 전송할 때, ISO 646의 다른 변형이 설치된 컴퓨터에서 읽혀지면, 일부 문자들은 정확하게 표시되지 않을 것이다. 예를 들어, 영국의 사용자 컴퓨터가 ISO 646의 UK 변형을 사용한다면, 미국에서 타이프된 해시 문자(#)는 영국에서는 파운드 기호(£)로 표시될 것이다.

7비트 ISO 646 문자집합의 국가별 변형보다 더 좋은 해결책은 더 많은 코드 포인트를 가진 문자집합을 제공하는 것이다. 코드 포인트 집합을 두 배로 만드는 것은 쉽다. ASCII 문자의 7비트를 8비트 바이트에 저장할 때, 초기에는 여분의 비트를 오류 검출을 위한 패리티 비트로 사용했다. 데이터 전송이 더욱 신뢰성 있고 오류 검출을 위한 높은 수준의 프로토콜이 내장됨에 따라, 이 비트를 패리티 비트로 사용하는 대신, 8비트로 문자를 표현하는데 이용하게 되었다.

각 제조사들은 ASCII와 호환되지 않는 8비트 확장을 개발했다. 이들의 일반적인 특징은, 하위 절반(코드 포인트 0–127)은 ASCII와 일치했으며 상위 절반(코드 포인트 128–255)은 악센트가 붙은 문자나 여분의 구두점 및 수학 기호에 사용했다. 256개의 값은 사용 중인 모든 알파벳에 필요한 문자를 수용하기에 충분하지 않기 때문에, 각 8비트 문자 코드는 다른 변형을 가졌다. 예를 들면, 하나는 서유럽 언어를 위한 것이고 다른 하나는 키릴 문자의 스크립트를 사용한 문어체를 위한 것이었다.[1]

분명히, 8비트 문자집합의 표준화가 필요했다. 1980년대에는 여러 부분으로 된 ISO 8859 표준이 만들어졌다. 규격의 첫 번째 파트 ISO 8859-1은 ISO Latin1로 보통 불리며, 서유럽 언어 대부분을 포함한다.

ISO 8859의 다른 파트는 체코어, 슬로바키아어와 크로아티아어(ISO 8859-2 또는 Latin2)를 포함하는 동유럽의 언어, 키릴 문자의 알파벳(ISO 8859-5), 그리스어(ISO 8859-7), 옛 히브리어(ISO 8859-8) 및 기타 언어를 위해 설계되었다. ISO 8859에는 모두 10개의 파트가 있다. 특히 ISO Latin0은 유로 통화 기호를 포함한다.

ISO 8859는 몇 개의 단점을 가지고 있었다. 최악의 경우는 제조사의 독자적인 비표준 문자집합이 계속 사용되는 것이었다. 중요한 문제는, 256개는 충분한 코드 포인트가 아니라는 것이다. 기본 알파벳을 표현하기에 충분하지 않고, 한번에 여러 언어로 작업하기에 충분하지 않기 때문이다.

10.1.2 유니코드와 ISO 10646

가능한 유일한 해결책은 각 코드값을 위해 1바이트 이상을 사용하는 것이다. 16비트 문자집합은 65,536 코드 포인트를 가지며, 동시에 8비트 문자집합의 256가지 변형을 수용할 수 있다. 마찬가지로, 24비트 문자집합은 256개의 16비트 문자집합을 수용할 수 있다. 그리고 32비트 문자집합은 24비트 문자집합 256개를 수용할 수 있다. ISO(IEC와 함께)는 ISO 10646으로 지정된 32비트 문자집합을 개발하기 시작하였다. ISO 10646은 앞의 설명에서처럼, 2^{32} 문자의 집합은 256개의 그룹으로 구성된 하이퍼큐브(4-차원의 큐브)로 배열될 수 있다. 이 그룹들 각각은 256개의 행을 갖는 256개의 면으로 구성된다. 각 행은 256개의 문자로 이루어진다. (256개의 문자는 8비트 문자집합의 문자 레퍼토리이다.) 이것의 목적은 언어학적인 방법으로, 면 사이에 분산된 알파벳을 가진 32비트 문자집합을 이용하여, 거대한 문자 레퍼토리를 구성하는 것이었다. 결과적으로 문자집합은 명백한 논리 구조를 가질 것이다. 각 문자는 그룹 g, 면 p, 행 r 및 열 c를 지정하여 구별될 수 있다(그림

---

[1] MS-DOS와 윈도우즈에서는 이것들을 코드 페이지(code page)라고 부른다.

표 10.2 ISO Latin1 문자집합의 일부

160		161	¡
162	¢	163	£
164	¤	165	¥
166	¦	167	§
168	¨	169	©
170	ª	171	«
172	¬	173	-
174	®	175	¯
176	°	177	±
178	²	179	³
180	´	181	µ
182	¶	183	·
184	¸	185	¹
186	º	187	»
188	¼	189	½
190	¾	191	¿
192	À	193	Á
194	Â	195	Ã
196	Ä	197	Å
198	Æ	199	Ç
200	È	201	É
202	Ê	203	Ë
204	Ì	205	Í
206	Î	207	Ï
208	Ð	209	Ñ
210	Ò	211	Ó
212	Ô	213	Õ
214	Ö	215	×
216	Ø	217	Ù
218	Ú	219	Û
220	Ü	221	Ý
222	Þ	223	ß
224	à	225	á
226	â	227	ã
228	ä	229	å
230	æ	231	ç
232	è	233	é
234	ê	235	ë
236	ì	237	í
238	î	239	ï
240	ð	241	ñ
242	ò	243	ó
244	ô	245	õ
246	ö	247	÷
248	ø	249	ù
250	ú	251	û
252	ü	253	ý
254	þ	255	ÿ

10.1 참조). *g*, *p*, *r*, *c* 각각은 1바이트에 딱 맞는 8비트이다. 따라서 4바이트는 문자를 유일하게 구별한다. 그러므로 임의 문자를 위한 코드값은 하이퍼큐브 내에서 그 위치를 지정하는 32비트 값이 된다.

명백한 문자집합의 구조를 만들기 위해서, 일반적으로 4요소 (*g*, *p*, *r*, *c*)로 코드 포인트를 나타낸다. 또한 4요소는 0–255 범위 내에 있는 모든 값을 나타내기 위해 *를 이용하여 문자집합의 부분집합을 구별한다. 그러므로 (0, 0, 0, *)는 최하위 바이트가 0인 모든 부분집합을 나타낸다. ISO 10646에서, 이 부분집합은 ISO Latin1과 일치한다.

ISO가 문자집합을 위한 정밀한 프레임워크를 개발하는 것과 동시에, 산업협회는 유니코드(Unicode)로 알려진 16비트 문자집합을 만들고 있었다. 위에서 언급한 대로, 16비트 문자집합은 65,536 코드 포인트를 가진다. 이것은 중국어, 일본어, 한국어 스크립트를 위해 필요한 모든 표의문자를 수용하기에 충분하지 않다. 유니코드위원회는 CJK 합체(CJK consolidation)[2]라 불리는 처리 과정을 채택했다. 즉, 중국어, 일본어, 한국어에서 동일하게 보이는 문자는 서로 다른 언어로 같은 내용을 의미하는 것과 상관없이 같은 코드값을 갖게 한 것이다.

유니코드는 현대의 '주요한' 언어뿐만 아니라, 고전적인 언어를 위한 모든 문자의 코드값을 제공한다. 이용 가능한 알파벳은 중국, 일본, 한국의 표의문자뿐만 아니라 라틴어, 그리스어, 키릴 문자, 아르메니아어, 옛 히브리어, 아라비아어, 드바나가리어(Devanagari), 벵골어, 구르무키어(Gurmukhi), 구자라티어(Gujarati), 오리야어(Oriya), 타밀어, 텔루구어(Telugu), 칸나다어(Kannada), 말레이어, 타이어, 라오어(Lao)와 티벳어를 포함한다. 그리고 일본어와 한국어의 음성 스크립트와 음절 스크립트도 포함한다. 또한 구두 기호, 기술적이고 수학적인 기호, 화살표 및 기타 기호(지시하는 손, 별 등)도 포함한다. 많은 알파벳에 악센트 기호를 붙이는 악센트(accent)와 틸드(tilde) 같은 별개의 구별 기호가 사용 가능하다. 그리고 이러한 구별 기호들을 다른 기호들과 결합하여 복잡한 문자를 형성하는 기법이 제공된다. 거의 39,000개의 기호에 대한 부호값이 제공되고, 일부 코드 포인트는 사용하지 않고 남겨두었다. 유니코드와 ISO 10646은 1991년에 통합되었다.

인코딩은 매핑의 또 다른 단계이다. 인코딩은 저장과 전송을 위해 코드값을 바이트 열로 바꾼다. 각 코드값이 정확하게 1바이트를 차지한다면, 단 하나의 의미있는 인코닝이 그대로 매핑될 것이며, 각 코드값은 하나의 바이트 그 자체로 저장되거나 전송된다. 7비트 ASCII가 오랫동안 널리 쓰인 문자

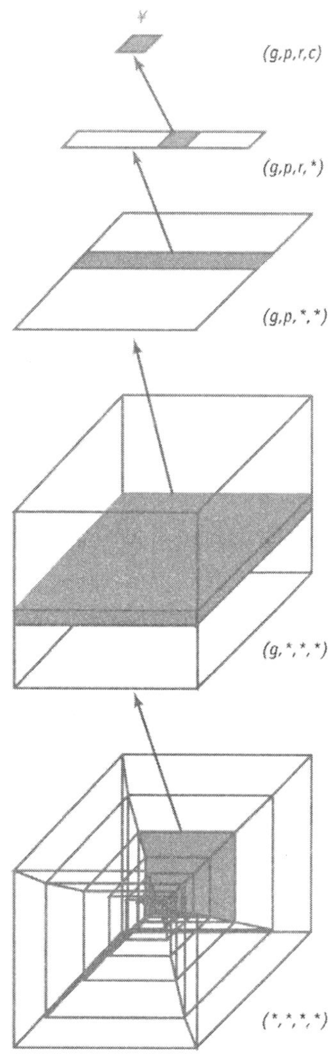

그림 10.1 4차원 구조의 ISO 10646

---

[2] 어떤 문서에서는 'Han unification' 이름을 대신 사용한다.

코드였기 때문에, 모든 문자 데이터가 ASCII라고 가정하여, 8비트 바이트의 최상위 비트를 제거하는 네트워크 프로토콜이 있다. 이러한 한계를 극복하려면, 8비트 문자를 7비트 문자로 인코딩할 필요가 있을 것이다. 이러한 목적을 위해 사용된 인코딩을 Quoted-Printable(QP)이라 부른다. 이것은 아주 간단하다. 128–255 범위 내의 코드를 가진 문자는 어떤 것이라도 세 바이트 열로 인코딩된다. 처음은 항상 =에 대한 ASCII 코드이며, 남아 있는 두 개는 코드값의 16진수이다. 예를 들어, é는 ISO Latin1로는 233값을 가지며, 16진수로는 E9값을 가진다. 그러므로 é를 QP로 인코딩하면 ASCII 문자열 =E9가 된다. 중요한 예외는 = 자체인데, 이것도 인코딩되어야 한다. 그렇지 않으면, 다른 문자를 인코딩하는 첫 번째 바이트로 간주되기 때문이다. 그러므로 =는 =3D로 나타낸다.

바이트 열을 정확하게 해석하기 위해서는 어떤 인코딩과 문자집합이 사용되었는지를 알아야만 한다. 대부분의 시스템은, 모든 텍스트가 ISO Latin1로 인코딩되었다고 가정하여 해석한다. 더 유연한 처리법은 2장에서 소개했던 MIME의 타입 지정을 사용하는 것이다. 다음과 같이 타입과 서브타입, 문자집합을 지정할 수 있다.

> ; charset = *character set*

'공식적인' 문자집합 이름은 IANA에 의해 관리된다. 예를 들면, ISO Latin1로 만들어진 웹 페이지의 타입은 다음과 같다.

> text/html; charset = ISO-8859-1

이 정보는 HTTP 응답 헤더와 MIME으로 인코딩된 이메일 메시지에 포함되어야 한다. 또한 11장에서 설명하겠지만, 마크업 언어에서 적합한 태그를 사용하여 지정할 수 있다.

UCS-4로 알려진 ISO 10646의 명확한 인코딩 기법은 각 코드값을 저장하기 위해 4바이트를 사용한다. BMP(Basic Multilingual Plane)의 모든 값은 상위 두 바이트가 0으로 설정되는데, 네트워크 상에서 전송되거나 컴퓨터 시스템에서 사용되는 대부분의 문자가 BMP에 있을 것이므로, UCS-4 인코딩은 공간을 낭비하게 된다. 그러므로 ISO 10646은 다른 인코딩 방안인 UCS-2를 지원한다. UCS-2는 상위 두 바이트를 없앤 것이다. UCS-2는 유니코드와 동일하다.

유니코드 인코딩은 더 나아가, 유니코드의 코드값에 적용될 수 있는 세 개의 UCS 변환 형식(UTFs: UCS Transformation Format)을 가지고 있다. UTF-8은 한 단계 더 발전한 32비트 값을 적용한 것이다. ASCII 코드값은, 대부분의 텍스트에서, 다른 어떤 값보다 가장 일반적으로 사용되고 있다. 따라서 UTF-8은 UCS-2 값을 인코딩하는데, 만일 그 상위 바이트가 영이고 하위 바이트가 128보다 작다면, 그 값은 하나의 하위 바이트로 인코딩된다. 즉, ASCII 문자는 그대로 보내진다. 그렇지 않으면, UCS-2 값의 두 바이트는 최고 6바이트까지 사용하여 인코딩된다. 이것이 ASCII 문자가 아니라 부호화된 스트링의 일부임을 나타내기 위해서, 각 바이트의 최상위 비트를 1로 설정한다. UTF-8로 인코딩된 텍스트는 8비트 바이트의 스트링이므로, 단지 ASCII만을 처리할 수 있는 프로토콜에는 취약하다. UTF-7은 QP와 비슷한 기법을 사용하는 인코딩 방식으로, 유니코드 문자를 순수한 ASCII 텍스트의 스트림으로 바꾸어 안전하게 전송할 수 있다.

UTF-16 인코딩은 다른 점을 강조한다. 이것은 16비트 값 한 쌍을 단일 32비트 값으로 결합하여 유니코드의 레퍼토리를 확장한다. 제한된 범위 내의 값만 이러한 방법으로 조합될 수 있으며, UTF-16만이 완전한 ISO 10646 문자집합의 15개 면에 추가적으로 더 접근할 수 있다. 이것은 UTF-16에서 거의 백만 개 문자에 해당하며 현재로서는 충분한 것처럼 보인다.

요약하면, ISO 10646은 32비트 문자 코드이며, 256개의 그룹으로 배열되어 있다. 각 그룹은 256개의 면으로 구성되고, 각 면은 65,536 문자를 수용한다. UCS-4 부호화는 모든 문자에 대해 완전한 32비트 코드값을 갖기 위해 4바이트를 사용한다. UCS-2 부호화는 (0, 0, *, *) 면 상의 문자에 대한 16비트 값을 갖기 위해, 단지 2바이트만 사용한다. UCS-2는 유니코드와 동일하다. ISO Latin1은 ISO 10646의 (0, 0, 0, *) 행과 동일한 8비트 코드이며, ASCII는 ISO Latin1의 부분집합이다. UTF-8은 어떠한 ISO 10646 값이나 유니코드 값도 8비트의 바이트 열로 부호화할 수 있으며, ASCII 값은 한 바이트 길이이며 값이 변화하지 않는다. UTF-16은 유니코드의 완전한 ISO 10646 문자집합에 대해 추가적으로 15개 면에 더 접근할 수 있는 확장된 기법이다.

11장과 14장에서 설명한 마크업 언어 HTML과 XML, 그리고 자바 프로그래밍 언어는 문자집합으로 유니코드를 사용한다. 이것이 운영체제의 고유한 문자집합으로 채택되면, 영어의 ASCII 레퍼토리 이외의 다른 문자를 사용하는 텍스트를 전송하는 일이 상당히 쉬워진다.

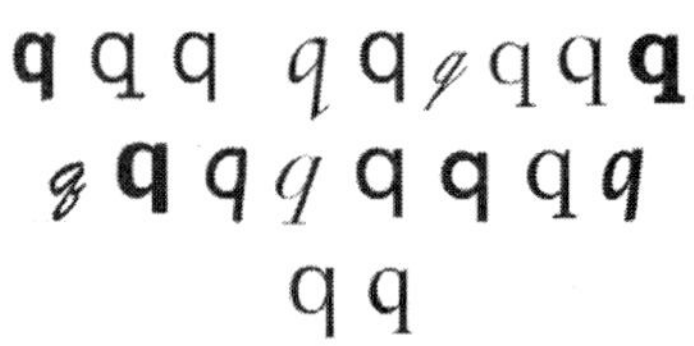

10.2 폰트

그림 10.2 소문자 q에 대한 글리프

텍스트를 표시하려면, 저장된 각 문자값이 문자 형태의 시각적 표현과 매핑되어야 한다. 이러한 표현을 글리프(glyph)라 부른다. 그림 10.2에서 보는 바와 같이, 하나의 문자는 다수의 서로 다른 글리프로 표현될 수 있다. 표현할 문자의 기본적인 형태를 파괴하지 않고 세부 형태가 변경될 수 있다. 그림 10.2의 모든 글리프를 소문자 q로 인식할 수 있다. 이 그림이 설명하는 외형의 변화 외에도, 글리프는 작은 첨자에서 1인치 이상의 큰 표제까지 크기가 변할 수 있다. 만일 글리프를 체계적으로 사용하려면, 글리프의 구성을 조직적으로 만들 필요가 있다.

글리프는 **폰트**(font)의 모임으로 구성된다. 이 이름은 전통적인 인쇄술에서 따온 것이다. 활판인쇄 기법에서 한 페이지는 개별 활자로 조합된다. 이 문맥에서, 폰트는 활자의 모임이다. 활자는 필요한 크기별로 각 문자에 대해 다양한 형태가 있다. 특별한 폰트의 외형은 활판 디자이너가 만든 마스터로 만들어진다.

활판인쇄는 기계적인 융해금속 기술로 바뀌었다가 지금은 디지털 조판으로 대체되었다. 이와 같은 기술적인 변화 속에서도 폰트의 개념은 그대로 유지되었다. 맨 처음에는 조판 기계를 위한 문자를 만들기 위해서 뜨거운 납을 쏟아 붓는 거푸집으로 발전되었다. 그 다음에는 글리프의 도형을 기술하는 컴퓨터 파일로 발전되었다. 폰트가 글리프의 집합을 조합한다는 생각은 변하지 않았다. 사실, 오늘날 컴퓨터 상에서 사용할 수 있는 대부분의 폰트는 전통적인 조판기 폰트의 변형이다. 이러한 폰트 변형들의 일부는 15세기 때부터의 원형 디자인에 기초한 것이다.

10.2.1 폰트 접근

텍스트는 문자 코드의 스트림이다. 이것을 디스플레이할 수 있도록 형식을 바꾸기 위해서는 하나 이상의 폰트에서 선택된 글리프로 문자 코드가 교체되어야만 한다. 일단 교체가 된 후에는, 텍스트의 내용(문자 코드들)은 소실되고 검색이 어렵게 된다. 본질적으로, 텍스트는 그래픽으로 바뀌어 쉽게 검색되거나 편집될 수 없다. 게다가, 문자 코드의 스트림이 동일한 텍스트를 표현하고 있는 이미지보다 훨씬 치밀하기 때문에 글리프에 의한 문자 코드의 치환은 텍스트의 크기 또한 증가시킨다.

이러한 점을 고려하여, 텍스트는 문자-기반 형식을 유지하고, 단지 실제로 디스플레이될 때 또는 그래픽 이미지와 결합할 때만 글리프를 사용하는 것이 일반적이다. 가장 단순한 경우가 **모노스타일** 텍스트이며, 텍스트는 단일 폰트로 표시된다.

모노스타일 텍스트는 멀티미디어 제작에 적절하지 않으며, 멀티미디어 제작에는 일반적으로 더 풍부한 인쇄 상의 경험이 필요하다. 문자 코드를 위한 글리프를 선택하는 원리는 동일하지만, 폰트 선택을 제어하기 위한 추가 정보가 필요하다. 이 정보가 갖는 다양한 형식은 11장에서 기술할 것이다. 여기서 한 가지 의문점은 폰트를 어디에서 찾을 것인가이다.

여기에는 단지 두 가지의 가능성만 있다. 글리프는 텍스트를 표시하기 위해 사용되는 시스템에 저장된 폰트로부터, 또는 텍스트 파일에 내장된 폰트로부터 얻어져야만 한다. 후자의 경우, 폰트는 원래 텍스트를 준비하기 위해 사용된 시스템 상에 저장되어야만 하고, 이것이 이러한 접근법이 갖는 가장 중요한 장점이다. 왜냐하면, 폰트가 텍스트와 같은 파일에 내장되어 있기 때문이다. 만일 그렇지 않으면, 사용자 시스템에 있는 폰트만 이용할 수 있다. 그러므로 텍스트에 의해 요구된 임의의 폰트를 이용하지 못할 수도 있다.

다음으로, 텍스트 파일 내에 폰트를 내장시키는 것을 왜 선호하지 않을까? 유력한 한 가지 이유는 모든 텍스트 파일 형식이 그렇게 할 수 없다는 것이다. 특히, 웹 페이지의 본문 요소를 표시하기 위해 CSS 스타일시트로 사용하기 원하는 폰트를 지정할 수 있지만, HTML은 폰트를 내장하기 위한 어떤 기능도 갖지 않는다. 사용자 시스템에 있는 폰트에 의존하는 것을 좋아하는 다른 이유는 폰트의 크기가 상당히 크기 때문이다. 예를 들어, 이 책에서 사용된 폰트들은 대략 32 KB와 50 KB 사이의 크기로 다양하다.

만일 어떤 폰트를 이용할 수 없으면, 바람직하지 않은 다양한 결과가 발생할 수 있다. 극단적으로, 시스템 충돌이라는 결과를 가져올지 모른다. 더욱이, 존재하지 않는 폰트의 텍스트는 표시되지 않거나 또는 다른 임의의 폰트로 대체되어 표시될 것이다. 마지막 경우는 덜 심각하지만 가장 흔하다. 그러나 이것은 이상적인 것은 아니다. 그 자리를 다른 것으로 대체하는 것은 주의깊게 생각해 낸 디자인을 심하게 손상시킬 수 있다. 게다가, 대체된 폰트에서 글리프의 넓이는 계획된 폰트에서의 것과 상당히 다를 것이다. 그러므로 페이지 상에서 개개의 글리프의 위치는 부정확하게 될 것이다.

10.2.2 폰트의 분류와 선택

이용할 수 있는 수천 개의 폰트가 있고, 각 폰트는 자신만의 특별한 개성이 있다. 주요한 특성이 폰트를 분류하는 데 이용된다.

주된 구분은 단일공간(monospaced 또는 고정폭(fixed-width)) 폰트와 비례(proportional) 폰트이다. 단일공간 폰트에서, 각 문자들은 그 외형과 상관없이 동일한 크기의 수평공간을 차지한다. 이것은 어떤 문자들은 다른 문자들에 비해 그 주변에 더 많은 공백을 갖는다는 것을 의미한다. 예를 들어, 소문자 m과 같은 넓이로 소문자 l을 만들면 소문자 l의 꼬리표 모양이 공백을 둘러싸야 한다. 대조적으로, 비례 폰트에서는 각 문자가 차지하는 공백은 문자 외형의 넓이에 의해 좌우된다. 역설적으로, 이것은 더 균일한 외형을 만드는데, 이것이 일반적으로 문맥을 읽기가 더 쉽다고 느끼게 한다. 단일공간 폰트의 텍스트는 마치 타자기나 텔레타이프에서 만들어진 것처럼 보인다. 이것은 때때로 타이틀에 효과적으로 사용될 수 있으며, 특히 컴퓨터 프로그램 리스트를 만들 때 어울린다. 비례 폰트의 텍스트는 전통적인 책에서 볼 수 있으며, 보통 긴 텍스트에 선호된다. 이것은 일반적으로 가독성이 더 좋다고 느끼게 한다. 왜냐하면, 문자들이 서로 단단히 결속되어 단어로 보이기 때문이다. 그림 10.3과 10.4는 단일공간 폰트와 비례 폰트의 차이를 설명한다.

아마도 가장 널리 사용되고 있는 단일공간 폰트는 커리어(Courier)일 것이다. 원래 이 폰트는 IBM 타자기를 위해 설계되었다. 커리어는 모든 포스트스크립트 인쇄기와 함께 표준으로 선택된 폰트 중의 하나이기 때문에 널리 보급되었다. 많은 비례 폰트도 널리 사용된다. Times, Baskerville, Bembo, Garamond와 Helvetica 같은 새로운 폰트들도 비례 폰트이다.

또 다른 매우 널리 쓰이는 구분은 serif 폰트와 sans serif(때로 sanserif라고도 한다) 폰트이다. 세리프(serif)는 문자 외형의 끝에 추가된 획이다. (그림 10.5 참조). 이러한 획은 세리프 폰트에는 있지만 상세리프(sans serif) 폰트에는 없다. 결과적으로 더 명백하게 보인다. 세리프는 로마의 돌 비문 위에 조각한 표시에서 비롯되었다. 따라서 세리프 폰트는 때때로 로마체(Roman)로 불린다. 그림 10.6은 Officina Sans 폰트로 된 텍스트의 일부를 나타낸다.

상세리프 폰트는 인쇄 발달 과정에서 볼 때 비교적 새로운 것으로, 19세기에는 상당히 그로테스크한 광고와 포스터를 위해 사용된 조악한 디자인이었다. 20세기에 와서 상세리프 폰트가 책에 사용될 수 있을 만큼 더 우아하고 정교한 디자인을 갖게 되었다. 가장 많이 알려진 상세리프 폰트는 Helvetica이다. Helvetica는 PostScript 폰트 중의 하나이다. 다른 상세리프

Sans Serif Font: Officina
Sans

The letters of a sans
serif (or sanserif) font
lack the tiny strokes
known as serifs, hence
the name. They have a
plain, perhaps utilitarian,
appearance.

그림 10.6 상세리프 폰트

Monospaced Font:
Courier

Each letter
occupies the
same amount of
horizontal space,
so that the text
looks as if it
was typed on a
typewriter.

그림 10.3 단일공간 폰트

Proportional Font:
Giovanni

Each letter occupies an
amount of horizontal
space proportional to
the width of the glyph,
so that the text looks
as if it was printed in a
book.

그림 10.4 비례공간 폰트

그림 10.5 세리프

Italic Font: Giovanni Italic

The letters of an italic font slope to the right, and are formed as if they were made with an italic pen nib. Italics are conventionally used for emphasis, and for identifying foreign words and expressions.

그림 10.7 이탤릭 폰트

Slanted Font: Lucida Bright Oblique

The letters of a slanted font share the rightward slope of italic fonts, but lack their calligraphic quality. Slanted fonts are sometimes used when a suitable italic font is not available, but may be preferred to italics when a more modern look is wanted.

그림 10.8 경사진 폰트

Calligraphic Font: Apple Chancery

Calligraphic fonts usually resemble 'round hand' or 'copperplate' handwriting, unlike italic fonts.

그림 10.9 서체 폰트

폰트로는 Univers와 Arial(후자는 마이크로소프트에 의해 유명해졌다)이 있다. 매우 인기있는 또 다른 상세리프 폰트인 Gill Sans는 런던 지하철 차량에 표기하기 위해 사용된 폰트이다. 이것은 상세리프 타입에 대한 많은 관심을 불러 일으켰다.

더 가독성이 있는 것이 세리프 폰트인지 상세리프 폰트인지는 명확하지 않다. 세리프는 매우 작다는 특징이 있다. 그러므로 저해상도에서 정확히 렌더링하기가 어렵다. 이것은 세리프 폰트의 텍스트를 컴퓨터 스크린 상에서 읽기가 어렵다는 것을 의미한다. 이러한 이유로 상세리프 폰트는 윈도우 타이틀과 메뉴 엔트리에 널리 사용되고 있다.

폰트의 세 번째 분류는 **외형(shape)**에 따른 것이다. 특히, 수직의 외형을 가진 폰트와 **이탤릭(italic)** 외형을 가진 폰트로 구별한다. 이탤릭 폰트는 오른쪽으로 경사진 문자를 가진다. 부가적으로, 이탤릭 폰트의 문자 외형은 수직 폰트의 문자 외형과 다르게 형성된다. 그림 10.7과 10.8에서 그 차이를 설명한다. 이것은 수직 폰트에 대한 이탤릭 변형과 경사진 변형을 보여준다.

대부분의 이탤릭 폰트는 수직 폰트의 상대적인 변형으로 디자인된다. 예를 들면, Giovanni Italic은 Giovanni Book의 이탤릭체 변형이다. 그러나 독자적으로 디자인된 이탤릭체 외형을 가진 일부 폰트가 있다. 가장 잘 알려진 서체 폰트에는 Zapf Chancery를 포함한 Chancery의 여러 변형이 있다. 그림 10.9와 10.10은 서체(calligraphic) 폰트와 육필(handwriting) 폰트의 실례이다.

끝으로, 폰트는 **무게(weight)**, 즉 문자를 구성하고 있는 자획의 두께에 따라 분류될 수 있다. 더 두꺼운 자획은 텍스트를 더 어둡고 단단하게 보이게 한다. 관례적으로, 무거운 무게(두꺼운 자획)를 가진 폰트를 **볼드체(boldface)** 또는 단순히 **볼드(bold)**라 부른다.

수직 폰트의 이탤릭체 변형 또는 볼드 변형이 있기 때문에, 폰트는 패밀리(family)로 분류될 수 있다. 폰트 패밀리는 전통적으로 **활자체(typeface)**라 불리는 것과 밀접한 관련이 있다. 폰트는 활자체의 특별한 스타일이다. 활판 인쇄 때는 각각의 다른 크기를 별개의 폰트로 간주했지만, 요즈음 디지털 인쇄에서는 같은 폰트를 다른 크기로 표현할 수 있다고 여긴다.

타입을 분류하기 위해 사용될 수 있는 간격, 세리프, 외형, 무게, 크기와 같은 객관적인 요소뿐만 아니라, 작업에 가장 잘 어울리는 폰트를 기준으로 하는 더 주관적인 분류가 있다. 기본적인 구별은 **텍스트 폰트(text font)**와 **디스플레이 폰트(display font)**이다. 모든 폰트가 텍스트를 위해 사용되기 때문에 용어가 다소 어색하지만, 책이나 기사의 본문과 같은 연속되는 텍스트에 어울리는 폰트는 텍스트 폰트이며, 타이틀, 사인 또는 포스터 상의 광고 슬로

건과 같은 짧은 분리된 텍스트에 어울리는 폰트는 디스플레이 폰트이다.

앞에서 기술한 대부분의 폰트는 라틴 알파벳 문자에 치중되었다. 그러나 이러한 문자들보다 더 많은 문자가 사용되고 있으며, 큰 문자 레퍼토리의 문자집합에 코드값을 제공해야 하는 것과 마찬가지로, 글리프를 제공하기 위해 폰트가 필요하다. 사실, 문자집합을 추상 문자에서 코드 포인트로 사상하는 것과 같이, 폰트는 추상 문자를 글리프로 사상하는 것으로 생각할 수 있다. 문자집합과 마찬가지로, 폰트는 단지 특정 문자 레퍼토리를 위해 정의된다. 폰트의 레퍼토리 대부분은 구두점과 추가적인 기호와 함께 알파벳에 있는 문자들로 구성된다.

10.2.3 폰트 용어

활판 인쇄는 특수한 용어를 가지고 있다. 폰트 중 그에 대한 설명을 찾으려면, 이 용어의 일부를 이해해야 한다.

폰트의 특성에 대한 많은 설명은 수치로 주어진다. 디지털 인쇄에서, 1포인트는 1/72인치로 0.3528 mm이다. 포인트(pt)는 작은 물체의 치수를 측정하기에 적합한 매우 작은 단위이다. 텍스트의 행 간 거리와 같은 약간 더 큰 숫자를 위해, 종종 pica(pc)를 사용한다. 1 pica는 12 pt와 같다. (또는 1/6 inch 또는 4.2333 mm와 같다.)

폰트 크기는 '12pt Times Roman' 또는 '10pt Lucida Sans'와 같이 포인트(point)로 표시된다. 이렇게 지정된 값은 기술적으로 폰트의 **몸체 크기**(body size)이다.

보통의 텍스트에서, 모든 문자는 같은 수평선 위에 위치하도록 문자들이 배열된다. 이것은 괘지에 글을 쓸 때, 모든 문자가 같은 줄 위에 놓이게 하는 것과 마찬가지이다. 이 선을 기준선(baseline)이라고 하며, 다음 기준선과의 간격을 **리딩**(leading)[3]이라고 한다. 폰트의 중요한 수치는 기준선과 소문자 x의 상단부까지의 높이이며, 이 값을 폰트의 **x-높이**(x-height)라 부른다. 대부분의 소문자 몸체는 기준선과 x-높이 사이에 들어간다. h와 같은 일부 소문자들은 x-높이 이상의 자획을 갖고 있으며, 이를 **어센더**(ascender)라 한다. 마찬가지로, y와 같은 문자는 기준선 아래까지 확장되며, 확장되는 자획은 디센더(descender)라 한다. 이와 같은 용어는 그림 10.13에서 설명하고 있다. 때때로 가장 큰 어센더의 크기를 폰트의 **최상부**(ascent)라 하고, 가장 아래로 내려가는 수치를 폰트의 **최하부**(descent)라 한다.

---

[3] 활자 인쇄에서 라인 사이에 얇은 납선을 삽입하던 것에서 유래된 이름이다. 'leading'은 'heading'과 운을 맞춘다.

Handwriting Font: Kidprint

Handwriting fonts are based on samples of real people's handwriting, so they are often quite idiosyncratic.

그림 10.10 육필 폰트

Fantasy Font: Jokerman

Fantasy fonts defy characterization, and often break all the rules. They are easily over-used.

그림 10.11 판타지 폰트

Text in Lucida Bright goes well with *Lucida italic and **demibold italic*** but looks quite wrong with Slimbach.

그림 10.12 다른 패밀리로 혼합한 폰트

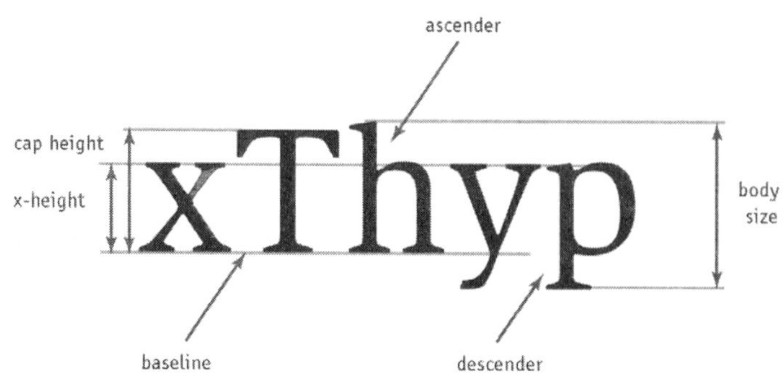

그림 10.13 몇 가지 폰트 용어

다수의 폰트에서, 대문자는 어센더의 최대 높이까지 확장되지 않는다. 따라서 또 다른 수치인 **대문자 높이**(cap height)가 필요하다. 그림 10.13에서 보는 대문자의 높이는 대문자의 수직 범위를 결정한다. (영문 텍스트에서, 'Th' 조합이 문장의 처음에 발생할 때, 대문자 높이와 최상부의 차이가 가장 명백하다.)

폰트의 x-높이는, 보통 ex로 쓰며 단위로 사용된다. 이것은 포인트와 같은 절대 단위가 아니며, 상대적인 단위이다. 유사하게, 수평거리의 단위는 em이다. 전통적으로, 1 em은 대문자 M의 넓이이다. 다수의 폰트에서, M은 몸체의 크기만큼 넓기 때문에, 1 em의 의미는 오랫동안 변해 왔으나 지금은 폰트 크기와 같은 길이 단위로 종종 사용된다.[4] 즉, 10 pt 폰트에서 1 em은 10 pt와 같고, 12 pt 폰트에서 1 em은 12 pt와 같다. — 와 같은 긴 대시(dash)는 때때로 삽입구를 위해 사용된다. 특히 미국에서 출판된 책에서는 긴 대시가 1 em 길이이며, 이런 이유로 em-대시라고 불린다. 때로 또 다른 상대적인 단위인 en을 보게 될 것이다. en은 대문자 N의 넓이이고, 보통 0.5 em으로 정의된다. en-대시는 1 en 길이이며, 페이지나 1998–99와 같이 범위를 지정할 때 사용된다.

개개의 문자 특성은 폰트에서 고려한 것이 전부가 아니며, 문자가 조합되는 방법도 알아야 한다. 앞서 언급한 것과 같이, 대부분의 텍스트 폰트는 각 문자가 필요로 하는 비례공간을 가진다. 그림 10.14에서 보는 바와 같이, 각 문자는 **경계 박스**(bounding box)를 가지는데, 이것은 그 문자를 넣을 수 있는 가장 작은 박스이다. 보통, 인접한 문자의 경계 박스 사이에는 여백이 남아 있다. 바꾸어 말하면, 글리프 원점은 경계 박스의 바깥 왼쪽(그림 10.14의 **왼쪽 측면 거리**(left side bearing)만큼 떨어진 거리)에 있다.

때때로, 두 개의 특별한 문자가 나란히 놓일 때, 문자 간의 전체 공간이 너무 크거나 작게 보일 수 있다. 이 경우, 그 공간이 균일하게 보이도록 조절

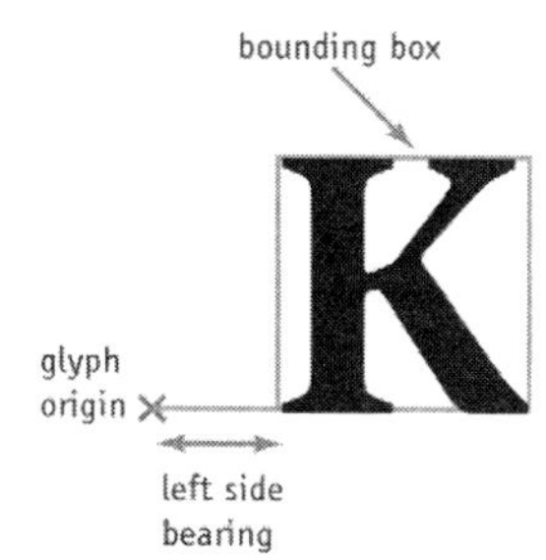

그림 10.14 측면 거리

---

[4] em 단위는 11장의 CSS에서도 이와 같이 정의된다.

하는 것을 커닝(kerning)이라 하며, 그림 10.15에서 설명하고 있다.

어떤 문자 조합은 간격을 어떻게 조절하든지간에 올바르게 보이지 않을 수 있다. 전통적으로, 그런 까다로운 문자 조합은 **합자**(ligature)로 알려진 단일 복합 문자로 대체한다. 영문 텍스트에서, 전통적인 인쇄에서 흔하게 사용되는 합자는 ff, fl, fi 및 ffl 등이다. 단일공간 폰트는 합자를 지원하기 위한 확장 역시도 폰트 형식에 의존한다. 대부분의 포스트스크립트(PostScript)와 트루타입 폰트는 단지 ff와 fi 합자만 제공한다. 그림 10.16은 왜 합자가 필요한지를 보여주며, 합자를 사용하여 개선된 것을 보여준다. 워드프로세서와 웹 브라우저는 일반적으로 합자를 할 수 없다.

Kerned	Not kerned
AV	AV
Ta	Ta

그림 10.15 커닝(kerning)

without	fine fluffy soufflés
with	ﬁne ﬂuﬀy souﬄés

그림 10.16 합자(ligature)

10.2.4 디지털 폰트 기술

글리프는 단지 작은 이미지이다. 이 이미지들은 비트맵 또는 벡터 그래픽을 이용하여 폰트에 저장될 수 있다. 즉, 그래픽 기술에 따른 두 가지 폰트인 **비트맵**(bitmapped) 폰트와 **윤곽선**(outline) 폰트가 존재한다. 비트맵 폰트의 글리프는 비트맵 이미지와 동일한 특성을 나타낸다. 반면, 윤곽선 글리프(outline glyph)는 벡터 그래픽스의 특성을 공유한다. 문자의 외형은 단순한 곡선과 자획으로 만들어지고 어떤 미묘한 질감이 부족하기 때문에, 풍부한 표현을 요하는 곳에는 비트맵 폰트를 사용하는 장점이 거의 없다. 비트맵 폰트를 사용하는 주요한 이점은 간단하고 빠르게 스크린 상에 표시할 수 있다는 점이다. 이러한 장점은 효율적인 그래픽 하드웨어와 더 빠른 프로세서로 인해 감퇴되고 있지만, 비트맵 폰트는 아직도 폭넓게 이용되고 있다.

비트맵 폰트의 중요한 단점은, 비트맵 이미지와 마찬가지로, 보기 좋게 크기를 변경할 수 없다는 점이다. 크기 변경은 두 가지 상황에서 필요하다. 즉, 준비된 크기의 폰트와 다른 크기의 폰트가 요구될 때와 다른 해상도가 요구될 때이다. 후자의 경우, 텍스트가 고해상도 프린터에 인쇄되어야 한다면, 심각한 문제를 일으킨다. 첫 번째 경우(다른 크기의 타입을 만들기 위해 비트맵 폰트의 크기를 변경하는 것)는 항상 문제를 일으킨다. 비트맵 크기를 변경하면 문자의 외형이 불규칙하게 변하게 된다. 비트맵 폰트가 사용될 때는 여러 가지 크기의 폰트를 제공하는 것이 일반적이다. 대조적으로, 윤곽선 폰트는, 보통, 플랫폼에 관계없이 저장된다. 윤곽선 폰트는 임의로 크기가 변경될 수 있다. 가장 널리 사용되고 있는 두 가지 형식은 Adobe Type 1(다른 형식의 PostScript 폰트도 있지만, 이것을 보통 PostScript 폰트라 부른다)과 TrueType 이다.

윤곽선을 해석할 수 있는 디스플레이 소프트웨어만 있다면, 저해상도 디스플레이나 고해상도 출력에 동일한 폰트가 사용될 수 있다. 어도비 타입 매니저(ATM) 유틸리티는 Type 1을 위해 시스템 레벨에서 이 기능을 수행한다. 왜냐하면, 운영체제가 내장된 Type 1 폰트를 가지고 있지 않기 때문이다. 트루타입(TrueType) 폰트의 렌더링은 윈도우와 MacOS 운영체제에 내장되어 있다. 그러므로 어떤 응용프로그램이라도 양쪽 타입의 윤곽선 폰트를 사용할 수 있다.

두 가지 형식 모두에서, 윤곽선 폰트는 최고 256개의 글리프를 가질 수 있다. Type 1 폰트의 글리프는 제한된 PostScript로 작성된 단순하고 작은 프로그램으로서 화면 해상도가 수용할 수 있을 정도의 화질로 스크린 상에 효과적으로 표시될 수 있다. TrueType 타입은 PostScript가 사용하는 3차 베지어 곡선 대신 2차 곡선에 기반을 둔 대체 형식이다. TrueType의 문자 윤곽은 선과 그 외형을 만드는 곡선의 점들로 저장된다. 새롭게 개발된 형식 OpenType은 이들 두 종류의 아웃라인 모두 저장될 수 있는 파일 형식을 제공함으로써 Type 1과 TrueType 폰트를 하나로 통합시키며, 플랫폼에 무관한 폰트 형식이다. OpenType 폰트는 많은 면에서 예전 형식보다 뛰어나다. OpenType 폰트들의 인코딩은 유니코드에 기반하며, 256개보다 훨씬 많은 문자에 적용될 수 있다. 즉, 이것은 단일 폰트가 둘 이상의 알파벳(예를 들어, 라틴과 키릴 문자)을 위한 글리프를 포함하도록 한다.

다른 유형의 벡터 그래픽스와 마찬가지로, 윤곽선 폰트의 외형은 때때로 앤티-앨리어싱(anti-aliasing)에 의해 개선될 수 있다. 이것은 고르지 못한 픽셀 간의 모서리를 회색 픽셀들의 패턴을 사용하여 부드럽게 만드는 것이다. 완성된 평활 효과(smoothing effect)는 그림 10.17에서 볼 수 있다. 즉, 위쪽의 A는 앤티-앨리어싱되지 않은 것이며 아래쪽은 앤티-앨리어싱된 것이다. 그림에서 보는 바와 같이, 앤티-앨리어싱은 큰 문자에 더욱 효과적이며, 레이저 프린터와 같은 중간 해상도에서도 잘 동작한다. 저해상도에서는 현저하게 부드러워지지만, 작은 타입(대략 12 pt 이하)은 흐려지게 된다. 이것은 고르지 못한 때보다 더 읽기 어려울 수 있다. 따라서 앤티-앨리어싱은 현명하게 사용되어야 한다.

그림 10.17 앤티-앨리어싱된 문자

연습문제

1. 3장에서, 그래픽스 응용프로그램이 어떻게 이미지를 볼 수 있도록 하는지를 기술했다. 문자 코드의 시퀀스를 텍스트 모델로 간주하여, 글

리프를 그리는 문제를 논의하라.

2. 경험 없는 사람들은, 문서가 ASCII로 적절하게 표현될 수 있을 때, 유니코드 또는 ISO 10646을 사용하는 것은 공간 낭비라고 주장한다. 왜 그렇지 않은지 설명하라.

3. 비록 유니코드가 거의 100만 개의 다른 문자를 표시할 수 있지만, 키보드는 그 많은 키를 가질 수 없다. 키보드가 모든 문자를 수용할 수 있는 방법을 논의하라.

4. 신문을 보고, 폰트가 뉴스 기사와 광고에서 사용되는 방법을 비교하라.

5. 어떤 폰트가 당신의 컴퓨터에서 사용되고 있는지 설명하고, 각각을 인쇄하라. 어떤 것이 디스플레이히는 데 적합하며, 이떤 것이 텍스드에 적합하다고 생각하는가?

6. 당신의 시스템에서, 다음 작업들을 위해 어떤 폰트를 사용하겠는가?
   (a) 공상 과학 영화의 시작 글
   (b) 당신의 이력서
   (c) 지역 신문의 본문
   (d) 결혼식 초청장
   (e) 잼병 뒷면의 성분 리스트
   선택한 이유를 설명하라.

7. 읽을 수 있는(readable) 폰트와 읽기 쉬운(legible) 폰트 사이에 의미있는 차이가 있는가? 있다면 무엇인가?

8. 저해상도 장치에 사용되도록 설계된 폰트는 보통 비교적 높은 x-높이를 가진다. 이유는 무엇인가?

9. 낙서를 위한 폰트를 설계하라. (단지 대문자만 필요하다.)

텍스트와 레이아웃
Text and Layout

11

11.1 그래픽에서의 텍스트

11.2 레이아웃
- 인라인 포맷팅
- 블록 포맷팅
- 마크업
- 스타일시트

11.3 HTML과 CSS를 사용한 텍스트 레이아웃
- 요소, 태그, 속성 및 규칙
- HTML 요소와 속성
- CSS 특성

10장에서, 우리는 개별 문자들의 저장과 디스플레이를 다루었다. 문자들이 결합되어 단어나 문장, 구절이 될 때 어떻게 이들을 화면에 배치할 것인지에 대해 생각할 필요가 있다. 문단을 어떻게 행으로 쪼갤 것인가? 표제, 목록 및 다른 텍스트 구조들은 어떻게 식별하고, 레이아웃할 것인가? 사용되는 폰트는 어떻게 다른가?

텍스트는 멀티미디어의 중요한 구성요소가 될 뿐만 아니라, 멀티미디어의 제작 구조를 살펴보면, 텍스트의 부가적인 역할을 알 수 있다. 레이아웃 명령어와 시각적 특징은 모두 텍스트를 기반으로 한 **마크업 언어(markup language)**를 사용하여 설명할 수 있다. 다음 장에서는 어떻게 다른 문서와 링크시키는지, 그리고 시간을 기반으로 하는 미디어와 동기시키는 일을 마크업 언어에서 문맥적으로 어떻게 지정하는지를 보여줄 것이다. 가장 잘 알려진 언어는 다음 장에서 소개할 HTML과 14장과 15장에서 설명할 더 새롭고 더 강력한 XML이다.

우리의 주된 관심은 텍스트를 준비하기 위한 환경을 제공하는 워드프로세서나 데스크탑 출판 패키지 같은 툴이 아니라, 마크업에 있다.

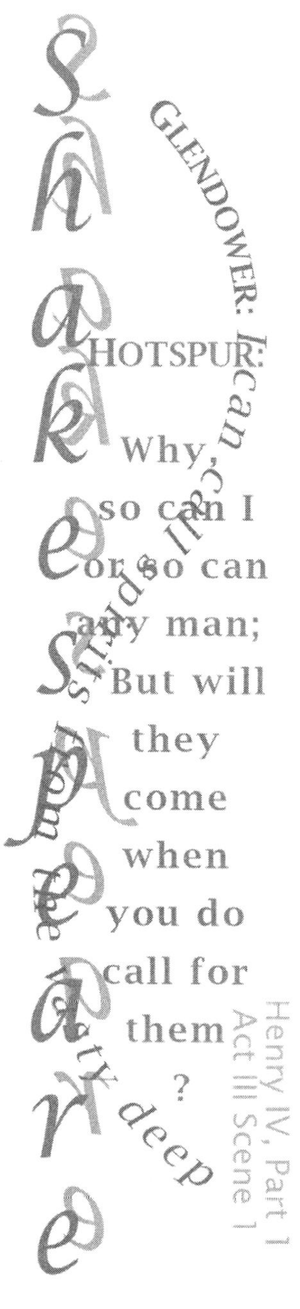

11.1 그래픽에서의 텍스트

텍스트의 레이아웃은, 텍스트를 그래픽으로 간주하여, 텍스트를 그래픽 프로그램으로 조작함으로써 유연하게 다룰 수 있다. 텍스트와 그래픽의 통합은 자연스럽게 발생하므로, 텍스트에 대한 이러한 접근은 포스터, 회사 로고, 웹 페이지, 책 표지, CD 커버와 같이, 텍스트와 통합된 그래픽 디자인에 적합하다. 벡터와 비트맵 그래픽 중 어떤 것을 선택하는지에 따라 텍스트가 조작되는 방식이 달라진다.

만일 텍스트 항목들을 윤곽선 폰트로 만든다면, 이들은 벡터 그래픽 프로그램으로 다룰 수 있다. 이 텍스트 항목들은 페이지 상에 임의로 배열될 수 있고, 다른 그래픽 항목과 같이 변형될 수 있다. 우수한 드로잉 프로그램들은 텍스트를 레이아웃하기 위한 추가적인 기능을 제공하는데, 이들은 텍스트의 순차적 특성을 고려한다.

그림 11.1은 벡터 그래픽 프로그램에서 텍스트를 다루는 몇 가지 전형적인 방식을 보여준다. 왼쪽에서 아래 방향으로 디자인한 것은 Shakespeare 라는 이름을 수직 방향으로 만든 것이다. 거울에 반사된 복사본은 색을 더 엷게 바꾸어 수직으로 배치한 것이다. 폰트와 타입 크기는 변화될 수 있다. 텍

그림 11.1 벡터 텍스트

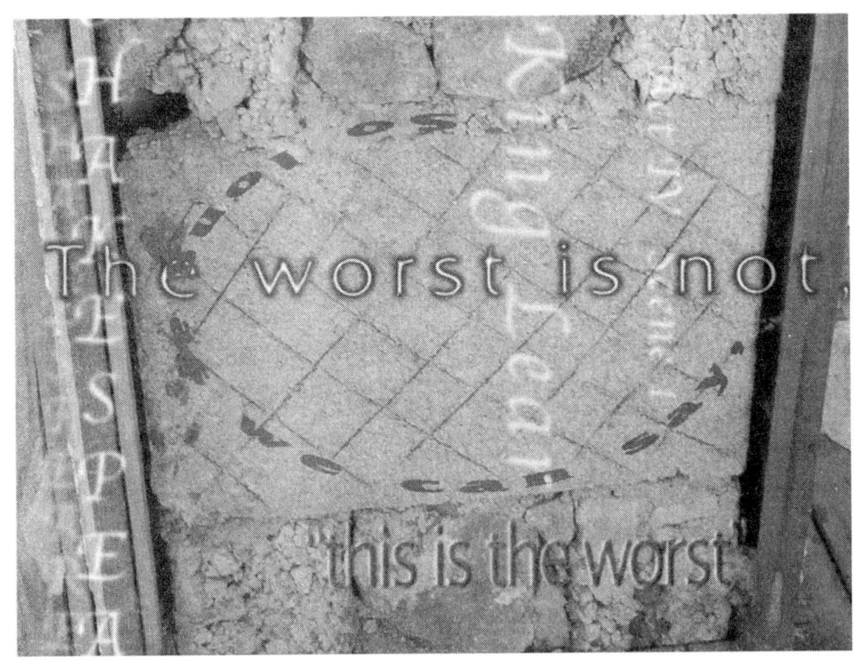

그림 11.2 비트맵 텍스트

스트를 흘러가는 형태로 배치하는 것은 대부분의 벡터 편집 툴을 사용하여 만들 수 있다.

텍스트를 비트맵 그래픽으로 다루면, 상당히 다른 결과들이 얻어질 수 있다. 일단 텍스트가 픽셀로 변환되면, 페인팅 프로그램이 제공하는 리터치 (retouching)와 필터링(filtering)이 가능해진다. 그림 11.2는 텍스트의 요소에 적용된 필터와 효과를 보여주는 몇 가지 예를 제공한다. 이 경우 텍스트는 비트맵 이미지와 통합되었고, 더 이상 텍스트로서 편집될 수 없다.

분명히, 텍스트를 두 가지 방식의 그래픽으로 접근하는 것은 이유가 있다. 대부분의 경우, 벡터를 기반으로 한 텍스트가 좀 더 다루기 쉽다. 포토샵 5.0의 공개와 함께, 벡터를 기반으로 한 텍스트는 포토샵에 통합되었다.

11.2 레이아웃

광고와 포스터 그리고 CD와 DVD의 겉표지는, 앞서 설명한 것처럼, 그래픽 텍스트 효과를 사용한다. 그러나 대부분은 텍스트가 책과 잡지의 레이아웃을 구성한다. 텍스트는 줄로 배열되어 문단을 만들며 페이지를 구성한다. 포맷팅은 문단 내의 문자에 적용될 수 있으며, 문단 전체에 적용될 수도 있다. 이들은 기본적으로 포맷팅 작업의 서로 다른 형태이며, 포맷팅에는 인라

인(inline)(혹은 문자(character)) 포맷팅과 블록 레벨(block level)(혹은 문단
(paragraph)) 포맷팅의 두 가지가 있다.

11.2.1 인라인 포맷팅

인라인 포맷팅은 블록 내의 일련의 문자들에 적용되며, 이를 종종 스팬
(span)이라 부른다. 블록은 연속적인 문단으로 구성될 수 있으며, 같은 포맷
을 여러 블록에 적용하는 것도 가능하다. 인라인 포맷팅은 10장에서 설명한
폰트의 특성을 규정한다. 즉, 각 스팬 내에 있는 폰트 패밀리와 변형, 문자의
크기를 지정할 수 있다. 텍스트가 색을 지원하는 출력 매체를 위한 것이라
면, 문자에 색깔을 지정할 수도 있다.

요즈음 대부분의 워드프로세서와 페이지 레이아웃 프로그램들은 사용자
가 **문자 스타일(character style)**을 정의하는 것을 허용한다. 이것은 강조와 같
은 특별한 목적을 위해, 일련의 특성을 사용자가 지정할 수 있도록 하며 스
타일의 수정을 더 쉽게 해준다.

11.2.2 블록 포맷팅

전형적인 문서에서, 표제와 같은 블록은 단 한 줄이 될 수도 있지만, 각
블록은 하나의 문단이 될 것이다. 각각의 문단은 문자들의 포맷팅 특성을 위
한 디폴트 설정을 가질 것이고, 이러한 문단의 텍스트는 디폴트 폰트를 사용
할 것이다. 그림 11.3은 라인의 간격을 다루는 4개의 일반적인 방식을 설명
한다.[1]

마지막으로, 텍스트 구조의 가장 높은 수준에서, 블록들은 위치가 정해져
야 하고 인쇄된 페이지나 웹 페이지와 결합되어야 한다. 보통, 문단과 표제
블록들은 하나씩 수직적으로 배열된다. 덜 전형적인 레이아웃이 사용되는
곳에서는 각각의 블록이 특별한 위치에 놓일 수도 있다.

11.2.3 마크업

데스크탑 출판과 워드프로세서가 나오기 전에, 작가들은 보통 타자기로
원고를 작성했다. 따라서 원고는 최종 출판될 책이나 신문과 정확하게 같은
형태로 레이아웃될 수 없었다. 텍스트가 인쇄될 때, 식자공(typesetter)에 의
해 어떻게 포맷되어야 하는가를 가리키기 위해, 작가와 편집자 및 책 디자이

---

[1] 라틴어를 이용해서 레이아웃의 특징을 보이고 있다. 텍스트의 내용은 레이아웃과 무관
하다.

Lorercillan henisisi bla at, velit at autem zzrit praese facidunt aut lore consequipit, sum vullan velesenit aut nismolorer il utet loboreet at. Duiscinci blam eu feuis niam dolor sum quam zzriure con hendre min veliqua corperostrud do odoloreet at wisis at, consequisl eu facillum nis aliquisl ut nonullaore dunt aciduis adignisi.

Lorercillan henisisi bla at, velit at autem zzrit praese facidunt aut lore consequipit, sum vullan velesenit aut nismolorer il utet loboreet at. Duiscinci blam eu feuis niam dolor sum quam zzriure con hendre min veliqua corperostrud do odoloreet at wisis at, consequisl eu facillum nis aliquisl ut nonullaore dunt aciduis adignisi.

Lorercillan henisisi bla at, velit at autem zzrit praese facidunt aut lore consequipit, sum vullan velesenit aut nismolorer il utet loboreet at. Duiscinci blam eu feuis niam dolor sum quam zzriure con hendre min veliqua corperostrud do odoloreet at wisis at, consequisl eu facillum nis aliquisl ut nonullaore dunt aciduis adignisi.

Lorercillan henisisi bla at, velit at autem zzrit praese facidunt aut lore consequipit, sum vullan velesenit aut nismolorer il utet loboreet at. Duiscinci blam eu feuis niam dolor sum quam zzriure con hendre min veliqua corperostrud do odoloreet at wisis at, consequisl eu facillum nis aliquisl ut nonullaore dunt aciduis adignisi.

그림 11.3 좌측, 가운데, 우측 정렬 및 양쪽 정렬된 문단

너는 다양한 색과 특별한 상징의 어휘를 사용하여 원고에 주석을 단다. 주석을 다는 이 과정을 마킹 업(marking up)이라 불렀으며, 그 명령어를 마크업(markup)으로 종종 불렀다. 출판이 컴퓨터를 기반으로 한 방법으로 변화함에 따라, 마크업 명령은 텍스트 파일 내에 삽입되는 형태로 변화하게 되었다.

마크업 명령어의 형태는 원고를 준비하는 데 사용되는 프로그램에 의해 결정된다. 두 가지 구분은 WYSIWYG 포맷팅 시스템과 태그-기반(tag-based) 시스템이다. WYSIWYG는 'What you see is what you get'을 뜻하며, 그러한 시스템의 본질을 보여주는 간결한 어구이다. 즉, 타자기로 친 그대로 텍스트가 인쇄되거나, 스크린에 레이아웃되는 방식이다. 폰트와 크기의 변경, 들여쓰기, 표의 작성 및 다른 레이이웃 특징들은 메뉴, 명령키 혹은 툴 바 아이콘에 의해 이루어진다. 대조적으로, 태그-기반 시스템에서는, 문서는 텍스트 편집기를 사용하여 준비된다. 즉, 텍스트는 종종 태그(tag)로 알려진 특별한 레이아웃 명령어의 형태를 취하는 마크업으로 둘러싸이게 된다.

태그는 WYSIWYG 시스템에서의 명령어와 같은 일을 한다. 그러나 이들의 효과는 반드시 곧바로 눈에 보이지는 않으며, 분리된 프로세싱 단계가 보통 요구된다. 태그에 의해 지정된 포맷팅이 PDF처럼 디스플레이되거나 인쇄될 수 있는 형태로 텍스트에 적용된다. MS 워드와 같은 워드프로세서는

틀림없이 WYSIWYG이며 Quark Express와 어도비의 InDesign 또한 페이지 레이아웃 툴이다. 최근까지, 태그를 기반으로 한 레이아웃은 주로 학문적이거나 기술적인 분야에 한정되었다. 이러한 툴로는 troff와 LaTeX 등이 있으며, '데스크탑 출판'이라는 용어가 만들어지기 오래 전부터 사용되어 왔다. 최근, HTML의 인기는 태그를 기반으로 한 텍스트 포맷팅을 널리 쓰이게 만들었다.

우리는 태그를 사용하는 레이아웃에 치중할 것이다. 왜냐하면, 부분적으로 무엇이 진행되고 있는가를 알아보기가 더 쉽고, 월드 와이드 웹으로 인해 새로운 중요성이 생겼기 때문이다. 텍스트에 마크업을 사용하는 장점은 마크업된 문서가 이진 코드가 아닌 텍스트라는 것이다. 이것은 어떤 컴퓨터 시스템에서 읽힐 수 있고, 네트워크에서 그대로 전달될 수 있다. 이것은 특히 인터넷에서 중요하다. HTML과 또 다른 마크업 언어인 XML은 멀티미디어의 다른 영역에서 널리 사용되고 있다.

태그-기반 레이아웃과 WYSIWYG 레이아웃의 차이는 단지 인터페이스의 표면적인 차이이다. 좀 더 심오한 차이는 시각적 마크업(visual markup)과 구조적 마크업(structural markup)의 차이이다. 시각적 마크업 태그들은 폰트나 문자 크기와 같은 텍스트의 외양을 설명하기 위해 사용된다. 반면에, 구조적 마크업 태그들은 표제, 목록 혹은 표와 같은 문서의 논리적인 요소들을 구분하여 별도로 보여질 형태를 지정한다.

구조적 마크업은 시각적 마크업보다 뚜렷한 장점을 가진다. 즉, 단지 한번 스타일의 정의를 변화시킴으로써 포괄적으로 문서의 외양을 변화시킬 수 있다. 예를 들어, 만일 섹션 표제를 위해 좀 더 상상력 있는 레이아웃을 사용하기를 원한다면 오직 **sectionheading**의 문단 스타일을 재정의하면 되고, 모든 섹션은 새로운 스타일로 리포맷될 것이며 연속성이 보장된다.

구조적 마크업의 또 다른 장점은 문서의 요소를 이름으로 지정해줌으로써, 컴퓨터 프로그램이 문서의 구조를 쉽게 분석할 수 있다는 것이다. 사람들은 문서의 외양으로부터 쉽게 구조적인 태그들을 구별할 수 있지만, 컴퓨터 프로그램으로 이러한 작업을 행하는 것은 어렵기 때문이다. 이것은 표의 내용이나, 혹은 다른 태그를 가진 정보를 추출하기 위한 프로그램 작성을 비교적 쉽게 만든다. 또한 다른 문서 형태로 변환하는 것을 더 쉽게 한다.

11.2.4 스타일시트

구조적 마크업에 대한 논리적 결론을 이해했다면, 외양은 구조와 내용으로 완전히 구분할 수 있을 것이다. 마크업 태그는 오직 구조를 가리켜야 한다. 그러나 문서가 디스플레이되거나 인쇄될 때, 이들은 외양을 가지므로, 외양을 지정하는 것이 당연히 필요하게 된다. 순수한 구조적 마크업이 사용된 경우, 외양의 지정은 분리된 메커니즘으로 이루어진다.

만약 여러 가지 유형의 문서를 마크업하기 위해 일련의 태그를 사용한다면, 문서의 유형에 따른 디스플레이 소프트웨어를 구성하고, 레이아웃 규칙을 소프트웨어에 연결시키는 개념을 이해할 수 있을 것이다. 그런 식으로, 각각의 문서는 특정한 디스플레이 프로그램에 의해 지속적으로 레이아웃될 것이다. 이것이 1세대 웹 브라우저에서 채택한 접근 방법이다. 헤더, 목록, 표 및 다른 요소들 대부분의 포맷팅은 브라우저에 의해 제어되지만, 폰트, 문자 크기나 색상은 사용자에 의해 제어된다. 이것은 전통적인 출판으로부터 상당히 벗어난 것이다.

또 다른 방법은 레이아웃을 별도로 규정하는 것이며, 이러한 레이아웃 규정을 보통 **스타일시트(stylesheet)**라 부른다. 사용되는 각각의 태그에 대해, 스타일시트는 그 태그를 가진 요소들이 레이아웃되어야 하는 규칙을 기술한다. 특정 문서 또는 문서의 종류에 따라, 같은 구조에 서로 다른 외양을 제공하는 하나 이상의 스타일시트가 있을 수 있다. 예를 들어, 하나는 미국에서 선호되는 인쇄 스타일에 부합하는 것이고, 다른 하나는 서유럽에서 선호되는 인쇄 스타일에 부합되는 스타일시트가 만들어질 수 있다. 스타일시트는 스타일시트 언어를 사용하여 만든다.

11.3 HTML과 CSS를 사용한 텍스트 레이아웃

원래, 월드 와이드 웹(WWW)은 과학 연구 결과를 보급하기 위한 의도로 만들어졌다. 이러한 이유로 인해, 웹 페이지를 위한 마크업 언어인 HTML (Hypertext Markup Language)은 과학 논문의 주된 요소에 해당하는 태그들을 가지고 있다. 추가적으로, HTML은 텍스트를 이탤릭체나 볼드체로 표시하도록 허용하는 몇 개의 인쇄 제어 태그를 가지고 있다. HTML은 또한, 텍스트를 강조하거나 강하게 표시하기 위한 포괄적인 스타일 태그를 제공한다. 이 태그들은 좀 더 구조적인 마크업들이다. HTML의 이후 버전은, 다음 장에서 설명하겠지만, 이러한 레이아웃 태그들뿐만 아니라 이미지 및 다른 미디어 요소를 포함하기 위한 하이퍼텍스트 링크 태그들도 포함한다.

HTML을 설명하는 우리의 주된 관심은 웹에서의 마크업 구문과 구조적 마크업을 설명하는 것이다. 또한 CSS를 사용하여 스타일시트가 어떻게 섬세한 레이아웃을 제공할 수 있는지를 보여주고자 한다.

이 책에서 설명되는 HTML의 특징은 2000년 1월에 W3C 권고안으로 채택된 XHTML 1.0 사양에 따른 것이다. XHTML의 대부분은 이전의 HTML 4.0 권고안과 호환적이다. 그러나 XHTML이 어떤 의미에서 HTML보다 더 엄격하기 때문에 그 반대는 성립하지 않는다. (사실, XHTML 권고안과 HTML 4.0과의 차이는 몇 페이지로 설명할 수 있다.) 결정적인 차이를 제외하고, 우리는 HTML을 XHTML 혹은 HTML 4.0 모두를 지칭하는 의미로 사용한다.

11.3.1 요소, 태그, 속성 및 규칙

HTML 마크업은 섹션 및 문단과 같은 논리적인 구분에 의해 문서를 요소(element)들로 구분한다. 일반적으로, 요소는 다른 요소를 포함할 수 있다. 예를 들어, 한 섹션은 전형적으로 몇 개의 문단을 포함한다. 각각의 요소는 시작 태그(start tag)와 종료 태그(end tag)를 가지며, 이 두 태그 사이에 요소의 내용이 온다.

HTML에서 이용할 수 있는 모든 요소는 이름을 가진다. 예를 들어, p 요소의 시작 태그는 <p> 처럼 꺾쇠 기호로 에워싸인 이름으로 구성된다. XHTML에서 태그의 이름은 소문자와 숫자로 구성된다. (HTML의 초기 버전은 대문자와 소문자를 구별하지 않았고, 따라서 <p>와 <P>는 같은 것으로 간주했지만 XHTML에서는 이들이 서로 다르다.) 종료 태그도 유사하지만, 슬래시(/)가 요소의 이름 앞에 오는 것이 다르다. 즉, 문단에 대한 종료 태그는 </p>이다. 따라서 HTML 문서에 있는 모든 문단은 다음과 같은 형태를 가진다.

```
<p>
문단 요소의 내용
</p>
```

모든 다른 태그들도 같은 형태(시작 태그, 내용, 종료 태그)를 가진다. 문제는, 태그와 같은 문자가 텍스트로 사용될 때 발생한다. 이 경우에는 몇 가지 특수문자를 사용하여, 의미적으로 태그와 텍스트를 구분해야만 한다. 따라서 이러한 특수문자들이 텍스트에 나타날 때, 이들을 구분하기 위한 어떤 메커니즘이 필요하다. HTML에서, < 기호는 **문자 엔티티 레퍼런스**(character entity reference)에 의해 <로 표현될 수 있다. 세미콜론은 엔티티 레퍼런스의 일부분이다. 다시, &를 나타내기 위해서 문자 엔티티 레퍼런스를 사용하면 &가 된다. 엄격히 말해서, 텍스트에서 > 기호를 사용하는 것은 문제가 없다. 왜냐하면, 이것이 태그의 일부분인지 아닌지는 쉽게 알 수 있기 때문이다. 그러나, 만약 혼란스럽다면, >를 사용하는 것이 좋다.

여백(whitespace)은 빈칸(space)이나 탭 또는 줄바꿈으로 생기며, 이것은 플랫폼에서 캐리지 리턴(carriage return), 혹은 라인피드(linefeed)에 의해 생기게 된다. 텍스트에서의 여백은 보통 단어들을 분리한다. 텍스트에서 여러 개의 빈칸이 반복되는 것은 하나의 빈칸으로 대체된다. (나중에 설명될 **pre** 요소는 여러 개의 빈칸을 타이핑된 형태대로 유지한다.) 시작 태그 바로 다음의 빈칸이나 종료 태그 바로 앞의 빈칸은 무시된다. 따라서 다음 두 개의 예는 같게 디스플레이될 것이다.

```
<p>
Shall I compare thee to a summer's day?
</p>

<p> Shall I compare thee to a summer's day? </p>
```

HTML 문서는 코멘트(comment)로 주석을 달 수 있다. 코멘트는 문자 시퀀스 <!--에 의해 시작되며, -->로 종료된다. 예를 들면,

```
<!-- This section was revised on
     31st October 2003 -->
```

과 같이, 코멘트는 한 줄 이상을 차지할 수 있지만, HTML 문서에 디스플레이되지는 않는다.

어떤 요소들은 컨텐츠가 없으며, 이들을 **공백 요소(empty element)**라 부른다. 한 예가 **hr** 요소이다. 이것은 수평선을 만든다. 이 요소에 적용될 의미있는 내용은 없다. 따라서 종료 태그가 할 역할도 없다. 종료 태그를 따로 써도 되지만, 보통은 시작 태그와 종료 태그를 하나의 태그로 한꺼번에 표시하는 것이 더 일반적이다. 즉, <hr />처럼 > 요소의 내용이 비어 있다는 표시로 /를 사용하여 하나의 태그로 나타낼 수 있다. (/ 앞의 빈칸은 필요없지만, 빈칸을 두는 것은 예전 브라우저가 XHTML을 HTML로 다루기 쉽게 만든다.)

수평선 요소는 어떤 컨텐츠도 가지고 있지 않지만, 수평선의 폭이나 색상 같은 몇 가지 특성을 가지게 된다. 이러한 특성을 **속성(attribute)**이라 부른다. 특별한 요소와 관련된 속성은 정의 부분에서 지정된다. 각 속성에 대한 값은 요소의 시작 태그 내에 할당된다. 예를 들어, 화면의 절반을 12 pt로 디스플레이하기 위해서는 다음과 같이 태그를 사용한다.

```
<hr size = "12" width = "50%" />
```

속성의 이름은 반드시 소문자이어야 한다. 값은 = 기호를 사용하여 할당된다. 속성에 할당된 값은, 그 값이 숫자일지라도, 반드시 이중 인용부호(" ")나 단일 인용부호(' ')로 에워싸야 한다.

¡	¡
£	£
§	§
Å	Å
å	å
ϖ	π
∀	∀
∃	∃
∈	∈
∋	∌
—	—
†	†
‡	‡

그림 11.4 문자 엔티티 레퍼런스의 몇 가지 예

어떤 속성들은 플래그나 부울(Boolean)으로 기능하여, 어떤 특성을 온/오 프(ON/OFF)한다. hr의 noshade 속성이 한 예이다. 만일 다음과 같이 noshade를 설정한다면, 수평선은 디폴트인 3-D 형태의 음영이 없는 실선으 로 설정된다.

```
<hr size = "12" width = "50%" noshade = "noshade" />
```

이 플래그를 태그에서 생략하면, 이전의 경우처럼, noshade 기능은 오프 된다.

스타일시트가 어떻게 레이아웃을 제어하는 데 사용될 수 있는지에 대한 설명으로 되돌아간다. 지금 어떻게 스타일시트와 HTML 문서가 연결되는가 에 대해서는 염려하지 말라. 문단 태그는 텍스트의 논리적인 구분이다.

CSS는 문서 요소 각각에 대하여 다양한 시각적 특성을 지정할 수 있도록 한다. 이 특성 중 하나는 첫 줄의 들여쓰기이다. 각 문단의 첫 줄을 4 pc만 큼 들여써야 하는 CSS 규칙을 다음과 같이 작성할 수 있다.

```
p{
        text-indent: 4pc;
}
```

이 규칙은 두 부분으로 구성되어 있다. 즉, 어느 요소에 적용되는지를 가 리키는 선택자(selector)(여기서는 p)와 몇 가지 시각적 특성에 값을 부여하는 선언부(declaration)이다. 여기서 선언부는 4 pc의 text-indent를 지정하고 있 다. 선언부는 대괄호({ })로 에워싸인다.

주어진 규칙이 적용될 때마다, 모든 문단은 CSS 스타일시트에 의해 첫 줄 이 들여쓰인 형태로 디스플레이될 것이다. 이 들여쓰기를 모든 문단에 적용 하기를 원하지 않는 경우를 가정하자. 예를 들어, 들여쓰기할 것과 그렇지 않은 문단을 구별하기 위한 몇 가지 방법이 필요하다. HTML 속성 클래스는 이 목적을 위해 사용될 수 있다. 예를 들면, 들여쓰지 않고 디스플레이되기 를 원하는 문단들에 대해 클래스 noindent를 이용하도록 한다.

CSS 규칙에서 선택자는 요소 이름 뒤에 점(.)과 클래스 이름이 온다. 클래 스 noindent의 문단들은 들여쓰지 않도록 규정하기 위해서, 이전 것에 다음 의 규칙을 추가한다.

```
p.noindent{
        text-indent: 0pc;
}
```

기대하는 것처럼, 첫 번째 예와 같이 어떤 요소에 대한 일반적인 규칙이 있는 경우와 두 번째 예와 같이 요소의 몇 가지 클래스에만 적용되는 좀 더

Lore veraessissit ulla alit dolorero od do dolorem nit ulputat
accumsan ut praesequam, veniamet doleniatuero er am, quisl et aut
prationsecte el eugueros et incidunt nostie magna feu faccumsan
hent prat, vullum ilit la feugiamcommy nullaorem dolor am quis
acidunt velissenibh exerat. Ut adio erci tetumsan volum veliquat ad
te feugait loreet dunt nullaore dolorper sisi.

   Lore veraessissit ulla alit dolorero od do dolorem nit ulputat
accumsan ut praesequam, veniamet doleniatuero er am, quisl et aut
prationsecte el eugueros et incidunt nostie magna feu faccumsan
hent prat, vullum ilit la feugiamcommy nullaorem dolor am quis
acidunt velissenibh exerat. Ut adio erci tetumsan volum veliquat ad
te feugait loreet dunt nullaore dolorper sisi.

Lore veraessissit ulla alit dolorero od do dolorem nit ulputat
  accumsan ut praesequam, veniamet doleniatuero er am,
  quisl et aut prationsecte el eugueros et incidunt nostie
  magna feu faccumsan hent prat, vullum ilit la
  feugiamcommy nullaorem dolor am quis acidunt velissenibh
  exerat. Ut adio erci tetumsan volum veliquat ad te feugait
  loreet dunt nullaore dolorper sisi.

그림 11.5 여러 가지 들여쓰기에 의한 브라우저의 문단 디스플레이 형태

특별한 규칙이 있을 경우, 좀 더 특별한 규칙은 그 클래스의 요소에만 적용되며, 일반적인 규칙은 단지 어떠한 클래스에도 속하지 않는 요소들에 적용되거나 특정한 규칙이 사용되지 않는 클래스에 적용된다. 예를 들면, unindent의 클래스에 속하는 몇 문단이 있다면, 이들은 첫 줄이 4 pc만큼 들여쓰기한 형태로 디스플레이될 것이다. 왜냐하면, 이들에 적용될 유일한 규칙은 선택자 p를 가진 일반적 규칙밖에는 없기 때문이다.

특성의 범위를 지정하기 위해 규칙이 사용될 수도 있다. 오직 한 쌍의 선언부를 가진 단순한 규칙조차도 흔히 HTML에서 얻을 수 없는 효과들을 만들어 낼 수 있다. 예를 들어, 다음의 규칙은 단락이 매 줄(수직으로) 들여쓰기로 디스플레이되게 한다.

```
p.hang{
      text-indent: -4pc;
      margin-left: 4pc;
}
```

이 세 가지 규칙의 효과는 아래의 HTML 문서를 디스플레이한 그림 11.5에서 볼 수 있으며, 스타일시트를 이해하는 데 도움을 줄 것이다.

```
<!DOCTYPE html PUBLIC "-//W3C//DTD XHTML 1.0 Strict//EN"
"http://www.w3.org/TR/2000/REC-xhtml1-20000126/DTD/xhtml1-strict.
dtd">

<html>
<head>
<meta http-equiv="content-type" content="text/html;charset=iso-8859-1"/>

<title> Paragraphs</title>
```

```
<style type="text/css">
p{
        text-ident: 4pc;
}
p.noindent {
        text-ident:0pc;
}
p.hang {
        text-ident:-4pc;
        margin-left:4pt;
}
<style>
</head>
<body>
<p class="noindent">
Lore veraessissit ulla alit dolorero od do dolorem etc.
</p>
<p class="unindent">Lore veraessissit ulla alit dolorero...
</p>
<p class="hang">Lore veraessissit ulla alit dolorero...
</p>
</body>
</html>
```

이 문서는 또한 아직 설명하지 않았던 HTML의 몇 가지 특징을 설명해 준다. 첫 줄은 문서 타입 선언부(document type declaration)이며, 여기서는 XHTML 1.0, 사용되고 있는 HTML의 버전을 표시한다. 선언부는 실제로 대부분의 요즘 브라우저가 요구하지 않지만, HTML 언어의 적합성을 검사하는 데 사용될 수 있다. 다음에 오는 html은 문서의 시작 태그이다. 이것은 전체 문서 구조의 루트이며, 적절한 문서의 모든 요소는 그 안에 포함된다. html 요소 내에 올 수 있는 두 개의 문서 태그는 body와 head이다. head는 문서에 대한 정보를 가지며, body는 실제 텍스트를 포함한다.

문서의 head는 세 가지 요소를 포함하고 있다. meta 요소는 문자집합을 ISO 8859-1로 지정하고 있다. title 요소는 짧은 표제를 가지는데, 이것은 브라우저 윈도우의 타이틀 바에 표시된다. 왜냐하면, 이것은 바디 부분에 포함된 텍스트가 아니기 때문이다.

head 부분에 있는 다음 요소는 style이다. 이것은 스타일시트 규칙이 페이지의 레이아웃을 제어하는 곳에 나타나게 된다. 시작 태그는 속성 타입을 가지고 있으며, 이 값은 스타일시트의 MIME 타입이다. CSS 규칙에서, 이것은 항상 text/css이다.

요약하면, HTML 문서의 바디에 있는 텍스트는 태그로 표시되어 있다. 태그는 문서의 논리적 구분에 해당하는 문서 요소를 표시하는 것이다. 스타일 시트 규칙은 문서의 헤더에 있는 **style** 요소에 위치하며, 이러한 요소들의 레이아웃을 제어한다. 클래스 속성은 요소 타입을 다른 하위 집합과 구분하기 위해 사용한다. HTML 태그는 텍스트를 마크업하는 데 사용되며, HTML 태그의 CSS 특성은 텍스트의 레이아웃을 제어하는 데 사용된다. 추가적인 세부사항은 나중에 설명하기로 한다.

11.3.2 HTML 요소와 속성

HTML 4.0 사양은, 따라서 XHTML의 사양은 91가지 요소를 정의하고 있지만, 이 중 10개는 HTML의 향후 버전에서 사라질 것들이다. 왜냐하면, 같은 효과를 얻을 수 있는 더 선호되는 방법이 있기 때문이다. 요소 중 단지 몇 개만 문서 레이아웃과 관계가 있으며, 요소는 **블록-레벨**(block-level)과 **인라인**(inline) 요소로 나눌 수 있다. 블록-레벨 요소는, 문단과 같이, 일반적으로 블록을 분리시킨다. 즉, 블록의 시작과 끝은 줄이 바뀌는 것으로 표시된다. 인라인 요소는 그와 같은 줄바꿈이 발생하지 않는다. 그러므로 이전에 서술했던 블록과 인라인 포맷팅의 일반적인 차이와 일치한다.

대부분의 자주 사용되는 블록-레벨 문서 요소는 문단, 즉 **p** 태그이다. 다른 블록-레벨 태그는 **h1**, **h2**, ..., **h6**으로 부르는 레벨 1에서 레벨 6까지의 헤더와 줄바꿈을 표현하는 **br**, 그리고 수평선 요소인 **hr** 태그가 있다. **blockquote** 태그는 긴 인용문을 위해서 사용한다. 이것은 일반적으로 들여쓰기 형태의 문단으로 디스플레이된다. **pre** 태그는 '미리 정해진 형태(pre-formatted)'로 문서를 작성하기 위해 사용되며, 작성된 문서 형태 그대로 정확하게 디스플레이되도록 한다.

HTML이 블록-레벨 태그로 지원하는 복잡한 구조는 리스트와 테이블이다. 테이블은 상대적으로 복잡한 구조이다. 그와 반대로 리스트는 매우 간단하다. HTML은 세 가지 형태의 리스트를 제공한다. **ol** 태그의 정렬된 리스트, **ul** 태그의 비정렬 리스트 및 정의 리스트 **dl**이 그것이다. **ol**과 **ul** 태그는 둘 다 일련의 리스트 항목을 가진다. **dl** 요소의 항목들은 두 개의 요소인 **dt**와 **dd**로 구성된다. **dl**의 용도는 정의할 리스트들을 설정하는 것이다.

그림 11.6은 아래 HTML 문서에 의해 만들어진 리스트들의 형태를 보여준다.

```
<ul>
  <li> first item, but not numbered 1;
  <li> second item, but not numbered 2;
```

- first item, but not numbered 1;
- second item, but not numbered 2;
- the third item contains a list, this time a numbered one:
  1. first numbered sub-item;
  2. second numbered sub-item;
  3. third numbered sub-item;
- fourth item, but not numbered 4;

ONE
  the first cardinal number;
TWO
  the second cardinal number;
THREE
  the third cardinal number

브라우저에 의해 디스
플레이된 HTML 리스
트들

```
<li> the third item contains a list, this time a numbered one:
<ol>
  <li> first numbered sub-item;
  <li> second numbered sub-item;
  <li> third numbered sub-item;
</ol>
<li>fourth item, but not numbered 4;
</ul>
<dl>
  <dt>ONE<dd>the first cardinal number;
  <dt>TWO<dd>the second cardinal number;
  <dt>THREE<dd>the third cardinal number;
</dl>
```

이 절에서 우리는 HTML 문서의 body 요소에 나타날 수 있는 텍스트 요소들을 살펴보았다. 그러나 그 body를 대체하는 태그가 frameset이다. frameset은 한 페이지를 각 프레임들의 집합으로 분할한다. 각 프레임들은 독립적으로 업데이트될 수 있다. frameset 요소는 단지 frame 태그나 다른 frameset만 가진다.

11.3.3 CSS 특성

CSS는 시각적 포맷팅을 위한 언어이며, 폰트를 선택하고 그 형태 및 크기를 지정하여 문서가 디스플레이되는 형태를 제어한다. 폰트 특징들을 제어하는 5개의 특성은 10장에서 설명했다. 폰트 패밀리(font family)의 특성은 폰트 이름의 리스트로 주어지며(콤마로 구분하여), 나열된 폰트 이름은 선호하는 순서를 나타낸다. 예를 들면,

```
p.elegant { font-family:"The Sans",Verdana, Helvetica, sans-serif }
```

은 클래스 elegant의 문단에 있는 텍스트를 "The Sans"로 불리는 다소 빼어

난 폰트로 설정하기 위한 것이다. (이것은 공백을 포함하기 때문에 CSS 선언부에서 이중 인용부호로 그 이름을 에워싸야 한다는 것을 기억하라.) 만약 이 폰트를 사용할 수 없으면 Verdana를 지정하고 이것도 불가능하면 Helvetica를 지정한다. Helvetica조차 가능하지 않으면, sans-serif 폰트가 사용되어야 한다. CSS는 5개의 일반적인 폰트 패밀리를 제공한다. 즉, serif, sans-serif, monospace, cursive, fantasy의 5개가 제공되며, 이들은 10장에서 소개한 폰트 스타일에 해당한다. 실제 폰트가 사용될 때, 선택된 폰트는 브라우저에 의존할 것이다. 예를 들면, MacOS 시스템에 포함된 일련의 표준 폰트는 판타지(fantasy)라 부르는 어떤 폰트도 포함하고 있지 않다.

폰트에 이름을 붙이는 것은 표준화되어 있지 않으므로 주의해야 한다. 예를 들어, Times New Roman은 종종 Times 혹은 Times-Roman으로 불린다.

폰트의 탐색은 각 문자에 대해 수행된다. HTML은 그것의 문자집합으로 ISO 10646을 사용한다는 것을 기억하라. 두 개의 특성 font-style과 font-variant는 서로 다른 폰트 모양을 선택하기 위해 사용된다. font-style 특성은 그 값으로 normal, italic, 혹은 oblique를 가질 수 있다. font-variant 값은 normal이거나 small-caps이다. font-weight 특성은 단지 font family 내에서만 의미가 있다. CSS는 이 특성을 normal과 bold로 구분한다. 그러나 많은 폰트 패밀리들은 두 개 이상의 가중치(weight)를 제공한다. 그러나 이들을 구분하기 위한 보편적인 이름을 붙이는 규칙이 없다. 대신, CSS는 서로 다른 가중치들을 나타내기 위해 숫자를 사용한다. 즉, 100, 200, ..., 900까지 9개의 값 중 어느 것을 font-weight로 설정할 수 있다.

유사한 옵션이 font-size 특성에 이용될 수 있다. 이 값들은 smaller 혹은 larger가 되며, 이것은 상대적인 크기 변화를 일으킨다. 폰트 크기는 또한 부모 요소 폰트 크기의 퍼센트 혹은 em이나 ex의 배수로 지정될 수 있다. 크기는 또한 부모 폰트와는 관계없이 지정될 수도 있다.

보통 우리가 문자 크기를 선택할 때, 리딩(leading)도 지정한다. CSS에서, line-height 특성은 이 목적을 위해 사용된다. 디폴트 값인 normal은 사용자 에이전트가 '합리적인' 크기를 선택하도록 한다. 대부분의 사용자 에이전트는 폰트 크기의 1.0과 1.2배 사이의 값을 선택한다. 이것은 인쇄물에는 적절하지만, 스크린 디스플레이에는 부적절하다. 좀 더 넓게 사이를 띄운 라인으로 텍스트를 제공하기 위해서는 폰트 크기의 약 1.5배인 라인 높이가 적절하다. 이것은 다음과 같은 세 가지 형태로 선언될 수 있다.

```
line-height: 150%;
line-height: 1.5;
line-height: 1.5em;
```

line-height는 퍼센트, 비율, 혹은 em의 단위로 표현될 수 있다. 이들은 모두 현재의 요소에 사용되는 폰트에 대한 상대적인 값이다. line-height는 또한 어느 단위에서든 절대값으로 지정될 수 있다. 모든 폰트의 특성은 약칭으로 선언부에 나타날 수 있다. 그 값들은 5개의 폰트 특성을 나타내는 리스트이다. 전형적인 선언부는 다음과 같다.

```
p { font: italic bold 14pt/21pt "The Sans",Verdana, Helvetica,
        sans-serif }
```

텍스트를 인쇄하는 것과 디스플레이하는 것의 중요한 차이점 중 하나는, 컬러로 인쇄하는 것은 값비싼 과정이며 컬러로 디스플레이하는 것은 비용이 들지 않는다는 것이다. 모든 사람이 컬러 모니터를 가지고 있다는 것을 보장할 수는 없지만, 컬러를 가진 텍스트와 컬러 배경 위에서 텍스트를 사용하는 것은 고려해야 할 옵션이다.

두 개의 CSS의 특성인 background-color와 color는 배경과 텍스트의 색을 각각 제어한다. 이들의 값은 sRGB 컬러 공간에서 색을 지정한다. 그 형태는 rgb(r%,g%,b%)이며, r, g, b는 빨간색, 녹색, 파란색의 백분율이다. 백분율 대신, 0–255 범위의 숫자를 사용할 수 있다. 세 개의 구성요소는 16진법으로 표현할 수도 있으며, 이 경우는 # 뒤에 6개의 16진 숫자로 표시한다. 다음의 색상은 모두 연한 자줏빛을 나타낸다: rgb(80%,40%,80%), rgb(204,102, 204), #CC66CC.

CSS에서 정렬은 text-align 특성에 의해 제어된다. text-align은 left, right, center, justify의 값을 가진다. 예를 들면, 가운데 정렬을 위한 display 클래스의 문단을 제외하고, 문서의 body 텍스트를 왼쪽 정렬로 설정하기 위해 다음의 규칙이 사용될 수 있다.

```
body { text-align: left }
p.display { text-align: center }
```

그림 11.7은 HTML 및 CSS의 소스와 브라우저에 의해 디스플레이된 결과를 보여주고 있다.

에서, 우리는 HTML 문서에 내장된 스타일시트를 살펴보았다. 스타일시트가 한 문서 이상에 적용될 때, 모든 문서에 그것을 복사하는 것은 낭비일 것이다. 이런 경우, 스타일시트는 보통 그 자체의 파일로 저장되어 link 요소에 의해 그것을 필요로 하는 모든 HTML 문서에 제공된다. 이러한 목적을

```html
<html>
<head>
<title>Box effects</title>
<style type="text/css">
p {
  margin-left: 2pc;
  margin-right:2pc;
  color: #19338F;
}
p.leftfloater {
  margin-left: 0;
  float: left;
  width: 30%;
  color: #FB0F0C;
  font: bold;
}
p.rightfloater {
  margin-right: 0;
  float: right;
  width: 30%;
  font: bold x-large sans-serif;
}
p.clear {
  clear: both;
  width: 50%;
}
</style>
</head>
<body>
<p class="leftfloater">
Left floated text will move to the left of the page, while the main
body flows sublimely past it.</p>
<p class="Rightfloater">
Right floated text will move to the right of the page.</p>
<p class=boxed>
The main text flows past the floaters, accommodating itself to the
space in between them, until a paragraph belonging to the class
"clear" is encountered.</p>
<p class="clear">
At which point, the layout resumes below the floated material, like
this.</p>
</body>
</html>
```

그림 11.7 절대적으로 위치한 요소: HTML/CSS 소스와 브라우저의 디스플레이

Left floated text will move
to the left of the page,
while the main body flows
sublimely past it.

The main text flows past the
floaters, accommodating
itself to the space in
between them, until a
paragraph belonging to the
class "clear" is encountered.

**Right floated text
will move to the
right of the page.**

At which point, the layout resumes below the
floated material, like this.

위해 link는 다음과 같은 형태를 갖는다.

<link href="*stylesheet's URL*" rel="stylesheet" type="text/css" />

(우리는 12장에서 좀 더 완전하게 link를 설명할 것이다.)

CSS를 설명한 의도는, 디자이너들에게 유용한 텍스트 레이아웃에 대한 제어를 설명하기 위한 것이었다. 우리는 CSS의 모든 특징 대신, 몇 가지만 단순히 요약하여 설명했다.

연습문제

1. 일반적으로 기본적인 **em** 요소는 HTML 문서에서 이탤릭체로 표현된다. 이전 장에서 언급했던 것처럼, 화면에 디스플레이할 경우에는 강조를 위해 볼드체를 선호한다. **em** 태그를 표현하기 위한 CSS 규칙을 써라.

2. HTML 문서 전체가 일반적인 리딩(leading)보다 1.5배 크기로 디스플레이되도록 지정하라.

3. 'call out'으로 레벨 1 제목을 배치하는 CSS 규칙을 써라. (즉, 제목 텍스트는 본문의 첫 번째 문단의 상단 여백에 나타나야 한다.)

4. CSS를 다양하게 사용할 때, 어떤 스타일시트를 인식하지 못하는 브라우저가 텍스트를 디스플레이할 경우에는 그 레이아웃이 브라우저에 의해 무시되었다는 설명을 해야 한다. 그러한 설명을 페이지에 내장하는 방법을, 단지 HTML과 CSS만 사용하여 작성하라.

5. 이 장에서 설녕한 모든 블록-레벨과 인라인 HTML 요소를 단지 컬러로 구별할 수 있도록 CSS 스타일시트를 작성하라.

6. 사용자 에이전트가 스타일시트를 명확하게 해석할 수 있는지의 여부

에 따라 의미가 달라지는 문서의 간단한 예를 작성하라.

7. 가시적인 레이아웃 태그 및 속성을 사용하는 웹 페이지를 찾아라. (이러한 웹 페이지를 찾기 위해서는 반드시 HTML 소스를 보아야 한다). 그 페이지를 복사하고, 가시적인 레이아웃을 제거한 뒤, CSS 스타일시트로 그것을 대체하라.

8. 앞의 7번을 HTML 태그의 변경 없이 페이지의 레이아웃 전체를 바꾸기 위한 CSS 스타일시트를 사용하여 다시 작성하라.

9. 웹 페이지를 만들고 편집하는 세 가지 유용한 접근 방법, 즉 (a) 텍스트 에디터를 사용하여 HTML 태그를 직접 편집하는 방법, (b) 드림위버와 같은 'WYSIWYG' 비주얼 편집기를 사용하여, 화면에서 레이아웃을 변경함으로써 간접적으로 HTML을 편집하는 방법, (c) Freeway 같은 HTML 생성기를 사용하여 레이아웃을 편집하고, 그것으로부터 등가의 HTML을 만드는 방법이 있다. 이러한 세 가지 접근 방법에 대하여 상대적인 장점과 단점을 논하라.

하이퍼텍스트와 하이퍼미디어
Hypertext and Hypermedia

12

10장과 11장에서 가장 중요한 멀티미디어 요소 중의 하나인 디지털 텍스트(digital text)의 특성에 대해 서술하였다. 지금까지 서술했던 단순 텍스트와 더불어, 멀티미디어 저작물은 보통 **하이퍼텍스트**(hypertext)를 많이 사용하여 만든다. 하이퍼텍스트는 **링크**(link)가 붙어 있는 텍스트이다. 링크는 텍스트의 어떤 부분(이것은 동일 문서의 다른 부분일 수도 있고 다른 문서의 일부분일 수도 있다)을 가리키는 포인터이다. 또한 다른 문서는 다른 장소에 저장되어 있을 수도 있다. 항해 메타포(navigational metaphor)는 흔히 이 링크들이 어떻게 작용되는지를 설명하는 데 쓰인다. 링크가 발생하는 장소를 링크의 **소스**(source)라 부르며, 링크가 가리키는 장소를 링크의 **목적지**(destination)라 부른다. 사용자는 링크의 소스에서부터 링크의 목적지까지 링크를 따라간다. 소스로 표현된 것을 마우스로 클릭하여 선택하면, 목적지가 포함하고 있는 문서의 일부가 디스플레이되는데, 이것은 마치 사용자가 소스로부터 목적지로 점프하는 것과 같으며, 사용 설명서의 참고문헌을 참조하는 것과 흡사하다. 따라서 하이퍼텍스트는 관련이 있는 텍스트의 집합을 저장할 수 있게 해주며 이들을 찾아볼(browse) 수 있게 해준다.

사용자가 하이퍼텍스트와 상호작용하는 것은 텍스트와 작용하는 것보다 더욱 복잡하기 때문에, 하이퍼텍스트의 인터페이스를 볼 때는 단순히 겉으로 보이는 것 이상을 생각해야 한다. 링크를 어떻게 나타낼 지에 대한 문제와 더불어, 따라갈 링크의 레코드를 저장할 것인지의 여부 및 어떻게 저장할 것인지에 대해서도 고려해야 하며, 되돌아가기(backtracking)를 허용하기 위해 제공되어야 할 부가적인 항해 기능에 대해서도 고려해야 한다. 대부분의 사람들에게 하이퍼텍스트의 가장 친숙한 예는 월드 와이드 웹이며, 유명한 웹 브라우저가 제공하는 항해 기능은 사용자들이 하이퍼텍스트 문서 모음을 기분좋게 브라우즈할 수 있도록 해준다.

여러분들은 월드 와이드 웹이 단순히 하이퍼텍스트만으로 이루어져 있지 않다는 것을 이미 알고 있을 것이다. 웹 페이지에는 이미지, 소리, 비디오 및 동영상이 내장될 수 있으며, 이들이 사용자와 상호작용하기 위해 스크립트가 연관된다. 이와 같이 미디어 요소들이 링크에 의해 연결된 네트워크는 **하이퍼미디어**(hypermedia)의 예이며, 이 중 하이퍼텍스트는 하나의 텍스트 미디어로 제한된 특별한 경우이다. 많은 종류의 미디어를 다루기 위한 추가적인 기술이 필요함에도 불구하고, 하이퍼텍스트로부터 하이퍼미디어로 일반화하는 것은 개념적으로 단순하며, 하이퍼텍스트를 고려함으로써 기술적으로 접근할 수 있다. 이 두 가지의 발전은 분리할 수 없으므로, 이들의 발전 과정을 검토하는 것으로 이 장을 시작하고자 한다. 여기서는 하이퍼텍스트와 하이퍼미디어를 함께 고려한다.

12.1 간략한 역사

    비록, 하이퍼미디어에 대한 대중적인 인식은 월드 와이드 웹에 초점을 맞추고 있지만, 그 개념은 긴 역사를 가지고 있다. 그 기원은 일반적으로 1945년 루즈벨트 대통령의 과학 보좌관인 부시(Vannevar Bush)에 의해 작성된 기사[1]로 거슬러 올라가는데, 그 기사에서 그는 대량의 문서를 모으고 주석을 붙이는 기계에 대해서 기술하였다. 부시의 장치로 알려진 Memex는 문서들 사이에 링크를 생성하는 메커니즘을 포함하고 있어서, 현재 읽고 있는 문서와 연관된 문서들을 검색할 수 있게 해주었는데, 이것은 마치 현재의 웹 페이지와 연관된 웹 페이지들이 링크를 따라 접근이 가능한 것과 유사하였다. Memex는 포토센서(photosensor)와 마이크로도트(microdot)에 기초한 기계적인 장치였으며, 이러한 기계가 만들어진 적이 없었다는 것은 결코 놀라운 일이 아니다. 링크된 데이터의 검색을 위해 디지털 컴퓨터 기술은 아주 적합한 메커니즘을 제공한다.

    부시의 취지는 사람들이 생각하는 방식에 기초하여 연상한 것이었으며, 문서 저장 시스템들도 이런 연상을 반영하는 방법으로 동작해야 한다는 것이었고, 따라서 링크에 대한 요구도 마찬가지였다. 가상적인 방법을 검색에 매칭시키려는 이러한 관심은 컴퓨터-기반 하이퍼텍스트에 관한 초창기 작업에서 계속되었다. 최초의 작동되는 하이퍼텍스트 시스템 중의 하나는 '인간 지능향상연구소(Augmented Human Intellect Research Center)' 라는 과장된 타이틀을 가진 기관의 후원 하에 개발되었다.[2]

    초기의 하이퍼텍스트에 대한 연구의 또 다른 특징은 링크가 서로 다른 시스템의 사용자에 의해 동적으로 증가된다는 가정이며, 링크된 구조는 사용자 커뮤니티 간의 상호작용에 기초하여 시간의 흐름에 따라 발전한다는 것이었다. 하이퍼미디어 시스템들과 컴퓨터 지원 협동작업 사이에 상당한 중복이 있었다.

    1960년대 말과 1970년대 초에 개발된 몇 가지 실험적인 시스템 중에서, 넬슨(Ted Nelson)의 재너두(Xanadu) 프로젝트는 언급할만하다. 왜냐하면, 이것은 전 세계의 문헌을 저장하는 글로벌 시스템을 의도하고 있기 때문이다. 이런 점에서, 재너두는 현재 배급되어 있는 하이퍼미디어 시스템들(후에

---

[1] V. Bush, "As We May Think", *Atlantic Monthly*, July 1945.

[2] 현재의 주요 웹 사이트가 인간 지능(human intellect)을 증대시켰다고 말할 수 있는 지는 독자들의 판단에 맡긴다.

발전된 작은 규모와는 다른, 더욱 실용적인 시스템)의 출현을 암시하였다. 즉, 하이퍼텍스트라는 용어가 고안된 것은 재너두와 관련이 있다.

많은 실험적인 시스템이 1970년대와 1980년대 초기에 걸쳐 개발되었다. 하이퍼텍스트 경험이 많아짐에 따라, 이런 시스템 중 몇몇은 특히 정보 제공소(kiosk)와 유사한 응용들에 사용되기 시작했다. 이 단계에서는 사람과의 인터페이스에 관한 주제와 하이퍼텍스트 시스템들의 정형화된 모델 개발이 많은 주목을 받게 되었다. 이러한 경향은 1987년 하이퍼카드(HyperCard)의 등장으로 인해 사라지게 되었다.

애플(Apple)사에 의해 개발된 하이퍼카드는 모든 매킨토시(Macintosh) 컴퓨터에 몇 년 동안 무료로 배급되었다. 하이퍼텍스트 시스템의 갑작스런 대량 배급의 결과로 하이퍼카드는 그런 시스템의 패러다임으로 위치하게 되었다. 잠시 동안, 하이퍼카드는 하이퍼텍스트와 동의어가 되었다. 전부는 아니더라도, 하이퍼카드에서 발견되는 특징의 대부분은 초기 시스템들, 특히 제록스(Xerox)의 노트카드(NoteCards)에서 유래하였다. 하이퍼카드의 중요성은 혁신적인 기술에 있는 것이 아니라 대중보급에 있다. 그런 특징 중에는 링크된 자료를 구성하는 카드-기반 메타포(card-based metaphor), 다양한 미디어의 지원, 그리고 이벤트들과 연계된 액션과 카드에 대한 제어가 가능한 스크립트 언어에 관한 것 등이다. 스크립트 언어, 하이퍼토크(HyperTalk)는 사용자들이 하이퍼카드에 복잡한 동작을 개발할 수 있을 만큼 충분히 강력한 것이었다.

하이퍼카드는 하이퍼미디어를 실험실로부터 바깥 세상으로 나오게 하였다. 월드 와이드 웹은 그 자체가 문화적인 현상이 되었다. 독점적인 포맷을 사용했고 대부분 닫혀 있으며 자기만족적인 초기 시스템들과는 다르게, 웹은 공개적으로 사용되는 기술이다. 모든 사람이 웹 페이지를 텍스트 편집기로 만들 수 있으며, 플러그-인(plug-in)과 응용프로그램 도우미(helper application)는 브라우저들이 임의의 미디어들을 다룰 수 있게 해준다. 이 기술은, 사실, 명백하게 독창적이며, 월드 와이드 웹이 단순히 배급된 하이퍼텍스트 시스템에서 상호작용을 가진 완전한 하이퍼미디어 시스템으로 발전하는 데 거의 5년이 걸렸다. 월드 와이드 웹의 지속적인 진화는 앞으로 다가올 하이퍼미디어의 성격을 월드 와이드 웹이 정의할 것이라는 것을 의미한다.

12.2 하이퍼텍스트의 특징

텍스트는 하이퍼텍스트 문서들의 모임 내에 개별적 위치를 연결해 주는 링크를 추가함으로써 하이퍼텍스트가 되는데, 링크들은 간단한 조작에 의해 동작하게 된다. 보통은 마우스를 클릭함으로써 사용자는 링크가 가리키는 하이퍼텍스트를 읽을 수 있다. 이렇게 하기 위해서는 브라우저라 부르는 소프트웨어가 필요하다. 보통, 링크를 따라갈 때, 브라우저는 어디서부터 출발했는지를 기억했다가 필요하면 되돌아갈 수 있게 해준다. 월드 와이드 웹은 (분산) 하이퍼텍스트 시스템의 한 예이며, 웹 브라우저는 브라우저의 특별한 형태이다.

브라우저는 사람들이 비선형적인 방식으로 하이퍼텍스트를 읽을 수 있게 도와준다. 즉, 처음부터 시작하여 차례대로 읽는 대신에, 링크를 따라가는 것을 그만둘 수도 있고 다른 링크로 옮겨갈 수도 있다. 어떤 곳에서는 원래 있던 곳으로 되돌아가서 읽을 수도 있다.

일반적으로, 이러한 비선형적인 브라우징이 하이퍼텍스트를 구별해 주는 것으로 잘못 이해하고 있는 경우가 많다. 다음의 인용문은 이런 관점을 보여 주는 극단적인 표현이다.

> "컴퓨터 파일이든 프린트된 형태이든, 모든 전통적인 텍스트는 전부 순차적인 것이다. 이것은 텍스트들이 읽혀지는 순서를 정의하는 것이 단순히 선형적이라는 것을 의미한다. 먼저, 첫 페이지를 읽은 후, 그 다음 두 번째 페이지를 읽고, 세 번째 페이지를 읽는다. 계속해서, 당신은 다음에 무슨 페이지를 읽어야 할지를 결정하는 공식을 만들기 위해 수학자가 될 필요가 없다."[3]

다른 형태의 인쇄물도 비선형적인 형태를 가질 수 있다. 백과사전은 종종 상호참조되는 짧은 기사들로 구성되어 있어서, 어떤 내용을 읽다가 다른 곳으로 갈 수도 있다. 상호참조는 또한 소프트웨어에 대한 매뉴얼이나 모든 종류의 기술적인 참고 자료에도 흔히 사용되고 있다. 각주나 참고문헌과 같은 문서 목록도 일종의 링크 시스템이다. 심지어 보통 선형적인 구조를 가지고 있는 소설들도 종종 비선형적으로 읽혀진다. 즉, 독자는 앞 장으로 되돌아가서 읽는 것이 필요할 수도 있으며 소설의 전개를 알아보기 위해 끝부분으로

---

[1] Jakob Nielsen, 'Usability considerations in introducing hypertext' *Hypermedia/Hypertext* 판. Heather Brown, Chapman and Hall(1991).

가는 것이 필요하다는 것도 알 수 있을 것이다.

12.2.1 링크

하이퍼텍스트는 저장과 디스플레이 등 몇 가지 새로운 문제를 야기한다. 어떻게 링크를 문서 내에 포함시킬 것인가? 어떻게 그들의 목적지를 식별할 수 있을까? 어떻게 링크들을 주변 텍스트와 구별할 수 있을까? 이러한 질문들에 대한 대답을 이해하기 위해서는 링크가 무엇이며 링크가 연결하는 것이 무엇인지에 대해 명확하게 이해할 필요가 있다.

가장 단순한 경우로 월드 와이드 웹을 예로 들 수 있다. 만약, 잠시 동안 순수하게 텍스트로 구성된 페이지들로 국한시켜 생각한다면, 이들의 길이가 얼마이든지 그 자체로 완비된 페이지가 되며 통상적인 화면에 잘 맞는다. 다른 페이지들과 연결하기 위한 유일한 방법은 링크를 통해서 이루어진다(비록 링크의 이름을 '다음(next)'이나 '이전(previous)'으로 붙였다 하더라도, 그러한 페이지들 간의 순차적인 연결은 명시되어 있다). 한 페이지 내에서도 텍스트의 순차적인 구조가 제시된다. 한 페이지의 시작부터 끝까지를(비록 그럴 필요가 없더라도) 분명히 읽을 수 있으며, 표제어와 문단과 같은 요소들은 페이지의 내용을 구성하는 데 이용된다. 웹 페이지의 HTML 소스는 종종 파일로 존재하지만, 어떤 페이지들은 동적으로 생성되므로, 페이지들을 파일이나 혹은 고정된 형태의 저장된 표현으로 항상 식별할 수 있는 것은 아니다.

하이퍼텍스트 시스템들은, 웹 페이지들과 유사하게, 일반적으로 텍스트의 내용을 가진 완비된 요소들로 만들어진다. 일반적으로, 이러한 요소들을 **노드(node)**라 부른다. 몇몇 시스템은 노드의 크기와 형태에 제한을 두며(일례로, 많은 초기의 하이퍼텍스트 시스템은 3×5의 인덱스 카드의 크기로 만들어졌다), 반면 다른 시스템들은 임의의 크기와 복잡한 노드를 허용하기도 한다.

일반적으로, 하이퍼텍스트 링크들은 노드 간의 연결이지만, 노드가 내용과 구조를 가지고 있기 때문에, 링크가 단순히 두 개의 노드를 완전히 연관시킬 필요는 없다. 통상적으로 링크의 소스는 노드의 내용 속 어딘가에 들어 있다.

월드 와이드 웹으로 되돌아와서, 페이지를 디스플레이할 때, 링크의 존재는 페이지의 어느 부분이 하이라이트된 텍스트로 보여지며, 다른 형태로는 (예를 들어, 페이지의 링크 팝업 메뉴에 의해서는) 보여지지 않는다. 또한 링크는 다른 페이지를 가리키거나, 같은 페이지 내의 다른 부분을 가리키거나, 다른 페이지의 특별한 부분을 가리킬 수도 있다. 따라서 웹 링크는 페이지들 중의 특정한 위치와 관련된 것으로 간주해야만 하며, 일반적으로 링크는 노

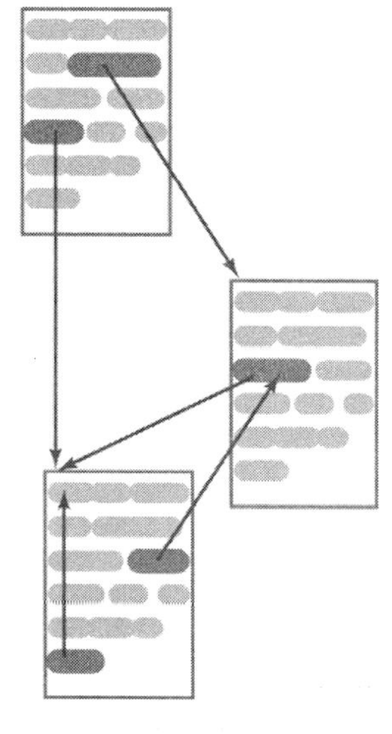

그림 12.1 간단한 단방향 링크들

드의 일부분을 연결한다(그림 12.1 참조).

HTML에서, 각 링크는 한 페이지 내의 한 지점(종종 함축적인 시작점)을 다른 지점과 연결시키며, 첫 번째 페이지의 그 소스로부터 다른 곳의 목적지로 옮겨가게 한다. 이런 형태의 링크를 **단순 단방향 링크**(simple unidirectional link)라 부른다. XML 및 더욱 정교한 다른 하이퍼텍스트 시스템들은 링킹의 좀 더 일반적인 개념을 제공하는데, 이 개념은 링크의 끝이 한 페이지 내에 위치할 수 있게 하며(지역 링크(regional link)), 링크가 양방향으로 옮겨가게 할 수도 있으며(양방향 링크(bidirectional link)), 링크가 두 개 이상의 끝을 가질 수도 있다(다중-링크(multi-link)). 그림 12.2는 확장된(extended) 링크로 알려진 이러한 링크들의 일반화된 형태를 보여준다.

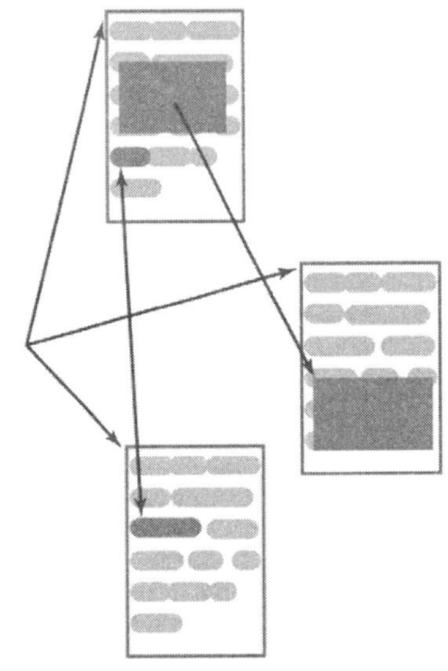

그림 12.2 지역 링크, 양방향 링크 및 다중 링크

12.3 브라우징과 탐색

길 잃음의 가능성 – 흔히 일어나는 '하이퍼스페이스에서의 길 잃음' – 은 하이퍼텍스트의 초창기 제품 이래로 염려해 온 것이다. 텍스트를 노드로 구분하는 것은 전통적인 선형 구조로 제공된 문맥을 조각으로 만들게 되므로, 링크에 의해 제공되는 다양한 분기들은 끊임없이 브라우즈할 수 있는 기회를 제공하는 대신에, 사용자가 하나의 특정한 정보를 찾는 것은 미로에 비견될 수 있다.

이 문제에 대한 초창기의 많은 해법은 노드들의 모임 사이에 그래픽적인 형태의 링크 구조를 제공하려는 데 집중되었다. 이런 접근 방법은 많은 문제점을 가지고 있다. 즉, 노드와 링크의 모음에 대한 다이어그램 그 자체가 혼란을 야기하며, 노드의 내용에 대한 충분한 정보(흥미가 있었는지, 사용자가 이전에 방문했었는지)를 사용자에게 제공하기가 어렵다. 또한, 현재의 노드에 가까운 노드들을 좀 더 상세하게 보여주는 다양하고 정교한 방식에도 불구하고, 이런 그래픽적인 항해 도구들은, 브라우징 히스토리, 인덱싱 및 탐색에 근거한 항해를 선호함에 따라, 대부분 사라지게 되었다.

종종, 하이퍼텍스트에서 브라우징하는 것은 선형적인 순서에서 이탈하게 되며, 추후에 다시 원래 방향으로 되돌아오게 된다. '뒤로가기(go back)' 명령을 제공하는 것은 이와 같은 읽기 방식을 지원하기 위한 자연스런 방법이다. 이렇게 하기 위해서는 브라우저가 최근까지 방문한 노드들을 저장하는 것이 요구되며, 이 저장 결과를 사용자에게 **히스토리 목록** 형태로 보여줄 수 있게 기능을 늘리는 것은 당연하다. 사용자들은 목록에 있는 어떤 노드로 직접 갈 수도 있으며, 임의의 위치로 되돌아갈 수도 있다. 간단한 '뒤로가기'

기능은 하이퍼텍스트를 통해 찾아간 경로에 대한 역추적(back-tracking)의 형태를 제공한다.

히스토리 목록(history list)은 항상 제한된 크기로 되어 있다. 비록 그것들이 제한되지 않았다 하더라도, 브라우징의 완전한 히스토리는 오히려 그 자체가 하이퍼텍스트에서 길을 찾는 것을 혼란스럽게 할 것이다. 이런 동작에서는 과거 방문했던 흥미있는 노드들을 집합의 형태로 모아서 요약하는 것이 더 유용하다. 웹 상에서 포인터들은 URL이며, 이들은 단지 텍스트 스트링이므로, 흥미있는 사이트들의 URL로 보통 불리는 북마크 혹은 즐겨찾기의 집합을 유지하는 것은 간단하다. 전형적인 웹 브라우저들은 당신이 방문했던 페이지를 북마크하는 것, 곧 그 페이지 표제와 함께 그것의 URL을 기록하는 것을 허용한다(만약 표제가 충분한 의미가 있지 않다면, 이것은 차후에 기억을 돕는 이름으로 대체될 수 있다). 북마크들은 계층과 유형으로 구성된다. 북마크의 메뉴는 브라우저에 의해 제공된다. 이 메뉴로부터 북마크를 선택하는 것은 브라우저가 그 페이지를 다시 찾게 해준다. 링크의 자취를 추적하는 대신에 사용자들은 북마크의 집합을 만들 수 있으며, 이는 그들이 선택한 사이트로 직접 갈 수 있게 해준다.

브라우징은 연관성에 따라 정보를 찾는 방법에 기초한다. 좀 더 자연스러운 대안은 그 내용에 기초하여 정보를 찾는 것이다. 이 방법은 정보 검색과 데이터베이스 질의에 더 가깝다. 이것은 브라우징을 위한 출발점을 찾는 방법뿐만 아니라 그 대안으로도 역할을 할 수 있다. 한 대의 컴퓨터에 저장된 작은 하이퍼텍스트 네트워크에서, 전형적인 텍스트-탐색 알고리즘을 저장된 각각의 노드에 적용하여, 키워드나 문구를 통해 전체 네트워크를 탐색하는 것은 의미가 있다. 더 큰 네트워크들, 특히 월드 와이드 웹과 같은 분산 네트워크에 대해서는, 이 방법은 현실적이지 못하다. 대신에, 우리는 (하나의 웹 사이트에 저장될 수 있는) 노드들의 URL과 함께 키워드를 구성하는 인덱스를 만들고, 그들을 탐색한다. 그런 인덱스는 또한, 적절한 분류 주제를 사용하여 구성될 수 있으며, 도서관의 분류된 카탈로그와 같이 주제어 인덱스로서 역할을 할 수 있다.

많은 조그만 인덱스가 사용자들이 만든 북마크에 의해 간단하게 만들어져 왔으며, 때때로 이들을 통해 탐색하는 간단한 기능도 제공되었다. 이들은 하나의 주제에 대한 일관성 있는 페이지들의 집합을 만들어서(예를 들어, MPEG 비디오), 그 주제에 대한 전문화된 브라우징의 유용한 접근 방법이 되었다. 더 넓은 적용 범위는 상업적인 인덱스 사이트들에 유용하다(Yahoo!와 Open Directory와 같은). 많은 URL이 모여서 분류되고, 부울(Boolean) 질의에 대해 지원하는 강력한 검색엔진들이 정보 검색 시스템으로 제공되고 있다.

인덱스 사이트들을 만드는 것에는 크게 수동과 자동의 두 가지 접근 방법이 있다. 수동 방법에서는 사이트의 내용에 대한 사람들의 평가를 기초로 분류된다. 웹 사이트에 대한 URL은 전형적으로 사이트 제작자가 제시한 분류에 따라 인덱스(보통 주제별 계층)에 추가되며, 내용에 대한 간단한 설명을 제공한다. 사이트를 방문한 뒤, 필요하면 분류가 수정된다. 내용의 설명은 URL과 함께 보관되므로, 계층 분류에 의한 네비게이팅이나 키워드에 의한 탐색 방법에 의해 사이트를 탐색할 수 있다.

탐색 기능은 계층적인 분류의 한계를 보상해 주며, 이는 체계적인 도서관의 카탈로그를 이용해 왔다면 친숙한 방법일 것이다. 비록 한 가지 이상의 방법으로 분류될만한 이유가 있더라도, 사이트는 계층에서 하나 이상의 위치에 놓일 수는 없다. 예를 들어, TV 방송을 위한 MPEG-2 비디오의 사용에 관한 웹 사이트를 엔터테인먼트 분야의 서브카테고리인 TV 분야로 분류할 것인가? 혹은 컴퓨팅 범주 내의 멀티미디어 서브카테고리인 디지털 비디오로 분류할 것인가? 이런 종류의 문제까지 고려하기 위해, 인덱스들은 한 범주 이상의 서브카테고리에 나타날 수 있도록 가명을 사용한다. 하지만, 가명을 따라가면 실제로 주제가 저장된 범주 밑으로 가게 된다.

명백하게, 많은 부분이 계층적 구조에 의존한다. 대부분의 웹 인덱스 사이트가 사용하는 분류들은 월드 와이드 웹의 기원을 보여주는 컴퓨터, 통신 및 물리학 분야에 치중하는 경향이 있다. 예를 들어, 야후의 최상위 단계 카테고리들은 컴퓨터와 인터넷에 관한 하나의 완전한 범주를 가지는 반면, 비즈니스와 경제를 하나의 분야로 다루고 있다. 이러한 불균형은 간단한 계층적 분류를 통해 좀더 세부적인 주제들로 대체하거나, 인덱스된 내용의 변화에 따라 분류의 구조를 바꿈으로써 줄일 수 있다.

인덱스를 만들기 위한 수작업 방법은 사람의 지식으로 인덱스를 분류하거나 내용을 검증하는 상당한 장점을 가지고 있는 반면, 이를 제대로 하기 위해서는 상당히 노동집약적이며 누군가가 실제로 인덱스를 위해 웹 사이트를 직접 방문해야 한다. 이는 웹의 빠른 변화에 인덱스가 따라가기 힘들게 한다. 자동적으로 생성되는 인덱스들은 이런 문제를 피할 수 있다. 이들은 **로봇**(robot), 스파이더(spider) 혹은 **웹 크롤러**(web crawler) 등으로 다양하게 불리는 프로그램에 의해 만들어지며, 단순히 링크들을 따라가서, 그들이 만나는 페이지의 URL과 키워드들을 수집한다. 상당히 강력한 컴퓨터들에서 실행되고 있는 높은 효율의 검색엔진들은 인덱스된 단어의 데이터베이스에 대해 질의를 처리하는 데 사용된다. 사용자가 한 페이지에서 볼 수 있는 어떤 단어를 포함하는 질의를 하면, URL과 함께 그 페이지의 처음 몇 줄을 질의의 결과로 디스플레이해 준다. 이러한 접근 방법의 성공은 로봇이 의미있는 키워드를 추출하는 데 달려 있다. 즉, 키워드의 기초인 사이트들을 분류하는 데 사용되는 방법, 그리고 키워드와 URL의 데이터베이스를 질의하는 데 사용되는 검색엔진의 효율성과 복잡성에 의존한다.

사람 힘에 의하지 않는 이런 인덱스는 몇 가지 특색있는 결과를 만들어 낼 수 있다. 웹 크롤러는 자연어를 전혀 이해할 수 없거나, 같은 단어가 문맥에서 다르게 사용되는 차이를 구분할 수가 없다. 예로, 'the blues'를 검색할 때 버밍검 시(Birmingham City)의 풋볼 클럽 웹 페이지나 세인트루이스(St. Louis)의 Blues NHL 하키 팀, 그리고 블루스 음악을 다루는 웹 페이지들을 찾게 될 것이다. 키워드에 기초한 인덱스는, 비록 검색엔진이 그러한 오남용을 감지하는 노력을 기울임에도 불구하고, 비양심적인 웹 마스터들이 부적절한 키워드를 넣음으로써 접속을 유도하기 위한 시도에 또한 취약하다.

웹 상에 많은 사이트들이 생김으로써, 사용자들이 찾고자 하는 정보를 발견하게 도와주는 인덱스와 검색이 더욱 복잡해진다. 구글(Google) 검색엔진은 페이지를 지정하는 링크의 수를 조사함으로써 키워드의 사용 범위를 확대하며, 링크의 수를 키워드 중요도 측정의 가중치로 사용하고 있다. 많은 다른 사이트들의 링크에 의해 참조된 페이지들, 혹은 사이트 내에서 특히 의미있는 페이지로 간주되는 페이지들은 연결 링크들을 갖지 않는 사이트들보다 더 상위에 위치할 것이다.

실제 어떤 한 페이지의 텍스트에는 그 주제를 표현하는 데 사용되는 단어를 포함하지 않을 수도 있다. 내용이 묵시적일 수 있으며, 저자가 동의어를 사용했을 수도 있다. 예로, 웹 페이지의 자동 인덱스에 대한 글에서, '로봇'을 사용하지 않고 '스파이더'를 사용할 수도 있는데, 이 경우 로봇에 대한 검색은 그 페이지에서 찾지 못할 것이다. 더욱이, 웹 페이지의 텍스트의 시작 줄들은 그 내용물을 표현하는 데 거의 도움이 되지 않는다. 소프트웨어가 자연어를 이해하는 현재의 기술 수준은 이 어려움을 해결하는 실용적인 방법을 제공하지 않는다. 대신, 그 문제는 웹 페이지에 간단한 프로그램으로 설명을 추가하는 방법으로 처리될 수 있다.

인덱스 소프트웨어의 장점에 대한 서술은 곧 **메타데이터**(metadata)의 유용한 예를 설명하는 것이다. 메타데이터는 데이터에 관한 데이터이며, 인덱스는 한 페이지에 대한 데이터, 즉 한 페이지의 내용에 관한 데이터이다. HTML은 **meta** 요소를 사용하여 어떤 웹 페이지에도 메타데이터를 붙일 수 있는 간단한 메커니즘을 제공한다. 특히, 명시적으로 지정된 키워드의 모음과 짧은 설명이 붙게 되는데, 웹 크롤러는 이들을 이용하여 데이터 인덱스에 사용할 데이터를 모으게 된다. meta 요소는 공백 요소(empty)이며, HTML 문서의 헤드에만 나타날 수 있다. name과 content의 두 가지 속성이 한 쌍의 값으로 임의의 메타데이터를 상술하는 데 사용되며, name은 정보의 유형을 식별하는 것에, content는 그에 해당되는 값을 제공하는 역할을 한다. 이 메커니즘은 요소가 늘어남을 막고, 문서를 설명하는 특성을 선택하는 데 최대한의 유연성을 제공한다.[4]

두 가지의 항목, 즉 description과 keywords는 대부분의 검색엔진에서 인식된다. 이들의 목적은 그 이름에서 명백히 알 수 있다. description이 있으면, 질의에 대한 결과를 디스플레이할 때, 페이지의 첫 줄 대신 사용된다. keywords는 추가적인 인덱스 용어를 제공하며, 텍스트 자체에 존재하지 않을 수도 있다. 따라서, 만약 웹 페이지가 블루스 가수인 Robert Johnson과 연관되어 있다면, 다음 내용을 포함하는 것이 좋다.

```
<meta name= "description" content="The life and times of the blues singer Robert Johnson" />
<meta name= "keywords" content= "blues, music, King of the Delta Blues"/>
```

이런 메커니즘은 효과적이지만 조잡하며, 메타데이터에 관한 어떠한 구조도 없다는 것이 복잡한 처리 과정에 사용하기 어렵게 만든다. RDF(Resource Description Format)는 전형적인 관계형 및 객체지향 데이터베이스의 아이디어를 결합하여 좀더 형식적으로 메타데이터를 조직하는 방법을 제공함으로써 컴퓨터 프로그램에 의해 수행될 수 있다. 정보를 자동적으로 추출하도록 허용하는 메타데이터의 광범위한 사용은 웹 진화의 다음 단계일 것이며, 의미적 웹(Semantic Web)이라 부르는 형태로 발전될 것이다.

12.4 HTML 내에서의 링크

HTML에서 웹 페이지에 포함된 링크들은 단순하며 단방향이다. 초기의 하이퍼텍스트 시스템 내의 링크들과 구별되는 것은 목적지를 식별하는 URL(Uniform Resource Locator)의 사용이다.

---

[4] 메타 요소들은 또한 문서의 문자집합을 기술하는 데 사용된다는 것을 11장에서 언급하였다. 사용된 속성은 다르지만 문서에 관한 데이터 요소를 사용하는 방법은 똑같다.

12.4.1 URL

URL은 균등하게 자원(resource)을 가리키지만, 이렇게 지정되는 '자원'의 개념을 규정하기는 상당히 어렵다. 다음에 서술하는 내용도 명확하게 도움이 되지는 않는다. "자원은 주체(identity)를 가지고 있는 어떤 것도 될 수 있다[. . .]. 자원은 실재하는 존재(entity)에 대한 개념적 사상이며, 어느 특정한 순간에 그 존재와 반드시 사상될 필요는 없다." (IETF RFC 2396 *Uniform Resource Identifiers(URI): Generic Syntax*). "자원은 URI에 의해 지정될 수 있는 네트워크 데이터 객체 또는 서비스이다, ... (IETF RFC 2068 *Hypertext Transfer Protocol -- HTTP/1.1*). 실제로, 자원은 HTTP, FTP 및 SMTP와 같은 상위 레벨의 인터넷 프로토콜에 의해 접근될 수 있는 어떤 것도 될 수 있다. 종종, 항상 그렇지는 않지만, 자원은 파일이거나 어떤 데이터일 수 있지만, 그러한 데이터에 접근할 수 있는 방법은 사용하는 프로토콜에 의해 제한된다. 예를 들면, **mailto** 자원은 사용자의 우편함(mailbox)을 식별할 수 있지만, 단지 메시지를 보낼 때만 우편함에 접근할 수 있게 한다. **ftp** 자원은 파일을 식별하며, 우편함이 파일로 저장된 시스템에서는 사용자들의 우편함을 식별하는 데 사용될 수도 있지만, **ftp** 자원은 원격지로부터 네트워크를 통해 파일을 가져온다. 따라서 자원은 추상적인 데이터 타입과 비슷하며, 데이터를 식별하고 데이터에 대해 수행될 연산집합을 제공한다.

모든 최근의 W3C 권고안들은, XHTML 1.0을 포함하여, URL보다는 URI(Uniform Resource Identifier)의 사용을 규정하고 있다. URI는 URL의 상위집합(superset)이며, URN(Uniform Resource Names)도 또한 포함한다. URN은 항상 특정한 위치에 자원을 고정시키는 URL과는 달리, 네트워크 자원을 언급할 때 위치독립적인(location-independent) 방법을 제공하기 위해 고안되었다. 실제로는, 웹 페이지들은 여전히 URL을 사용하고 있으므로, 우리도 더 친숙한 용어와 개념을 사용할 것이다.

URL 구문은 네트워크에 걸친 자원에 접근하는 데 필요한 정보를 규정하기 위한 일반적인 메커니즘을 제공한다. 웹 페이지에서는 세 종류의 정보가 필요하다. 즉, 데이터를 전송할 때 항상 사용하는 **프로토콜**인 HTTP, 그 프로토콜을 사용하는 서버를 실행하는 네트워크 호스트를 식별하기 위한 **도메인 네임**, 그리고 그 페이지 또는 동적으로 생성되어 실행될 수 있는 스크립트의 호스트 상의 위치를 서술해 주는 **패스(path)**이다. 기초적인 구문은 친숙할 것이다. 모든 웹 페이지 URL은 HTTP 프로토콜을 식별하는 접두어인 **http://** 로 시작한다. 그 뒤에 도메인 네임이 따라오며, 점들로 분리된 서브네임이 그 다음 순서로 온다.[5] 예를 들어, www.wiley.co.uk는 기관, 섹터 및 나라로 식별되는 컴퓨터를 나타낸다. 미국에서는 나라 부분이 묵시적이며, 최상위 수준의 도메인이 섹터가 된다. 섹터에는 기업(commercial), 교육기관 (educational), 정부기관(government) 등이 있다.[6] 도메인 네임에는 이 예에서 보는 것보다 더 많은 중간 도메인들이 올 수 있다. 일례로, 대학들은 서브 도메인을 전형적으로 www.cs.ucl.ac.uk처럼 사용한다. 이것은 영국에 있는 학교인 University College London의 컴퓨터 학과의 웹 서버에 할당한 것이다. 도메인 네임은 적은 금액으로 중앙 부서에 등록하면 된다.

URL에서의 도메인 네임 뒤에는 도메인 네임으로 식별되는 호스트 상의 페이지 위치를 지정해 주는 패스(path)가 온다. 패스는 Unix의 패스네임과 매우 흡사하다. 이것은 /로 구성되며, 그 뒤에 임의의 개수가 올 수 있는 세 그먼트(segment)들은 /로 분리된다. 이 세그먼트들은 계층적 이름 구조 내에 있는 어떤 요소를 식별해 준다. 실제로, 세그먼트들은 보통 계층적인 디렉토리 트리 내의 디렉토리 이름이 되지만, 이것이 URL의 패스 부분이 호스트상의 파일의 패스네임과 같다는 것을 의미하지는 않는다. 심지어 패스네임 부분을 분리하기 위해, /가 아닌 다른 문자를 사용하는 운영체제에서 사소한 변형을 한 이후에도 필요하지 않다. 보안 및 다른 이유들로 인해, URL 패스들은 보통은 전체 디렉토리 트리의 루트 디렉토리가 아닌 어떤 디렉토리와 연관되어 있다. 그렇지만, 패스가 디렉토리를 지정하지 않을 이유는 없다. 예로, 문서 데이터베이스 내에서 디렉토리는 몇 개의 접근 패스일 수도 있다.

광고 및 다른 출판물에서, 종종 http://가 생략된 웹 페이지 URL들을 볼 것이다. 대부분의 웹 브라우저들은 URL을 칠 때 프로토콜을 생략할 수 있게 해주며, 나머지 부분에 근거하여 지적인 추정을 한다. 비록 이러한 형태의 구문 사용은 상대적인 기준 내에서 허가되었지만, HTML 문서에서, 당신은 항상 완전한 URL 혹은 그러한 형태의 부분적인 URL을, 아래에 기술한 의미를 이해하면서 사용해야 한다.

---

[5] 때때로, 숫자로 된 IP 어드레스가 여기에 사용되기도 한다(17장 참조).

[6] 그러나 다른 나라의 기관도 나라 코드 없이 도메인 네임을 등록할 수 있다. 비록 영국에 근거한 회사일지라도 .com 어드레스를 가지는 것이 회사의 이미지에 좋다고 생각한다. 어떤 나라의 도메인 네임들은 다른 나라에서 사용 가능한데, 그들의 나라에서 허용되지 않은 기억할만한 도메인 네임들을 회사들이 등록하도록 허용한다.

URL에 사용될 수 있는 유일한 문자들은 ACSII 문자집합이다. 왜냐하면, URL 데이터가 네트워크에 걸쳐 안전하게 전송될 수 있어야 하기 때문이며, 단지 ASCII 문자들만이 이 목적에 맞다고 생각되었기 때문이다. 그러나 모든 ASCII 문자 전부가 그런 것은 아니다. 없어졌거나 곡해될 수 있는 몇몇 문자는 ASCII 코드의 문자들로 구성된 에스케이프 시퀀스로 나타내야만 한다. 특히, 공백(space)은 URL에서 반드시 %20으로 써야만 한다.

지금까지 서술한 요소들을 가지고 URL은 세 가지 방법 중의 하나로 웹 페이지를 식별할 수 있다. 모든 경우에서, 도메인 네임은 HTTP 서버를 실행하는 호스트를 식별한다. 패스는 http://digitalmultimedia.org/downloads/index.html처럼 HTML을 포함하는 파일의 위치를 완전하게 서술할 수도 있다. 또는 디렉토리의 위치를 지정하는 / 문자로 끝날 수도 있다. 특별한 경우로써, 만약 패스가 / 한 개로만 구성된다면, 이것은 생략될 수 있다. 즉, http://digitalmultimedia.org/와 http://digitalmultimedia.org 는 모두 이 책에 대한 사이트의 루트 디렉토리를 식별한다. 패스가 디렉토리를 식별하는 곳에서는, 웹 서버의 구성 형태가 URL이 지정하는 자원을 결정하며, 따라서 URL이 요청할 때 응답한다. 이것은 종종, index.html과 같은 표준의 이름을 가진 디렉토리 내의 파일일 수도 있다.

URL이 웹 페이지를 식별하는 세 번째 방법은 내용을 동적으로 생성하는 프로그램을 통해서이다. 역시, 정밀한 메커니즘은 서버의 구성 형태에 의존하지만, 보통 그런 프로그램은 반드시 특정한 디렉토리(흔히 cgi-bin이라 부르는)에 위치해 있거나, .acgi와 같은 특별한 확장자를 가져야한다. 이런 두 가지 약속 형태에 따른 CGI라는 문자가 발견되면 Common Gateway Interface로 불리는 메커니즘이 시작된다. 이 메커니즘은, CGI 스크립트라 부르는데, 다른 프로그램들과 서버가 정보를 주고받는 수단을 제공한다. CGI 스크립트들은 보통 웹 서버와 데이터베이스 또는 다른 장치들 사이에 인터페이스(혹은 게이트웨이)를 제공하는 데 사용된다. URL의 끝부분에 질의 스트링을 덧붙이는 것을 포함하여, CGI 스크립트들에 파라미터들을 전달하기 위해 몇 가지 메커니즘이 제공된다. 질의 스트링(query string)은 http://ink.yahoo.co.uk/bin/query_uk?p=macavon 에서처럼 ?에 의해 경로와 분리된다.[7]

비록 Common Gateway Interface가 웹 서버와 다른 자원들 간의 상호작용에 대한 표준을 제공하도록 고안되었지만, 많은 웹 서버 프로그램과 데이터베이스 시스템들은 같은 기능을 수행하기 위해 그들 자신의 방법을 제공한다. 널리 쓰이는 아파치(Apache) 서버는 그 자체의 시스템 모듈을 가지고

---

[7] CGI와 CGI 스크립팅에 대한 추가적인 정보에 대해서는 17장을 참조

있으나, 반면에 마이크로소프트 서버들은 Active Server Page(ASP)의 사용을 지원한다. 다른 비독점적 메커니즘들로는 Java Servlets과 PHP가 있다. 이런 해법들은 때때로 CGI 스크립트들보다 더 효율적이거나 사용하기가 쉬우며, 상업적인 웹 사이트들에서 널리 채택되고 있다.

우리는 링크들에 의해 연결되는 노드들로 하이퍼텍스트 네트워크가 구성되는 것으로 설명했지만, 월드 와이드 웹의 노드들(즉, 페이지들)은 비교적 작은 수의 페이지를 가지는 웹 사이트들로 구분되며, 보통은 같은 컴퓨터에 위치하며, 같은 기관이나 개인에 의해 유지되고 연관된 주제를 다루게 된다. 한 사이트 내에서, 같은 사이트에 있는 다른 페이지들을 지정하는 링크들도 흔하다. **부분적 URL(Partial URL)**은 그러한 지역 링크에 대한 간편한 방법을 제공해 준다.

비공식적인 정의로, 부분적 URL은 URL의 주요 부분(프로토콜, 도메인 네임 또는 패스의 시작 부분)이 없어진 것이다. 부분적 URL이 자원을 요구할 때, 없어진 요소들은 부분적 URL이 발생된 문서의 기준(base) URL로 채워진다. 이 기준 URL은, 때때로 명시적으로 지정될 수도 있지만, 보통은 문서를 복구하는 데 쓰이는 URL이다. 기준 URL과 부분적 URL이 결합되는 방법은, 특히 Unix처럼, 계층적 파일 시스템에서 현재의 디렉토리와 상대적 경로가 결합되는 방법과 매우 비슷하다. 예를 들어, 만약 상대적 URL인 videoindex.html을 문서 검색 중 URL http://www.digitalmultimedia.org/chapters/index.html에서 만난다면, 이에 대한 완전한 URL은 http://www.digitalmultimedia.org/chpters/videoindex.html이 될 것이다. 같은 문서 내에서, /catalogue/는 http://www.digitalmultimedia.org/catalogue/와 같을 것이다. 특별한 요소들인 .과 ..은 현재의 '디렉토리'(URL 경로에 의해 지정된 계층 내의 요소) 및 그들의 일시적 부모를 가리키는 데 사용된다. 따라서, 다시 같은 문서 내에서의, 상대적 URL ../links/index.html은 http://www.digitalmultimedia.org/links/index.html과 같다. 일반적으로, 만약 상대적 URL이 /로 시작한다면, 이에 대한 완전한 URL은 기준 URL로부터 패스네임을 제거하고 이를 상대적 URL로 대체함으로써 만들어진다. 그렇지 않은 경우에는, 단지 패스네임의 마지막 부분을 서술했던 .과 ..으로 대체하면 된다.

상대적 URL을 그것이 발생되는 문서의 URL을 기준 URL로 사용하여 해결할 수 있다면, 약간의 생각만으로, 당신은 웹 페이지의 어떤 내부 링크도 무효로 하지 않고 웹 페이지들의 전체 계층을 새로운 위치로 옮기는 것이 가능하다는 것을 알 수 있을 것이다. 이것은 종종 당신이 원하는 것이지만, 상대적 URL을 포함하고 있는 문서의 위치에 독립적인 기준 URL이 필요할 것이다. 예를 들어, 어떤 웹 사이트의 내용에 대한 표를 만들었다고 가정하자. 링크들은 모두 같은 서버에 있는 페이지들을 가리키기 때문에, 상대적 URL을 사용하려고 할 것이다. 만약, 그러나, 당신이 몇 개의 사이트에 내용들의 표를 복사하고자 한다면(사이트 그 자체는 아니다), 이런 상대적 URL들에 대한 기준 URL로서 각각의 복사본 자체의 위치를 이용하지는 않을 것이다. 대신, 항상 인덱스를 한 사이트를 가리키는 URL을 이용하기를 원할 것이다. 이를 위해, HTML의 base 요소를 이용하여 문서 내의 기준 URL을 명시적으로 설정할 수 있다. 이 요소는 하나의 속성 href를 가진 공백 요소이며, 이것의 값은 문서 내의 상대적 URL을 해결하는 데 사용되는 URL이다. base 요소는 오직 문서의 헤드 부분에만 나타날 수 있다. 이런 방법으로 기술된 기준 URL들은 문서 자신의 URL에 앞서 나타난다. 따라서, 만약 문서가 요소 <base href="http://digital_multimedia.or" g/>를 포함한다면, 문서 자체가 어느 곳에 저장되어 있더라도 상대적 URL인 links/index.html은 http://digital_multimedia.org/links/index.html로 결정될 것이다.

우리가 설명해 왔던 것과 같이, URL을 단순한 단방향 링크를 구현하는 데 사용하기 위해서는 한 번 더 다듬을 필요가 있다. 링크들이 노드의 일부분을 연결한다는 것을 강조했지만, URL은 완전한 한 페이지를 지정한다. 한 페이지 내의 위치를 식별하기 위해(예를 들면, 특정한 제목, 혹은 특정 문단의 시작 부분), URL은 # 문자 뒤에 ASCII 문자들이 오는 형태로 구성되는 **조각 지정자(fragment identifier)**를 갖도록 확장될 필요가 있다. 조각 지정자는 대략적으로 어셈블리 언어 프로그램 내의 라벨과 같이 작용한다. 즉, 이것은 하나의 문서 내의 특정한 위치에 붙을 수 있으며, '분기(jump)'에 대한 목적지처럼 사용된다. 조각 지정자는 실제 URL의 일부분이 아니다. 이것은 HTTP 요청에 사용되지 않지만, 이것을 가지고 있는 사용자 에이전트가 요청하고 없어질 수 있다. 요청한 문서가 왔을 때, 사용자 에이전트는 조각 지정자에 의해 지정된 위치를 찾을 것이며, 윈도우에 문서의 그 부분을 디스플레이해 줄 것이다.

12.4.2 앵커

HTTP URL의 세부사항 중 일부를 설명했다(만약 URL에 대한 모든 것을 알고자 한다면 URL 사양서를 참조하라). 하지만 그러한 설명은 URL이 인터넷 상의 어떤 곳에 있는 웹 페이지에 접근하는 데 필요한 정보를 제공한다는 것을 보여주기에 충분해야만 한다. HTTP 프로토콜은 주어진 URL을 통해 웹 페이지를 검색하는 방법을 제공하며, 따라서 만약 HTML 문서 내에 URL을 링크로 끼워 넣는 방법을 가지고 있다고 가정하면, URL과 HTTP의 조합은 월드 와이드 웹에 하이퍼텍스트 링크를 구현하는 데 사용될 수 있다. 이러한 기능을 a(anchor) 요소가 제공하는데, 이것은 href, name 및 id 의 속성 값에 따라 링크의 소스 및 목적지로 사용될 수 있다.

href 속성은 앵커가 링크의 소스로 동작할 때 사용된다. 이 속성의 값은 URL 이다. 만약 링크가 웹 상의 어떤 문서도 지정할 수 있으면, 이것은 절대 (absolute) URL 이고, 만약 같은 계층 내에 있는 문서를 가리키면 상대 (relative) URL 이다. URL 은 목적지 문서(destination document) 내의 특정 위치를 지정하기 위해 조각 지정자를 가질 수도 있고, 혹은 같은 문서 내의 링크를 위해 조각 지정자만으로 구성될 수도 있다. 앵커 요소는 컨텐츠를 가지는데, 이것이 하이퍼텍스트 링크의 소스로 사용되는 것을 보여주기 위해 몇 가지 특별한 방법으로 사용자 에이전트에 의해 디스플레이된다. 예를 들어, 대부분의 유명한 브라우저들은 기본적으로 청색과 밑줄이 그어진 형태로 앵커 요소의 내용을 보여준다. 링크의 목적지를 방문한 뒤에는, 방문했던 링크라는 것을 보여주기 위해, 소스가 포함하는 문서는 정해진 기간 내에 다시 보여질 때마다 다른 색상(종종 자주색)이 사용된다.

CSS 스타일시트는 다른 요소에 대한 것과 마찬가지로, a 요소에 대한 포맷 규칙을 제공할 수 있다. 링크가 방문된 후의 링크 모양을 바꾸기 위해, CSS 는 특별한 의사-클래스(pseudo-classes)인 link, visited, hover 및 active 를 a 선택자(selector)로 제공한다. 이들의 클래스 이름이 그렇듯이, 이들은 앵커 요소 클래스의 서브셋을 식별하지만, 앵커가 서브셋의 어디에 속할지는 브라우저의 조건에 따른 것이지, 어떤 속성값에 의존하지는 않는다. 의사-클래스는 정규(ordinary) 클래스와 구별하기 위해, 점 대신 콜론으로 선택자 내의 요소 이름을 분리한다. link 와 visited 의사-클래스는 각각 하이퍼텍스트 링크(HTML의 현재 버전에서는 a 요소일 것이다) 및 방문된 링크를 식별하기 위해 선택자 내에서 사용된다. active 의사-클래스에 대한 포맷팅은 사용자가 링크를 클릭했을 때 적용되며, hover 는 커서가 링크 위에 놓여졌을 때 적용된다. 이러한 의사-클래스들은 특별한 포맷팅에 의해 링크들을 식별하는 데 사용되며, 스크립팅에 의존하지 않는 간단한 조작을 구현하는 데 사용된다.

아래의 규칙들은, 링크들이 방문될 때까지는 볼드체와 청색으로 유지되고, 정상적인 텍스트 폰트로 되돌아갈 때는 녹색인 것을 명기한다. 커서가 링크에 걸쳐 지나갈 때는 붉은색으로 바꾸며, 사용자가 링크를 클릭했을 때는 특히 크게 보일 것이다.

```
a:link { font-weight: bolder; color: blue; }
a:visited { font-weight: normal; color: green; }
a:hover { font-weight: normal; color: red; }
a:active { font-size: xx-large; }
```

링크의 외형을 제어하는 이런 우아한 방법에도 불구하고, 이것은 현명하게 사용되어야 한다. 몇몇 유용성에 관한 연구는, 사용자들이 선택한 브라우저의 기본값에 의존하여 외형으로 이들을 식별한다는 결론을 내리고 있다. 이러한 인식은 웹 페이지의 유용성을 빗나가게 할 수 있다. 반면에, **hover** 의 사-클래스는 간단하고 믿을만한 조작 방법을 제공해 준다.

name 속성을 가진 앵커 요소는 문서 내의 어떤 위치에 이름을 붙이는 가장 흔한 방법이다. **name** 값은 합법적인 HTML인 어떤 스트링도 될 수 있다 (그 이름을 조각 지정자로 사용하기 위해, URL에 합법적인 ASCII의 서브셋이 아닌, 임의의 문자를 사용하려면 반드시 이스케이프로 처리해야 하지만). 비록 이러한 방법으로, 하이퍼텍스트 링크에 대한 목적지로 사용되는 앵커 속성이 컨텐츠를 가지고 있지만, 이것은 보통 어떤 특별한 방법으로도 사용자 에이전트에 의해 디스플레이되지 않는다. **name**을 가진 앵커에 대한 대안이 HTML 4.0과 XHTML에서 제공된다. 즉, 어떤 요소도 특정한 값을 가진 **id**(identifier) 속성을 가질 수 있다. 이것은 몇 가지 목적에 사용되며, 그 중에서 링크의 목적지를 지정할 때 **id**를 조각 지정자로 사용할 수 있다. 이런 목적을 위해, 앵커 이름 대신 식별자를 사용하는 것은 어떤 문서 요소도 링크의 목적지로 사용될 수 있다는 장점을 가진다. 이것의 단점은 예전 브라우저들이 식별자를 인식하지 못한다는 점이다.

하나의 같은 앵커에 **href** 속성 및 이름 또는 식별자를 부여함으로써 링크의 소스 및 다른 링크들에 대한 잠재적인 목적지의 두 가지 형태로 사용할 수 있다. 한 문서 내에서, 각각의 이름 또는 식별자는 명백한 이유로 반드시 고유한 것이어야 한다. 비록, 식별자와 이름이 같은 값을 가지더라도 구별하는 것이 가능할 것처럼 보이지만, 그렇지 않으며, 이름과 식별자가 같은 것을 허용하지 않는다. 이름이 충돌되는 국면에서 사용자 에이전트의 동작은 정의되지 않는다.

아래의 HTML 코드는 하나의 문서 내의 링크들에 대한 예를 보여주는 것으로, 이름을 가진 앵커와 식별자를 가진 헤더 둘 다를 사용한 것이다. 분리된 문서 부분에 대한 링크도 보여주고 있다.

```
<h1>Links and URLs</h1>

<h2 id="links">Links</h2>
<p>Hypertext links are implemented in HTML using the &lt;a&gt;
element and <a href="#urls">URLs</a>.</p>
[etc, etc.]</p>
<a name="urls"><h2>URLs</h2></a>
<p> An introduction to the use of URLs in HTML can be found in
```

```
<a href= "http://www.w3.org/TR/REC-html40/intro/intro.html#h2.1.1">
the HTML4.O specification</a>. They are the basis of <a
href="#links">links </a> in Web pages. </p>
```

구어체로, 사용자가 웹 페이지에 하이라이트된 앵커 요소를 클릭하면, 브라우저가 링크의 목적지인 그 페이지로 '간다(go to)'라고 말한다. 이 말을 확장하여, 웹 사이트와 페이지를 '방문한다(visiting)'고 말한다. 이 방문한다는 은유는, 실제로는 반대의 경우가 발생함에도 불구하고, 요즈음에 거의 통용되고 있다. 즉, 우리가 웹 페이지를 방문한 것이 아니고, 그들이 우리에게 온 것이다. 구분된 문서를 참조하는 링크를 클릭하는 것은 URL에 의해 자원을 식별하는 것으로, 이는 HTTP를 통해 검색될 앵커의 **href** 속성값이다. 자원이 웹 페이지라 가정하면, 브라우저는 HTML 및 관련된 모든 스타일시트를 해석하여 그 페이지를 보여준다. 만약 URL에 조각 지정자가 추가되면, 브라우저는 그에 따른 앵커를 찾고, 그것을 보여주기 위해 스크롤할 것이다. 보통, 가장 최근에 얻어진 페이지가 현재 브라우저에 의해 보여지고 있는 어떤 페이지를 대체한다.

HTML 앵커들은 유연하고 범용의 링크 메커니즘을 제공하지만, 이러한 범용성이 약점일 수도 있다. 왜 링크가 만들어지는지를 암시해 주는 것은 아무것도 없다. 다시 말하면, 간단한 **a** 요소는 링킹의 어떤 의미적인 것도 찾아낼 수 없다. 따라서 사용자는 링크가 표현하는 관계의 종류를 알 수 있는 방법이 없으며, 어느 링크가 따라갈 가치가 있는지를 알 수가 없고, 프로그램들도 자동적인 항해의 힌트를 제공해 줄 수가 없다(예를 들어, 어떤 링크와 그 이전에 따라갔던 링크들의 유사성). **rel**(relationship)과 **rev**(reverse relationship) 속성은 더 많이 링크의 의미를 찾으려는 시도이다. 이들의 값은 **링크 타입**인데, 이것은 링키지를 통해 표현될 수 있는 관계의 유형을 나타내는 스트링이다. 예를 들면, 한 문서 내에 기술적인 용어가 등장하면 용어 해설 부분과 링크될 수 있다. 이 링크에 대한 소스 앵커의 **rel** 속성은 그 값으로 **glossary**를 가질 것이다.

```
... by means of a <a href="../terms.html#url" rel="glossary">URL </a>
...
```

그리고

```
<dt><a name= "url" rev="glossary">URL</a></dt> <dd>Uniform
Resource Locator ... </dd>
```

link 요소는 관계들을 표현하는 데 쓰인다. **links**는 단지 문서의 **head** 부분에만 나타날 수 있다. 이들은 **href** 속성을 가지는데, 그 값은 링크된 문서를 식별하는 URL이다. 이들은 앵커와 함께 **rel** 혹은 **rev** 속성을 가질 수 있다. 이들은 문서의 **head** 부분에 있기 때문에, 링크 요소들은 브라우저에 의해 디스플레이되지 않는다. 사실, 그들은 내용이 없다.

표준 링크 타입들의 모임은 문서 사이의 일반적인 관계를 정의해 준다. Next, Prev 및 Start의 모임은 문서를 순서대로 모으는 데 사용할 수 있고, Chapter, Section, Subsection 및 Contents는 전형적인 책의 형태로 문서를 모으는 데 사용할 수 있다.

12.5 HTML과 하이퍼미디어

HTML에서, 링크는 **href** 속성을 가진 앵커로 구현되는데, 이 속성의 값인 URL은 목적지를 지정하게 된다. 앞 절에서, URL이 HTML의 한 페이지를 가리킨다고 가정했다. 만약 그렇지 않다면 어찌 되는가?

HTTP는 개의치 않는다. 만약 서버에게 URL에 의해 식별된 자원을 되돌려 줄 것을 요청한다면, 서버는 그렇게 할 것이다. 2장에서 언급했듯이, 서버의 응답에는, 리소스의 데이터를 포함하여, 어떤 유형의 데이터인지를 MIME 컨텐츠 타입으로 알려줄 것이다. HTTP 응답 내에 있는 MIME 컨텐츠 타입은 당신을 괴롭혔을지도 모르는 의문에 대한 해답을 제시해 준다. 즉, 어떻게 웹 브라우저는 그가 받는 것이 HTML 문서인 것을 알 수 있을까? 그 이유는 컨텐츠 타입이 **text/html**로 지정되었기 때문이다. 다른 질문도 있다. 즉, HTTP 서버가 응답을 보낼 때 지정하는 MIME 타입을 어떻게 알 수 있을까? 서버가 데이터를 분석하고 그것의 타입을 추론하기를 기대하는 것은 비현실적이며, 좀더 재미없는 방법이 채택된다. 서버는 서버를 유지하고 관리하는 누군가에 의해 구성된 데이터베이스에 접근하여 파일 이름의 확장자 혹은 파일 타입과 크리에이터의 코드로부터 MIME 타입으로 매핑시킨다.

이 모든 것의 요지는, 브라우저가 문서를 받을 때, 문서에 포함된 데이터의 타입에 대한 정보도 또한 받게 되는데, 이 형태가 MIME 컨텐츠 타입이라는 것이다. 이것은 원래의 질문으로 되돌아가게 하는데, 이는 다음과 같이 다시 표현할 수 있다: 만약 컨텐츠 타입이 **text/html**이 아니라면, 브라우저는 어떻게 할까? 브라우저는 어쨌든 그것을 처리할 만큼 충분히 지능이 있거나, 아니면 그렇게 하기 위한 다른 프로그램을 가져야 할 것이다.

먼저 두 번째의 경우를 고려해보자. 웹 브라우저들은, 각각의 MIME 타입에 대해, 그 타입의 문서를 다룰 프로그램을 지명하도록 구성될 수 있다. 지명된 프로그램을 흔히 도우미 응용프로그램(helper application)이라 부른다. 브라우저 자신이 디스플레이할 수 없는 문서가 도착했을 때는 적절한 도우미 응용프로그램이 대신 그 일을 한다. 예를 들면, 브라우저가 application/pdf (PDF 문서들) 형태의 데이터에 대해서는 Adobe Reader가 도우미로 지정되어 있을 것이다. 만약 앵커를 클릭할 때, 그것의 href 속성인 URL이 PDF 파일을 지정한다면, 그 데이터는 평소처럼 검색될 것이다. 그 데이터가 도착하면, 브라우저는 OS의 기능을 사용하여 Adobe Reader를 실행하기 위한 프로세스를 시작하여 검색된 데이터를 처리한다. PDF 문서는 Adobe Reader의 인터페이스에 의해, 웹 브라우저와 독립적으로, 새로운 윈도우에 디스플레이될 것이다. 따라서, 비록 웹 페이지를 통해 PDF를 검출한 후 읽을지라도, 그것은 어떤 다른 웹 데이터와 합쳐지지 않는다. 우리가 하이퍼링크들을 사용하여 서로 다른 미디어를 링크시킬 수 있을지라도, 이것은 실제로 하이퍼미디어를 구축하는 것은 아니다.

포맷된 텍스트와 더불어 웹 브라우저에 미디어를 통합하여 표시하기 위해서는 브라우저의 기능을 확장하여 다른 미디어도 다룰 수 있어야 하며, 그래픽과 비디오 및 사운드를 가진 페이지들의 배치를 제어할 수 있는 HTML 태그가 추가적으로 제공되어야만 한다. 웹 브라우저가 상상 가능한 어떤 데이터 타입에 대해서도 완전히 부합될 것이라고 기대하는 것은 비현실적이다. 몇몇의 분명하지 않은 데이터 타입에 대해서는 도우미 응용프로그램이 최선의 선택이다. 다른 한편으로, 몇 개의 타입, 특히 이미지 타입들과 평범한 텍스트는 너무 흔해서, 브라우저들이 그들을 표시하기 위한 프로그램을 갖도록 하는 것이 합리적이다. 비디오와 오디오 같은 다른 타입들은 이 둘의 중간 정도에 해당한다. 즉, 브라우저 내에서 이것을 다루는 것은 괜찮지만, 아직은 흔하지 않으므로 브라우저 제작자의 노력이 정당한 지가 확인되어야 하며, 브라우저들이 더 많은 자원을 요구하는 결과에 모든 사용자가 행복해하지는 않을 것이다. 이 딜레마에 대한 해답은 플러그-인(plug-in: 그들을 필요로 하는 사용자에 의해 독립적으로 설치될 수 있는 소프트웨어 모듈)이다. 플러그-인은 브라우저가 시작될 때 로드되어 브라우저의 기능에 추가되는데, 특히 또 다른 미디어 타입을 처리하기 위한 기능이 향상된다. 저명한 브라우저들은 모두 같은 인터페이스를 사용해서 플러그-인과 동작하며, 특정 미디어 타입에 대해서는 도우미 응용프로그램 대신 플러그-인을 사용하도록 구성될 수 있다. 널리 사용되는 플러그-인의 예는 Macromedia의 Flash Player 플러그-인으로, 명백히 독립적인 Flash Player의 모든 기능들은 Netscape 플러그-

인 인터페이스를 설치한 어떤 브라우저에서도 동작한다(이것은 Internet Explorer도 포함된다). 이것은 누구보다 SWF 파일에 대해 잘 알고 있었던 것으로 추측되는 Flash의 기술자들에 의해 작성되었으며, 따라서 브라우저 개발자들 자신이 기능을 확장하여 SWF를 디스플레이하는 것보다 더 잘 구현되어 있다. 사용자들은 만약 SWF 영화를 그들의 브라우저 내에서 보기를 원한다면, 단지 플러그-인을 설치하기만 하면 된다.

브라우저가 일단 도우미의 도움없이 텍스트가 아닌 데이터를 처리할 수 있게 되면, 웹 페이지의 다른 요소에 있는 그러한 데이터들을 통합하여 디스플레이할 수 있는 가능성이 존재한다. 이것은 페이지 레이아웃(page layout) 모델에 근거한 멀티미디어 프레젠테이션의 한 가지 유형을 만들어낸다. 이 모델은 오랜 기간 동안에 걸쳐 실제로 사용되어 온 텍스트와 그래픽을 합치는 인쇄-기반(print-based) 미디어에서 유도된 것이다. 이것은 비디오나 애니메이션을 그 페이지에 위치해 있는 사진들처럼 다룸으로써 비디오와 애니메이션을 자연스레 취급할 수 있지만, 그들을 움직이게 만들기 위해서는 추가적인 기능을 가져야 한다. 사운드는 전혀 보이지 않는 존재로, 페이지 위에 위치한다. 종종 사용되는 수단은 사운드를 아이콘이나 제어판으로 표현하는 것인데, 이는 사운드를 그래픽 요소처럼 다루는 것이며, 그렇게 되면, 비디오 요소가 동작되는 것과 같은 방법으로 사운드가 동작한다. 다른 대안은, 간단하게 사운드를 페이지와 합치고, 페이지가 로드될 때 동작하게 하는 것이다. 이 방법은 사용자들이 사운드의 동작에 대해 제어를 할 수 없는 단점을 가진다.

이런 새로운 요소를 웹 페이지 내에 끼워넣기 위한 특별한 마크업이 요구된다. XHTML에서는 모든 타입의 임베디드 미디어를 위해 **object** 요소를 제공한다. 이것은 아직까지 구현되지 않았던 새로운 미디어 타입들과, 특히 자바 애플릿(applet)과 같이 임베드되어 실행될 컨텐츠를 모두 수용할 수 있을 만큼 충분한 유연성이 있다. 초기의 HTML 버전들은, **img** 요소의 형태로, 단지 비트맵 이미지들만 지원했었다. 이 요소는 너무 잘 사용되어서, 가장 유명한 이미지 포맷들(JPEG, GIF, PNG)도 **object**로 대체할 것 같지가 않다. HTML 4.0 이전에는 미디어의 어떤 다른 타입을 끼워넣는 방법이 공식적으로 지원된 적이 없지만, Netscape는 비디오, 사운드, 그리고 다른 미디어 타입들을 포함하도록 **embed** 요소를 구현했다(후에 Microsoft사도 Internet Explorer에서 채택하였다). 비록 **embed**는 어떠한 공식적인 위치를 갖지 못하고 있지만 널리 쓰이고 있으며, HTML 저작 프로그램에서 흔히 생성되고 있다.

img의 꾸준한 매력 중 일부는 단순성이다. 이것은 공백 요소이며, 가장 단순한 경우에는 하나의 속성 **src**만 가진다. 이 속성값은 URL이며 이미지 파일을 가리킨다. **img**는 인라인 요소이므로, 이미지는 태그가 발생한 곳에 디스플레이된다. 이것은 텍스트와 더불어 이미지를 다룰 수 있게 해주는 것으로, 리스트 항목의 헤드나 라벨로 그들을 사용하거나, 그 밖의 다른 형태로 사용할 수 있게 해준다.

img에 대한 필요성을 이해하기 위해, 아래의 HTML 두 조각을 고려하자.

```
Let us show you a <a href="still1.jpg">picture</a>.
```

그리고

```
<p> This picture has more presence: </p>
<p>
<img src= "still1.jpg"/>
</p>
```

첫 번째 경우에, 단어 'picture'는, 마치 또 다른 페이지를 지정하는 것처럼, 링크로 하이라이트되었다. 하이라이트된 텍스트가 클릭될 때, 현재 페이지가 대체되어, 이미지가 브라우저 윈도우에 혼자 표시된다. 두 번째 경우에, 이미지는 신문이나 잡지에서의 그림과 같이 페이지의 일부분으로 표시된다.

다른 HTML 문서 요소와 같이, **img**는 CSS 규칙들을 사용하여 배치될 수 있다. 마진(margin)과 경계선(border)은 이미지 주위에 놓을 수 있다. 완전한 레이아웃 컨트롤을 위해, **z-index**를 포함하여 절대적 위치지정(absolute positioning)으로 정확하게 이미지들을 원하는 곳에 배치할 수 있다.

object 요소는 웹 페이지 내에 멀티미디어 및 실행할 수 있는 컨텐츠를 끼워넣는 데 선호되는 방법이다.[8] 우리는 이 단계에서 후자는 고려하지 않지만, 이런 목적을 위한 추가적인 속성이 있다는 것을 언급해 둔다. 이미지, 비디오, 사운드, 그리고 그 밖의 것을 끼워넣기 위해 **data** 속성이 사용된다. 이 값은 URL이며, 이것이 가리키는 데이터는 마치 객체의 내용처럼 다루어진다. **type** 속성의 값으로는 MIME 타입의 데이터를 지정하는 것이 권장된다.

사용자 에이전트가 지정된 객체를 디스플레이할 수 없을 가능성에 대해 **object**가 제공하는 방법은 정교하지만, 다소 직관에 어긋나는 것이다. **img** 요소와는 달리, **object**는 컨텐츠를 갖지만, 컨텐츠가 객체는 아니며, 그것은 **data** 속성에 의해 정해진다. 컨텐츠는 단지 사용자 에이전트가 객체를 표시할 수 없을 때만 디스플레이된다. 이것은 컨텐츠가 객체의 대체 버전을 제공

---

[8] W3C는 이것을 선호한다. 현재 브라우저에서 객체의 구현을 위해서는 패치가 필요하지만 거의 모든 곳에서 내장시키는 것을 지원한다.

하는 데 사용될 수 있다는 것을 의미한다. 다음은 전형적인 사용 예이다.

```
<p>Here's a QuickTime movie</p>
<p>
<object data="movies/clip2.mov" type="video/quicktime">
    <object data="images/still2.jpg" type="image/jpeg">
        A 5 second video clip.
    </object>
</object>
</p>
```

만약 가능하다면, 무비 클립은 보여진다. 만약 필요한 플러그-인이 존재하지 않거나 몇 가지 다른 이유로 영화 재생이 안 되면, 정지 이미지가 그 자리에 배치된다. 만약 이것도 안 되면 잃어버린 객체를 설명하는 텍스트가 사용된다.

객체가 디스플레이되는 몇 가지 방법을 규정하는 것이 필요하거나 바람직하다. 일례로, 비디오 클립은 재생(play), 정지(pause) 및 빠른 재생(fast-forward) 등을 가진 표준 비디오 제어기로 볼 수도 있고, 제어 없이 그 자체가 자동적으로 보여질 수도 있다. 페이지 디자이너는 이런 방식 중 어떤 것을 사용할 것인지를 지정할 수 있기를 원한다. 그러나 다른 미디어들은 이와 다른 방식이 선택될 수 있다. 예를 들면, 비디오 제어기를 정지된 이미지에 적용하지는 않을 것이다. 더구나, **object** 요소들은 아직까지 고안되지 않은 미디어를 포함한 임의의 미디어를 지원할 수 있도록 고안된 것이다. 결론적으로, 모든 가능한 우발적인 것을 제공할 수 있는 **object** 요소에 대한 속성의 집합을 정의하는 것은 불가능하다. 대신에, 객체들의 디스플레이를 제어하는 데 요구되는 파라미터를 지정하는 특별한 요소 타입 **param**을 사용한다. 이 것은 명명된 변수들에 대한 값을 제공하는 데 사용되는 속성 **name**과 **value**를 가진다는 점에서 **meta**와 비슷하다. 객체에 대한 파라미터들은 **object** 요소 내에 포함된 **param** 요소에 의해 정해진다. 적용할 수 있는 정확한 이름의 집합은 객체의 데이터 타입(또는 객체를 디스플레이하는 데 사용되는 플러그-인)에 의존한다.

예를 들어, 퀵타임 플러그-인은 "true" 혹은 "false"의 값을 갖는 몇 가지 파라미터를 이해할 수 있는데, **controller**는 무비를 표준 무비 제어기 요소로 디스플레이할 것인지를 결정하며, **autoplay**는 페이지가 디스플레이 되자마자 무비를 재생시키고, **loop**는 반복적으로 연속하여 무비를 재생시킨다. 따라서, 어떠한 눈에 보이는 제어 없이 계속적으로 무비를 자동으로 재생하려면, 다음의 HTML 마크업을 사용하면 된다.

```
<object data="movies/clip2.mov" type="video/quicktime">
<param name = "controller" value = "false" />
<param name = "autoplay" value = "true" />
<param name = "loop" value = "true" />
</object>
```

12.5.1 링크와 이미지

이미지를 이용할 수 있는 곳 중의 하나는 href 속성을 가진 a 요소의 시작과 끝 태그 사이이다. 그 효과는 링크의 소스 역할을 하는 클릭 가능한 이미지를 만드는 것이다. 이것은 아마도 그것을 특별한 색으로 아웃라인하여 보여줄 것이다. 이런 기능의 흔한 사용은 클릭 가능한 아이콘이나 버튼을 만드는 것이다. 다른 한 가지는 작은 '엄지손가락 정도의' 그림들로 구성되는 이미지 카탈로그를 만드는 것인데, 엄지손가락을 클릭하면 완전한 크기의 버전이 디스플레이된다.

이미지를 링크로 사용하는 좀 더 정교한 방법인 이미지 맵(image map)이 흔히 사용된다. 이미지 맵은 '핫(hot)' 영역을 포함한 이미지이며, 이들은 URL과 연관되어 있다. 이러한 영역을 클릭하는 것은 이들과 연관된 URL에 의해 식별되는 자원을 검색하도록 한다. 그림 12.3은 그러한 이미지 맵을 보여주고 있다. 이것은 단지 그림처럼 보이지만, 꽃의 머리 부분은 각각 링크의 소스이다. 이미지를 이미지 맵으로 만들기 위해서는 map 요소와 연관되어야 한다. map 요소의 속성인 usemap은 조각 지정자를 값으로 갖는데, 이것은 map의 name 속성값과 반드시 일치해야 한다. 따라서 예를 들면,

```
<img src="flower1.jpeg" usemap="#image-map-1" />
```

은 이미지 flower1.jpeg를 아래와 같은 시작 태그를 가진 맵과 연관시킨다.

```
<map name="image-map-1">
```

map의 내용은 일련의 area 요소들인데, 이들 각각은 속성값이 보통 URL인 href 속성 외에 두 가지 속성 shape와 coords를 더 갖는다. 이 두 가지는 지정된 URL로 링크될 이미지 내의 영역을 서술한다. shape의 옵션과 이에 따른 coords에 대한 해석은 표 12.1에 실려 있다. 꽃의 이미지와 연관된 map 요소는 다음과 같다.

```
<map name="image-map-1">
<area shape="rect" coords="65,351,166,413"
     href="section1.html" />
<area shape="rect" coords="64,353,167,410"
     href="section1.html" />
```

그림 12.3 이미지 맵

표 12.1 모양과 좌표

모양	좌표들
rect	*left-x, top-y, right-x, bottom-y*
circle	*centre-x, centre-y, radius*
poly	$x_1, y_1, x_2, y_2, \ldots, x_n, y_n$

```
<area shape="rect" coords="106,324,124,442"
    href="section1.html" />
<area shape="rect" coords="351,420,452,482"
    href="section2.html" />
```

area 요소 11개가 더 있음

```
</map>
```

(당신이 보는 것처럼, area는 공백 요소 타입이다.) 각각의 꽃의 머리 부분은 대략 세 개의 직사각형이 교차된다.

거의 누구도 이런 도형의 좌표를 측정하거나 계산하기를 원하지 않을 것이다. 다행히도, 많은 도구가 영역을 택하여 URL을 타이핑함으로써 맵을 제작할 수 있게 해준다. 대부분의 그래픽 패키지 또한 이미지 맵을 제작할 수 있다. 아래에 보인 특별한 예는 Illustrator에 만들어진 것으로, 대상을 고르고 팔레트 속성 내의 텍스트 영역에 URL을 입력하는 것만으로 충분하다. 그러나 고를 객체의 모양이 무엇이든 간에, 단지 사각형, 원 및 다각형만이 HTML 코드 내의 영역으로 사용될 수 있다는 것을 주의하라.

연습문제

1. 단방향 링크들을 가지고 어떻게 양방향 링크 및 다중링크로 시뮬레이트할 수 있는지 보여라. 이런 방법으로 시뮬레이트하는 대신, 좀 더 일반적인 형태의 링크를 사용하는 것은 어떤 장점이 있는가?

2. 지역 링크에서, 링크의 소스와 목적지가 어떤 텍스트를 포함하는 임의의 사각형 영역이다. 왜 HTML은 이런 모델을 앵커로 사용할 수 없는가?

3. 지역 링크들은 링크의 소스들이 겹칠 가능성을 허용한다. 이것이 야기할 문제를 어떻게 다룰 것인가?

4. 한 개의 자원이 하나 이상의 URL에 의해 식별될 수 있는가? 한 개의 URL이 하나 이상의 자원을 식별할 수 있는가?

5. area 요소가 nohref 속성을 가질 수도 있는데, 이 경우에는 지정된 영역이 그것과 연관된 어떤 URL도 갖지 않는다. 어떤 area에 의해 정의된 도형 내에 있는 경우가 아니면, 이미지의 어떤 부분도 URL과 연관되지 않는데, 이 속성으로 사용 가능한 것은 무엇인가?

6. 브리태니커 백과사전(Encyclopedia Britannica)과 몇몇의 좋은 사전이 지금 온라인으로 이용 가능하므로, 이론적으로는, 웹 페이지에 사용된 모든 용어는 이들의 참고서적 중의 하나인 <정의>와 링크될 수 있다. 이것은 (a) 실용적인가? (b) 유용한가?

디자인 원리
Design Principles

13

로버트 맥키(Robert McKee)는, 영화 각본에 많은 영향을 끼친 그의 책에서, 줄거리(story)에 대해 다음과 같이 설명했다.

> "규칙은 '당신은 그것을 이런 방법으로 해야 한다'라고 규정합니다. 원리는 '이것은 … 모든 기억되고 있는 시간 동안 내내 이렇게 해 왔다.' [...] 라고 설명합니다. 불안하고 경험 없는 작가는 규칙을 지킵니다. 반항적이고 교육받지 않은 작가는 규칙을 어깁니다. 예술가는 형식에 정통합니다."

"모든 기억되고 있는 시간 동안 내내"라는 어구를 사치스러운 것으로 간주하거나, 이러한 주장된 원리의 문화적 감수성에 대해 걱정할지도 모른다. 그러나 역사적이고 문화적인 문맥에서 볼 때, 맥키(McKee)의 논제의 본질은, 단지 영화 각본뿐만 아니라 모든 매체에 유효하다. 규칙과 가이드라인을 따르는 것이 위대한 작품을 만들지는 않지만, 그것들을 애써 없앨 필요도 없다. 어떤 것의 기초가 되는 형식과 원리에 통달하는 것은, 당신이 훌륭한 작품을 만들 수 있도록 해줄 것이다.

이것은 전통 매체에 대해서만이 아니라 멀티미디어에서도 그렇다. 그러나 디지털 멀티미디어, 특히 웹은 단지 몇 년 정도의 경험만 있다.

이 장에서는 일반적인 멀티미디어 제작의 실체, 특히 웹 사이트의 성질에 대해 알아봄으로써 그들의 근본적인 원리를 밝히려 한다. 이를 위해, 구조를 먼저 살펴보고자 한다.

13.1 하이퍼미디어의 구조와 항해

하이퍼미디어는 링크에 의해 연결되는 노드들(웹 용어로는 페이지들)의 모임으로 구성된다. 이 모델의 일반적 형태는 노드들이 완전히 임의의 형태로 결합하는 것을 허용한다. 즉, 어떤 노드도 다른 노드와 링크될 수 있으며, 결과적으로 어떤 특별한 노드에 도달하는 길은 임의의 개수가 될 수 있다. 어떠한 조직적인 구조도 없음으로 인해, 몇 개 정도의 노드만 있더라도, 그 네트워크는 결국 항해하기 어렵거나 불가능할 것이고, 사용자는 상투적인 표현으로 '하이퍼스페이스에서 길을 잃게' 된다. 노드의 조합을 항해에 적합한 구조로 만드는 것은 하이퍼미디어의 두 가지 주요한 설계 문제 중 하나이다(다른 한 가지는, 이 장의 후반부에서 다루는, 각각의 노드를 시각적으로 설계하는 문제이다). 여기서는 하이퍼미디어의 가장 중요한 예인 월드 와이드 웹의 관점에서 이 문제를 고려한다.

웹 사이트는 웹 페이지의 모임으로 정의할 수 있으며, 이들은 모두 같은 도메인 네임으로 시작되는 URL을 가진다(웹 페이지의 경우, 도메인 네임은 http://와 첫 번째 / 사이에 있는 URL 부분이다. 따라서 http://www.digitalmultimedia.org/index.html에서의 도메인 네임은 www.digitalmultimedia.org이다). 거의 항상, 사이트는 홈 페이지를 가지고 있는데, 바로 그 도메인 네임으로 이루어진 URL에 의해 접근하게 된다. 그 사이트를 방문하는 자는 대부분(항상 그런 것은 아니지만) 홈 페이지에 먼저 도착한다. 이것은 순전히 인용되는 방법에 의해 사이트의 특징을 정의하는 것이다. 우리는 보통, 사이트가 어떤 일관성 있는 주제(단일 구성에 의해 정보나 서비스를 제공하는 존재)를 가지고, 조리 있는 구조로 배치될 것을 기대한다. 따라서 웹 사이트의 더 좋은 정의는 '주제를 가진, 조리 있는 구조와 홈 페이지가 있는 웹 페이지의 모임'이다.

잘 디자인된 사이트는 명확한 구조를 가질 것이고, 그 구조를 표현해 주는 항해 수단을 제공할 것이다. 자연스럽고, 사람들의 이해와 항해가 쉬운 체계적인 사이트 구조를 식별하는 네 가지 방법에 대해 알아본다.

완전 연결

모든 페이지는 다른 모든 페이지와의 링크를 가진다. 그림 13.1에서 보는 것처럼, 적은 수의 페이지에서도, 이 구조는 다수의 링크를 필요로 하며 이해하기가 어렵다(이 구조를 그리는 어려움 자체가 그것이 얼마나 어려운지를 인식하는 좋은 예이다). 비록 작은 사이트에 대한 것이지만, 이것은 최고의 구성 형식이 될 수 있다. 예를 들어, 세 개의 오두막집으로 휴일 숙박 시설을 제공

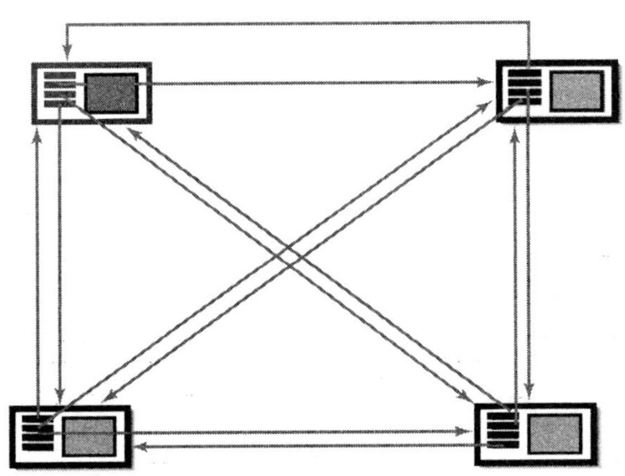

그림 13.1 완전 연결 구조

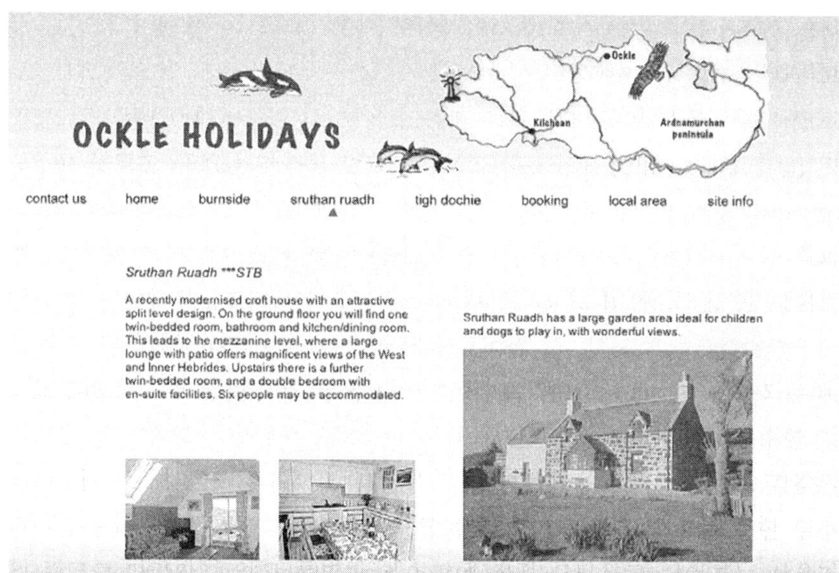

그림 13.2 완전 연결된 사이트의 내비게이션 바

하는 작은 회사를 위한 웹 사이트를 고려하자. 이 사이트는 환영하는 홈 페이지, 각 오두막집의 소개를 위한 한 페이지, 계약과 주말요금에 대한 세부 사항 한 페이지 및 주변 지역에 관한 약간의 정보를 소개하는 한 페이지로 구성된다. 방문자는 어떤 순서로라도 이들 페이지의 일부 또는 모두를 보고 싶어할 지 모른다. 따라서 이들을 모두 링크하는 것은 많은 도움이 된다. 이 것은 각 페이지에 표준 내비게이션 바(bar)를 제공함으로써 가능하게 된다. 그림 13.2는 그런 사이트의 페이지를 보여준다. 내비게이션 바는 상단에 수평으로 배치했다. 또한 이것은 사이트의 통일된 일관성을 제공하기 위해 모든 페이지에 나타난다. 어떤 페이지를 지금 보고 있는지를 내비게이션 바에 표시해 주는 것이 유용하다(어떤 사람은 필수적이라 말할 것이다). 그림에서 내비게이션 바 링크 아래에 있는 작은 삼각형은 이러한 목적으로 사용된다.

계층구조

더 큰 사이트를 위해서는 계층적인 구조가 가장 인기가 있다. 여기서 홈 페이지는 사이트 내에 있는 다른 페이지의 부분집합에 대한 포인터를 가지고 있다. 홈 페이지로부터의 직접 링크를 통해 접근할 수 있는 각각의 페이지는 서브사이트(sub-site)의 홈 페이지로 간주된다. 이 '보조 홈 페이지' 각각은 그들 자신의 페이지 집합에 대한 링크를 가진다. 그림 13.3에 보인 것처럼, 서브사이트 각각은 그 자체로 계층을 가질 수 있다. 순수한 계층구조에서는, 어떤 서브사이트 내의 페이지는 다른 어떤 서브사이트에도 나타나

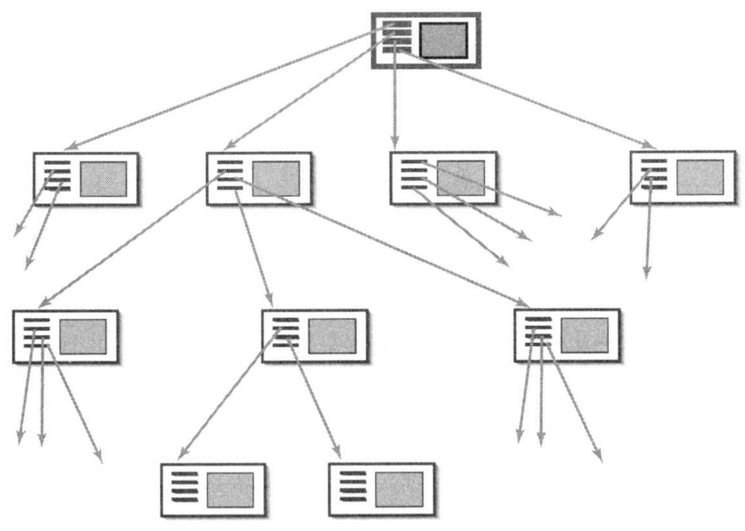

그림 13.3 계층적 조직

지 않는다. 서브사이트 각각은 전체 사이트의 주요 주제 중 하나인 부 주제에 해당된다. 따라서 예를 들어, 소프트웨어 공급자인 사이트가 회사 정보, 개발한 프로그램, 고객 지원 등의 서브사이트를 갖는 것은 흔하다. 개발 제품 서브사이트 내에는 각 프로그램에 대한 서브사이트가 또 있을 수 있다. 마찬가지로, 고객 지원 서브사이트에는 각 프로그램에 대한 지원 페이지로 또 나눠질지도 모른다.

비록 사이트의 본질적인 구조가 계층적일지 모르지만, 계층구조 내의 페이지를 연결하는 링크 이외의 다른 링크가 있을 수 있다. 종종, 각 서브사이트는 모든 보조 홈 페이지로부터 그리고 모든 페이지로부터 접근이 가능하다. 각 페이지에 있는 내비게이션 바는 이러한 링크들을 제공하는데, 그림 13.4와 같이 서브사이트 내의 링크들은 그들 자신의 페이지에 포함되거나 또는 그림 13.5와 같이 추가적인 내비게이션 바가 서브사이트에 나타날 수도 있다. 대신에, 그림 13.6과 같이 계층적인 드롭다운 메뉴를 사용하여 계층 내의 어떤 수준에 있는 페이지에도 접근할 수도 있다. 어떤 접근 방식을 채택하든지 여러 레벨을 가진 계층에서는, 사용자들에게 그들이 지금 어느 계층에 있는지를 표시해 주는 것이 도움이 된다. 그림 13.7에 제시한 '빵 부스러기(breadcrumbs)' 기법은 이러한 정보를 제공하는 인기 있는 방법이다.

순차적

비록 우리는 하이퍼미디어가 비선형 구조를 지원하는 것을 강조했지만, 때때로 단순한 선형적 순서가 웹 사이트를 위한 적절한 구조일 수 있다(그림

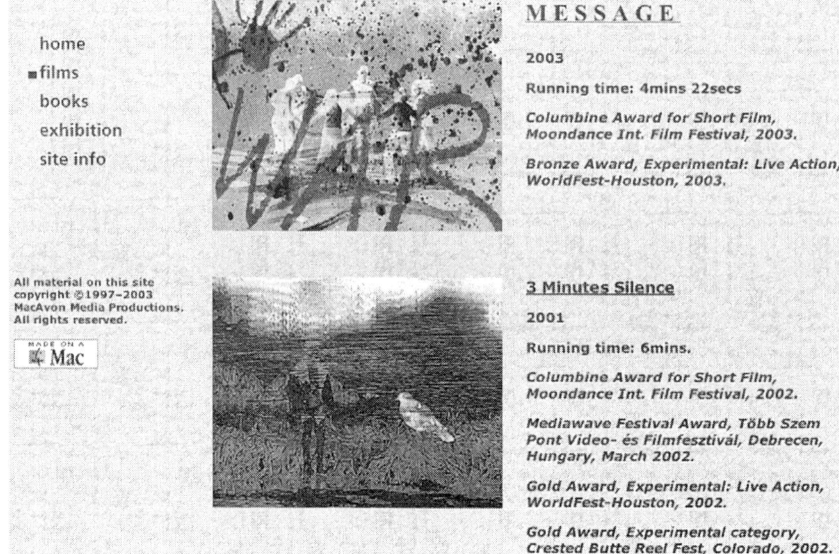

그림 13.4 서브사이트 내에 임베드된 링크

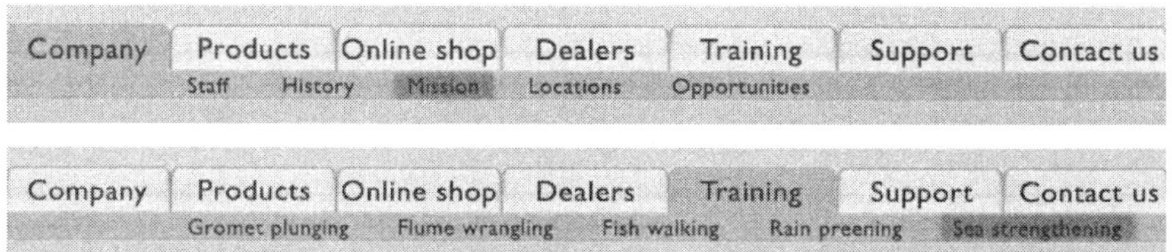

그림 13.5 서브사이트 내의 내비게이션 바

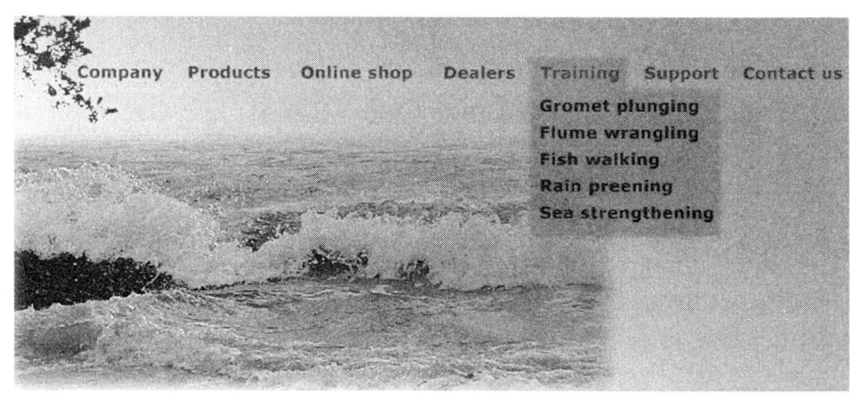

그림 13.6 서브사이트 항해를 위한 드롭다운 메뉴

그림 13.7 '빵 부스러기' 기법

13.8 참조). 화가나 디자이너의 작은 온라인 갤러리가 예가 될 수 있다. 이 사이트의 목표는 일련의 그림을 보여주는 것이다. 각각의 그림은 사용자의 화면 대부분을 차지할 것이고, 그림 파일은 비교적 크므로, 각 페이지를 한 개의 그림으로 제한하는 것이 합리적이다. 갤러리 사이트에서는 홈 페이지에 엄지손가락 크기의 이미지를 각 그림의 페이지에 대한 링크로 흔히 사용한다.

만일, 그림 13.9와 같이, 링크가 각 페이지를 수치에 의해 위치를 표시한다면 사이트의 본질적인 구조가 순차적이라고 간주하는 것은 정당할 것이다.

혼합형

중간 규모나 대형 웹 사이트는 앞서 기술한 세 가지 유형 중 어느 하나에 정확히 맞지 않는다. 그들은 여러 서브사이트의 혼합 형태로 간주할 수 있다. 혼합형 사이트의 항해는 서브사이트의 구조를 사용하게 된다. 만일 대규모의 구조가 계층적이라면, 서브사이트의 루트에 대한 링크를 가진 내비게이션 바는 각 페이지에 나타날 것이다.

13.1.1 보완적 항해 구조

이전 절에서는 네 가지의 가능한 사이트 구조에 대해, 그 바탕이 되는 구조를 표현해 줄 수 있는 항해 정보를 표현하는 방법을 제시했다. 그러나, 실제 사이트의 구조와 직접 매핑되지 않는 항해구조를 제시하는 것도 또한 가

그림 13.8 순차적 구조

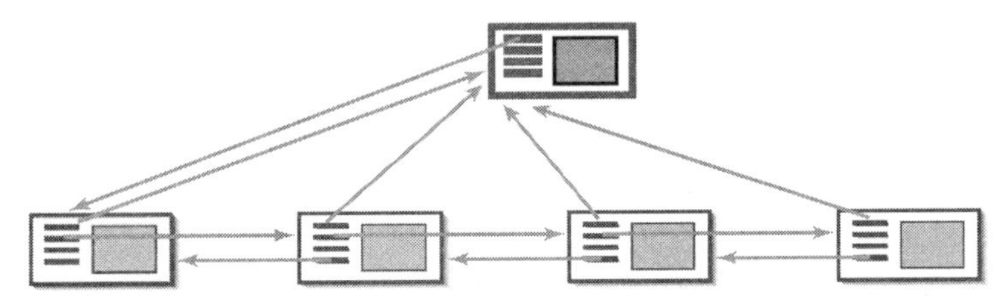

그림 13.9 순차구조 내에서의 항해 링크

능하다. 예를 들면, 이 책의 초판을 위한 지원 웹 사이트는 계층구조를 가지고 있다. 주요한 서브사이트 중 한 곳에는 이 책의 장에 대한 정보를 가지고 있고, 각 장에 대한 서브-서브사이트를 가지고 있다. 장에 대한 서브사이트 모두는 동일한 구조를 가지고 있다. 즉, 각 장은 요점 정리, 링크의 집합, 정오표, 연습문제 힌트, 해답 등을 가지고 있다. 비록 사이트가 계층적이지만, 개념적으로 이들 페이지는 행렬 형태를 가지는데, 여기서 각 페이지는 장과 주제의 조합에 해당한다. 이 개념적 구조는, 그림 13.10에 보인, 이 사이트를 위한 항해에 나타내었다.

또 다른 좀 더 일반적인 항해 방법인 **사이트 맵**(site map)이 사용되는데, 이것은 구조에 보완적이며, 오히려 구조를 표현한 것이다. 이것의 순수한 형태는 사이트 내의 모든 페이지에 대한 타이틀의 단순한 리스트이며, 각각의 타이틀은 해당하는 페이지에 대한 링크이다. 사이트 맵은 구조를 통한 일련의 링크를 따라가지 않고 특별한 페이지에 직접 도달하고 싶어하는 사용자에게 유용하다. 또한 사용자가 그 사이트 내에서 길을 잃은 경우에도 유용할 수 있다.

끝으로, 복잡한 사이트는 보통 **검색**(search) 기능을 제공하는데, 이는 사용자가 관심있는 페이지를 찾고 직접 그 곳으로 갈 수 있도록 해준다. 사용자가 검색을 통해 도착했던 페이지에서 여러 방법으로 항해할 수 있도록 해주는 것 역시 중요하다. 검색은 향후의 항해를 위한 시작점이 될 수 있으므로, 검색된 페이지가 사이트 구조 내의 어디에 해당하는지를 분명하게 알 수 있게 해야 한다.

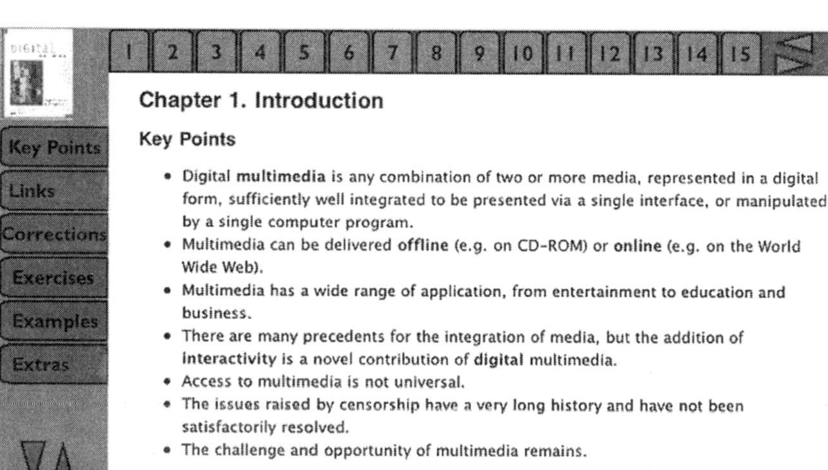

그림 13.10 항해 행렬로 표현된 계층

13.2 비선형 시간-기반 구조

시간에 기반을 둔 매체의 구조는 개개의 요소가 동작할 순서에 의해 결정된다. 모든 전통적인 시간-기반 매체는 선형 구조를 가진다. 각 요소들은 필름이나 비디오의 프레임들 또는 음악의 음절 등이 될 수 있는데, 이들은 순서대로 디스플레이되거나 재생된다. 디지털 매체에서는 선형 순서가 사용자로부터의 입력에 따라 바뀔 수 있다. 프레젠테이션 생성자(creator)는 이 입력을 받아들이기 위한 제어를 반드시 제공해야 하고, 특별한 기술인 스크립팅 기능을 이용하여 프레젠테이션의 다른 위치로 점프하는 데 사용한다. 이 점프는 프레젠테이션을 위한 구조를 정의한다. 이 외에도 시간-기반 멀티미디어는 서로 독립적인 여러 가지를 같이 보여주는 병렬성도 가지고 있다. 이 병렬성은 비선형 구조를 위한 추가적이며 더 혁신적인 가능성을 제공해 준다. 시간-기반 구조는 Flash 무비를 다룰 때 언급한다.

루프

8장에서 보았던 것처럼, Flash 무비는 프레임들로 나뉘어지는데, 어떤 스크립트도 없는 경우이면 이들은 고정 비율로 하나씩 재생된다. 스크립트는 재생 헤드를 어떤 프레임으로도 옮길 수 있다. 16장에서 좀 더 상세하게 기술하겠지만, 스크립트는 프레임에 첨부될 수 있으므로, 재생 헤드가 그 프레임에 도달할 때면 언제나 재생된다. 따라서 무비는 반복 루프를 가질 수 있다. 이것은 그림 13.11에서 보여주고 있다. 이것은 하찮은 구조이지만, 많은 기능을 할 수 있는 여러 가지 변형이 가능하다.

예를 들면, 최초의 프레임으로 되돌아갈 수는 없지만, 그림 13.12에 보인 것처럼 중간 프레임으로 점프할 수 있다. 이것은 시작 부분은 한 번만 있고, 이후 부분이 반복되는 구조를 갖는다.

더욱 정교한 반복구조는 스크립트 내에 카운트하는 기능을 사용하여 만드는데, 이것은 지정된 횟수만큼 루프가 실행되도록 한다. 이에 대한 세부사항

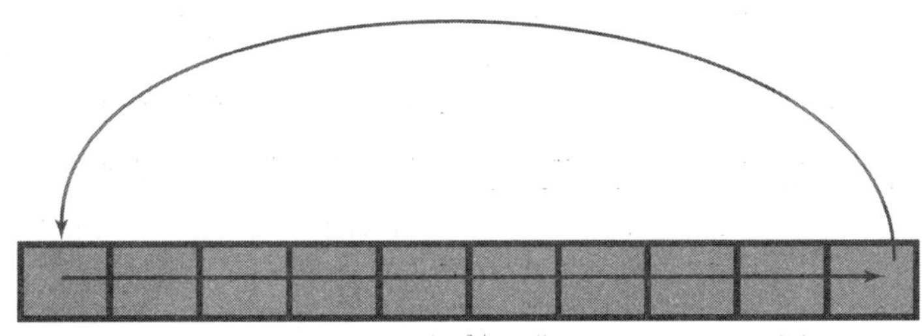

그림 13.11 간단한 루프구조

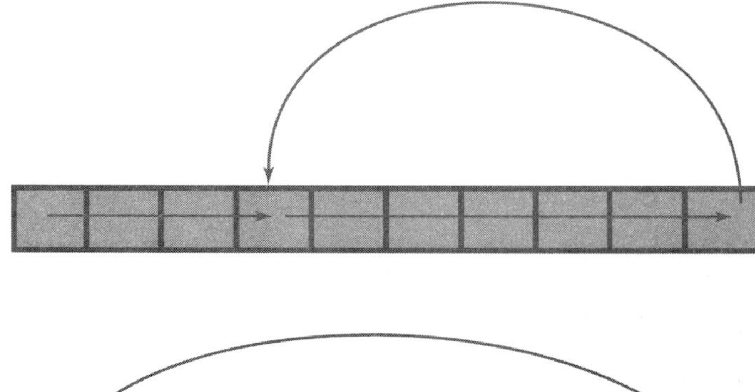

그림 13.12 시작 부분과 반복 루프

그림 13.13 횟수를 가진 루프

은 16장에서 기술한다. 그림 13.13은 예를 보인 것이다.

또한 스크립트는 현재의 프레임에서 재생을 멈추는 데 사용될 수도 있다. 점프처럼, 정지는 조건부로 실행될 수 있다. 예를 들면, 무비가 5회 반복된 후 멈추게 할 수 있다.

분기

스크립트에 의존하는 루프구조는 재생 녹음 헤드가 특별한 프레임에 도달했을 때 실행되는 고정된 방식이다. 이것은 스크립트를 조사하고, 그들이 어느 프레임에 부착되었는지를 알면 어떤 일이 일어날 것인지를 정확하게 예측할 수 있다. 더 풍부한 구조에서는 사용자 입력에 대응하여 점프가 실행된다. Flash에서는 스크립트를 버튼에 부착시켜 이를 실행한다.

아마도 가장 공통된 구조는 메뉴에 있는 선택 항목 집합일 것이다. 무비는 하나의 메뉴 프레임과 함께 독립된 섹션으로 나뉘어진다. 메뉴 프레임은 거기서 재생을 멈추는 스크립트가 부착되어 있으며, 각 섹션은 메뉴 프레임으로 점프를 초래하는 프레임으로 끝나게 된다. 그림 13.14는 이 구조를 개략적으로 보여준다. 메뉴 프레임에 보인 각각의 아이콘은 버튼일 것이다.

우리가 메뉴 프레임으로 언급했던 것은, 사실, 전통적인 사용자 인터페이스의 메뉴처럼 동작한다는 것을 알아야만 한다. 그러나 정지되는 프레임 내에 일련의 버튼을 제공하는 기술을 종래의 방법에 반드시 사용할 필요는 없다.

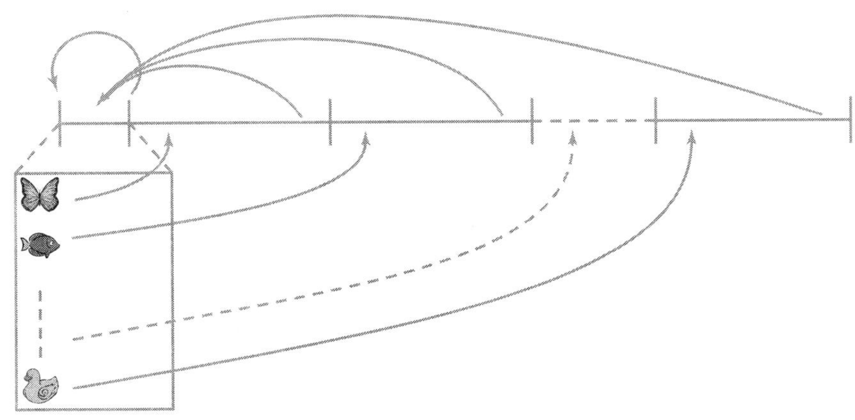

선택

웹 페이지에서, 링크는 몇 가지 표준 형태(밑줄 그은 텍스트, 롤오버를 가진 작은 이미지 등) 중의 하나로 보통 디스플레이된다. 그러나 Flash 버튼은 어떤 형태도 될 수 있고, 애니메이트될 수도 있다. 이들은 여러 가지 방법으로 무비 내에 통합될 수 있다. 따라서 무비는, 구조가 계층적인 웹 사이트와 형식적으로는 같을지 모르지만, 완전히 다른 방식으로 동작한다. 일반적으로, 시간-기반의 그래픽적 특성을 가진 Flash 무비는 웹 페이지보다 훨씬 역동적인 항해를 제공한다.

병렬성

8장에서 설명했던 것처럼, Flash 무비는 무비 클립(movie clip)으로 알려져 있는 요소를 포함할 수 있다. 이것은 무비 내에 있는 자기 내장형(selfcontained) 무비이며, 이들 각각은 자신의 시간선(timeline)을 가지고 있다. 무비는 많은 무비 클립을 포함할 수 있으며, 이들은 병렬로 재생된다. 스크립팅이 없는 경우, 이것은 단지 복잡한 무비를 구성하는 하나의 간편한 방법일 뿐이다. 만화 제작자에 의해, 무비 클립은 구별된 객체로 따로 애니메이션되고 개별적으로 제작될 수 있다. 따라서 무비 클립의 병렬성은 구조적인 면에서 새로운 아무것도 없으며, 무비는 여전히 선형으로 재생된다.

그러나 무비 클립은 스크립팅에 의해 제어될 수 있다. 클립은, 다른 어떤 클립 또는 메인 무비와 독립적으로, 시작되거나, 멈추거나, 자신의 다른 시간선으로 보내지거나, 사라질 수 있다. 스크립트가 무비 클립을 제어하는 것뿐만 아니라 임의의 계산을 수행할 수 있으므로, 이것은, 특히 커서의 위치와 같이 계산이 수반되는 경우, 무한한 변형된 형태의 동작을 허용한다.

그림 13.15는 수직과 수평의 구성요소를 강조하기 위한 단순한 애니메이

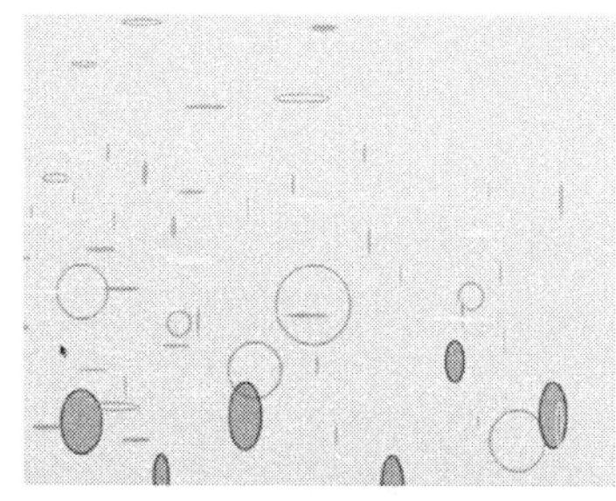

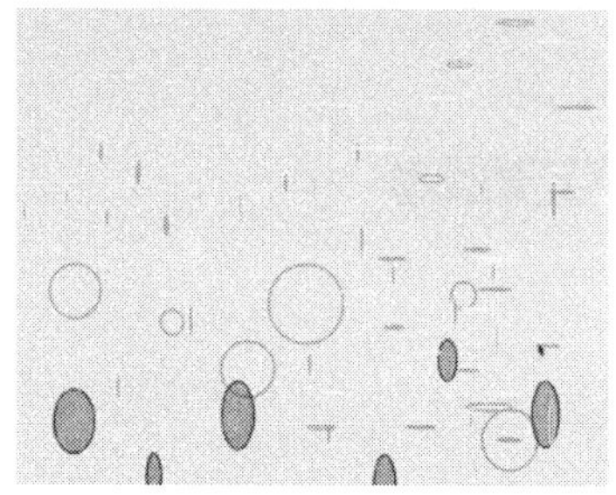

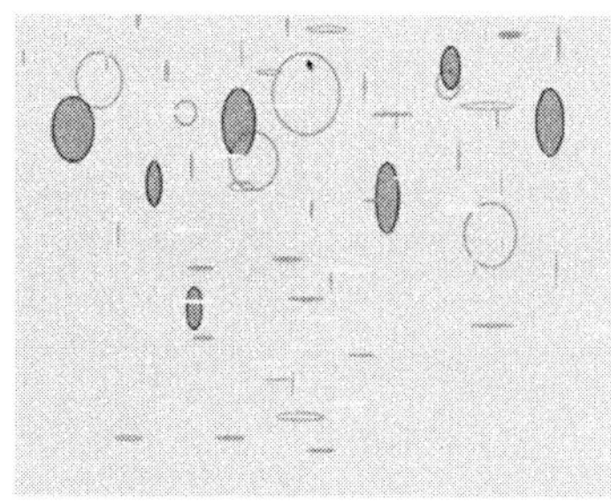

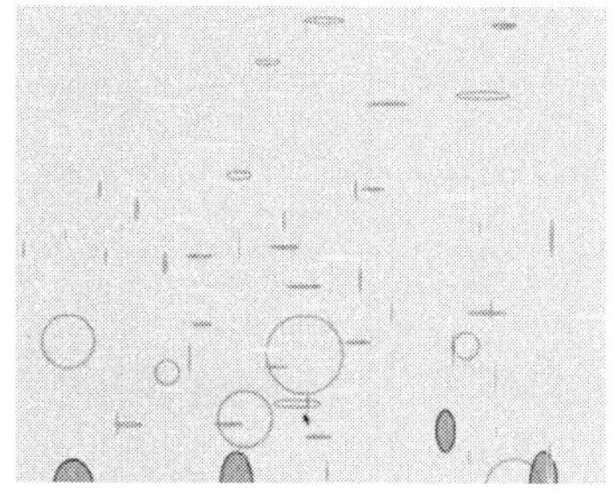

그림 13.15 마우스 동작에 응답하는 애니메이션

션을 보여주고 있다.

상호작용 기능과 결합된 병렬성은 Flash 무비를 다양하게 구성할 수 있게 하는데, 이에 대해서는 16장에서 좀더 상세하게 다룰 것이다.

13.3 WWW의 디자인 문제들

첫눈에도, 수평적인 형태를 제외하더라도, 웹 페이지는 책 또는 잡지의 인쇄된 페이지와 거의 다르지 않다. 따라서 인쇄물에 대해 적용되는 그래픽 디자이너의 친숙한 원리가 웹 페이지 설계에도 그대로 적용될 것이라고 예상할지도 모른다. 비록 가치 있는 학습을 인쇄물 설계로부터 배울 수 있는 것은 사실이지만, 웹에 요구되는 어떤 기술적 제약은 인쇄물에 기반한 설계를 그대로 웹 페이지에 적용하는 것을 불가능하게 한다.

웹 페이지는 인터넷(또는 인트라넷)을 통해 배급되는 것을 결코 잊어서는 안 된다. 이것은 중요한 세 가지를 암시한다. 먼저, 2장에서 상세하게 설명했던 것처럼, 웹 페이지가 사용자의 기계에 다운로드되어 디스플레이되기 위해서는 시간이 걸린다. 두 번째로, 페이지는 네트워크에 연결된 어떤 기계에서도 볼 수 있다. 끝으로, 인터넷은 공중망이므로, 웹 페이지를 방문하는 자의 신원에 대해 설계자가 모른다는 것이다. 방문자들의 문화적, 교육적 배경이 광범위하며 컴퓨팅 기술도 다 다를 것이기 때문이다.

비교적 최근까지, 이 제약 중 첫 번째 것은 명백하고 즉각적인 결과를 가져왔다. 우리가 알고 있는 것처럼, 정지 및 동영상 이미지와 사운드는 모두 파일의 크기가 커서, 느린 접속 속도에서는 다운로드하는 데 많은 시간이 걸린다. 그러므로 그런 미디어 요소는 가능하면 피하는 것이 현명한 방법이었다. 물론, 일부 사이트에서는 이미지가 필수적이며, 시각적 매체의 사용이 흥미를 유발하거나, 또는 단순히 페이지의 외관을 좋게 할 수도 있다. 따라서 이미지를 사용하고자 하는 디자이너의 욕심과 이들을 전달하는 네트워크의 능력 사이에 충돌이 있었다. 대부분의 네트워크 접속 속도가 느린(56K 모뎀, 또는 그 이하) 경우에서는, 비록 디자이너가 많은 이미지를 사용하더라도 사용자는 그들을 다운로드하기를 꺼려하지 않는다.

그러나 지금은 문제가 간단하지 않다. 광대역 접속은 많은 국가에서 소비자가 이용할 수 있다. 그러나 가용성은 누더기 같으며, 광대역으로 정의된 접속 속도는 놀랄 만큼 넓고 다양하다. 결과적으로, 웹 사이트를 방문할 때 최고 40배의 다운로드 시간이 차이날 수 있으며, 특정한 방문 대상의 접속 속도가 느린 지 혹은 빠른 지를 추론할 쉬운 방법이 없다. 그래픽을 없애라는 충고는 더 이상 적합하지 않다. 그러나 디자이너는 다양한 범위의 접속 속도를 가진 사용자에게 만족할만한 경험을 제공해야 하는 딜레마가 남아 있다.

이 딜레마는 전체적인 웹 설계 딜레마 중 단지 한 가지 양상인데, 이는 인터넷과 그 사용자의 이질성에 기인한다. 이상적으로는, 웹 페이지는 수백만 컬러와 제한된 그래픽 능력이 있는 싼 가격의 고해상도 PC 14인치 모니터, 휴대용 개인 컴퓨터의 작은 화면, 또는 심지어 손바닥 크기의 PDA의 작은 화면에서도 잘 보일 것이다. 사용자 시스템에서 이용할 수 있는 폰트가 어떤 것이든, 또는 사용자가 선택한 브라우저가 어떤 것이든 잘 보일 것이다. 그러나 현실은 이러한 이상적인 웹 페이지는 거의 없다.

WWW을 고안한 자는 처음부터 이 문제를 알고 있었고, 최초의 HTML과 웹 브라우저 설계에서 이에 대한 해결책을 제시하고자 했었다. 사용 가능한 윈도우 크기에 맞추기 위해 텍스트는 다시 보내질 수(reflow) 있도록 하였으며, 페이지의 요소들은 절대적 위치에 배치될 수 없고 단지 하나의 텍스트 흐름(flow) 내에서만 놓여질 수 있으며, 폰트는 명시적으로 규정되지 않으며, 글자 크기는 절대적이 아닌 기본 크기에 상대적인 것이었다. 사용자가 디폴트 폰트뿐만 아니라 기본 크기를 선택할 수 있으며, 윈도우 크기를 설정할 수 있도록 했다.

수년에 걸쳐, 우리가 11장에서 보았던 것처럼, HTML은 확장되었고, CSS 스타일시트로 이러한 제어를 복원할 수 있도록 기능이 향상되었다. 그리고 디자이너는 제약을 피하는 여러 가지 기술을 고안했다. 그러나 웹 페이지를 디스플레이하기 위해 아직도 사용자가 많은 제어를 수행해야 하며, 웹 브라우저에 웹의 새로운 특징이 완전히 또는 정확하게 구현되지 않고 있기 때문에, 어떤 특별한 페이지는 사용자 기계마다 매우 다르게 보일지도 모른다.

그림 13.16은 인쇄물에 근거하여 설계된 웹 페이지를 1024 × 768 모니터의 브라우저 윈도우에 디스플레이한 것이다. 페이지는 단순하지만 효과적인 약간의 설계 기교가 독자의 주의를 끌며, 메시지 전달에 사용된다. 회사의 이름은 큰 특징적인 폰트로 설정되었으며, 덜 중요한 정보는 주된 메시지의 전달을 방해하지 않도록 매우 작게 설정되었다. 공백은 페이지의 요소를 분리해 주며 개방된 느낌을 준다. 강한 수직 방향의 정렬은 흩어져 있는 정보 블록을 연결해 주며, 페이지의 양측을 연결하기 위해 수평 배치를 사용했다. 설계는 특별히 흥미롭지는 않다. 그러나 이 페이지는 독자에게 이 회사가 하는 일과 연락처를 알려주는 데 도움을 준다.

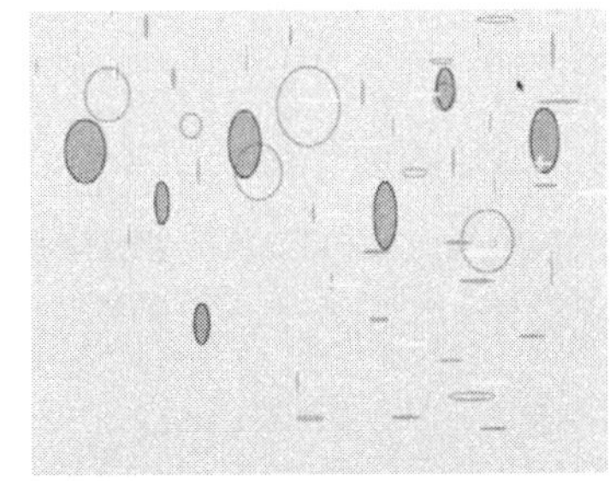
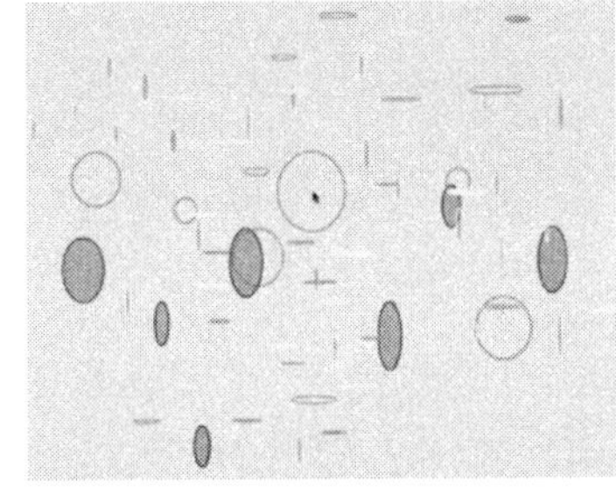
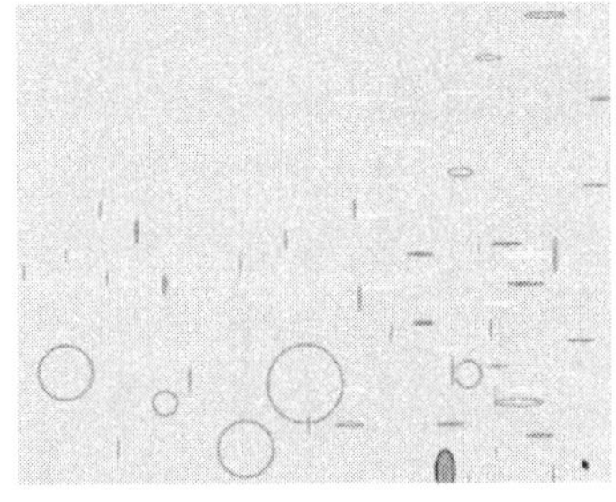
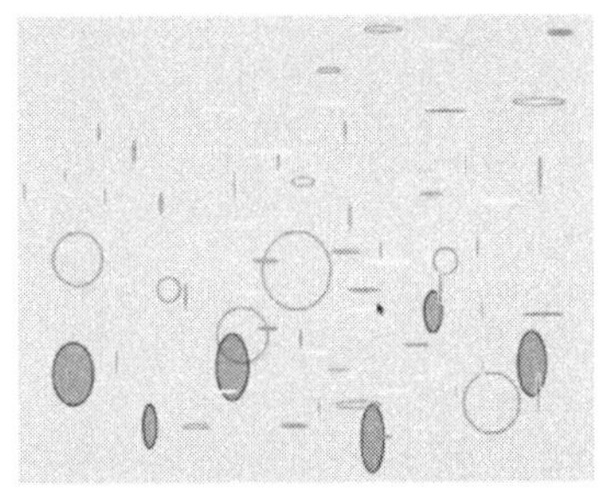
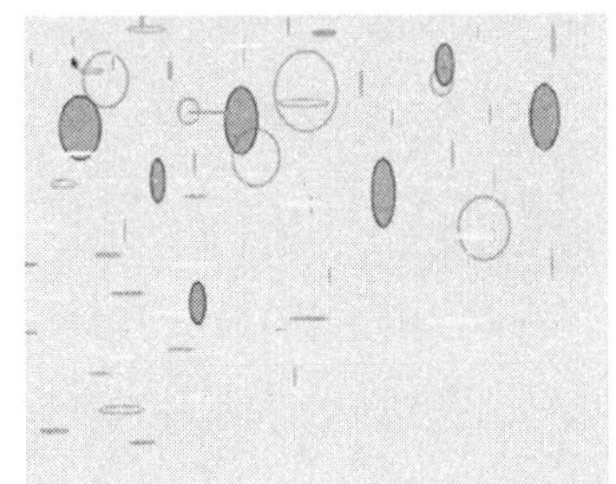

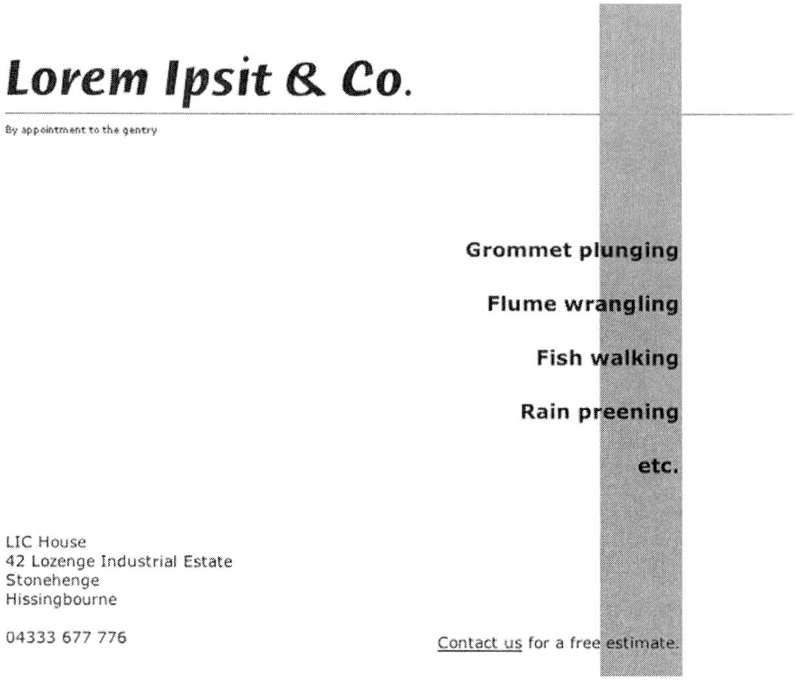

Lorem Ipsit & Co.
By appointment to the gentry

Grommet plunging

Flume wrangling

Fish walking

Rain preening

etc.

LIC House
42 Lozenge Industrial Estate
Stonehenge
Hissingbourne

04333 677 776

Contact us for a free estimate.

그림 13.16 인쇄물에 근거하여 설계한 웹 페이지...

그림 13.17은 아직도 학교나 가정, 회사에서 자주 볼 수 있는 오래된 640 × 480 모니터를 가진 브라우저에 같은 웹 페이지를 표시한 것이다. 배치된 요소를 한꺼번에 볼 수 없기 때문에 이러한 정렬은 전혀 효과가 없으며, 공백은 화면 영역을 낭비하고 정보를 페이지에서 보기 위해서는 스크롤해야만 한다.

Lorem Ipsit & Co.
By appointment to the gentry

Grommet p

Flume wr

Fish

Rain p

그림 13.17 작은 모니터에 디스플레이된 ...

그러나 작은 화면은 페이지 설계를 위협하는 위험 중의 단지 하나일 뿐이다. 사용자 시스템에는 이 페이지에 사용된 폰트가 설치되어 있지 않을지도 모른다. 이 결과로, 그들의 브라우저에 설정했던 디폴트는 대체될 것이다. 이것으로는 어떤 정보도 소실되지 않는다. 그러나 특징 없는 회사 이름을 만들게 되고, 이 회사의 성격을 다르게 암시하게 된다. 그림 13.18에 예로 보인, 디폴트 Times Roman 폰트로 대체한 것은, 원래의 설계에 비해, 이 회사가 훨씬 보수적이라는 인상을 준다.

사용자가 웹 브라우저에 페이지가 보이는 형태를 제어할 수 있는 다른 방법은 기본 폰트 크기를 변경하는 것이다. 여기에는 두 가지 중요한 이유가 있다. 하나는 사람들이 나이 들어감에 따른 시력 저하 때문이고, 다른 하나는 고해상도 화면 때문이다. 모니터가 고해상도를 가지면, 사람들은 그들의 화면 해상도를 매우 높게 설정하고, 화면 크기를 최대로 한다. 그런 다음, 텍스트를 읽기 위해 폰트 크기를 늘린다. 그림 13.19는 이로 인해 생길지도 모르는 폐단을 보여준다.

주의깊게 디자인된 배치에서 좋지 않은 일이 일어날 수 있다. 지금까지 예시로 보인 페이지들은, 실제 웹 페이지 디자인에 CSS 위치지정(positioning)을 사용하여, 최상으로 배치한 것이다. 오래된 브라우저는 CSS 위치지정이

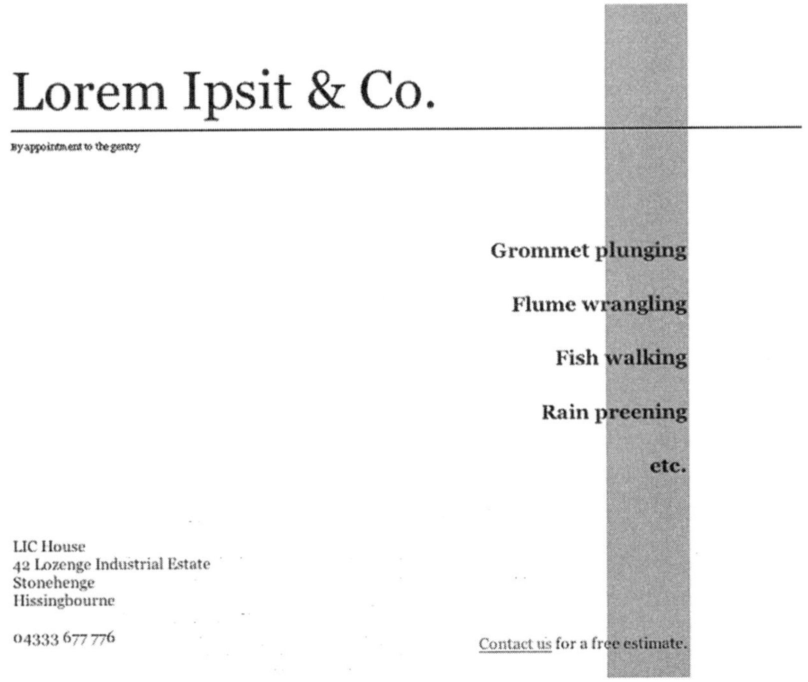

Lorem Ipsit & Co.

By appointment to the gentry

Grommet plunging

Flume wrangling

Fish walking

Rain preening

etc.

LIC House
42 Lozenge Industrial Estate
Stonehenge
Hissingbourne

04333 677 776

Contact us for a free estimate.

그림 13.18 ...폰트를 바꾸고, 링크 컬러를 변경한...

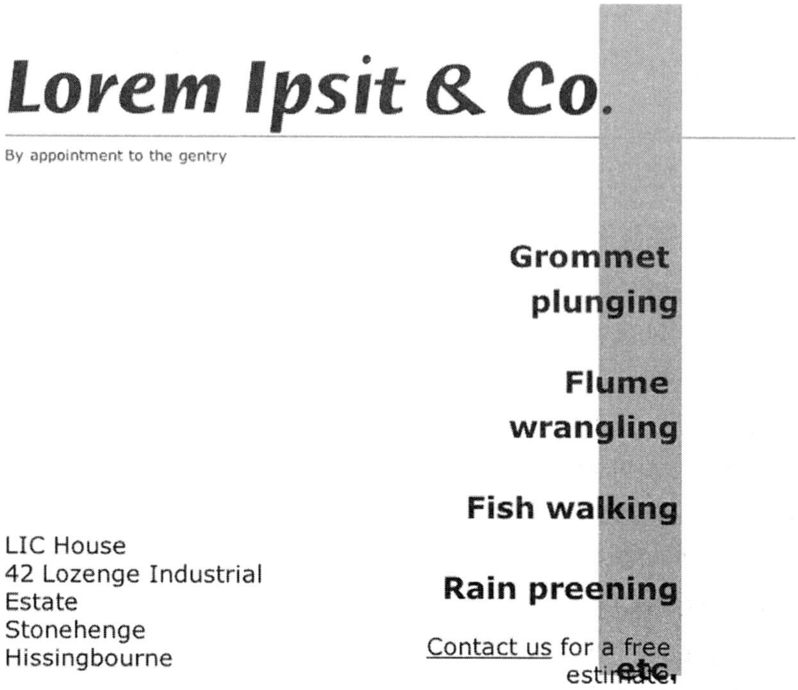

그림 13.19 … 폰트 크기를 늘린 …

구현되어 있지 않으며, 최근의 브라우저 대부분은 사용자가 CSS가 동작하지 않도록 제어할 수 있다. 그림 13.20은 이것이 행해졌을 때, 페이지에 무슨 일이 일어나는지를 보여준다. 많은 웹 디자이너가 CSS의 사용을 싫어하는 것은 이상한 일이 아니다. 그리고 표를 포함하여 이미지를 정확하게 배치하고, 제어할 수 있는 기교를 더 좋아한다. 그러나 이것은, 곧 논의하겠지만, 여러 가지 관점에서 바람직하지 않다.

끝으로, 비록 어떤 신뢰할 수 있는 추정치도 없지만, 순수한 텍스트-기반의 브라우저를 사용하기 좋아하는 웹 사용자도 있다. 그림 13.21은 그런 브라우저에서 페이지를 표시한 것이다. CSS를 지원하지 않는 종래의 브라우저가 표시한 그림 13.20보다 이 결과가 실제로 더 좋은 가독성을 제공한다는 것은 교훈적이다.

이 작은 예는, 모두가 똑같이 볼 수 있는 배치를 만들겠다는 생각으로 웹 페이지 설계에 접근한다면, 결국은 실패하고 말 것이라는 것을 보여준다. 모든 것을 가장 기본적인 텍스트-기반 브라우저 수준으로 축소시키는 것도 또한 만족스럽지 않다. 그래픽 설계는 시각적 의사소통을 용이하게 해준다. 결국 보기에 좋은 무엇인가를 가지고 있고, 사람들을 즐겁게 하는 것이 사이트에 대해 긍정적인 응답을 준다는 사실을 간과해서는 안 된다.

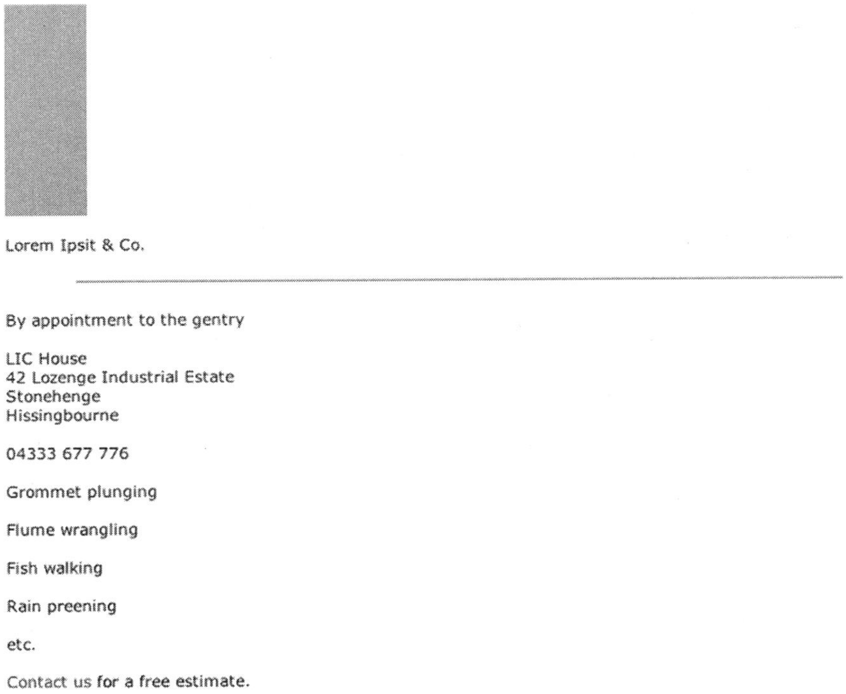

Lorem Ipsit & Co.

By appointment to the gentry

LIC House
42 Lozenge Industrial Estate
Stonehenge
Hissingbourne

04333 677 776

Grommet plunging

Flume wrangling

Fish walking

Rain preening

etc.

Contact us for a free estimate.

그림 13.20 … CSS 를 사용하지 않은 …

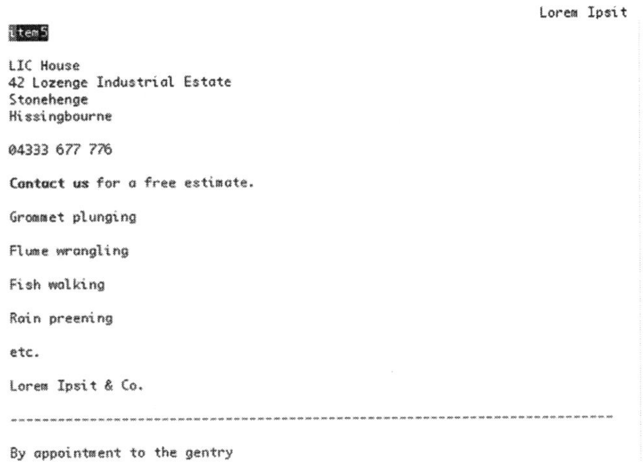

```
                                        Lorem Ipsit
item5

LIC House
42 Lozenge Industrial Estate
Stonehenge
Hissingbourne

04333 677 776

Contact us for a free estimate.

Grommet plunging

Flume wrangling

Fish walking

Rain preening

etc.

Lorem Ipsit & Co.

---------------------------------------------------------------

By appointment to the gentry
```

그림 13.21 … 텍스트만 다루는 브라우저

13.4 접근성

어떤 브라우저에도 효과적으로 작동하는 웹 페이지를 디자인하는 문제는,
능력이 제각각인 사용자를 위해 디자인하는 것에 초점이 맞추어진다. 당신
의 웹 사이트를 찾는 사람 중에는 보지 못하거나, 읽은 것을 이해할 수 없는

사람들도 있을 수 있다. 또한 마우스나 키보드를 사용하는 것이 불가능한 사람들도 있다. 이러한 장애를 가진 사람들은 전통적인 웹 페이지에 접근하는 것이 어렵거나 불가능할지도 모른다. 따라서 이들은 특별한 하드웨어와 소프트웨어(예를 들면, 스크린 리더와 같은)에 의존하여 웹 페이지를 액세스할 수도 있다. 최근의 웹 페이지들은 색맹인 사람들이 회색조의 화면으로 읽을 수 있게 해주기도 한다.

13.4.1 텍스트로 된 등가물

페이지 내의 이미지나 애플릿 같이 텍스트가 아닌 요소에 대해, 가장 쉽고 도움이 되는 것 중의 하나는 텍스트로 된 동등한 것을 제공하는 것이다. HTML은 이런 목적으로 몇 가지 속성을 제공하는데, 12장에서 기술했던 object 요소는 그 내용으로 대체 텍스트를 가질 수 있다.

img 요소는 속성 alt를 가지는데, 그 값은 이미지의 대체물인 문자열(string)이다. 이것은 간단히 서술되어야만 한다. 이미지가 아이콘 같은 기능을 가지는 곳에, 그 외관이 아니라 목적이 기술되어야만 한다. 예를 들면, 만일 집을 그린 것이 사이트의 홈 페이지와의 링크를 표시하기 위해 사용되었다면, alt의 텍스트는 "little house"가 아니라 "home page"이어야 한다. 일반적으로, alt의 텍스트는 정확하고 간결해야 하지만, 필요한 세부내용을 제공할 수 있어야 한다.

이미지 맵에서 핫스팟(hotspot)을 만드는 데 사용되는 area 요소도 alt의 속성을 가지는데, 이것은 대안으로 텍스트로 된 링크를 제공하는 데 사용될 수 있다.

멀티미디어 요소가 object 요소를 사용하여 임베드되었다면, 대안의 텍스트를 요소의 컨텐츠로 제공할 수 있다는 것은 12장에서 언급했다. 만약 embed가 반드시 사용되어야 한다면, alt 속성 또한 가져야 한다. 애플릿은 자신만의 인터페이스를 가져야 하며, 그것은 액세스도 가능해야 한다. 이것은 애플릿을 만든 프로그램 작성자에 의해서만 가능하다. 가능한 한 접근성이 중요한 웹 페이지에서는 애플릿의 사용을 피하는 것이 좋다.

임베드된 비디오 클립에 대안의 문자열을 제공하는 것은 없는 것보다 나은데, 이것은 영화에 동기화된 텍스트로 설명을 추가하기 위한 경우에 선호되며, 설명을 숨기거나 표시할 수 있는 옵션이 사용자에게 주어져야 한다.

이 절에서는 다른 타입의 컨텐츠에 대한 대안으로 텍스트의 사용을 옹호하였다. 그러나 이미지, 비디오 등을 텍스트로 **교체**해야 할 필요는 없다는 것을 강조한다. 중요한 것은 대체물이 문서 형식으로 페이지를 우아하게 변형시킬 수 있다는 것이다. 사실, 접근성의 이유로 모든 이미지를 제거하고 텍스트로 대체하는 것은 잘못이다. 이미지는 문자보다 정보를 더 간결하게 그리고 효과적으로 종종 전달할 수 있다.

접근 가능한 사이트는 모두에게 액세스 가능해야만 한다. 따라서, 필요하다면, 여러 가지 방법으로 정보를 제공하는 것이 이상적이다.

13.4.2 마크업

접근 가능한 페이지를 만들기 위한 두 번째 주요한 단계는 구조적 마크업을 사용하는 것이다.

11장에서 설명한 것처럼, 레이아웃과 인쇄 체제를 지정하기 위한 CSS를 사용하여 구조와 컨텐츠를 외관과 분리함으로써, 사용자의 특별한 요구에 맞게 어떤 방식으로도 페이지를 보여줄 수 있다. 만일 헤딩에 h1, h2 등을 사용하여 태깅하면, 소프트웨어는 헤딩을 식별하여 그 페이지에 대한 윤곽을 사용자에게 보여주게 된다. 마찬가지로, 리스트를 마크업하기 위한 여러 가지 목록 요소를 사용하면 적절한 방법으로 그들을 표시해 줄 수 있다. 만일 마크업 그 자체가 구조적 정보를 포함하고 있으면, 그 구조는 쉽게 추출될 수 있다. 만일 외관이 스타일시트에 의해 제어되면, 특별한 방법으로 정보를 표시하려는 사용자에 의해 무시될 수 있다.

W3C의 WAI(Web Accessibility Initiative) 가이드라인은 font와 같은 비난받는 속성들을 사용하지 말도록 권고한다. 왜냐하면, 이들은 구조적 마크업의 원리를 지키지 않기 때문이다. 그러나 XHTML 표준은 사용자 에이전트로 하여금 XHTML에 속하지 않는 속성은 무시해야만 한다고 규정하고 있다. 따라서 이들을 사용하는 것이 어떤 해로움도 끼치지 않는다. 사실, 그런 속성을 사용하는 것은 페이지를 우아하게 변환하는 데 도움을 줄 수 있으며, CSS가 구현되어 있지 않은 브라우저를 도와줄 수 있다. 이 때문에, 사용자가 스타일시트로 전환하는 것이 방해받는다고 주장할 수도 있다. 양쪽 주장에 모두 일리가 있다. 그러나 가이드라인은 비난받는 속성과 요소의 사용을 허용하지 않으므로, 가이드라인에 순응하려면 이들을 사용하지 않아야 한다.

구조적 마크업과 스타일시트 사용의 특별한 경우는 텍스트의 레이아웃을 제어하기 위해 표 대신에 CSS의 위치지정을 사용하는 것이다. 그림 13.22에 보인 두 개의 컬럼을 가진 레이아웃을 생각하자. 만일 두 개의 컬럼이 표의 컬럼으로 배치된 것이라면, 스크린 리더(screen reader)는 단지 화면에 나타난 형태 그대로인 가로 방향으로 텍스트를 읽어서 "Find out more Boulder,

그림 13.22 두 개의 컬럼을 가진 레이아웃

Colorado…"라는 왜곡된 텍스트를 만들게 된다. 그렇지만, 만일 두 컬럼이 CSS에 의해 절대적으로 배치된 div 요소라면, 텍스트는 자연히 정확하게 읽힐 것이다.

13.4.3 구조, 항해 및 링크

마크업을 정확하게 사용하면 페이지 구조가 명백해진다. 그러나 이것은 페이지를 어떻게 구성해야 되는가라는 문제를 야기한다. 만약 전문적인 저술을 많이 해보았다면 익숙한 여러 가지 기술이 있을 것이다. 이 결과는 페이지를 스캔하기 쉽게 만들고, 페이지 요소들의 관계를 감안하여 사람들이 인식하는 데 도움을 주게 된다. 이것은 헤딩과 표제를 사용하여 주요한 부분을 식별하는 것, 번호를 가진 리스트로 항목을 그룹화하는 것, 하나의 아이디어는 단일 문장으로 표현하는 것 등이 포함된다. 만일 단순하게 정보를 전달하고자 한다면, 이런 규칙을 지키는 것이 좋다.

이 장의 시작 부분에서 우리는 웹 사이트의 구조와 항해 메커니즘을 알아보았다. 접근성에 대한 가이드라인은 사이트 항해의 개요를 제공하는 것이 중요하다는 점을 강조한다. 가급적이면 각 페이지의 내용과 별도로 내비게이션 바를 제공하여 사람들의 혼란을 방지하도록 하는 것이 좋다.

링크가 문맥으로부터 벗어날 수도 있으므로, a 요소의 내용인 텍스트를 별도로 만들 때는 의미 있게 만들어야 한다. 예를 들면, 어떤 소프트웨어의 데모판을 다운로드할 수 있는 페이지로 가기 위한 링크는 그림 13.23의 상단처럼(하단이 아닌) 구현되어야 한다. 왜냐하면, 격리된 형태로 Click here라는 텍스트를 만들면 어떠한 단서도 제공하지 못하기 때문이다.

13.4.4 컬러와 모션

PDA와 오래된 컴퓨터 대부분은 흑백 모니터를 사용한다. 그리고 컬러에 관심없는 사용자도 많이 있다. WAI는 정보를 전달하는 데 있어서 컬러에만 의존하지 말라고 충고한다. 이것은 정보를 어떤 형태의 컬러로 코딩한다면, 다른 형식에 의해 백업되어야 한다는 것을 의미한다. 예를 들면, 만일 하이퍼텍스트 링크를 표시하기 위해, 본문의 텍스트와 다른 컬러로 설정하도록 스타일시트를 사용한다면, 링크라는 것을 알 수 있게 밑줄을 긋거나 조판 형태가 다르게 어떤 처리를 해야만 한다. 만약 페이지의 배경이 컬러이면, 텍스트의 색상은 대조적인 톤을 사용하는 것이 필요하다(그림 13.24).

만일 페이지에 애니메이트 효과를 사용한다면, 사용자가 쉽게 그 동작을 멈출 수 있도록 해야 한다. 왜냐하면 움직임은 사람들을 산만하게 하여, 정보를 이해하는 데 불필요할 수 있다. 대부분의 브라우저는 사용자가

Download a demo version [5MB]

Click here to download demo

그림 13.23 잘 만든 텍스트 링크 (상단), 잘못 만든 경우(하단)

그림 13.24 밝기에 의해 혼동되는 컬러의 구별

JavaScript를 동작하지 않을 수 있도록 해주며, 애니메이트된 GIF를 정지 이미지처럼 표시해 줄 수 있다. 만일 Flash 애니메이션이 사용되면, 사용자들이 그것을 멈출 수 있도록 하거나, 다른 페이지로 스킵하기 위한 제어가 제공되어야만 한다.

13.4.5 플래시와 접근성

비록 Flash가 웹 애플리케이션에 대한 형식과 대화형 사용자 인터페이스를 제공하기 위해 사용이 늘어나고 있지만, 그것은 여전히 시간에 기반을 둔 시각적 매체이다. 이러한 성질은 시각에 의하지 않고는 그들을 즉시 액세스 할 수 없게 한다. 심지어 최근까지도, Flash 무비의 어떤 컨텐츠도 액세스 할 수 없다는 비판이 있었다. 2003년 Flash MX의 보급과 함께, 매크로미디어는 이러한 결점을 제거하기 위한 몇 가지 조치를 취했다. 주요한 혁신은 상호작용을 위해 무비의 모든 요소에 이름을 제공하는 기능이다. 따라서 텍스트에 의해 이들을 식별할 수 있게 되었다. 또한 모든 텍스트 필드의 내용은 자동적으로 스크린 리더가 이용할 수 있게 되었다. 따라서 무비에 나타나는 어떤 텍스트도 읽을 수 있다. 이것은 Flash 텍스트를 동기화된 텍스트 트랙으로 무비에 제공하는 것이 가능함을 의미한다.

Flash 무비와 스크린 리더 사이의 인터페이스로는 Microsoft Active Accessibility(MSAA)가 제공되는데, 이것은 스크린 리더의 인터페이스 응용을 위한 표준 기술이다. MSAA는 단지 윈도우즈 시스템에서만 이용할 수 있다. 따라서 다른 플랫폼 사용자는 Flash 접근에 어떤 혜택이 없다.

13.5 웹 디자인 쟁점들

멀티미디어 설계는 큰 주제이다. 이것은 하나의 장으로도 모든 공평한 평가를 할 수 없다. 이 절에서는 멀티미디어 전달의 가장 중요한 수단인 웹에 치중하여 남아 있는 중요한 이슈를 알아본다.

13.5.1 정확성

정확성에 관한 문제는, 그림 13.25에 보인, 가장 단순한 정적인 HTML 페이지에서도 생길 수 있다. 이와 같은 이미지의 왜곡(이것은 img 태그의 width와 height 속성을 실제 이미지와 일치하지 않도록 설정한데 기인한다)은 페이지를 편집할 때 어떤 이미지를 다른 이미지와 부주의하게 교체함으로써 생길 수

그림 13.25 스케일이 잘못된 이미지

있다.

더 일반적으로, 오류는 스크립팅과 관련이 있다. 스크립팅은 일종의 프로그램을 작성하는 것이므로, 작성이 어렵고 오류를 일으키기 쉽다. 주된 프로그래밍 언어와 달리, **JavaScript**와 같은 스크립트 언어는 스크립트의 정당성을 보장해 주는 언어적 지원이 많지 않다.

선언이 의무적이 아니므로, 다양한 타이핑을 컴파일 시간에 확인할 수 없다. 객체는 동적으로 구축되며, 잘 정의된 방법으로 어떤 클래스에 속하게 만들 제약도 없다. 이러한 요인들은, 스크립트의 오류 대부분은 스크립트가 실행될 때가 되어야 발견될 수 있음을 의미한다. 이 결과로, 스크립트 작성자가 아닌, 사용자가 잘못된 오류 메시지를 보게 된다. 심지어 존재하지 않는 객체를 참조하는 것(예를 들면, 그 이름의 철자를 잘못 쓰는 것에 의해)과 같은 일부 오류는 메시지를 생성하지도 않는다. 만일 잘못된 스크립트가 페이지의 일부를 표시하는 것을 방해하거나, 내비게이션 바의 동작을 멈추게 하면, 그 페이지는 아무 소용이 없다. 손으로 쓴 스크립트는 꼼꼼하게 확인되어야만 하고, 테스트되어야 한다. 만일 스크립트가 웹 저작 프로그램에 의해 자동적으로 생성하게 되면, 경험이 풍부한 프로그램 작성자가 아니라면, 자신이 쓴 것보다 더 신뢰하기가 쉽다. 그러나 그것도 역시 테스트되어야만 한다.

스크립트의 정확성을 강조한 내용은 웹 애플리케이션의 일부인 서버측 (server-side) 프로그램에도 적용된다. 서버측 논리가 잘못되면, 전체 애플리케이션이 그 기능을 수행할 수 없다. 이러한 프로그램들은 Perl 또는 PHP로 작성된 것이 많은데, 이들도 JavaScript와 마찬가지로 스크립트의 정확성에 대한 단점을 가지고 있다. 서버측 자바 애플릿과 JSP 페이지는 좀 더 신뢰할 수 있다.

13.5.2 컨텐츠

모든 사람이 동의하는 것은, 웹 사이트에 있어서 가장 중요한 것이 그 내용이라는 것이다. 만일 사이트의 내용물이 누구에게도 관심을 끌지 못하면, 가장 아름답게 디자인되고 액세스 가능한 사이트라 하더라도 방문자가 없을 것이다. 반대로, 비록 그 설계와 이용 방법에 아쉬운 점이 있다 하더라도, 흥미있거나 유익하거나 즐거운 내용을 제공하는 사이트는 다시 방문하게 될 것이다.

이런 현상은 **웹로그(Weblog)**로 분명히 알 수 있는데, 이것은 비전문가인 사용자에 의해 쉽게 업데이트될 수 있으며 연대순으로 배열된 엔트리(보통 한두 개의 문단)를 가진 페이지이다. 웹로그를 쉽게 업데이트할 수 있으므로, 인터넷 접속이 가능한 누구나 자주, 빠르게 의견을 피력할 수 있다.

13.5.3 유용성

제록스 팔로 알토 연구소(Xerox Palo Alto Research Lab)에서 디자인했고 매킨토시 컴퓨터에 의해 유명해졌으며, 마이크로소프트 윈도우즈에 의해 지배적인 상업적 인터페이스의 패러다임으로 발전된 그래픽 사용자 인터페이스(GUI)는 모든 것을 그러한 형태로 변경했다. GUI는 컴퓨터에 대한 지식이 거의 없는 사람들도 쉽게 액세스가 가능하게 하였다.

정의가 의미하듯이, 대화형 멀티미디어는 사용자 인터페이스를 제공한다. 웹 애플리케이션의 경우, 멀티미디어 요소(사용자가 그들의 브라우저에서 보는 웹 페이지)는 서브에서 실행되는 것에 대한 사용자 인터페이스라고 말할 수도 있다. 이것의 대부분은 웹 사이트의 유용성에 집중되어 있는데, 사이트 방문자들이 얼마나 쉽게 찾고자 하는 정보를 발견하는지 또는 그 사이트가 제공하는 서비스를 얼마나 사용하는지에 집중된다.

분명히, 이것은 중요한 문제이다. 불행하게도, 이 주제에 대해 많은 작업과 가이드라인이 제시되었지만, 수행된 연구 결과는 보잘 것 없고 결론을 얻기 위한 데이터도 미약하다. 더 심각한 것은, 무엇인가 결과를 얻기 위해 목표지향적 실험을 하려는 경향이 있다는 것이다. 이것은 유용성에 대한 연구가 전혀 가치가 없다고 말하지 않도록, 단순히 과학적인 기초를 설계에 제공하기 위해 결과를 과장하게 된다. 사람들이 실제로 만든 것을 잘 관찰하는 것은, 웹 사이트가 얼마나 잘 만들어졌는가에 대한 중요한 정보를 얻을 수 있다.

이 장의 시작 부분에서 언급했던 것처럼, 좋은 디자인은 기반이 되는 원리를 잘 이해하는 데서 출발한다. 효율적인 설계를 위해서는 기술의 원리뿐만 아니라 효과적인 의사소통의 원리도 이해할 필요가 있다. 따라서, 웹 사이트를 디자인할 때, 그것이 유용하도록 보장해 주는 어떤 가이드라인이 있다면 이를 지키는 것이 좋다. 이들 대부분은 상식이나 다름없지만, 때로는 어떤 일을 할 때 생략되기가 쉽다. 다음 가이드라인은 철칙이 아니다. 그러나 설계가 이 규칙을 따랐는지를 확인하고, 만일 그렇게 하지 않았다면 그것이 더 좋은 이유를 제시해 보라.

사용자가 최우선이다

웹 사이트를 만들 때, 이 곳을 방문할 사용자를 가장 우선적으로 고려해야 한다. 이것이 항상 대중의 입맛에 맞도록 노력해야 하는 것을 의미하지는 않는다. 사이트 방문자에 대해, 어떻게 당신의 의도를 가장 효과적으로 전달할 것인지를 생각할 필요가 있다.

사용자가 제어할 수 있도록 하라

모든 사용자에 대한 모든 것을 알 수는 없기 때문에, 그들에게 가장 적합한 것이 무엇인지를 알 수가 없다. 따라서 그들이 선택할 수 있도록 해주고, 그들을 위해 당신이 선택하지 말라. 사용자에게 선택권을 주는 것은 단순한 문제이다. 단순하지 않을지도 모르는 것은 당신 자신이 제어를 포기하지 않으려는 것이다.

너무 많은 선택을 제공하지 말라

이것은 이전의 규칙과 모순되지 않는다. 사용자가 제어할 수 있어야 하지만, 불필요한 결정을 강요당하지 않도록 하라. 예를 들면, 웹 페이지에 새로운 창을 만들 때, 디자이너는 팝업 창 내에 닫기 버튼을 종종 제공한다. 이는 운영체제로 창을 닫는 방법과 더불어 사용자에게 중복된 기능을 제공한 것으로, 어느 방법을 사용할 것인지 혼란을 준다.

사용자의 행위를 가정하지 말라

예를 들면, 웹 사이트 방문자가 항상 홈 페이지로 방문할 것으로 가정하지 말라. 종종 그들은 검색엔진의 결과 페이지로부터 도착할 수도 있으므로, 사이트의 어떤 페이지를 직접 방문할지도 모른다. 그러므로, 만일 당신이 모든 방문자에게 전체 사이트를 탐험할 기회를 주고 싶어한다면, 다른 모든 페이지에서 홈 페이지에 도달할 링크를 제공해야만 한다. 마찬가지로, 방문자가 사이트 내의 모든 페이지를 볼 것이라고 가정하거나 어떤 순서로라도 모든 링크를 따라갈 것으로 가정하지 말라.

기술을 현명하게 사용하라

다시 말해서, 당신이 할 수 있다고 해서 그렇게 하지 말라. 새로운 웹 기술이 사용 가능하게 되면, 새로운 기술을 적용하고 싶어진다. 왜냐하면 새로운 기술에 관심이 많고 뒤쳐지기 싫기 때문이다. 그러나 새로운 개발은 조심스럽게 다루어야 할 실제적인 이유가 있다. 특히, 신기능에 대한 브라우저의 지원이 형편없거나, 상당한 시간 동안 신뢰할 수 없다.

사이트의 문맥을 이해하라

웹은 한 가지 유형만 있는 것이 아니다. 웹 사이트에는, 예컨대 전자 상거래, 뉴스, 기업 광고, 기술 지원, 예술, 개인 홈 페이지 등의 꽤 분명히 정의된 영역이 있다. 당신의 사이트가 웹의 분류 중 어디에 속하는지를 이해할 필요가 있다. 그리고 분야를 확장할 것인지, 그대로 지킬 것인지를 정해야 한다.

계속 변화하라

웹은 새로 개발되는 기술과 더불어, 사회적으로, 문화적으로 그리고 미학적으로, 끊임없이 변하고 있으며 오래된 것들은 무시된다. 이 모든 영역에서의 변화를 알 필요가 있으며, 사이트가 전달하는 이미지와 메시지도 이런 변화에 맞아야 한다.

미적인 요소를 무시하지 말라

앞서 지적했던 미학적 요소를 무시하지 말라. 웹 브라우징은 단순히 목표 지향적인 행동이 아니다. 사이트의 외관이 모든 방문자에게 동일한 인상을 주는 것은 아니다. 따라서 아름답게 변환시키는 과정이 필요하다. 사이트의 분위기와 느낌은 설계 미학과 깊은 관련이 있다. 이런 점에서, WWW은 다른 어떤 시각 매체와 전혀 다르지 않다.

자신의 한계를 알라

자신이 모든 것을 다 잘 할 수는 없다는 것을 인식하라. 웹 설계와 멀티미디어 설계는 일반적으로 한 개인이 좀처럼 다 가질 수 없는 혼합된 기술을 필요로 한다. 자신의 재능이 무엇인지를 알고, 자신의 전문 분야가 아닌 쪽은 다른 사람이 그 간격을 채워야 한다.

연습문제

1. 그림 13.10에 있는 행렬이 적절한 항해 메커니즘이 되기 위해서는 어떤 조건을 웹 사이트 구조가 만족시켜야만 하는가?

2. 플래시 무비를 어떻게 계층적으로 구성할 것인지 설명하라.

3. 웹 페이지의 어느 부분에 중요한 연락처를 만들 것인가? 그 이유는?

4. 모든 브라우저가 '뒤로가기(back)' 버튼을 가지고 있는데, 왜 웹 사이트의 페이지에 홈 페이지로 가기 위한 링크를 가지는 것이 필요한가?

5. 스토리보드(storyboard)는 영화와 애니메이션 제작자에 의해 사용되는 기획 도구이다. 이것은 장면의 중요 부분이 일련의 정지화면 순서로 구성된다. 스토리보드는 때때로 멀티미디어 제작물을 기획하는 수단으로도 쓰인다.

    (a) 복사할 수 있는 음악 비디오 또는 영화 장면으로부터 이를 설명할 스토리보드를 구성하라.

    (b) 인기 있는 컴퓨터 게임을 선택하여 역방향으로 스토리보드를 구성하라.

    (c) 이런 경험을 통해, 멀티미디어 저작물의 설계에서 스토리보드의 잠재적인 유용성을 평가하라.

6. 자신의 고향을 광고하는 웹 페이지를 디자인하라. 그것이 사용자를 위해 잘 동작하고 좋은 관광 자료를 제공할 수 있도록 만들어라.

7. 유용성에 관한 연구는 사용자가 긴 웹 페이지를 스크롤하는 것을 싫어한다고 자주 결론을 내린다. 그럼에도 불구하고 어떤 타입의 페이지는 스크롤하는 것이 페이지를 링크된 순서로 분해하는 것보다 바람직할 것인가?

8. 웹 페이지는 방문자에게 사이트의 관리자와 전자적으로 연락하기 위한 수단을 제공해 주어야만 한다. 이를 위한 한 방법이 페이지 내에 mailto:로 시작하는 URL을 가진 링크를 임베드하는 것이다. 이러한 메일 링크를 제공하는 것이 갖는 장단점을 논하라.

14

XML과 멀티미디어
XML and Multimedia

11장에서, 월드 와이드 웹의 이질적인 성질에 대처하기 위한 최선의 정보 구성 방법은 내용 및 구조를 외양과 구분하는 것이라고 설명했다. 그리고 이러한 이상에 접근하기 위한 출발점으로, 인쇄 형태와 레이아웃의 특성을 지정하기 위해 CSS를 어떻게 HTML과 연관시켜 사용하는지도 보였다. 그러나 HTML이 제공하는 제한된 태그의 레퍼토리로 인해 이러한 구분을 달성하는 데는 한계가 있다.

비록 원래 HTML이 의도했던, 주로 텍스트인 간단한 논문을 마크업하는 데는 충분하겠지만, HTML의 레이아웃 태그로는 웹 상에서 만나는 모든 다양한 타입의 매체에 결코 충분할 수가 없다. 특히, 1990년대 중반 웹이 상업화되면서 더욱 그렇게 되었다. 예를 들어, 어떤 식당이 그들의 메뉴를 웹 페이지에 올리려는 경우를 가정하자. 제공되는 음식을 위해서는 어떤 태그가 사용되어야 하는가? 아마도, h2 또는 h3 헤더를 사용하면 적절한 포맷팅을 만들 수 있을 것이다. 그러나 메뉴에 있는 음식은 표제가 아니며, 칸으로 레이아웃된 텍스트 블록은 테이블의 항목이 아니다. 또, 예시해야 할 그림은 수학 방정식도 아니다. 만약 구조적 마크업이 문서의 구조를 기술할 수 없다면, 물론 또 다른 구조로 디자이너의 마음에 있는 문서의 시각적 외양을 보여주게 되겠지만, 구조적 마크업의 의미는 대부분 상실된다. 특히, 자동 검색과 인덱싱 프로그램들은 문서의 요소를 정확하게 식별할 수 없다. 예를 들어, 온라인 조리법 또는 영양학에 관한 표제에서, 메뉴에 나타난 '초콜릿 무스(chocolate mousse)'를 다른 것들과 구별할 수 없다면 초콜릿 무스를 제공하는 음식점을 찾아주는 프로그램을 작성하는 것은 매우 힘들다.

HTML 태그는 웹 페이지 유형에 충분하지 않기 때문에 새로운 태그가 필요하다. 어떠한 종류의 문서에도 완전히 적용할 수 있는, 누군가가 어느 날 웹 페이지에 만들어 넣기를 원하는 그러한 태그가 있으면 전부 HTML에 추가하려 했던 시도는 결국 실패하였으며, HTML을 커지게 만들었고 다루기 힘들게 되었다. 훨씬 더 좋은 해결 방법은 웹 디자이너들이 스스로 태그를 정의할 수 있는 기능을 제공하는 것이었다. 이러한 문제 해결 방법은 Standard Generalized Markup Language(SGML)에서 수년 동안 지속되었으며, SGML은 출판업계에서 광범위하게 사용되고 있다. 그러나 SGML은 인터넷에서 사용하기에 적당하지 않다. 이것의 특징 중 하나인 파싱을 효율적으로 처리하는 것은 너무 어려워서 요구된 응답 시간에 제공하기가 어렵다. 인터넷에 적합하도록 SGML을 개조하기 위한 작업은 XML(eXtensible Markup Language)로 알려진 서브셋을 정의하였다. 이것은 복잡한 언어에 의한 오버헤드 없이 SGML의 모든 중요한 기능을 제공한다. 특히, XML은 웹 디자이너에게 어떤 유형의 문서에 대해서도 자신만의 요소 집합을 정의하는 것을 허락한다. 그러므로 웹 페이지는 HTML의 문서 정의에 의한 제한으로부터 자유롭다. 요소와 속성의 집합에 대한 정형화된 정의는, 그들이 결합되는 방법의 제약과 함께, XML 문서 타입 정의(DTD: Document Type Definition) 형태로 만들어진다. 실제로, DTD는 특별한 마크업 언어를 정의한다.

XML 1.0은 1998년 W3C 권고안으로 채택되었다. 이것은 많은 디자이너가 개별적으로 웹 페이지에 직접 사용할 것 같지가 않았다. XML은 간접적으로 사용되기가 쉬울 것처럼 보였는데, 그 이유는 전문가들이 특정한 작업을 위한 새로운 마크업 언어를 정의하는 XML DTD를 만들 것이기 때문이었다. 비록 이로 인해 특별한 목적의 언어가 급증했지만, 태그의 형태와 같이, 이들 모두는 구문적인 특성을 갖추었고 XML 기술에 기반을 두었다. 따라서 모든 브라우저 각각에 새로운 언어를 위한 해석기를 추가할 필요가 없었다. 브라우저가 XML DTD를 해석할 수 있는 한, 브라우저는 누군가에 의해 정의된 어떤 언어로 마크업된 페이지도 해석할 수가 있다. 따라서 XML은 텍스트와 멀티미디어 컨텐츠를 구성하기 위해 다양한 메커니즘을 지원하는 하부조직처럼 기능할 수 있다. 이런 역할이 월드 와이드 웹에서 제한될 어떤 이유도 없다. XML은 다른 전달 매체와 동등하게 잘 기능할 수 있다.

XML DTD로 새로운 언어를 정의하는 절차는 XML 1.0이 권고안으로 채택되기 이전부터 시작되었다. 만들어진 DTD 중에는 SMIL(Synchronized Multimedia Integration Language), SVG(Scalable Vector Graphics), MathML(Math Markup Language) 그리고 XFDL(eXtensible Forms Description Language)이 있다. XHTML은 XML DTD를 사용한 HTML의 정의이다.[1] XML의 다소 다른 응용은 RDF(Resource Description Framework)를 위한 구체적인 구문법인데, 이것은 메타데이터를 위한 표준을 제공하기 위한 것이다.

14.1 XML

비록 XML 그 자체가 멀티미디어를 직접 지원할 수는 없지만, 더 특별한 마크업 언어인 SMIL과 SVG의 기초가 되는데, 이들에 대해서는 15장에서 설명할 것이다. XML은 다른 멀티미디어 구조를 제공할 수 있는 잠재력을 가지고 있다. 따라서 XML 구문법의 기본을 이해하고, XML을 사용하여 새

---

[1] HTML 4와 이전 버전은 XML이 아니라 SGML DTD에 의해서 정의되었다. 여기서 사용된 SGML의 일부 기능은 XML 집합에서 제외되었다.

로운 마크업 언어를 정의하는 방법을 아는 것이 매우 중요하다.

14.1.1 기본적인 XML 구문법

먼저, 자신만의 태그와 속성 이름을 만들 수 있다는 점만 제외하고, XML은 XHTML과 같다고 생각하면 꽤 많은 것을 얻게 된다. 사실, 'XHTML은 고정된 레퍼토리의 태그와 속성을 가진 XML이다' 라는 표현이 더 정확할 것이다. 이미 알고 있는 것처럼 태그는, <tag>와 같이, 꺾음 괄호 사이에 쓰여진다. 그리고 공백 요소가 아닌 한, </tag>와 같이 요소 이름 앞에 /가 나타나는 종료 태그를 가져야 한다. 속성값은 쌍따옴표로 에워싸야 하며, 요소의 이름 뒤에 오는 = 기호를 사용하여 속성에 할당된다. 공백 요소는 끝나는 > 앞에 /를 가진 태그처럼 나타낼 수 있다. 요소는 반드시 쌍을 이루어야 한다. &로 시작하는 문자와 엔티티 참조는 타이핑하기 힘든 어떤 문자들이나 <와 같이 특정한 목적을 위해 예약된 문자들에 사용될 수 있다. 단순히 이러한 규칙에 따라 작성하면 '잘 작성된 문서(well-formed document)' 라 불리는 문서를 만들 수 있다. '잘 작성되었다(well-formedness)' 는 것은 단순히 문서가 올바르게 파싱될 수 있도록 XML의 구문법을 잘 준수했다는 의미이다. 잘 작성된 문서는 여러 가지 목적에 적합하다. 이것은 컴퓨터 프로그램으로 처리될 수 있는, 마크업 태그로 구조가 표현된 문서를 만들 수 있게 해준다.

프로그래머에게 있어서, 잘 작성된 문서를 만드는 것은 문법 상의 오류가 없는 프로그램을 작성하는 것과 같다. 그것은 여전히 타이핑 에러가 있을 수 있고, 프로그램 논리가 잘못될 수도 있다. 그러한 프로그램이나 문서는 단지 그 언어의 구문 규칙만 지켰을 뿐이다.

아래의 XML 문서는 잘 작성된 XML 문서가 무엇인지를 보여준다.

```
<books>
    <book id= "cpp">
        <title>The Late Night Guide to C++</title>
        <author>Nigel Chapman</author>
        <price sterling="29.95" euro="50" />
        <publisher>John Wiley &amp; Sons</publisher>
        <numberinstock current="1" ordered="6" />
    </book>

    <book id= "perl">
```

```
            <title>Perl: The Programmer's Companion</title>
            <author>Nigel Chapman</author>
            <price sterling="24.95" euro="44" />
            <publisher>John Wiley &amp;Sons</publisher>
            <numberinstock current="0" ordered="0" />
    </book>

    <book id= "dmm">
            <title>Digital Multimedia</title>
            <author>Nigel Chapman</author>
            <author>Jenny Chapman</author>
            <price sterling="27.95" euro="48" />
            <publisher>John Wiley &amp;Sons</publisher>
            <numberinstock current="12" ordered="20" />
    </book>
</books>
```

위 문서는 기본적인 도서목록 항목을 가진 책의 리스트를 제공한다. 이것
은 온라인 서점의 재고 목록의 일부분일 수도 있으므로, 데이터는 두 개의
화폐 단위에 의한 현재 가격과 재고 상황을 기록하고 있다.

우리가 선택한 요소의 이름은, 영어를 사용하는 독자들이면, 각 요소가 표현하려는
것이 무엇인지를 명확히 알 수 있는 것들이다. 그러나 실제 이름은 아무런 형식 상의
의미가 없으며, 저자의 이름을 기록하기 위해 간단히 **aardvark** 요소를 사용할 수도
있다. 그 의미는 단지, 소프트웨어에 의해, 요소가 문서에 대해 무슨 일을 하는가에
달려 있다.

조금만 생각해 보면, XML로 특정한 데이터의 집합을 표현하기 위한 선
택에는 여러 가지 방법이 있다는 것을 알 수 있을 것이다. 특히, 값을 기록하
기 위해 속성을 가진 요소를 사용할 것인지(이 문서에서 출판사의 이름처럼),
아니면 그 내용이 값이 되는 요소를 사용할 것인지를 결정하는 명확한 기준
이 없다. 예를 들어,

```
<publisher>John Wiley and Sons</publisher>
```

또는

```
<publisher company="John Wiley and Sons" />
```

경우이다.

여기서는 혼합 형태를 사용했다. 가격과 재고 개수는 속성을 사용하여 기
록했는데, 이것은 양쪽 모두(즉, 영국의 화폐 단위와 유로로 표현한 가격 및 현

재의 재고 숫자와 며칠 동안의 재고) 두 개의 서로 다른 값을 쉽게 알아 볼 수 있게 해준다. 속성을 사용하는 것은 요소의 숫자가 겹치는 것을 방지해 준다. 반면에, 요소의 내용에 저자를 위치시킴으로써, 공저인 경우에는 두 개의 저자 요소를 가질 수 있게 해준다. 이것은 저자에 의해 책을 식별하는 인덱싱 및 검색 소프트웨어에 도움을 준다. 나머지 필드들의 값을 기록하는데 사용된 요소의 내용은 임의로 정한 것이다.

문서를 구성하는 XML 마크업의 구조는 트리 형태로 표현될 수 있으며, 때때로 이를 **구조 모델**(structure model)이라 부른다. 구조 모델은 본질적으로, 문서 내 요소들의 순서를 정하고 요소들 사이에 포함되는 관계를 나타낸 추상적 표현 방법이다. 그림 14.1은 이전에 보여준 책 문서에 대한 구조 모델의 그림이다. 문서의 각 요소는 모델 내에서 노드로 표현되었으며, 이는 책의 섹션(절)에 해당한다. 각 노드는 요소에 해당하며, 공백 요소가 아니면 그 내용을 나타내는 자식 노드를 가진다. 기대하는 것과 같이, 그러한 노드는 그 자식의 **부모 노드**이다. 그리고 용어를 확장하여, 같은 부모를 가진 자식 노드를 **형제**(siblings) 노드라 하고 문서 전체에서 부모가 없는 단일 요소를 **루트**

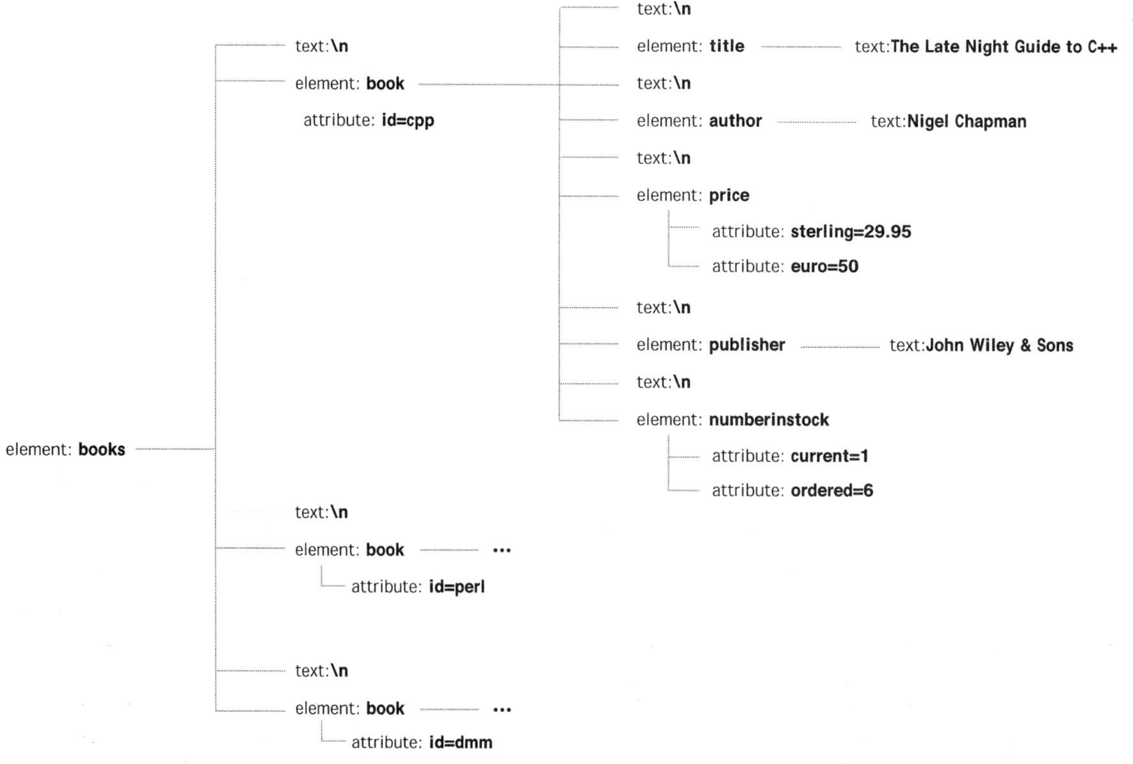

그림 14.1 예의 XML 문서에 대한 구조 모델

(root)라 부른다. 구조 모델은 트리 형태이다. 루트 노드를 제외한 각각의 노드는 반드시 단 하나의 부모 노드를 가지며, 루트 노드는 부모 노드가 없다.

XML 문서를 처리하는 소프트웨어는, 종종, XML 입력을 파싱하여 구조 모델을 만들고(명시적 또는 묵시적 자료구조), 모델을 지나가면서 노드가 연결된 것에 따라 계산을 수행한다. 그러한 추적을 수행하는 데 사용되는 몇 가지의 API가 있다. 가장 널리 알려진 것은 W3C의 Document Object Model(DOM)이다. 이것은 16장의 XML을 위한 간단한 응용 프로그래밍 인터페이스(Simple Application Programming Interface for XML(SAX))에서 다시 설명할 것이다.

14.1.2 DTD

XML 구문법의 규칙만 지킨다면, 잘 작성된(well-formed) XML 문서에서는 어떤 요소나 속성을 사용해도 된다. 그러나 만약 허용된 요소의 집합에 대한 명세가 주어져 있고, 문서가 그 명세를 지킬 것이 요구된다면, 그 문서는 잘 정의된 구조(well-defined structure)의 문서 유형에 속해야 한다 (XHTML 페이지의 집합은 그러한 문서 유형의 한 예이다). 이것은 문서를 처리하는 어떤 소프트웨어도, 어떠한 태그가 있는지 그리고 태그들이 서로 어떤 관계가 있는지를 알 수 있다는 것을 뜻한다. 소프트웨어는 실제로 문서가 명세를 따르고 있는지를 체크할 수 있으므로, 가능한 모든 종류의 에러를 찾아낼 수 있으며, 문서 유형의 구조에 근거한 특정 기능을 제공해 줄 수 있다. 예를 들어, 공개된 태그를 사용하면, 웹 브라우저가 각 요소의 기본형을 제공하거나, 에디터가 모든 허용된 속성의 리스트를 보여줄 수 있다. 만약 잘 작성된 문서에 첨부된 명세가 있고 그 명세의 규칙을 따르면, 그 문서는 유효(valid)하다고 말한다.

XML에서 그러한 명세를 제공하는 방법에는 두 가지가 있다. 오래된 것으로, 더 잘 수립된 방법은 문서 타입 정의(DTD: Document Type Definition)에 의한 것이며, 새로운 방법은 인기를 얻고 있는 XML 스키마(Schema)에 의한 것이다. 스키마[2]는 DTD보다 다소 강력하며, 문서의 내용에 대해 보다 정교한 제약을 명세하는, 요즈음 프로그래밍 언어의 타입 정의 기능과 유사한 수단을 제공한다. 스키마의 장점은, 마치 데이터베이스처럼, XML 문서가 구조화된 데이터를 저장하는 데 사용될 수 있다는 점이다. 좀더 전통적인 텍

---

[2] 사전에서는 'schema'의 복수형이 'schemata'라고 되어 있지만 XML에서는 'schemas'를 더 선호한다.

스트지향 문서에는 더 간단한 DTD 메커니즘이 널리 채택된다. 이것은 SMIL 과 SVG 같은 XML 기반의 멀티미디어 마크업 언어의 최근 버전을 정의하는 메커니즘으로 사용되고 있다. 따라서 우리는 DTD에 치중한다. XML 스키마를 기술하기 위한 참고문헌은 도서목록에서 찾아 볼 수 있다.

DTD는 사용할 수 있는 문서 요소와 속성의 집합을 정의하고, 어떻게 그들을 조합할 것인가에 대한 제약을 정의하므로, 사실상 마크업 언어의 정의라고 말할 수 있다. 그리고 이것은 종종 그들을 조사하는 최선의 방법이기도 하다. 예를 들어, XHTML은 DTD에 의해 정의된다. 형식상으로는 이 DTD가 모든 적법한 XHTML 문서의 집합을 정의한다. 그러나 실제로는 XHTML 언어를 정의한 것이 DTD인 것으로 간주한다. 이런 점에서, DTD와 스키마 메커니즘을 가진 XML은 메타언어(metalanguage)(다른 언어를 정의하는 언어)로 간주된다.

DTD는 XML 문서의 내부에 포함될 수 있다. 그러나 보다 일반적으로, 특히 DTD가 XHTML과 같은 복잡한 언어를 정의할 경우에는 DTD를 별도의 파일로 저장하여 이것을 이용하는 문서가 참조하게 된다. XML의 시동 부위에 있는 두 가지는 이를 위해서 필요하다. 이 두 가지는 요소와 속성의 구문법이 우리가 알고 있는 형태와 약간 다르다. 먼저 XML 선언이 와야 하며, 일반적으로 다음과 같은 형태를 갖는다.

```
<?xml version="1.0" encoding="UTF-8"?>
```

나중에, XML의 새로운 버전이 정의되면, 더 높은 버전의 숫자가 1.0 자리에 대체될 것이다. encoding 속성의 값은 그 문서에 사용된 문자집합을 규정한다(이 경우에는 ISO-10646으로 인코드된 UTF-8이다). 엄격히 말하면, XML 선언은 옵션이다.[3] 그러나 이것은 XML 파서의 작업을 도와줄 수 있으므로 포함되어야 한다. 만약 XML 선언이 문서에 나타난다면, 가장 먼저 위치해야 한다.

XML 선언은 처리 명령어(PI: processing instruction)의 예이다. PI는 <?와 ?> 사이에 놓여 있는 문자열이다. 이들은 XML 문서의 처리를 제어하는 데 사용된다. 에워싸인 문자열에서 첫 번째 것을 타겟 이름(target name)이라 한다. 이것은 종종 어떤 프로그램의 이름이며, PI의 나머지 부분들은 마치 인수(argument)처럼 이 프로그램으로 보내진다. XML로 시작하는 PI는 XML 처리 과정에서 특별한 목적을 위해 사용된다. 나중에, 스타일시트가 XML 문서와 어떻게 연관되는지를 기술할 때 예를 제시할 것이다.

---

[3] XML 사양에서는 'XML 문서는 XML 선언으로 시작할 수도 있다' 라고 되어 있다.

만약 외부 파일에 있는 DTD를 사용한다면, XML 선언은 다음과 같은 DOCTYPE 선언 이후에 와야 한다.

```
<!DOCTYPE books PUBLIC "-//DMM//BOOK Bibliographic
information 1.0//EN" "http://www.digitalmultimedia/DTDs/
books.dtd">
```

<!와 >가 구획문자(delimiter)로 사용된 것에 주의하라. 이들은 DTD와 관련된 XML 부분에 사용되는데, 마크업에 사용되는 < 및 >와 매우 유사하게 사용된다. DOCTYPE 선언은 두 개의 구분된 것을 선언한다. 첫 번째는 문서 요소(document element)의 이름인데, 이것은 문서 전체의 내용을 포함하고 있으며, DOCTYPE 뒤에 와야 한다. 이 경우, 이 요소를 books로 명세했는데, 그 이유는 전체 문서가 <books>와 </books>에 의해 구획되기 때문이다. 이는 HTML에서 <html>과 </html>에 의해 구획되는 것과 같다. 이 다음에 DTD를 찾을 수 있는 곳에 대한 명세가 온다. 키워드 PUBLIC 뒤에는 DTD의 위치를 지정하는 두 가지의 다른 명세가 온다. 먼저, "-//DMM//BOOK Bibliographic information 1.0//EN"은 DTD의 공개된 이름(public name)이다. 이 특수한 구문법은 XML의 조상인 SGML의 유물이다. 공개된 이름은 DTD에 책임이 있는 기관(여기서는 가공의 회사인 DMM이다)의 이름, DTD의 설명과 버전 숫자 및 언어를 지정한다. 공개된 이름 뒤에는 관례적으로 DTD가 위치해 있는 URL이 온다. 이 URL은 DTD의 시스템 식별자(system identifier)로 알려져 있다. DTD를 읽은 XML 처리기는 이 곳에서 DTD를 찾을 수도 있고, 또는 공개된 이름을 사용하여 구현-종속적인 메커니즘에 의해 찾을 수도 있다. 만약 공개적으로 지원되는 XML 기반의 언어(XHTML, SMIL 또는 SVG)를 사용한다면, 그 언어들의 설명에는 DTD에 대한 적절한 공개된 이름과 URL이 포함되어 있을 것이다. 일반적인 웹 브라우저는 웹 페이지를 처리하기 전에 XHTML DTD를 패치하지 않는다. DTD의 규칙은 브라우저 내에 코드로 작성되어 있다.

DOCTYPE 선언의 대안적 형태는 PUBLIC 대신 키워드 SYSTEM을 사용하고 공개된 이름을 생략하는 것이다. 이것은 DTD가 지역적으로만 사용될 경우에 훨씬 편리하다.

아래에서는 DTD가 마크업 언어를 어떻게 명세하는지에 대한 핵심을 간략하게 소개한다.

외부에 저장된 DTD(문서와 구분되어 별도의 파일로 저장된)는 그 자체가 하나의 XML 문서이다. 따라서 그것은 XML 선언으로 시작된다. 이후에, 마크업된 텍스트가 오는 대신, 특별한 마크업 선언이 오게 되는데, 이것은 요소와 속성의 집합을 정의하고 이들이 어떻게 조합될 것인지에 대한 제약사항을 제공한다. 마크업 선언은 <!로 시작된다. 그 뒤에는 정의할 마크업의 종류를 명세하는 키워드가 오게 되며, 그 뒤에는 선언의 종류에 따라 어떤 정보가 온 후, >에 의해 선언이 끝난다. 단지 요소들과 그들의 속성만 고려하면 된다.

요소의 선언은 요소의 이름을 적고, 요소의 내용이 어떻게 나타나는지를 명세해 주는 것이다. 예를 들어,

```
<!ELEMENT price EMPTY>
```

이것은 가장 간단한 요소 선언으로, **price**가 공백 요소(내용을 갖지 않는)인 것을 말해준다. DTD에서 대문자는 키워드에 사용된다는 것에 유의하라.

EMPTY는 XML 표준에서 **컨텐츠 모델**(content model)로 알려진 것의 한 예이다. 다른 컨텐츠 모델들은 요소 선언 내의 해당하는 위치에 나타날 수 있다. 다음의 간단한 예 (#PCDATA)*는 텍스트로 된 내용이라는 것을 나타내는 모호한 방법이다. 예에서, 저자의 이름이 이러한 유형이므로, 대응되는 요소의 선언은 다음과 같다.

```
<!ELEMENT author (#PCDATA)* >
```

book과 **books**의 요소는 좀더 복잡하다. 왜냐하면, 그들은 다른 요소들을 포함할 수 있기 때문이다. 그리고 그런 요소들이 나타나는 순서 및 얼마나 많이 나타나는지를 명세할 필요가 있다. 실제로는 DTD에 의해서는 어떤 요소가 다른 요소 내에 몇 번이나 발생하는지를 정확히 명세할 수 없다. 우리는 단지 대략적으로 한 번 발생했는지 또는 여러 번 발생했는지를 말할 뿐이다. 예를 들어, **books**의 경우에 있어서, 그 내용은 한 개 또는 그 이상의 **book** 요소로 구성되어 있다. 이것을 다음과 같은 요소 선언으로 나타낸다.

```
<!ELEMENT books (book+) >
```

book 뒤에 오는 +는 바로 앞의 요소가 한 번 이상 발생한다는 것을 나타낸다. +가 없다면 **books** 내에는 **book** 요소가 단지 한 번만 나타난다. 또한 요소 뒤에 *가 오는 것은 그 요소가 한 번도 나타나지 않거나 여러 번 나타남을 의미하며, ?는 그 요소가 나타나지 않거나 한 번 나타남을 뜻한다(옵션 요소). 이러한 표현 약속은 텍스트 편집기 및 Perl과 같은 프로그래밍 언어에서 패턴 매칭에 사용되는 것으로 일상적인 표현들이다.

일련의 요소들은 반드시 순서대로 나타나야 하며, 다음과 같이 콤마로 구분하여 차례대로 써야 한다.

```
<!ELEMENT book (title, author+, price, publisher, numberinstock) >
```

이것으로 **book** 요소의 구조를 올바르게 알 수 있어야 한다. 순서 내에서 (author+)를 반복적으로 사용하는 방법에 유의하라. 또한 **book** 요소 내에 있는 요소들이 고정된 순서로 명세된 것에도 유의하라. DTD에서는, 집합 내에 있는 모든 요소들의 나타날 순서까지 명시하지 않고서는, 각 요소가 나타나도록 지정하는 것이 불가능하다(그러나 스키마에서는 이것이 가능하다). 좀 더 복잡한 제약사항을 위해서는 괄호를 사용하여 그룹화할 수 있다(EMPTY를 제외하고, **books** 선언에서 보는 것처럼 명백한 경우에도, 모든 컨텐츠 모델은 괄호로 둘러싸야 한다).

컨텐츠 모델을 위한 추가적인 기능은 연산자 |을 사용하여 선택을 지정할 수 있다는 것이다. 예를 들어, 책의 저자 또는 편집자가 여러 명 있다고 가정하자(그러나 저자와 편집자 둘 다 있는 것은 아니다). 그러면 요소 **editor**가 어딘가에서 선언되었다고 가정하고, 다음과 같이 **book**을 선언할 수 있다.

```
<!ELEMENT book (title, author+ | editor+), price, publisher, numberinstock) >
```

(선택의 한계를 정하기 위해서 괄호를 사용한 것에 유의하라.)

DTD에서 요소의 속성은 분리된 속성-리스트 선언(attribute-list declaration)에 나열(list)된다. 이것은 <!ATTLIST로 시작되며, 선언할 속성을 가진 요소의 이름이 뒤따라오게 된다. 그 뒤에는 일련의 선언이 오게 되는데, 각각의 속성 하나씩에 대하여, 속성의 이름을 선언하고 그것이 가지는 값의 유형을 명시하며, 강제적인지 또는 옵션인지의 여부를 선언한다. 예를 들어, **price** 요소에 대한 속성은 다음과 같이 선언될 수 있다.

```
<!ATTLIST price
          sterling  CDATA #REQUIRED
          euro CDATA #IMPLIED >
```

각각의 속성에 대하여, 그 이름 뒤에 타입과 기본적인 동작을 명세하는 키워드가 온다. 어떤 새로운 키워드는 속성-리스트 선언에 사용된다. 즉, **CDATA**는 속성이 문자 데이터(스트링) 값을 가지는 것을 나타낸다. XML에서는 수치가 스트링으로 표현되므로, 숫자 데이터 타입이 없다. **CDATA**에 대한 대안으로, 속성의 유형이 가능한 값을 나열한 리스트가 될 수 있다. 이것은 속성이 어떤 특정한 값을 가지는 경우에만 사용된다. 예를 들어, 어떤 요소가 **day**라는 속성을 가지고 있다고 하자. 이에 대한 값으로 일주일의 하루하루를 간단한 이름으로 나타낸 것이 할당된다면, 이에 대응되는 속성-리스트 선언 부분은 다음과 같게 될 것이다.

```
day (mon|tue|wed|thu|fri|sat|sun) #REQUIRED
```

여러 가지 특별한 타입도 있는데, 이들 역시도 가끔 필요하다. 가장 널리 알려진 것이 ID인데, 이것은 HTML의 img 요소의 name 속성처럼, 속성에 대한 식별자(identifier)로 사용된다. 비록 타입 ID의 값이 스트링인 것처럼 보이지만, XML 처리기는 이 ID가 문서 내에서 유일한 것임을 알아야 하고, 그 요소를 정확히 지정할 수 있어야 한다. 우리의 예에서, book 요소의 id 속성에 대한 ID는 적합한 타입이다.

```
<!ATTLIST book
          id ID #REQUIRED>
```

#REQUIRED의 의미는 이 선언에 있는 타입의 형태를 따르며, 이전의 sterling은 자명하다. 즉, 요소는 그가 속한 시작 태그 내에 명시적으로 속성 값이 주어져야 한다. 따라서 <book>은 유효하지 않은 시작 태그이다. price에 대한 속성-리스트 선언에서 euro가 사용된 것처럼, #IMPLIED는 옵션이며 가정할 디폴트 값이 없다는 것을 나타낸다. 따라서 이 선언에서는 등가의 유로화 가격을 제시하지 않고 단지 파운드 가격만 명시하는 것이 옳다고 할 수 있다.

어떤 속성들에 대해서는 그 속성에 대한 디폴트 값이 정해져야 한다. 즉, 그 속성에 할당될 값이 주어지지 않을 경우, DTD 내에 있는 디폴트가 사용된다. 예를 들어, 주문한 책이 하나도 없다면, numberinstock 요소의 ordered 속성은 누락될 수 있을 것이며, 그 값은 "0"으로 간주될 것이다. 따라서

```
<numberinstock current="1" />
```

은

```
<numberinstock current="1" ordered="0" />
```

과 등가이다.

이것은 다음과 같이 선언될 수 있다.

```
<!ATTLIST numberinstock
          current CDATA #REQUIRED
          ordered CDATA "0" >
```

현재의 재고 숫자는, 비록 그 값이 0이라 할지라도, 여전히 명시적으로 지정될 것이 요구된다.

앞에서 설명한 것들은 books 예에 대한 아래의 완전한 DTD를 읽어 보는 것으로 충분할 것이다.

```
<?xml version='1.0'?>
<!ELEMENT title (#PCDATA)* >
```

```
<!ELEMENT author (#PCDATA)* >
<!ELEMENT editor (#PCDATA)* >
<!ELEMENT publisher (#PCDATA)* >

<!ELEMENT price EMPTY>
<!ATTLIST price
        sterling CDATA #REQUIRED
        euro CDATA #IMPLIED >

<!ELEMENT numberinstock EMPTY>
<!ATTLIST numberinstock
        current CDATA #REQUIRED
        ordered CDATA "0" >

<!ELEMENT book(title, (author+ | editor+), price,
 publisher, numberinstock) >
<!ATTLIST book
        id ID #REQUIRED >

<!ELEMENT books (book+) >
```

비록 DTD의 기본적인 면은 모두 다루었지만, XHTML과 같은 대규모의 언어를 정의하는 데 사용되는 DTD의 추가적인 중요한 특성도 있다. 만약 더 실제적으로 DTD를 사용하거나 이해할 필요가 있다면 특정한 서적을 참고하라.

14.2 이름공간

비록 DTD가 문서의 유효성을 체크하는 데는 필요하지만, 인터넷에서 DTD가 항상 실제로 사용되지는 않기 때문에, DTD 없이도 처리될 수 있는 잘 작성된 문서(well-formed document)를 만드는 것이 늘 XML의 설계 목적이었다. DTD가 없는 곳에서는 문서에 어떤 요소나 속성의 이름도 사용할 수 있다. 어떻게 이름을 사용해야 하는지에 대한 전체적인 제어 장치가 없으므로, 다른 문서 작성자가 같은 이름을 다른 용도로 사용하기가 쉽다. 예를 들어,

```
<lecturer>
    <title>Dr</title>
    <forename>Froederick</forename>
    <surname>Frankenstein</surname>
</lecturer>
```

와

```
<paper>
        <title>On the use of brains</title>
        <author>F. Frankenstein</author>
</paper>
```

를 고려해보자. 여기서 양쪽 모두 title을 사용한 것은 일리가 있다. 그러나 그 의미는 완전히 다르므로, 이 문서를 모두 처리해야 하는 소프트웨어가 이 둘을 구분할 방법은 없다.

만약 <paper>와 <lecturer> 요소 모두가 여러 다른 문서에서 때로는 같이, 때로는 구분되어 사용된다면, 모듈 방식으로 문서 처리 소프트웨어를 구성하는 것이 바람직하다. 모듈들은 이 두 개의 요소를 필요한 형태로 결합할 수 있다. 이 경우에는 각 요소를 처리하기 위한 적절한 모듈을 사용하는 것이 중요한데, 만약 요소의 이름이 고유하다면 작업은 매우 간단해진다.

고유한 이름을 쉽게 생성하기 위해, XML 이름공간(namespace)은 이름 사용을 총괄적으로 제어하는 어떤 관리 메커니즘을 요구하지 않고, 다른 이름은 다르게 참조될 수 있도록 하는 2단계의 이름 붙이는 시스템(two-level naming system)을 정의하고 있다.

이름공간이 사용되는 곳에서, 요소 또는 속성의 이름은 접두어(prefix)를 가질 수 있는데, 이것은 콜론에 의해 이름과 분리된다. 따라서 bbl이 참고문헌 이름공간을 나타내는 이름으로 사용된다면, <paper>의 타이틀은 bbl:title 요소들이 되며 <lecture>의 타이틀은 ppl:title 요소들이 된다. 여기서 ppl은 인물(personnel) 이름공간에 대한 접두어이다.

접두어는 고유해야 하며 일관성 있게 사용되어야 한다. XML 이름공간은 접두어를 URL과 연관시키는 방법을 제공하는데, (짧은) 접두어가 (비교적 귀찮은) URL을 대신 나타내도록 한다. 도메인 네임은 고유하며, 그것을 보증하기 위한 관리 메커니즘이 존재하고, 각 도메인은 보통 한 기관에서 관리되므로 이름공간과 연관된 URL이 고유하도록 만드는 것은 비교적 쉽다. 따라서, 만일 URL을 접두어로 사용한다면, 모든 것이 해결될 것이다. 이름공간의 선언은 문서 작성자가 임의의 접두어를 사용할 수 있도록 해주는 것이다.

이 시점에서, 대부분의 사람들은 이름공간과 연관된 URL에 저장되어 있는 것이 무엇인지를 묻게 되고, 파일로 저장되어 있는 어떤 종류의 이름공간 선언이 있을 것으로 기대한다. 그러나 아무것도 없다. 단순히 URL을 사용하는 것인데, 왜냐하면 이것이 고유하다는 것을 보장하는 것은 쉽기 때문이다. 이것이 자원을 지정하는 포인터로 사용되지 않으며, 그 방법은 링크에 있다. 이름공간 URL이 어떤 것을 가리켜야 할 필요는 전혀 없다.

문서 내에서 이름공간을 선언하기 위해서는, 그 문서에서 사용하고자 하는 이름공간을 접두어 xmlns: 뒤에 붙인 형태로 속성의 이름을 만들고, 그 속성에 이름공간의 URL을 할당해 주면 된다. 따라서 이름을 bbl:title 처럼 사용하기를 원하고, 도서목록 이름공간의 URL이 http://www.digitalmultimedia.org/biblio로 주어졌다면, 다음과 같이 할당해 줄 수 있다.

```
xmlns:bbl = "http://www.digitalmultimedia.org/biblio"
```

이 속성은 어떤 요소와도 함께 사용할 수 있으며, 이름공간은 그 요소 내에서 영향을 미친다. 대부분의 경우, 이름공간은 문서 요소의 속성에 할당하는 것으로 선언된다. 따라서 접두어는 문서 내의 어느 곳에서도 사용할 수 있다. 예를 들면, 다음과 같다.

```
<bbl:books xmlns:bbl = "http://www.digitalmultimedia.org/biblio">
```

이름공간 URL을 콜론이나 접미어(suffix) 없이 단순히 xmlns이라 불리는 속성에 할당할 수도 있다. 이것은 **디폴트 이름공간(default namespace)**을 선언한 것이다. 그 범위 내에서, 접두어가 없는 이름은 디폴트 이름공간 내에 있는 것으로 간주된다. 바꾸어 말하면, 공백 접두어는 이름공간 URL에 매핑된다. 문서 내에 있는 모든 요소와 속성이 같은 이름공간에 속할 경우에는, 이것이 매우 간편할 것이다. 예를 들어, 만약 XHTML에 있는 모든 이름이 URL http://www.w3.org/TR/xhtml1을 가진 이름공간에 속해 있다면, html 요소를 위한 시작 태그는 디폴트 이름공간을 사용하여 다음과 같이 선언될 것이다.

```
<html xmlns="http://www.w3.org/TR/xhtml1">
```

속성 이름들은 고유할 필요가 없다. 서로 다른 요소들이 같은 이름의 속성을 가질 수 있다. 사실상, 요소는 자신의 속성을 위한 자신의 지역적 이름공간을 정의하고 있다. 따라서 보통은 속성 이름이 이름공간에 속해 있어야 할 필요가 없고 접두어를 사용할 필요가 없다. 그러나 때때로 어디에서 사용되든지 같은 의미로 사용되는 속성 이름을 가질 필요가 있다. 이 때문에, 이름공간 메커니즘은, 어떤 문맥에 나타나더라도, 특정한 속성을 식별할 수 있는 방법을 제공한다.

DTD 내에서는 이름공간을 선언할 수 없다. 그러나 접두어를 가진 이름은 사용할 수 있으므로, DTD가 처리된 후에 그것을 사용하는 문서는 유효한 문서가 된다. 예를 들어, 도서목록 데이터를 위해 이름공간 접두어 bbl을 사용하고자 한다면, 도서목록 데이터베이스를 위한 언어를 정의하는 DTD는 다음과 같은 선언을 포함해야 한다.

```
<!ELEMENT bbl:book (bbl:title, (bbl:author+ | bbl:editor+),
  bbl:price, bbl:publisher, bbl:numberinstock) >
<!ATTLIST bbl:book
        id ID #REQUIRED>
```

또한 이름공간 선언을 허용하기 위해서는 문서 요소 books에 다음의 속성 리스트를 추가하는 것이 필요하다.

```
<!ATTLIST bbl:books
        xmlns:bbl CDATA #REQUIRED >
```

이러한 DTD 변경과 더불어, 예제 XML 문서는 이름공간을 사용하기 위해 다음과 같이 다시 작성될 수 있다.

```
<?xml version="1.0" encoding="UTF-8"?>
<!DOCTYPE bbl:books PUBLIC '-//Books' 'books-ns.dtd'>

<bbl:books xmlns:bbl = "http://www.digitalmultimedia.org/bbl">
    <bbl:book id="cpp">
        <bbl:title>The Late Night Guide to C++</bbl:title>
        <bbl:author>Nigel Chapman</bbl:author>
        <bbl:price sterling="29.95" euro="50" />
        <bbl:publisher>John Wiley &amp; Sons
                        </bbl:publisher>
        <bbl:numberinstock current="1" ordered="6" />
</bbl:book>
```

등등.

14.3 스타일시트

우리는 문서의 구조와 내용을 프레젠테이션으로부터 분리하고자 했던, 11장의 구조적 마크업의 논의를 다시 생각해 보고자 한다. XML은 프레젠테이션을 제어하는 어떤 기능도 없기 때문에, 분명히 이것이 가능하다. 컴퓨터 프로그램 사이에서, XML이 자신이 서술한 구조적 데이터를 상호교환하기 위한 포맷으로 사용된다면 이것은 아무런 문제가 되지 않는다. 그러나 종종 XML 문서를 받은 프로그램은 사람들에게 이것을 디스플레이해 주어야 한다. HTML과는 달리, XML은 고정된 요소의 레퍼토리를 가지고 있지 않으므로, 디스플레이를 위한 디폴트 스타일을 프로그램에 코딩해야 하는 문제는 없다. 문서의 레이아웃은 명시적으로 지정되어야 하며, 레이아웃을 명세하기 위한 어떤 메커니즘도 XML 내에는 없으므로, 이것은 외부 스타일시트에 의해 행해져야만 한다.

실제로, XML을 구현한 대부분의 웹 브라우저는 XML 문서를 디스플레이하기 위해 레이아웃의 디폴트 스타일을 제공한다. 그러나 그렇게 많이 사용하지는 않는다. 예를 들어, 모질라 웹 브라우저는 다른 포맷 없이 모든 요소의 내용만 단지 디스플레이한다. 인터넷 익스플로러의 몇 가지 버전은 XML 소스를 예쁘게 프린트된 리스트로 제공한다.

XML에서는, HTML에서 link를 사용했던 방법처럼, 요소를 문서의 스타일시트와 관련하여 사용할 수 없다. 왜냐하면, 어떤 특별한 DTD가 link 요소를 선언할 것이라고 예상할만한 어떤 이유도 없기 때문이다. 그 대신, XML 선언부에서 보았던 것과 같이, 처리 명령어는 <?과 ?>으로 분리하는 표기법을 사용한다. 스타일시트와 링크시키기 위해, 이것의 이름은 xml_stylesheet로 시작해야 하고 속성 href를 가지며, 속성값은 스타일시트를 가지고 있는 URL이다. HTML에서의 link와 같이, type 속성의 값으로 스타일시트의 타입을 명세할 수도 있다. 그러므로 CSS 스타일시트를 books 예제에 연결하기 위해, 다음과 같이 처리 명령어를 사용할 수 있다.

```
<?xml-stylesheet href="books.css" type="text/css" ?>
```

이 예제에서 제시한 것처럼, 비록 필수적인 것은 아니지만, CSS 스타일시트는 XML과 함께 사용될 수 있다. xml-stylesheet 명령어로 올바른 타입이 명시되기만 한다면, 브라우저에 의해 처리될 수 있는 어떤 타입의 스타일시트도 사용할 수 있다.

14.3.1 CSS와 XML

XML에서 CSS를 사용하는 것은 HTML에서 CSS를 사용하는 방법을 일반화한 것이다. 즉, XML 문서 내의 각 요소 타입에 대해 단순히 규칙을 정의하면 된다. 사실, 요소의 타입은 자신이 필요한대로 만들면 되므로, 보통은 각 타입에 대한 레이아웃을 정의하는 것만으로도 전체 문서의 포맷을 정의하는 데 충분하다. XML은 HTML과 약간 다른 방법으로 사용되는 경향이 있으므로, 이 절에서는 HTML보다는 XML에 필요한 CSS의 새로운 면모를 소개하고자 한다. 이것의 대부분은 CSS2에 관한 것이다(브라우저 대부분은

CSS2를 구현하고 있으므로, 이것은 문제가 되지 않는다).

XML과 함께 사용할 스타일시트를 만들 때, 문서를 처리할 프로그램은 문서 내의 요소 타입에 대한 아무런 정보도 가지고 있지 않다는 것을 기억할 필요가 있다. 특히, XML 문서 또는 문서의 DTD도, 어떤 요소가 인라인 (inline)인지 아니면 블록(block)인지에 대한 어떤 정보도 제공하지 못한다. 선택한 요소의 이름은 XML 프로세서에게 아무런 의미가 없다는 것을 명심하라. 요소 paragraph를 부를 수는 있지만, 이것으로 인해 브라우저가 새로운 라인을 만들어 주지는 않는다. 디스플레이 타입을 명시적으로 설정하기 위해서는 CSS 특성 display가 반드시 사용되어야 한다. CSS2에는 가능한 값들을 길게 열거해주는 리스트가 있는데, 이들 대부분은 테이블 요소와 관련이 있다. 지금 현재의 관심은 block과 inline의 의미에 대한 것이다. list-item 은 리스트 항목처럼 요소를 포맷해 주는 것으로, 그 앞에 리스트 마커가 온다. none은 요소를 위한 어떤 것도 생성하지 않는다. compact는 여백 내에 확장된 헤더로서 요소를 설정한다.

책에 관한 문서 레코드의 예제에서처럼, 어떤 구조의 논리적 요소의 값을 갖는 XML의 문서 요소를 레이아웃할 때는 요소들을 조합하기 위한 구두점이 종종 필요하다. 이것은, 예에서처럼, 요소를 프린트할 때는 생략될 수 있다. CSS는 요소의 앞이나 뒤에 텍스트를 삽입하기 위한 몇 가지 기능을 제공하는데, 이것이 그러한 구두점을 자동적으로 입력하는 방법들을 제시해 줄 수 있다. 이것의 규칙은 요소의 이름 뒤에, 의사-클래스 선택자(pseudo-class selector)인 :before 또는 :after를 추가함으로써 이루어진다. 그리고 content 특성을 사용하여 요소의 앞이나 뒤에 삽입하려는 텍스트를 명세해 주면 된다. 예를 들어,

```
title:after { content: "," }
```

는 각 책의 타이틀 뒤에 콤마를 삽입함으로써 뒤따라오는 것과 분리시켜 준다.

다음은 books 문서를 레이아웃하기 위한 간단한 스타일시트이다. 모질라 (Mozilla) 브라우저에서 이 문서를 디스플레이한 것은 그림 14.2에 있다.

```
book { display: block;
       width: 360px;
       margin: 15px 35px 2px;
       text-intent: -15px;
       font-family: Verdana,Arial,Helvetica,sans-serif;
       font-size:14px; }

title { font-style: italic; }
```

The Late Night Guide to C++, Nigel Chapman John
  Wiley & Sons

Perl: The Programmer's Companion, Nigel Chapman
  John Wiley & Sons

Digital Multimedia, Nigel Chapman Jenny Chapman
  John Wiley & Sons

그림 14.2 CSS 스타일시트로 포맷팅된 문서를 브라우저가 디스플레이한 것

```
title:after { content: "," }
```

```
publisher { text-decoration: underline; }
```

이 디스플레이는 전혀 만족스럽지 않다. 즉, Digital Multimedia 저자의 이름이 'and' 나 '&' 로 분리되기를 기대한다. 두 명보다 많은 저자가 있는 경우에는 모든 저자를 ','로 분리하고, 맨 마지막 두 명의 저자만 'and' 로 분리할 것을 기대한다. author 요소의 앞이나 뒤에 텍스트를 삽입하여 이렇게 하기 위해서는, 단일 저자인 경우와 여러 명의 저자가 있는 경우 및 중간 이름을 가진 저자가 있는 특별한 경우를 식별해야 할 필요가 있다. CSS에서는 이것을 수행할 방법이 없다. 이것은 프로그램 언어의 면모 몇 가지를 필요로 한다.

만약 books의 예에서 값의 리스트를 디스플레이하려면, price 요소의 속성값을 추출하는 것이 필요하다. 보통, 속성값은 디스플레이되지 않고 요소 내용만 표현된다. CSS의 규칙에서는 규칙의 선택자를 만족하는 이름이 X인 요소에 속성값을 삽입하기 위해 표기법 attr(X)를 content 특성의 값으로 사용할 수 있다. 예를 들어, 책의 파운드 가격을 인쇄하기 위해, 스타일시트에 다음과 같은 규칙을 추가할 수 있다.

```
price:before { content: "\00A3" attr(sterling); }
```

이 결과는 그림 14.3과 같이 표시된다(문자열에 나타낸 \00A3은 파운드 기호를 위한 유니코드 이스케이프이다). price 요소의 내용은 실제로 디스플레이할 것이 아무것도 없으므로 :before 의사-클래스(pseudo-class)를 사용해야만 한다는 것에 유의하라.

price[euro]와 같이, 요소의 이름 뒤에 속성 이름이 사각형 괄호 내에 주어지면, 선택자는 단지 그 문서 내에서 정의된 속성을 가진 요소를 찾는다. 그러므로 다음과 같이 규칙을 사용할 수 있다.

```
price[euro]:after { content: "/\20AC" attr(euro); }
```

이것은 책의 유로 가격을(가지고 있는 경우에만) 추가로 표시하기 위한 것

The Late Night Guide to C++, Nigel Chapman
£29.95 <u>John Wiley & Sons</u>

Perl: The Programmer's Companion, Nigel Chapman
£24.95 <u>John Wiley & Sons</u>

Digital Multimedia, Nigel Chapman Jenny Chapman
£27.95 <u>John Wiley & Sons</u>

그림 14.3 속성값의 디스플레이 결과

이다. (/\20AC는 유로 기호 표시를 위한 유니코드 이스케이프이다.) 이 규칙을 추가하면, 브라우저는 XML 문서를 그림 14.4와 같이 표시하게 된다.

The Late Night Guide to C++, Nigel Chapman
£29.95 <u>John Wiley & Sons</u>

Perl: The Programmer's Companion, Nigel Chapman
£24.95/€44 <u>John Wiley & Sons</u>

Digital Multimedia, Nigel Chapman Jenny Chapman
£27.95/€48 <u>John Wiley & Sons</u>

그림 14.4 옵션의 속성값을 디스플레이한 결과

14.3.2 XSLT와 XSL-FO

CSS는 XML 문서를 포맷팅하는 많은 방법을 제공한다. 그러나 여러 저자가 있는 경우에서 보았던 것처럼, 당연히 수행될 것으로 원했던 어떤 포맷팅들은 CSS 규칙을 사용하면 자연스럽게 실행되지 않는다. 일반적으로 CSS는 XML 문서에서 나타나는 순서와 다르게 요소를 디스플레이하려는 어떤 포맷팅도 수행할 수 없다. 또한 CSS는 어떤 수식이나 복잡한 계산도 수행할 수 없다. 따라서 문서의 실제 내용으로 계산되고 있는 값을 사용할 수 없다. 또한 스타일시트는 내용을 테이블로 포맷하거나 예시를 리스트로 만드는 것처럼, 정보를 문서의 한 부분에서 얻어내어 다른 어떤 곳에 사용해야만 하는 방법은 쓸 수 없다. 끝으로, 비록 CSS2가 페이지 레이아웃을 제어하기 위한 몇 가지 기능을 가지고는 있지만, CSS는 프린트와 같이 페이지로 된 매체에 적합한 레이아웃 모델과는 잘 결합하지 못한다.

Extensible Stylesheet Language(XSL)는 CSS의 이러한 결함을 극복하기 위해 고안되었다. 이것은 CSS보다 훨씬 더 복잡한 언어이며, 패턴 매칭을 가진 함수 프로그래밍 언어의 특성을 많이 가지고 있다. XSL의 포맷팅 방법은 2단계 처리(two-stage process)를 사용한다. 먼저 원래의 XML 문서의 구조 트리를, 노드들의 재정렬이나 제거 또는 추가 등에 의해 새로운 트리로 변형

한다. 이 새로운 트리에 있는 노드들은 **포맷팅 객체**(formatting objects)로 알려진 요소를 나타낸다. 이들은 원래 문서의 내용에 대한 레이아웃과 인쇄형태에 관한 정보를 가진다. 처리의 두 번째 단계에서, 이 포맷팅 객체를 해석하여 화면이나 종이 또는 다른 어떤 매체에 문서가 표현된다.

XSL 개발의 초기 단계에서, XSL은 세 부분으로 나뉘어지게 되었는데, 이는 W3C의 별도 권고안 때문이다. Extensible Stylesheet Language for Transformations(XSLT)는 원본 문서의 구조 트리를 다른 트리로 변형하는 포맷팅 처리의 첫 번째 단계와 관련이 있다. 포맷팅 객체로 문서를 레이아웃하는 것만 제외하고, 많은 유용한 응용을 가지고 있는 이러한 변환 언어는 초기에 만들어졌다. 특히, 이것은 임의의 XML 문서를 XHTML로 변환하는데 사용될 수 있으며, XHTML은 브라우저에 내장된 메커니즘을 통해서 디스플레이될 수 있다(이러한 방법으로 XML을 표시하는 것은 인터넷 익스플로러에서 초기 단계부터 사용되었다). 그러므로, 비록 XSLT가 그 이름에 '스타일시트'를 가지고 있다 하더라도, 실제로 CSS와 같은 의미의 스타일시트 언어가 아니다. 사실은 생소한 프로그래밍 언어로 생각하는 것이 더 낫다.

트리의 노드를 변환하기 위해서는 트리구조의 계층 내에서 노드들의 위치를 사용하여 노드를 지정하는 것이 필요하다. XPath는 세 개의 XSL 구성요소 중에서 두 번째이며, 이러한 목적을 위해 사용한다. XPath는 XSLT와 분리하여 정의되는데, 그 이유는 다른 문맥에 유용하기 때문이다. 특히, 다음 절에서 보는 바와 같이, XML 문서 사이의 링크를 정의하는 데 사용할 수 있다.

나머지 구성요소는 포맷팅 객체 자신을 구성한다. 공식적으로는, 지금 이것을 단순히 XSL로 부르지만, 그러나 이것이 초래할지도 모르는 가능한 혼란 때문에, 이것을 종종 XSL-FO라 부른다. 여기서 FO는 '포맷팅 객체'를 의미한다.

XSLT와 XSL-FO는 그 자체가 XML이다. 즉, XSLT 스타일시트는 트리 변환을 지정하는 데 적합한 요소들의 어휘를 사용하는 XML 문서이다. 본질적으로, XSLT 스타일시트는 **템플릿**(template)의 모임으로 구성되는데, 이들은 이전의 트리 한 부분으로부터 새로운 트리를 어떻게 만들지를 정의한다. 템플릿은 CSS의 선택자처럼 **선택자**(selector)를 사용하여 트리의 요소 중 일치되는 어떤 요소들에 대하여 적용된다. 그러나 XSLT 선택자는 CSS 선택자보다 훨씬 더 복잡하며, 문서에 나타나는 태그보다는 트리 노드의 특성에 기초한다.

이 모든 것은 웹 디자이너보다는 프로그래머에게 더 적합한 언어에 관한 것이다(심지어 JavaScript에 익숙한 디자이너라 하더라도, XSLT에서 사용되는 개념과 계산 모델은 전혀 다른 것이다). 이러한 이유 때문에, XSLT의 구문법과 사용 방법을 여기서는 가르치지 않으려고 한다.

> XSLT는 XML 이름공간을 필요로 하는 좋은 예이다. XSLT 스타일시트는 XSLT 권고 안에서 정의한 요소 및 변환된 트리 내의 노드에 대응되는 요소들을 반드시 포함해야만 한다. 이들을 구별할 수 있는 특별한 구문법은 없다. 그러나 이름공간 접두어는 이것을 할 수 있다.

비록 XSLT는 트리 사이의 변환에 관하여 정의하지만, 하나의 XML 문서를 다른 것으로 바꾸는 것으로 생각해도 좋다. XSL-FO는 태그로 문서를 마크업하는 데 적합한 XML-기반 언어를 정의하는데, 이것은 포맷팅했을 때 문서가 어떻게 나타나야 하는지를 기술해 준다. 포맷팅 객체는 CSS 특성과 유사하며 확장된 것으로, 인쇄 형태 및 레이아웃 정보와 결합된다. 아마도 당신은 문서를 마크업하기 위해 그와 같은 언어를 사용하려들지 않을 것이다. 그러나 그러한 문서는 실제로 정보를 디스플레이해 주는 프로그램에게는 이상적인 입력 포맷이다. 그러므로 구조적으로 마크업된 XML 문서를 XSL-FO 문서로 변환하는 2단계 접근법은 내용 및 구조를 외양과 분리한 채로 XML 문서를 포맷하는 방법을 제공해 준다. XSLT 스타일시트가 어떤 포맷팅 객체를 생성할 것인지를 명시해주므로, 스타일시트는 적용할 포맷팅을 지정할 수 있다. 그러나 CSS 스타일시트보다는 훨씬 간접적인 방법이다.

왜 XSLT 같은 형태의 또 다른 프로그래밍 언어가 필요한지 궁금하게 생각될 것이다. XML을 파싱하기 위한 API를 가진 어떤 언어를 사용하더라도 XML 구조 트리를 변환시킬 수 있다. Java, Python 및 Perl은 모두 이 범주에 속한다. XML 문서는 디스플레이하기 위해 클라이언트에 보내지기 전에, 이 언어 중의 하나로 작성된 프로그램에 의해 서버 상에서 XSL-FO 또는 HTML로 변환될 수 있다. XSLT를 사용하는 주된 장점은 모든 것이 XML의 틀 안에 있다는 것이다.

14.4 링크

XML은 확장된 링크 지원에 있어서 HTML보다 더 뛰어나다. 이 지원은 두 가지 요소로 구성된다. 이들은 XPointer로 알려진 하나의 문서 내의 링크 목적지를 식별하기 위한 특별한 언어와 링크처럼 동작하는 요소를 구성하는 데 사용되는 속성들의 집합이다. 이들은 모두 XLink라 불리는 언어에 속하는 것으로 간주된다. XPointer는 XSLT의 문맥에서 간단히 설명했던 언어인 Xpath 위에서 만들어지는데, 문서구조 트리에 있는 노드를 지정한다. 우리는 XML에서의 링크를 상향식으로 서술하기로 한다. XLink에 사용되는 XPointer를 구성하기 위해 XPath 식이 어떻게 사용되는 지를 보여주기 전에, XPath의 관련 부분을 먼저 설명하고자 한다.

14.4.1 XPath

이 장에서 기술한 대부분의 언어와 다르게, XPath는 적절한 XML의 구문법을 사용하지 않는다. 이것은 자신만의 표기법을 사용하는데, 이 방법이 문서 내에서의 위치를 기술하는 목적에 더 적합하다. 위치 또는 위치의 집합은 **위치 경로**(location path)에 의해 XPath 내에 기술된다. 위치 경로는 문서 내의 의도된 지점에 도달하기 위해, 순서대로 따라갈 방향을 제시해 주는 명령어의 집합으로 생각하면 된다. 각각의 명령어는 위치 단계(location step)에 의해 명시되는데, 위치 단계는 **문맥 노드**(context node)와 관련된 노드들의 집합을 선택한다. 문맥 노드는, 이전에 어떤 위치 단계에 의해 따라갔던 간에, 이미 도달했던 노드이다. 위치 경로는 보통 트리의 루트 노드로 시작하는데, 이것을 단일 /로 나타낸다. 다음 단계(왼쪽에서 오른쪽으로 읽는다)는 그곳에서부터 당신이 가고자 하는 곳을 선택하도록 한다. 예를 들면, 세 번째 자식, 즉 네 번째 문단을 선택할 수 있다. 위치 단계는 문자 /에 의해 위치 표현식 내에서 분리된다.

/로 시작하는 위치 경로는 **절대**(absolute) 경로이며, 다른 어떤 위치 단계로 시작하는 것은 **상대**(relative) 경로이다. 상대 경로는 현재의 문맥 노드에서 시작하여 계산된다. 만일 XPath 표현식이 XML 문서 내에 나타나면(예를 들어, 속성값으로), 문맥 노드는 문서 내의 그 위치에 대응되는 노드가 된다. 디스크의 파일 시스템을 탐색하는 것과 유사하게, 문맥 노드를 현재의 디렉토리로 생각할 수 있다. 상대 경로 이름은 현재의 디렉토리에 대해 상대적으로 계산되는 것과 마찬가지로, 상대적인 XPath 위치 표현식은 문맥 노드와 상대적으로 평가된다. 절대 경로 이름은 항상 파일 시스템의 루트에서 시작하여 계산된다. 마찬가지로, 절대 위치 표현식은 트리의 루트 노드로부터 계산된다.

위치 단계의 가장 간단한 형태는 요소 타입의 이름(이전에 주어진 예제 XML 문서에서 book 또는 author 같은)으로 구성된다. 이것은 문맥 노드의 자식

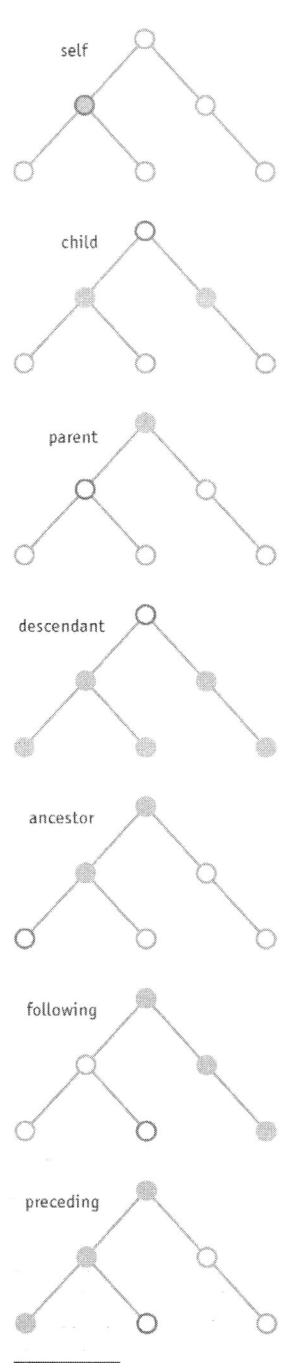

그림 14.5 축

중에서 그러한 타입인 노드의 집합을 말한다. 그림 14.1을 참고하라. 만약 문맥 노드가 Perl: The Programmer's Companion에 대한 **book** 요소에 대응된 다면, 위치 단계 **price**는 그 요소에 대한 노드 <price sterling ="24.95" euro="44" />를 식별할 것이다. 이러한 형태의 단계로 구성되는 위치 경로 는 /에 의해 분리된 노드 타입의 리스트처럼 보인다. 따라서 URL의 경로 부 분과 닮아 보이지만, 각각의 위치 단계는 노드의 집합을 식별하므로, URL 경로처럼 특정한 노드에 이르는 계층적 경로를 명세할 수는 없다. 대신, 각 단계에서 정의된 노드 집합을 다음 단계를 위한 문맥 노드로 사용하여, 트리 를 따라 작업함으로써 노드의 집합을 만들 수 있다. 예를 들면, /는 루트 노 드이고, /books는 자식으로서 이것을 가진 모든 **books** 노드이다. 따라서 /books/book/price는 모든 price 노드의 집합을 식별할 것이다.

어떤 특정한 책(두 번째 책이라 하자)의 가격을 지정하려면, 요소 이름 뒤의 사각형 괄호 속에 선택할 노드의 숫자를 추가한다. 예를 들어, **book[2]**는 문 맥 노드의 자식 중 두 번째 책을 식별한다. 따라서 /books/book[2]/price는 두 번째 책의 가격을 지정한다. 노드는 숫자 1(프로그래머가 예상하는 0이 아 니다)부터 시작하여 계산된다.

지금까지 언급한 위치 경로의 형태는 문서 트리 내의 어떤 노드를 명시할 경우에도 적합하다. 그러나 이것은 XPath에 의해 주어지는 위치 경로의 더 일반적인 형태를 특별한 경우에 간략하게 나타낸 것이다. 문맥 노드의 자식 들 중에서 이름에 의해 노드를 선택하는 대신, 여러 가지로 문맥 노드와 구 조적으로 관련이 있는 노드의 다양한 다른 집합으로부터 그것을 선택할 수 있다. 이 집합은 축(axes)으로 알려져 있다. 그림 14.5는 이용 가능한 축의 대부분을 보여주고 있다. 다양하고, 완전한 XPath 구문법을 사용하면, 위치 단계는 축 뒤에 이중 콜론 ::이 오고, 그 뒤에 요소 이름이 온다. **descendent:: author**에서 모든 **author** 노드는 문맥 노드의 **descendent** 축에 있다는 것을 의미한다.

노드의 집합은 위치 단계 맨 끝의 사각형 괄호 속에 서술부(predicate)를 추가하여 제한할 수 있다. 이것은 차례대로 각 노드에 적용되는 표현식이며, 참(true) 또는 거짓(false)의 값을 반환하는데, 서술부가 참인 노드만 위치 단 계에 의해 명시된 집합에 포함된다. 일반적으로, 서술부는 산술, 비교, 부울 연산자 및 제한된 유형의 함수를 포함하는 임의의 복잡한 표현식이다. 가장 흔히 서술부는 **positon( )** 함수를 사용한다. 이것은 집합 내의 노드 위치(첫 번째, 두 번째 등)에 대응되는 수를 반환한다. 그러므로 위치 단계 **child::book[position( ) = 2]**는 이전 예의 **book[2]**와 같은 의미를 갖는다. 다른 유용한 서술부는 함수 last( )인데, 이것은 마지막 노드의 수를 반환해주므로 맨 끝에서부터 노드를 카운트할 수 있게 해준다. 예를 들어, position( ) = last( )-1은 집합의 마지막에서 두 번째 값을 선택한다.

노드의 속성값 중 하나에 기초하여 노드를 선택하기를 원할 수도 있다. 서술부에서, @ 표시를 접두어로 가진 이름은 속성 이름으로 간주된다. 이 값은 전통적인 연산자를 사용하여 테스트될 수 있다. 따라서 가격이 €50 이상인 모든 책을 선택하기 위해, @euro > 50을 서술부로 사용할 수 있다. 그러므로 €50을 초과하는 가격과 일치하는 완전한 위치 경로는 /books/book/price[@euro > 50]이다.

XPath 표기법의 다른 일부분도 유용하다. 표현식 node( )는 집합 내에 있는 모든 노드를 선택한다. 따라서 child::node( )는 모든 문맥 노드의 자식들을 선택한다. URL에서처럼, .은 문맥 노드를 표시하고 ..은 부모를 나타낸다. 형식에서, .은 self::node( )를 줄인 것이며 ..은 parent::node( )의 축약형이다. 따라서, 만약 값비싼 모든 책의 위치 경로를 지정하려면 /books/book/price[@euro > 50]/../title을 사용하면 된다.

*는 모든 요소 노드를 표시한다. 이것은 node( )와 미묘한 차이가 있다. 왜냐하면, 일반적으로 문서는 텍스트를 포함하며 명령어 또는 주석을 처리한다. 이것이 노드를 만들지만 요소를 만들지는 않는다. 표현식 child::text( )는 단지 텍스트 노드만 선택한다. 마지막으로, 이중 슬래시 //는 /descendant-or-self::node( )를 축약한 것이다. 이것은 하나의 슬래시 /가 허용되는 곳에서 사용될 수 있다. 예를 들어, .//title은 문맥 노드에 있는 모든 title 노드 또는 그것의 자식 노드를 선택할 수 있다. 특별한 경우로, //title은 문서 내에 있는 모든 title 노드와 매치된다.

대부분의 경우, 간단한 축약형 구문은 경로 목적지를 지정하는 데 적합하다. 여기서 기술했던 좀 더 강력한 변형은 유연한 방법으로 문서의 어떤 부분을 지정할 수 있도록 해준다. 완전한 XPath의 설명을 위한 나머지 부분은 도서 목록을 참조하라.

14.4.2 XPointer

12장에서 언급했듯이, HTML 문서에서, 어떤 요소의 href 속성값은 조각 식별자를 가진 URL일 수가 있다. 조각 식별자는 URL에 의해 식별되는 문서 내에 있는 어떤 요소의 name 또는 id 속성과 일치시키는 이름이다. 이러한 방법으로 문서 내의 요소에 접근하려면 필요한 속성이 정의되어 있을 때만 가능하다. 이것이 항상 가능한 것은 아니다.

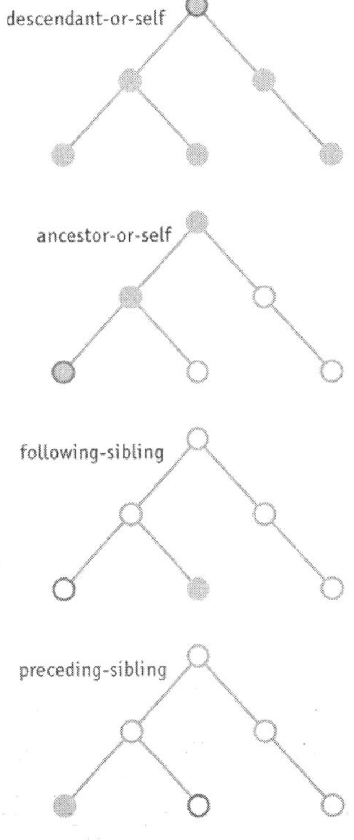

XPath는, 문서 구조에 관련하여, 문서 내의 위치를 서술하는 방법으로, 요소를 가리키기 위해 사전에 모든 요소에 라벨을 붙일 것을 요구하지 않는다. XPointer는 조각 식별자를 지정하기 위한 언어이며, XML 문서의 어떤 부분을 식별하기 위한 유연한 방법을 제공하기 위해 XPath와 몇 가지 추가적인 구성요소를 사용한다. HTML 조각 식별자와 같이, URL에 의해 식별되는 문서 내에서의 위치를 지정하기 위해, #기호 뒤에 XPointer를 써서 URL에 추가한다.

우선, XPointer는 문서 내에 이름이 붙은 위치를 참조하는 방법을 제공한다. 가장 단순한 XPointer 표현식은 단축형 포인터(shorthand pointer)라 불리며, 이름으로 구성된다. 이것은 속성의 타입이 DTD에서 정의된 ID와 같고 값이 포인터 내의 이름과 일치하는 문서 내의 첫 번째 요소를 참조한다. 바꾸어 말하면, 단축형 포인터는 HTML의 조각 식별자처럼 동작한다. 그러나 XML 문서의 요소와 속성은 고정된 것이 아니므로, 요구된 타입의 임의의 요소와 속성을 지정한다. 그렇지만 문서 내에서 속성의 타입을 정의하기 위해서는 DTD가 필요하다는 것에 주의하라. books에 대한 DTD 예에서, 단축형 포인터 #perl은 book 요소의 시작인 Perl: The Programmer's Companion을 식별한다.

더 복잡한 XPointer는 스킴(scheme)의 이름으로 식별된다. 이것은 포인터 내에서 사용될 구문을 지시해 준다. 스킴(스키마와는 아무 관련이 없다)은 XPointer를 확장할 수 있게 해준다. 현재는, 단지 두 개의 스킴, xpointer( )와 element( )만 정의되어 있다. 스킴-기반 포인터는 스킴 이름 뒤에, 그 스킴의 어떤 특정 데이터가 괄호 속에 오는 형태로 구성된다. 예를 들면, xpointer( ) 스킴의 경우, 데이터는 XPath의 표현식이 된다. 따라서 이 스킴을 사용한 조각 식별자는 #xpointer(/books/book[2]/price)가 될 것이다. 이것은 두 번째 책의 price 요소를 가리킨다. 이 요소는 ID 속성을 가지고 있지 않음에 유의하라. 따라서 다른 방법으로는 지정할 수 없다.

element( ) 스킴은 일련의 번호를 사용하여 트리 내의 노드를 지정하는, 간단하지만 다소 덜 강력한 방법을 제공한다. 이 스킴을 사용하는 포인터는 /로 시작하거나(이것은 XPath에서 사용한 것처럼 트리의 루트를 나타낸다), 단축형 포인터처럼 이름으로 시작될 수 있다. 이 일련의 번호를 따라가면, 왼쪽에서 오른쪽으로, 문맥 노드의 자식 노드를 카운트하는 것이 된다. 따라서 element(/1/2)는 루트 노드의 첫 번째 자식 노드의 두 번째 자식 노드이다. 즉, books의 예에서, book 요소의 Perl이다. 이 스킴을 이용하면 그 책의 price 요소는 element(perl/3)으로 식별될 수 있다.

14.4.3 XLink

비록 XPointer가 문서의 일부를 식별하는 유연한 방법을 제공하지만, 우리는 여전히 XML 문서에서 이러한 조각을 링크처럼 사용할 수 있는 방법을 원한다. XML은 자신만의 요소 집합을 정의할 수 있다는 것을 다시 강조한다. 따라서 XML 언어의 일부분을 HTML의 a 요소와 유사하게 링크 요소의 집합으로 정의할 수는 없다. 단지 필요한 것은 링크처럼 동작할 수 있도록 요소를 정의하는 방법이다. XLink는 속성의 모임을 가진 이름공간을 정의함으로써 이것을 가능하게 한다. XLink 이름공간으로부터 속성을 사용하는 모든 요소는 XLink를 구현한 소프트웨어에 의해 링크 요소로 간주된다.

XLink를 사용하기 위해서는 이름공간 선언이 반드시 포함되어야 한다. 관례적으로 접두어 xlink가 XLink 속성을 위해 사용된다. 그리고 XLink 이름공간의 URL은 http://www.w3.org/1999/xlink이므로, 문서 요소의 시작 태그에 다음을 추가하면 된다.

```
xmlns:xlink = "http://www.w3.org/1999/xlink"
```

비록 XLink가 요소의 집합을 정의하지는 않지만, 요소 타입의 집합은 정의한다. 요소의 타입은 링크에 대해서 어떻게 동작할 것인지를 결정한다. 타입은 xlink:type 속성값에 의해 결정된다. 이것은 몇 가지 다른 값을 갖는다. 잠시 동안은 이들 중 한 가지인 simple만 고려하는데, 이것은 HTML과 유사하게 링크를 구현하는 데 사용될 수 있다. 일반적으로, 어떤 요소의 xlink:type 속성이 값 X를 갖는다면, 그 요소를 X-type 요소라 부른다. 예를 들어, xlink:type 값이 simple인 요소는 simple-type 요소이다.

simple-type 요소는 위치 속성 xlink:href를 가질 수 있으며, 그 값은 URL이다. 이것은 다른 요소와 텍스트를 포함할 수도 있고(이들은 XML 문서 내에서 시각적인 링크를 표현해 준다), 또는 공백일 수도 있다. 이 외에도, 이것은 두 개의 다른 속성 xlink:show와 xlnik:actuate를 갖는다. 이들은 링크를 따라갈 때 어떤 일이 일어나는지를 결정한다. xlink:show에 할당될 수 있는 값에는 원래의 내용을 교체하는 replace, 새로운 윈도우에 표현되어야 한다는 것을 명시하는 new, 그리고 원래 문서의 일부분으로 표현되어야 한다는 것을 명시하는 embed가 있다. HTML과 유사하게, replace와 new는 self와 blank의 target 값을 가진 링크에 대응된다. embed는 img의 기능과 비슷하다. 그 동작은 xlnik:actuate 속성값에 의해 제어된다.

이 속성은 onLoad의 값을 가질 수 있는데, 이는 문서가 로드되자마자 링크되게 한다. 또한 onRequest는 마우스를 클릭하는 것과 같은 이벤트가 발

생하지 않으면 링크가 되지 않는다는 것을 의미한다. 그러므로 다음의 요소
는 HTML에서 img 요소가 동작하는 것과 거의 비슷하게, 문서에서 in-line
으로 표현되도록 위치 속성값에 의해 JPEG 이미지를 지정한다.

```
<picture xlink:type="simple" xlink:show="embed"
  xlink:actuate="onLoad" xlink:href="../Images/diagram2a.jpg" />
```

반면에, 다음은 a 요소로 구현된 HTML 링크처럼 동작한다.

```
<go xlink:type="simple" xlink:show="replace"
  xlink:actuate="onRequest" xlink:href="books/books.xml#
  xpointer(/books/book[2])> Perl" </go>
```

지금까지 설명한 것과 같이, XLink는 HTML과 같은 링크 기능을 XML에
제공한다. 그러나 extended-type 요소를 제공함으로써, XLink 권고안은 더
확장되었다. 이것은 단순히 두 문서를 연결하는 것 이상을 지원한다. 이론적
으로 이것은 매우 중요하다. 왜냐하면, 링크된 XML 문서는 간단한 링크가
지원되는 것보다 훨씬 복잡한 정보들 사이의 관계를 모델화해 줄 수 있기
때문이다.

이 책을 쓸 때에는 XLink가 구현된 브라우저가 많지 않았다. 가장 두드러
진 예외는 Mozilla와 넷스케이프 7을 포함한 웹 브라우저들로, 이들은 단순
링크만 구현하였다. 그러나 단순 링크의 동작은 CSS와 스크립팅을 사용하여
시뮬레이션될 수 있다.

연습문제

1. HTML에서는 어떤 요소도 class 속성을 가질 수 있다. 그리고 이 속
   성들의 값은 같은 요소가 다른 방법으로 사용되는 것을 구별하는 데
   사용할 수 있다. 이것이 다른 종류의 내용에 대처하기 위해 문서구조
   를 정의하는 방법으로, XML에 대한 적절한 대안이 될 수 있는지를
   논하라.

2. 예제의 XML books 문서를 (a) 어떠한 속성도 사용하지 않고, (b) 공
   백 요소만 사용하여 다시 작성하라. 원래의 것과 이 두 가지 버전의
   상대적인 장점을 논의하라.

3. 모든 유효한 XHTML 문서는 다음과 같이 시작된다.

```
<?xml version="1.0" encoding="utf-8"?>
```

```
<!DOCTYPE html PUBLIC "-//W3C//DTD XHTML 1.0 Strict //EN"
        "http://www.w3.org/TR/2000/REC-xhtml1-20000126/DTD/
xhtml1-strict.dtd">
<html xmlns="http://www.w3.org/1999/xhtml">
```

이것의 각 부분이 무엇을 의미하는 지, 그리고 그것이 왜 나타나야 하는지를 주의깊게 설명하라. 이러한 문서에서, 종료 태그 </html> 다음에는 무엇이 올 것이라 기대하는가?

4. 여러 명의 저자가 있는 책을 포함하는 도서목록을 위한 XML 문서를 작성하라. 예에서 사용했던 요소를 사용하라. 그러나 저자를 위해서는 첫 저자와 마지막 저자를 구별하기 위해 fitstauthor, otherauthor, lastauthor를 사용하라. 적절한 구두점을 가진 저자 리스트를 포맷하기 위한 CSS 규칙을 작성하라.

5. XPath 명세서는 순방향 축(forward axis)과 역방향 축(reverse axis)을 다음과 같이 정의한다.

'문서 순서에서 문맥 노드 이후에 있는 문맥 노드(또는 노드들)만 포함하는 축은 순방향 축이며, 문서 순서에서 문맥 노드 이전에 있는 문맥 노드(또는 노드들)만 포함하는 축은 역방향 축이다.'

이 정의에 따라, 그림 14.5의 축을 분류하라.

6. HTML 태그와 속성을 가지고 다음에 대하여 XPointer를 작성하라.

(a) 문서에 세 번째 레벨 1 헤더

(b) References 이름의 앵커 뒤에 두 번째 문단

(c) 두 번째 레벨 2 헤더 다음의 네 번째 문단에 있는 세 번째 앵커 요소

(d) References 이름의 앵커와 같은 문단에 있는 첫 번째 span 요소

SMIL과 SVG
SMIL and SVG

15.1 SMIL
- 동기화 요소
- 링크
- 애니메이션

15.2 SVG
- 모양
- 스트로크와 채움
- 변환
- 그 밖의 기능

앞 장에서 설명했듯이, XML은 새로운 마크업 언어를 만드는 데 사용되는 메타언어이다. 이 장에서는 시간-기반 멀티미디어와 벡터 그래픽을 위해 개발된 두 가지 언어에 대해서 살펴볼 것이다. 사실, 아직까지는 이 두 언어가 아주 널리 사용되고 있지는 않다. 웹 상에서 시간-기반 멀티미디어와 벡터 그래픽은 거의 플래시(Flash)를 이용해서 만들어지고 있다. 하지만 플래시는 소유권이 있고 이진 포맷인 반면에, XML에 기초한 대안은 텍스트 형식을 사용하며 개방형 W3C 표준이다. 문서의 구조와 내용들을 읽고 관련된 표준을 보면, 동기화, 채움, 스트로크 모양과 같은 개념들이 어떻게 컴퓨터 프로그램에 의에 처리되는 방식으로 표현되는지를 쉽게 알 수 있게 된다. 플래시를 포함한 다른 포맷으로 표현할 수 있는 간접적인 방법도 제공한다.

15.1 SMIL

하이퍼미디어 문서의 구조를 HTML로 표현하는 것과 유사하게, SMIL (Synchronized Multimedia Integration Language)은 시간적 구조를 표현하기 위한 태그-기반 언어이다. HTML처럼 SMIL도 순수한 텍스트-기반 언어이기 때문에 일반적인 텍스트 편집기를 사용할 수 있으며, 특별한 저작툴을 필요로 하지 않는다(HTML에서와 같이 정교한 툴을 이용하면 더 편한 환경에서 SMIL 코드를 생성할 수도 있지만). SMIL은 텍스트 표현을 이용하기 때문에 저작툴에서 시간선의 사용에 의해서 숨겨지는 동기화의 자세한 내용이 잘 드러나는 장점이 있으며, HTML의 페이지-기반 하이퍼미디어 기능과 직접적인 비교가 가능하다.

1998년 6월에 WWW 협회 추천으로 채택된 SMIL 1.0 사양이 XML에서 시간 기반 멀티미디어 표현을 정의하는 언어의 첫 버전이다. 이 내용은 2001년 8월에 SMIL 2.0으로 대체되었으며, 애니메이션과 전이 기능이 추가되었고, 모듈적인 정의는, 이 기능을 필요로 하는 다른 언어에 SMIL의 일부를 통합시키는 것을 편리하게 만들었다. 예를 들면, SMIL 애니메이션은 SVG에 통합된다.

SMIL은 인터넷에서 멀티미디어를 실행하는 몇몇 프로그램에 구현되었다. 널리 사용되는 RealPlayer G2는 인터넷에서 비디오 스트림을 보는 프로그램이기도 하지만 실제로 SMIL 재생기이며, 동기화된 장면들을 병렬 혹은 순차적으로 재생할 수 있다. 비슷하게, QuickTime 4.1과 이후 버전에서는 SMIL을 지원하고 있다.

SMIL은 XML DTD에 의해 정의된다. 따라서 SMIL의 태그 형식은 XML
과 XHTML의 각괄호, 속성 할당 등이 같다. DTD의 공식 이름은
-//W3C//DTD SMIL 2.0//EN이고, 시스템 식별자는 http://www.w3.org/2001/
SMIL20/SMIL20.dtd이다. 모든 요소와 속성 이름은 URL http://www.w3.
org/2001/SMIL20/Language에서 식별되는 이름공간에 속한다. 이것이 SMIL
문서의 기본 이름공간이다. 문서구조는 가장 바깥 수준에서 HTML 문서와
유사하다. 전체 문서는 헤드와 몸체로 이루어진 **smil** 요소이다. 따라서 SMIL
문서는 다음과 같은 형태를 갖는다.

```
<?xml version="1.0" encoding="UTF-8"?>

<!DOCTYPE smil PUBLIC "-//W3C//DTD SMIL 2.0//EN"
  "http://www.w3.org/2001/SMIL20/SMIL20.dtd">

<smil xmlns="http://www.w3.org/2001/SMIL20/Language">
    <head>
    ...
    </head>
    <body>
    ...
    </body>
</smil>
```

head에는 HTML처럼 문서에 관한 정보가 포함된 메타 요소가 포함된다.
head에는 스크린 상에서 요소들의 공간 배치를 기술하는 배치 정보를 넣을
수도 있다. 이것은 layout 요소 형태이며, SMIL의 절대 위치를 사용하는
CSS2나 SMIL 기본 배치 언어(SMIL Basic Layout Language)로 작성된 정의를
포함한다.

문서 몸체에 여러 개의 요소와 연관되는 영역(region)들의 위치와 크기를
정의하는 것이 일반적이다(SMIL 기본 배치 언어에서는 필수적임). 영역 속성은
어떤 영역이 요소 표시에 사용되어야 하는지를 구별할 수 있게 한다. type
속성은 사용된 배치 언어를 나타낸다. 배치를 위해 CSS를 사용했다면, 이를
명시해야 한다.

```
<layout type="text/css">
    [region="topleft"] { top:0px; left:0px; width:100px; height:0px }
</layout>
```

이것은 창의 왼쪽 상단에 100-픽셀 사각형 크기의 영역에 요소를 배치한
다. CSS를 지원하지 않는 시스템이라면, SMIL 기본 배치를 이용하면 비슷한

배치를 할 수 있다. 여기서는 자세한 문법구조를 설명하지는 않는다. SMIL 기본 배치 언어에 대해서 알려면 SMIL 사양을 참조하면 된다. 다음에 나오는 예제에서도 배치와 영역은 생략했으며, SMIL 문서에서 생략된 경우에는 기본 배치가 적용된다.

15.1.1 동기화 요소

SMIL 문서의 실질적인 내용은 body에 있다. body에서 가장 흥미로운 요소는 시간적 특성을 규정하는 동기화 요소(synchronization element)[1]이다. 여기에는 두 개의 복잡한 요소(PAR와 SEQ)를 포함한다. 각각 실제 이미지, 비디오 클립, 사운드 등의 미디어 객체 요소(media object element)를 포함할 것이다. 복잡한 동기화 관계에는 복잡한 동기화 요소가 포함된다. par 요소 내부에서는 시간적 겹침이 일어나고, seq에서는 순차적으로 표시된다. 간단한 예제를 통해 타이밍과 동기화를 규정하기 위해서 SMIL에 사용되는 속성을 소개하고 동작 방식을 설명한다.

두 개의 이미지, QuickTime 무비, 사운드, 이렇게 4개의 요소를 이용해서 다음과 같이 표현하고자 한다. 처음에는 영화가 시작되어 전체가 상영된다. 처음 영화 시작과 함께 첫 이미지가 표시된다. 그리고 5초 후에 다른 이미지로 바뀌고 10초 동안 표시된다. 그리고 다시 첫 이미지가 15초 동안 표시된다. 사운드는 5초가 지난 다음에 연주가 시작되어 20초간 지속된다. (이 표현 배치에는 다양한 컴포넌트가 필요하며 적당한 방법으로 화면 상에 배치된다는 것을 가정한다.) 여기서는 3개가 병렬로 진행된다. 즉, 영화, 이미지, 사운드이다. 이미지는 자기들끼리 순차적으로 표시된다. SMIL 문서의 body 구조는 무비, 사운드, 이미지의 순차 seq를 포함하기 위해서 par 요소를 포함한다. 완전한 몸체는 다음과 같다.[2]

```
<body>
    <par>
        <video src="movies/m1.mov"
            type="video/quicktime"/>
        <seq>
            <img src="images/image1.jpeg"
                type="image/jpeg"
                dur="5s"/>
            <img src="images/image2.jpeg"
```

---

[1] 이 동기화 요소와 연관된 속성은 SMIL 2.0 사양에서 타이밍과 동기화의 일부이다.

[2] 문서 구조를 강조하기 위해서 들여쓰기를 사용했으며, 문법적으로 의미를 갖는 것은 아니다.

```
                        type="image/jpeg"
                        dur="10s"/>

              <img src="images/image1.jpeg"
                        type="image/jpeg"
                        dur=15s"/>

          </seq>
          <audio src="sounds/sound1"
                  type="audio/aiff"
                  begin="5s" end="20s"/>
      </par>
  </body>
```

미디어 객체 요소는 모두 비어 있다. 매체 데이터가 어디에 있는지를 나타내기 위해서 src 속성을 이용해서 URL을 지정한다. (여기서는 상대 URL을 사용한다.) 매체 객체 요소로 가능한 것은 animation, audio, img, ref, text, textstream, video이다. ref 요소는 다른 태그로 정확히 표시할 수 없는 기타의 것에 사용된다. 다른 태그들은 ref를 구체적으로 설명해 놓은 것이다. 데이터 타입은 type 속성에 의해서 결정된다. 이것이 MIME 타입을 결정하거나, 서버에서 제공된 정보에 의해서 결정된다.

par에 있는 첫 번째 요소는 무비이다. 다음은 이미지 순차를 위한 seq이다. 두 개가 같은 이미지이지만 세 개의 img 요소를 사용해야 한다. 각 요소는 특정한 시간에 해당하는 이미지에 해당한다. seq에 있는 요소는 텍스트에서 보인 것과 같은 순서로 표시될 것이다. 지속 시간은 dur 속성을 사용한다. 이것은 SMIL 클럭값(clock value)을 이용한다. 클럭값은 시, 분, 초, 밀리초로 나타낼 수 있으며, 약자로 h, m, s, ms를 쓰거나 시:분:초.소수의 형태로 표시한다. 이것은 타임 코드와 비슷한데, 프레임 수 대신에 소수가 사용되는 것이 다르다. 따라서 특정 프레임률에 의존하지 않는다. 시간과 소수 부분은 선택적이다. dur에서 indefinite 값을 사용하면 계속 반복적으로 재생된다.

지속 시간 대신에 매체 표시의 시작과 끝 시간을 begin과 end 속성을 이용해서 규정할 수도 있다. 위의 예에서는 audio 요소에서 사용되었다. 지속 시간은 시간 차이를 말하기 때문에 참조 프레임이 필요가 없지만, 시작과 끝점은 특정 시간을 기준으로 지정되어야 한다. par 내부에서 시간은 전체 par 요소의 시작 시간에 상대적인 시간으로 측정된다. seq에서는 이전 요소의 끝 시간에 상대적으로 측정된다. 따라서 위의 예제에서 오디오 클립의 5초는 프레젠테이션 시작 후 5초에 사운드가 재생되도록 한다. (둘러싸고 있는 par 요소가 전체 문서의 가장 외곽 동기화 요소이기 때문에) 끝을 20초로 지정

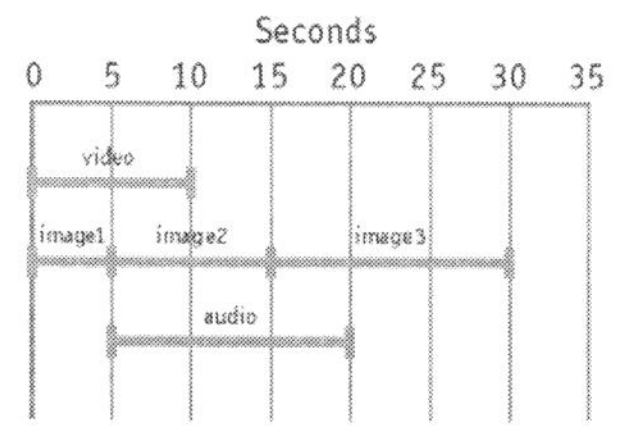

그림 15.1 SMIL 동기화 요소의 효과

하면 그 클립의 지속 시간은 15초가 된다. 그림 15.1은 시간선에 이 예제가 동기화되는 모습을 보여준다. 비디오 클립의 지속 시간은 따로 명시하지 않으면 10초이다.

SMIL 사양에는 동기화 속성이 감지될 수 있어야 한다는 규칙이 있다. 예를 들면, 요소의 end 속성은 begin보다 앞서면 안 된다.

이 예에서 순차적인 요소의 타이밍은 지속 시간으로 규정되었기 때문에 시간적으로 이어진다. 만일 begin과 end를 사용한다면 사이에 휴식 시간을 넣을 수 있다. 예를 들어, 두 번째 img 요소를 다음과 같이 바꾸면,

```
<img src="images/image2.jpeg"
     type="image/jpeg"
     region="upper"
     begin="5s" end="20s"/>
```

이미지1과 이미지2 표시 사이에 5초의 공백이 생길 것이다. seq 요소에서는 시작 시간이 동기화 요소의 시작에 상대적으로 계산되는 것이 아니라 이전 요소의 끝을 기준으로 한다. 그림 15.2는 이 변화의 결과를 보여준다.

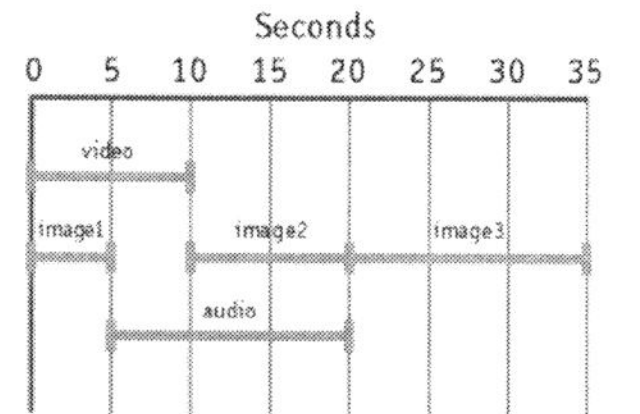

그림 15.2 seq 요소에 지연 넣기

begin과 end 속성은 시간선 상에 SMIL 요소의 위치를 지정하는 것이다. 비디오와 오디오 클립 혹은 스트림 텍스트와 같은 매체 객체는 자신만의 내부적인 시간선을 가지고 있다. (플래시의 무비 클립 참조) clipBegin과 clipEnd 속성을 이용하면 내부 시간선에 위치를 지정할 수 있어서, 클립 안의 일부를 추출할 수 있다. 예를 들어, movies/fullmovie.mov가 1분 길이이면, 다음 요소

```
<video src="movies/fullmovie.mov" clipBegin="20s" clipEnd="40s">
```

는 중간에 있는 20초 분량의 클립을 정의한다. 이런 속성을 사용하면 별도의 무비를 만들지 않아도 된다.

요소들은 서로 동기를 맞출 수 있다. 이렇게 하기 위해서는 모든 매체 요소가 고유한 이름의 id 속성을 가져야 한다. 이것은 id 속성으로 HTML 문서의 요소를 구별하는 것과 같다. 시간은 요소id.시간심볼 형태인 syncbase 값으로 지정된다. 시간심볼은 begin이나 end이다. 이것은 요소id로 구별된 요소의 시작과 끝 시간을 나타낸다. 시작에서부터의 옵셋이나 끝에서부터의 옵셋 지정도 +clock-value이나 –clock-value를 이용해서 할 수 있다. 예를 들면, 비디오 재생이 끝난 후 사운드의 시작을 2초간 지연시키려면 다음과 같이 수

정하면 된다.

```
<video src="movies/m1.mov"
     id="vid"
     type="video/quicktime"/>

<audio src="sounds/sound1"
     type="audio/aiff"
     begin="vid.end+2s"/>
```

syncBase 값을 사용하여 시간을 지정하는 방법은 둘러싼 동기화 요소의 시작을 기준으로 하는 것보다 더 편리하다. 매체 요소의 지속 시간을 알 수 없다면 이것이 반드시 필요하다.

동시에 끝나지 않는 요소가 par 요소에 포함되어 있으면, 전체 par는 언제 끝나는가? 그림 15.1을 보면 비디오, 이미지, 사운드 조합이 끝나는 시간은 두 가지가 가능하다. 10초 — 하나의 요소가 가장 빨리 끝나는 시간, 30초 — 가장 나중시간. 후자가 좀 더 맞는 해석인 것 같고, 따라서 이것이 SMIL의 기본으로 사용된다. par 요소의 끝 시간은 포함된 모든 요소의 가장 마지막 끝나는 시간과 같다. endsync 속성으로 이것을 바꿀 수 있다. 값이 last이면 기본 방식과 똑같고, first이면 par의 끝 시간을 포함된 요소 중에서 처음 것이 끝나는 시간으로 한다. 혹은 요소id 값이면 그 요소id 값의 요소가 끝나는 시간으로 만든다. 예를 들어, 비디오가 끝나자마자 전체 프레젠테이션을 끝내려면 par 요소의 시작 태그를 다음과 같이 바꾸면 된다.

```
<par endsync="first">
```

또는

```
<par endsync="vid">
```

만약 endsync 값으로 first 이외의 것을 사용하면 par의 끝 이전에 끝나는 요소들은 어떻게 되나? 그림 15.1을 보면 비디오 끝과 전체 프레젠테이션의 끝 사이에는 20초의 간격이 있다. 이 동안에 비디오는 무엇을 내보내야 하는가? 할당된 영역에서 사라지는가, 아니면 마지막 프레임에서 멈추어 있는가? SMIL에서 fill 속성을 사용하면 둘 중의 하나를 선택할 수 있다. 속성값은 remove나 freeze(기본)가 된다. 비디오가 끝날 때 없어지게 하려면 다음과 같이 태그를 붙인다.

```
<video src="movies/m1.mov" fill="remove"
     type="video/quicktime"/>
```

선택할 수 있는 또 다른 옵션은 비디오를 처음부터 다시 재생하도록 하는 것이다. repeatCount 속성을 이용하면 동기화 요소의 재생을 특정 횟수만큼 반복시킬 수 있다.

예제의 비디오는 10초의 길이이므로 전체 프레젠테이션 동안에 세 번 반복할 수 있다.

```
<video src="movies/m1.mov" type="video/quicktime"
    repeatCount="3" />
```

repeatCount의 값을 indefinite로 하면 요소는 정해지지 않은 만큼 반복한다 — 그러나 영원히는 아니다. 요소가 indefinite 반복이면 감싸는 par나 seq를 채우는 데 필요한 만큼만 실행된다. 예제에서 비디오 요소의 태그가 다음과 같으면,

```
<video src="movies/m1.mov" type="video/quicktime"
    repeatCount="indefinite" />
```

비디오가 얼마나 길든지 간에 마지막 이미지의 표시가 끝날 때까지만 클립이 실행된다. repeatCount 속성은 매체 요소에 직접 적용할 수도 있지만 par이나 seq에도 적용할 수 있어서, 매체 요소의 조합을 하나의 단위로 해서 반복시킬 수도 있다.

처음에는 익숙하지 않게 보여도, SMIL 동기화 요소와 시간 속성을 이용하면 매체 요소 간의 어떠한 시간적인 관계라도 정확하게 규정할 수 있다. SMIL이 시간선 상에 어떻게 나타날지 상상하는 것은 그리 어렵지 않기 때문에, 동기화된 멀티미디어 프레젠테이션을 구현하는 것은 아주 쉽다. SMIL의 동기화 방식은 모든 매체 요소 재생에 걸리는 시간을 정확하게 측정할 수 있다는 가정에 기반한다. 오디오나 비디오 같은 시간-기반 매체인 경우는 그렇지 않다. 재생에 걸리는 시간을 측정하기 위한 두 가지 방법이 있다. 초당 15프레임의 비율로 실행되는 비디오 클립이 있다고 하자. id 속성값이 clip1이라고 가정하면, clip1.begin+3s는 언제인가? 클립이 재생되어 46번째 프레임 차례가 되었을 때의 시간인가 아니면 클립이 재생을 시작하고나서 컴퓨터 시스템 클럭으로 측정되는 3초가 지난 시간인가? 클립이 정확한 프레임률로 재생되리라는 보장이 없기 때문에 이 두 개가 동일하다고 보장할 수 없다. 프로세서와 디스크가 충분히 빠르지 않을 수도 있고, 클립이 네트워크를 통해 전송된다면 전송 지연이 생겨서 프레임이 늦게 도착될 수도 있다. 따라서 재생된 클립의 수를 세어서 얻은 **매체 시간**(media time)과 외부 클럭을 기준으로 측정된 시간인 **프레젠테이션 시간**(presentation time)을 구별해야 한다. SMIL 클럭값은 두 가지로 해석될 수 있으며, 따라서 다른 결과를 낳는다. 매체 시간으로 해석되면 지연이 발생하면 기다리게 되지만, 프레젠

테이션 시간으로 해석되면 동기화는 놓치지만 전체 실행 시간은 유지된다. SMIL 2.0에서는 전자의 해석이 채택되었다: 사양에는 다음과 같이 나와 있다. '요소의 지역적인 "시간"과 실세계에서 시간으로 사용하는 클럭과는 직접적인 연관이 없다.'

par 내의 요소들의 순간-대-순간 동기화에서 동일한 효과가 다른 모습으로 나타난다. 예를 들어, 만약 오디오 클립과 비디오 클립이 동시에 실행중이면, 두 개가 같은 비율로 실행되리라고 생각될 것이다. 즉, 매체 시간은 같은 속도로 진행해야 한다. 그렇지 않으면 오디오와 비디오는 서로 어긋나서 립싱크가 맞지 않는다거나, 사운드와 맞지 않는 비디오 장면 전환 등과 같은 부작용이 생길 수 있다. 실제 컴퓨터와 네트워크 상에서, 독립적인 지연이 오디오나 비디오에 나타날 수 있다. SMIL 재생기는 두 개의 가능한 방식 중에서 선택할 수 있다. 하드 동기화(hard synchronization)를 사용하면 par에 있는 요소들이 공통 클럭에 동기화되고(프레젠테이션 시간을 효과적으로 맞출 수 있다), 소프트 동기화(soft synchronization)를 사용하면 개별적인 클럭을 갖게 된다. 소프트 동기화는 실제로는 동기화가 아니다. 모든 요소가 전체적으로 실행될 수 있도록 하기만 한다. 하드 동기화는 요소 사이의 시간적인 관계를 유지하지만 재생이 왜곡될 수 있다.

지속 시간이 같은 비디오와 오디오 클립을 병렬로 재생시킨다고 생각해보자(그림 15.3). 재생 동안에 비디오 요소에 지연이 생기면, 소프트 동기화에서는 오디오는 연주를 계속하고 비디오 재생이 다시 시작되면 동기가 틀려지게 된다(그림 15.4에서 비디오에 있는 점선이 지연을 나타낸다). 하드 동기화를 유지하려면 지연된 비디오 데이터가 도착할 때까지 오디오가 멈추거나(그림 15.5), 일부 비디오 프레임을 버려서 비디오가 오디오를 따라잡도록 해야 한다(그림 15.6). 후자의 경우가 방해가 적지만, 최악의 경우에는 비디오가 사운드를 따라잡지 못할 수도 있어서 두 경우 모두 아주 만족스럽지는 않다.

SMIL에서 syncBehaviour 속성을 사용하여 요소들의 동기화를 규정한다. 값이 locked이면 하드 동기화가 되고, canSlip이면 소프트 동기화가 되어서 어긋남을 허용한다. 하드 동기화로 지정되었을 때 지연이 생기면 모든 요소가 지연된 요소를 기다린다.

9장에서 본 퀵타임 무비의 개별 트랙의 동기화는 프레임 버림을 사용하는 하드 동기화와 같다. 퀵타임에서 동기화 손실의 발견과 수정을 위해서는 시간 베이스의 사용이 필수적이다.

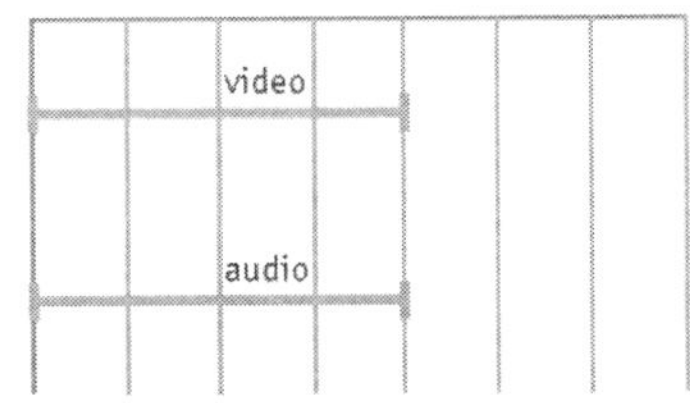
그림 15.3 비디오와 오디오가 완전히 동기화됨

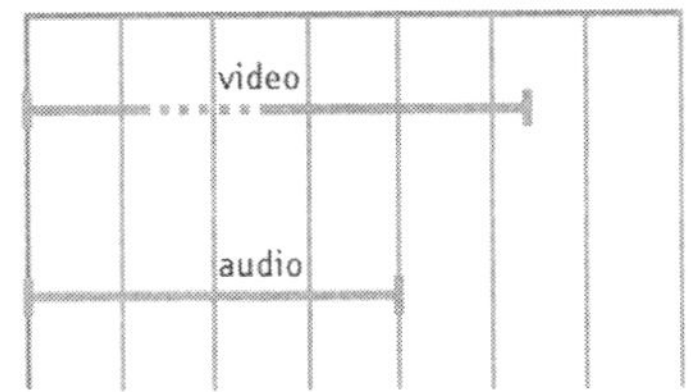
그림 15.4 소프트 동기화

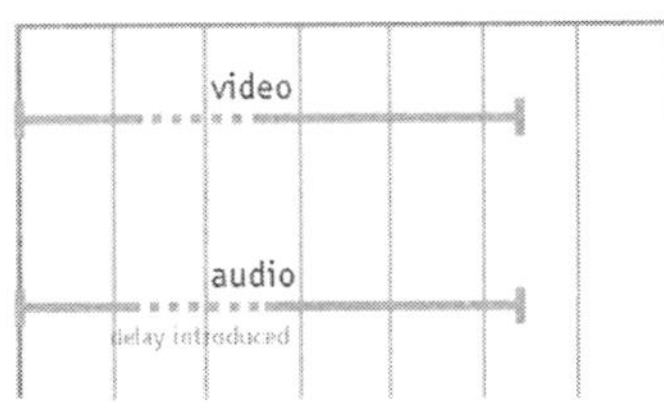
그림 15.5 하드 동기화, 오디오가 지연됨

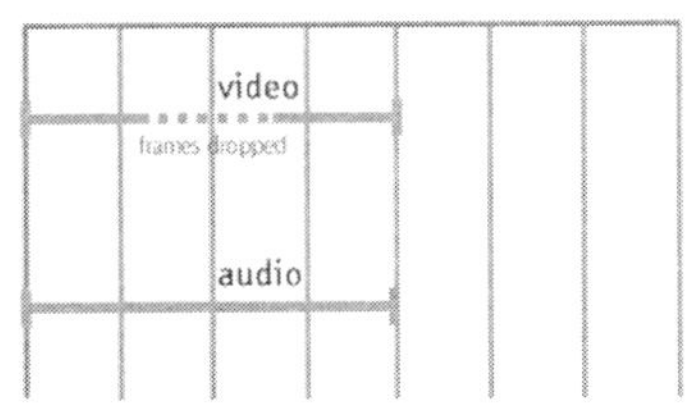
그림 15.6 하드 동기화, 비디오 프레임을 버림

앞에서의 문제점은 SMIL에만 한정된 것이 아니고 동기화에서 언제나 생기는 문제이며, 이 지연을 예측할 수는 없다. 이상적으로는 지연이 발생하지 않거나, 발생해도 재생에 방해되지 않을 정도로 짧다고 가정하고 싶지만, 이것을 보장할 수는 없다. 그러나 사용자 컴퓨터와 네트워크 연결의 능력에 맞는 데이터 전송률을 가진 비디오와 오디오 클립을 선택하도록 하면 도움이 된다. SMIL의 switch 요소는 이런 목적으로 사용된다.

switch에는 또 다른 요소들이 포함되며, 이들 요소에는 서로 다른 방식으로 동작하는 **테스트 속성**(test attribute)이 포함된다. 그 값은 시스템 파라미터를 이용해서 검사되며, 성공하면 요소가 선택되고 사용된다. switch에 있는 요소 중에서 오직 한 개만이 선택된다. 문서에 나타난 순서대로 처리되며 처음 검사에 성공한 것이 선택된다. 지금 가장 관련있는 테스트 속성은 systemBitrate이며, 초당 비트 수인 대역폭을 값으로 갖는다. 이 값은 모뎀 전송률처럼 사용자가 원하는 값을 간단히 지정하거나, 시스템 성능의 실제 측정값으로부터 계산될 수 있다. 계산 방식은 구현마다 다르다. 사용 가능한 시스템 대역폭이 이 속성값보다 크거나 같으면 검사는 성공이다. 따라서 필요한 대역폭이 큰 순서로 매체 요소를 switch 안에 배치하여 시스템 능력에 맞게 선택되도록 할 수 있다. 예를 들어, 프레임 크기와 압축 품질 설정이 다른 여러 버전을 만들고 이 중에 하나를 고르도록 할 수 있다.

```
<switch>

    <video  src="movies/mpeg4-full-size-movie.mov"
         system-bitrate="56000"
         type="video/quicktime" />

    <video  src="movies/sorenson-full-size-movie.mov"
         system-bitrate="28800"
         type="video/quicktime"/>

    <video  src="movies/cinepak-quarter-size-movie.mov"
         system-bitrate="14400"
         type="video/quicktime"/>

    <video  src="movies/movie-still.jpeg"
         system-bitrate="1"
         type="image/jpeg"/>


</switch>
```

switch의 마지막 요소는 기본 옵션이라서 언제나 검사에 성공한다. 정지 이미지라서 대역폭이 낮은 시스템에서도 아무 문제가 없다.

또 다른 테스트 속성으로 systemLanguage가 있다. 이것은 텍스트와 음성에 사용할 수 있는 언어를 선택하는 데 사용된다. 이 속성이 동작하기 위해서는 청각 장애인의 편의를 위한 오디오 사운드 트랙의 자막을 보이게 하도록 설정하는 systemCaptions이나 이미지 크기와 컬러 수를 지정하도록 하는 systemScreenSize과 SystemScreenDepth이 설정되어 있어야 한다.

15.1.2 링크

1장에서 페이지-기반과 시간-기반의 멀티미디의 구별이 뚜렷한 것은 아니라고 했다. 한쪽이 다른 쪽의 특징을 가질 수도 있다. 대표적인 예로, HTML에서 연결 요소 모델에 사용된 간단한 단방향 링크를 SMIL에서 제공한다. SMIL에서는 링크 표시를 자세히 나타내기 위해서 추가적으로 시간 차원이 더 필요하다.

SMIL에는 두 개의 연결 요소 타입이 있다. a는 HTML의 a 요소 타입과 비슷하며 간단하다. href 속성은 필수적이며 링크의 목적지 URL을 표시한다. show와 actuate 속성은 14장의 XLink의 간단한 링크들과 같은 방식으로 사용된다. actuate의 기본값은 onRequest이다. 따라서 a 요소의 내용을 클릭하면 SMIL의 또 다른 표현인 목적지로 이동하게 된다. a 요소는 동기화 성질을 갖고 있지 않으며, 포함하는 요소의 시간적 행위에 영향을 주지 않는다. a의 컨텐츠를 실행하면 컨텐츠에 있는 요소들이 보여지고, 이들이 지속 시간을 가지고 있기 때문에 a 요소는 유일하게 실행되는 것처럼 행동한다. 다음 간단한 프레젠테이션 예를 살펴보자.

```
<seq>
    <a href="presentation1.smil">
            <img src="images/image1.jpeg"
                type="image/jpeg"
                dur="15s"/>
    </a>

    <a href="presentation2.smil">
            <img src="images/image2.jpeg"
                type="image/jpeg"
                dur="15s"/>
    </a>

    <a href="presentation3.smil">
            <img src="images/image3.jpeg"
                type="image/jpeg"
```

```
                dur="15s"/>
        </a>
    </seq>
```

세 개의 이미지는 순차적으로 보여진다. 이미지들이 a 링크 안에 포함되어 있으며, href는 해당 이미지의 내용을 가리킨다. 이미지를 클릭하면 anchor가 활성화되어 링크된 프레젠테이션 실행이 시작될 것이다. 새 프레젠테이션에 의해 옛 것이 대체되는 것이 디폴트이다. show 속성은 기본값이 replace이다. show의 값이 new이면 기존 창은 그대로 두고 새로운 창에서 프레젠테이션이 시작된다. pause는 새 프레젠테이션이 새 창에서 시작되도록 하지만, 옛 프레젠테이션을 현재 위치에 멈춰있게 해서 나중에 여기에서 다시 시작할 수 있도록 한다. 이 속성값은 시간-기반 프레젠테이션 기반의 한 문맥에서만 의미가 있기 때문에 SMIL에서만 효과를 갖는다.

HTML처럼 SMIL도 URL에 조각 식별자를 지원하기 때문에, 개별 요소에 대한 링크 지정이 가능하다. 여기에 시간을 고려하면 복잡해진다. 다음 예를 보자.

```
<a href="presentation2.smil#vid1">
    <img src="images/image2.jpeg" type="image/jpeg"
        dur="15s"/>
</a>
```

여기서 presentation2.smil이 다음과 같은 body를 가지고 있다고 가정해 보자.

```
<seq>
    <video src="movies/m1.mov"
        id="vid0"
        type="video/quicktime"/>

    <par>
        <seq>
            <img src="images/image1.jpeg"
                type="image/jpeg"
                id="img1"
                region="upper"
                dur="5s"/>

            <video src="movies/m1.mov"
                id="vid1"
                type="video/quicktime"/>

            <video src="movies/m1.mov"
                id="vid2"
```

```
                    type="video/quicktime"/>
        </seq>
        <audio src="sounds/sound1"
               type="audio/aiff"
               dur="5s"/>
    </par>
</seq>
```

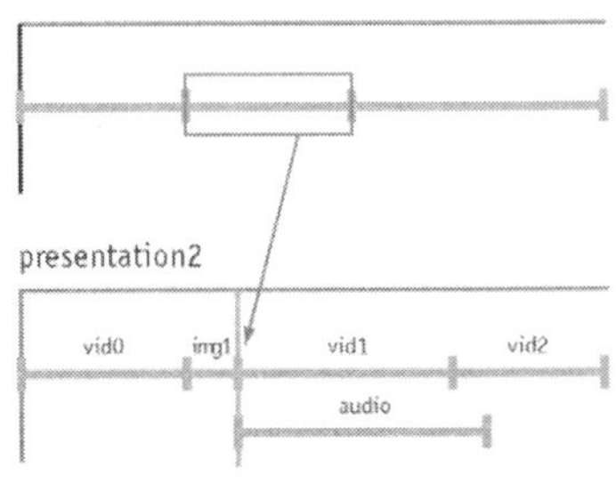

그림 15.7 조각 식별자의 영향

(그림 15.7의 아래 부분은 시간선을 보여준다.) 링크가 활성화되면(그림에서 보는 것처럼 이미지가 보이는 아무 때나), id가 vid1인 요소로 점프가 일어난다. 처음 5초간은 첫 번째 비디오 클립(vid0) 때문에 par의 요소가 실행되지 않는다. 따라서 초기 비디오 클립이 지나고 나서 presentation2.smil의 점프 효과가 나타난다. 일반적으로 링크의 목적지에 조각 식별자가 있을 때, 링크를 따르면 식별자의 요소를 포함하는 프레젠테이션이 시작하게 되고, 이것은 요소 시작점으로 빠르게 이동하는 것과 같다. 요소가 par 안에 있으면 동시에 재생되도록 설정된 모든 요소가 표시된다. 따라서 이 예에서 비디오 클립 vid1과 사운드가 같이 재생된다.

SMIL의 a 요소와 조각 식별자는 전체 요소에 대한 링크를 제공한다. 즉, 프레젠테이션의 시간선 상에 있는 위치를 연결시킨다. SMIL은 매체 요소의 시간선 상의 영역 구별을 기반으로 하는 더 세밀한 링크가 가능하다. 이런 목적으로 area 요소가 사용된다. 이런 요소들은 매체 요소의 컨텐츠에만 나타날 수 있다. (이전에는 항상 매체 요소들이 비었다고 가정했다.)

area는 HTML에서 이미지 맵의 핫스팟을 정의하기 위해 같은 이름을 사용한 것과 비슷하다. 링크의 목적지를 지정하기 위한 href 속성과 매체 요소에서 핫스팟 영역을 지정하기 위한 shape와 coords 속성이 있다. area를 포함하는 매체 요소는 HTML의 이미지 맵과 같은 방식으로 동작하지만, SMIL에서는 이미지가 아닌 매체에도 사용할 수 있다.

이미지 맵은 객체가 차지하는 공간 영역을 링크로 연결된 하부 영역으로 나눈다. SMIL 요소는 시간적인 차원을 갖기 때문에 객체가 차지하는 시간을 나누어서 서로 다른 시간 간격을 갖는 링크와 연관시키는 것도 가능하다. area에서 begin, end, dur 속성이 이 목적으로 사용될 수 있으며, 매체 요소에서와 같은 의미를 갖는다. 예를 들어, 파일 trailers.mov는 10초짜리 단편 세 개로 구성된 30초짜리 무비이다. 이것들은 본 영화를 위한 예고편이다. 다음 SMIL 코드는 예고편이 상영되도록 한다. 단편이 상영되는 동안, 사용자가 클릭을 하면 해당하는 전체 영화가 비디오 서버로부터 전송된다.[3]

---

[3] rtsp://에 대한 설명은 17장에 나온다.

video 요소가 비어 있지 않고 start와 end 태그로 분리되어 있음을 주의하자.

```
<video src="trailers.mov" type="video/quicktime"
       repeatCount="indefinite">

     <area href="rtsp://movies.com/bolckbuster.mov"
           id="trailer1" begin="0s" end="10s"/>

     <area href="rtsp://movies.com/first_sequel.mov"
           id="trailer2" begin="10s" end="20s"/>

     <area href="rtsp://movies.com/second_sequel.mov"
           id="trailer3" begin="20s" end="30s"/>
</video>
```

area 요소의 id 속성이 URL에서 조각 식별자로 쓰일 수 있기 때문에 영화의 일부가 링크 목적지로 쓰일 수 있다. (SMIL 2.0 사양에서는 XPointers의 사용이 가능하지만, 반드시 사용해야 하는 것은 아니다.) 예를 들어, 앞의 예가 trailers.smil 파일에 있으면, 같은 디렉토리 상의 프레젠테이션은 다음과 같이 이미지 맵을 포함할 수 있다.

```
<img src="poster.jpeg" type="image/jpeg">

     <area href="trailers.smil#trailer1"
           shape="rect" coords="0, 0, 100%, 50%" />
     <area href="trailers.smil#trailer2"
           shape="rect" coords="0, 50%, 50%, 100%" />
     <area href="trailers.smil#trailer3"
           shape="rect" coords="50%, 50%, 100%, 100%" />

</img>
```

이미지의 위쪽 반은 오리지널 영화의 정지 화면이고, 아래쪽 반은 두 개로 나뉘어져서 예고편에 있는 정지 화면이다. 정지 화면을 클릭하면 해당 비디오의 시작에서 재생이 시작된다(그림 15.8 참조).

이 절에서는 SMIL 2.0 구문을 사용했지만, 이제까지 설명한 모든 기능은 구문만 약간 다르고, SMIL 1.0에서도 사용할 수 있다. clipBegin 같은 복합 이름을 갖는 속성들은 clip-begin처럼 단어를 분리하는 하이픈(-)을 사용하고, 식별자.begin+time과 같은 동기화 값을 id(identifier)(time) 형태로 쓴다. area 요소의 함수는 anchor로 제공한다. 이런 SMIL 1.0 형대는 SMIL 2.0에서도 사용할 수는 있지만 가급적 사용하지 않는 것이 좋다. 앞으로는 지원하지 않고 새로운 구문이 사용될 수도 있기 때문이다.

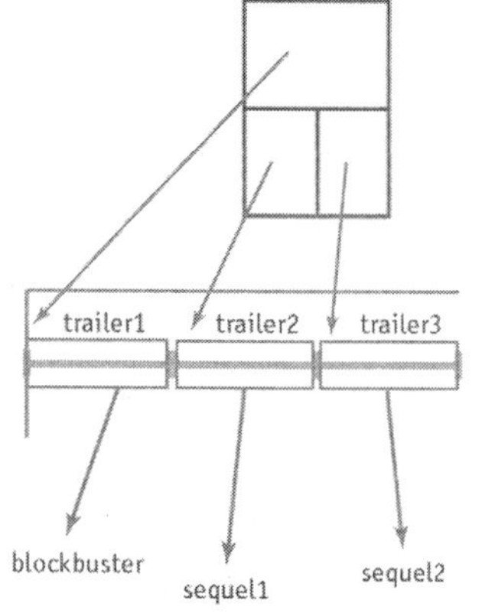

그림 15.8 링크 근원지와 목적지

15.1.3 애니메이션

SMIL 1.0에서 프레젠테이션에 애니메이션을 포함시킬 수 있는 유일한 방법은 SWF 외부 파일과 같은 애니메이션 요소를 사용하는 것이었다. 대형 프레젠테이션에서 애니메이션이 언제 실행될 지를 결정하기 위해 SMIL 동기화 요소를 사용할 수 있다. 특정 타입의 애니메이션은 시간선 상에서 객체들의 위치와 속성을 바꾸는 것과 연관되기 때문에 SMIL의 틀 안에서 직접 애니메이션할 수 있는 방법이 있다. SMIL 2.0에서는 이런 종류의 애니메이션이 추가되었다.

애니메이션 작동 원리의 기본은 animate 요소이다(animation 요소와는 전적으로 구별된다). 이 요소의 속성은 애니메이션되는 다른 요소의 속성과 애니메이션이 진행됨에 따라서 변해야 하는 값들을 규정한다. animate 요소의 부모 요소에 애니메이션을 적용하는 것이 디폴트이다. 예를 들면, 이미지를 애니메이션시키기 위해서는 img 내부에 animate 요소가 놓인다. 혹은 모든 요소의 id 값이 animate 요소의 targetElement 속성에 부여되어 애니메이션할 속성을 가진 요소를 구별한다. 애니메이션된 속성은 요소나 그 속성에 적용된 CSS 속성일 수 있다. 이것은 attributeName 속성을 이용해서 구별한다. 이름이 같을 경우에는 SMIL 처리기가 기본 알고리즘을 이용해서 어떤 것을 애니메이션할 지를 정한다. CSS 특성은 속성보다 우선권을 갖는다. 필요하면 attributeType 속성을 이용해서 명시적으로 타입을 지정할 수도 있다. 값을 "CSS"로 하면 CSS 특성이 되고, "XML"로 하면 XML 속성, "auto"로 하면 명시적인 디폴트 값이 된다.

애니메이션의 시간적으로 변하는 특징은 여러 방법으로 지정할 수 있다. 가장 간단한 방법은 animate 요소의 속성인 from과 to를 이용하는 것이다. 특징의 초기값과 마지막 값을 제공한다. attributeName과 바뀌는 값을 이용해서 바뀔 내용을 지정하고, from과 to를 이용해서 언제 바꿀지를 정하고, SMIL 동기화 요소에서 본 dur, begin, end를 이용해서 할 일을 정한다.

애니메이션 동작을 간단한 예를 들어 설명한다. img 요소의 높이와 폭을 확장시켜 이미지를 확대하려고 한다면 다음과 같이 한다.

```
<img src="Image/logo.jpeg" type="image/jpeg">
    <animate attributeName = "width" form="10" to="100" dur="9s" />
    <animate attributeName = "height" form="10" to="100" dur="9s"/>
</img>
```

10픽셀 크기의 작은 사각형 이미지의 로고가 9초에 걸쳐서 10배로 커진다. 애니메이션 시간은 img 요소를 둘러싼 동기화 요소에 의해 결정된다.

img 요소는 더 이상 비어 있지 않다. 이미지의 id 속성과 animate 요소를 밖으로 이동시켜 같은 효과를 얻을 수도 있다.

```
<img src="Images/logo.jpeg" type="image/jpeg" id="thelogo" />
<animate targetElement="thelogo" attributeName = "width"
                        from="10" to="100" dur="9s"/>
<animate targetElement="thelogo" attributeName = "height"
                        from="10" to="100" dur="9s"/>
```

여기서 설명한 from과 to 속성을 이용하는 구문은 값의 집합을 이용해서 애니메이션을 기술하는 보다 더 일반적인 방법의 한 가지 경우이다. 이런 값들의 목록이 세미콜론으로 구분되어 속성값으로 주어진다.

```
<animate targetElement="thelogo" attributeName = "width"
        values="10;20;40;80;160" dur="8s"
/>
```

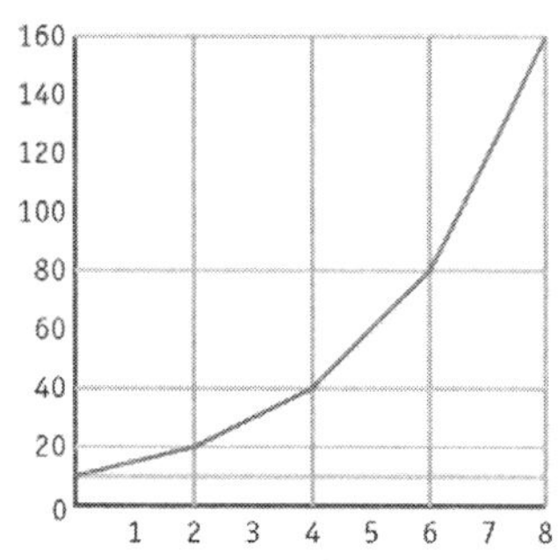

그림 15.9 선형 보간

분명히 8초에 걸쳐서 로고의 폭이 10에서 160픽셀로 확대되지만 비율은 얼마인가? 지정된 값들 사이에는 디폴트로 선형 보간이 사용된다. 여기서는 애니메이션의 지속 시간이 동일한 길이의 $n-1$ 간격으로 나뉜다는 것을 의미한다. 여기서 n은 지정된 값이다. 모든 간격의 처음에 목록에 있는 해당 값으로 특성이 설정된다. (처음 시작에 첫 번째 값을 설정하고, 처음 간격의 끝에 두 번째 값을 설정하는 식이다.) 모든 간격에서 이 값은 일정한 비율로 변한다. 따라서 예에서 로고의 폭은 매 2초마다 두 배씩 지수적 증가율을 보이며 확대될 것이다(그림 15.9 참조). 이런 보간 형태는 animate의 calcMode 속성을 "linear"로 설정하면 된다.

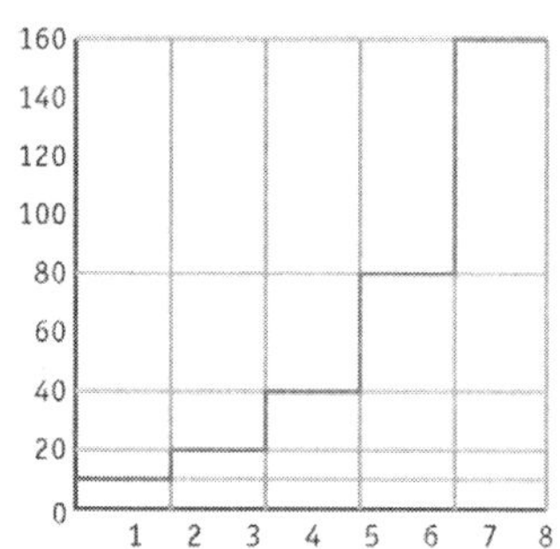

그림 15.10 이산 보간

calcMode에 다른 값도 가능하다. calcMode="discrete"이면 지정기간은 일정한 간격으로 나뉘어지고 n개의 간격이 사용되며 간격 동안에 특성이 변함없이 유지된다. 간격을 이동할 때는 다음 값으로 바로 건너뛴다(그림 15.10 참조). 마지막으로 값이 "paced"이면 간격의 시간이 조절되어 변화율이 일정하게 유지되도록 만든다(그림 15.11 참조).

처음에 from과 to 속성을 이용해서 설명한 애니메이션이 calcMode 값 "linear"와 두 값으로 똑같이 만들 수 있다는 것을 알았다. 편의를 위해서 세 개의 간략형을 소개한다. 특성의 최종값에 to를 사용하는 대신에, by를 이용해서 상대적인 최종값을 지정할 수 있다.

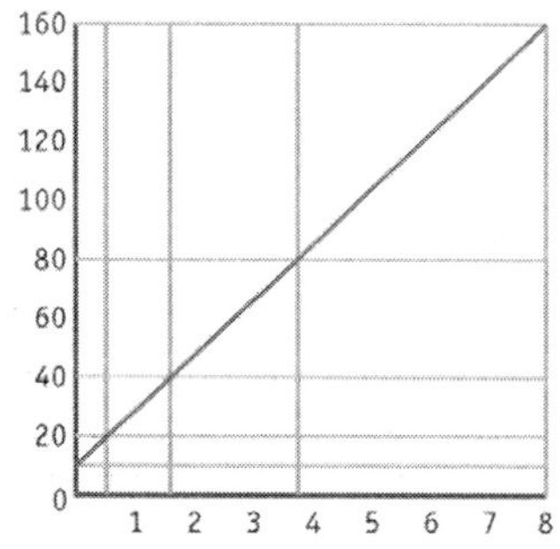

그림 15.11 비율 조절 보간

```
<img src="Images/logo.jpeg" type="image/jpeg">
        <animate attributeName="width" from="10" by="90" dur="9s" />
        <animate attributeName="height" from="10" by="90" dur="9s" />
</img>
```

이 예는 앞의 예와 똑같은 효과를 낸다. 이것이 더 편할 때도 있지만 from 이 생략된 더 간단한 형태가 더 유용하다. 이때 특성의 원래 값이 초기값이 되고, by를 이용해서 변화될 내용을 규정한다. 또한 to를 쓸 때 from을 생략할 수도 있다.

목록의 처음과 끝 숫자가 같도록 value 속성을 설정하면 반복하는 애니메이션이 된다. (calcMode가 "linear"나 "paced"이면 더 부드러울 것이다.) 이 방법도 애니메이션을 반복하게 만들지만 동기화 요소에서 설명한 animate 요소의 repeatCount와 repeatDur 속성을 많이 쓴다.

animate 요소가 반복으로 설정되면 각 반복의 끝에서 시작 위치로 되돌아간다. (만약 반복을 지속 시간 repeatDur으로 규정하거나 repeatCount가 정수가 아니면 처음으로 돌아갈 때 끝나지 않을 수도 있다. 혹은 애니메이션의 지속 시간이 반복 지속 시간과 일치하지 않는다면 fill 속성이 필요할 수도 있다.) 시작과 끝 값이 일치하지 않더라도 이렇게 동작한다. 애니메이션이 처음 루프의 끝에 이르렀을 때 다시 시작하도록 동작하는 방식을 원할 수도 있다. 간단한 것을 모아서 더 복잡한 동작을 만들 수 있다. 다음 예를 보자.

```
<img src="Images/logo.jpeg" type="image/jpeg">
    <animate attributeName="width" values="0;15;10"
                                    dur="2s" repeatCount="10" />
    <animate attributeName="height" values="0;15;10"
                                    dur="2s" repeatCount="10"/>
</img>
```

이 로고는 처음에는 없다가 15픽셀로 확장되고, 다시 10픽셀로 된다. 이것을 10번 반복한다. 그러나 다음과 같이 accumulate 속성을 "sum"으로 설정하면,

```
<img src="Images/logo.jpeg" type="image/jpeg">
    <animate attributeName="width" values="0;15;10"
                dur="2s" repeatCount="10" accumulate="sum" />
    <animate attributeName="height" values="0;15;10"
                dur="2s" repeatCount="10" accumulate="sum" />
</img>
```

로고는 처음에 15픽셀로 확장되었다가 10픽셀로 줄어들고, 다음에는 25픽셀로 확장되고 20으로 줄어들고, 35로 확장된다. 커졌다 작아지는 전체 반복이 끝나면 나중에는 100픽셀이 된다.

SMIL에서 제공하는 애니메이션 기능들은 아주 초보적이며, 수작업으로 애니메이션을 만드는 것은 아주 지루한 일이 될 것이다. 설명하지 않은 기능들이 있기는 하지만 이것은 사례를 통해 살펴본다. 플래시의 모션 비틀기와

같은 것은 animate 요소를 이용하면 가능하고, 정상적인 프레임 순차는 동기
화 요소를 이용해서 표현할 수 있다. 따라서 비교적 복잡한 애니메이션도
SMIL 요소들의 적절한 조합에 의해 구축될 수 있다. 개발 환경에서 자동으
로 플래시와 비슷한 기능의 애니메이션을 SMIL로 만들어 내는 것이 가능
하다.

15.2 SVG

SVG(Scalable Vector Graphics) 언어는 XML을 이용해서 2차원 벡터 그
래픽들을 기술할 수 있도록 한다. SVG 사양에는 다음과 같이 말한다.

> "SVG는 벡터 그래픽 모양(예로, 직선과 곡선으로 이루어진 경로), 이미
> 지, 텍스트의 세 가지 그래픽 객체 타입이 가능하다. 그래픽 객체들은
> 그룹화, 스타일 처리, 변환, 복합화가 가능하다."

이런 객체 타입은 Illustrator나 4장에서 설명한 벡터 그래픽 패키지로 처
리되는 것이라서 친숙하다. 사실 SVG 문서를 만드는 것은 그런 프로그램을
사용하는 것과 같다. 여기서 SVG를 설명하는 목적은 수작업으로 SVG를 작
성하려는 것이 아니고, 벡터 그래픽 객체와 변환이 컴퓨터로 처리될 수 있는
포맷으로 어떻게 표현되는지를 설명하기 위함이다. 따라서 완벽한 설명을
하지는 않는다.

XML을 사용하여 벡터 그래픽을 표현하는 SVG 방법은 다음과 같다.

```
<?xml version="1.0" encoding="utf-8"?>

<!DOCTYPE svg PUBLIC "-//W3C//DTD SVG 1.0//EN"
"http://www.w3.org/TR/2001/REC-SVG-20010904/DTD/svg10.dtd">

<svg xmlns="http://www.w3.org/2000/svg">
    <rect x="120" y="120" width="126" height="126" fill="lime"
          stroke="magenta" stroke-width="4" />
</svg>
```

첫 줄은 잘 알려진 XML 선언이다. 다음은 DOCTYPE 선언으로, 문서 요소
를 svg로 선언하고 SVG DTD의 공개된 이름과 시스템 식별자를 보여준다.
이 내용은 XML에서 일반적인 내용이다. 다음에는 svg 요소에 포함되는 내
용이 온다. XHTM이나 SMIL 문서와는 달리 SVG 문서는 헤드와 몸체로 구

분되지 않는다. 이 예에서 svg 위해 제공된 유일한 속성은 xmlns이다. 여기
서는 SVG 이름공간을 기본 이름공간으로 선언하여, 접두어 없이 SVG 요소
안에서 SVG 요소와 속성 이름을 사용할 수 있게 된다. 이것이 SVG 문서를
독립적으로 사용할 수 있게 하는 일반적인 방법이다. 그러나 다른 타입의
XML 문서 안에 SVG 조각을 내장시키는 것도 가능한데, 이때는 svg: 이름
공간 접두어를 사용한다. 이것에 대해서는 더 이상 설명하지 않는다.

프로그램에 의해 생성된 SVG 코드를 보기 원하면 Adobe Illustrator의 파일 메뉴에
서 [다른 이름으로 저장...]을 선택하고 파일 타입을 SVG로 선택하면 된다. 옵션 대화
창이 뜨면 Preserve Illustrator Editing Capabilities 옵션을 끈다. 그렇지 않으면 불필요
한 내용들이 추가적으로 생성된다.

15.2.1 모양

svg 요소 안에 문서의 실체인 그래픽 객체 표현이 들어간다. 여기서는 색
채가 있는 사각형 하나를 가정한다(그림 15.12 참조). 이 모양은 rect 타입 하
나의 요소로 기술된다. 이 요소의 속성들이 정해진 위치에 사각형을 그리는
데 필요한 모든 정보를 제공한다. x, y 속성값은 사각형의 왼쪽 위 좌표이다.
height와 width 속성은 크기를 결정한다. 나머지 속성들은 사각형의 표현 모
습을 규정한다. CSS 특성의 이름과 값을 똑같이 사용한다. stroke와 fill 속성
을 이용해서 스트로크와 채움 색을 설정하고 stroke-width를 이용하여 스트
로크의 폭을 설정한다.

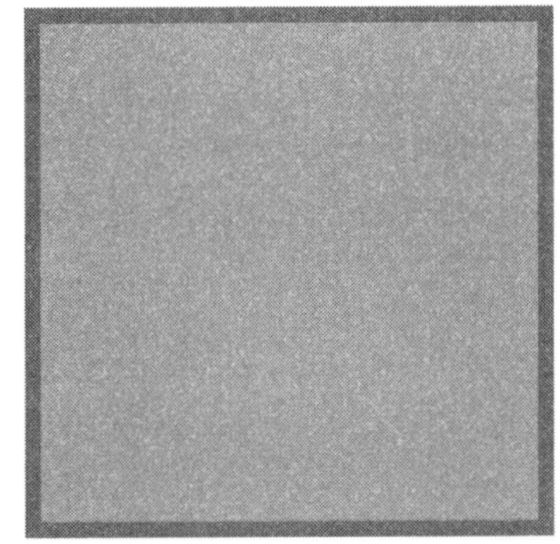

그림 15.12 간단한 SVG 문서의
화면

Illustrator와 같은 프로그램에서 사각형을 그릴 때는 먼저 채움, 스트로크
색, 스트로크 폭을 설정하고 나서, 사각형 툴로 그려질 위치를 설정하고 모
양을 드래그한다. 즉, 그리기 동작은 실제로 겉모습을 나타내는 세 가지 속
성, 모양의 위치, 크기를 설정하는 작업이다. 여기서 뒤의 두 동작은 마우스
작업으로 이루어진다. 따라서 rect 요소의 속성은 사각형 그리기에서 설정한
것과 동일한 값을 저장한다. 또 다른 SVG 요소도 이와 비슷하다. Illustrator
프로그램에서 해당 객체를 그릴 때 명시적으로나 묵시적으로 설정하는 값과
이들 객체의 속성값이 같다.

특히 사각형, 원, 타원, 선, 다중선, 다각형과 같은 간단한 모양들은 고유
한 요소가 있다. 이 요소에는 겉모양을 조절할 속성들이 있다. 이들의 모양
과 위치를 규정하기 위한 속성들은 모두 다르다. 표 15.1은 이 요소와 속성
들을 정리한 것이다. 그림 15.13은 모양 요소와 속성을 사용한 SVG 문서의

표 15.1 SVG 모양 요소

요소 이름	속성	설명
rect	x	왼쪽 위의 좌표
	y	
	width	
	height	
	rx	굽은 모서리의 x와 y 반지름
	ry	
circle	cx	중심의 좌표
	cy	
	r	반지름
ellipse	cx	중심의 좌표
	cy	
	rx	x와 y 반지름
	ry	
line	x1	
	y1	끝점의 좌표
	x2	
	y2	
polyline	points	점들의 목록
polygon	points	

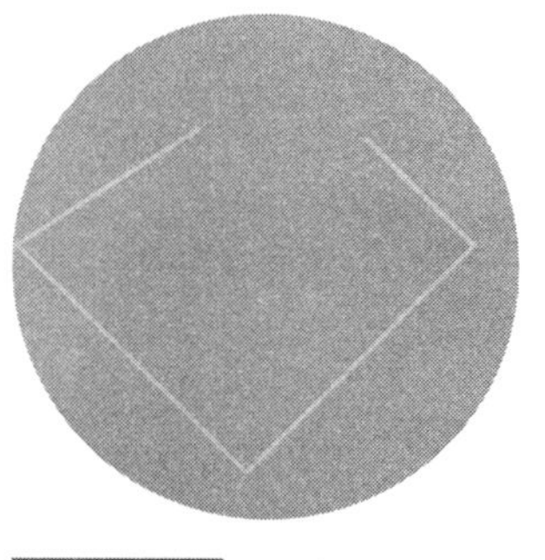

그림 15.13 모양

렌더링 모습이다.

```xml
<?xml version="1.0" encoding="utf-8"?>

<!DOCTYPE svg PUBLIC "-//W3C//DTD SVG 1.0//EN"
"http://www.w3.org/TR/2001/REC-SVG-20010904/DTD/svg10.dtd">

<svg xmlns="http://www.w3.org/2000/svg>
    <circle cx="50" cy="50" r="5" fill="#F67155"
        stroke="none" />
    <polygon points="50,10 66,10 76,27 66,42 50,42 40,25"
        fill="#697FBA" stroke="none" />
    <polyline points="40,25 1,50 50,99 99,50 76,27"
        fill="99A6CF" stroke-linejoin="round"
        stroke-linecap="round" fill="none" />
</svg>
```

polygon과 polyline의 속성인 points의 속성값은 콤마나 공백 문자로 분리된 좌표값들의 순차로 구성된다. 좌표를 나타내는 두 개의 값은 콤마로 구분하고, 각 좌표값들은 공백 문자로 구분하는 관습을 사용할 것이다. 이 관습은 읽기 편하게 하기 위한 것이고, 어떤 분리자가 사용되더라도 왼쪽에서 오른쪽으로 스캔되면서 x와 y 값으로 간주된다. (이 예제에서는 다음에 설명할 또 다른 속성을 보여준다.)

4장에서 설명한 것처럼, 벡터 그래픽에서 모양은 선과 곡선으로 이루어진 경로의 특수한 경우이다. SVG는 일반적인 경우를 위한 **path** 요소를 제공한다. 경로는 **d** 속성값인 **경로 데이터**(path data)를 포함하는 문자열로 기술한다. 경로 데이터는 마치 펜으로 경로를 그리는 것과 같은 명령어들의 집합으로 구성된다. 이 명령어들은 특별히 간결한 표기법으로 쓰여진다. 명령어는 하나의 문자로 표현되며, 좌표가 따라온다. 이 좌표의 개수와 해석은 명령어에 따라 다르다.

모든 경로는 **M** 명령어로 시작된다. M은 "move to"의 약자이다. 다음에 오는 두 개의 값은 경로가 시작되는 좌표이고, 이 값이 현재 **위치점**(current point)이 된다. 다시 말해, 그리기를 시작하기 전에 펜을 어디로 옮기라는 뜻이다. 직선은 **L** 명령어를 이용한다. 이 명령어에는 콤마나 공백 문자로 구분된 좌표가 따른다. 현재 위치점에서 지정된 좌표까지 직선을 그린다. 도착점이 새로운 현재 위치점이 된다. 선의 끝을 현재 위치점에서 상대적인 오프셋으로 나타내는 것이 더 편할 때도 있다. 이때는 **l** 명령어를 사용한다. 여기서 좌표값은 현재 위치점에서 수평과 수직 방향으로의 오프셋이다. 그림 15.13의 다중선은 다음 path 요소를 이용해서 그린 것이다(그림 15.14 참조).

```
<path fill="none" stroke="#99A6CF" stroke-linecap="round"
    stroke-linejoin="round"
    d="M40,251-39,25149,49149-491-23-23"/>
```

여기서도 간소화된 표기법을 사용했다: 모호함을 일으킬 소지가 없는 여백은 생략될 수 있다. SVG 문서들이 프로그램에 의해 복잡한 그래픽으로부터 생성될 때, 결과 파일의 크기에 많은 영향을 미치는 것이 경로 데이터이기 때문이다. SVG는 웹 포맷이기 때문에 파일 크기를 최소로 유지하는 것이 바람직하고, 경로 데이터를 이런 식으로 줄이는 것이 도움이 된다.

대부분의 그래픽에서 수평선과 수직선은 임의의 방향을 갖는 선보다 더 간단하기 때문에 이것들을 위한 명령어가 따로 있다. **H**와 **h** 뒤에는 한 개의 값이 따라온다. 현재 위치점에서 동일한 y 좌표와 지정된 x 좌표의 위치까지 수평선이 그려진다. H의 경우에는 값이 절대 좌표를 나타내며, h의 경우에는 현재 위치점에서의 오프셋이다. 비슷하게 **V**와 **v**는 수직선을 그리는 절대적, 상대적 명령어이다. 따라오는 좌표는 끝점의 y 좌표를 나타낸다. (일반적으로 대문자 명령어는 절대 좌표를 나타내고, 소문자 명령은 상대 좌표를 나타낸다.)

4장에서 베지어 곡선을 이용해서 부드럽게 이어지는 경로와 외곽선을 만들었다. SVG는 경로에 베지어 곡선을 쓸 수 있다. C 명령어 뒤에는 6개의 좌표값 x_2, y_2, x_3, y_3, x_4, y_4가 따른다. 이것은 세 점 $P_2 = (x_2, y_2)$, $P_3 = (x_3, y_3)$, $P_4 = (x_4, y_4)$의 좌표이며, 두 개의 제어점과 현재 위치점에서 시작하는 베지어 곡선의 끝점에 해당한다. P_1을 현재 위치점이라고 한다면 이 점들의 이름은 4장의 그림 4.8과 일치한다. c 명령은 상대 좌표를 사용하는 베지어 곡선에 사용된다.

곡선 조각들을 부드러운 경로로 연결하는 전형적인 방법은 한 조각의 끝점을 다음 곡선 조각의 시작점으로 하고, 제어점을 대칭적인 위치에 놓아 기울기가 일정하게 되도록 하는 것이다. 이때 S와 s 명령어가 사용된다. 4개의 좌표값이 뒤따르며, 앞 절에서 $P_3 = (x_3, y_3)$과 $P_4 = (x_4, y_4)$에 해당한다. 생략된 제어점 P_2는 현재 위치점에 대한 두 번째 제어점의 대칭적인 위치의 값과 같다. 그림 15.15는 C와 S 명령어를 이용해서 부드럽게 연결된 곡선을 보여준다. 짙게 칠해진 제어점은 S에서 묵시적으로 표현된다. 이 곡선에 대한 경로 요소는 다음과 같다.

```
<path fill="none" stroke="#99A6CF" stroke-width="2"
     d="M0,0C80,50,80,60,0,80S0,150,80,120"/>
```

그림 15.15 부드럽게 연결된 베지어 곡선

15.2.2 스트로크와 채움

지금까지의 예제는 간단한 스트로크와 채움 특성이 어떻게 표현되는지 보여준다. 여러 모양 요소와 경로 요소는 stroke와 fill 속성을 이용해서 스트로크와 채움 색상을 지정한다. 그 값은 CSS 색상 특징을 이용하는 모든 형태가 가능하다. SVG는 색상 이름에 확장된 범위가 가능하지만 대부분 SVG가 자동으로 생성되기 때문에 일반적으로 사용하는 16진수 컬러 코드를 사용한다. stroke-width 속성을 이용해서 스트로크의 폭도 지정할 수 있다. 스트로크 폭은 픽셀 단위가 기본이다. 다음은 바깥쪽의 높이와 넓이가 130픽셀인 정사각형을 기술한다.

```
<rect x="120" y="120" width="126" height="126" stroke-width="4"
     fill="lime" stroke="magenta" />
```

width와 height 속성은 126픽셀의 정사각형을 나타내며, 색칠된 스트로크로 모든 변을 2픽셀만큼 늘인다.

선을 끝내고 연결하는 방법에는 stroke-linecap와 stroke-linejoin 속성이 사용된다. 앞의 것은 "butt", "round", "square" 값을 가지며, 뒤의 것은 "round", "bevel", "miter" 값을 갖는다. 연결 부위의 돌출 길이를 제한하는 속성은 miterlimit이다. 선의 끝과 결합의 특성을 나타내는 이 속성값은 4장에서 설명하였다.

스트로크와 채우기를 반투명하게 할 수도 있다. stroke-opacity와 fill-opacity 속성이 이 목적으로 사용된다. 값이 0이면 스트로크와 채우기가 완전히 투명해지고, 값이 1이면 완전 불투명이 된다. 중간값으로 설정하면 반투명인 스트로크와 채우기가 된다. 뒤의 예에서 이 속성을 사용할 것이다.

기본적으로 모든 채우기와 스트로크 속성들은 둘러싼 문서 요소에서 상속된다. 이것은 CSS에서 비슷한 특성이 상속되는 것과 같다.

경사진 채우기는 경사가 정의되는 방식과 속성을 사용하는 방법이 모두 흥미롭다. SVG는 linearGradient와 radiaGradient 요소를 사용하여 선형과 방사형 경사를 지원한다. 이 요소들에는 채워지는 공간에 경사를 표시하는 데 사용되는 몇 가지 속성이 있지만, 이것들보다는 경사의 색상과 간격이 지정되는 요소의 내용에 집중한다. 경사들에 대한 **id** 속성값을 제공하는 것이 특정 경사를 구별하는 데 사용되기 때문에 중요하다.

두 경우 모두 경사 요소의 내용은 stop 요소로 구성된다. 이것은 그리기 프로그램에서 경사를 상호작용적으로 정의하기 위해서 경사 stop을 사용하는 것에 해당한다. 그림 15.16은 Adobe Illustrator에서의 Gradient 팔렛트를 보여준다. 팔렛트 하단에 있는 막대는 만들고 있는 경사이다. 경사 밑에 있는 작은 탭은 색상값이 설정된 점이다. 탭 사이에서 색상들은 서서히 혼합되어 경사를 형성한다. 탭들은 막대 아래를 클릭하면 바로 추가되며, 탭을 클릭하고 프로그램의 색상 설정 기능을 사용하여 색상을 설정한다. 여기서는 파랑에서 노랑으로, 다시 빨강으로 변해가는 경사를 만들었다. 노랑은 중간에서 약간 벗어나 있다.

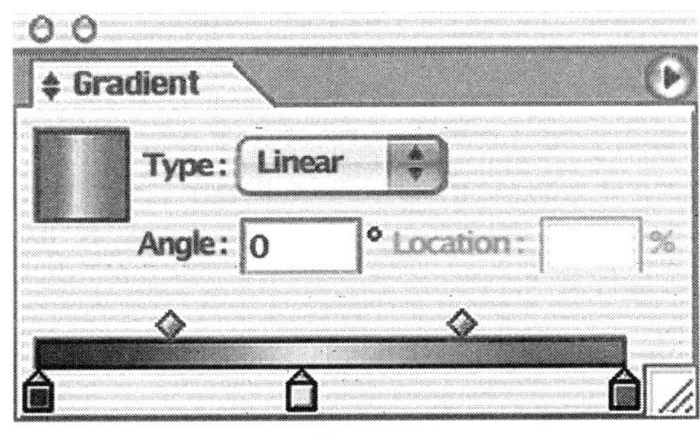

그림 15.16 Illustrator의 경사 팔렛트

이 경사는 SVG로 다음과 같이 표시한다.

```
<linearGradint id="lgrad_1"
    <stop offset="0" stop-color="#0C419A"/>
    <stop offset="0.4494" stop-color="#F7F632"/>
    <stop offset="1" stop-color="#F5160F"/>
</linearGradient>
```

stop에서 offset은 정지 위치를 0에서 1 사이의 숫자로 나타내는데, 경사의 길이 비율로 해석된다. stop-color 속성은 채우기와 스트로크 색상을 지정하는 것과 동일한 방법으로 그 점의 색상을 지정한다.

linearGradient 요소는 그리기 위한 역할을 하는 것이 아니라 단지 경사를 정의한다. 이것을 사용하기 위해서는 모양이나 경로의 fill 속성이 url(#idref) 형태의 값으로 설정되어 있어야 한다. 여기서 idref는 url(#lgrad_1) 같은 경사의 id 속성값이다. 다음 요소는 그림 15.17에 보이는 원을 만든다.

```
<circle cx="50" cy="50" r="50" fill="url(#lgrad_1)" stroke="none" />
```

이 예제가 일반적인 요소 사용의 특별한 경우라는 것을 알 수 있을 것이다. 채우기를 포함한 많은 SVG 속성은 URL 참조[4]를 사용하기도 한다. 형식은 url(URL)이며, 여기서 URL은 조각 식별자나 XPointer이다. 예에서처럼 생략되어 조각 식별자만 남으면 경사처럼 같은 문서 안에 있는 요소 이름을 지칭하는 것이다. 상대적 혹은 절대적 URL을 지정하여 다른 문서에서 정의된 경사를 참조하는 것도 가능하다.

방사형 경사도 선형 경사와 같이 stop을 이용해서 정의한다. 앞의 예제가 다음과 같이 수정되면,

```
<radialGradient id="rgrad_1">
    <stop offset="0" stop-color="#0C419A"/>
    <stop offset="0.4494" stop-color="#F7F632"/>
    <stop offset="1" stop-color="#F5160F"/>
</radialGradient>

<circle cx="50" cy="50" r="50" fill=url(#rgrad_1)"
    stroke="none" />
```

그림 15.18의 결과가 된다. 경사는 안쪽에서 바깥쪽 방향으로 stop을 설정한다.

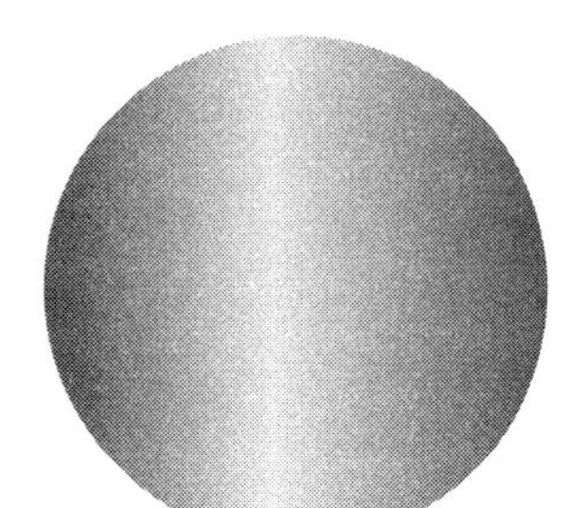

그림 15.17 선형 경사를 이용한 채우기

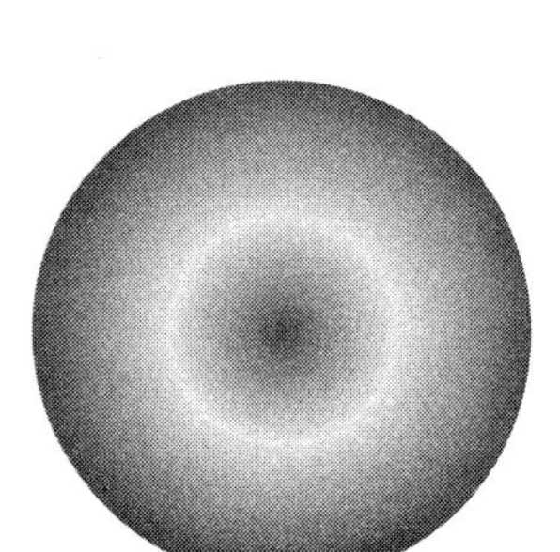

그림 15.18 방사형 경사를 이용한 채우기

---

[4] URL 참조는 12장 참조

그림 15.16의 팔렛트에서 경사 위의 작은 다이아몬드 모양은 중점 표시이다. 경사 탭에 의해 두 개의 색상이 같은 비율로 섞이는 지점으로 이동시킬 수 있다. 이런 식으로 섞어서 색이 변하는 비율을 바꿀 수 있다. SVG에는 중점의 표시를 지정하는 기능이 없지만 Adobe사의 SVGViewer 플러그-인은 이것을 지원한다.

15.2.3 변환

4장에서 벡터 그래픽 객체에서 실행되는 변환들을 소개했다: 이동, 스케일링, 회전, 반사와 자르기. 이 4가지는 SVG로 쉽게 표현된다. 반사는 특이해서 약간 더 생각해 보아야 한다. 나머지는 모두 **transform** 속성을 사용하며, 모든 그래픽 요소에서 사용할 수 있다.

transform의 값은 변환 사양(transformation specifications)을 구성하는 문자열이며, 공백 문자나 콤마로 구분된다. 모든 사양은 변환 이름과 각괄호에 둘러싸인 인자들로 구성된다. 변환 이름으로는 **translate**, **scale**, **rotate**, **skewX**, **skewY**이 가능하다. 인수들은 변환에 따라 다르게 해석된다.

이동에는 한 개나 두 개의 인수가 필요하다. 첫 번째는 객체가 x방향으로 이동되는 양이고, 두 번째는 y방향으로 이동되는 양이다. 두 번째 인수가 없다면 0으로 간주된다. 그림 15.19는 다음 SVG 문서를 그림으로 나타낸 것이다. (앞으로 그림에서 사각형의 왼쪽 위가 원점이며, 원래 사각형의 복사판은 60%의 투명도로 흐리게 보일 것이다. 또한 공간에 맞추기 위해서 축소시켰기 때문에 픽셀 단위로 크기를 비교하면 다른 것과 맞지 않을 것이다.)

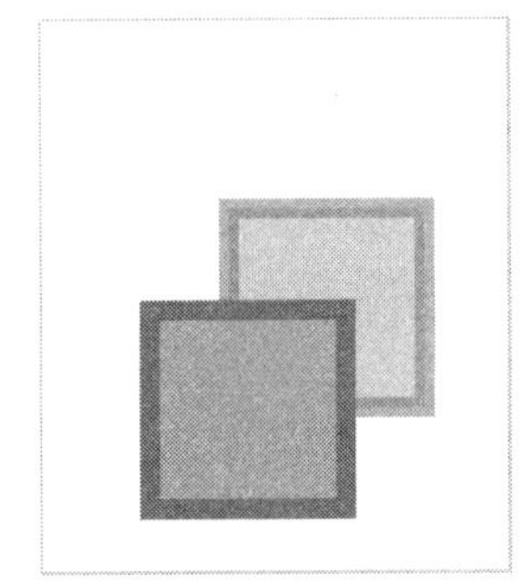

그림 15.19 이동

```xml
<?xml version="1.0" encoding="utf-8"?>

<!DOCTYPE svg PUBLIC "-//W3C//DTD SVG 1.0//EN"
"http://www.w3.org/TR/2001/REC-SVG-20010904/DTD/svg10.dtd">

<svg xmlns="http://www.w3.org/2000/svg">
    <rect x="0" y="0" width="300" height="350" fill="none"
            stroke="#99A6CF" stroke-width="0.6" />
    <rect x="120" y="120" width="126" height="126" fill="lime"
            stroke="magenta" stroke-width="4" fill-opacity="0.6"
            stroke-opacity="0.6"/>
    <rect x="120" y="120" width="126" height="126" fill="lime"
            stroke="magenta" stroke-width="4"
            transform="translate(-50,64)"/>
</svg>
```

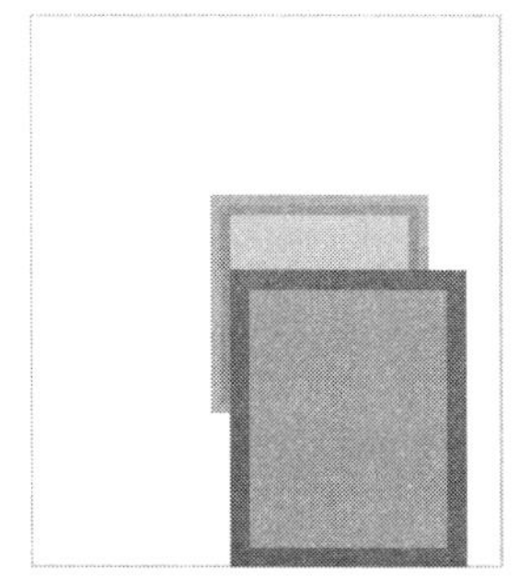

그림 15.20 스케일링

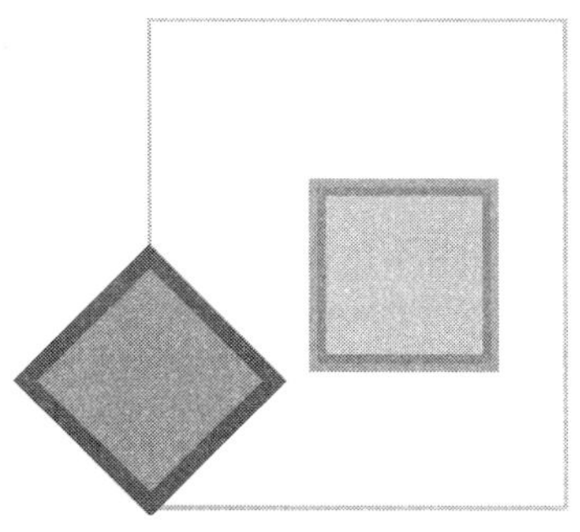

그림 15.21 회전

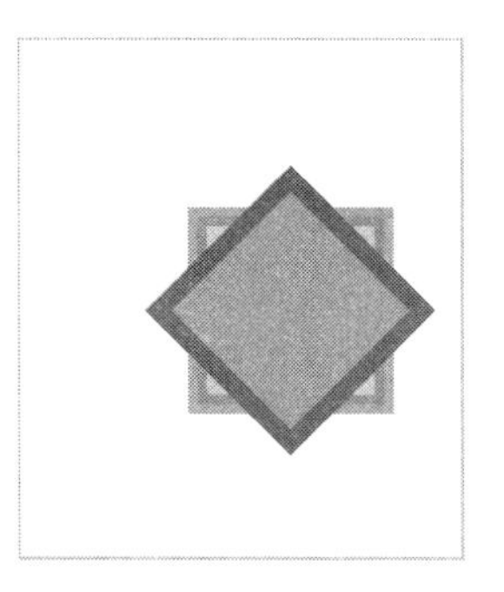

그림 15.22 지정된 점을 기준으로 회전

스케일링 변환값은 비슷하게 한 개나 두 개의 인수가 필요하다. 첫 번째는 수평 비율이고, 두 번째는 수직 비율이다. 두 번째가 생략되면 첫 번째 인수와 같은 값으로 간주된다. 즉, 인수가 하나이면 객체의 스케일링은 두 축에서 동일하다. 그림 15.20은 앞의 예제에서 두 번째 **rect** 요소를 바꾼 것이다.

```
<rect x="120" y="120" width="126" height="126" fill="lime"
    stroke="magenta" stroke-width="4"
    transform="scale(1.1, 1.4)"/>
```

스케일링은 객체의 모든 좌표와 스케일 인자를 곱해서 계산되기 때문에 객체가 커지기도 하지만 이동도 한다. 제자리에서 크기만 바꾸려면 스케일 변환 후에, 객체의 왼쪽 위를 원래의 위치로 이동하는 변환도 해야 한다.

회전 변환은 한 개 혹은 세 개의 인수를 필요로 한다. 첫 번째 인수는 회전각이고, 다른 인수가 없으면 원점에 대해서 회전한다. 그림 15.21에 이 변환의 예를 보여준다.

```
<rect x="120" y="120" width="126" height="126" fill="lime"
    stroke="magenta" stroke-width="4"
    transform="rotate(45)"/>
```

만약 다른 점에 대해서 회전을 하려면 회전의 중심 좌표로 두 개의 인자가 더 필요하다. 그림 15.22는 이 예를 보여준다.

```
<rect x="120" y="120" width="126" height="126" fill="lime"
    stroke="magenta" stroke-width="4"
    transform="rotate(45,183,183)"/>
```

찌그러짐 변환에는 찌그러지는 각도를 지정하는 하나의 인수가 필요하다. x와 y 축에 대한 찌그러짐은 별도로 지정해야 한다. 그림 15.23에 보이는 결합된 찌그러짐을 위해서는 두 개의 변환이 필요하다. 같은 변환 문자열에 공백 문자나 콤마로 분리해서 넣으면 어떤 타입의 변환을 몇 개든지 넣을 수 있다. 그림 15.23의 코드는 다음과 같다.

```
<rect x="120" y="120" width="126" height="126" fill="lime"
    stroke="magenta" stroke-width="4"
    transform="skewX(-30), skewY(-45)"/>
```

찌그러짐 변환도 스케일처럼 객체를 이동시킨다. 원래 자리에 놓기 위해서는 skewX, skewY 변환에도 이동이 결합되어야 한다.

경사로 채워진 모양에 변환을 가하면 경사에도 변환이 적용된다. 선형 경사로 채워진 모양을 회전시키면 그림 15.24처럼 색 섞임이 기울어져서 나타난다. 이 코드는 그림 15.17의 circle 요소를 수정한 것이다.

```
<circle cx="50" cy="50" r="50" fill="url(#lgrad_1)" stroke="none"
    transform="rotate(45)" />
```

컴퓨터 그래픽을 공부했다면, 변환을 3×3 행렬로 나타낼 수 있다는 것을 알 것이다. 이 중 세 개는 상수이다. 따라서 변환이나 변환의 결합을 표현하기 위해서는 6개의 숫자로 충분하다. SVG에서 transform 속성값으로 matrix(a,b,c,d,e,f)를 사용할 수 있다. 무엇보다도 반사 변환은 이 방법을 이용한다. 수직축에 대한 반사는 matrix(-1,0,0,1,0,0)이고, 수평축에 대한 반사는 matrix(1,0,0,-1,0,0)이다. 직선 $x = y$에 대한 반사는 matrix(-1,0,0,-1,0,0)이다.

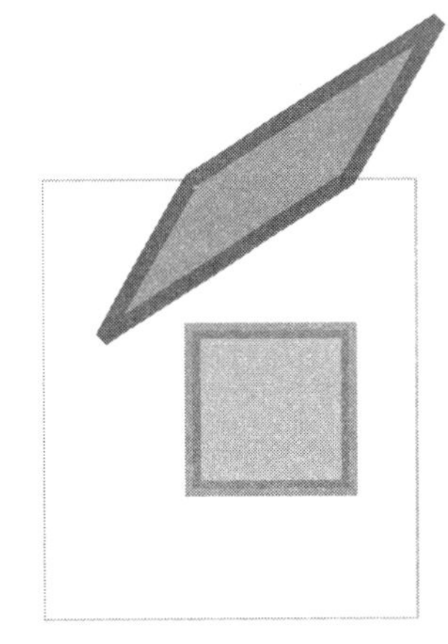

그림 15.23 찌그러짐

동일한 변환을 한 번에 여러 개의 대상에 적용할 수도 있다. Illustrator에서는 객체를 그룹화하고, 그 그룹에 대해서 변환을 적용한다. SVG에서도 똑같이 할 수 있다. g 요소는 그룹을 만든다. 그룹에 포함되는 객체들이 내용이 된다. g 요소는 transform 속성을 가질 수 있으며, 변환은 그룹에 속한 모든 요소에 적용된다. 예를 들어, 그림 15.13에 있는 모든 설계에 대해서 회전과 확대를 하고 싶으면, 다음과 같이 그룹화하고 그룹에 변환을 적용하면 된다.

```
<g tranform="scale(1.5),rotate(-90,50,50)">
    <circle cx="50" cy="50" r="50"
        fill="#F67155" storke="none" />
    <polygon points="50,10 66,10 76,27 66,42 50,42 40,25"
        fill="#697FBA" stroke="none" />
    <polygon points="40,25 1,50 50,99 99,50 76,27"
        stroke="#99A6CF" stroke-linejoin="round"
        stroke-linecap="round" fill="none" />
</g>
```

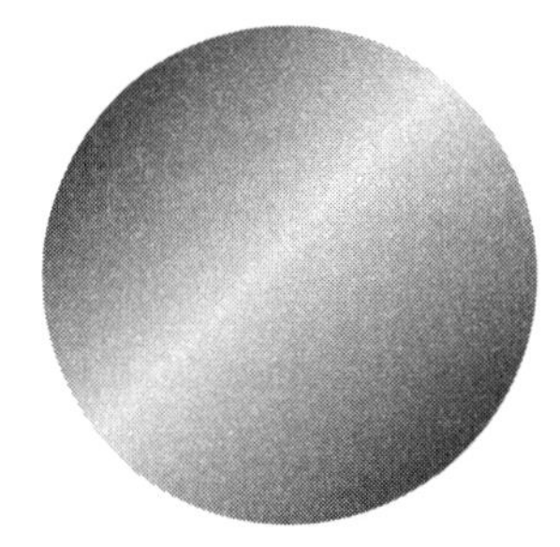

그림 15.24 경사로 채우기 된 모양 회전

그림 15.25는 결과를 보여준다. 희미한 회색 원은 원래 설계물의 위치를 나타낸다.

15.2.4 그 밖의 기능

링크

SVG 문서에는 링크하기 위해 XLink 속성이 포함될 수도 있다. HTML과 비슷하게 WWW 상의 자원에 대한 링크를 만들기 위해 SVG에는 a 요소가 있다. XLink 관점에서 SVG의 a 요소는 요청에 의해 활성화되는 간단한 타입 링크이다. 즉, xlink:type은 "simple"이고, xlink:actuate는 "onRequest"이다. 보

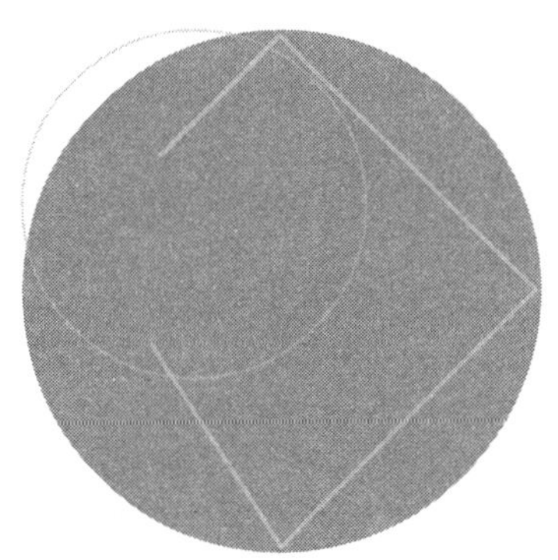

그림 15.25 그룹 변환

통 링크의 목적지를 값으로 하는 xlink:href 속성이 필요한 전부이다. XLink 속성의 이름을 SVG 문서에서 사용하기 위해서는 XLink 이름공간 선언이 있어야 한다. 문서 어디에서나 링크 사용이 가능하기 위해서는 다음과 같이 svg 요소에 첨부되어야 한다.

```
<svg xmlns="http://www.w3.org/2000/svg"
     xmlns:xlink="http://www.w3.org/1999/xlink" >
```

첫 번째 이름공간 선언은 SVG 이름공간을 기본으로 만들어서, SVG 이름이 접두사 없이 사용될 수 있다. 두 번째 선언은 xlink를 XLink 속성 이름의 접두사로 선언한다.

HTML처럼 a 요소의 내용은 링크 소스처럼 동작한다. SVG에서 요소들은 일반적으로 그래픽 객체를 나타낸다. 따라서 a에서 요소를 감싸는 효과는 핫스팟에 보여질 그래픽 객체를 만드는 것이다. 이 핫스팟은 클릭되거나 어떤 이벤트에 의해서 활성화되면 링크 목적지로 점프가 일어난다. 예를 들어, 그림 15.13의 모양에서 polygon을 a 요소로 감싸면 핫스팟에 육각형을 만든다. 이 모양을 클릭하면 디지털 멀티미디어 홈 페이지가 열리게 된다.

```
<?xml version="1.0" encoding="utf-8"?>

<!DOCTYPE svg PUBLIC "-//W3C//DTD SVG 1.0//EN"
"http://www.w3.org/TR/2001/REC-SVG-20010904/DTD/svg10.dtd">

<svg xmlns="http://www.w3.org/2000/svg"
     xmlns:xlink="http://www.org/1999/xlink">
     <circle cx="50" cy="50" r="50" fill="#F67155"
             stroke="none" />
     <a xlink:href="http://www.digitalmultimedia.org/">
        <polygon points="50,10 66,10 76,27 66,42, 5042 40,25"
                 fill="#697FBA" stroke="none" />
     </a>
     <polyline points="40,25 1,50 50,99 99,50 76,27"
               stroke="#99A6CF" stroke-linejoin="round"
               stroke-linecap="round" fill="none" />
</svg>
```

텍스트

11장에서 텍스트를 벡터 그래픽에 동합시키는 방법을 설명했다. 텍스트 조작 기능은 이런 프로그램에서 주요 기능이므로, SVG는 텍스트를 지원한다.

SVG는 XML이기 때문에, 텍스트를 표현하는 방법은 요소 내부에 XML

문자를 쓰는 것이다. 이것은 어떠한 유니코드 문자들도 텍스트에 쓰일 수 있다는 것을 의미한다. SVG 문서에서 텍스트 문자열들을 유지하기 위해서 text 요소가 사용된다. 많은 속성 중에서 문자열의 위치를 정하는 x와 y 그리고 CSS에서와 같이 폰트의 특성을 나타내는 속성들인 font-family, font-weight 등이 가장 중요하다. SVG가 벡터 포맷이기 때문에 폰트들은 윤곽선 폰트가 된다. 색상을 설정하기 위해서는 fill 속성이 사용된다. 다음 예가 그림 15.26에 해당된다.

```
<text x="0" y="0" font-family="Officina-Sans" font-size="7"
      font-style="italic" font-weight="bold" fill="#67155">
no more Cakes &amp; ale
</text>
```

텍스트 요소에서 tspan 요소를 써서 선택된 텍스트의 스타일을 변화시킨다. 이것도 폰트와 겉모양의 속성을 갖기 때문에 문자열의 일부를 이탤릭체나 강조체로 만들 수 있다. 또는 다음 예처럼(그림 15.26의 중간에 보임) 일부 글자의 색을 바꿀 수도 있다.

```
<text x="0" y="0" font-family="Officina-Sans" font-size="7"
      font-style="italic" font-weight="bold" fill="#67155">
no more <tspan fill="#697FBA">cakes</tspan> &amp; ale
</text>
```

tspan 요소에 대해서 독립적인 x와 y 속성을 지정할 수도 있다. 이는 텍스트가 정확하게 위치하도록 해준다. 보통은 텍스트 블록이 균일한 간격의 문단으로 배치된다.

text와 tspan 요소로 가능한 모든 속성을 이용하면 SVG 텍스트를 상당한 정도로 자세하게 조절할 수 있다. 문자의 돌출 크기와 기준선 이동을 원하는 만큼 정교하게 조절할 수 있다. 더 이상 자세한 설명은 하지 않지만, x와 y 속성으로 숫자들의 목록을 지정할 수 있다. 목록은 텍스트에 있는 연속적인 글자들의 좌표로 간주된다. 첫 번째 값은 첫 번째 글자의 위치, 두 번째는 두 번째 글자의 위치 등이다. 일반적으로 이것은 글자 돌출과 자간 간격을 세밀하게 조절할 때 사용되지만, 특수한 효과를 내는 데도 사용할 수 있다. 예를 들어, 그림 15.26의 간격이 떨어진 글자는 다음 코드에 의해서 만들어진다.

```
<text x="0,5,15,30,50,75" y="0" font-family="Officina-Sans"
      font-size="7" font-style="italic" font-weight="bold"
      fill="#F67155">
```

No more cakes & ale   *No more cakes & ale*   Ha l l o o!   **그림 15.25** SVG에서 텍스트

```
Halloo!
</text>
```

자세히 보면 목록에 있는 좌표보다 텍스트에 글자가 하나 더 많은 것을 알 수 있다. 이런 경우에 나머지 텍스트는 보통 간격으로 설정된다. 예에서 느낌표가 두 번째 'o'에 바로 붙어 있다.

경로에 타입을 설정하는 것은 벡터 그래픽 패키지의 표준 기능 중 하나이다. SVG에서도 이것이 가능하다(비록 문자 간격과 위치 설정이 어떻게 결정되는지에 관한 완전한 설명은 아주 복잡하지만). 우선 경로를 만들어야 한다. path 요소에는 id 속성이 있어야 한다. 타입 자체는 text 요소를 이용해서 만든다. 텍스트에서 tspan을 이용해서 일부분의 스타일을 바꿀 수도 있다. text 안에 textPath 요소를 이용해서 텍스트와 경로를 연관시킨다. xlink:href 속성이 있어서 경로를 구별한다(경로에 타입을 설정하려면 XLink 이름공간이 선언되어 있어야 한다). 이전 예에서 다중선(polyline)에 텍스트를 적용하면 다음과 같이 된다.

```
<path id="the_path" fill="none" stroke="#99A6CF"
    stroke-linecap="round" stroke-linejoin="round"
    d="M40,251-39,25149,49149-491-23-23"/>
<text font-family="Officina-Sans" font-size="7"
    letter-spacing="1.5%" font-style="italic" font-weight="bold"
    fill="#F67155">
    <textPath xlink:href="#the_path" spacing="auto">
More bears and pigs and chickens and whatevers
    </textPath>
</text>
```

SVG 문서에 텍스트를 포함하면 폰트 문제가 제기된다. 11장에서 CSS는 font-family 특성에 맞는 폰트들의 목록을 허용해서, 사용자가 사용 가능한 것을 고를 수 있었다. 이것은 HTML의 텍스트 표시에서는 맞지만 SVG에서는 의도했던 하나의 폰트가 다른 폰트와 대체되면 혼란을 가져온다. 텍스트의 모양을 유지하기 위해서는 다운로딩에 적합한 폰트를 만들던지 SVG 문서에 내장시키는 것이 필요하다.

좋은 방법은 @font-face 규칙이라 불리는 특수한 종류의 CSS 규칙을 사용하는 것이다. 폰트를 다운로드할 웹 위치를 선언한다. 이 방법의 단점은 여러 다른 폰트 포맷이 사용되고 있고, SVG 문서 렌더링에 사용되는 에이전트가 어느 특정 폰트 포맷을 사용할 것이라는 보장이 없다는 것이다. 따라서 여러 다른 포맷의 폰트를 제공해야 할 수도 있고, 혹은 어떤 텍스트가 어떤 사용자 에이전트에서는 보이지 않게 될 수도 있다.

이 문제를 해결하기 위해서, SVG는 font 요소를 이용해서 폰트를 문서에 내장시킬 수 있도록 한다. 이 요소는 폰트 치수와 폰트를 이루는 실제 선분들을 기술하는 데이터를 포함한다. 모든 폰트 포맷에 대해서 자세한 내용은 아주 복잡하지만 폰트 데이터는 거의 모두 자동으로 생성되기 때문에, SVG 프로그램을 직접 작성하지 않는 한 이것을 알 필요는 없다. Illustrator와 같은 프로그램에서 문서를 내보내기 할 때, 폰트를 내장시킬 지 선택하는 옵션이 있어서 font 요소가 생성되어 문서에 삽입되거나 링크된다. 이때 @font-face 규칙이 사용된다.

애니메이션

앞에서 설명했듯이 SVG는 SMIL 애니메이션에 기초한 간단하고 잠재적으로 강력한 애니메이션 기능이 있다. 특히 모든 요소는 animate 요소를 가질 수 있어서 속성값이 시간에 따라 변하도록 할 수 있다. 예를 들어, 앞에서 다각형의 색을 다음과 같이 애니메이션시킬 수 있다.

```
<polygon points="50,10 66,10 76,27 66,42 50,42 40,25"
        fill="#697FBA" stroke="none">
    <animate attributeName="fill"
            values="#697FBA;#F67155;#697FBA" dur="2s"
            calcMode="discrete" repeatCount="indefinite" />
</polygon>
```

다각형의 색상이 2초에 걸쳐서 원래 파랑색에서 빨강으로 바뀐다. calcMode가 "discrete"로 설정되기 때문에, 색상의 변경은 갑작스럽다. 따라서 다각형이 깜빡이는 것처럼 보인다. 원의 색과 일치하면 사라진다. (이것이 애니메이션이라고 주장하는 것은 아니지만 요점을 설명해 주고 있다.) SVG의 거의 모든 속성은 이런 식으로 애니메이션 가능하다. 따라서 에니메이션될 요소를 결합하면, SVG는 웹-기반 벡터 그래픽 애니메이션 언어로 쓰일 수 있다. 당연히 이런 애니메이션이 프로그램에 의해 생성되는 것이 바람직할 것이다.

SVG는 몇 가지 방법으로 SMIL 애니메이션을 확장한다. 그러나 가장 비호환적인 것은 animate 요소의 부모가 아닌 요소라면 xlink:href 속성을 반드시 이용해서 타겟을 인식해야지 SMIL의 targetElement 속성을 사용하면 안 된다는 것이다.

연습문제

1. 5개의 이미지가 각각 20초 간격으로 표시되고, 30초 크기의 사운드가 계속 반복되는 슬라이드 쇼의 SMIL 문서를 작성하라. (위치와 매체의 파일 이름에 대해서는 편하게 가정해도 된다.)

2. 비디오 클립과 이미지를 다음 방식으로 보여주는 SMIL 요소를 작성하라.

   (a) 이미지는 비디오가 시작하고 나서 5초 후에 나타난다.

   (b) 이미지는 비디오가 끝나기 5초 전에 나타난다.

3. 2번에서 항상 비디오 클립과 동시에 끝나는 반복적인 사운드 트랙을 추가하라.

4. 사운드 트랙이 있는 비디오 클립과 난청자를 위한 자막이 포함된 비디오 클립이 있다고 가정하자. systemCaptions의 값에 따라 자막이나 사운드 트랙을 선택하게 하려면 SMIL에서 어떻게 해야 하는가?

5. 이미지와 비디오가 동시에 상영되는 슬라이드 쇼의 SMIL 문서를 작성하라. 여기서 모든 이미지는 동시에 재생되는 비디오의 한 장면이다. (예를 들면, 장면의 첫 번째 프레임이다. 이미지는 충분히 가지고 있다고 가정하라.) 만일 사용자가 이미지를 클릭하면 이미지에 대한 비디오가 전체로 나타난다.

6. 두 개의 SMIL 프레젠테이션을 작성하라. 첫 번째는 비디오 클립이 순차적으로 구성되었고, 두 번째는 같은 수의 이미지로 구성된 슬라이드 쇼이다. 사용자가 이미지를 클릭하면 해당 비디오 클립이 나타난다. (비디오 클립들의 진행 시간에 관해서는 최소한의 가정을 하라.)

7. 1분 동안 원형 경로를 따라 이동하는 간단한 SMIL 이미지 애니메이션을 작성하라.

8. 웃는 얼굴을 그리고 적당한 색을 칠하는 SVG 코드를 작성하라. Illustrator가 있으면 같은 얼굴을 그리고, SVG로 내보내기를 하고, 기계에서 생성된 코드와 자신이 손으로 작성한 코드를 비교해 보라.

9. 300×400 사각형을 제자리에서 스케일링하기 위해서 어떻게 SVG 변환을 조합해야 하는지 보아라. 어떤 대상이라도 제자리에서 스케일링할 수 있는 일반적인 변환을 작성할 수 있겠는가?

스크립트와 상호작용
Scripting and Interactivity

16

16.1 스크립트 기초

16.2 ECMAScript
- 수식과 변수
- 제어구조
- 배열
- 함수
- 객체

16.3 웹 클라이언트측 스크립트
- 이벤트 처리기
- 스크립트와 스타일시트

16.4 동작

16.5 플래시 스크립트
- 스크립트 추가하기
- 무비 클립 메소드와 특성
- 플래시 응용프로그램 제작

현대 운영체제에서 제공하는 그래픽 사용자 인터페이스는 이벤트 구동 (event-driven) 시스템이다. 사용자가 무엇을 하면(예를 들어, 아이콘을 더블 클릭), 그에 대한 반응으로 무슨 일이 일어난다(응용프로그램이 시작된다). 12 장에서 설명한 하이퍼미디어 내비게이션은 이런 일반적인 상호작용의 특수 한 경우라고 생각할 수 있다. 텍스트, 이미지, 이미지 맵의 핫스팟을 클릭하 면 링크의 목적지가 화면에 표시된다. 더 일반적인 이벤트 구동 상호작용을 멀티미디어 제품에 내장시키면 추가적인 가능성이 더 생긴다.

여기서는 **이벤트**(event)와 **행위**(action)를 결합시킨다. 우선 이벤트의 집합 을 확인할 필요가 있다. 마우스 클릭과 이동, 키 입력 등 대부분은 사용자에 의해서 시작되지만, 일부 이벤트는 내부적으로 생성된다. 영화 상영이 끝나 거나 지정된 시간이 경과되었을 때를 예로 들 수 있다. 심지어는 아무것도 일어나지 않았을 때 발생되는 **널**(null) 또는 **휴지**(idle) 이벤트도 있다. 사용 가능한 이벤트들의 집합은 고정되어 있지 않고, 어떤 하드웨어와 소프트웨 어 조합을 사용하고 있는가에 따라 다르다.

이벤트 집합을 확인하는 것뿐만 아니라 행위를 규정할 필요도 있다. 어떤 멀티미디어 환경은 윈도우를 열고, 영화를 재생하거나 한 이미지를 다른 것 으로 대체하는 것과 같은 공통적인 작업을 수행하기 위해서 미리 정해진 행 위의 집합을 제공한다. 더 정교한 환경은 **스크립트 언어**(scripting language)를 제공하여 사용자가 자신만의 환경을 정의할 수 있게 한다. 스크립트 언어는 사용자 인터페이스 요소와 멀티미디어 객체를 조절하는 기능을 가진 작은 프로그래밍 언어이다. 원하는 행위를 수행하도록 스크립트를 작성하고, 태그 혹은 저작 환경의 명령어를 이용해서 스크립트를 이벤트와 연관시킨다. 사 용자가 특정 이미지를 클릭하면 스크립트가 실행된다.

행위를 이벤트들과 결합시키는 한 가지 이유는 상호작용을 하기 위해서이 다. 시스템이 사용자에 의해 발생된 이벤트에 응답을 한다면 사용자는 시스 템의 동작을 제어할 수 있다. 특히 마우스를 클릭함으로써 사용자가 자신이 받는 정보의 흐름 방향을 정할 수 있다. 특정 시간에 발생하는 이벤트를 행 위와 결합해야 할 또 다른 이유가 있다. 멀티미디어 모델의 일부로 시간-기 반 동작이나 동기화와 같은 것을 지원하지 않는 웹에서는 이것이 필요하다. 반대로 동기화된 멀티미디어 제품의 시간선(timeline)에 들어 있는 행위들은 분기와 기타 비선형 형태에 사용될 수 있다. 스크립트가 단지 시간-기반 프 레젠테이션에 하이퍼미디어의 특성을 추가하는 것이라고 말하는 것은 지나 치게 단순화한 것이다. 시간 차원을 하이퍼미디어에 추가할 수 있고, 상호작 용을 추가할 수 있다. 따라서 스크립트를 이용하는 멀티미디어 제품은 사용자가 어떤 매체의 조합을 사용하든지 상관없이 동일한 경험을 할 수 있도록 해준다.

16.1 스크립트 기초

ECMAScript 사양에서는 **스크립트 언어(scripting language)**의 정의를 이렇게 말한다.

> "기존 시스템의 기능을 조작하고, 각자에게 맞추고, 자동화하기 위해 사용되는 프로그래밍 언어..."

또한 이렇게 설명한다.

> "이런 시스템에서 유용한 기능들은 사용자 인터페이스를 통해서 이미 제공되고 있다. 스크립트 언어는 그런 기능을 프로그램이 제어할 수 있도록 한다. 따라서 기존 시스템은 객체나 기능의 **호스트 환경**을 제공해주게 되고 이것이 스크립트 언어의 능력을 완성시킨다."

스크립트 언어는 C++나 자바와 같은 주류 프로그래밍 언어와는 구별된다. 약간의 제어구조, 추상화 메커니즘, 수와 포인터, 참조와 같은 내장 데이터 타입을 제공한다. 최신 프로그래밍 언어의 추상화 메커니즘에서는 언어에서 제공하는 기본 타입을 이용해서 자신만의 데이터 타입을 정의할 수 있다. 스크립트 언어는 약간의 제어구조와 기본 타입을 제공하고, 추상화 메커니즘을 일부 제공할 수도 있다. 하지만 '기존 시스템'에 속한 데이터 타입과 객체를 제공하기도 한다. 예를 들면, 관계 데이터베이스 시스템에서 사용하는 스크립트 언어는 관계와 투플에 해당하는 데이터 타입을 제공한다. 운영 체제의 명령 언어로 사용되는 것은 프로세스와 파일에 해당하는 데이터 타입을 제공한다. (여기서 '데이터 타입'이라는 말은 현대적인 말로 **추상 데이터 타입**(abstract data type)을 뜻하며, 동작과 더불어 값의 집합이다.)

스크립트 언어에도 멀티미디어 제품의 요소에 해당하는 것이 있어야 한다. 텍스트, 사운드, 비디오 등 모든 매체 타입을 제공할 필요는 없다. 이 타입은 매체가 제품에서 서로 결합되는 방법을 고려해야 한다. (스크립트 언어가 사용자 인터페이스와 동일하게 프로그램에 대한 제어를 한다는 것을 생각하라.) 따라서 스크립트 언어를 XML이나 HTML에서 사용하려면 문서 요소에 해당하는 객체를 윈도우와 같은 사용자 인터페이스 객체에 제공해야 한다. 호스트 환경이 플래시와 같은 시간선 기반 시스템인 언어에서는 프레임이나 그 안에서 나타나는 기타 요소들에 해당하는 객체가 필요하다.

스크립트 언어는 이런 객체의 속성에 대해서 계산을 수행하거나 새로운 것을 만들 수 있도록 해서 겉모양이나 행위에 영향을 준다. 이런 계산은 이벤트에 의해서 시작된다. 이런 이벤트의 일부는 사용자에 의해서 시작된다. 따라서 스크립트화된 행위는 사용자 입력이 제어 흐름에 영향을 미칠 수 있게 한다. 다시 말하면, 멀티미디어 제품의 요소가 상호작용을 제공하는 컨트롤의 기능을 한다. 예를 들면, 한 이미지에 행위를 달아서, 이미지를 클릭하면 지정된 영화가 다음 윈도우에서 재생되도록 한다.

16.2 ECMAScript

웹에서 처음 사용된 스크립트 언어는 넷스케이프 내비게이터 웹 브라우저에서 사용된 LiveScript라는 제품이다. 얼마 후에 이름이 JavaScript로 바뀌었다. 그러나 자바 프로그래밍 언어와는 관련이 적고 이 이름이 비슷한 것 때문에 그후에도 혼동이 계속되었다. 또 다른 주요 브라우저 제작사인 마이크로소프트는 넷스케이프와는 아주 다른 자신만의 JavaScript인 JScript를 만들었다. 브라우저 비호환성을 피하기 위해서 유럽컴퓨터제조협회(ECMA: European Computer Manufacturer's Association)에서는 JavaScript와 JScript에 기반한 표준을 만들어서 ECMAScript라고 이름을 붙였다.

JavaScript가 핵심적인 부분을 차지했다. 범용 프로그래밍 언어의 기능과 기본적인 객체지향 특징을 제공하였고, JavaScript 프로그램이 다른 시스템과 상호작용하도록 내장된 객체를 제공하였다. 대부분의 경우에 다른 시스템은 웹 브라우저이고, 내장형 객체는 웹 페이지의 요소와 브라우저 윈도우에 해당한다. 다른 내장형 객체 집합을 이용하면 같은 언어를 다른 시스템과 상호작용하도록 만들 수도 있다. 예를 들어, 서버측 JavaScript는 넷스케이프 웹 서버와 파일 데이터베이스와 상호작용을 한다.

ECMAScript는 형식적으로 정의된 핵심 언어 버전이다. 표준에서도 ECMAScript가 그 자체로서 완벽하지 않다고 인정하고 있다. **호스트 객체**와 결합해야만 웹 브라우저와 같은 호스트 시스템을 스크립트로 조작할 수 있다.

월드 와이드 웹 컨소시엄은 **문서 객체 모델**(DOM: document object model)이라는 인터페이스 집합을 정의해서, XML과 HTML 문서의 구조와 내용을 프로그램에서 접근할 수 있도록 하였다. ECMAScript 객체는 이 인터페이스를 구현하도록 정의된다. ECMAScript와 DOM 객체의 조합은 웹의 클라이언트측 스크립트의 표준 프레임워크이고, 스크립트가 모든 브라우저에서 올바르게 수행되도록 한다.

실제로는 모든 브라우저가 표준을 따르는 것은 아니고, 표준보다 먼저 나온 브라우저도 아직 사용되고 있다. 따라서 자신의 스크립트가 가능한 많은 브라우저에서 실행되기를 원하는 개발자는 편법을 쓰거나 중복되는 프로그램을 작성해야 한다. 표준이 제시간에 보급될 거라고 기대하기 때문에 특정 브라우저만의 고유한 특징에 대해서는 설명하지 않는다.

또 한편으로 플래시의 초기 버전에서도 임시적인 '행위' 방식을 이용해서 스크립트의 일종을 사용했었다. 이 방식은 제한적이었고, 플래시에서 스크립트의 모든 잠재 능력은 완전한 스크립트 언어를 통해서만 실현될 수 있었다. 2000년에 Flash 5를 발표할 때 Macromedia사는 ECMAScript를 기초로 사용하기로 선택하였다. 플래시의 스크립트 언어인 ActionScript는 기존의 호환성 때문에 ECMAScript와 완벽하게 호환되지는 않았지만, 처음에는 플래시 무비를 위한 호스트 객체를 ECMAScript 신택스에 추가하는 방식으로 만들었다. 따라서 웹 스크립트와 플래시 스크립트의 신택스가 같다. 다시 말하면, ActionScript의 신택스는 ECMAScript와 아주 비슷하고, ECMAScript는 JavaScript와 아주 비슷하며, ActionScript의 핵심 시맨틱은 JavaScript를 인식하는 다른 것에서도 인식된다. 따라서 어떤 특정한 호스트 환경에 관계없이 ECMAScript에 대해서만 고려할 것이다.

우선 최소한의 신택스만을 소개할 것이다. 다음 절에서 언어와 프로그래밍의 기본에 대해서 소개한다. 기술적인 배경 지식이 없는 사람에게는 어렵게 느껴질 수도 있다. 그런 사람은 이 장의 나머지 부분을 대충 살펴보면 스크립트로 무엇을 할 수 있을지 알 수 있을 것이다. 프로그래밍을 해보았거나 자바, C, C++를 아는 사람에게는 ECMAScript 프로그램이 크게 다르지는 않다. 비주얼 베이직이나 알골, 파스칼에 익숙한 사람은 신택스가 좀 이상하지만 문장과 수식 형태는 대충 짐작하던 바대로일 것이다.[1]

---

[1] 이 장의 일부는 Nigel Chapman의 *Flash 5 Interactivity and Scripting*(John Wiley & Sons Ltd, 2001)에서 가져왔음.

16.2.1 수식과 변수

프로그래밍 언어에 대한 설명은 사용 가능한 값의 종류로 시작하는 것이 좋다.

값과 수식

ECMAScript는 숫자, 문자열, 부울(Boolean)의 세 개 타입을 인식한다. 숫자는 산술에 쓰이고, 문자열은 텍스트 저장과 변경에, 부울은 진리값으로 스크립트 실행 흐름 조절에 사용된다.

일반적으로 ECMAScript가 숫자와 산술을 다루는 방법은 보통 종이에서와 같다. 키보드를 사용하기 위한 표기법이 약간 다르고 컴퓨터라고 해서 규칙이 추가되는 것은 없다. 정수와 부동소수점 수의 차이는 없다.[2] 상수는 158, 14.673, 12e35(12×10^{35})이나 1e-4(0.0001)와 같은 과학적 표기법을 쓰는 일반적인 십진 표기를 사용한다. 덧셈, 뺄셈, 곱셈, 나눗셈과 같은 일반적인 연산들은 전통적인 +, -, *, / 연산자를 사용한다. 단항 연산 -는 음의 값을 만들고, 단항 + 연산은 아무 일도 하지 않는다. 나머지 연산자(혹은 모듈로)는 %이고, 다른 언어에서는 정수에서만 정의되지만 여기서는 제한이 없다. 8을 3으로 나눈 나머지 연산으로 8%3에 대한 값 2를 얻을 수도 있지만, 4.5를 2.1로 나눈 나머지로 0.3을 얻기 위한 4.5%2.1 연산도 가능하다. 또한 대부분의 언어와는 달리 ECMAScript는 %의 피연산자가 음수인 경우에도 정의된다. 왼쪽 피연산자가 음수일 경우에만 결과가 음수이고, 부호에 상관없이 값의 크기는 같다.

0으로 나누는 것과 같은 경우도 ECMAScript는 처리한다. 숫자 데이터 타입에는 Infinity와 NaN이 포함된다. Infinity는 1/0과 같이 연산의 결과값의 크기가 표현 범위를 벗어난 것이고, NaN은 'Not a Number'의 뜻으로 0/0과 같이 정의되지 않은 연산의 결과를 표시한다.

산술 연산자의 우선순위는 기존 방식과 비슷하다. 예를 들어, 8*4+3은 35와 같다. 우선순위를 변경하려면 괄호를 써서 묶어준다. 8*(4+3)은 56이다.

문자열은 문자들이 연속된 것이다. 문자열은 쌍따옴표로 싸거나 "like this" 혹은 홑따옴표로 'like this'처럼 감싼다. 따옴표로 문자열을 감싸는 모든 프로그래밍 언어에서는 따옴표 문자 자체를 문자열에 포함할 때 문제가 생긴다.

---

[2] 내부적으로 모든 연산은 IEEE754 배정밀도 부동소수점으로 처리된다.

구분자가 쌍따옴표이면 홑따옴표 문자는 문제가 안 된다. 그 반대도 마찬가지다. 같은 따옴표가 구분자와 문자열 내부에서 사용될 때가 문제이다. ECMAScript는 전통적인 해결 방법인 **탈출 순차**(escape sequence)를 사용한다. 탈출 순차는 역슬래시 문자 \ 다음에 한 개 이상의 글자가 온다. 전체 순차가 하나의 문자를 나타낸다. 따옴표처럼 다른 목적으로 사용되거나, 보통 키보드로 치기 어려운 글자를 문자열에 넣기 위해 탈출 순차가 사용된다. 문자열 안에 쌍따옴표는 \"로 표시되고, 홑따옴표는 \'로 표시된다. (탈출 순차는 하나의 문자 " 혹은 '를 문자열 안에 저장한다는 것에 주의하라.) 역슬래시 문자 자체를 위해서는 \\가 사용된다. 표 16.1은 ECMAScript에서 제공되는 모든 탈출 순차의 목록이다.[3]

문자열에서 쓸 수 있는 유일한 중위 연산자는 연결 연산자이고, + 기호를 쓴다. 예를 들면, "Digital"+"Multimedia"는 "DigitalMultimedia"가 된다. 두 개의 문자열을 연결하면 하나의 문자열이 된다. 여기에 또 다른 문자열을 연결할 수도 있다. 즉, 문자열과 +를 이용해서 수식을 만들 수 있다. "Digital"+" "+"Multimedia"는 "Digital Multimedia"가 된다. 결과 문자열을 처음부터 그대로 적을 수도 있지만, 연결 연산을 사용하면 피연산자가 변수라도 된다.

값의 비교는 전통적인 C 연산자의 변형을 사용한다. >와 <는 보통의 산술적 의미를 가지며, <=와 >=는 ≤와 ≥의 뜻이다. ==과 !=는 동치와 비

표 16.1 문자열에 사용되는 탈출 순차

탈출 순차	글자	유니코드(16진수)
\b	backspace	08
\t	tab	09
\n	line feed (newline)	0A
\f	form feed	0C
\r	carriage return	0D
\"	double quote	22
\'	single quote	27
\\	backslash	5C
\o1o2o3	8진수 바이트	o1o2o3 octal
\xx1x2	16진수 바이트	x1x2
\ux1x2x3x4	유니코드 문자	x3x4

---

[3] 현재는 모든 브라우저가 모든 유니코드 문자를 지원하고 있지 않다. Flash MX ActionScript는 문자열에 유니코드를 사용하지만 초기 버전에서는 ISO Latin1만을 지원했다.

동치로 쓰인다. 비교의 결과는 성공인지 실패인지에 따라 부울값인 true 나 false 가 된다.

단항 연산자 !(논리적 NOT)는 비교 결과를 반전시키거나 부울값을 만드는 표현식에 사용된다. 만약 E가 표현식이라면, E가 거짓일 때 !E는 참이 되고, E가 참이면 !E는 거짓이 된다. 중위 연산자 &&(논리적 AND)는 두 피연산자가 모두 참이면 참이 된다. ||(논리적 OR)는 피연산자 둘 중의 하나 혹은 둘 다 참이면 참이 된다. 이런 부울 연산자들은 우선순위가 낮아서, 2 > 10 && "2" != 2와 같은 표현식은 의미가 명백하다. 연산자 묶음에 확신이 없다면 괄호를 삽입하는 것이 좋으며, 의미를 좀 더 명확하게 해준다. 앞의 예에서 보듯이 숫자의 문자열은 비교될 때 실제 숫자로 변환된다. 산술 연산자에 대해서도 똑같이 변환된다. 그러나 숫자의 문자열들끼리 비교된다면 변환이 일어나지 않고 글자로서 비교된다. "2" > "10"은 참이다.

변수와 할당

앞에서 언급했듯이 상수와 연산자로만 이루어진 표현식은 그 값을 이미 알 수 있기 때문에 흥미롭지 않다. **변수(variable)**가 있어야만 유용한 계산이 수행된다.

프로그래밍에서 변수는 이름(식별자라고도 불린다)이 있는 컨테이너이다. 혹은 프로그래밍 언어 용어로 **위치(location)**이며 값을 유지할 수 있다. 위치에 저장된 값은 **할당(assignment)** 연산에 의해 바뀔 수 있다. 할당은 수학과는 구별되는 프로그래밍의 핵심이다. 수학에서는 변수가 변할 수 있는 값을 갖지 않는다. 또한 할당에 의해 이전 단계에서 계산된 값이 기억되기 때문에, 연속된 순차에 의해 계산이 수행되는 방식에 있어서 기본이 된다.

Java, C++, 파스칼 그리고 거의 모든 다른 주요 프로그래밍 언어와 ECMAScript와의 가장 큰 차이는 CMAScript가 **타입이 없는(untyped)** 언어라는 것이다. '타입이 없다'는 용어가 고유한 의미를 갖지 않기 때문에 더 정확하게 설명하면, 변수가 오직 하나의 타입만 가져야 한다는 제한이 없다는 것이다. 같은 변수가 문자열을 담을 수도 있고, 또 어느 때는 숫자 혹은 부울을 담을 수도 있다. 물론 바람직하지는 않다. 따라서 타입 검사를 하지 않는다. 이것은 초기에 발견할 수 있었던 에러가 스크립트 실행 때에야 나타나게 하는 나쁜 점도 있다. 타입 검사가 없는 것은 간단한 경우에만 쓰는 것이 유리하다. 왜냐하면, 스크립트 언어는 경험이 없는 프로그래머가 사용하는 경우가 있기 때문이다.

다른 타입이 없는 언어에서와 같이, 사용하기 전에 변수 선언을 할 필요는 없다. 그렇지만 하는 것이 좋은 습관이기는 하다. 변수는 그 이름을 사용할 때 생겨난다.

변수가 하는 첫 번째 일은 값의 할당이다. 변수가 명시적으로 값을 받기 전에는 의사-값인 undefined 값을 갖는다. 정의되지 않은 변수는 에러이다. ECMAScript에서는 =가 할당 연산자이다. (이 때문에 동등 비교는 ==가 사용된다.) 하나의 값을 변수에 할당하는 형태는 identifier = expression이다. 예를 들어, 카운터를 0으로 초기화시키려면 다음 할당문을 쓴다.

```
the_count = 0;
```

여기서 the_count는 카운터 변수의 이름이다.

ECMAScript는 식별자로 쓸 수 있는 문자들이 다른 프로그래밍 언어보다 더 자유스럽다. 대소문자, 숫자, 밑줄, 달러 기호가 가능하나, 첫 문자가 숫자이면 안 된다. 관습적으로 밑줄이나 달러 기호로 시작하는 식별자는 내장 객체의 특성이나 미리 정의된 값으로 사용된다. 식별자의 크기는 이론적으로는 무한이나, 컴퓨터가 유한한 크기를 갖는 것에 의해 제한된다.

변수를 사용하기 전에 선언할 필요는 없지만, 원하면 할 수 있다. 예약어 var를 써서 선언을 한다. 그 다음에 다음과 같이 식별자 목록이 오거나 할당문들이 온다.

```
Var book = "Digital Multimedia", edition = 2;
```

할당문들은 콤마로 분리된다. 이렇게 선언을 하면 사용하기 전에 확실하게 초기화시켜준다.

변수가 초기화되고 나면 표현식에 변수 이름을 쓰기만 하면 값을 사용할 수 있다. 따라서 앞에서 the_count가 초기화되었으면, 표현식 the_count+1은 값 1이 된다. 계속되는 문장에서 카운터 값에 1을 또 더할 수 있다.

```
the_count = the_count + 1;
```

이처럼 변수의 이전의 값에 연산을 적용하여 새 값을 계산하는 할당은 아주 흔하다. ECMAScript는 Algol68과 이를 계승하는 C와 같은 언어처럼 복합 할당 연산자(compound assignment operator)를 간략하게 나타내는 방법을 제공한다. 예를 들어, +=은 왼쪽 피연산자에 오른쪽 피연산자를 더해서 결과를 왼쪽에 할당한다. 따라서 위의 할당문은 다음과 같이 쓸 수 있다.

```
the_count += 1;
```

이런 복합 할당 연산자는 ECMAScript의 모든 2항 연산자에 적용된다.

변수에 하나를 더하는 경우는 매우 흔하기 때문에 더 간결한 표기법인 ++가 제공된다. 이 연산자의 정확한 효과는 피연산자의 앞에 있는지 뒤에 있는지에 따라 다르다. ++the_count와 같이 앞에서 쓰였으면, 값이 증가하고 나서 표현식의 결과가 새 값이 된다. the_count++와 같이 뒤에서 쓰였으면, 증가되는 것은 같으나 표현식에서 사용되는 값은 증가되기 전의 원래 값이다.

16.2.2 제어구조

변수 사용법을 알았으므로 기본적인 제어구조(control structure)를 이용하는 스크립트를 작성해서 간단한 계산을 할 수 있다.

1970년대의 '구조적 프로그래밍'에서 세 가지 기본적인 제어구조를 확인했다. 순차(sequencing), 선택(selection), 반복(iteration)이 모든 알고리즘을 구현하는 데 필요하고 또한 이로써 충분하다. 따라서 해당하는 ECMAScript 문장으로 원하는 모든 계산을 수행하는 스크립트를 작성할 수 있다. 그러나 대부분의 중요한 작업에서는 이해하기 쉽고 유지하기 편하게 하기 위해서 함수나 객체와 같은 더 상위 기능을 필요로 한다. ECMAScript에서도 이런 기능들을 제공하지만 자바나 C++ 같은 주요 프로그래밍 언어보다는 덜 완전한 형태이다. ECMAScript 언어로 커다란 규모의 프로그램을 개발하는 것은 적당하지 않다. 왜냐하면 정적 타입 검사 기능이 없기 때문이다.

더 강력한 스크립트 작성에 도움을 주기 위해서 클래스에 기반한 객체와 같은 기능이 최근 버전의 ECMAScript에 추가되기는 했지만 웹이나 플래시에서 아직은 널리 사용되고 있지 않다. 따라서 이에 관해서는 더 이상 설명하지 않는다.

세 가지 제어구조의 시맨틱은 익숙하며, ECMAScript에서 사용된 신택스는 많은 다른 프로그래밍 언어에서 사용된 것과 비슷하다. 순차적인 문장들은 순서를 가지며, $S_1;S_2;...$ 처럼 세미콜론으로 구분되고 차례대로 하나씩 실행된다. 선택은 If (E) S_1 else S_2 형식이다. 표현식 E를 계산해서 true이면 첫 번째 문자 S_1이 실행되고, 그렇지 않으면 S_2가 실행된다. 반복문은 while (E) S 형태이며, 괄호 안의 수식이 true인 동안 반복된다. 여기서 S, S_1, S_2는 모두 하나의 문장 혹은 {와 }로 싸인 문장들의 순차인 블록(block)을 뜻한다. E는 표현식이며, 보통은 비교하는 내용이다.

다른 루프 안에 루프를 중첩할 수 있으며, 선택은 두 개 이상에서 할 수도 있다. (사실 그 중 하나는 빈 것일 수도 있고, 이 경우에는 else가 생략되어 한 가지 선택만 하는 조건문인 if (E) S가 된다.) 블록은 중괄호로 시작과 끝을 표현한 하나의 순차이므로 루프에는 순차와 선택이 포함될 수도 있고, 순차에 루프와 선택이 포함될 수도 있다.

루프나 조건부 몸체에 하나의 문장을 위해서 중괄호를 쓸 필요는 없지만, 넣는다고 문제될 것도 없고 많은 사람들이 그렇게 한다. 여기서는 필요하지 않으면 생략할 것이지만, 그렇다고 더 좋아지는 것은 없다.

　순차적인 사용은 쉽다. 여러 개의 행위를 차례로 수행해야 할 때 사용한다. 간단하지 않은 스크립트에서는 순차와 더불어 선택과 반복도 사용한다. 몇 가지 간단한 예제를 가지고 제어구조를 소개하겠다. ECMAScript가 자체적으로는 호스트 시스템과 통신하거나 윈도우에 메시지를 보내지 않기 때문에 예제에 약간 인위적인 부분이 있을 것이다.

　첫 번째 예제로 수수료를 계산하는 것을 살펴보자. 지불 수수료는 전체 금액의 10%이며, 전체 금액이 10(유로, 달러, 어느 것이라도) 이하이면 지불하지 않는다. 전체 금액은 amount 변수에 저장되어 있고, 다른 곳에서 정의되었다. 수수료를 계산하여 payment 변수에 저장하고자 한다. 따라서 다음과 같이 하면 된다.

```
var commission = amount * 0.1;        // 10% = 0.1
if (commission < 10)
    payment = 0;
else
    payment = commission;
```

　첫 번째 라인의 //에서 끝까지의 문자들은 주석(comment)이다. 계산에 영향을 주지는 않지만 스크립트를 읽는 사람에게 도움을 준다. 이 책에서는 본문에서 설명을 하기 때문에 주석이 많지 않다. 그러나 크고 작은 스크립트는 주석이 많은 도움이 되므로 주석을 다는 습관을 들여야 한다. 나중에 자기가 작성한 내용을 기억해내는 데도 도움이 된다. 모든 문장 끝에는 세미콜론을 달아야 함을 주의하라.

　이 예제를 변형시킬 수도 있다. 변수 commission은 중복적이다. 이 값을 바로 payment에 할당하고, 값이 작을 경우에는 0을 할당하면 된다. 그러면 다음과 같이 단일 분기 조건문이 된다.

```
payment = amount * 0.1;
```

```
if (payment < 10) payment = 0;
```

조건문은 선택이 필요할 때 사용된다. 루프는 반복 동작이 필요할 때 사용된다. 문자열을 반복하는 예제를 생각해 보자. 변수 s는 문자열을 담고 있고, repetitions은 반복 횟수를 담고 있다. s의 값이 "ECMA"이고 repetitions가 4이면 결과는 "ECMAECMAECMAECMA"가 된다. 코드의 내용은 다음과 같다.

```
var ss = " ", i = 0;
while (i < repetitions) {
    ss += s;
    ++i;
}
```

변수를 사용해서 프로그램이 작성된다. i는 루프 반복 횟수를 유지할 **루프 카운터**(loop counter)이다. 루프가 시작하기 전에 0으로 초기화된다. 또 다른 변수 ss는 결과를 저장하기 위한 것으로, 빈 문자열로 초기화된다. ss에는 s가 i번 반복해서 들어간다. 루프가 반복해야 할 횟수는 repetitions에 들어 있어서, 루프 반복 때마다 i에 1이 더해지고 repetitions의 값은 변하지 않는다. i의 값이 repetitions보다 작을 동안 루프 몸체가 실행된다. 루프 몸체 안에서는 s를 복사해서 ss 끝에 붙이는 작업을 하고(할당문을 이용해서) 루프 카운터를 증가시킨다. 루프의 처음 부분에서 검사가 실패하면 루프를 **빠져나가**고 ss에는 원하는 문자열이 남게 된다.

매 반복 때마다 카운터가 증가되면서 루프를 제어하는 것은 아주 흔하다. 많은 프로그래밍 언어에서는 이것을 위한 특별한 신택스를 제공한다. C에서 for 루프는 가장 대표적이며, ECMA를 비롯한 많은 언어에서 약간 변형되어 사용된다. for 루프 신택스는 다음과 같다.

```
for ( 초기화 ; 조건 ; 증가 ) 문장
```

이것은 다음 루프와 같다.

```
초기화;
while ( 조건 )
{
    문장
    증가
}
```

초기화(initialization)는 루프 시작 전에 이루어진다. 조건(condition)은 루프 몸체를 실행해야 할지 말지를 알기 위해 검사된다. **문장**(statement)과 다음에 오는 증가(increment)는 반복적으로 실행된다. 앞의 루프는 다음과 같이 다시 쓸 수 있다.

```
for (var ss = " ", i = 0; i < repetitions; ++i )
    ss += s;
```

초기화일 때 var 선언이 포함될 수도 있다. 앞의 while 루프에서는 변수가 루프 내로 한정되지는 않았었다.

for 루프에서는 반복과 관련된 모든 사항은 루프 맨 위에서 처리되고, 루프 몸체와 분리되어 반복 계산이 이루어진다. 이런 루프가 편리하다. 대부분의 프로그래머는 while 루프에서 루프 카운터를 증가시키는 것을 빼먹은 경험이 있을 것이다. 그렇게 되면 루프가 영원히 반복된다. 모든 루프에 while 이외의 것이 사용되는 것은 아니지만, 가끔은 for 루프보다 더 적당할 때도 있다. 결국은 프로그래밍 스타일과 선택의 문제이다.

16.2.3 배열

값들의 집합을 하나의 개체로 다루는 것이 편리할 때가 있다. 웹 사이트 방문자들이 여러 브라우저에서 하는 일에 대한 통계를 모으고 있다고 예를 들자. 횟수 카운트를 n_explorer, n_safari 등과 같이 서로 다른 변수에 유지할 수도 있지만, 각 브라우저에서 사용자 평균을 계산하기에는 불편하다. 복합 자료구조(Aggregate data structure)로 값들의 집합을 묶어서 하나의 이름을 부여하면, 개별 데이터를 간단하고 일관되게 접근할 수 있다.

가장 간단한 복합 자료구조가 값들의 순차인 배열(array)이며, 순차에서의 위치를 나타내는 숫자 인덱스(index)로 개별 데이터를 구별한다. 개별 값들은 배열의 요소(element)이다. 개별 요소를 숫자를 이용해서 꺼내오는 과정을 인덱싱(indexing)이라고 부른다. 배열의 이름 뒤의 각괄호 속에 인덱스를 쓴다. a[0], a[1], a[2], ...는 배열 a의 첫 번째, 두 번째, 세 번째 ... 요소이다. 일반적으로, a가 배열의 이름이고 E가 0보가 크거나 같은 값이 되는 표현식이면 a[E]는 배열의 해당 위치에 저장된 요소값이다. 첫 번째 요소라고 말하더라도 인덱스값은 1이 아니라 0에서 시작한다는 것에 주의하라. 많은 에러가 이것 때문에 발생한다. 그래서 여기서는 첫 번째 인덱스로 1을 사용하겠다.

배열은 명시적으로 만든다. 표현식 new Array( )이 이 목적을 위해 사용된다. 새로운 배열이 변수에 할당된다. 다른 언어와는 다르게 ECMAScript는 배열을 만들 때 얼마나 많은 요소가 있는지를 규정하지 않아도 된다. 요소에 값을 할당할 때마다 커진다. 배열 a에 n개의 요소가 있다면, 가장 상위 요소는 a[n-1]에 있다. a에 있는 요소의 개수는 a.length이므로, a[a.length]는 배열 다음에 오는 첫 번째 빈 요소가 된다.

숫자를 인덱스로 사용하는 형태는 프로그래밍 초기 시대부터 아주 오래되었고 여러 목적으로 사용되었다. 이 목적 중의 많은 것이 수치적 계산을 위한 것이고 웹이나 플래시에는 필요하지 않다. 문자열과 같은 다른 종류의 값을 이 숫자로 매핑하는 것이 배열을 사용하는 한 방법이며, 이런 스크립트에서는 필요하다. 달이 자주 사용되는 예이다. 지금부터 6개월 후이면 무슨 달인가를 알려면 달을 숫자로 표현하는 것이 편리하다. 달의 이름을 표시할 때는 이름으로 하는 것이 좋다(영어 표현인 경우). 날짜를 숫자로 표현하는 방식에서 미국과 영국의 관습이 다르기 때문에, 달의 이름을 사용하는 것이 이런 혼란을 없앤다. 숫자를 이름으로 바꿀 때 배열이 사용된다.

배열은 연속된 할당문에 의해 설정된다.

```
var month = new Array();
month[0] = "Jan";
month[1] = "Feb";
month[2] = "Mar";
```

m이 달에 해당하는 숫자라면 (m+6)%12가 6개월 후에 해당하는 달이다. month[(m+6)%12]는 해당하는 달의 이름이 된다. 예를 들어, m이 8이면 9월이고(인덱스가 0에서 시작하므로 8월이 아니다), m+6은 14가 되어 (m+6)%12는 2가 되고, month[(m+6)%12]는 month[2]인 "Mar"이다. 9월에서 6개월 후는 3월이다.

배열에 있는 모든 요소를 차례로 접근할 필요가 있다. 루프 변수의 범위를 0에서 최상위 요소의 크기로 하는 for 루프가 가장 적당하다. 루프 변수의 최상위는 배열의 length 특성을 이용해서 얻는다.

```
for (var i = 0; i < a.length; ++i )
```

이런 형태로 시작하는 루프는 배열의 모든 요소에 적용되는 계산을 수행할 때 사용된다. 예를 들면, 모든 값을 더한다거나, 평균을 계산한다거나, 모두 0으로 설정하거나, 모두에 1을 더하는 등이다. 예를 들어, browser_users가 배열이고 browser_users[i]가 i번째 브라우저를 사용하는 사람의 수라면, 전체 사용자의 수와 브라우저당 평균은 다음과 같이 계산된다.

```
var total_users = 0;
for (var i = 0; i < browser_users.length; ++i)
    total_users += browser_users[i];
```

```
var mean_users = total_users/browser_users.length
```

배열은 아주 커질 수도 있기 때문에 '참조'를 이용해서 조작된다. 참조는 전체 배열을 가리킨다. 배열을 변수에 할당하면 배열 요소를 복사하지 않고 참조만을 복사하면 된다. a가 배열이면(정확하게 말하면, 배열에 대한 참조를 하는 변수) b = a와 같은 할당문은 a와 같은 이름을 만드는데, 배열을 복사하는 것은 아니다. ++b[7]은 a[7]을 증가시키는 것과 같다. 배열을 복사하기 원하면 다음과 같이 개별 요소의 복제를 명시적으로 할당하는 루프를 써야 한다.

```
for (var i = 0; i < a.length; ++i) b[i] = a[i];
```

ECMAScript는 기존의 숫자로 인덱스하는 것을 넘어서, 문자열로 인덱스하는 **연관 배열(associative array)**을 제공한다. 연관 배열은 **참조표(lookup table)**라고 불린다. 문자열은 다른 어떤 값에 연관되며, 인덱스 연산으로 값을 찾을 수 있다. 예를 들어, 연관 배열을 이용하면 숫자에서 달의 이름을 매핑하는 역도 가능하다. 숫자로 인덱스하는 배열과 같은 방식이다.

```
var month_values = new Array();
```

각괄호에 문자열을 쓰는 것만 다르고 사용법이 똑같다.

```
month_values["Jan"] = 0;
month_values["Feb"] = 1;
month_values["Mar"] = 2;
```

m_name이 문자열을 값으로 갖는 변수이면 month_values[m_name]는 숫자이다. 앞의 예처럼 months가 초기화되면 months[month_values[m_name]]은 m_name과 같다. m_name은 유효한 달의 이름의 축약이다.

16.2.4 함수

프로그램 구성의 가장 중요한 원칙은 **추상화(abstraction)**이다. 추상화에 대한 완전한 설명은 책 한 권이 필요하지만, 여기서는 복잡한 개념이나 절차에 이름을 주고, 내부적인 상세함에 상관 않고 나뉘어질 수 없는 개체로 만드는 과정이라고 이해하는 것으로 충분하다. 예를 들어, 스코틀랜드는 그 곳의 다양한 풍경, 역사, 사람과 문화에 대한 추상화이다. 언어에서 추상화는 필수적이다. '스코틀랜드'라는 말이 없으면 아주 장황한 설명을 했어야 했을 것이다. 프로그래밍에서는 그리 복잡하지 않다. 모든 계산은 기본적인 제어구조와 프리미티브 연산들을 이용해서 표현될 수 있다. 그러나 많은 반복이 필

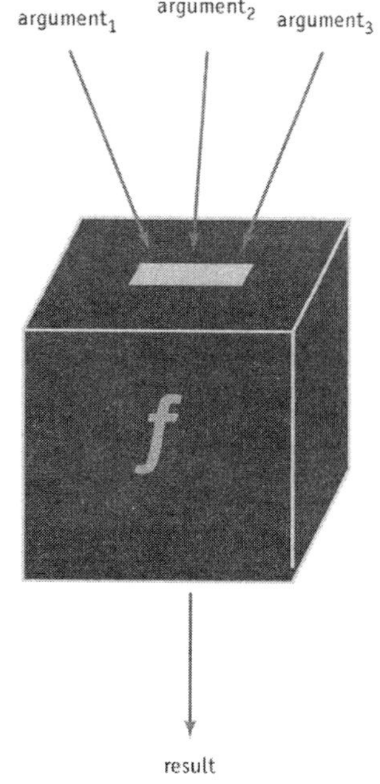

그림 16.1 함수 추상화

요하고, 논리구조가 가려져서 프로그램 이해를 어렵게 만든다.

앞의 설명이 너무 추상적이었다면 순전히 실제적인 관점에서 바라보자. 계산을 한다면 프로그램이나 스크립트 언어에서 코드의 순차로 표현할 것이다. 그리고 여기에 이름을 붙이고, 그 순간부터 코드 순차 대신에 이름을 사용할 것이다. 즉, 계산에 다시 집중할 수 있게 되고 코드는 잊고 사용하기만 하면 된다. 만일 올바르지 않은 결과를 얻었다면 한 곳에서만 잘못을 수정하면 된다. 또 하나의 장점은 프로그램이나 스크립트가 작아져서 디스크 용량을 덜 차지하고 네트워크 대역폭 요구가 작아진다는 것이다.

프로그래밍 언어에서 가장 오래된 추상화의 형태는 함수 추상화(functional abstraction)이다. 계산의 일부를 함수(function)라는 추상화로 간주하여 이름을 붙여서, 나중에 이름을 이용한 함수 호출(calling)로 계산을 수행한다.

함수를 설명하는 간단한 방법은 함수를 상자로 간주하는 것이다. 상자 내부에는 계산이 들어 있고, 위에는 입력 구멍이 있고, 아래에는 출력 구멍이 있다. 값 혹은 인수(argument)를 입력 구멍에 집어넣으면 상자 안에서 계산이 일어나고(이것이 추상화이기 때문에 어떻게 계산이 일어나는지는 걱정할 필요가 없다) 결과가 출력 구멍으로 나온다(그림 16.1 참조). 함수에서 인수의 개수는 어느 것이라도 상관없지만 출력은 단 한 개이다.

앞에서 지불 수수료를 계산하는 코드를 작성했다. 이 계산이 빈번하게 필요하다면 필요할 때마다 이 코드 조각에 대해서 자르기와 붙이기를 수행하면 된다. 그러나 추상화 방법을 사용해서 이 코드에 rake_off라고 이름을 붙이고, rake_off(11450) 혹은 rake_off(the_price)와 같이 호출할 수도 있다. 원래 코드에 기반한 추상화 정의는 다음과 같다.

```
function rake_off(amount)
{
    var payment;
    var commission = amount * 0.1;
    if (commission < 10)
        payment = 0;
    else
        payment = commission;
    return payment;
}
```

정의는 function이라는 예약어로 시작한다. 다음에 함수의 이름인 rake_off 가 온다. 다음에 오는 괄호에는 식별자가 있는데, 함수의 형식 인자(formal parameter)라고 부른다. 추상화가 사용될 때 값이 인수를 통해서 제공되면 형식 인자에 할당된다. 함수 안에서 형식 인자는 변수처럼 사용된다.

중괄호 사이에 있는 코드가 함수가 수행하는 계산을 규정한다. 이것을 함수 **몸체(body)**라고 부른다. 원래 코드 조각과 아주 비슷하다. 한 가지 주요 차이는, 여기서는 형식 인자 **amount**의 값이 함수 호출 시 인수에 의해 제공되지만, 전에는 값이 어디 다른 곳에서 할당된다고 가정했었다. 함수 몸체와 원래 코드의 또 다른 차이는 **payment**가 선언되고 결과가 할당된 후에 **return** 문의 값으로 사용된다는 것이다. 이 값이 추상화의 결과가 된다(출력 구멍을 통해서 나오는 값이다).

rake_off(11450)와 같은 표현식으로 함수를 호출하면, 형식 인자 **amount**가 11450으로 설정되어 함수 몸체가 실행된다. 계산 후에는 **payment**가 1145 값을 가지며, 함수 호출의 값으로 복귀된다. 함수 호출은 다음과 같이 표현식의 일부로 사용될 수 있다.

```
var year_total = 12*rake_off(11450);
```

함수를 작성할 때는 인자에 대한 가정이나 맞지 않는 값인지에 대해서 주의깊게 생각해야 한다. 혹은 이것이 가능하지 않다면, 적어도 그 가정에 대해서는 명확하게 문서화해 놓아야 한다. 예를 들어, **rake_off** 함수는 인수가 숫자라고 가정한다. 그렇지 않다면 어떻게 되나? NaN(not a number) 값이 계산 전체에 적용되고 나서, 복귀값으로 나올 것이다. 잘못되지는 않았지만 이런 사실은 문서화되어 있어야 한다. 함수 정의의 헤드 부분 주석이 이런 내용의 문서화에 적합한 장소이다.

16.2.5 객체

프로그램 구조에서 객체를 사용하는 것은 프로그래밍 역사에서 가장 중요한 개발품의 하나이다. 이 개념은 많은 수정을 거쳤으며, 여기서 자세히 설명하지는 않지만 간단하고 이해하기 쉽다. 프로그램은 **객체(object)**의 집합으로 구성된다. 이것이 프로그램이 구현하는 모델이다. 예를 들어, 웹 브라우저는 문서, 윈도우즈, 이미지 등을 모델링하는 객체로 구성된다. 객체는 의인화시켜서 얘기하면, 자신에 관한 지식을 가지고 있으며, 어떤 연산을 어떻게 수행해야 할지를 알고 있다. 예를 들어, 윈도우 객체인 경우에는 이런 지식이 스크린에 대한 크기와 위치, 맨 앞 윈도우 여부가 되며, 연산은 내용 다시보기와 닫기 등이 해당된다. 좀 더 형식적인 용어로는 객체가 데이터 요소의 집합과 연산의 집합으로 이루어졌다고 말한다. 여기서 중요한 원리는 객체의 연산이 객체 자신만을 수정할 수 있으며, 임의의 다른 객체는 수정할 수 없다는 것이다. (실제로는 약간 타협을 하곤 하지만 이렇게 하는 것이 이상적이고, 가능하면 따르는 것이 좋다. 왜냐하면 프로그램을 이해하고 수정하는 것을 훨씬 쉽게 만들기 때문이다.)

ECMAScript는 일반적으로 **객체-기반(object-based)** 언어라고 말한다. 객체 생성과 조작은 지원하지만, 자바와 같은 **객체지향(object-oriented)** 언어처럼 계층적 클래스로 체계적으로 조직화되지 않았다. ECMAScript에서 객체는 **특성(properties)**이라고 불리는 이름 있는 데이터 항목과 **메소드(method)**라고 불리는 함수의 집합일 뿐이다. 모든 특성과 메소드는 언제든지 객체에 추가되거나 제거될 수 있다. 예를 들어, the_window라는 변수가 호출되면 x_position이라는 특성을 the_window.x_position 표기로 접근할 수 있으며, close라는 메소드는 the_window.close( )를 이용해서 호출할 수 있다. 메소드에 인수가 있으면 the_window.move_to(100,10);처럼 콤마로 분리하여 괄호 안에 넣으면 된다.

객체는 메소드와 특성 이름으로 인덱스된 연관 배열로 구현된다. ECMAScript에서 함수는 '일등석' 값이고 다른 값들처럼 배열에 저장될 수 있으므로 구현 가능하다. ECMAScript 객체의 자유분방한 특징은 분명히 이런 구현 때문이다. 복잡한 스크립트를 작성하는데, 사용자 자신의 객체를 정의하고 C++나 자바의 클래스와 같은 식으로 순서를 매긴다면, **생성자(constructor)**를 이용할 수 있다. 객체를 만들 때 생성자 *K*가 호출되면, 인수에 무관하게 언제나 같은 일을 수행할 것이고 객체는 같을 것이다. 특성의 초기값은 달라도 같은 메소드와 특성을 가질 것이다. *K*에 의해서 만들어진 객체는 모두 같은 클래스의 인스턴스라고 말한다.

ECMAScript에는 객체를 생성할 때 생성자를 호출하기 위한 신택스를 제공하고, 상속의 형태도 지원한다(객체 원형에 기반). 예제 스크립트에서는 이렇게 고급 기능이 필요하지 않기 때문에 더 이상 자세히 설명하지 않는다. 이런 기능에 관심이 있거나 필요하면 참고문헌을 참조하면 된다.

ECMAScipt로 자신만의 객체를 정의할 수 있지만, 재사용할 복잡한 스크립트를 작성할 경우에만 필요한 일이다. 대부분의 사용자에게는 호스트 환경에 접근할 스크립트를 제공하기 위해서 객체가 중요할 뿐이다. ECMAScript에는 모든 호스트 환경에서 유용한 내장 객체가 있다.

Math 객체는 π, $\sqrt{2}$, e와 같은 유용한 수학 상수값을 특성으로 갖는다. 이 상수는 Math.PI, Math.SQRT2, Math.E라고 쓴다. (상수에는 대문자를 쓰는 것이 관습이다.) 이런 특성들은 숫자처럼 사용된다. 예를 들어, 반지름이 변수 r에 저장된 원의 넓이는 Math.PI*r*r이다. Math의 메소드에는 지수, 삼각함수, 로그, 랜덤 수 생성과 같은 유용한 수학 연산이 포함된다. 메소드는 상당히 많다. 완전한 목록은 ECMAScript 표준이나 플래시용 ActionScript 문서 혹은 JavaScript에 관한 책에 나와 있다. 내장 객체의 메소드도 앞서 말한 다른 객체의 메소드와 같은 방법으로 호출한다. 예를 들어, 좌표가 변수 x1, y1, x2, y2에 들어 있는 두 점 사이의 거리를 계산하는 표현식은 다음과 같다.

```
Math.sqrt(Math.pow(x2-x1,2)+Math.pow(y2-y1.2))
```

Math.sqrt는 인수의 평방근을 계산하며, Math.pow는 첫 번째 인수의 두 번째 인수 거듭제곱을 계산한다. (2제곱을 하려면 자신끼리 곱하는 것이 더 빠르다.)

모든 배열에는 특성과 메소드가 있다. (내장 Array 객체에 속한다.) length 특성은 이미 보았다. 배열 메소드는 배열을 정렬하고, 순서를 뒤집고, 모든 요소를 연결하여 문자열을 만들 수도 있다. 여기서 더 이상 자세한 설명은 하지 않겠다.

비슷한 방법으로, 문자열에도 메소드와 특성이 있다. 전형적인 스크립트 응용프로그램에서는 사용자가 넣은 문자열 데이터를 분석하기 위해서 문자열 메소드를 사용한다. 배열처럼 문자열에는 length 특성이 있어서 글자의 수를 담는다. "four".length는 4와 같다. 변수에 저장된 문자열에서 이 특성을 자주 쓰지만, 이 예처럼 리터럴도 객체처럼 다루어진다.

문자열 메소드에는 문자열을 분리하는 방법이 몇 가지 있다. charAt는 숫자를 받아서 문자열의 해당 위치 문자를 돌려준다. "Video".charAt(2)는 "d"이다. 첫 번째 문자의 위치는 0이고, 복귀되는 값 자체도 길이가 1인 문자열이다. substr 메소드는 문자열의 일부를 끄집어낸다. 시작 위치와 길이를 인수로 받는다. "video".substr(1, 3)은 "ide"이다. "Video" 안에서 오프셋 1에서 길이 3의 부분 문자열에 해당한다. 시작 위치가 음수이면 문자열 끝에서부터 센다. 따라서 "Video".substr(-2, 2)는 "eo"이다. 오프셋이 문자열을 벗어나면 복귀되는 값은 빈 문자열이다.

ECMAScript의 내장 객체에서 계산을 수행할 수 있지만, 플래시 무비의 웹 브라우저에 영향을 미치는 계산을 하는 것은 호스트 객체이다. 비록 ECMAScript에 대한 설명이 부족하지만 호스트 시스템과 함께 사용하는 법의 소개를 통해 스크립트가 멀티미디어의 본질을 얼마나 바꿀 수 있는지 보일 것이다.

16.3 **웹** 클라이언트측 스크립트

웹에는 스크립트 언어를 위한 두 개의 호스트 환경이 있다. 즉, 서버와 브라우저(클라이언트)이며, 웹 스크립트의 두 형식인 서버측과 클라이언트측이다. 서버측 스크립트는 17장에 나오며, HTTP 서버가 데이터베이스와 같은 자원과 통신할 수 있도록 하고 여기서 얻은 데이터를 응답으로 보낸다. 특히 서버측 스크립트는 시변 데이터를 가지고 웹 페이지를 동적으로 구성할 수 있도록 한다. 이 장에서는 클라이언트측 스크립트만 설명한다. 서버에서 온 매체 요소를 화면에 표시하는 것을 제어한다. 클라이언트측 스크립트 개발은 웹의 발전에 큰 도약이었으며, 웹 페이지의 겉모습과 동작을 변화시켰다.

클라이언트측 스크립트 실행이 뜻하는 것은 실행 코드가 인터넷에서 다운로드되어 자신의 기계에서 돌아간다는 것이다. 다운로드한 코드가 악성이거나 잘못되지 않았다는 보장이 없기 때문에, 스크립트가 임의의 계산을 수행할 수 있도록 하는 것은 무모한 것이다. 따라서 그렇게 안한다. 특히 웹 브라우저에서 실행되는 스크립트는 하드디스크 파일 접근과 같은 모든 지역 자원을 접근하거나 모든 네트워크와 연결될 수 있는 것은 아니며, 서버와의 상호작용은 새로운 자원을 요청하고 HTML 형태의 응답 정보를 게시하는 것에 한정된다.

이런 제한의 결과로 클라이언트측 스크립트는 안전하지만 할 수 있는 일이 제한된다. 사실 이벤트에 대한 응답으로 브라우저의 표시를 변경하는 것 이상은 할 수 없다. 일반적으로 클라이언트측 스크립트는 커서가 놓였을 때 클릭 가능한 항목의 색상을 변경한다든지, 링크를 클릭했을 때 단지 새 페이지를 적재하는 것보다 더 풍부한 사용자 인터페이스를 사이트에 제공하여 흥미를 끄는 데 사용된다. 웹 페이지의 폼이 내장된 곳에서 클라이언트측 스크립트가 많이 사용되는데, 입력 필드 검증이나 서버와의 연락 없이 CGI 스크립트를 수행하는 기능을 한다.

ECMAScript가 웹 브라우저와 상호작용할 수 있기 위해서는 둘 사이에 잘 정의된 인터페이스가 있어야 한다. 앞에서 설명했듯이, HTML이나 XML 문서의 요소를 나타내는 호스트 객체의 집합 형태와 여기에 적용되는 스타일, 그리고 브라우저 인터페이스 컴포넌트 형태로 제공된다. W3C의 **문서 객체 모델**(DOM: Document Object Model)은 이 인터페이스의 추상적이고 언어 독립적인 정의이다. 대부분의 웹 브라우저 최신 버전은 이 인터페이스를 구현하는 객체를 제공한다. 옛날 브라우저를 지원하려면 클라이언트측 스크립트를 지원하는 모든 브라우저에서 원하는 대로 동작하도록 노력을 들여서 스크립트를 만들어야 한다. 여기서는 이렇게 복잡한 것은 피하고 표준 인터페이스에만 맞춘다.

스크립트가 HTML 문서 조작을 할 수 있도록 하는 웹 브라우저의 호스트 객체 중에서 document 객체는 핵심적인 역할을 한다. 그 이름에서 알 수 있듯이 HTML 문서와의 인터페이스를 제공한다. 문서 제목을 담는 특성과 URL과 같이 접근에 사용된 HTML 요청에서 온 여러 정보가 포함된다. 문서 안에 있는 모든 링크, 이미지, 내장 객체를 담는 배열인 특성도 있다. document 객체에는 메소드가 몇 개 있다. write는 인수(argument)를 현재 문서에 쓴다. 개별 요소는 getElementById 메소드를 이용해서 접근되며, 문자열을 받아서 id 속성이 인수와 같은 요소의 객체를 복귀한다. 예를 들어, id 값이 'opening'인 요소를 가진 문서는 document.getElementById('opening')에 의해 그 문단을 기술하는 객체를 복귀한다. 문자열과 배열이 특성과 메소드를 공유하는 장치를 이용해서, 이런 식으로 복귀되는 모든 객체는 getAttribute를 포함하는 특성과 메소드를 갖는다. 이 메소드는 문자열을 받아서 요소의 속성이 문자열과 일치하는 속성값을 복귀한다. 앞의 예에서 복귀되는 요소가 변수 para1에 할당되면, para1.getAttribute('id')는 'opening'을 복귀한다. 요소에는 문서 안에서 탐색에 쓸 수 있는 메소드가 있어서 요소의 자식을 인출할 수 있으며, 새로운 요소와 속성을 삽입하고 속성값을 변경함으로써 문서를 수정한다.

어떤 문서가 document 객체와 연관되나? 스크립트가 실행될 때 현재 화면에 표시되는 문서가 연관된다. 어떻게 스크립트가 문서와 같이 실행되나? 문서에 스크립트를 내장하는 데 HTML script 요소가 사용된다. 페이지가 적재될 때, 내장된 모든 스크립트가 실행된다. document 객체는 그 페이지에 인터페이스를 제공한다. 간단한 예를 보면 분명해진다.

```html
<html>
<head>
<title>Dynamically generated content</title>
</head>
<body>
<script type="text/javascript">
document.write('<h1>' + document.title + '</h1>');
</script>
</body>
</html>
```

이 페이지가 브라우저에 적재되면 그림 16.2의 화면을 만든다. 시작과 끝 탭에 싸인 script 요소를 보자. 시작 태그는 type 속성을 MIME 타입

그림 16.2 Illustrator 의 경사 팔렛트

text/javascript로 설정한다(다른 언어를 써도 된다). javascript 타입은 적절하다. 스크립트 자체는 하나의 메소드 호출이다.

```
document.write('<h1>' + document.title + '</h1>');
```

웹 브라우저가 HTML 문서를 파싱할 때 스크립트를 만나게 되면 그때 실행된다. document 객체의 write 메소드는 문자열을 인수로 받는다. 여기서 + 연산자를 이용해서 문자열을 연결한다. 첫 번째와 마지막은 h1 요소의 시작과 끝 태그 리터럴을 담고 있다. 중간에는 문서의 title 특성의 값이 있고, 이것이 이 페이지의 title 요소의 내용인 'Dynamically generated content'이다. write 메소드는 원하던 대로 인수를 문서에 썼다. 파싱할 때 스크립트를 만나게 되면 실행이 되므로, 텍스트는 script 요소로 대체되어 문서의 몸체는 다음인 것처럼 된다.

```
<h1>Dynamically generated content</h1>
```

화면에 표시되는 것도 똑같다.

이것은 그리 훌륭한 예제는 아니다. 제목의 텍스트를 알고 있으므로 스크립트를 실행하지 않고도 문서에 직접 넣으면 더 간결하게 될 수도 있다. 그러나 script 요소와 document 객체를 이용해서 스크립트와 문서를 연결하는 방법을 알았으니 진짜 동적 페이지를 만들어 보자.

동적 페이지 컨텐츠를 만드는 엉성한 방법은 사용자가 텍스트를 쳐 넣은 것이다. 이럴 때 prompt 함수를 쓸 수 있다.[4] 하나의 문자열을 인수로 받고, 호출되면 대화상자가 나타나서 텍스트를 입력할 수 있게 된다. 여기에 쳐 넣은 문자열이 prompt로 복귀된다. 예를 들어, 다음 코드에 의해 그림 16.3의 대화상자가 나타난다. 텍스트를 치고 OK 버튼을 누르면 their_name 변수는

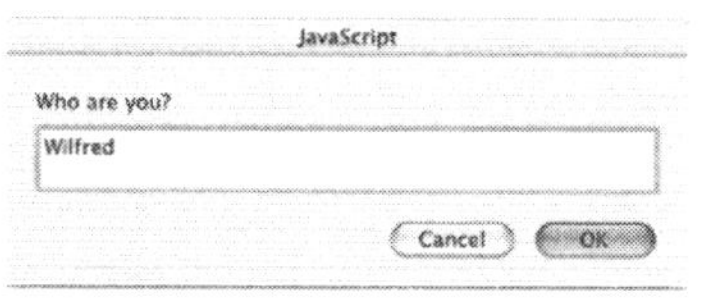

그림 16.3 사용자 입력 묻기

---

[4] 기술적으로 prompt는 현재 문서가 표시되는 윈도우에 연결된 window 객체에 속한 메소드이다. document를 포함해서 모든 지정되지 않은 이름은 묵시적으로 이 객체의 메소드나 특성이다. 따라서 거의 언제나 이것을 걱정하지 않아도 된다. 단, DOM만이 문서의 모델이므로 window 객체는 표준이 아니다.

문자열 'Wilfred'로 설정된다.

```
var their_name = prompt('Who are you?');
```

설정된 변수의 값은 문서에 내장된 다른 스크립트에도 영향을 미쳐서, document.write로 사용자 이름을 문서에 넣을 때 사용될 수 있다. prompt 호출에 적합한 장소는 문서의 head이다. 처음에 스크립트를 만나면 실행되어 대화상자가 나타난다. body의 내용이 표시되기 전에 head가 완전히 처리되기 때문에, 페이지의 내용이 나오기 전에 사용자 입력을 묻는다. prompt가 페이지 body 안에서 호출되면 페이지가 렌더링되는 중간에 대화상자가 나타난다. 이것은 별로 좋지 않다. 따라서 다음과 같이 사용하는 것이 좋다.

```html
<html>
<head>
<title>Dynamically generated content</title>
<script type="text/javascript">
var their_name = prompt('Who are you?');
</script>
</head>
<body>
<script type="text/javascript">
document.write('<h2>Why a Duck?</h2>');
document.write('<p>Especially one called ' + their_name + '</p>');
</script>
</body>
</html>
```

앞에서와 같이 대화상자가 나오고 다음에는 그림 16.4처럼 표시될 것이다.

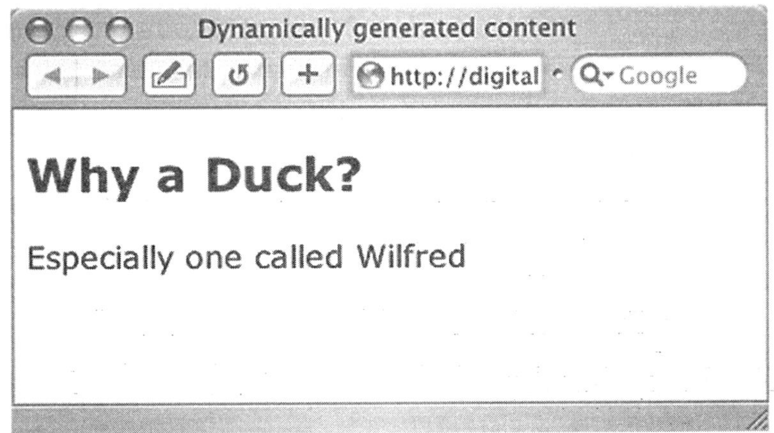

그림 16.4 상호작용으로 만들어진 컨텐츠

표 16.2 HTML 이벤트 처리기

onClick	마우스 버튼이 눌렸다
onDblClick	마우스 버튼이 더블 클릭되었다
onKeyDown	키가 눌렸다
onKeyPress	키를 눌렀다 놓았다
onKeyUp	키를 놓았다
onMouseDown	마우스 버튼을 눌렀다
onMouseMove	커서를 옮겼다
onMouseOut	커서가 요소를 벗어났다
onMouseOver	커서가 요소 위로 왔다
onMouseUp	마우스 버튼을 놓았다

대화상자에서 cancel 버튼을 누르면 어떻게 되는지 궁금할 것이다. undefined 객체가 복귀되고, 적절한 검사를 통해서 합당한 처리를 하면 된다. 검사하지 않으면 어떻게 되는지 알고 싶다면 한 번 해보면 된다.

이 예제는 서버에서 클라이언트 기계로 데이터가 다운로드될 때 얻어지는 정보가 표시될 페이지에 동적으로 들어간다는 중요한 점을 보여준다. 즉, 사용자와의 상호작용이 페이지의 겉모습에 영향을 미친다.

16.3.1 이벤트 처리기

멀티미디어 프레젠테이션이나 웹 페이지에서 필요한 많은 상호작용은 정보의 흐름을 제어하는 것과 연관된다. 이럴 때 아이콘, 이미지, 텍스트와 같이 사용자가 마우스를 클릭하는 행위에 반응하는 스크린 상의 제어를 이용한다. 스크립트를 이벤트나 문서 요소에 연관시키는 메커니즘은 HTML에서 제공한다.[5] 거의 모든 문서 요소에는 이벤트 종류를 구분할 수 있는 이름과 그 이벤트가 발생했을 때 실행되는 코드를 값으로 갖는 속성들이 있다. 표 16.2에는 이벤트와 관련된 속성의 이름이 있다. head와 같은 요소는 이런 속성이 없다. HTML 폼을 나타내는 다른 것들은 추가적인 속성을 가질 수도 있지만 여기서는 더 이상 자세히 설명하지 않는다. 왜냐하면, 폼은 멀티미디어 페이지에서 잘 사용되지 않기 때문이다.[6]

이벤트 관련 속성의 값인 코드를 **이벤트 처리기**(event handler)라고 부른다. 보통은 함수 호출이다. 그러면 요소 태그에 포함되는 코드가 간결해지고, 행위 수행 부분이 분리되어 구별이 쉬워진다. 이런 경우에 이 함수를 이벤트 처리기라고 한다.

이벤트 처리기를 사용하는 한 방법은 클라이언트측 웹 스크립트에서 자주 사용된다. '롤오버 버튼'은 작은 이미지로서 컨트롤 역할을 한다. 커서를 대면 그 지점의 마우스 클릭이 활성화되었다는 것을 알리기 위해서 모습이 바뀐다. 너무 많이 사용하지 않는다면, 이것은 사용자에게 좋은 피드백을 준다. 이 효과의 진수는 다음 예제에서 보여준다.

겉모습의 변화는 이미지에 해당하는 객체의 src 특성에 할당을 하면 된다.

---

[5] 정확히는 HTML4와 XHTML이다. 이전 버전의 HTML은 부분적인 이벤트만을 지원했다.

[6] HTML 4.0 이전 버전에서는 폼 요소에만 이벤트 처리기가 있었다. 따라서 데이터 입력 이외의 곳에 이벤트 처리기가 필요할 때 사용되곤 했다.

앞에서 설명했듯이, document.images 배열에는 모든 이미지 요소가 들어 있다. 실제로는 img 요소의 id 속성으로 인덱싱하는 연관 배열이다. 다음 두 개의 이벤트 처리기는 id가 'circlesquare'인 요소의 src를 바꾼다. 첫 번째 것은 원 그림이고, 두 번째 것은 사각형이다.

```
function in_image( ) {
    document.images['circlesquare'].src = 'images/circle.gif';
}

function out_of_image( ) {
    document.images['circlesquare'].src = 'images/square.gif';
}
```

이 내용은 문서의 head에 놓인다. 함수의 이름은 별다른 의미가 없다. 단지 사람이 함수를 구별하기 위해서 선택한 것이다. circlesquare 요소의 img 태그에 있는 이벤트와 연관된다.

```
<img src="images/square.gif" alt="square or circle"
 onmouseover="in_image( )" onmouseout="out_of_image( )"
 id="circlesquare" />
```

onmouseover 속성의 값을 "in_image( )" 문자열로 설정하면, 커서가 이미지 위로 갔을 때 함수 in_image가 호출되어 이미지를 원으로 만든다. 비슷하게, onmouseout 속성이 out_image로 설정되어 이미지를 원래대로 바꾼다. 이렇게 하면 커서가 영역 안에 들어가면 이미지가 원으로 표시되고, 그렇지 않으면 사각형이 된다. 경우에 따라서 커서가 들어왔다는 것을 알려주기 위해서 이미지를 바꾼다거나 버튼의 색상을 바꾼다. onmousedown과 onmouseup 처리기는 버튼이 눌렸는지 놓였는지에 대해서 정의된다.

이미지 객체의 src 특성을 바꾸는 기법은 웹 페이지에 애니메이션을 추가하는 데 사용될 수도 있다. 애니메이션된 GIF는 적재할 때 한 번 실행되거나 정해진 횟수 혹은 무한 루프로 재생되기 때문에 조절할 수 없지만, 여기서의 방법은 더 개선된 것이다. 스크립트를 이용하면 컨트롤이나 다른 수단을 이용해서 애니메이션을 시작하거나 중지시킬 수 있다. 다음 예에서는 커서가 위에 있으면 재생되는 간단한 애니메이션을 소개할 것이다.

전략은 쉽지만 제대로 동작하게 하기 위해서는 많은 기교가 필요하다. 연속된 프레임들(여기서는 10개)을 이미지 요소와 연관시켜야 하고, 차례로 반복해야 한다. onmouseover 이벤트 처리기가 반복을 시작하고, onmouseout이 멈춘다. 이미지 태그는 다음과 같다.

```
<img src="images/animation/frame1.gif" alt="boing"
```

```
id="the_image" onmouseover="start_animation()"
onmouseout="stop_animation()" />
```

애니메이션될 이미지들은 images/animation 디렉토리에 있고, 이름이 frame1.gif, frame2.gif, ... frame10.gif라고 가정한다. 첫 번째 프레임은 페이지가 적재되면 id가 the_image인 image 요소를 디스플레이한다. 두 개의 처리기가 애니메이션 시작과 멈춤을 위해서 설정된다. 함수를 정의하고 필요한 코드를 넣으면 된다. 이것이 들어갈 자리는 문서의 head이다.

필요한 일은 the_image에 해당하는 객체의 src 속성에 새 값을 규칙적으로 할당하는 것이다. 80밀리초 간격이면 프레임률은 12.5 fps가 된다. 부울 변수 countinuing이 참인 동안에 동작하는 함수가 animate라면 처리기는 다음과 같다.

```
function start_animation( )
{
    continuing = true;
    animate( );
}

function stop_animation( )
{
    continuing = false;
}
```

continuing을 선언할 필요는 없다. 선언되지 않거나 초기화되지 않은 변수는 비정의 값을 가지며, 부울식에서는 false가 된다. 원하면 해도 된다(함수 앞에).

```
var continuing = false;
```

이제 animate 함수에 집중한다. 앞의 예에서 이미지를 갱신하는 법을 알았고, 프레임을 세기 위해서 카운터 변수를 사용하는 법을 알았다. 그런데 필요한 지연은 어떻게 만드나? 답은 내장 함수이다.[7] setTimeout은 두 개의 인수를 받는다. 첫 번째는 코드 문자열이고 두 번째는 밀리초 단위의 시간 간격을 나타내는 숫자이다. setTimeout(code, delay)는 지연 시간 후에 코드를 실행시킨다. 규칙적인 시간 간격으로 반복하게 하려면 코드가 setTimeout의 첫 번째 인수로 자신을 설정하여 호출하도록 해야 한다. 여기서의 animate 함수가 이렇게 한다. 전역 변수도 필요하다.

---

[7] prompt처럼, 실제로는 window의 특성이다.

```
var delay = 80;
var num_frames = 10;
var i = 0;
```

(이 중의 두 개는 제약조건이다. ECMAScript에서 제약조건에 기억할 수 있는 이름을 붙이려면 변수를 이용한다.) animate 함수는 다음과 같다.

```
function animate( ) {
    document.images['the_image'].src
        = images/animation/frame + (++i) + .gif;
    if (i == num_frames)
        i = 0;
    if (continuing)
        setTimeout('animate( )', delay);
}
```

첫 번째 할당의 오른쪽 표현식은 변수 i의 값을 다음 프레임의 이름으로 이용한다. 접두 연산사 ++는 값을 먼저 증가시킨다. num_frames과 값이 같은지 비교하여 마지막 프레임 번호가 되면 다시 번호가 0이 되도록 하여 반복시킨다. 마지막 조건문은 continuing을 검사하여 계속할지 여부를 판단한다. stop_animation이 호출되면 이 변수의 값은 거짓이 된다. 계속하려면 타임아웃을 설정하고 또 지연이 지나면 animate가 다시 호출된다.

앞의 코드는 멋이 약간 있기는 하지만 주요한 결점이 있다. URL이 이미지의 src에 처음 할당되었을 때 이미지 파일을 네트워크에서 가져와야 한다. 이것은 상당한 지연을 가져온다. 따라서 애니메이션의 처음 사이클은 기대보다 더 느릴 수 있다. 그 다음에는 파일이 캐시에 저장되어 적재가 훨씬 빨라진다. 이미지를 미리 적재하여 모든 사이클에서 적절한 속도로 실행되기를 원하면 이미지 객체의 배열을 만들어서 애니메이션 프레임으로 사용하는 것이다.

```
var frames = new Array;
for (var j = 0; j num_frames; ++j) {
frames[j] = new Image;
frames[j].src = 'images/animation/frame' + (j + 1) + '.gif';
}
```

비록 이미지가 디스플레이되지는 않더라도, 이 코드는 충분히 다운로드하고 캐시시킨다. 이제 애니메이션을 수행시킬 때 이미지 중 하나의 src를 배열에 복사할 수 있다.

```
document.images['the_image'].src = frames[i++].src;
```

URL을 직접 할당하는 것보다 약간 더 빠르며, 초기화 코드만을 바꾸면 애니메이션이 달라진다는 것을 의미한다.

16.3.2 스크립트와 스타일시트

잘 설계된 웹 페이지는 컨텐츠가 겉모습과 분리되어서, 겉모습은 스타일 시트로 조절된다. 겉모습을 바꾸려면 스크립트에서 스타일시트를 조작할 수 있어야 한다.

스타일을 바꾸는 방법은 두 가지이다. 특정 문서 요소에 적용되는 스타일을 바꾸던지 혹은 전체 문서에 적용되는 스타일시트를 바꾸는 것이다. 전자가 더 쉽다. 문서 요소에 해당하는 모든 객체에는 **style** 특성이 있다. 이것은 그 자체로 특성이 있는 객체이며 요소에 적용되는 CSS 특성에 해당한다. 여기에 할당을 적용하면 겉모습을 바꿀 수 있다. 예를 들어, 문서에 적용되는 스타일시트로 다음과 같은 것이 있다.

```
h1 {
    color: lime;
}

h2 {
    color: blue;
}
```

다음 HTML 요소는 석회색 헤더를 만든다.

```
<h1 id="intro">Introduction to Limes</h1>
```

이벤트 처리기에 들어가는 다음 할당문에 의해 점잖은 색으로 리셋된다.

```
document.getElementById('intro').style.color = 'black'
```

스타일시트 자체를 바꾸는 것은 더 복잡하다. **document** 객체는 문서 안의 모든 **style** 요소에 대한 객체들의 배열인 **styleSheets** 특성을 갖는다. **style** 요소에는 규칙에 대한 객체를 가지고 있는 **CSSRules** 배열이 포함된다. 모든 규칙 객체는 **selectorText** 특성을 가지며, 해당 규칙에서 선택자를 추출할 수 있게 한다. **style** 특성은 CSS 특성의 값에 접근할 수 있게 한다. 이 특성에 할당함으로써 스타일이 바뀌고 전체 문서에 영향을 준다. 예를 들면, 다음을 실행하면 문서의 단계 2 헤더의 색상이 바뀐다.

```
document.styleSheets[0].cssRules[1].style.color = 'fuchsia';
```

style 요소와 그 안의 규칙에 대한 접근은 0에서 시작하는 숫자 인덱스를 이용한다. **styleSheets[0]**은 첫 번째 **style**이고 위의 규칙을 내용으로 한다면 **styleSheets[0].CSSRules[1]**은 다음에 해당하는 객체이다.

```
h2 {
```

```
    color: blue;
  }
```

이 할당문은 다음 규칙으로 변환하는 것과 같은 효과를 갖는다.

```
  h2{
    color: fuchsia;
  }
```

이것을 적용하면 번쩍이는 효과가 난다.

스타일 스크립트와 절대 위치를 결합하면 문서 요소를 화면에서 옮길 수 있다. 앞에서 나온 setTimeout과 같이 사용하면 TV 뉴스나 스포츠 프로그램 시작 때 보이는 텍스트 애니메이션을 할 수 있다.

커서를 가져다 놓으면 처음에만 겉모양이 바뀌는 것이 아니고, 요소가 움직이도록 만드는 예를 든다. 커서가 있으면 링크가 위 아래로 열심히 움직이게 하려고 한다. HTML 문서는 다음과 같다.

```
<a id="jumper" onmouseover="start_jumping()"
   onmouseout="stop_jumping()"
   href="http://www.digitalmultimedia.org/">
   Jump up and down
</a>
```

링크 텍스트에는 고유한 **id**가 있어서 위치 스타일을 여기에 적용한다. 스크립트를 보기 전에 링크에 적용되는 CSS 규칙을 볼 필요가 있다.

```
#jumper { position:absolute;
    top: 35;
    left: 40;
    font: x-large ;
    color: blue;
}
```

조각 식별자를 특정 요소에 스타일을 적용하기 위한 선택자로 사용한다는 것을 기억하자. 이 규칙은 링크 텍스트를 절대 위치 (40,35)에 위치시킨다. 단어를 눈에 띄게 하기 위해서 아주 큰 파랑색 폰트가 사용된다.

이제 움직이는 것들을 만들기 위해 이미지 순차 애니메이션에 사용된 기법을 사용한다. 함수 jump_up과 jump_down은 jumper 객체 style의 top 특성을 갱신한다. 따라서 위 아래로 움직인다. 각 함수에는 타임아웃이 설정되어, 지연 시간 후에 코드가 실행된다. 결과적으로 링크가 교대로 위 아래로 움직인다. 이벤트 처리기에서 호출하는 부가적인 함수가 움직임 시작과 끝을 위해 사용된다.

다음은 연관된 변수들과 더불어 완전한 코드를 보인다.

```javascript
<script type="text/javascript">
var delay=180;
var continuing = false;
var the_style;

function jump_up(){
   if (continuing) {
       the_style.top = 32;
     setTimeout('jump_down()', delay);
   }
}

function jump_down() {
   the_style.top = 35;
   if (continuing)
   setTimeout('jump_up()', delay);
}

function start_jumping() {
   the_style = document.getElementById('jumper').style;
   continuing = true;
   jump_up();
}

function stop_jumping() {
   continuing = false;
   jump_down();
}
</script>
```

이 코드에 몇 가지 설명할 것이 있다. 첫 번째, **style** 객체에 접근하기 위해 길고 복잡한 표현식을 반복해서 쓰고, 계산하는 것을 피하기 위해 start_jumping 함수에 있는 the_style 변수에 할당하였다. 두 번째, 커서가 위치를 벗어나면 링크가 원래의 위치로 돌아오기를 원한다. 이것이 stop_moving에서 jump_down을 호출하는 목적이다. 타임아웃에 의해 jump_up이 호출된다. 두 개의 점프 함수에서 테스트 구조가 약간 다른 것은 언제 stop_moving이 호출되더라도 링크 텍스트가 자기가 속한 곳으로 움직이고 나면 이동을 멈추게 한다.

이 예제에서 ECMAScript와 DOM은 웹 페이지에 상호작용성과 동적 효과를 추가하는 방법을 보였다. 여기서는 좋은 프로그래밍 스타일이나 페이지 디자인을 보이지는 않았으며, 다른 브라우저와 브라우저 버전 차이에 의한 실제적인 호환성 문제를 언급하지도 않았다.

16.4 동작

스크립트는 최신 프로그래밍 언어의 기능 대부분을 이용해서 정교한 계산을 수행하기 때문에, 멀티미디어 제품에서 사용자 인터페이스를 조절할 잠재 가능성이 있다. 사용자들은 대부분 제한된 고급 인터페이스나 애니메이션 기능들을 사용한다. 대부분의 사람에게 필요한 파라미터화된 행위만을 제공한다면 스크립트의 필요성은 그리 크지 않을 것이다. 이것은 사용자가 프로그래밍에 숙련되지 않았더라도 자신의 작품에 상호작용이나 애니메이션을 추가할 수 있다는 것을 뜻한다. 저작 시스템에서 이런 식으로 사용되는 파라미터화된 행위를 동작(behaviour)이라고 부른다. 동작들은 재활용이 많이 되므로 작성할 때 주의를 기울여야 한다. 예를 들면, 자바스크립트 동작들은 다양한 객체 모델과 여러 사용자 에이전트의 기능에 잘 맞아야 한다.

동작을 파라미터화된(parameterized) 행위로 기술한다는 것은 무슨 뜻인가? 상태 줄에 Please wait이라는 특정 메시지를 쓰는 것은 변수(파라미터)에 값을 쓰는 것이고, 이런 개별 행위에서 웹 브라우저의 상태 줄에 메시지를 내보내는 것과 같은 행위의 일반화를 추출하는 추상화가 동작이다. 이 경우에는, 파라미터는 화면에 표시될 메시지이다. 하나의 동작은 여러 개의 파라미터를 가질 수 있다. 동작을 지원하는 저작 시스템은 사용자가 파라미터 값을 넣을 수 있고, 이 값들을 동작과 결합하여 코드를 생성할 수 있어야 한다. 또한 결과 행위를 사용자가 선택한 이벤트에 연결할 수 있어야 한다.

가장 간단한 방법은 브라우저 안에 제한된 동작들을 넣는 것이다. 웹 브라우저의 링크 따라가기와 히스토리 탐색 기능이 이에 해당한다고 볼 수도 있다. 웹 브라우저에는 스크립트 언어를 해독하는 코드가 있어서, 이 언어로 어떤 행위도 만들 수 있다. 앞 절에서 ECMAScript를 동작들로 파라미터화하고 HTML에 넣은 예를 보았다. 대표적인 HTML 저작 프로그램인 매크로미디어의 드림위버의 동작 인터페이스와 구현에 대해서 설명한다.

대부분의 HTML 저작 프로그램은 비슷한 인터페이스를 사용한다. 작성하고 있는 문서를 보여주는 문서 윈도우와 문맥-감응형 팔렛트(매크로미디어에서는 패널이라고 부른다)가 있다. 팔렛트는 선택한 요소의 속성을 바꿀 수 있게 한다. + 버튼을 누르면 팝업 메뉴가 나타나고 모든 가능한 동작의 이름이

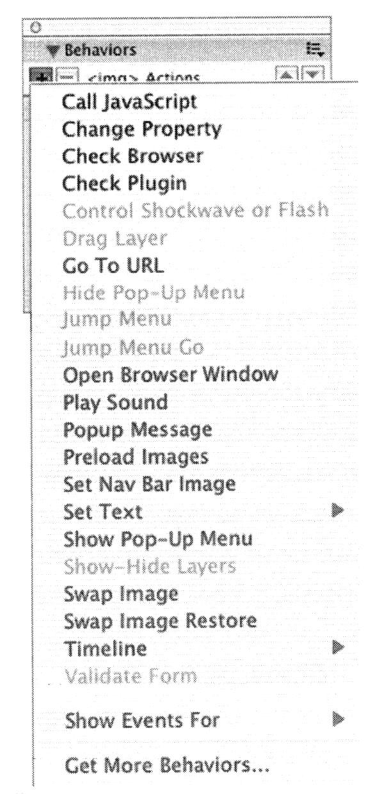

그림 16.5 드림위버 MX의 동작 패널

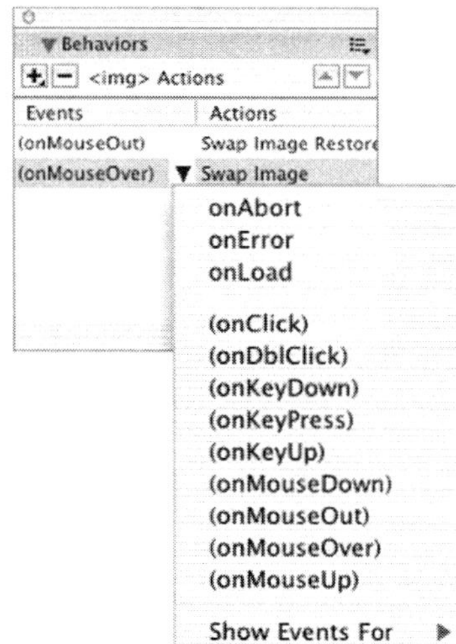

그림 16.6 동작에 대한 이벤트

목록으로 나타난다. 드림위버를 구매하면 유용한 동작들이 들어 있다. 이것은 나중에 추가할 수도 있다. 현재 선택된 요소에 적용할 수 없는 메뉴 항목은 비활성화된다. 예를 들어, 이미지가 선택되지 않으면, Swap Image 동작은 수행할 수 없다. 동작이 선택되면 대화상자가 나타난다. 여기에는 코드 생성에 필요한 모든 필드가 들어 있다. 값을 주고나면 동작은 그림 16.6의 패널 같이 보인다. 행위가 적용될 이벤트는 **Event** 열에 있다. 모든 동작은 기본으로 선택된 것이 있지만 DOM이 지원되는 어떤 이벤트도 그림에 보이듯이 팝업 메뉴를 이용하면 선택 가능하다.

드림위버는 HTML 편집기이므로 기본 기능은 HTML 문서의 내용을 바꾸는 것이다. 따라서 요소 결합, ECMAScript 코드를 문서 **head**에 넣어서 처리기 함수를 정의하기, *onEvent* 속성을 선택된 요소의 시작 태그에 넣기 등이 가능하다. 예를 들어, img 요소가 선택되었고 **Set Text of Status Bar** 동작의 인스턴스인 onmouseover와 onmouseout가 연결되면 이미지 위에 커서가 있으면 첫 번째 메시지가 표시될 것이다. 드림위버는 다음과 같은 코드를 문서 헤드에 넣는다.

```
<script type="text/javascript">
function displayStatusMsg(msgStr) {
    status = msgStr;
}
</script>
```

<img> 태그는 다음과 같다.[8]

```
onmouseover= "displayStatusMsg('The cursor is inside the image')"
onmouseout= "displayStatusMsg(' ')"
```

드림위버에 제공되는 동작들은 이 방법으로 웹 페이지에 추가될 수 있는 행위들이 어떤 것이 있는지 보여준다. (비판적으로 보면, 대부분의 다른 강력한 HTML 툴도 거의 비슷한 행위들을 지원하므로, 다음 버전이 나오지 않는 한 웹 페이지 설계 방식들이 거의 비슷할 것이다.)

많이 알려진 것은 이미지와 동영상이다. Swap Image는 움직이는 버튼이나 구현이나 이벤트에 대해서 이미지를 바꾸는 행위에 사용된다. Preload Images는 앞에서 설명한 동작을 미리 적재하여 이미지 바꾸기가 부드럽게 되게 한다. Swap Image에는 자동으로 포함된다.

---

[8] 이것을 실행시키고 코드를 살펴보면 img를 a 요소로 싸고 속성을 부가했다는 것을 알 수 있다. 이것은 몇 개의 요소 타입에만 이벤트 처리기를 허용하던 옛날 브라우저와의 호환성을 위한 것이다.

움직이는 이미지는 드림위버에서 **Insert Rollover Image** 명령어[9]로 제공되며, 유행을 따르는 웹 페이지에서 아주 필요하다. 두 상태의 이미지를 선택하기만 하면 바뀌는 효과를 만들 수 있다. 추가하고 코드를 생성하는 것은 한번에 된다. 웹 기능이 추가된 그래픽 패키지나 웹 그래픽을 위해 설계된 대부분의 HTML 저작 패키지에는 이 기능이 들어 있다.

또 다른 동작으로는 절대 위치에서 요소 애니메이션, 보이기 조절, 드래그와 드롭 기능 등이 있다. ECMAScript와 DOM에서 드래그를 구현하는 것은 프로그램이 간단하지 않다. 모든 마우스 이동을 추적해야 하고, 드래그된 객체의 위치를 갱신해야 한다. 페이지의 물리적 제약도 고려해야 한다. 이미지의 일부 영역을 '드래그 핸들'로 예약하거나 드래그된 객체의 목표로 하거나, 목표점에 근접하면 달라붙게 하거나, 여러 개의 드래그 계층을 지원하거나, 다양한 버전의 브라우저에서 작동하길 원하면 아주 많은 양의 코드를 작성해야 한다. 기본 동작에 손으로 작성한 코드를 추가해야 할 필요도 있다. 이런 동적인 HTML 효과가 처음에는 안정적이지 않고 사용자가 싫어해서 사용되지 않았다. 웹 사이트를 과시하기 위한 목적이 아니라면 모양을 바꾸는 스크립트를 늘어놓기보다는 익숙한 동작을 사용하는 것이 바람직하다.

앞에서 설명한 동작들은 드림위버에 내장되어 있지 않다. 새로운 동작을 추가할 수는 있다. 이것을 하기 위해서 필요한 것은 HTML과 ECMAScript이고 드림위버에서는 이미 이것을 해독할 수 있으므로 별 문제가 없다.

하나의 동작은 **head**에 ECMAScript 정의가 들어가고 **body**에 사용자가 팔렛트의 팝업 메뉴에서 선택할 때 대화상자에 표시되는 문서가 들어가는 하나의 **HTML** 파일이다. 문서에는 동작의 파라미터 값을 받을 수 있는 필드가 포함된 **form** 요소가 하나 있다.[10] 폼이 채워지면 동작 내부의 스크립트에서 사용할 수 있다.

동작을 만들 때는 **behaviorFunction**과 **applyBehavior** 함수를 만들어야 한다. 둘 다 HTML 문서에 포함될 문자열을 복귀한다. 첫 번째는 처리기 함수 정의 코드를 복귀한다. 두 번째는 선택된 요소의 시작 태그에 추가될 처리기 호출이다. 복귀되는 문자열들은 동작의 **body**에 있는 폼에 사용자가 넣은 값을 포함한다. 동작에는 또 다른 함수 정의가 더 있는데, **canAcceptBehavior**는 연관되는 이벤트 목록을 복귀한다.

---

[9] 드림위버 MX에서는 **Insert** 메뉴의 **Interactive Images** 부메뉴에 이 명령어가 있다.

[10] HTML 폼은 멀티미디어에서 아주 복잡하기 때문에 설명하지 않았다. 폼과 여기서 사용되는 요소, 폼 요소와 연관되는 이벤트에 대해서는 HTML 참고문헌을 보면 자세히 나온다.

displayHelp 함수는 대화상자에서 도움말 버튼이 눌렸을 때 동작에 대해서 설명하는 문자열을 복귀한다.

행위 템플릿을 이용하면 동작을 구현하기 쉽다. 그러나 함수 정의와 호출을 만드는 데 ECMAScript의 모든 기능을 쓸 수 있기 때문에 너무 자유스럽다.

16.5 플래시 스크립트

플래시의 스크립트 언어인 ActionScript는 ECMAScript에 플래시 무비, 무비와 서버 간의 통신을 위한 추가적인 객체, 서버에서 읽은 XML 데이터를 스크립트가 분석할 수 있도록 하는 XML 객체들에 해당하는 호스트 객체들이 추가된 것이다. (사실, 앞에서 나왔듯이 ActionScript와 ECMAScript 간에는 약간의 비호환성이 있다. 그러나 실제적인 영향은 거의 없다.) 스크립트 언어와 무비 간의 인터페이스를 완성하기 위해서는 무비 안에 스크립트를 포함하고 이벤트에 응답하도록 배치하는 방법이 있어야 한다.

스크립트는 플래시 저작 환경에서 작성될 수 있다. 그림 16.7의 **Actions** 패널은 이 목적에 사용되었다. **보통(normal)**과 **전문가(expert)** 모드가 있다. 전문가 모드에서는 패널의 주 창에 스크립트를 쳐 넣을 수 있다. 보통, 모드에서는 목록에서 요소를 선택하고 문맥-감응형 대화상자에 파라미터를 쳐 넣는 것으로 스크립트를 만든다. 이렇게 하면 좋은 점은 신택스 오류가 생기지 않고, ActionScript의 세부적인 내용을 기억하지 않아도 된다. 그렇지만 더 느리기 때문에 경험있는 프로그래머는 전문가 모드를 더 좋아한다. 어떤

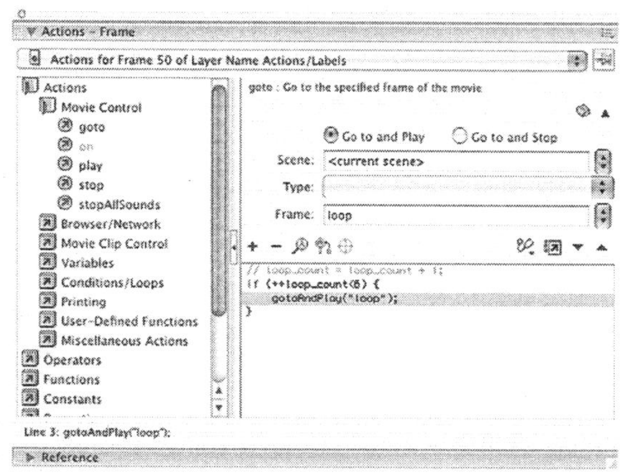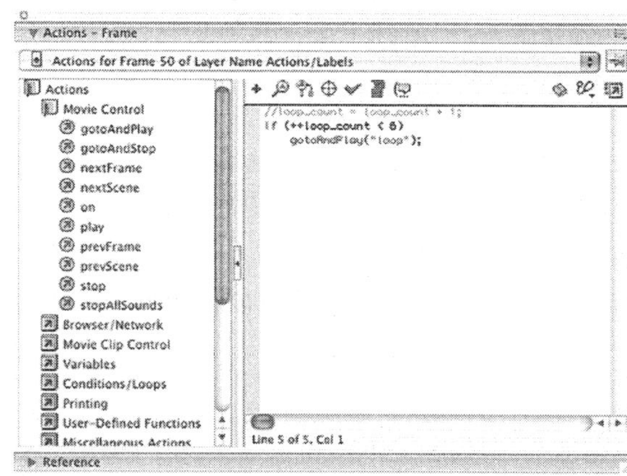

그림 16.7 플래시 행위 패널, 보통 모드(왼쪽)와 전문가 모드(오른쪽)

모드를 사용하든지 결과는 ActionScript 언어로된 스크립트이다. 여기서는 코드만을 살펴본다. 플래시에서 스크립트를 넣는 실제적인 정보가 필요하면 설명서나 디지털 매체 도구(Digial Media Tool)를 보면 된다.

16.5.1 스크립트 추가하기

스크립트를 첨부할 수 있는 세 가지 유형의 요소가 있다. 이들은 연결된 스크립트를 실행할 이벤트를 결정한다. 이것을 살펴보자.

프레임 스크립트

시각표에서 프레임을 선택하고 **Actions** 패널에 코드를 넣으면, 모든 프레임에 스크립트를 연결시킬 수 있다. 시각표의 스크립트용으로 레이어를 만드는 것이 좋다. 이런 방법으로 다른 레이어에서 돌아가는 애니메이션을 건드리지 않고 원하는 곳에 키 프레임을 추가하거나 스크립트 수정없이 애니메이션을 변경할 수 있다. 연결된 프레임에 상영점이 다다르면 프레임 스크립트가 실행된다. 또한 프레임 스크립트는 상영점이 프레임에 이르러서 생기는 이벤트에 반응한다. 이것은 이해하기는 쉽지만 그런 스크립트는 쓸 데가 제한된다. 무비 시작 때 더미 프레임에 스크립트를 붙이는 것은 다른 곳에서도 쓸 수 있는 함수를 정의하기 적당한 장소이다.

ECMAScript와 플래시 사이의 인터페이스가 호스트 객체로 이루어졌다고 했지만, 가장 간단한 연산들은 함수로 제공된다. (자바 스크립트의 함수가 **window** 객체의 함수인 것처럼 여기서의 함수가 **movie** 객체의 메소드라고 주장할 수도 있지만, 플래시 문서는 그렇게 하지 않는다.) 이런 간단한 함수들은 플래시 무비에서 루프 구조를 구현하는 데 사용될 수 있다.

플래시 무비를 웹 브라우저나 자체 플래시 재생기에서 상영할 때, 처음부터 끝까지 가고 나서 다시 처음부터 반복한다. 소개 부분은 한 번만 상영되고, 나머지 부분은 반복되는 것을 하려면(13장의 그림 13.12 참조), 다음 코드를 무비의 마지막 프레임에 넣으면 된다.

```
gotoAndPlay("loop");
```

gotoAndPlay의 효과는 상영점을 인자가 가리키는 프레임으로 이동시키고, 거기에서 상영이 계속된다. 문자열은 인자로 사용되며, 레이블(label)로 프레임을 구별한다. 시각표에서 프레임을 선택하여 특성 패널의 텍스트 입력란에 레이블을 쳐 넣으면 프레임 레이블을 붙일 수 있다.

위의 스크립트는 원하는 바대로 된다. 초기 버전의 플래시에서는 아주 복잡했지만 Flash 5와 이후 버전에서는 스크립트에서 어떤 계산도 가능하다. 이번 예에서는 무비의 소개 부분 다음에 정해진 횟수, 예를 들면 6번만 반복 상영하도록 한다. 이렇게 하기 위해서는 반복 횟수를 유지할 변수와 반복 여부를 판단할 조건문이 필요하다.

반드시 필요하지는 않지만 카운터 변수를 선언하고 초기값을 명시적으로 0으로 설정한다. 다음 문장을 첫 번째 프레임에 넣으면 된다.

```
var loop_count=0;
```

이렇게 하지 않아도 스크립트는 동작하지만(변수 선언을 해야 하는 것은 아니고 자동으로 0으로 설정된다), 사람이 코드를 이해하는 데 도움을 준다.

마지막 프레임의 스크립트는 카운터 값을 증가시키고 검사하도록 수정한다. 선증가 연산자 **++**를 사용하면 된다.

```
if (++loop_count < 6)
    gotoAndPlay("loop");
```

버튼 심볼

버튼 심볼은 플래시에서 독특한 심볼이다(8장 참조). 마우스 클릭과 같은 이벤트에 응답하여 사용자 입력을 받고 모양이 변하도록 설계되지만, 딱 4 프레임만을 갖는 애니메이션이다. Up, Over, Down, Hit로 이름 붙인다. 처음 세 개는 커서에 대한 버튼의 상태이다. Up은 커서가 버튼 위에 있지 않은 보통 상태이다. Over는 커서가 버튼 위에 있는 것에 해당한다. 따라서 Up과 Over 프레임에 다른 그래픽을 사용하면 바뀌는 효과가 나타난다. 커서가 위를 지나가면 버튼의 겉모습이 바뀌어서 사용자가 구별을 쉽게 할 수 있다. 보통은 명암만 달리한다. Down 프레임은 커서가 버튼 심볼에 있을 때 마우스를 누르면 나타난다. 사용자가 버튼을 누른 것에 해당한다. 화면에서 이것을 구별해주어야 하기 때문에 Down 프레임은 버튼이 동작된 것을 보여주는 이미지를 사용한다. 실제 버튼의 3차원 이미지를 사용한다면, Up 프레임은 약간 올라온 모습을 보이고, Down 프레임은 버튼이 눌린 모습을 보인다. 하지만 이것은 관습일 뿐이다. 관습적인 것이 필요없다면 어떤 이미지도 가능하고, 없어도 되고(보이지 않는 컨트롤), 세 개에 같은 이미지를 사용해도 된다.

Hit는 다른 두 개와 다르다. 이것은 화면에 표시되지 않는다. 어느 영역이 커서가 버튼 위에 있는 것인가를 나타내기 위해서 사용된다(활성 영역). Up 프레임에 있는 이미지의 윤곽에 해당하기도 하지만, 반드시 그렇지는 않다. 예를 들면, 그림 16.8은 플래시 라이브러리에 있는 버튼 프레임이다. 여기서

그림 16.8 버튼 심볼 프레임과 레이블(오른쪽)

활성 영역은 버튼 아이콘을 넘어서 텍스트 레이블을 버튼 아이콘 옆의 활성 영역에 놓아서, 버튼의 일부인 것처럼 만든다. **Register** 단어를 클릭하면 버튼 아이콘을 누른 것과 같은 동작을 한다.

버튼 심볼 프레임은 다른 프레임과 마찬가지로 구성된다. 버튼에 그래픽을 넣을 수도 있고, 심볼이 들어갈 수도 있다. 애니메이션 버튼을 만들기 위해 무비 클립을 쓸 수도 있다. 버튼 프레임에 사운드를 붙여서 이벤트 음향으로 만들면 버튼을 누를 때 클릭 소리가 난다.

버튼은 라이브러리 심볼을 끌어다 놓으면 만들어진다. 애니메이션을 하려면 버튼도 다른 종류의 심볼처럼 처리해야 한다. 일반적으로, 버튼은 눌려지기만을 기다리는 정적 컨트롤이라고 생각된다. 이것이 일반적인 사용법이고 간단한 무비 구성에 적합하다. 전체 무비 크기로 확장된 키 프레임에 버튼을 놓을 수도 있다. 덜 관습적인 방식으로 버튼을 사용하는 것이 더 유용할 때도 있다. **Up, Over, Down** 프레임과 같은 내용이 없는 버튼과 전체 크기의 버튼, 무비의 가장 상위 레이어에 놓인 버튼 등을 생각할 수 있다. 이런 보이지 않는 버튼은 스크린의 모든 위치에서 이벤트를 받는다. 이런 버튼은 사용자가 아무데나 눌러도 되는 인터페이스를 만들 때 사용된다. 무비의 소개 장면에서 그 내용을 잘 알기 때문에 소개 장면을 생략할 때 사용할 수 있다.

버튼에 이벤트 처리기를 연결하는 것은 **Actions** 패널을 이용한다. 프레임 스크립트와는 달리 버튼 스크립트는 다른 이벤트에 의해 실행된다. 표 16.3에 이 목록이 있다. 버튼에 연결된 스크립트는 실행을 야기하는 이벤트를 지정해야만 한다. 스크립트를 다음과 같이 감싸면 된다.

```
onEvent {
}
```

여기서 *Event*는 표 16.3에 있는 이벤트 중의 하나이다. 보통, 마우스 클릭은 마우스를 놓을 때 발생하므로 사용자가 영화를 정지시키도록 하는 컨트롤을 넣고 싶으면 다음과 같은 스크립트를 작성하면 된다.

표 16.3 버튼 이벤트

press	rollOut
release	dragOver
releaseOutside	dragOut
rollOver	keyPress

```
on (release) {
   stop( );
}
```

버튼을 클릭하면 영화는 멈출 것이다. 버튼을 언제나 활성화시키려면 첫 번째 영화 프레임에 키 프레임을 놓고 영화 길이만큼 확장하면 된다.

플래시 MX(플래시 플레이어 버전 6도)에서는 더 정교한 이벤트 처리 모델이 Action Script에 추가되었다. 처리기가 무비 클립 객체의 메소드로 정의될 수 있다. 따라서 앞의 코드 대신 함수에 **onRelease** 메소드를 할당하면 버튼에 이벤트 처리기를 연결할 수 있다. 이것의 장점은 처리기를 영화 상영 때 동적으로 할당할 수 있다는 것이다. 이 기법은 고급이라서 더 이상 자세히 설명하지는 않는다.

무비 클립

버튼은 예전부터 플래시에서 사용할 수 있었고, 사용자 행위에 대한 이벤트 인식 수단으로 사용했다. 그러나 최근의 플래시 버전에서는 모든 무비 클립이 이벤트를 받을 수 있고 스크립트를 연결할 수 있다. 표 16.4는 클립 이벤트 목록이다. 버튼이 받는 것과는 다르다. 예를 들어, 사용자가 버튼을 클릭하면, **release** 이벤트를 받는 것은 그 버튼 하나이다. 이에 반해, 모든 무비 클립은 **mouseUp** 이벤트를 받으며, 각기 연결된 스크립트는 클릭 처리를 판단하기 위해 현재 마우스 좌표를 검사해야 한다. 사실 이것은 그리 어렵지 않으며, 무비 클립 이벤트가 사용자 입력 처리를 더 체계적으로 처리한다. 간단한 예에서는 버튼 사용을 많이 소개하고 클립 이벤트는 연습문제로 남긴다.

표 16.4 클립 이벤트

load	mouseUp
unload	keyDown
enterFrame	keyUp
mousemove	data
mouseDown	

플래시 MX에서 새로운 이벤트 처리 모델로 약간 바뀌었다. 버튼 이벤트에 이벤트 처리 메소드를 할당하면 '버튼 무비 클립'을 만들 수 있다. 이렇게 하면 무비 클립 안에 버튼을 내장시키는 앞에서의 일반적인 기법을 쓰지 않아도 된다. 무비 클립의 다른 특성은 유지한 채 합 객체는 버튼 이벤트에 응답하게 된다.

16.5.2 무비 클립 메소드와 특성

8장에서 무비 클립을 소개했다. 플래시에서 무비 클립은 자신의 독립적인 시간선을 가지고 홀로 동작하는 심볼 인스턴스이다. 무비 클립을 이벤트에 응답하도록 제어하는 데 스크립트를 쓸 수 있다. 이것은 **상호작용 애니메이션** (interactive animation)의 가능성을 열었다. 객체의 움직임이 사용자에 의해 조절된다.

스크립트로 클립을 조절하기 위해서는 **인스턴스 이름**(instance name)이 있어야 한다. 인스턴스가 생성될 때 자동으로 생기지는 않는다. 인스턴스를 선택하고 이름을 특성란에 명시적으로 넣어야 한다(그림 16.9 참조). 플래시는 인스턴스 이름이 실제로 무엇을 가리키는지 검사하지 않는다. 따라서 인스턴스에 이름 붙이는 것을 잊어버렸는데, 붙였다고 생각하고 사용하면 에러 발생을 보고하지 않는다. 단지 아무 일도 일어나지 않는다. 클립은 이름이 있어야 하는 것뿐만 아니라 스크립트에 의해 참조될 때 존재하고 있어야 한다. 클립은 첫 번째 프레임에서 존재가 시작되어 마지막에서 없어진다. 존재하지 않을 때 스크립트가 참조하면 아무 일도 일어나지 않고 에러 메시지도 나오지 않는다.

무비 클립의 인스턴스 이름은 객체를 포함한 변수처럼 스크립트에서 사용된다. 무비 클립을 참조하는 모든 객체는 클립 속성에 해당하는 특성들을 갖는다. 전체 프레임 수, 현재 프레임, 차원 등과 클립을 시작하고 정지하기, 특정 프레임으로 이동, 기타 조절에 사용되는 메소드들이다. 이들 메소드 일부는 앞에서 완전한 영화 재생 조절에 사용했던 함수와 같은 이름과 효과를 갖는다.

무비 클립 인스턴스 제어의 간단한 예로 무비 플레이어를 만들어 본다. 클립의 재생은 버튼으로 조절된다. 버튼은 재생, 정지, 되감기, 끝으로 이동이 제공된다. 우선 단일 프레임을 만들고 **stop( )**을 연결한다. 이 프레임이 무비 클립과 버튼의 용기 역할을 한다. 다음에는 클립 심볼을 만들고 인스턴스를 배치한다. 모든 플래시 무비를 심볼로 바꿔서 이렇게 사용할 수 있다. 다시 한 번 강조하면, 인스턴스에 이름을 붙여야 한다. 이것을 **TheClip**이라고 하자. 지금은 특정 무비 클립이 플레이어에 고정되어 있는 것 같지만, 나중

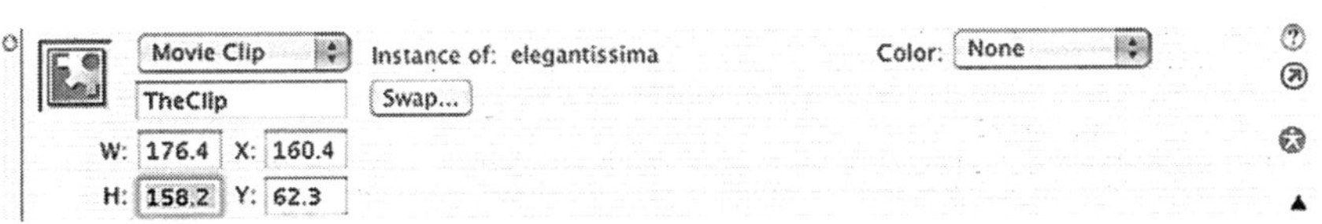

그림 16.9 클립의 인스턴스 이름을 설정하기

에는 플래시 무비 주크박스처럼 만들어서 영화를 고를 수 있도록 할 것이다. 이렇게 하려면 무비 클립 메소드가 더 필요하다. 지금은 고정된 클립의 재생만 살펴본다.

다음 단계는 버튼 형태의 컨트롤을 추가하는 것이다. 새로 만들거나 플래시 라이브러리의 VCR 버튼 모음에 있는 것을 쓸 수도 있다. (Window 메뉴의 Common Libraries 부메뉴에서 Buttons.fla를 선택하면 라이브러리가 열린다. 여기서 끌어다 놓기를 하면 된다.) 그림 16.10은 설계 예를 보여준다. 다른 형태도 가능하다. 무비 클립 인스턴스 심볼을 놓고, 인스턴스 이름을 TheClip으로 한다. 저절로 플레이되는 것을 막기 위해서 다음 문장을 첫 번째 프레임에 넣는다.

```
TheClip.stop( );
```

이것이 이 예의 무비 클립에서 호출되는 메소드 중에서 첫 번째이다.

TheClip.play(); 문장은 play 메소드를 호출한다. 따라서 재생 버튼에는 다음 스크립트가 연결되어야 한다.

```
on (release) {
    TheClip.play ( );
}
```

클릭이 되면 클립의 재생이 시작된다. 정지와 되감기 버튼에는 어떤 스크립트를 연결해야 하는지 알 수 있을 것이다.

클립의 끝부분에서는 좀 더 복잡하다. gotoAndStop 메소드를 사용해야 한

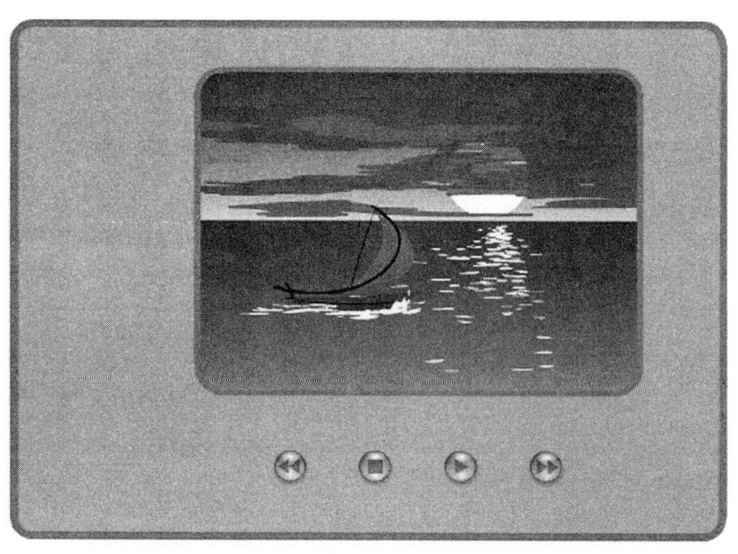

그림 16.10 무비 플레이어

다. 하지만 어떤 프레임으로 가야 하는가? 하나의 고정된 클립에서는 프레임을 셀 수 있지만 클립의 길이가 자체적으로 바뀔 때에는 이것이 어렵다. 더 좋은 방법은 _totalframes 특성을 이용하는 것이다. 언제나 클립에 있는 프레임 수를 유지한다. 이 방법을 쓰는 버튼 스크립트는 다음과 같다.

```
on (release) {
    TheClip.gotoAndStop(TheClip._totalframes);
}
```

무비 플레이어 개발의 다음 단계는 하나의 고정된 클립 대신에 여러 클립 중에서 선택할 수 있도록 하는 것이다. 임의의 무비 클립을 접근하도록 하는 것은 아니고, 주크박스를 모델로 한다. 사용자가 선택해서 재생할 수 있는 클립의 집합이 있다고 가정한다. 우선 필요한 것은 사용자가 클립을 선택할 수 있도록 하는 컨트롤이다. 간단히 하기 위해서 클립을 그리 많지 않게 하여, 클립마다 하나의 버튼을 추가한다. 그림 16.11은 수정된 플레이어를 보여준다.

loadMovie 메소드를 이용해서 SWF 파일을 무비 클립으로 적재한다. 스크립트를 클립 버튼에 연결만 하면 되므로 주크박스 재생기를 만드는 것은 아주 간단하다. 이 스크립트에서는 무비를 TheClip으로 적재하기 위해 메소드를 사용한다. 메소드의 인수는 URL도 가능하다. 보통의 경우에는 적재할 영화가 서버에 저장되어 있어서 상대적 URL이 사용된다. 따라서 주크박스 영화가 들어 있는 디렉토리가 sub-movies이면, 영화 선택 버튼에 다음과 같은 스크립트를 연결시킨다.

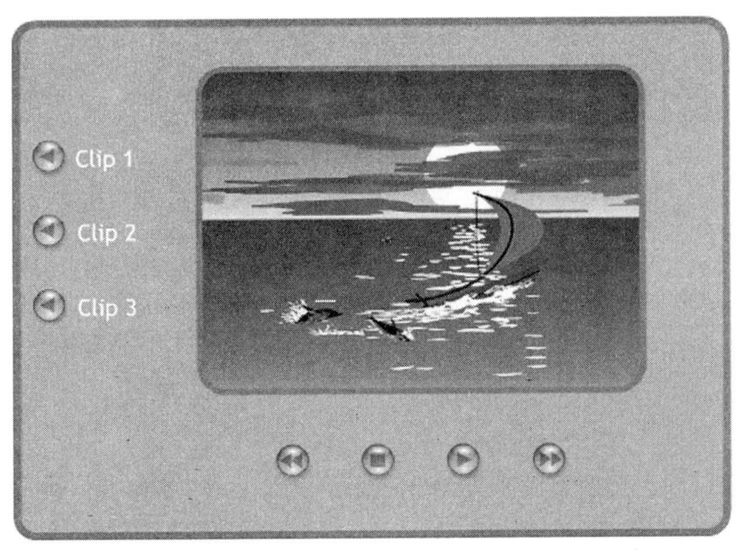

그림 16.11 무비 주크박스

```
on (release) {
    TheClip.loadMovie("sub-movies/red.swf");
}
```

임의의 클립을 선택해서 적재하게 할 수도 있다. TheClip을 하나의 빈 프레임으로 구성된 더미 심볼의 인스턴스로 만들면 된다. 어떤 종류의 클립 인스턴스를 적재했는지에 무관하게, 적재된 무비는 완전히 대체된다. 더미 심볼을 이렇게 사용하는 것은 아주 흔하다.

16.5.3 플래시 응용프로그램 제작

ECMAScript가 큰 프로그램이 되기에는 프로그래밍 언어의 핵심 기능이 부족하지만, 상당한 정도의 계산을 하기에는 충분하다. 이는 플래시를 상호작용하는 애니메이션이 아니라 플래시 그래픽과 애니메이션 기능의 사용자 인터페이스 응용프로그램 개발 수단이 될 수 있다는 것을 뜻한다. 꽤 간단한 예제를 소개한다.

응용프로그램은 대출금 납부 계산기이다. 사용자가 숫자 키패드를 이용하여 대출 액수를 입력하고, 납부 기간을 선택한다. 그러면 계산기는 계산하여 매달 갚아야 할 액수를 보여준다. 그림 16.12는 계산기 인터페이스이다. 플래시로 만들어졌으므로 표준 사용자 인터페이스 요소에 한정되지 않는다. 여기서는 독특한 키패드와 폰트를 만들었다.

이 무비에는 두 개의 프레임만 있다. 하나가 데이터를 입력하는 그림 16.12이며, 또 하나는 계산 결과가 나타나는 것이다. 데이터를 입력하려면 숫자를 클릭한다. 각 버튼은 실제로 버튼 심볼의 인스턴스이다. (숫자 레이블

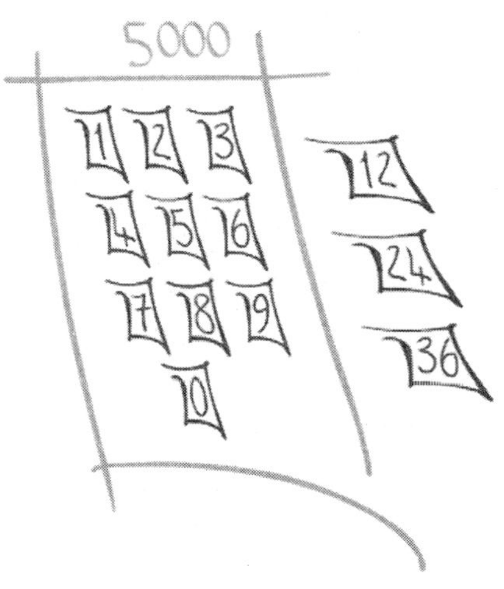

그림 16.12 납부 계산기

은 버튼의 상위 레이어에 있다.) 다음 스크립트를 첫 번째 프레임에 연결한다.

```
var amount = 0, period = 0;
stop( );
```

변수 amount는 대출액을 유지하고, period는 대출 기간을 유지한다. 키패드의 버튼이 눌리면 amount의 새로운 값이 계산된다. 이것은 다음 스크립트에 의해 수행된다(버튼 7의 경우).

```
on (release) {
    amount = 10*amount + 7;
}
```

버튼 스크립트는 전체에 더해지는 끝의 값만 다르다(더 간단한 0인 경우를 제외하고). 대출 기간을 선택하는 세 개의 버튼에 연결되는 스크립트도 유사하다. 예를 들면, 36개월 버튼은 다음과 같다.

```
on (release) {
    period = 36;
    gotoAndStop ("Calculate");
}
```

다른 선택 버튼의 스크립트는 period에 다른 값을 할당한다. 기간은 버튼 레이블에 해당하는 값으로 설정되고, 상영점이 두 번째 프레임으로 이동한다("Calculate" 레이블).

버튼을 클릭해서 대출액을 입력할 때, 현재값을 보여주는 것이 일반적이다. 계산기에 **동적 텍스트 필드**(dynamic text field)를 추가하면 이것이 쉽게 된다. 동적 텍스트 필드는 다른 텍스트 필드처럼 텍스트 툴을 이용해서 만든다. 필드를 선택하고, 특성창의 팝업 메뉴를 이용해서 동적 텍스트로 지정한다(그림 16.13). 그리고 나면 Var 레이블이 붙은 필드가 나타난다. 여기에 변수 이름을 쳐 넣어야 한다. 무비가 재생되면 변수의 현재값이 문자열로 변환되고, 텍스트 필드에 표시된다.

amount 변수를 위의 텍스트 필드에 연관시키면 된다.

두 번째 프레임에 연결된 스크립트는 매달 복리를 적용해서 갚아야 할 전체 액수를 계산한다. 전체 대출 기간 동안에 대출이 유지되는 것을 가정하

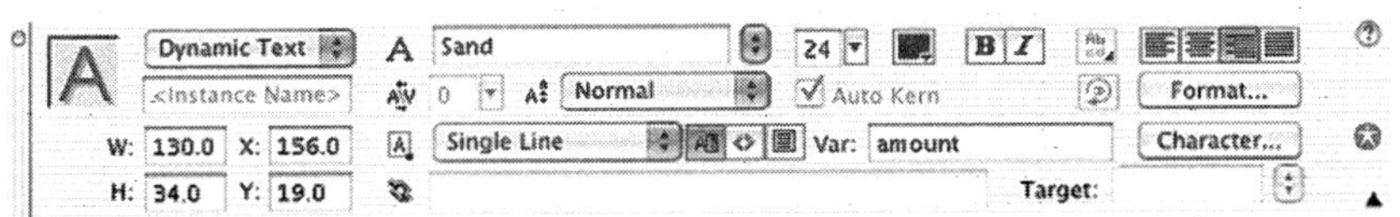

그림 16.13 동적 텍스트 필드 만들기

고, 매달 고정된 이자 방식으로 계산하지 않는다. 총액을 개월로 나누면 매달 지불해야 할 액수가 된다. (이 예는 금융적 판단을 하기 위한 것은 아니다. 이자 계산법은 아주 다양하며, 은행이나 대부업소의 모든 자세한 방법을 이해하려는 것도 아니다.) 계산 공식이 간단하기는 하지만, 루프에서 매달 이자를 더하는 방식으로 총액을 계산하는 것도 컴퓨터에서는 쉽다. 하지만 매달 이자율을 알아야 한다.

```
var rate = 0.0075;
```

주요 계산은 for 루프에서 이루어진다. 시작 전에 총액을 유지하도록 변수를 초기화해야 한다.

```
var total = amount;
```

루프는 대출 기간과 같은 횟수로 실행된다. 대출 총액에 대한 그 기간 동안의 이자액이 추가되어 다음 달의 새로운 총액이 된다.

```
for (var t = 0; t < period; ++t)
    total = total* (1+rate);
```

루프가 끝날 때, 매달 갚아야 할 액수는 총액을 대출 기간으로 나누어서 얻는다.

```
repayment = total/period;
```

사용자에게 결과를 전하는 것만 남아 있다. 결과를 표시하는 기본적인 방법은 동적 텍스트 필드를 만들고 message 변수와 연관시켜 갚을 액수를 포함하는 문자열을 할당하는 것이다.

```
message = period + "repayments of £" + repayment;
```

이것을 실행하면 다음과 같이 보일 것이다.

```
24 repayments of £249.252818623463
```

금액은 파운드와 펜스로 표시해야 하므로, repayment 값은 두 자리로 반올림되어야 한다. 다음 코드가 이렇게 한다. 내용을 이해하지 못해도 상관없다. 자세한 계산이 중요한 것은 아니다.

```
var i = String(Math.floor(repayment));
```

```
var f = Math.round((100*repayment)%100);
```

```
f = f < 10? "0" + f: String(f);
```

```
repayment = I + "." + f;
```

이렇게 고치면 다음과 같이 표시된다.

24 repayments of £249.25

이 작은 응용프로그램은 중요한 결점이 있다. 예를 들면, 사용자가 잘못 입력한 것을 고칠 방법이 없어서 다시 시작해야 한다. 그러나 플래시를 앞면에 놓고 ActionScript로 계산을 수행하도록 해서 응용프로그램을 작성하는 것이 기존과 다른 또 다른 프로그램 개발 방법이 될 수 있다는 것을 보였다. 플래시는 서버와 통신하고, XML 데이터를 파싱할 수 있기 때문에, 웹 응용프로그램의 클라이언트측 컴포넌트를 이런 식으로 만드는 것이 가능하다.

연습문제

1. 이 이야기는 왕에게 큰 도움을 준 현명한 사람에게 왕이 상금을 주는 방법과 관련이 있다. 이 현명한 사람은 외관상 겸손한 요청을 했다. 왕에게 체스판을 요구했다. 그리고 벼의 낟알 하나를 첫 줄의 첫 번째 사각형에 놓았다. 그리고 다음 사각형에 두 개의 낟알을 놓고, 그 다음 칸에는 4개를, 이렇게 연속된 사각형에 두 배의 낟알을 놓았다. 체스판은 8행 8열이다. 마지막 사각형 위의 낟알이 몇 개인지, 그리고 이 사람이 요구한 총 낟알의 수를 계산하는 스크립트를 작성하라. 스크립트를 웹 페이지에 내장시키거나 documnt.write를 써서 결과를 표시하라. 혹은 이것을 플래시 무비 프레임에 연결하고 동적 텍스트 페이지 필드를 이용하라.

2. 각 사각형 안의 낟알 수를 배열에 저장하도록 앞 문제의 스크립트를 수정하라. 배열의 값을 적당한 포맷으로 인쇄하라.

3. (숙련된 프로그래머를 위해) 벼의 낟알 수가 실로 엄청나다는 것을 알았을 것이다. 따라서 과학적 표기법을 이용해서 표시해야 한다. 정수를 받아서 10진 표기의 숫자에 대한 문자열을 복귀하는 함수를 작성하라.

4. 'Why a duck?' 스크립트를 정의 안된 복귀값을 검사하고 적절한 처리를 하도록 수정하라.

5. 애니메이션 재생기처럼 동작하는 HTML 페이지를 만들어라. 즉, 애니메이션 시작, 멈춤, 단일 스텝 버튼이 있어야 한다. 서버에 있는 개별

GIF 파일로 간단한 애니메이션이 될 수 있도록 이 버튼에 이벤트 처리기들을 연결하라.

6. 웹 브라우저에서 스크린을 가로지르며 굴러가는 텍스트는 어떻게 만드는가?

7. 플래시 무비 클립 재생기 예에서 정지와 되감기에 대한 스크립트를 작성하라.

8. 무비 주크박스의 나머지 부분을 채워서 구현을 완성하라. 인터페이스를 확장해서 실제 주크박스와 더 비슷해 보이도록 하라. 두 줄의 선택 버튼을 이용하고, 글자와 숫자로 레이블을 달고, 글자와 숫자의 조합을 이용해서 영화를 선택하도록 하라. (글자 버튼이 4개이고 숫자 버튼이 4개이면 16개의 영화 중에서 하나를 선택할 수 있다.)

멀티미디어와 네트워크
Multimedia and Networks

17

컴퓨터 네트워크와 멀티미디어와의 관계는 모순적이다. 다시 말해 아주 잘 맞지 않는 짝이다. 앞 장에서 보았듯이, 멀티미디어는 상당히 많은 리소스를 필요로 한다. 파일들은 매우 크고, 압축 복원과 같은 복잡한 처리를 필요로 한다. 응답 시간은 짧고 정확해야 하며 때때로 복잡한 동기화 제약조건이 필요하다. 현대 기술의 한계, 네트워크 요소와 네트워크 트래픽 패턴 간의 상호작용의 복잡함과 예측할 수 없는 효과로 인해서 네트워크는 특히 이런 요구를 만족시키기 어렵다. 또한 네트워크로 접근되는 중앙 저장소에 멀티미디어 데이터를 유지하는 것은 상당한 일이다. 동일한 파일의 중복 저장을 없애고, 분배를 위해 CD-ROM 같은 물리적인 매체를 사용하지 않으며, 분산된 기계가 중앙 서버에 연결되어가는 것이 현재의 추세이다. 더구나 네트워크와 멀티미디어의 결합은 화상회의와 생방송 멀티미디어 프레젠테이션과 같은 새로운 응용 분야를 가능하게 만든다.

네트워크를 통한 멀티미디어의 전달은 한계들을 극복하고 좀 더 편리하게 하기 위해서 추진되어 왔다.

이 장에서는 네트워크를 통한 멀티미디어의 전달을 가능케 하는 메커니즘들을 자세히 살펴볼 것이다. 이 장은 이 책에서 가장 기술적인 부분으로, 컴퓨터 시스템과 네트워크가 어떻게 동작하는지에 대한 지식이 없다면 흥미가 없을 수 있다. 이러한 기술적인 배경 지식이 없다면 각 절의 시작 문단을 읽어서 분산 멀티미디어의 요구를 맞춰주기 위해 무엇이 들어 있는가에 대한 정보를 얻는 것이 좋다.

TCP/IP 네트워크를 자세히 다룬다. 인터넷뿐만 아니라 같은 프로토콜들을 사용하는 근거리 통신망인 '인트라넷'도 다룬다. 빠른 속도와 더 집중화된 관리로 인해, 인트라넷은 실시간 프로토콜로 구현되는 화상회의와 같은 분산 멀티미디어 응용을 더 잘 지원한다. 인터넷에서는 비록 광대역 네트워크를 사용할 수 있다 하더라도, 이런 응용을 배급하는 것은 아직 미래의 일이다.

17.1 프로토콜

프로토콜(protocol)은 네트워크를 통해 데이터의 교환을 관리하는 규약이다. 위에 서로 쌓이는 **계층**(layer) 구조로 구성된다. 맨 아래 층은 선과 광섬유를 통해 전송되는 물리적 신호를 다룬다. 그 위에 좀 더 상위 레벨의 프로토콜이 데이터의 패킷 전송을 처리하며 목적지까지 정확한 도착을 보장한다. 높은 계층은 파일 전송이나 웹 브라우징과 같은 응용지향적인 서비스를 구현한다. 각 계층의 프로토콜은 아래 계층의 것을 이용해서 구현된다.

예를 들어, 웹 서버와 클라이언트가 HTTP를 사용하여 정보를 교환하는 것은 마치 클라이언트가 HTTP 요청을 서버로 보내고 서버가 HTTP 응답을 보내는 것과 같다. 웹 소프트웨어에 그 밖의 프로토콜이 관련되지 않은 것 같지만, 사실은 HTTP 메시지가 TCP 패킷 스트림으로 변환되어 실제 네트워크 상에서 데이터가 지나가는 형태로 바뀐다. 수신단에서는 이 패킷이 HTTP 메시지로 재구성된다. 따라서 멀티미디어에 사용되는 응용 프로토콜들의 특성을 살펴보기 전에 하위 레벨 TCP/IP 프로토콜에 대해서 이해할 필요가 있다.

TCP/IP 네트워크는 **패킷 스위치**(packet-switched) 네트워크이다. 네트워크로 전달되는 모든 메시지는 **패킷**(packet)이라고 불리는 작은 조각으로 나뉘어서 개별적으로 보내진다. 이렇게 하면 많은 메시지 간에 네트워크 대역폭을 효율적으로 공유할 수 있다. 한 메시지를 보내기 위한 패킷 생성률이 전송 능력보다 작다면, 다른 메시지에 속한 패킷이 전송될 수 있다. 이것을 메시지 **다중화**(multiplexed)라고 한다. 전화 네트워크와 비교해 보면, 송신자와 수신자 간에 연결이 설정되고 전화를 끊기 전까지는 말을 하든 안하든 이 설정이 배타적으로 유지된다. **회선 교환**(circuit-switched) 방식은 음성 대화만이 아니라 데이터 교환을 할 수 있는데, 하나의 메시지만 있으므로 다른 메시지에 속한 패킷을 구별할 필요가 없고 회로에서 제공하는 모든 대역폭을 쓸 수 있다는 장점이 있다. 패킷 교환 네트워크에서는 그렇지 않다. 패킷에는 근원지와 목적지를 구별하기 위한 추가적인 정보가 포함되어야 하며, 양단 간에 전송되는 패킷 전송률은 네트워크에 다른 트래픽이 얼마나 있는가에 좌우된다. 실시간 분산 멀티미디어 응용에서는 이것이 특히 문제이다.

17.1.1 네트워크와 전송 프로토콜

IP[1]는 인터넷 **프로토콜**(Internet Protocol)이다. 이것이 IP의 의미이면서 동시에 보다 근본적으로는 네트워크 연결과 인터넷을 가능하게 만든 존재이다. IP는 데이터그램(datagram)이라고 불리는 기본 전송 단위를 정의하고, 네트워크들을 통해 근원지에서 목적지까지 데이터그램을 전달하는 메커니즘을 제공한다. 실제로 메시지를 교환하는 기계 — 데이터그램의 근원지와 목

---

[1] 약어를 빼고는 네트워크에 대해서 말할 수 없다. 가능한 약어를 최소로 사용하겠으며, 그 뜻을 설명할 것이다.

적지 — 를 호스트(host)라고 부른다. 모든 호스트는 인터넷을 구성하는 네트워크에 연결되어 있다. 호스트는 IP 주소(IP address)로 구별되는데, 네트워크와 호스트를 고유하게 구별하는 4개의 숫자이다. 이것은 IP가 데이터그램을 올바른 곳에 보내는 데 사용된다.

IP 주소는 계층적인 구조이다. 최상위 계층의 번호는 IANA가 지정한다. 상위 단계의 주소가 할당된 기관은 다음 단계의 하위 주소 할당을 책임진다. (ISP들은 고객에게 이 주소를 동적으로 할당한다.) 이런 식으로 IP 주소는 고유하게 유지된다.

데이터그램은 헤더와 실제 데이터로 이루어진 자료구조이다. 헤더에는 데이터그램에 대한 관리 정보가 들어 있다. 근원지와 목적지 IP 주소, 라우팅과 보안에 관한 정보들이 헤더에 포함된다. IP 데이터그램의 자세한 레이아웃은 사용되는 IP 버전에 따라 다르다. IPv4는 수년 동안 사용되어온 '고전적인' IP이고, IPv6는 새롭고 더 유연한 버전이다. 가장 중요한 차이는 IPv4 주소가 32비트인 반면에, IPv6는 128비트라는 점이다. 따라서 IPv6는 더 많은 호스트와 네트워크를 수용할 수 있다. 데이터그램은 하부의 물리적 네트워크를 통과하는 많은 패킷으로 구성된다.

인터넷에는 호스트뿐만 아니라 라우터(router)라는 기계도 있다. 네트워크들을 연결하며 네트워크 위상에 대한 정보를 유지한다. 일반적으로 IP 데이터그램은 다수의 네트워크를 지나는 동안 몇 개의 라우터를 통과해야 한다. 데이터그램의 헤더에 있는 목적지 주소를 검사함으로써 라우터는 데이터그램이 같은 네트워크의 호스트에 보내져야 하는지를 결정한다. 만약 그렇다면, 라우터는 IP 주소를 네트워크 주소 포맷으로 변환하여 목적지로 데이터를 내보낸다. 그렇지 않으면 다른 라우터로 데이터그램을 넘긴다. 동적으로 갱신된 테이블을 이용해서 어느 라우터로 데이터그램을 전달해야 하는지를 결정한다.

IP는 데이터그램을 개별적으로 취급한다. 예를 들면, 웹 페이지를 이루는 데이터그램 사이에는 연관이 없는 것으로 인식한다. 더구나 데이터를 생성한 응용프로그램을 구분하지 않으며, 누가 받아야 하는지도 구분하지 않는다. IP가 하는 일은 개별 데이터그램을 한 호스트에서 다른 호스트로 전달하는 것이 전부이다. 심지어는 전달이 성공했는지도 보장하지 않는다. 일정 시간이 지나도[2] 데이터그램이 목적지에 도착하지 못하면, 그것을 없앤다. 계

---

[2] 실제로는 일정 수의 라우터를 지나고 나면.

속 전달하려고 하는 것보다 이것이 더 효율적이다. 어떤 이유로 목적지가 연결되지 않는다면 더 그렇고, 떠돌이 데이터그램이 계속 돌아다니는 것을 막는 부수적인 효과도 있다. 데이터 스트림 전송에서 목적지에 일부가 없어진 채 도착할 수도 있고, 순서가 바뀌어서 도착할 수도 있다. IP는 데이터그램을 개별적으로 취급하고 경로를 동적으로 계산하므로, 나중 패킷이 이전 것을 따라 잡을 수도 있다. 예를 들면, 라우터가 죽었을 때 긴 경로로 보내진 데이터가, 라우터가 살아나서 빠른 경로로 보내진 나중 패킷보다 늦게 도착할 수 있다.

TCP/IP 네트워크로 통신하는 대부분의 응용프로그램들은 전송한 데이터가 손상되지 않고 순서대로 수신단에 도착하기를 원한다. 이메일 시스템을 예로 들어 보자. 수신된 메시지에서 중요한 문구가 누락되고 또 순서가 바뀌어져 있다면 만족스럽지 않을 것이다. IP에만 의존한다면 이러한 일이 일어날 수 있다. 따라서 원하는 서비스를 제공하기 위해서는 패킷들을 순서대로 정렬하고 손실된 부분에 대한 재전송을 요구하는 메커니즘이 구현되어야 한다. 모든 응용프로그램에 이런 기능을 구현하는 것은 비합리적이다. 그 대신에 신뢰성 있는 전송 프로토콜인 TCP(Transmission Control Protocol)가 IP 위에 놓인다.

TCP는 순서화된 패킷들의 신뢰성 있는 전송을 제공한다. 응답 시스템을 이용해서 일을 한다. 단순화된 프로토콜 버전은 다음과 같다. 목적지가 패킷을 받으면 응답을 보내고, 송신부는 응답을 받을 때까지 다른 패킷을 보내지 않는다. 만약 응답이 정해진 시간 안에 도착하지 않는다면(타임아웃), 패킷은 다시 전송된다. 이 알고리즘은 아주 느리므로, TCP는 응답되지 않은 패킷들에 대해 '슬라이딩 윈도우'라는 원리는 같지만 좀 더 정교한 기술을 사용한다. 하나의 패킷을 전송하고 응답을 기다리는 대신에, 여러 개를 보낸다(8개라고 하자). 패킷이 수신되면 응답을 보낸다. 패킷이 네트워크를 지나가는 시간 때문에, 첫 번째 패킷의 응답은 다른 패킷들이 보내질 때까지 송신측에 도착하지 않을 수 있다. 즉, 한 번에 여러 개의 전송이 응답되지 않을 수 있다. 8번째 패킷이 보내질 때까지 첫 번째 패킷의 응답이 도착하지 않으면 송신자는 기다렸다가 재전송한다. 한편, 첫 번째 패킷의 응답을 받는다면 기다리기 전에 전송될 패킷 수의 제한이 증가된다. 따라서 다음 번에는 응답을 기다리기 전에 9개까지 패킷을 내보내고, 처음 8개의 응답이 언제 도착하는가에 무관하다. 두 번째 응답도 시간 안에 도착하면 패킷 수의 제한값은 10으로 증가한다(그림 17.1 참조).

재전송된 패킷은 순서가 바뀌어서 도착할 수도 있고, 두 번 전송될 수도

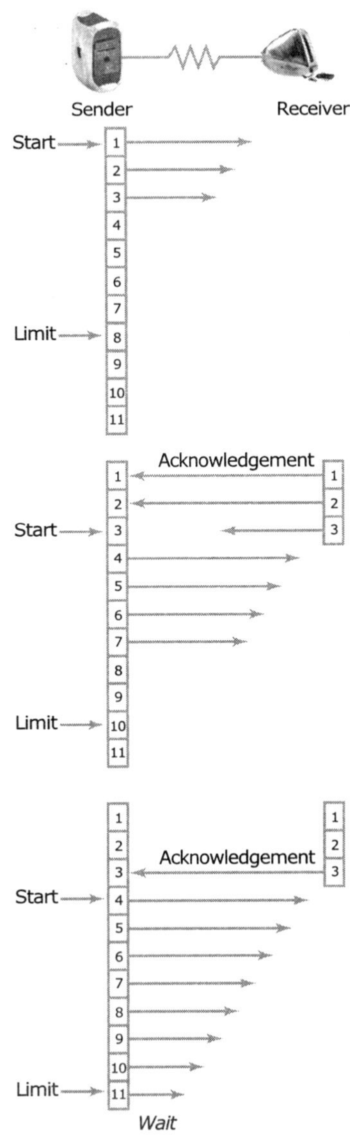

그림 17.1 슬라이딩 윈도우 응답

있다. 예를 들면, 응답이 없어지거나 패킷이 한참 지나서 나타날 수 있다. 따라서 TCP는 순서가 틀리게 도착하는 패킷들을 처리할 수 있다. 그러나 응답없이 전송할 수 있는 패킷 수가 유한하기 때문에, 순서가 벗어난 패킷 처리에는 한계가 있다.

IP와 TCP의 차이점을 설명할 때 불타는 건물에 물을 붓는 것에 자주 비유한다. IP는 양동이 소방대와 같고, 물(데이터)은 소화전에서 양동이(데이터그램)에 채워져서 조직화되지 않은 지원 군중(네트워크)에 의해서 전달된다. 양동이는 일정 거리 옮겨진 다음에 손에서 손으로 다음 지원자에게 전달된다. 그러는 와중에 양동이가 업질러질 수도 있고, 다른 쪽에서는 사람들 사이로 양동이가 서로 다른 속도로 전달된다. 따라서 목적지에 도착하는 순서는 처음에 채워져서 보낸 순서와는 달라진다. 이에 반해 TCP는 소방호스와 같아서 소화전에서 불 난 곳으로 물이 직접 전달된다. 물은 한쪽 끝에서 들어가서 다른 쪽 끝으로 나온다. 이것은 손실 없이 순서대로 진행된다.

이 비유는 완벽하지 않다. 소방 호스는 양동이 전달보다 더 효율적인 물 전송 방법이다. 하지만 TCP는 IP보다 덜 효율적이다. 왜냐하면 IP를 이용해서 TCP가 구현되기 때문이다. 여기에 응답과 재전송으로 인한 추가적인 오버헤드가 더해진다.

응답으로 인해 발생되는 오버헤드 이외에도 TCP는 연결 설정 비용이 들어간다. 이것은 응답을 보내기 위해서나 패킷이 적절한 응용프로그램에 전달되도록 하기 위해 필요하다. IP 주소는 단지 호스트만을 구별하고, IP는 호스트 간의 전송만 한다. 호스트 상에서 동작하는 특정한 응용프로그램을 구별하기 위해서는, IP 주소가 **포트 번호**(port number)라고 불리는 숫자로 확장되어야 한다. 포트는 사용되는 프로토콜에 따라 응용프로그램과 연관된다. 예를 들어, HTTP로 통신하는 프로그램은 80번 포트를 사용한다. IP 주소와 포트 번호의 조합을 **전송 주소**(transport address)라고 부른다. IP의 상위 계층에서 실행되며, 서로 다른 호스트에서 돌아가는 프로그램 간의 통신 기능을 제공한다. TCP에서 두 프로그램 간의 연결을 설정하기 위해 한 쌍의 전송 주소를 이용한다. 그리고 신뢰적인 데이터 흐름인 것처럼 통신한다.

일부 네트워크 멀티미디어 응용에서는 TCP 오버헤드보다 패킷 손실을 더 감내할 수 있다. 스트림 비디오와 오디오가 주요 예이다. 예를 들어, 연설이 네트워크를 통해 실시간 전송되고 있다고 가정해 보자. 비디오 데이터를 TCP로 보낸다면, 모든 프레임이 완벽하고 순서대로 도착할 것이다. 하지만 도착률은 예측할 수 없다. 패킷이 재전송되고 응답을 기다림에 따라 급속 전송과 멈춤이 반복된다. 따라서 실제 연설보다 화면이 늦어진다. 가끔씩 발생하는 프레임 혹은 오디오 조각의 손실로 일시적인 음질 저하가 생긴다. 이런 특징의 데이터를 전송하기 위해서는 TCP의 대안이 필요하다.

UDP(User Datagram Protocol)는 TCP처럼 IP 위에 구축되지만 훨씬 간단하고, 목적지 호스트에 패킷이 도착할 때 데이터그램이 올바른 응용에 전달된다는 것을 잘 보장하지 않는다. IP처럼 UDP는 단지 데이터그램들을 보내기 위해 최선을 다할 뿐이고, TCP처럼 신뢰성 있는 전송을 제공하지는 않는다. 또한 연결 설정도 하지 않는다. 모든 UDP 패킷에 출발지와 목적지 포트 번호가 포함되어 데이터가 올바른 길을 찾아가도록 한다. UDP는 IP에는 없는 기초적인 오류 검사를 수행한다.[3] UDP의 이런 기능은 스트림 비디오나 오디오와 같은 데이터 전송 프로토콜의 기초가 된다. 여기서는 실시간 제약 사항이 전체적인 신뢰성 있는 전송보다 더 중요하다.

이런 목적에서 UDP의 저비용 전송만으로는 충분하지 않다. RTP(Real-Time Transport Protocol)가 UDP 위에서 돌아가서, 동기화, 순서화, 다른 종류의 데이터(payload라고도 부른다) 구별과 같이 필요한 기능이 추가된다. RTP 자체로는 전송을 보장하지 않으며, 패킷이 잘못된 순서로 도착하는 것을 막지 않는다. 그러나 패킷을 재순서화하고 패킷 손실을 감지한다. 특정한 스트림에 속하는 패킷의 헤더에 순차 번호를 넣어서 이것을 수행한다. RTP는 응용프로그램 간에 연결을 설정하여 특정 연결에 속한 데이터 스트림을 구별 가능하게 만든다. 패킷을 보낼 때마다 순차 번호는 증가한다. 따라서 수신자는 어떤 순서로 패킷이 들어와야 하는지 명백히 알 수 있다. 이런 요구사항들과 패킷이 도착했을 때 처리하는 방법에 의해, 수신 응용프로그램은 올바른 순서로 재배열하거나, 순서가 틀린 패킷을 버리거나, 혹은 적절한 위치에 삽입할 수 있다.

RTP 패킷의 헤더는 페이로드 타입을 구분한다. 패킷의 나머지 부분에 있는 데이터의 포맷에 의해 비디오, 오디오 인지를 판단한다. 이것은 서로 다른 형태의 페이로드가 그들의 특별한 특성에 최적화되는 포맷을 수용할 수 있게 한다. 특히 이미지, 비디오 그리고 사운드에 적용될 수 있는 적절한 형태의 압축이 가능하다. 여러 다른 미디어 형태 — 주로 사운드가 있는 비디오 — 가 전송될 때에는 다른 페이로드 타입을 가진 별도의 RTP 스트림으로 보내야 한다. 따라서 받은 패킷들을 동기화시키는 것이 필요하다. 이런 목적으로 타임스탬프를 헤더에 포함한다. 패킷이 만들어질 때 첫 번째 바이트가 포함되는 순간을 기록한다. 동시에 샘플링된 데이터들이 같은 순간에 재생

---

[3] 앞의 비유를 확장해서 물이 양동이에 넘치면 UDP는 이것을 인식한다고 말할 수 있다.

되도록 타임스탬프가 비교된다.

RTP는 다른 애플리케이션들의 요구에 맞춰질 수 있으며, 새로운 페이로드 타입에 맞도록 확장될 수도 있다 — 이것은 전통적인 관점에서의 프로토콜이라기보다는 프로토콜 전체의 프레임워크이다. RTP **프로파일**(profile)은 특정 응용에 적합한 프로토콜 기능의 부분집합을 정의한다. 특히, 오디오-비주얼 프로파일은 오디오와 비디오 스트림에 사용되는 것을 목적으로 한다.

보충적인 프로토콜인 RTCP(RTP Control Protocol)는 RTP와 함께 사용되어 전달된 데이터의 품질에 대한 피드백을 준다. 손실된 패킷 수나 패킷 도착 간의 시간 변동과 같은 통계값이 내용이다. 이 데이터는 데이터를 전송하는 응용프로그램에 의해 전송률 조정 등에 사용된다.

17.2 멀티캐스팅

앞에서 대역폭 제약조건과 이것이 멀티미디어의 온라인 전송에 미치는 영향에 대해서 고려할 때, 케이블 혹은 모뎀을 통해 연결되는 인터넷 속도에 집중했다. 이 연결들은 가장 느린 링크이지만 인터넷 기간망도 역시 한정된 대역폭을 가지고 있다. 여기에 새로운 기술들이 속도 증가를 선도하고 있지만 트래픽 역시 상당한 비율로 증가하고 있으며, 비디오와 같이 대용량의 매체와 관련된 새로운 형태의 트래픽이 인터넷에 더해지고 있다. 네트워크 속도를 향상시키는 것은 이러한 요구에 대처하는 한 방법이다. 중복을 제거함으로써 트래픽을 줄이는 것은 또 다른 방법이다.

데이터가 불필요하게 중복되는 상황은 사용자들이 동시에 같은 자원에 접근할 때 발생한다. 이런 상황은 주로 멀티미디어와 연관이 있다. 예를 들어, 잘 알려진 음악가 — 그를 Tim Linkinwater 라고 부르자 — 가 인터넷을 통해 콘서트의 생방송 비디오를 전송하려고 한다고 가정하자. 모든 Tim Linkinwater 의 인터넷 팬은 인터넷 방송을 보기 원할 것이다. 모든 팬에게 전송된 데이터는 똑같지만, **전통적인**(unicast) 전송에서는 이 콘서트를 보기 위해 연결된 모두에게 비디오 스트림이 전달되어야 한다. 만약 콘서트가 뉴욕에서 개최되고 팬들이 유럽에 있다면, 비디오 데이터의 모든 복사본이 대서양을 건너 전송될 것이다. 이것은 대서양을 연결하는 링크와 비디오 서버 모두에게 부담을 준다. 보기 원하는 모든 사람에게 분배하기 위해 필요하기 전까지는 데이터를 중복하지 않고 하나의 복사본을 전송하면 부담을 줄일 수 있다.

개략적으로 설명한 내용이 **멀티캐스팅(multicasting)**의 기초이다. 그림 17.2와 17.3은 유니캐스팅과 멀티캐스팅의 차이를 보여준다. 유니캐스팅에서는 각 사용자에게 별도의 패킷이 전송된다. 멀티캐스팅에서는 하나의 패킷이 다른 사용자에게 나누어질 때 복사된다. 이것을 가능하게 하기 위해서는 단일 호스트가 아닌 그룹을 식별할 수 있는 네트워크 주소가 **호스트 그룹(host group)**에 할당되어야 한다. 한 IP 주소 범위가 이런 목적을 위해 예약되어 있다. 송신자의 관점에서 멀티캐스트 주소는 메일링 리스트와 같다 — 메일링 리스트는 아주 다르게 구현되었다(유니캐스트를 사용한다). 한 가지 다른 점은 호스트 그룹에 누가 속하는지 송신자는 알 수 없다는 것이다.

그룹으로 보내져야 하는 패킷은 적절한 멀티캐스트 주소로 보내진다. 라우터가 멀티캐스트 주소를 처리하고, 패킷 복제를 할 수 있어야 한다. 최적의 유니캐스트 경로와는 다를 수 있는 최적의 라우팅 경로를 결정하기 위해 라우팅 계산을 수행할 수 있어야 한다. 이런 기술적 이슈들은 어렵기는 하지만 해결 방법이 있다. 인터넷 규모에서 멀티캐스팅을 적용할 때 떠오르는 다른 문제들은 간단하지 않다.

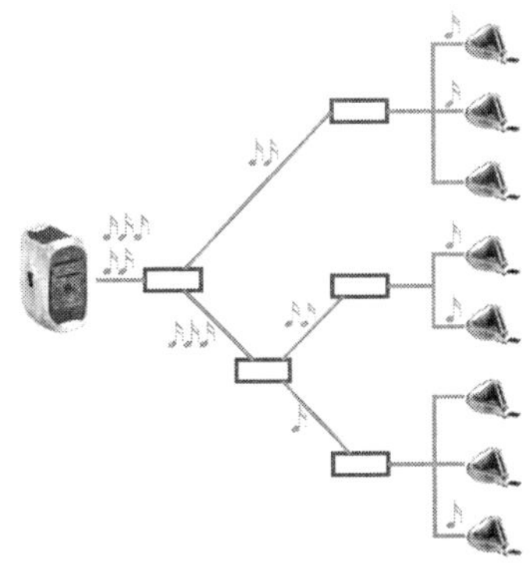

그림 17.2 유니캐스트 전송

LAN에서는 라우터가 없으므로 멀티캐스팅이 더 간단하다. 멀티캐스트 패킷들은 모든 호스트의 네트워크 인터페이스에 전달된다. 모든 호스트는 단지 멀티캐스트 주소를 보고 해당 호스트 그룹에 속하는지 결정한다. 만약 속한다면, 개별 주소로 전달된 패킷을 받는 것처럼 패킷을 받아들인다. 멀티캐스트 응용프로그램은 인터넷보다 LAN에서의 사용이 훨씬 더 많다.

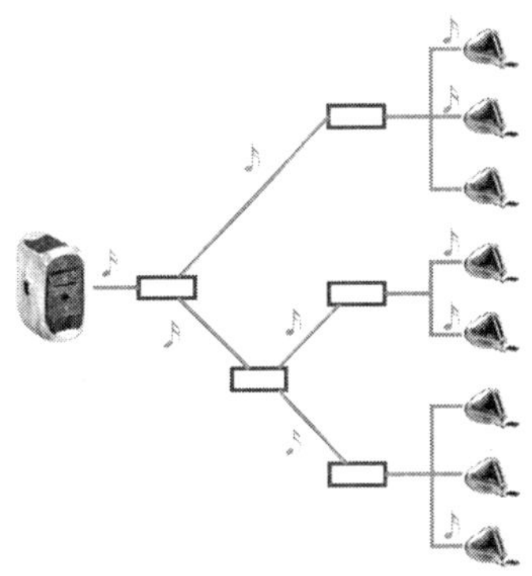

그림 17.3 멀티캐스트 전송

주요 문제는 호스트 그룹의 관리이다. 어떤 호스트들이 그룹에 속해져 있는지에 대한 정보가 라우터에 전달되어야 한다. 앞서 제시되었던 인터넷 방송과 같은 응용을 위해서는 그룹 멤버십이 동적이어야 한다. 따라서 호스트가 그룹에 참가하고 떠나기 위한 메커니즘이 필요하다. 라우터는 새로운 그룹 멤버십 상태에 맞도록 조절할 수 있어야 한다. 상위 레벨에서는 호스트 그룹의 존재 여부, 멀티캐스트 주소는 무엇인지, 어떻게 참가하는지를 사용자가 알 수 있게 하기 위한 메커니즘이 필요하다(메일링 리스트를 찾는 것과 비교). 본질적으로 멀티캐스트 세션이 설정될 때 주소는 반드시 사용 가능한 영역에서 선택되어야 하고, 그 주소는 이메일, 뉴스그룹, 웹 사이트 혹은 전용 프로그램에 의해 알려져야 한다.

생방송 비디오 스트리밍과 화상회의를 포함한 많은 분산 멀티미디어 애플리케이션은 멀티캐스팅이 적합한 특성이 있다. RTP와 같은 프로토콜은 IP

멀티캐스트 위에서 동작한다.[4] MBone(Multicast Backbone)과 같이 잘 알려진 인터넷의 실험적인 서브네트워크를 사용하여 상당한 경험을 축적했으며, 멀티캐스트 기능을 라우터에서 제공하고 있다. ISP들은 멀티캐스트 서비스를 제공하기 시작했지만 멀티캐스트의 이런 출현으로 상업적인 인터넷 세계에서는 새로운 질문이 떠오르고 있다. 멀티캐스트 비용을 어떻게 부담하는가?

유니캐스트와 멀티캐스트 전송에 대한 세 번째 대안인 **브로드캐스트**(broadcast)가 있다. 브로드캐스트 전송은 네트워크의 모든 호스트로 보내지고, 호스트가 그것을 받을지 무시할지를 결정한다. 이것은 송신자에게는 매우 효과적이고 네트워크 대역폭을 사용하는 방법도 효과적이지만, 브로드캐스트로 보내지는 모든 패킷을 살펴보고 그것을 취할지 말지 결정하기 때문에 호스트에게 많은 부하를 발생시킨다. 브로드캐스팅은 무엇보다도 인터넷에서 네트워크의 상태를 측정하고 라우팅 정보를 유지하는데 사용된다.

17.3 멀티미디어를 위한 응용 프로토콜

앞서 설명한 네트워크와 전송 프로토콜은 단지 패킷을 신뢰성 있게 혹은 신뢰성 없게 명시된 목적지로 전달하기만 한다. 상위 레벨의 프로토콜들이 분산 멀티미디어 응용에 최적의 서비스를 제공하기 위해 반드시 그 위에서 동작해야 한다. 앞으로 웹의 기초가 되는 HTTP와 스트리밍 미디어를 제어하기 위한 RTSP, 이 두 가지 프로토콜에 대해서 논하고자 한다. 설명이 완벽하지는 않지만 분산 멀티미디어 응용이 전송 기능에 원하는 내용이 무엇인지 보여주고자 한다.

17.3.1 HTTP

HTTP를 통한 웹 클라이언트와 웹 서버 간의 상호작용은 클라이언트가 요청사항을 전송하고 서버로부터 응답하는 잘 정의된 대화의 형태이다. 대화는 클라이언트에 의해 시작된다 — 요청이 없으면 서버는 요청을 기다리는 것 외에 아무것도 하지 않는 것이 클라이언트/서버 모델의 기본적인 특

---

[4] TCP는 안 된다.

성이다. 먼저 클라이언트는 서버와의 TCP 연결을 연다. 서버는 URL로 식별된다. 12장에서 보았듯이, URL은 도메인 네임을 포함한다. TCP는 단지 숫자로 된 IP 주소로 동작을 하므로, 이름은 주소로 변환되어야 한다. 이런 변환은 DNS에 의해 투명하게 이루어지기 때문에 HTTP에서는 항상 이름을 가지고 일을 할 수 있다. (숫자로 된 주소가 가끔 쓰이기도 한다.) 기본적으로 웹 서버는 80번 포트를 기다리기 때문에, 연결이 설정되었을 때의 포트 번호가 이 번호이다.

처음 HTTP 버전 1.1 이전에는 각 요청과 응답마다 하나의 연결을 사용했다. 클라이언트가 TCP 연결을 열고 하나의 요청을 보내면, 서버는 요청에 대한 응답을 보내고 나서 연결을 닫는다. 이런 식으로 연결을 사용하면 서버 입장에서는 아주 효율적이다. 응답을 보내고 나서 연결을 끊어 버리면, 트랜잭션에 대해서 잊어버리고 다른 일을 할 수가 있다. 연결을 열고, 요청이 더 오기를 기다리고, 타임아웃되면 연결을 끊고 하는 작업이 필요없다. 단점은 웹 서버로의 접근들이 뭉쳐서 들어오는 경향이 있다는 점이다. 한 페이지에 10개의 이미지가 있다면 브라우저들은 11번의 요청을 빠르게 연속해서 만들어야 할 것이다 — 하나는 페이지 자체에 대한 것이고, 나머지는 이미지에 대한 것이다. 패킷 손실을 최소화하기 위해, TCP/IP 연결은 느린 속도로 시작하여 네트워크 상에서 허용 가능한 손실이 발생하는 최고의 속도로 점차 증가하면서 동작한다. 각각의 새로운 연결은 속도가 점차적으로 증가되므로 하나의 연결 위에서 보내지는 것만큼 빨리 보내지지는 않을 것이다. 그래서 HTTP 버전 1.1에서는 영속적인 연결의 가능성을 소개하였다. 클라이언트가 명시적으로 연결을 끊어야 한다(지정된 시간이 지나도 요청이 없으면 서버도 연결을 끊을 수 있다). 그럼에도 불구하고 HTTP 세션 구조는 응답을 유발하는 연속된 요청 형태를 유지한다. 서버에는 어떤 상태 정보도 남아 있지 않아서, 서버는 요청 간의 논리적 연결들에 대해서 알지 못한다.

HTTP 요청과 응답들은 **메시지**(message)이다. 모두 문자열로 구성되어 있어서 프로그램에서 텍스트로 취급할 수 있다(HTTP를 엿들을 수 있는 프로그램을 가지고 있다면 그 내용을 사람도 읽을 수 있다). 메시지는 간단한 형식 구조로 되어 있다. 초기 라인(요청은 요청 라인, 응답은 상태 라인)에는 필요한 메시지가 들어가고, 다음에는 여러 파라미터와 수정자가 들어간 **헤더**(header)가 하나 이상 온다. 다음에는 서버가 보내는 파일 내용과 같은 메시지 **몸체**(body)가 온다. 헤더와 데이터는 빈 라인으로 구분된다.[5]

---

[5] 인터넷에서는 캐리지 리턴과 라인 피트를 합쳐서 줄바꿈 문자로 간주한다. 모든 시스템에서 이와 같은 것은 아니므로 HTTP 클라이언트와 서버는 이것을 주의해야 한다.

요청 라인은 세 가지 요소를 포함한다. 메소드(method)는 요청되는 서비스를 구분하는 이름이다: 가장 일반적으로 사용되는 메소드는 GET으로, 파일이나 자원을 요청할 때 사용된다. (다른 메소드는 자세히 고려하지 않을 것이다). 식별자(identifier)는 파일의 경로 이름과 같이, 서버에게 어떤 자원이 요청되었는지 알려준다. HTTP 버전(version)은 클라이언트가 어떤 프로토콜 버전을 사용하는지 알려준다. 예를 들어, 사용자가 URL http://www.digitalmultimedia.org/DMM2/links/index.html을 클릭하면, 웹 브라우저는 이름이 www.digitalmultimedia.org인 호스트에 포트 번호 80으로 연결한다. 따라서 그 기계의 웹 서버와 통신이 가능해진다. 그리고 다음과 같은 HTTP 요청을 전송한다.

```
GET /DMM2/links/index.html HTTP/1.1
```

요청 라인에 다음의 헤더는 헤더 이름, 콜론, 인수의 형태이다. 예를 들면, 다음 두 헤더는 위의 요청 라인에 이어서 나타난다.

```
Host: www.digitalmultimedia.org
User-Agent: Mozilla/4.0 (compatible; MSIE 4.5; Mac_PowerPC)
```

Host 헤더는 서버에게 요청된 호스트 이름을 알려준다.[6] User-Agent는 요청을 한 웹 브라우저를 구분한다. 이것은 특정 브라우저에 있는 잘 알려진 문제를 서버가 대처할 수 있게 한다.

GET 요청에서 가장 자주 나타나는 헤더는 Accept이다. MIME 타입을 사용하는 인수는 브라우저가 취급할 수 있는 데이터 타입의 범위를 나타낸다.

```
Accept: image/gif, image/x-xbitmap, image/jpeg
```

이것은 GIF, JPEG 그리고 X 비트맵 이미지를 처리할 수 있다는 것을 나타내기 위해서 브라우저에 의해 전송된다. 브라우저는 여러 개의 Accept 헤더들을 개별적으로 보낼 수 있다. 웹 서버는 가능한 타입으로 데이터를 보내기만 하면 된다. 이렇게 사용되는 MIME 타입에서 *는 와일드카드 캐릭터로 사용된다.

```
Accept: text/*
```

이것은 브라우저가 모든 텍스트 포맷을 허용한다는 것을 의미한다.

두 개의 비슷한 헤더 Accept-Charset와 Accept-Language는 어떤 문자집합

---

[6] 가끔 여러 개의 호스트 이름이 하나의 IP 주소에 해당하며, 요청 식별자를 모호하게 만든다.

과 언어를 브라우저가 받을 수 있는지를 서버에게 알린다. 다음은 영어를 사용하는 브라우저의 헤더 설정이다.

```
Accept-Charset: iso-8859-1
Accept-Language: en
```

GET 요청이 어떤 데이터도 보내지 않기 때문에 메시지 몸체는 공백이고 메시지는 빈 라인으로 끝난다.

HTTP 서버 응답의 첫 번째 라인은 상태 라인이다. 요청에 어떻게 대처하는지를 나타낸다. 이 라인은 프로토콜 버전으로 시작하고, 클라이언트에게 어떤 HTTP 버전을 서버가 사용하고 있는지 말한다. 다음에는 숫자 상태 코드가 온다. 그 뜻은 HTTP 표준에 정의되어 있으며, 그 의미를 설명하는 짧은 문단이 따라온다. 모든 것이 좋으면 코드는 200이고, 이것은 OK라는 뜻이다.

```
HTTP/1.1 200 OK
```

User-Agent 헤더로 클라이언트가 서버에게 자신이 누구인지 알리는 것처럼, 서버도 Server 헤더로 자신을 소개한다. 날짜와 시간도 응답으로 보내지고, 12장에서 보았듯이 Content-type 헤더를 사용하여 MIME 타입을 알려준다. 예를 들면, 다음과 같다.

```
Server: Netscape-Enterprise/3.5.1G
Date: Sat, 17 Jul 1999 14:27:17 GMT
Content-type: text/html
```

또 다른 헤더에 대하여 간단히 설명한다.

서버의 응답에는 일반적으로 데이터가 포함된다. 예를 들면, GET 요청에 대한 응답은 파일의 내용이 들어간다.

영속적인 연결이 사용될 때, 클라이언트는 언제 데이터가 끝나는지 알 수 있어야 한다. 서버가 응답을 보내고 바로 연결을 끊는 경우는 문제가 되지 않는다. 연결이 끊어지면 데이터도 끝이라는 것을 명확히 알 수 있기 때문이다. 두 가지 방식이 제공된다. Content-length 헤더를 보내거나, 응답을 자체적으로 구분되는 '조각'으로 나누는 것이다. 자세한 것은 HTTP 1.1 표준을 참조하면 된다.

응답의 상태 코드가 언제나 200인 것은 아니다. HTTP 1.1 표준에는 많은 세 자리의 리턴 코드가 정의된다. 첫 번째 숫자에 의해 종류별로 묶을 수 있다. 200 이하의 코드는 정보를 제공한다. 100은 '계속'을 의미하며, 영속적인 연결에서만 사용된다. 101은 서버가 프로토콜을 변경할 때 보내는데, 실시간 데이터 전송을 위해 스트림 프로토콜로 바꾸는 것이 예가 된다. 200–299의 코드는 성공의 종류를 나타낸다. 300번대는 서버가 요청을 다른 URL에 전달할 때 사용된다. 예를 들어, 301 코드('이동되었음')는 **GET** 요청의 URL 자원이 새로운 장소로 이동되었다는 것을 나타낸다.

4와 5로 시작하는 코드들은 에러를 나타낸다. 아마도 가장 자주 볼 수 있는 에러 코드는 400과 404일 것이다. 400은 '잘못된 요청'을 의미한다. 이 에러는 요청이 웹 브라우저가 아닌 다른 프로그램에 의해 만들어졌을 때 많이 발생한다. 404 에러 코드는 '찾을 수 없음'을 의미한다. **GET** 요청의 URL이 서버의 어떤 자원에도 해당하지 않는다. 이것은 링크가 깨진 결과로 오는 코드이다. 이 영역의 다른 에러 코드는 보호된 파일에 대한 접근 시도와 같이 서버에 의해 거부된 서비스 요청에 해당한다. 406 코드('허용되지 않음')는 요청된 자원의 MIME 타입이 **Accept** 헤더에 없을 때 나온다. 서버 에러인 500('내부 서버 에러')은 발생해서는 안 되며, 501('구현되지 않음')은 요청 메소드를 서버가 어떻게 구현해야 할지 모를 때 나온다.

캐싱

웹으로 인해서 전에는 경험해보지 못한 인터넷을 통한 정보의 접근이 가능하게 되었다. 사람들이 많이 이용함에 따라 네트워크 혼잡도 증가하게 되었다. 이로 인한 네트워크 부하를 경감시키기 위해, HTTP는 캐싱(caching)을 지원한다. 사용자 기계와 서버와 사용자 사이의 기계에 수신된 페이지의 복사본이 유지되도록 한다. 페이지가 한 번 이상 요청될 때, 첫 번째 요청 이후에는 서버 대신 캐시로부터 추출될 수 있다. 만약 캐시가 로컬 PC에 있다면, 어떠한 네트워크 접속 혹은 서버에 의한 동작을 전혀 필요로 하지 않는다.

HTTP 1.1의 캐시 지원은 아주 다양해서 여러 가지 대안 방식이 있다. 여기서는 이 중 일부를 설명한다.

캐싱의 문제점은 캐시에 있는 것보다 더 새로운 버전의 자원이 서버에 나타날 수 있다는 것이다. 이런 경우에는 새 버전이 추출되어야 하며 캐시에 있는 예전 것은 폐기되어야 한다. 클라이언트가 이런 경우인지 아닌지를 알 수 있는 간단한 방법은 물어보는 것이다. 이것은 복사된 날짜와 시간이 포함된 **If-Modified-Since** 헤더를 보냄으로써 가능하다. 이 요청은 조건부(conditional)이며, 조건이 만족될 때만 서버가 요청된 페이지를 보낸다. 즉, 헤더에 표시된 날짜 이후에 페이지가 갱신되었을 경우이다. 갱신되었다면 서버는 수정된 페이지가 포함된 응답을 보내고, 갱신되지 않았다면 '수정되지 않았음'을 뜻하는 상태 코드 304로 응답한다. 브라우저가 이 코드를 받으면 캐시에 있는 페이지를 표시한다.

이런 종류의 조건부 요청들은 서버가 모두 응답을 보낼 필요가 없기 때문에 데이터 전송량을 줄인다. 또 다른 기능은 클라이언트가 요청을 보낼 필요를 없애서, 서버가 응답을 아예 보내지 않아도 되게 한다. GET 요청에 대한 응답에서 Expires 헤더를 넣어, 지정된 날짜와 시간이 지난 데이터는 최신 것이라고 간주하지 않겠다는 뜻을 전한다. 이 기간 전까지는 캐시에 있는 데이터를 자유롭게 쓸 수 있다. 따라서 만료 기간까지는 같은 페이지에 대해서 네트워크를 전혀 필요로 하지 않는다.

이 방식이 좋다고 해도, 서버가 어떻게 임의의 페이지에 대해서 만기일을 지정할 수 있는가라는 의문은 남는다. 페이지가 얼마나 오랫동안 유효하게 있을 수 있는지 알기 위해서 심하게 통제를 할 수는 있어도[7] 대부분은 그렇게 하지 않는다. Expires 헤더가 널리 사용되고 있지 않기 때문에, 웹 클라이언트는 불필요한 네트워크 접근을 피하기 위해 ad hoc 장치를 사용한다. 예를 들어, 인터넷 익스플로러는 오프라인 브라우징 모드를 제공하여, 모든 요청이 로컬 캐시에서 충족된다. 인터넷에 연결되어 있지 않아도 이전에 방문한 웹 사이트를 접근할 수 있도록 한다.

지금까지는 캐시가 사용자의 기계에 있다고 가정했다. 데이터가 더 효과적으로 캐시될 수 있는 다른 장소가 있다. 특히, **웹 프록시(web proxies)**는 대형 캐시를 유지한다. 프록시는 다른 서버로의 요청을 처리하는 기계이다. 프록시를 사용하기 위해 구성된 클라이언트가 요청을 보내면, 프록시로 보내지고 나서 목적지로 전달된다. 응답을 받으면 여기를 통과해서 클라이언트에 전해진다. 클라이언트가 '방화벽' 뒤에 있을 때 이 방법이 사용된다. 방화벽은 추가적인 보안을 제공하기 위해서 특별히 수정된 라우터이다. 방화벽은 내부 사용자가 HTTP 요청을 내는 것을 막기 때문에, 외부 접근이 가능하고 보안 기능이 있는 프록시가 이용된다. 방화벽을 통과하는 허가되지 않은 접근을 막기 위해서 추가적인 보안이 프록시에 설정될 수 있다. 방화벽 내부의 기계에서 보낸 모든 응답이 프록시를 통과하며, 프록시의 캐시가 해당 기관의 관심이 되는 데이터를 모두 담고 있을 수 있다는 것을 뜻한다. 따

---

[7] HTTP 표준에서는 가장 최근에 수정된 헤더와 같은 것에 기반한 휴리스틱 사용을 제안하고 있고, 상세한 알고리즘은 지정하고 있지 않다. 휴리스틱 사용에는 주의가 필요하다고 권고하고 있다.

라서 많은 요청이 프록시 캐시에서 충족될 수 있다.

많은 요청이 지나가는 곳에 프록시가 있으면 효과적인 캐시가 될 수 있다. 특히, ISP는 많은 고객 요청을 처리하기 위해 아주 큰 캐시를 가진 프록시를 사용한다.

캐시는 동적으로 생성되는 페이지에 대해서는 도움이 되지 않는다. 그러나 점점 많아지는 추세이다. 또한 같은 페이지를 다시 방문하지 않는 사용자에게는 도움이 되지 않는다. 그리고 캐시는 유한하므로 조만간 캐시에 저장된 페이지의 복사본들은 폐기되어야 한다. 다음에 요청이 있으면 다시 저장된다. 그럼에도 불구하고 캐시는 네트워크 트래픽을 제한하는 데 많은 기여를 하고 있다.

17.3.2 RTSP

HTTP는 분산 하이퍼텍스트 구현에 필요한 서비스를 제공한다. 마우스를 클릭하면 HTTP 요청이 만들어지고, 이에 대한 응답으로 브라우저에 의해 데이터 페이지가 표시되고, 새로운 링크를 따라가는 것을 쉽게 알 수 있다. HTTP는 완전한 데이터 파일을 다운로드하는 방식으로 내장된 이미지, 사운드, 비디오를 처리할 수 있다. 그러나 스트리밍 오디오와 비디오는 처리 방식이 달라야 한다.

HTTP는 TCP의 위에서 동작한다. 신뢰성 있는 전송을 제공하는 TCP의 오버헤드는 스트림 매체에서는 감내할 수 없으며, 덜 신뢰성 있더라도 훨씬 효율적인 프로토콜이 더 선호된다. TCP는 HTTP의 멀티캐스트에도 적합하지 않다. 앞에서 설명한 RTP는 스트리밍 매체 데이터 전송에 적합하고, 멀티캐스팅도 가능하다. 그러나 이런 데이터 스트림이 필요로 하는 모든 기능을 RTP가 제공하지는 않는다. 스트림을 시작하고, 정지시키고, 일시정지시키고, 스트림의 특정 지점으로 이동하기 원한다(생방송이 아닐 경우). 생방송일 경우에는 재생을 시작하는 시간을 예약하기 원한다. 예를 들어, 만약 웹을 통해 전송되는 콘서트가 있다면, 다른 출연자 말고 주연급의 공연이 시작될 때 녹화가 시작되기를 원할 것이다.

RTSP(Real Time Streaming Protocol)는 이런 서비스를 제공한다. RTSP는 '인터넷 VCR 리모트 컨트롤 프로토콜'이라고 불린다. 이런 대부분의 기능을 가지고 있기 때문이다. 신택스는 HTTP와 유사해서, 요청, 상태 라인, 헤더들이 HTTP와 같다. 하지만 차이점이 있다. RTSP는 문자집합으로 ISO 10646(UTF-8 인코딩을 사용함)을 사용한다. 반면에, HTTP는 메시지가 ASCII

에 한정된다.[8] 식별자를 포함하는 RTSP 요청에는 URL을 써야 하며, HTTP 처럼 경로 이름을 사용할 수는 없다. 따라서 RTSP는 별도의 **Host** 헤더가 필요하지 않다. 가장 중요한 것은 HTTP 응답에는 웹 페이지 데이터가 실리지만, RTSP 응답에는 매체 데이터가 실리지 않는다는 점이다. 데이터는 RTP를 이용해서 별도로 전송된다. RTSP는 단지 전송을 관장할 뿐이다.

RTSP 세션이 설정되기 전에 클라이언트는 통제할 데이터 스트림에 대한 정보를 포함하는 **프레젠테이션 기술**(presentation description)을 얻어야 한다. RTSP 사양에서는 프레젠테이션 기술 양식을 명기하지 않았고, SDP(Session Description Protocol) 양식이 일반적으로 사용된다. 그러나 널리 사용되는 RTSP 응용프로그램들(스트리밍 QuickTime과 RealPlayer G2)은 이 포맷을 확장해서 자신만의 요구사항을 추가하였다. 따라서 프레젠테이션 기술은 거의 독자적인 포맷으로 되어 있다.

이 기술에는 하나 이상의 **매체 발표**(media announcement)가 포함된다. 여기에는 전송 주소와 프로토콜과 사용된 인코딩, 압축 타입에 대한 정보가 들어간다. 각각의 스트림은 **rtsp://** URL을 가질 것이다. 서로 다른 호스트로 부터 다른 스트림을 제공받는 것이 가능하다. 프레젠테이션 기술은 **연결 주소**(connection address)를 제공한다. 후속 요청은 여기로 보내진다. 프레젠테이션 기술을 가져오는 메커니즘이 RTSP에 없으므로 이것이 필요하다. 이런 목적으로 자주 사용되는 **DESCRIBE** 요청이 있지만, HTTP를 이용해서 프레젠테이션 기술을 추출하는 것이 가능하고, 이메일로 사용자에게 보내기도 한다.

실제로, RealPlayer와 스트리밍 QuickTime은 **DESCRIBE** 요청을 사용하지만, 어디로 보낼지를 알아내기 전에 시동 단계가 필요하다. 프레젠테이션 기술의 URL을 얻기 위해서는 HTTP를 사용한다. 이것은 RTSP를 사용하여 접근된다는 것을 나타내기 위해 **rtsp://**로 시작된다. QuickTime은 자체적으로 포함하는 방식을 사용한다. 작은 무비에 URL이 들어 있는데, 다른 연결 속도에 해당하는 여러 가지 버전이 스트림 무비로 제공된다. 예를 들면, 웹 페이지에 내장시켜 사용자가 클릭하면 HTTP에서 추출된다. RealPlayer는 고유한 확장자를 가진 작은 파일을 이용한다.

일단 필요한 URL을 클라이언트에서 얻으면 **DESCRIBE** 요청을 보내고, 서버는 요청된 프레젠테이션 기술을 포함하는 메시지로 응답한다. 클라이언트

---

[8] 데이터는 ASCII로 한정되지 않는다.

의 요청은 **ACCEPT** 헤더를 포함할 수 있다. 이것은 받을 수 있는 기술 포맷을 나타낸다. 프레젠테이션 기술을 얻고 나면, 클라이언트는 **SETUP** 요청을 보낸다. 서버는 세션 인식자(session identifier)를 포함하는 메시지로 응답한다. 이것은 클라이언트와 서버가 같은 세션에 연관된 메시지라는 것을 구분하기 위한 임의의 문자열이다. (RTSP는 TCP와 같은 연결을 하지는 않는다. 왜냐하면, 실제 스트림 데이터는 별도의 전송 프로토콜로 보내지고, 또한 멀티캐스트 스트림 제어에 사용되어야 하기 때문이다.) 이제야 스트리밍을 시작할 수 있다.

QuickTime과 RealPlayer G2가 사용하는 RTSP의 큰 차이는 비디오 스트림과 오디오와 같은 여러 스트림으로 이루어진 프레젠테이션 처리에 있다. QuickTime은 이것을 하나의 무비의 여러 트랙으로 처리하여(개별적으로 전송되기는 하지만), 프레젠테이션 기술이 모든 스트림에 대한 상세한 내용을 제공한다. RealPlayer G2는 SMIL 플레이어이며(15장 참조), 개별 스트림을 통제하기 위해 SMIL을 사용한다. 원래 추출한 프레젠테이션 기술은 하나의 SMIL 문서만을 설명한다. 여기에 각 스트림에 대한 rtsp:// URL이 들어간다. RTSP 세션은 개별적으로 설정된다.

가장 간단한 동작 모드에서, RTSP 클라이언트는 **PLAY** 요청을 보내서 서버가 데이터 전송을 시작하도록 만든다. **PAUSE** 요청은 일시적으로 중지시킨다. 앞에서 언급한 바와 같이, **PLAY** 요청은 스트림의 구간을 지정하는 헤더를 포함할 수도 있다. SMPTE 시간선 혹은 표준 포맷의 클럭 변수가 이 목적으로 사용된다. 클라이언트가 **TEARDOWN** 요청을 보내면 세션은 종료되고, 서버가 세션과 관련된 모든 자원을 해제한다. 물론 잘못되는 경우도 생각할 수 있다. 에러가 발생한 것을 알려주기 위해 HTTP처럼 상태 코드가 사용된다. RTSP는 HTTP와 똑같은 상태 코드를 사용한다.

RTSP 메시지는 스트림 데이터와는 별도록 전송된다. RTSP는 TCP 위에서 동작하므로 이 메시지 전송에 의존한다. 스트림 데이터의 경우는 다른 선택이 없다. 앞에서 설명한 대로, TCP는 스트림 데이터 자체를 보내기에는 적합하지 않으며, 주로 UDP 위에서 동작하는 RTP로 전송된다. 그럼에도 불구하고 스트림 데이터와 RTSP 메시지 사이에는 논리적인 연결이 있다. 예를 들면, RTSP도 HTTP처럼 캐싱을 제어하는 헤더를 지원한다. 헤더가 RTSP 메시지로 보내진다고 하더라도, 캐시에 저장되는 것은 스트림 데이터이지 메시지가 아니다.

RTSP는 유니캐스트와 멀티캐스트가 가능하다. 유니캐스트가 사용되면 주문형 비디오와 같은 서비스를 제공할 수 있다. 클라이언트가 요청하면 영화가 서버에서 스트림되고, RTSP 요청으로 재생을 제어하는 클라이언트로 직접 전송된다. 멀티캐스팅은 TV 방송과 비슷한 서비스를 제공한다. 클라이언트는 사전에 설정된 멀티캐스트 세션에 들어가서 연주회 화면을 전송받는다. 멀티캐스트 서비스에 RTSP가 사용될 때, 클라이언트의 관점에서 차이점은 서버가 멀티캐스트 주소를 알려준다는 것이다. 반면에, 유니캐스트에서는 데이터 스트림을 어디로 보내야 하는지를 클라이언트가 서버에게 알려준다.

그림 17.4는 프로토콜에 대한 관계를 요약한다. 화상회의와 이와 유사한 응용들은 세션 관리와 절차 규칙에 상응하는 추가적인 프로토콜을 요구한다. 이것은 이 책의 범위를 벗어나므로 이런 목적을 위한 프로토콜에 대해서는 설명하지 않는다.

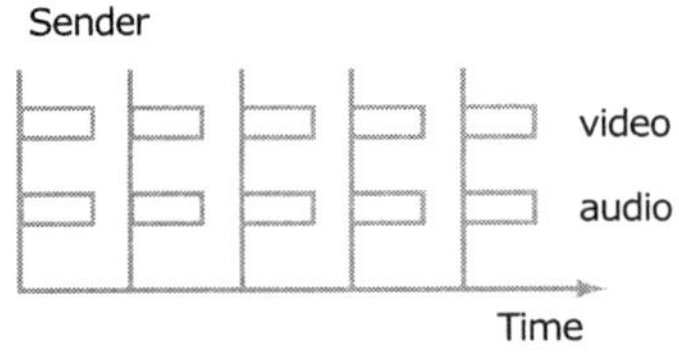

그림 17.4 멀티미디어에 사용되는 TCP/IP 프로토콜 간의 관계

17.4 서비스 품질

데이터가 패킷 전송 네트워크를 통해 전송될 때, 많은 요소들에 기인하여 네트워크 성능이 예측 불가능하게 변동한다. 이것은 만족스러운 매체의 스트리밍에 장애가 된다. 우선 **지연(delay)**을 설명한다. 유한한 속도로 이동해야 하는 신호 때문에 항상 지연이 존재한다. 라우터에서 일어나는 동작도 지연을 늘인다. 이메일과 파일 전송과 같은 전통적인 네트워크 응용에서는 상당한 지연이 허용되지만, 실시간 스트림 멀티미디어는 더 까다롭다. 대서양을 건너 생중계되는 TV 뉴스 인터뷰에서 전송 지연이 일으키는 부자연스러움에 익숙할 것이다. 화상회의와 같은 실시간 애플리케이션에서는 이와 비슷하거나 더 긴 지연은 심각하게 장애가 된다. 스트리밍 응용은 더 긴 지연을 참을 수는 있지만, 즉시 반응성의 특징은 가지고 있어야 한다.

전형적으로, 특정 데이터 스트림에 의해 발생하는 지연은 일시적이지 않고 연속적으로 변화한다. 지연의 변화를 **지터(jitter)**라고 부르는데, 성공적으로 도착하는 패킷들의 시간이 변화하는 것을 뜻한다. 지터는 멀티미디어에서 두 종류의 문제를 유발시킨다. 첫 번째, 패킷 사이의 시간 변화는 시간-기반 오류를 만든다. 즉, 샘플이 틀린 시간에 재생된다. 이것은 오디오 스트림에 주로 영향을 주며, 노이즈가 된다. 두 번째, 독립적으로 전송되는 여러 개의 스트림으로 이루어진 프레젠테이션에서 지터가 독립적으로 생기면, 동기화를 잃게 하는 결과를 초래한다(그림 17.5 참조). 만약 수신단에서 고쳐지지 않는다면, 의도하지 않게 우스운 효과를 유발하게 된다. 사람들은 립싱크가 약간만 틀려도 민감하게 느끼기 때문이다. 응용마다 지터를 참을 수 있는 수준이 다르다. 예를 들어, 비디오 응용에서는 수신 데이터 스트림을 버퍼링하므로, 어느 한도 내의 지터에 대해서는 부드럽게 만들어서 비디오와 오디오

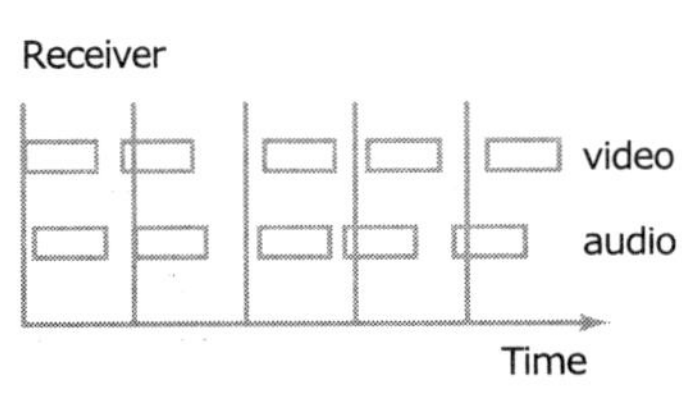

그림 17.5 동기화에서 지연 지터 효과

스트림의 동기를 맞출 수 있다.

지연과 지터 이외에도 패킷 손실이 있을 수 있다. 앞에서 설명한 바와 같이, 스트림 매체는 TCP와 같은 신뢰성 있는 프로토콜로 전송되지 않는다. 응용프로그램마다 패킷 손실을 참을 수 있는 정도도 다르다.

지연, 지터, 패킷 손실은 측정 가능한 양이다. 그러므로 특정 응용에 허용 가능한 양을 정할 수 있다. 이런 파라미터들의 값과 필요로 하는 대역폭을 그 응용에 요구되는 서비스 품질(QoS: quality of service)이라고 한다.

기존의 네트워크 서비스는 QoS에 많은 것을 요구하지 않는다. 대부분 메일 메시지, 웹 페이지의 HTML과 이미지 파일과 같은 전체 파일 전송을 기반으로 한다. 지연은 사용자가 참을 수만 있으면 되고, 지터는 관계가 없다. 모든 데이터가 도착할 때까지 별다른 일이 없기 때문이다. 그러나 패킷 손실은 전적으로 허용되지 않는다. 이러한 특성들은 신뢰성 있는 TCP와 같은 전송 프로토콜의 개발을 이끌었지만, 응용프로그램의 요구에는 주의를 기울이지 않았다. 성능이 대역폭의 유용성에 맞춰져서, 대역폭을 최대한 이용하는 것이 목적이 되었다. 이 때문에 지연과 지터가 생겼다. 하나의 연결에서 사용할 수 있는 대역폭이 일정하거나 보장되지 않기 때문이다. QoS 요구사항이 더 많아지는 데 스트림과 실시간 지원을 통합하는 것은 아주 도전적인 일이다.

모든 연결의 자원을 예약할 수 있는 새로운 고속 네트워킹 기술이 떠오르고 있다. 가장 잘 알려진 것이 비동기식 전송 모드(Asynchronous Transfer Mode)로 알려져 있는 ATM이다. 순수한 ATM 네트워크는 QoS를 보장할 수 있다. 응용의 요구사항들을 만족시키기 위해 자원을 예약할 수 있으며 네트워크는 이러한 예약을 이행한다. 따라서 지연, 지터 및 패킷 손실이 허용 가능한 한계 내에서 유지된다. 일부 응용에 QoS를 제공해 주기 위해서 다른 응용에 할당되는 자원을 네트워크가 제한할 수도 있다. 심지어는 새로운 트래픽 수용을 거부하기도 한다. 네트워크는 일반적인 패킷 교환망이라기보다는 전화 시스템과 같은 회선 교환망처럼 동작한다.

사용자가 기대하는 전형적인 서비스를 제공하면서 인터넷과 같이 동작하는 이질적인 네트워크들의 네트워크를 만드는 것은 어려운 일이다. 인터넷의 일부분은 ATM 네트워크이지만 다른 부분은 그렇지 않다. 따라서 QoS 지원은 프로토콜에 의한 방법으로 상위 레벨에서 구현되어야 한다. ISA(Integrated Services Architecture)라고 알려진 프레임워크는 이런 목적으로 개발되었다. 이는 전형적인 IP 방식인 '최선형'과 패킷의 지연을 절대적인 상한까지 허용하는 '보장형'과 같은 서비스의 등급을 정의한다. 실제 제공 가능한 서비스의 등급을 보장할 수 있게 하기 위해 네트워크 혼잡을 제어하는 여러 메커니즘이 RSVP(Resource Reservation Protocol)라는 자원 예약 프로토콜과 함께 정의되었다. 화상회의와 실시간 비디오 스트리밍과 같이 보장된 QoS를 필요로 하는 많은 응용이 멀티캐스팅을 사용하므로, ISA의 기능들이 멀티캐스팅과 함께 동작하도록 하기 위한 노력들이 이루어져 왔다.

17.5 서버측 계산

앞 절에서는 멀티미디어 데이터가 네트워크를 통해서 전송되게 하는 프로토콜에 대해 설명했지만, 궁극적으로 데이터가 어디서 오는지는 생각하지 않았다. 웹을 생각해 보자. 16장에서 설명한 것처럼 클라이언트측 스크립트를 이용하면 제한된 방식으로 사용자 입력에 응답하는 웹 페이지를 만들 수 있다. 그러나 제한된 요소들로만 만들어야 한다. 비록 비디오와 오디오 스트림은 적절한 프로토콜들을 사용하는 서버에 의해 통합될 수 있다 하더라도, 서버가 접근 가능한 파일에 저장되어 있다. 이런 방식으로는 웹 페이지에 현재 시각조차도 집어넣을 수 없다.

서버측(server-side) 스크립트는 HTTP 서버가 데이터베이스와 같은 다른 자원과 통신할 수 있게 하고, 여기서 얻은 데이터를 응답에 포함시키는 데 사용된다. 특히, 서버측 스크립트는 시간에 따라 바뀌는 데이터로 동적인 웹 페이지를 만들 수 있게 한다. CGI(Common Gateway Interface)가 서버와 서버측 스크립트 간 통신을 위한 표준 메커니즘을 제공한다. 2장에서 언급했지만 특정 서버에만 적용되는 다른 방법과 고유한 스크립트 인터페이스도 많이 사용되고 있다. 서버측 스크립트는 멀티미디어에는 아직 많이 사용되고 있지 않지만, 클라이언트측 스크립트의 한계가 분명해지고 멀티미디어 데이터베이스가 널리 사용됨에 따라 서버측 스크립트는 더 많이 사용될 것이다.

17.5.1 CGI

이 장의 앞부분에서 클라이언트가 서버로 HTTP 요청을 어떻게 보내고, 서버가 응답을 어떻게 보내는지에 대해서 기술하였다. CGI(Common Gateway Interface)는 클라이언트의 요청에 따라 서버에서 스크립트(CGI 스크립트라고 부른다)로[9] 데이터를 전달하는 메커니즘을 제공한다. 중요한 점은

---

[9] 프로그램도 가능하지만, 대부분의 서버측 계산은 Perl과 같은 스크립트 언어를 이용해서 수행된다.

클라이언트와 서버 간의 통신이 HTTP를 사용하여 이루어진다는 점이다. 따라서 CGI 스크립트의 결과로 HTTP 응답을 구성할 수 있어야 한다. 일부 스크립트(기술적으로는 '파싱되지 않은 헤더' 스크립트라고 부른다)는 완전한 HTTP 응답을 만들지만, CGI 스크립트가 헤더를 만들고 서버가 상태 라인과 Server 같은 다른 헤더를 추가하는 것이 더 일반적이다.

CGI는 서버를 통한 클라이언트와 CGI 스크립트 간 양방향 통신 메커니즘이다. CGI 스크립트는 요청 라인의 식별자가 스크립트를 나타낼 때 서버에 의해서 호출된다(일반적으로 스크립트 디렉토리의 실행 가능한 파일을 가리키고 있기 때문에). 어떻게 클라이언트는 데이터를 스크립트로 전송하는가? 세 가지 방법이 있다.[10] 첫 번째로, HTTP 요청의 헤더가 있다. 이것의 일부는 CGI 스크립트에 유용한 정보를 포함하고 있다. 두 번째로, 12장에서 기술한 바와 같이 질의 **문자열**(query string)을 URL의 끝에 더한다. 요청 라인의 식별자에도 더해진다. 세 번째로, 유사한 문자열이 메소드가 POST인 요청의 몸체로 보내지는 것이다. 이런 질의 문자열의 포맷을 잘 보고 어떻게 브라우저에 의해 만들어지는지 알아야 한다.

질의 문자열은 이름 있는 파라미터에 값을 할당한다. 이 점에서 HTTP의 <param> 태그와 비슷하지만 신택스는 아주 다르다. 질의 문자는 *name = value* 형태의 연속된 할당으로 구성되며, & 문자로 구분된다. *value*에서 공백들은 + 기호로 코딩되고, 다른 특수 문자들은 URL과 같은 방식으로 대체된다(12장 참조). 따라서 register.cgi로 불리는 CGI 스크립트에 대한 HTTP 요청은 다음과 같다. Name 파라미터의 질의 문자열 설정값은 MacBean of Acharacle이고, Profession의 값은 Piper이다.

```
GET /cgi-bin/register.cgi?Name=MacBean+of+Acharacle&Profession
=Piper HTTP/1.1
```

이런 요청은 HTTP 연결을 여는 어떤 프로그램에 의해서도 생성 가능하지만, 일반적으로 웹 브라우저에 의해서 HTTP 요청이 만들어지고 전송된다. URL에 고정된 질의 문자열을 사용하는 경우는 많지 않고, 사용자 입력에서 동적으로 만들어지는 것이 유용하다. 전통적 방식은 HTML 기능을 이용해서 텍스트 박스, 라디오 버튼, 팝업 메뉴, 체크 박스로 구성된 폼을 만드는 것이다. 이런 기능은 아주 세밀하여 더 이상 자세한 설명은 하지 않는다. 단, 폼에 있는 모든 요소는 name 속성을 가지며, 그 값은 브라우저가 질의 문자

---

[10] 사실 4번째도 있지만 보안상 위험이 있어서 더 이상 사용되지 않는다. 따라서 이것에 대해서는 더 이상 언급하지 않는다.

열을 만들 때 파라미터 이름으로 사용된다. 파라미터 값은 폼 요소의 사용자 입력에서 받는다. 텍스트 필드는 텍스트의 **type** 속성이 있는 HTML **input** 요소이다. 따라서 등록 목적으로 사용자 이름과 직업을 적는 간단한 형식은 다음과 같이 만든다.

```
<form method="get" action="cgi-bin/register-cgi">
 <p>Your name:
  <input type="text" name="Name" size="54" />
 </p>
 <P>Your profession:
 <input type="text" name="Profession" size="49" />
 </p>
 <p>
  <input type="submit" name="Submit" value="Submit" />
 </p>
</form>
```

코드에 의해 생성된 페이지는 그림 17.6에 보인다. **form** 요소의 **method** 속성은 HTTP 요청의 메소드를 결정하기 위해서 사용되고(**GET** 혹은 **POST**), **action** 속성은 CGI 스크립트를 식별한다. 타입이 **submit**인 **input** 요소는 폼을 제출할 때 클릭하는 버튼이다. 브라우저는 HTTP 요청을 서버로 전송하고, 파라미터 값과 요청 헤더를 스크립트 register.cgi로 넘겨준다.

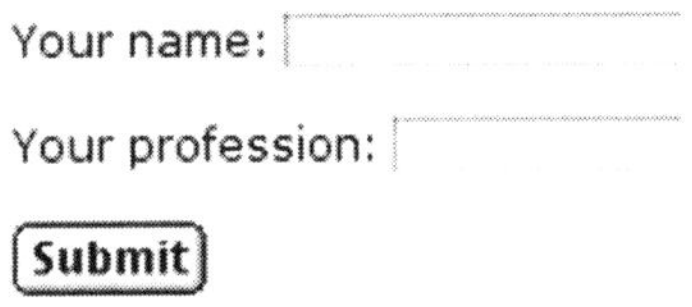

앞서 말한 바와 같이, CGI 스크립트는 HTTP 서버로 응답을 되돌려 주어야 한다. 종종 CGI 스크립트는 받은 입력을 가지고 계산을 해서 HTML을 생성하고, 응답의 몸체에 넣는다. 이렇게 웹 페이지가 동적으로 생성된다. 그러나 적절한 MIME 타입을 명기한 **Content-type** 헤더를 제공하면, 응답에는 어떠한 형태의 데이터도 전송할 수 있다. 브라우저는 CGI 스크립트에 의해 생성된 응답과 HTTP 서버에 의해 생성된 응답을 구분할 수 없으며,[11] 스크립트에 의해 생성된 데이터를 플러그-인과 도우미 응용프로그램을 이용해서 디스플레이한다. 따라서 CGI는 분산 멀티미디어 응용의 기초가 된다. 웹 브라우저는 폼에서 사용자 입력을 받고, 스크립트의 계산에 의해 만들어진 멀티미디어 요소를 디스플레이한다. 이런 계산은 멀티미디어 데이터가 포함된 데이터베이스에 접근하거나, 데이터에 대한 정보 제공을 포함한다. 사용자는 원하는 매체 속성을 지정하는 질의를 만들 수 있다.

HTML 폼은 사용자 입력을 위한 친숙하고 효과적인 인터페이스를 제공하

Your name:

Your profession:

Submit

그림 17.6 간단한 HTML 폼

---

[11] 사실은 그렇지 않다. CGI 스크립트 출력을 캐시할 필요는 없으므로 이들을 구별할 필요가 있다.

고, 다른 페이지들과 조화를 이루도록 스타일시트를 사용할 수 있다. 그러나 특정 응용에 더 적합하게 CGI 스크립트를 호출할 수 있는 다른 방법이 있다.

16장에서 윈도우 location 객체의 href 속성에 할당을 하는 것이 새로운 페이지를 적재하는 효과가 있다고 설명했다. CGI 스크립트의 URL을 할당하고 질의 문자열을 추가하면, 스크립트의 출력으로 새 페이지가 만들어진다. 질의 문자열은 클라이언트 기계에서 돌아가는 스크립트에 의해 만들어질 수 있다. 그 내용이 무엇이든지간에 클라이언트 스크립트로만 한정된다. 질의를 만드는 데 필요한 사용자 입력을 얻는 데는 기존의 폼 요소가 없어도 된다. 마우스로 이미지를 클릭하는 것과 같이 페이지의 요소에서 이벤트를 감지하는 것으로 충분할 수 있다. 플래시 버전 4.0에서는 HTTP **GET**과 **POST** 요청을 보내는 기능과 플래시 애니메이션 요소와 연관된 스크립트로 질의 문자열을 만드는 기능이 스크립트에 추가되었다.

17.5.2 CGI를 넘어서

CGI 메커니즘은 두 가지 한계가 있다. 첫 번째는 느려질 수 있다는 점인데, 이는 접속 수가 많은 경우에는 적합하지 않게 된다. 핵심적인 인터페이스는 유지하면서 성능을 개선하려는 다양한 기법들이 개발되었다. 좀 더 근본적인 한계는 CGI 스크립트의 결과가 HTTP 응답으로 클라이언트에 간다는 것이다. 많은 면에서 이것은 장점이 된다. 어떠한 HTTP 클라이언트라도 CGI 스크립트와 통신할 수 있으며, 캐싱과 보안이 HTTP에 의해 자동적으로 처리된다. 동시에, 클라이언트와 스크립트가 상호작용할 수 있는 가능성을 제한한다. HTTP는 하이퍼미디어의 효율적인 전송을 위해 설계된 프로토콜이지 멀티미디어만을 위한 모델이 아니다.

클라이언트와 서버가 복잡한 트랜잭션을 수행하는 데 있어서 HTTP의 주요 단점은 지속적인 상태가 유지되기 어렵다는 점이다. HTTP 1.1에서 연결을 열어놓을 수는 있지만, 여전히 서버는 각 요청을 독립적으로 처리한다. 이것은 CGI 스크립트를 호출하는 요청에도 적용된다. 각 요청은 새로운 프로세스를 시작해서 스크립트를 돌리고, 작업이 끝나면 죽인다. 이것이 CGI 스크립트가 비효율적인 주요 원인이다. 같은 사용자의 연속된 요청에 대한 연속성을 유지하기 위해 다양한 기법이 적용된다. 스크립트 출력의 감추어진 폼 필드에 연결 키를 놓거나, 클라이언트 기계의 상태를 기억하는 '쿠키'를 이용하거나, CGI 대신 비표준적인 서버 기능을 사용한다.

또 다른 방법은 CGI와 HTTP를 쓰지 않고, 특정 분산 응용 구현을 위한 특수 목적 서버와 클라이언트를 만드는 것이다. 자바만 있는 데에는 이것이 가능하다. 배급되는 라이브러리에 사용하기 쉬운 네트워크 프로그래밍을 많이 지원하기 때문이다. 몇 줄의 코드로 TCP 연결을 열고 입력 스트림을 만들 수 있고, UDP도 지원한다. 자바는 원격 메소드 호출도 지원한다. 이것은 프로그램이 진정 분산화될 수 있다는 것을 뜻한다. 클라이언트에서 실행되는 코드가 서버에서 실행되는 객체의 메소드를 호출하는 것을 지역 객체 호출처럼 할 수 있다. 클라이언트와 서버 간에 끊임없는 협력을 제공한다. 자바 API는 많은 클라이언트측 멀티미디어 프로그래밍 기능을 제공한다. 매체 타입(HTTP에서는 지원하지 않는 새롭고 특수한 것 포함)과 프로토콜(다른 곳에서는 지원되지 않는)을 통합하는 분산 멀티미디어 응용을 만드는 것이 가능하다. 애플릿으로 응용프로그램의 기능을 웹 브라우저에 내장시키고, 필요할 때 클라이언트 소프트웨어를 다운로드하는 것이 가능해졌다. 또는 Java Beans라는 재사용 가능 컴포넌트 기술은 다른 응용에 쉽게 내장될 수 있게 한다.

서버에서의 연산은 주로 데이터베이스에 접근하는 것으로, JDBC(Java Database Connectivity) API가 사용된다. SQL을 질의어로 사용하는 플랫폼 독립적 데이터베이스 접근을 제공한다. 기존의 관계 데이터베이스에서 많이 사용된다. 상용 데이터베이스 시스템은 직접적으로 미디어 데이터를 저장하는 것을 허용하지는 않지만, 이 데이터에 대한 정보 데이터를 저장하고 추출하는 데는 사용될 수 있다. 예를 들어, 비디오 클립에 대한 인덱스, 제목, 길이, 압축 코덱, 제작 날짜, 감독, 내용의 줄거리 등은 관계 집합으로 저장될 수 있다. 저장된 장소 URL은 문자열이기 때문에 클립을 대표하는 것으로 데이터베이스에 저장될 수 있다. 퀵타임 무비는 저장할 수 없다. 클라이언트 프로그램은 데이터베이스에 대한 사용자에게 친숙한 인터페이스를 제공하고, 사용자 입력으로부터 SQL 질의를 만든다. 서버는 이 질의들을 JDBC를 통해 실행할 수 있으며, 요청된 클립의 URL을 클라이언트에 전송한다. 다음에는 자바 미디어 프레임워크나 퀵타임을 이용해서 클립을 추출하고 재생한다.

연습문제

1. 참 또는 거짓: FTP와 같은 파일 전송 애플리케이션은 TCP와 같이 신뢰성 있는 프로토콜에서만 실행되는가?

2. 개별적인 RTP 스트림 동기화를 위해서 순차 번호만으로는 왜 충분하

지 않은가?

3. 왜 TCP가 멀티캐스트 프로토콜로 사용될 수 없는지 설명하라.

4. 인터넷은 네트워크들의 네트워크이므로, 서로 다른 ISP에 속한 패킷이 네트워크에 존재한다. ISP는 '상호 조약'을 이용해서 다른 ISP에게 서로의 서비스를 무료로 제공한다. 따라서 ISP는 패킷이 어디서 와서 어디로 가는지 추적하지 않아도 되며, 각자 과금을 부가한다. 이런 조약이 멀티캐스팅에서는 어떤 영향을 미치겠는가?

5. HTTP의 HEAD 메소드는, 서버가 헤더만 반환하고 몸체가 없는 것만 제외하면 GET과 비슷하다. 이 메소드는 어디에 사용되는가?

6. RTSP를 멀티캐스트 스트림 조절에 사용한다면, 클라이언트가 PAUSE 요청을 서버로 보내면 무슨 일이 생기는가? 대답이 의미하는 것을 논의하라.

7. '고정된 질의 문자열의 URL은 많이 사용되지 않는다'는 것은 사실인가?

8. RTSP에서 SMPTE 타임 코드를 지정하면 비디오 스트림의 어떤 프레임도 클라이언트가 접근할 수 있다. 사용자가 스트림 비디오 조작을 할 수 있는 응용을 만든다면, 어떤 제어 기능을 넣겠는가? 비디오 스트림에 대한 추가적인 정보가 별도로 전송되는 것이 설계에 더 도움이 되는가? 만약 그렇다면 어떤 정보를 사용하겠는가?

9. 비디오 스트림은 '버스트하다'고 말한다. 데이터 전송률이 일정하지 않고, 갑자기 많거나 간헐적인 최대 현상을 보인다. 왜 이런 패턴이 나오는지 설명하고, 이것이 네트워크에 있으면 무엇이 문제가 되는지 설명하라.

10. 이 장의 마지막 문단에서 설명한 응용은 클라이언트 스크립트, CGI, HTTP를 이용해서 구현할 수 있다. 어떻게 하는지 설명하라. 이런 응용프로그램의 필요한 기능 중에서 어떤 것이 이런 기술로는 만들기 어려운가?

프로젝트

이 장은 형식과 내용 면에서 이 책의 나머지 부분과 다르다. 아이디어를 실제로 실현하는 — 직접 해보는 것을 통해서 배우는 방법으로 — 것이 중심이고, 일련의 멀티미디어 프로젝트가 개론적인 설명과 함께 주어진다. 이 프로젝트는 실제 세계의 간단한 단면을 보이려는 것이 아니고 여러 다른 문제를 해결하는 과정을 통해서 배우는 것을 목적으로 한다. 실제 멀티미디어에서 특정 분야의 어려움이 부각되고, 독창적이며 훌륭한 고안을 자극하도록 설계되어 있다. 그렇지만 개론적인 설명은 기존의 실제적인 멀티미디어 제품이나 해결하려고 했던 실제적인 문제들에서 영감을 끌어낸다. 기교적인 질문은 없다. 스스로 계획을 세우고 프로젝트를 수행하는 것이 과제이다. 적절하고 만족스러운 해답을 얻도록 돕기 위해서 각 프로젝트에 대해 자세히 토의해서 주요한 난점이 분명히 인식되도록 하였다.

독자마다 이용할 수 있는 개발 환경이 다르고, 프로젝트에 할당할 수 있는 시간 또한 아주 다양하다는 것을 알고 있다. 어떤 프로젝트는 작고, 어떤 프로젝트는 아주 야심적이다. 한두 개는 현재 기술로는 실제로 구현하지 못할 수도 있다. 그러나 다양한 접근 방법은 가능하기 때문에 자신의 환경에 맞춰서 해답을 맞추어 나가야 한다. 실제 실행할 수 없으면 종이 상에서만 계획을 세울 수 있다. 필요한 매체 툴이 이용 가능해지면, 가지고 있는 환경에 맞는 대안을 구현해 볼 수도 있다. 그러나 개요 설명에는 합당한 이유를 가진 제약조건이 주어지기 때문에, 이것을 무시하는 것은 프로젝트의 중요한 점을 놓치는 것이 될 수도 있다. 실제적인 작업을 하지는 않더라도 단지 읽고, 생각하고, 계획하는 것만으로도 많은 것을 얻을 수 있다.

작업을 혼자하거나 그룹으로 할 수도 있다. 불가능한 계획을 세우지 말고, 현실적인 계획을 세우자. 아이디어를 성공적으로 실현하기 위해서는 자신이 만들 수 있는 것이 무엇인지를 정확하게 파악하는 것이 필요하다. 모호하고 가상적인 프로젝트와 비교적 간단하고 실현 가능한 것을 구별할 필요가 있다. 몇 개의 프로젝트는 사고와 문제 풀이 능력을 자극하는 것이 주가 되는 것이 있고, 이런 것은 실현하기가 아주 어렵거나 불가능하다. 대부분의 나머지는 별 어려움 없거나 별다른 장치를 필요로 하지 않는다. 그룹으로 작업을 한다면 프로젝트 관리와 작업 분배가 필요하다. 효율적이고 생산적인 조직에 대한 동의를 해야 하고, 그룹 일원의 강점과 약점, 숙련과 경험을 고려해야 한다. 개인이나 그룹의 크기와 능력이 다양해서 모든 프로젝트에 대한 많은 접근법이 있으므로 특정 관리 전략을 가이드하지는 않는다.

디지털 멀티미디어 제품을 만들려면 설계를 해야 한다: 인터페이스 설계, 일관성 있는 제품 설계, 컨텐츠 설계와 제작. 이런 점에서 자신의 능력을 정직하게 평가하는 것이 가장 중요하다. 디자인 학교에서 스튜디오 실습 교과를 몇 년간 이수하거나 이에 준하는 실무 경험이 없다면, 이 분야에서 잘 훈련된 사람이 가진 강점과 경험을 갖지 못하고 있다는 것을 깨달아야 한다. 13장의 내용이 도움이 되겠지만 디자인 교육을 전일제 과정으로 공부한 것을 대체하지는 못한다. 완전한 훈련을 받은 전문가나 해당 분야에서 일하고 있는 전문가로부터 도움을 요청하는 것을 두려워할 필요는 없다. 전문가적인 훈련의 기본이며, 다른 전문가의 지식을 추가하여 자신의 것으로 만들어야 자기 작품이 좋아진다. 그런 도움이 없다면 분명한 사고, 상식, 타인의 작품과 고객의 요구조건을 정확하게 알아차림을 통해서 이루어야 한다. 전통적인 매체와 새로운 매체를 공부하고, 웹을 이용해서 다른 사람의 작품과 아이디어에 접근할 수 있다. 개인적인 매체와 멀티미디어에서 최신의 내용을 분석하고, 디자인을 살펴보면 자신의 작품에 안정적인 기초를 세울 수 있을 것이다. 다른 사람의 성공과 실패를 배우는 것만 해도 많은 시간과 노력을 절약할 수 있다. 잔소리 같지만 이러한 사실이 자주 간과되고 잘 실행되지 않는다.

프로젝트

1. 영웅을 한 명 정해서 — 살아있건 죽었건, 유명하건 무명이건, 실제이건 가상이건, 인간이건 인간이 아니건 — 하나의 웹 페이지(즉, 링크가

없는)를 설계하라. 사용 가능한 매체와 소프트웨어를 사용해서 자신의 능력을 가장 잘 나타낼 수 있도록 만들어라. 웹 페이지가 이 영웅에 모든 면에서 아주 '적합'하도록 설계되어야 하고, 전체 크기는 250 KB 이하여야 한다. (좀 더 어렵게 하고 싶으면 크기를 100 KB 이하로 하라.)

이 프로젝트는 작은 공간에서의 효율적인 통신과 디자인 감각에 관한 것이다. 재료를 신중하게 선택하고, 크기를 줄이도록 충분하게 처리하고, 적절한 방법으로 페이지를 디자인하고 구성해야 한다. 선택한 인물에 '적합'하도록 설계하라고 한 것은, 선택하고 통합한 페이지의 모든 요소가 주제와 맞아야 한다는 뜻이다. 예를 들어, 위대한 정치 종교 지도자를 선택했다면 보는 사람이 그 업적이나 철학에 존경과 감탄을 느낄 수 있도록 만들어야 한다 — 관계없는 연재 만화나 엉뚱한 폰트는 적절하지 않다. 이와는 반대로, 영화 스타를 선택했을 때, 영화와 관련없는 개인적인 인생의 한 면을 담아내려고 한 것이 아니라면 화려하고 매혹적인 분위기를 전체 페이지에 연출한 것이 그리 잘못된 것은 아니다. 애완견이나 벌레를 선택했다면 완전히 다른 해법이 적절할 것이다. 따라서 전달하려고 하는 것이 정확히 무엇인지에 대해서 열심히 생각하고, 자신의 모든 설계가 이 목적에 맞도록 만들어라. 세상 사람들에게 효율적으로 전달하는 것의 어려움을 깨닫고 가능한 한 다양한 사람들에게 자신의 메시지가 전달되도록 하는 방법을 생각하라. 기술적인 자원이 부족하다고 실망하지 마라. 수단이 간단하면 결과가 더 효과적이 될 수도 있다. 자원이 충분하다면 그 사용을 신중하게 판단하는 연습을 하여, 제한된 내용에서 효과적으로 통신할 수 있도록 한다. 자원이 많을 때보다는 적을 때가 더 많다는 것을 기억하자.

2. 앞의 프로젝트를 이번에는 풍성한 사이트로 만들어라. 3 내지 6 페이지로 구성하고 광대역 연결을 제공한다고 가정한다.

여기서 '광대역'이라는 용어는 현대적인 의미로 사용한다(2장 참조). 무한대의 대역폭을 가정하는 것이 아니라 플래시나 비디오 오디오, 비교적 큰 이미지에 충분한 정도를 말한다. 이런 요소를 넣는 데 자유롭기 때문에, 이런 것들이 사이트의 자연스러운 일부분이 되도록 하는 것에 관심이 있을 것이다. 또한 플래시 무비나 비디오 클립 재생을 자동으로 할 지 사용자 제어로 할 지에 관해서 생각할 것이다. 어떤 컨트롤을 넣고 사이트 방문자가 이것을 사용하는 방법을 어떻게 알게 할 것인가? 첫 번째 프로젝트처럼 설계는 주제의 성격에 맞아야 한다.

3. 간단하고 저예산인 설명적 내용을 담는 프레젠테이션을 만들어라 —
예를 들면, 이를 닦는 가장 좋은 방법, 응급처치 요령 등. 이 프레젠테
이션은 아주 오래된 컴퓨터에 설치되어야 한다. 설명들은 텍스트-기반
이며, 링크는 설명을 그림으로 잘 나타내는 분명하고 적절한 아이콘을
이용해야 한다.

이 간단해 보이는 프로젝트는 잘 만들기가 쉽지 않다. 분명하게 의사를
전달하는 것이 중요하고, 텍스트나 그림을 사용할 수 있지만 동시에 둘을 사
용하면 안 된다. 프레젠테이션 설계는 레이아웃과 순서, 링크 아이콘 디자인
과 배치가 분명해야 한다. 그래픽 디자인이나 삽화에 익숙하지 않다면 이 프
로젝트를 같이 하는 다른 사람과 연합하여, 완전히 그래픽 부분을 별도로 분
리할 수도 있다. 그렇지 않다면 사진이나 기존의 자료를 이용할 수도 있다.
위의 설명에서 아주 오래된 기본적인 시스템에서 실행될 수 있어야 한다
고 했다. 최신의 강력한 기술에 접근할 수 없는 사람이 정보에 접근할 수 있
도록 해야 한다.

4. 1장에서 웹 사이트를 하나 골라서 개선할 수 있는 곳을 5개 지적하라
고 했다. 기존의 컨텐츠를 유지하면서 할 수 있는 한 좋아지도록 이 사
이트를 재설계하라.

이것도 간단한 프로젝트이다. 처음에 제안했던 것 중에서 어떤 것이 구현
가능한지를 판단해서 구현해야 한다. 멀티미디어 기술에 대해서 더 알게 되
었으므로, 처음에 적당하지 않다고 생각했던 특징이 웹 기술의 어쩔 수 없는
결과라는 것을 알 수 있을 것이다. 이 효과를 줄이도록 사이트를 바꾸는 방
법을 생각하라. 바꾸기 위해서는 HTML을 손으로 작성하거나 저작 프로그
램을 이용할 수 있다.

5. 전통적으로 박물관과 갤러리에서는 방문자들이 예술작품에 너무 가까
이 다가가지 못하도록 한다. 유리 케이스는 벽으로 내용물을 보호하고,
예민한 것들에는 조명을 낮추기도 한다. 전시를 주관한 사람이 배치하
고 의도한 것 이외의 것을 볼 수는 없다.
많은 전시물이 있는 간단한 웹 사이트를 설계하고, 사용자로 하여금

원하는 대로 전시물을 관찰할 수 있도록 만들어라.

가상 전시관을 만드는 것이 특별히 어렵지 않을 것 같다. 문제는 전시의 개념을 뛰어 넘어야 한다는 데 있다. 방문자가 그림에 대해서 하고 싶어하는 것이 무엇인지 생각해 보라. 그림을 벽에서 떼어내고, 뒤를 보거나, 가까이서 보거나, 멀리서 보거나, 위와 아래를 뒤집어서 볼 수도 있다. 초기 르네상스 회화나 원시 동굴 벽화이라면? 전시물이 다양하면 가능성도 다양해진다. 고대 이집트 유물이나 스테인드 글라스 패널이라면 무엇을 하겠는가? 가상 박물과 방문자가 전시물을 보는 방법을 조절하고 상호작용을 극대화하도록 만드는 것이 해야 할 일이다. 여기서 강조하는 것은 시각적인 것이다.

전시물들이 다양한 방법으로 전시되고 상호작용되도록 간단하고 효과적인 인터페이스를 설계해야 한다. 전시되는 물건과의 직접 상호작용이 이 프로젝트의 핵심이기 때문에 컴퓨터가 매개체가 된다.

이 프로젝트를 더 야심차게 만들기 위해서는 상당한 경험과 많은 소프트웨어가 필요하다. 자신의 한계를 알고 분명히 할 수 있는 것을 파악해야 한다.

만일 소프트웨어와 경험이 충분하다면 이 프로젝트를 3-D 표현과 VR로 나타낼 수도 있을 것이다. 하지만 이것은 선택사항이다.

6. 오래된 포구 마을에서 관광객을 위해서 멀티미디어 설치물을 달기로 하였다 — 해변에 정박한 보트 안에. 보트 안에서 방문자는 '모든 연령별 항구'를 주제로 하는 많은 양의 정보를 얻을 수 있다. 이것을 효과적이고 현실적으로 구현하라. 인터페이스는 일반 대중이 사용할 수 있어야 하고, 과도한 접근을 막을 수 있는 조절 장치도 있어야 한다.

첫 번째 문제는 재료를 구하는 것이다. 가능한 방법은 인터넷을 이용하는 것이지만, 기존의 웹 브라우저는 너무 일반적이다. 자동으로 검색엔진에 질의를 보내서 사용자가 클릭할 수 있는 링크를 제공하도록 하는 전용 웹 클라이언트를 작성하는 것이 좋다(가상공간에서 사용자가 길을 잃거나 항구에 대한 내용을 벗어나면 어떻게 하나?). 다른 방법으로는, 재료를 다운받아서 멀티미디어 제품의 형태로 바꾼다. 이 경우에는 어떻게 재료를 저장하고, 조직하고, 추출하고, 최신으로 유지되게 할 것인가? 세 번째 방법은 기존의 소스에서 재료를 얻어서 이를 디지털화하는 것이다. 이 방법의 비용을 추정하고 복제권 문제를 생각해 보라.

두 번째 문제는 모든 연령과 능력의 사람이 쓸 수 있는 적당한 인터페이스를 설계하는 일이다. 이것은 특별히 강조할 필요가 없는 고전적인 설계 문제이다. 인터페이스가 주제와 연관된다면 더 좋을 것이다.

7. 미술대학의 졸업작품 발표를 안내하는 웹 사이트를 만들어라. 유리, 도예, 패션 디자인, 극장 설계, 그래픽, 삽화, 사진, 비디오, 애니메이션, 회화, 조각 등의 다양한 범위의 전시가 가능해야 한다. 실제 전시될 때의 작품 크기를 나타낼 수 있어야 하고, 학생이 작품에 짧은 설명이나 개인 이력을 적을 수 있도록 해야 한다. 사용자가 가상 전시나 실제 전시에서 잘 다닐 수 있도록 충분한 컨트롤을 제공해야 한다.

이것은 멀티미디어에서 고전적인 문제이다. 이 경우에는 멀티미디어가 실제 전시회의 부수적인 역할을 한다. 그 자체로서 매력적이고 유용해야겠지만, 주요한 기능은 졸업작품 전시회를 광고하고 안내 역할을 하는 것이다. 따라서 지도, QTVR, 기타 3-D 표현을 이용해서 전시장의 실제 공간을 표현해야 한다. 학생의 작품도 돋보이도록 해야지 웹이 화려해서 작품이 죽으면 안 된다. 다른 유형의 작품 — 회화, 조각, 비디오 등 — 은 그 특성을 나타내기 위한 방법이 달라야 한다. 모든 전시회에 쓸 수 있는 형태로 만들려는 함정에 빠지지 말라. 특정 작업에 맞는 해결책을 찾도록 해야 한다.

실제 미술 대학이나 실제 학생 작품을 다루는 교수와 작업할 수 있으면 더 좋다.

8. 부동산 체인점에서 본점에 데이터베이스를 두어서 매물 부동산에 대한 사진, 비디오, VR 자료를 지점에서 접근하게 하려고 한다. 지역망이 아닌 인터넷을 이용해서 시스템을 구축하라. 본점에 저장된 내용을 클라이언트가 쉽게 볼 수 있어야 한다.

실제로 사용되는 멀티미디어 응용에 해당한다. 규모가 크고, 기술적인 프로젝트라서 상당한 기술적 숙련도가 있는 사람으로 팀을 만들어야 한다. 서버와 클라이언트 측의 설계와 계산이 핵심적인 부분이다. 서버측에서는 멀티미디어 데이터를 저장할 데이터베이스를 설계하고 구현해야 한다. 클라이언트측에서는 고객이 원하는 대로 충분히 감동을 주는 인터페이스를 만들어서 부동산의 자세한 내용을 표시해야 한다. 클라이언트와 서버는 통신을 해야 한다. 기존의 웹 브라우저 인터페이스에는 HTTP와 CGI가 적당하지만, 더 좋은 해결책을 찾아야 할 수도 있다.

9. 녹음된 사운드와 정지 이미지(비디오가 아님)를 상호작용 없이 반복적으로 보여주는 캠퍼스 생활에 대한 프레젠테이션을 만들어라. 휴게실이나 대기실에서 상영되는 것이 목적이고, 지원자에게 흥미를 끌 수 있어야 한다.

비교적 간단한 수단을 이용해서 제품을 만들고 통신 숙련도를 연습할 수 있다. 결과는 반복되는 슬라이드 쇼로 나타난다. 너무 단순해서 보는 사람이 지루해하지 않도록 가능한 상상력과 흥미 요소를 동원해야 한다. 명확한 것은 피하고, 해학적이거나 아이러닉한 그림과 사운드의 배치를 이용하여 강조 효과를 내야 한다. 제품의 진행과 흐름을 고려하고, 재료 요소 간의 다양하고 동적인 관계를 만들도록 해야 한다. 정지 이미지와 같은 매체는 다양한 형태의 소스에서 오며 디지털적으로 처리되고 조합될 수 있다. 사운드 하나만으로도 강력하게 만들 수 있으며, 잠재성을 최대한 이용하라.

10. 하이퍼텍스트, 디스플레이, 프레임 등이 어떻게 동작하는지 생각하고, 코란, 불교 경전, 인도의 성전, 셰익스피어의 작품에 주석이 많이 들어 있는 원고를 스크린에 표시하는 프레젠테이션 레이아웃을 설계하라.

책에서는 각주와 미주의 형태로 표시된다. 디지털 미디어는 이런 형태에서 자유롭지만 어떻게 해야 하는가? 번호 붙인 주석을 텍스트 뒤에 붙이기보다는 각주 표시 자리에 HTML 앵커를 놓을까? 여기서의 목적은 텍스트와 주석을 연관시키는 장치를 스크린 레이아웃의 특징을 이용해서 고안하는 것이다. 편리하고, 필요한 곳에 놓이고 거슬리지 않아야 한다. 웹 기술의 한도 안에서 작업해야 하고(스크립트를 작성해야 할 수도 있다), 그래야 원형을 만들 수 있다. XML 마크업에서 텍스트가 자동으로 생성되도록 하는 방법을 생각할 수도 있다.

11. 시각 장애 어린이가 길에서 소리를 통해 상황을 식별할 수 있도록 교육하는 교통 안전 설치물을 만들어라. 적절한 인터페이스를 통해 간단한 상호작용을 할 수 있어야 한다. 예를 들면, 요소 반복, 지시 시작과 종료 등이다.

이것은 단지 WAI 컨텐츠 접근 지침을 적용하는 연습을 하는 것이 아니다. 사운드는 중요한 부분이지만 해석되어야 한다. 단지 안내하거나 정보를 모아 놓은 것이 아니라 완전한 교육 환경이 필요하다. 어린이나 특수 목적을 위한 설계뿐만 아니라, 멀티미디어의 교육적인 이용에 대해서 연구하고 생각할 기회를 준다. 인터페이스는 단지 웹 브라우저를 흉내내는 것이 아니고 교육 목적에 적합한 특수 컨트롤을 제공해야 한다. 플래시가 원형을 구현하는 적절한 툴이 될 수 있다.

12. 비디오 편집 응용프로그램에 이미 편집된 짧은(5분 정도) 비디오나 애니메이션을 불러온다. 내용을 보고 설명하기 적합하거나 전체 내용을 대표하는 20 내지 30개의 프레임을 고른다. 이것을 (a) 스토리보드로 만들고, (b) 시간-기반 애니메틱으로 만들어라.

스토리보드는 연재만화처럼 연속된 정지 이미지로 이야기를 전달하는 것이다. 애니메틱은 시간-기반 환경의 정지 이미지로 구성한 영화에 대한 일종의 스케치이다. 모든 정지 이미지는 장면의 핵심을 잡아야 한다. 애니메틱은 제안된 편집 리듬과 전체 영화의 흐름을 보여준다. 스토리보드와 애니메틱의 차이는, 스토리보드는 정적이고 애니메틱은 시간-기반이고 전체 내용을 나타낸다는 것이다.

여기서는 스토리보드에 작업을 거꾸로 연습한다. 시간-기반 시각 매체를 어떻게 만드는지 생각하도록 하며, 자신이 이런 일의 구조와 해설 계획을 세울 수 있도록 하는 데 목적이 있다. 문제는 9000개에서 몇 개의 키 프레임을 선택하는 일이다. 원 화면을 보지 않은 사람을 대상으로 결과를 테스트해 보아야 한다 — 성공 여부는 사람들이 얼마나 이야기의 내용을 이해했는지를 측정해 보면 된다.

13. 국제 화상회의를 통해서 학생들이 멀티미디어 교과에서 얻은 경험과 생각을 교환할 수 있도록 인터페이스를 설계하라 — 적당한 툴이 있으면 시제품을 만들어 보라.

무엇을 조종하고, 무엇을 보이고, 이렇게 할 수 있는 가장 좋은 수단에 대해서 생각하라. 가장 비슷한 것이 무엇이라고 생각하는가(전화, TV 보기, 회의실)? 기반이 되는 기술에 대해서는 어떤 가정을 하거나 해야 하는가?

사용되고 있는 몇 가지 원격회의 프로그램이 있으므로, 이것을 먼저 보는 것이 좋다. 응용에 적합한 인터페이스에 대해서 생각해 보아야 한다. 한 가지 방법은 3차원 표현을 사용하는 것이다.

14. 자신의 디자인 능력을 잠재적인 고용주나 고객에게 보일 수 있도록 하는 목적의 웹 사이트를 만들어라. 이 과제에는 예산이 없다(사용 가능한 장비를 이용하는 것을 제외하고). 컨텐츠는 로얄티 없는 재료로만 구성해야 한다.

이 프로젝트의 목적은 제품화의 고려없이 자신의 웹 디지인 능력을 이해하고 극대화하기 위한 것이다. 그러나 웹 사이트가 일관되도록 컨텐츠를 선택하고 조직해야 한다. 원하는 모든 웹 기술을 사용해도 좋지만, 느린 연결을 통해서도 볼 수 있도록 옛날 브라우저에도 잘 옮길 수 있어야 한다. 가능한 많은 다양한 플랫폼에서 테스트해 보아야 한다. 고객이 스크립트 에러 메시지를 보게 되면 감명을 받지 못한다.

15. 특정 지역에 분포하는 새를 구분하는 데 도움을 주는 멀티미디어 응용프로그램을 작성하라. 정지 이미지, 사운드, 텍스트 — 가능하면 플래시 무비와 비디오(불가능하면 동영상 없이) — 를 이용하라. 예를 들어, 새의 자세한 모양에 대한 정보뿐만 아니라 꼬리 날개짓을 보거나 지저귀는 소리 샘플을 들을 수 있는 인터페이스를 제공해야 한다.

이 프로젝트의 목적은 가능한 최선의 방법으로 정확하게 요구사항을 만족하는 최종 제품을 만드는 것이다. 요구사항은 새의 구별을 돕는 것이다 — 카탈로그나 프레젠테이션이 아니다. 새는 크기, 색상과 표시, 목소리, 습관, 행동 등과 같은 정보에 의해서 구별된다. 어떤 특징이 구별하는 데 도움을 주는지 결정(연구)해야 하고, 사용자가 이런 특징을 이해하고 자신이 선택한 지역의 새와 부합하는지 비교하는 데 도움을 주어야 한다. 맨바닥에서부터 이상적인 해법을 만들고자 생각해 보라 — 기존의 비슷한 멀티미디어 프로그램을 보고 도움을 받을 수는 있지만 그대로 복제하지는 말라.

16. 여러 레이어의 스크린·인쇄를 멀티미디어 화랑 전시 형태로 바꾸기를 원하는 예술가가 있다. 원래 인쇄된 이미지는 24 레이어이고, 개별적으로 스캔될 수 있다. 각 레이어에는 한 가지 색상의 추상적인 모양이나 마크가 있다; 어떤 것은 불투명이고 어떤 것은 반투명이다. 프레젠테이션에서 이 모양과 표시는 다른 것에 무관하게 이동될 수

있어서, 이미지를 조합할 수 있는 가짓수는 무한대가 된다. 여기서의 궁극적인 목표는 어느 순간 사용자가 이동의 멈추고, 그 순간의 이미지 조합을 프린트 하도록 요청할 수 있게 하는 것이다.

이것도 간단한 것처럼 보인다. 플래시와 자바스크립트 같은 기술을 이용해서 레이어 애니메이션이 가능할 것이다. 그러나 기술이 재료와 맞아야 한다. 예를 들면, 투명도를 올바로 처리하는가? 레이어의 임의적인 이동을 어떻게 만드는가도 재미있는 문제이다. 예측할 수 없게 돌리는 효과가 필요할 것이다. 이것을 어떻게 만드는가? 만약 사용자의 응답이 약간 느려서 정지하고자 하는 상태를 벗어난다면, 어떻게 실제 원하는 이미지를 가져오게 할 수 있는가?

이 프로젝트의 실제 어려운 점은 사용자가 현재 표시되는 내용의 프린트를 요청할 수 있게 한다는 것이다. 정교한 예술작품에서 화면 해상도를 프린트하면 질이 떨어진다. 화면이나 프린트에서도 정확한 컬러가 중요하다. 프린트 요청이 있을 때 화면에 표시된 것과 같은 고해상도의 이미지를 어떻게 프린트할 것인가?

17. 이 프로젝트는 그룹으로 수행해야 한다. 모든 구성원이 텍스트, 오디오, 비디오, 애니메이션, 정지 이미지를 구해와야 한다. 다른 그룹과 차별화되기 위해 필요한 전체 개수를 정해야 한다. (예를 들면, 그룹 구성원이 10명이면 각자 9개씩 구해와야 한다.) 구해온 재료의 모임이 중요하지, 재료 간의 연관성은 필요없다. 이 재료를 이용해서 풍부한 매체의 웹 사이트를 만들어라. 처음에는 개별적으로 작업하고, 개별적인 것을 모아서 전체를 만든다.

사전에 구성원들이 협동하지 않도록 하는 것이 중요하다. 개개인이 사전에 통제되지 않은 상태에서 재료들을 구해와야 한다. 한 명은 텍스트, 누구는 많은 사운드 파일을 구해와서 모든 유형의 재료가 균형을 잡을 수도 있다. 확보된 것을 가지고 최선을 찾는 것이 요점이다. 다양한 매체가 주어지면 연결점이나 비교점을 찾아서 이것을 이용할 방법을 찾아야 한다.

이 프로젝트는 작은 규모 — 예를 들면, 특정 수업반 형태 — 로 수행될 수도 있고, 전 세계의 여러 그룹의 연합인 큰 규모로 수행될 수도 있다. 특정 주제에 한정해서 집중할 수도 있고, 주제를 개방해 놓을 수도 있다.

18. 웹로그는 웹 사이트에서 점점 많아지고 있다. 대부분의 텍스트 주석은 날짜별로 사이트에 자주 올라온다 — 보통은 한 페이지이다. 웹로그를 넣을 수 있도록 적당한 프레임워크를 제공하는 사이트 레이아웃을 설계하라. 고유한 형태의 템플릿을 만들 수 있는 웹로그 시스템이 있다면 이런 형태를 자신의 설계에 구현하라.

각 항목으로 이루어진 전체 페이지 레이아웃을 설계해야 한다. 페이지는 시간이 지남에 따라 커지기 때문에 고정된 높이를 가질 수 없고 스크롤이 필요하다는 것을 기억하라. 항목이 주기적으로 추가되기는 하지만 무한히 추가되지는 못한다. 짧은 텍스트 조각이 차례차례 배치되는 딱딱한 형태로는 하지 말라. 그래픽을 어떻게 넣고, 재미있게 페이지를 만들면서도 다운받는 시간을 늘이지 않게 할 수 있는 방법에 대해서 생각하라.

19. 많은 그래픽과 플래시 무비를 사용하기 때문에 전화선 연결을 쓰기에는 느린 웹 사이트를 찾아라. 같은 정보를 유지하지만 낮은 대역폭 연결을 쓸 수 있도록 경량화된 버전을 만들어라.

여기에는 두 개의 작은 문제가 있다. 첫 번째는 원래의 사이트에서 정보를 추출하고 현재 프레젠테이션과 독립적으로 만드는 것이다. 다음에는 같은 정보를 낮은 대역폭 요구에 맞도록 만드는 일이다. 순전히 텍스트만 사용하는 것이 유일한 방법이라고 가정하지 말라. 예를 들면, 벡터 포맷의 그림이 같은 정보를 텍스트로 설명하는 것보다 더 빠를 수 있다. 접근 방법과 매체가 바뀌어도 일관성과 접근성을 유지하는 것이 어려운 점이다.

20. HTML로만 이루어진 건조한 사이트를 찾고, 생동감 있는 플래시 버전을 만들어라. 새로 만든 사이트가 더 빨리 적재되어야 한다.

보이는 모든 것을 애니메이션시키면 더 생동감이 있게 되지만, 곧 질린다. 원래 사이트의 기능과 내용을 잘 보고 애니메이션, 컬러, 상호작용 등을 만들어야 사이트를 이용하는 방문자에게 더 즐겁고 유익해진다. 이것은 그렇게 쉽지 않다.

21. 가전제품의 역사나 유명인의 경력과 같이 시간순으로 나열하는 것이 자연스러운 주제를 담고 있는 웹 사이트를 설계하라. 시간선

(timeline)이 사이트의 기본 조직 원리로 사용된다. 이런 구조에 맞는 내비게이션 컨트롤을 추가하라.

여기서 시간선은 프레젠테이션의 형태로 간주되며, 시간-기반 프레젠테이션을 만드는 수단이 아니다. 중요한 사건이 시간선에 강조되어 있는 사이트의 시간적인 개발에 대해서 알아야 한다. 각 이벤트에 해당하는 서브페이지로의 링크도 추가해야 한다. 서브페이지도 시간적으로 또 연결되어야 한다. 모든 페이지는 시간선의 어디에 위치하는지에 대한 표시를 가져야 한다 — 한 가지 방법은 전체 시간선에 대한 그래픽이 있고 현재 위치가 강조되어 표시되도록 하는 것이다.

22. 그룹을 만들어서 영화평을 하기 위한 웹 사이트를 제작한다(새로운 영화가 아니라도 된다. 최근에 TV에서 본 영화나 빌려온 DVD나 비디오라도 좋다). 각자의 감상평, 출연진 목록, 대강 줄거리, 배우 등급을 적기 위한 표준 레이아웃을 그룹에서 설계해야 하며, 이 레이아웃에 기반해서 각자 페이지를 만들어야 한다.

템플릿 사용을 지원하는 웹 저작 패키지를 사용하면 개인적인 논평을 넣을 수 있는 표준 레이아웃을 만들 수 있다. 각 논평은 한 페이지에 국한되지 않는다. 요약 페이지를 두고, 자세한 내용은 서브페이지로의 링크로 설정하는 것이 더 좋을 수도 있다. 이미지나 다른 사이트로의 링크와 같은 멀티미디어 요소를 자유롭게 사용해도 된다.

그룹의 구성원들이 숙련되어 있고 서버에서 프로그램을 만들 수 있다면, 이 아이디어를 웹 응용프로그램으로 확장하여 사용자가 자신만을 논평과 등급을 매기게 할 수 있도록 하라.

23. 자신이 관심있는 주제를 골라라 — 자신이 좋아하는 밴드, 스포츠팀, 비디오 게임; 정치 환경 문제; 지역 역사, 우표 수집 등. 이와 관련된 수많은 사이트가 있을 것이다. 웹을 뒤져서 가능한 많은 링크를 만들고(적어도 100개), 이들 링크를 체계적으로 제공하는 웹 사이트를 만들어라.

주제 분류와 같은 것은 길을 찾는 데 도움을 준다. 물론 분류는 오래된 학문 분야이고, 링크를 조직할 때 도서관에서 사용되는 방법을 살펴볼 수도 있다. 자신의 사이트는 다른 방법으로 링크가 조직되도록 방법을 찾을 수도 있다. 서버측 계산을 통해서 동적으로 목록을 작성하도록 할 수도 있다. 프레젠테이션도 생각해야 한다. URL의 긴 목록은 좋지 않다. 링크에 어떤 텍스트를 적을 것인가? 페이지에 목록을 어떻게 조직하여 읽기 쉽게 만들 것인가? 목록을 여러 페이지로 나눌 것인가, 아니면 구조를 표현하기 위한 레이아웃을 이용할 것인가?

24. 잘 아는 프로그램의 간단한 동작법을 여러 개의 화면 캡처로 받아라. 이 화면과 최소한의 설명 텍스트를 이용해서 초보자에게 이 프로그램의 사용법을 설명하는 웹 페이지를 만들어라.

이런 종류의 동작에는 포토샵에서 이미지 크기를 바꾸거나 MS 워드에서 탭 간격을 설정하는 것이 있다 — 대화상자를 띄우거나 설정을 위한 상자를 만드는 것이면 아무것이라도 좋다. 동작 중에서 언제 화면을 받아야 하는지를 결정해야 한다. (시스템에 내장된 화면받기 기능이 싫으면 여러 가지 화면받기 유틸리티를 사용할 수 있다.) 중요한 부분을 강조하거나 자르기를 해야 할 수도 있고, 세선화와 필터링을 적용하여 텍스트를 읽기 쉽게 해야 할 수도 있다. 화면에 대한 설명을 만드는 것을 생각해야 하지만 — 관련된 컨트롤 주위에 강조하는 원을 그려야 된다 —, 화면에서 받은 이미지와 설명을 위해 추가한 것을 사용자가 쉽게 구별할 수 있어야 한다. 마지막으로, 이미지는 웹 페이지에 분명히 이해할 수 있는 순서대로 배치되어야 한다.

25. 자신이 사는 지역의 흥미있는 장소를 소개하는 간단한 웹 사이트를 만들어라. 모든 종류의 장애가 있는 사람도 쉽게 접근할 수 있도록 설계되어야 한다. 장애가 있든 없든 모든 사람에게 가능한 한 흥미를 끌 수 있도록 사이트를 만들어야 한다.

WAI의 컨텐츠 접근 지침이 시작점이 될 수 있다. 이 지침에 따라서 주의 깊게 구현하는 연습이 된다. WAI가 지적하는 한 가지는 접근 가능한 설계는 단조롭지 않아야 하고, 모든 사람이 정보에 접근하고 사이트 내비게이션을 할 수 있어야 한다. 모든 이미지에 **alt** 속성을 추가할 필요는 없다. 단지 사이트의 정보를 쉽게 찾을 수 있도록 만들면 된다. 자신이 설계한 것을 다양한 장애를 가지고 다양한 보조 기구를 이용하는 사람들을 대상으로 테스트해 보아야 한다.

이 프로젝트의 주안점은 접근성이다. 따라서 흥미있는 장소 목록을 정확하게 하기 위해서 너무 많은 시간을 소비할 필요는 없다. 예를 들어, 대도시에 살고 있다면 모든 장소를 다 담으려고 하지 말라. 작은 지역이나 대표적인 몇 군데를 선택하면 된다. 장애인이 접근할 수 있는 정보를 담을 수도 있다.

26. 한 장소에 대한 두 벌의 사진을 찍는다. 첫 번째는 적당한 장소를 찾아서 360도 파노라마 경치를 만들 수 있도록 한 벌의 사진을 찍는다. 두 번째는 그 지역을 찾아가서 특정 위치의 상세한 사진을 찍는다. 필요한 사진을 다 얻었으면 첫 번째 사진들을 이어 붙여서 드래그 가능한 파노라마를 구성하는 웹 사이트를 만들어라. 파노라마의 핫스팟에는 두 번째 찍은 사진을 연결시켜서, 클릭하면 해당하는 상세한 사진을 볼 수 있도록 한다. 설명을 분명히 해서 방문자가 어떻게 해야 할지를 잘 알도록 해야 하며, 핫스팟이 어디인지를 나타내는 시각적 표시가 있어야 한다.

첫 번째 사진들을 이어 붙이는 것은 어려운 작업일 수 있다. 특수 삼각대와 소프트웨어를 이용해서 파노라마를 만들 수 있다. 이것이 없다면 만들어야 한다. 일반적인 패닝을 잘 이용하면 같은 평면에 360도를 커버하는 사진들을 얻을 수 있다. 이 사진을 포토샵에서 조합한다. 끊어짐 없이 연결시키기 위해서는 약간의 이미지 조작이 필요하다.

파노라마를 드래그 가능하게 하고 핫스팟을 추가하기 위한 기술은 선택적이다. 플래시를 사용하는 것이 가장 쉽다. QuickTime VR도 한 가지 방법이다. 프로그래머는 자바 애플릿을 만들어야 할 수도 있다.

27. 짧은 애니메이션 영화에 새로운 상호작용을 넣고자 한다. 10분 분량의 영화는 기존의 애니메이션 기법을 이용해서 프레임별로 만들어졌고, 컴퓨터로 캡처하여 사운드 트랙이 추가되었다. 영화가 만들어지는 과정을 관객이 더 잘 이해할 수 있도록 하고, 자유롭게 개별 프레임과 순차를 선택할 수 있도록 하고자 한다. 더 나아가서 관객이 영화를 재편집하고, 자신이 편집한 버전을 상영할 수 있게 만들고 싶다. 다시 처음 버전으로 돌아가라는 명령을 내리거나 또 다른 재편집이 일어나기 전까지 이 버전이 유지된다. 공공 장소에 설치하기 적합한 장치를 구현하라. 상영되는 영화는 TV 모니터에 표시되거나 컴퓨터

와 분리되어 비디오 프로젝터에 표시된다.

특수한 프로그램을 하지 않고서는 어떻게 구현해야 할지 알기 어렵다. Apple사의 iMovie와 같은 가전용 데스크탑 비디오 편집기 중의 하나를 사용하는 것을 고려해 볼 수 있다. 그러나 그러기 전에 훈련되지 않은 관객이 이것을 사용할 수 있는지를 주의깊게 생각해 보아야 한다. 독자적인 해결법을 선호한다면 최소한의 인터페이스를 고안해서 사용자가 조절을 한다고 느낄 만큼 충분한 편집 기능을 수행하도록 해야 한다. 하지만 조작법을 설명하지 않더라도 익힐 수 있도록 간단해야 한다. (프로그래머가 아니면 이런 인터페이스를 구현하지 않고 디자인을 하려고 한다.)

기술적인 생각이 있는 사람은 다른 사람이 새로운 편집을 하는 동안에 이전 버전을 어떻게 유지할 것인가에 대한 문제를 생각해야 한다.

28. 미래에 사용될 휴대형 관광 안내기를 상상해 보자. 전원을 켜면 작은 디지털 장치에서 말이 나와서 어디에 있는지를 알려준다. 무엇을 알고 싶은지를 묻고, 적절한 멀티미디어 재료를 보여주면서 현재 위치에서 어떻게 원하는 곳까지 가는지 방향을 알려준다. 사람을 대신해서 여행사와 숙박지에 예약을 하고, 필요한 추가적인 정보를 위해 웹사이트에 연결해준다. 스스로 최신 정보로 갱신되며, 사용자의 특성에 맞춰서 도움을 주기 위해서 사용한 내역을 기억한다. 이런 시스템의 사양을 만들고, 필요한 숙련과 설비가 있다면 할 수 있는 부분을 구현하라.

이것은 현재의 기술 능력을 뛰어넘는 야심찬 프로젝트이다. 그렇다고 어떤 하드웨어, 소프트웨어, 통신이 필요한지 생각을 못할 이유는 없다. 현재 사용할 수 있는 비슷한 장치를 살펴보는 것으로 시작할 수 있다: 휴대형 PDA, 핸드폰, 인터넷. 기술적인 격차가 그리 큰 것은 아닐 수 있다. 그러나 기술 이외의 부분이 무엇인지에 대해서는 생각해야 한다. 누가 정보를 제공할 것인가? 어떻게 지불할 것인가?

부분 작업의 일부를 구현하는 것이 가능할 수 있다. 가능한 많은 부분을 조합해서 의도한 구현을 따라갈 수 있도록 하나의 시스템으로 통합하라. 자신의 시제품이 위의 설명과 얼마나 근접했는지 솔직하게 평가하라. (일반적인 소비자의 관점에서 평가하라.)

29. Malcolm McCullough는 다음과 같이 말한다. "글자 그대로 산업화 과정의 영국 기술자가 직물짜는 일을 멈추었듯이, 포스트 모던 소비자는 직물짜는 일을 멈출 것이라고 말할 수도 있다." [Malcolm McCullough, *Abstracting Craft: The Practiced Digital Hand*, MIT Press, 1998, p. 73]

이 책의 시작 부분에 있는 어둡고 폭풍치는 밤을 다시 생각해서, 포스트 모던 소비자가 다시 직물을 짜도록 하는 흥미있고 유익한 웹 사이트를 설계하라.

꿈꾸고 계획을 세우는 과제이다. 실제로 만들 필요는 없다 — 실제 그렇게 해야 할 위치에 있다고 느끼지 않는다면. 여러 갈래가 정해져 있는 이야기를 제공하는 것이 아니다. 미래의 새로운 멀티미디어 형태를 발명하고자 하는 것이다. 사용자가 찍물을 짜도록 만들고, 모든 가능한 매체를 조합할 수 있고, 시작은 같아도 자신만의 완성품을 만들 수 있는 멀티미디어 제품이 되기 위해서는 무엇이 필요한가? 상상력에 제한을 두지 말고 이것이 가능해지기 위해서는 무엇이 필요한지 열심히 생각하라. 누군가가 그 방법을 이끌어야 할 수도 있다.

참고문헌

다음 참고문헌은 추가적인 정보나 유용한 배경 지식을 제공하기 위한 것들로 선정되었다. 이 책이 개론서이기 때문에 주로 책이나 튜토리얼들이 많고, 연구를 위한 안내서를 제공하지는 않는다.

월드 와이드 웹이 빠르게 바뀌기 때문에 웹 페이지 참조는 조금만 넣었다. 대부분은 그 위치가 어느 시간 정도는 유지되는 표준화 문서에 대한 것이다. 이 책과 관련된 웹 사이트는 www.digitalmultimedia.org이며, 여기에는 관련 웹 사이트 링크를 모아 놓았고, 이 참고문헌의 내용도 확장된 버전이 들어 있다.

Adobe Systems Incorporated, *Adobe Type 1 Font Format*. Addison-Wesley, 1990.

▶▶ 이 사양은 PostScript Type 1 폰트가 어떻게 저장되는지에 관한 정보를 제공하며, 폰트 설계자에게 필요한 힌트를 준다.

Adobe Systems Incorporated, *Portable Document Format Reference Manual*. Addison-Wesley, 1993.

▶▶ PDF가 무엇인지 알고 싶으면 이 책을 보라.

Apple Computer, Inc. *Demystifying Multimedia: A Guide for Multimedia Developers from Apple Computer, Inc.* Apple Computer, Inc, 1993.

▶▶ 이 책은 주로 관리자를 대상으로 하고 있으며, 기술적인 내용은 적고 내용도 오래되었지만(대부분 CD-ROM 제작에 대한 것이다), 멀티미디어

제품 과정은 여러 작업이 어떻게 연관되는지 잘 나와 있다. 멀티미디어에 종사하는 사람들의 인터뷰와 사례 연구도 소개한다.

Roland Barthes. *Image – Music – Text.* Fontana, 1977.

▶▶ 미디어와 멀티미디어의 문화적인 측면에 관심있는 사람을 위한 에세이 모음이다. 저자는 다른 책도 몇 권 저술했으므로, 관심있는 사람은 찾아보기 바란다.

Gregory A. Baxes. *Digital Image Processing: Principles and Applications.* John Wiley & Sons, 1994.

▶▶ 대부분의 이미지 처리 서적이(포토샵 사용법을 다루는 소개서는 제외하고) 매우 수학적이며 이미지 분석과 인식을 주로 다룬다. 이 책은 이미지 조작의 넓은 범위를 쉽게 접근할 수 있도록 다룬다. 샘플 이미지에 대한 처리 효과의 많은 예들이 포함된다.

Tim Berners-Lee, Roy T. Fielding and Larry Masinter. *Uniform Resource Identifiers(URI): Generic syntax.* RFC 2396, IETF, 1998.

▶▶ URI의 정식 정의이며, URL을 부분으로 포함하고 있다.

Lewis Blackwell. *20th Century Type.* Laurence King Publishing, 1992.

▶▶ 지난 세기 인쇄술의 중요한 발전 역사서이다. 폰트와 인쇄술에 관심있는 사람은 읽어보라.

Scott O. Bradner. *The Internet standards process – revision 3.* RFC 2026, IETF, 1996.

▶▶ 인터넷 표준 문서가 어떻게 만들어지는가: 과정에 대한 설명은 표준이 무엇을 뜻하는지에 대한 식견을 갖게 해준다.

Rob Carter. *Experimental Typography. Working with Computer Type 4.* RotoVision, 1997.

▶▶ 다른 책보다 주제에 대한 안내가 더 잘 되어 있다. 레이아웃에 전통적으로 사용되던 규칙에 대한 설명이 있고, 이 전통을 깨는 것에 관한 조언을 한다. 많은 예제가 있다.

Cascading Style Sheets, level 1, www.w3.org/TR/CSS1.
Cascading Style Sheets, level 2, www.w3.org/TR/CSS2.

▶▶ 두 개의 문서는 CSS 언어의 정의와 정확한 사용처에 대한 내용을 포함한다.

Jenny Chapman. *www.animation: Animation Design for the World Wide Web*, Cassell & Co, 2002.

▶▶ 웹 애니메이션 기법에 대한 간결한 조사와 방대한 웹 상의 애니메이트된 사이트를 소개한다.

Nigel Chapman. *Flash 5 Interactivity and Scripting*. John Wiley & Sons, 2001.

▶▶ 프로그래머를 위한 플래시 스크립트에 관한 고급 기법을 소개한다. 약간 오래된 내용이다.

Nigel Chapman and Jenny Chapman. *Digital Media Tools*. John Wiley & Sons, 2nd edition, 2003.

▶▶ **디지털 멀티미디어**의 실제적인 튜토리얼과 디지털 멀티미디어 제작, 조작, 조합에 사용되는 6가지 유명한 응용프로그램인 플래시, 드림위버, 포토샵, ImageReady, Illustrator, Premiere를 소개한다.

Jeff Conklin. Hypertext: An introduction and survey. *IEEE Computer*, 20(9):17–41, September 1987.

▶▶ 하이퍼텍스트와 하이퍼미디어에 대한 초기 표준 조사 자료이지만 생각만큼 그리 오래된 것은 아니다. 이 논문이 나오고 나서 WWW가 출현했지만 여기서 제시한 많은 이슈는 연관을 가지며, XML의 개발에도 연관된다.

Jon Crowcroft, Mark Handley and Ian Wakeman. *Internetworking Multimedia*. Taylor & Francis, 1999.

▶▶ 17장에서 간단히 설명한 내용을 충실히 다루고 있으며, 멀티캐스팅, 프로토콜, 화상회의도 포함된다.

Document Object Model (DOM) level 1 specification, www.w3.org/ TR/REC-DOM-Level-1.

Document Object Model (DOM) level 2 specification, www.w3.org/TR/ WD-DOM-Level-2.

▶▶ 웹 페이지 스크립트의 기본인 XML과 HTML에 대한 추상적이고, 언

어 독립적인 정의가 있다.

ECMA. *ECMAScript: A general purpose, cross-platform programming language.* Standard ECMA-262, 1997.

▶▶ ECMAScript 언어의 매뉴얼이며, JavaScript와 ActionScript의 기초가 된다. 호스트 시스템을 설명하지는 않기 때문에 웹 스크립팅의 완벽한 매뉴얼은 아니다.

Elaine England and Andy Finney. *Managing Multimedia: People and Processes.* Addison-Wesley, 3rd edition, 2002.

Elaine England and Andy Finney. *Managing Multimedia: Technical Issues.* Addison-Wesley, 3rd edition, 2002.

▶▶ 멀티미디어 프로젝트는 복잡하기 때문에 관리가 필요하다. 이것이 여기서 다루는 주제이다.

Christine Faulkner. *The Essence of Human-Computer Interaction.* Prentice-Hall, 1998.

▶▶ HCI와 편의성에 대한 생각들을 조사해 놓았다.

Roy T. Fielding, Jim Gettys, Jeffrey C. Mogul, Henrik Frystyk Nielsen and Tim Berners-Lee. *Hypertext Transfer Protocol–HTTP/1.1.* RFC 2068, IETF, 1997.

▶▶ 최신 버전의 HTTP에 대한 자세한 설명, 요청과 응답 헤더, 상태 코드

David Flanagan. *JavaScript: The Definitive Guide.* O'Reilly & Associates, Inc., 4th edition, 2001.

▶▶ JavaScript, JScript, DHTML에 관한 많은 책이 있지만, 이 책이 최고이다. WWW에서 JavaScript 언어에 대한 분명하고 철저한 설명을 제공한다. 여기서는 일반 브라우저에서의 실제 구현과 함께 표준의 내용도 담고 있다.

James D. Foley, Andries van Dam, Steven K. Feiner and John F. Hughes. *Computer Graphics: Principles and Practice.* Addison-Wesley, 2nd edition, 1996.

▶▶ 잘 구성된 교재이며 컴퓨터 그래픽에 대한 충분한 설명을 담고 있다. 벡터 그래픽을 위주로 3-D 그래픽의 많은 부분을 포함한다. 주로 수

학적인 접근 방법을 이용하기 때문에 약간 딱딱할 수 있다. 파스칼과 C 버전이 있다.

Veruschka Gotz. *Digital Media Design: Color and Type for the Screen.* RotoVision, 1998.

▶▶ 컬러와 인쇄에 연관해서 디스플레이와 프린트의 차이에 의해서 생기는 문제점을 제시한 훌륭한 개론서이다. 기존에 만들어진 규칙을 나열하는 대신에 디지털 미디어를 자신만의 관점으로 보고 그 특징으로부터 장점을 찾게 유도한다.

Ian S. Graham and Liam Quin. *XML Specification Guide.* John Wiley & Sons, 1999.

▶▶ 'XML 사양에 대한 안내' 이다: 사양에 주석을 달아 설명한 것이다. XML에 관한 깊은 내용을 알려면 이 책을 읽을 필요가 있다.

Ian S. Graham. *XHTML 1.0 Language and Design Sourcebook.* John Wiley & Sons, 2000.

▶▶ HTML과 CSS에 대한 좋은 책 중의 하나이다. 이런 부류에 해당하는 것이 많지만 이 책은 분명하고 정확하다.

Ian S. Graham. *XHTML 1.0 Web Development Sourcebook.* John Wiley & Sons, 2000.

▶▶ 앞의 책과 짝이 되며, HTTP와 CGI, 설계 방법 등 웹 설계에 대한 많은 측면을 설명한다.

Jed Hartman and Josie Wernecke. *The VRML 2.0 Handbook: Building Moving Worlds on the Web.* Addison-Wesley, 1996.

▶▶ VRML에 대한 튜토리얼과 참고서적이며, 모델을 만들고, 배치하고, 상호작용 기능을 추가하는 방법을 보여준다.

HTML 4.0 Specification, www.w3.org/TR/REC-html40.

▶▶ 기술적으로 이 버전은 XHTML 1.0으로 대체되었지만, 대부분 HTML 4.0을 참조하고 있다. 또한 HTML 4.0은 가장 널리 사용되는 HTML 버전이다.

Bob Hughes. *Dust or Magic: Secrets of Successful Multimedia Design.* Addison-Wesley, 2000.

▶▶ 멀티미디어 제품에 관련된 설계와 관리에 대해서 경험자의 설명이 들어 있다.

ICC Profile Format Specification, version 3.4. International Color Consortium, 1997.

▶▶ Colorsync와 같은 컬러 관리 소프트웨어에 사용되는 프로파일 포맷의 완벽한 정의이다. 많은 부분이 프린트와 관련되지만, 멀티미디어 저작을 위해서는 컬러 관리에 대해서 잘 알아야 한다. PDF 파일은 ICC 웹 사이트 www.color.org/profiles.html에 있다.

Introduction to ISO, www.iso.ch/infoe/intro.html

▶▶ ISO의 역사와 표준화 과정에서의 역할에 대해서 나와 있다. 표준의 본질에 대한 논의도 들어 있다.

Johannes Itten, *The Elements of Color*, John Wiley & Sons, 2001.

▶▶ 이전의 저서 *The Art of Color*에 기반한 컬러 시스템에 대한 설명. 훌륭한 도표가 있는 컬러에 대한 고전적인 책이다.

Richard Jackson, Lindsay MacDonald and Ken Freeman. *Computer Generated Color: A Practical Guide to Presentation and Display.* John Wiley & Sons, 1994.

▶▶ 컬러에 대한 인지, 표현, 디스플레이를 간단히 소개한다. 물리학, 사회학, 심리학, 컴퓨터에 관한 내용도 다룬다. 유명 과학 잡지처럼 연속된 짧은 기사들로 구성되어 피상적인 것 같지만, 무시될 수도 있는 주제에 대한 유용한 정보를 많이 담고 있다.

Bruce F. Kawin. *How Movies Work.* University of California Press, 1992.

▶▶ 영화와 멀티미디어는 공통되는 성질이 많지만, 영화는 성숙된 기술과 발달된 관습이 있다. 영화를 이해하면 멀티미디어에 대한 통찰을 가질 수 있고, 어떻게 발전할 지 알려줄 수 있다. 이 책은 영화의 모든 측면에 대한 완벽한 소개서이다.

Issac Victor Kerlow. *The Art of 3-D Computer Animation and Imaging.* John Wiley & Sons, 2000.

▶▶ 3-D 모델링, 렌더링과 애니메이션에 대한 지침서이며, 많은 예제가 들어 있다.

Dave Kosiur. *IP Multicasting: The Complete Guide to Interactive Corporate Networks*. John Wiley & Sons, 1998.

▶▶ 네트워킹에 대해서 가장 읽기 쉽게 쓰여진 책이다. 멀티미디어에 사용되는 주요 프로토콜과 같은 멀티캐스팅의 기술뿐만 아니라 배경이 되는 동기도 분명하게 설명하고 있다.

Kit Laybourne. *The Animation Book*. Three Rivers Press. 'new digital' edition, 1998.

▶▶ 애니메이션에 사용되는 기술과 장비에 대한 실제적인 소개를 한다. 'new digital'이 나타내듯이 컴퓨터의 영향에 대해서 고려하지만 전통적인 매체를 많이 다루며, 두 가지 방식을 모두 강조한다.

David Lowe and Wendy Hall. *Hypermedia and the Web: An Engineering Approach*. John Wiley & Sons, 1999.

▶▶ 소프트웨어 공학을 멀티미디어 제품에 적용하면 품질을 높이고 비용을 줄일 수 있다고 주장한다. 몇 가지 점에서 미심쩍은 면이 있는 것 같지만, 이것에 동의한다면 이 책이 도움이 될 것이다.

Malcolm McCullough. *Abstracting Craft: The Practiced Digital Hand*. MIT Press, 1996.

▶▶ '사고-유발'이라는 표현이 과도하게 나오지만, 다른 좋은 표현이 없다. 전통적인 공예와 디지털 기술, 사람과 디지털 기술의 관계에 대해서 많은 질문을 제기한다. 저자의 해답이 언제나 신빙성이 있는 것은 아니지만 제기된 문제는 멀티미디어에 종사하는 사람에게 중요한 내용이다.

James D. Murray and William vanRyper. *Encyclopedia of Graphics File Formats*. O'Reilly & Associates, Inc., 2nd edition, 1996.

▶▶ 멀티미디어에서 자주 사용되는 100여 개의 그래픽 파일 포맷(GIF, JFIF, PNG 등)의 내부 구조를 설명한다. 따라서 프로그래머에게 도움이 된다. 개요를 설명하는 장에서는 컴퓨터 그래픽과 파일에 저장하는 방법을 소개한다. 많은 정의 문서, 표준 등에 대한 안내를 하고 있으며, 짝이 되는 웹 사이트를 통해서 갱신된 정보와 새로운 포맷을 알려준다.

Mark Nelson and Jean-Loup Gailly. *The Data Compression Book*. M&T

Books, 2nd edition, 1996.

▶▶ 프로그래머를 위해서 데이터 압축 알고리즘을 명확히 설명한다 — 모든 주요 알고리즘이 C로 구현된다. 수학자를 위한다기보다는 실무적인 것을 강조한다. 알고리즘 중에는 허프만, Lempel-Ziv와 변종, JPEG이 포함된다.

Jakob Nielsen. *Designing Web Usability: The Practice of Simplicity*. New Riders. 2000.

▶▶ 유용성에 대한 유용한 논의가 있다. 많은 조언과 실험적인 정당화를 담고 있다. 독단적인 접근 방식을 모든 사람이 동의하지는 않을 것이다.

Michael O'Rourke. *Principles of Three-Dimensional Computer Animation*. W.W.Norton & Company, revised edition, 1998.

▶▶ 3-D 기법에 대한 좋은 조사 자료를 제공.

Ken C. Pohlmann. *Principles of Digital Audio*. McGraw-Hill, 4th edition, 2000.

▶▶ 디지털 오디오에 대한 깊이있는 기술을 다루고 있는 좋은 책이다.

Charles A. Poynton. *Digital Video and HDTV Algorithms and Interfaces*. Morgan Kaufmann, 2003.

▶▶ 디지털 비디오와 아날로그를 포함한 비디오 기술에 대한 자세하고 기술적인 내용을 담고 있다. 대부분은 방송 TV와 연관되지만 멀티미디어와도 연관이 있다.

Jennifer Preece, Yvonne Rogers and Helen Sharp. *Interaction Design: Beyond Human–Computer Interaction*. John Wiley & Sons, 2002.

▶▶ 사용자 중심 설계와 유용성에 대해 잘 정리된 책이다.

Paul Resnick and James Miller. Pics: Internet access controls without censorship. *Communications of the ACM*, 39(10):87–93, 1996.

▶▶ PICS 구조에 대한 튜토리얼 소개를 하며, 배경 원리를 담고 있다. 온라인 www.w3.org/PICS/iacwcv2.htm 으로도 있다.

Joseph Rothstein. *MIDI: A Comprehensive Introduction*. Oxford University Press, 1992.

▶▶ MIDI 소프트웨어 설명은 오래된 것이지만 전체적으로는 MIDI 프로토콜과 사용법이 정확하고 쉽게 설명되어 있다.

Rosemary Sassoon, editor. *Computers and Typography*. Intellect Books, 1993.

▶▶ 기존의 인쇄술과 디지털 인쇄의 관계에 관한 에세이를 모아 놓았다.

Scalable Vector Graphics (SVG) 1.1 specification. www.w3c.org/TR/ SVG11.

▶▶ SVG의 정식 정의서이다.

Henning Schulzrinne, Stephen L. Casner, Ron Frederick and Van Jacobson. *RTP: A transport protocol for real-time applications*. RFC 1889, IETF, 1996.

▶▶ RTP와 RTCP에 대한 완전한 설명이 있다.

Henning Schulzrinne, Anup Rao and Robert Lanphier. *Real Time Streaming Protocol (RTSP)*. RFC 2326, IETF, 1998.

▶▶ RTSP의 모든 방법, 상태 코드 등에 대한 완전한 설명이 있다.

Michael Stokes, Matthew Anderson, Srinivasan Chandrasekar and Ricardo Motta. *A standard default color space for the internet—sRGB*, www.w3.org/Graphics/Color/sRGB.

▶▶ sRGB 컬러 공간에 대해 정의한 문서이다.

Synchronized Multimedia Integration Language (SMIL 2.0). www.w3. org/TR/smil20.

▶▶ SMIL에 대한 정식 정의서이다.

Roy Thompson. *Grammar of the Edit*. Focal Press, 1993.

▶▶ 영화와 비디오에서 다양한 촬영과 카메라 이동, 조합하는 방법, 효과에 대해서 설명한다. 비디오 편집의 지침서로 유용하며, 특히 시간-기반 멀티미디어에서 매체 결합하는 방법에 대해서 참조하면 좋다.

John Tollett, Robin Williams and David Rohr. *Robin Williams Web Design Workshop*. Peachpit Press, 2002.

▶▶ 웹 설계에 관해서 조언하는 많은 책 중의 하나이다. 실제적인 경험에 근거한 내용을 담고 있다.

P. N. Tudor. MPEG-2 video compression. *Electronics and Communication Engineering Journal*, December 1995.

▶▶ MPEG-2 압축(또한 MPEG-1도 해당)에 대한 짧고 분명한 설명이 있다. 온라인 www.bbc.co.uk/rd/pubs/papers/paper_14/spaper_14.htm 에도 있다.

John Vince. *3-D Computer Animation*. Addison-Wesley, 1992.

▶▶ 3-D 모델링, 렌더링, 애니메이션 기법에 대한 소개서이다.

Alan Watt and Mark Watt. *Advanced Animation and Rendering Techniques: Theory and Practice*. ACM Press/Addison-Wesley, 1992.

▶▶ 레이트레이싱, 발광, 기타 3-D 알고리즘에 대해서 알기 원하면, 이 책에서 상당한 기술적인 내용을 발견할 수 있을 것이다.

Web Content Accessibility Guidelines 1.0, www.w3.org/TR/WAI-WEBCONTENT.

▶▶ 웹 페이지를 설계하는 사람은 모두 읽어 보아야 한다.

Raymond Williams. *Television: Technology and Cultural Form*. Fontana, 1974.

▶▶ TV의 문화적인 측면에 대한 고전적인 연구로서, 멀티미디어의 문화적인 측면에 대해서 분석할 때 좋은 참고 자료가 된다.

Adrian Wilson. *The Design of Books*. Chronicle Books, 1993.

▶▶ 전통적인 책 설계의 실제와 가치를 설명한다. 디지털 시대에는 맞지 않지만, 아직도 연관된 것이 많이 남아 있다.

Extensible Markup Language (XML) 1.0, www.w3.org/TR/REC-xml.

▶▶ 정식 XML 사양은 내용이 많고 읽기 어렵다; 연관된 사양(XPointer, XLink, XSL 등)은 다음 사이트 www.w3.org/XML 에서 찾을 수 있다.

용어해설

24-bit colour(24-비트 컬러)

각 픽셀을 표현하기 위해서 3바이트(24비트)를 사용하는 디지털 컬러 표현법; 적, 녹, 청 요소를 각기 1바이트로 한다.

3-D

3차원. 실제의 3차원적 모델에 적용해서 얻어진 이미지 혹은 그런 모델 생성을 위한 응용. 2차원 이미지에 깊이 효과를 주어서 만들 수도 있다(원근 화법, 스테레오그래픽 투사, 쉐이딩 등을 이용).

accessibility(접근성)

웹에서 사이트의 내용을 어떤 종류의 장애를 가진 사람도 접근할 수 있도록 하는 웹 사이트의 특징

ActionScript

매크로미디어사의 플래시 스크립트 언어. ECMA-script에 기반하며, 플래시와 웹 사이트에서 상호작용과 플래시 제어 기능을 만드는 데 사용된다.

ActiveX(액티브X)

마이크로소프트사의 컴포넌트 기술. 프로그램(액티브X 컨트롤)이 인터넷을 통해서 전달되어 클라이언트 기계에서 실행되면서 사용자나 응용프로그램과 상호작용할 수 있도록 한다. 액티브X는 플랫폼-제한적이며, 윈도우즈 운영체제에서만 지원된다.

ADPCM

Adaptive Differential Pulse Code Modulation. 디지털 오디오 압축 기술. 연속된 샘플 간의 차이를 저장하는 것을 기반으로 한다.

ADSL

Asymmetric Digital Subscriber Line. 인터넷 접근을 위한 고속 데이터 연결. 기존의 구리 전화선을 이용한다. ADSL 연결은 다운스트림 방향에서 다이얼 업 연결보다 여러 배 빠르다. 업스트림 데이터 전송률은 일반적으로 다운스트림 전송률보다 느리다.

AIFF

Audio Interchange File Format. 애플 플랫폼에서 디지털 오디오 데이터를 저장하는 데 일반적으로 사용된다. AIFF는 여러 가지 비트 해상도, 샘플링률, 오디오 채널을 지원한다.

algorithm(알고리즘)

특정 문제를 풀기 위한 동작의 순서를 주는 규칙의 집합

aliasing(앨리어싱)

신호 처리에서 언더샘플링에 의한 현상. 주파수 성분이 다른 주파수에 전이된다. 나타나는 현상은 매체에 따라서 다르다. 오디오에서는 음이 왜곡되어 들리고,

이미지에서는 울퉁불퉁한 에지나 물결무늬가 생긴다.

alpha channel(알파 채널)

이미지의 투과 정보를 달리 지정하기 위한 그레이스케일 마스크

analogue(아날로그)

데이터의 특성을 나타내며, 임의의 실수값을 갖기 때문에 밝기와 같은 연속적으로 변하는 신호와 현상을 표현할 수 있다.

animated GIF

하나 이상의 이미지를 포함하는 GIF 파일. 웹 브라우저는 한 번에 한 이미지만 보여줄 수 있으므로, 이 포맷은 애니메이션에 적합하다. 웹 페이지에서 브라우저 플러그-인이 없이도 애니메이션 순차를 보여줄 수 있는 유일한 파일 형식이다.

animatic

핵심적인 정지 이미지의 순차. 시간-기반 매체에서 기간과 함께 제공된다. 위치와 해설도 따른다. 모든 이미지가 순서대로 유지되는 시간 동안 보여진다.

animation(애니메이션)

20세기 초부터 애니메이션은 정지 이미지를 연속적으로 빠르게 보여줌으로써 움직이는 것처럼 보이게 하였다. 정지 이미지는 그림, 물체나 재료의 조작된 사진 등이다. 이 용어는 생명을 주다 혹은 살아 있게 만들다라는 뜻의 **animate**에서 유래되었다. 웹에서 애니메이션은 만들어지거나 계산된 이미지의 움직임을 통해서 웹 페이지를 생동감 있게 만드는 모든 기법을 뜻한다.

antialias; antialiasing(안티앨리어스, 안티앨리어싱)

이미지에서 대비되는 에지(특히 대각선 에지)값을 가진 픽셀을 중간값으로 바꾸는 것이다. 낮은 해상도 이미지에서 거칠고, 계단처럼 보이는 것을 부드럽게 만든다.

API

Application Programming Interface. 응용프로그램이 운영체제나 다른 프로그램과 통신하기 위한 잘 정의된 인터페이스의 집합

applet(애플릿)

주로 자바에서 사용되는 아주 작은 프로그램. 웹 서버에서 다운로드되어, 클라이언트 기계의 웹 브라우저에서 실행된다.

artefact, artifact(결점)

압축 등과 같은 데이터 처리에서 원하지 않는 부작용. 허용 가능한 정도의 왜곡

ASCII(아스키)

American Standard Code for Information Interchange. 글자, 숫자, 구두점, 제어 동작을 표현하기 위한 표준 비트 패턴

assistive technology(보조 기술)

장애를 가진 사람이 컴퓨터를 사용하도록 도와주는 장치. 예를 들면, 음성 입력 소프트웨어, 점자 인쇄기, 큰 글자 표시기 등.

attribute(속성)

어떤 성질에 허용 가능한 제약조건을 가진 이름 있는 성질. 예를 들면, 여러 종류의 HTML 태그에는 높이, 폭 등과 같은 속성이 있다.

bandwidth(대역폭)

통신 채널을 통한 최대 데이터 전송률

Bézier curve(베지어 곡선)

두 개의 종점과 한 쌍의 유향 선분으로 곡선이 종점에서 선분의 변화율을 나타낼 수 있는 곡선. 베지어 곡선은 부드럽게 연결하는 데 유용하다.

bit(비트)

binary digit; 0과 1 값만을 갖는 디지털 정보의 최소 단위

bit depth(비트 깊이)

이미지의 한 픽셀을 나타내기 위해 사용하는 비트 수. 흑백 픽셀만으로 구성된 그레이스케일 이미지에는 2비트로도 가능하지만, 8의 배수가 많이 쓰인다.

bitmap(비트맵)

디지털 이미지를 나타내는 픽셀의 컬러값의 배열. 비트맵이라는 용어는 이미지 자체를 말하는 데 사용되며, 벡터 그래픽과 대조된다. 비트맵 이미지는 복잡하

고, 파일 크기가 크다. 스캐너, 카메라, 비디오(디지털이든 아니든)의 이미지는 모두 컴퓨터에서 비트맵으로 표현된다.

broadband(광대역)

넓은 대역폭 연결. 보통 500 kbps 이상이며, 예로는 ADSL, 케이블 모뎀, 위성이 있다.

browser(브라우저)

웹 브라우저 참조

button(버튼)

내비게이션 버튼 참조

byte(바이트)

데이터 저장의 단위인 8비트의 순차

cache(캐시)

자주 요청되는 최근의 접근 데이터를 빨리 주기 위해 메모리나 디스크에 저장하는 임시 저장소. 웹 브라우저는 일반적으로 이런 목적으로 캐시를 사용한다.

Cartesian coordinate system(직각 좌표계)

공간에서 점의 위치에 대한 수학적인 표현. 각 점은 고정된 위치(원점)에서 직각으로 이루어진 축을 따라 떨어진 거리를 나타내는 순서 있는 수로 표현된다.

Cascading Style Sheets(스타일 시트)

CSS 참조

CCIR 601

디지털 비디오 샘플링 표준(ITU-R 601로 알려짐). 스캔 라인당 720개의 명도 샘플과 360개의 컬러차 샘플 두 개의 집합으로 이루어진 수평 샘플링 그림 포맷을 정의한다. CCIR 601을 따르는 NTSC 프레임은 720 × 480 픽셀로 구성된다. PAL 프레임은 720 × 576으로 구성된다.

cel(셀)

전통적인 애니메이션에서 투명 필름에 그림을 그리고 색칠을 한다. 이미지의 계층들로 장면을 만든다. 이 기법은 디지털 애니메이션에서도 다중 계층과 투명을 이용하여 비슷하게 사용된다.

CGI

Common Gateway Interface. 웹 서버에서 클라이언트의 요구에 포함된 데이터를 웹 서버에서 실행되는 스크립트로 전달해주는 메커니즘. CGI 스크립트에서의 출력은 HTTP 응답의 완전하거나 일부이다. 예를 들어, 웹 페이지를 동적으로 만드는 데 사용된다.

channel(채널)

그래픽에서 모든 그레이스케일 이미지가 컬러 이미지를 만든다. 예를 들어, RGB 이미지의 적, 녹, 청 채널.

character code(문자 코드)

문자집합에서 지원되는 문자 하나를 표현하는 숫자. 예를 들면, ASCII 문자집합.

character entity(문자 엔티티)

XML이나 HTML의 심볼 참조로 입력이 어려워서 선택된 문자 코드를 사용할 수 없거나 형태의 일부가 XML 태그인 곳에 문자를 삽입할 때 사용된다. 예로는 < 심볼이 있다.

character set(문자집합)

정수와 문자 간에 대응되는 관계로, 명확한 규칙에 의해서 정의되는 것은 아니다.

CIE

International Commission on Illumination. 컬러 인지에 관한 표준을 정의하는 기관. 예를 들면, CIE 크로마토 다이어그램.

client(클라이언트) 1

클라이언트-서버를 참조

client(클라이언트) 2

클라이언트 프로그램이 수행되는 컴퓨터를 지칭하기 위한 용어

client-server(클라이언트-서버)

인터넷과 같은 분산 시스템의 상호작용 모델이며, 한 컴퓨터에서 수행되는 클라이언트 프로그램이 떨어져 있는 또 다른 컴퓨터에서 수행되는 서버 프로그램으로 요청을 보낸다.

clipping(클리핑)

신호가 과증폭되어 왜곡되는 형태로, 출력 신호는 최

대로 표현될 수 있는 진폭으로 제한되거나 잘린다.

clipping path(클리핑 경로)

비트맵 이미지를 다른 응용프로그램으로 가져오기를 할 때 마스크로 사용되는 모양을 정의하는 벡터 경로이다.

CLUT

Color lookup table. 제한된 인덱스 값으로 RGB 요소를 최대 256컬러까지 매핑하는 인덱스 표

CMS

color management system 참조

CMYK

Cyan(C), magenta(M), yellow(Y). 세 가지 차등 기본색. 검정(K)을 포함해서 컬러 인쇄 처리에 사용되는 색상이다.

code(코드)

컴퓨터 프로그램의 일부나 전부로서, 사용자 프로그램이 되는 소스나 컴파일된 명령어. 비형식적으로 HTML의 마크업을 지칭하는 데 사용되기도 한다.

codec(코덱)

비디오 신호의 압축과 해제를 수행하는 구성요소

ColorSync

시스템 소프트웨어 수준에서 컬러 관리를 제공하는 애플사의 소프트웨어

colour depth(컬러 깊이)

이미지에서 각 픽셀을 표현하는 데 사용되는 비트의 수

colour management system(컬러 관리 시스템)

장치 독립적인 컬러 처리에서 변동을 보상해서 정밀하고 일관성 있는 컬러 재현을 하도록 만드는 소프트웨어

colour profile(컬러 프로필)

컬러와 컬러값 간의 매핑 관계에 사용되는 장치의 컬러 특징의 기술. 컬러 관리 시스템에서 사용된다.

component video(컴포넌트 비디오)

세 개의 비디오 신호로 이루어진 아날로그 비디오 시스템. 한 개는 명도, 두 개는 색차값이다. 이 신호는 그림의 정보를 YUV 컬러에 실어 보낸다.

composite video(컴포지트 비디오)

단일 동기, 단일 반송자로 Y, U, V를 합친 아날로그 비디오 신호

compression(압축)

데이터를 표현하는 데 필요한 공간을 줄이는 동작. 최상위 비디오 작업을 제외한 비트맵 이미지에서 자주 사용된다. 무손실 압축, 손실 압축, 압축 해제를 참조.

cross-platform

애플, 유닉스, 윈도우즈와 같은 다양한 컴퓨터 플랫폼과 운영체제에서 수정 없이 사용될 수 있는 소프트웨어와 데이터 포맷에 적용할 수 있다는 용어

CSS

Cascading Style Sheet. 월드 와이드 웹 컨소시엄에서 정의한 언어. HTML이나 XML 문서와 같은 구조적 마크업 문서의 요소 포맷과 레이아웃을 규정한다.

DAT

Digital Audio Tape. 4 mm 테입의 카세트를 이용해서 최대 48 kHz의 샘플률을 이용하는 디지털 음성 기록 포맷이다. DAT는 데이터 저장에도 사용된다.

data(데이터)

컴퓨터 소프트웨어로 입력, 저장, 처리, 출력되는 값으로서, 텍스트, 음성, 이미지, 소프트웨어로 표현되거나 해석된다.

database(데이터베이스)

질의어를 이용해서 접근되는 데이터의 구조적 모임

data transfer rate(데이터 전송률)

네트워크를 통해 전달되는 데이터의 속도로 초당 비트 수(bps)로 측정된다.

decompression(압축 해제)

전에 압축된 데이터를 원래의 것과 가능한 가깝게 복원하는 동작. 이미지와 비디오 작업에서 많이 사용된다. 압축, 무손실 압축, 손실 압축을 참조.

de-interlace(반비월)

비디오 프레임의 두 필드를 분리

DHTML

동적 HTML을 참조

digital(디지털)

유한한 이산값의 집합만을 갖는 데이터에 대한 특성을 나타내며, 연속적으로 변하는 신호와 현상을 근사적으로 표현하지만, 컴퓨터 처리에 적합한 형태이다.

digitize, digitization(디지털화)

아날로그 신호를 디지털 표현으로 만들기. 양자화와 샘플링 참조.

disk(디스크)

컴퓨터 저장 장치. 회전 디스크의 얇은 자기 물질에 자화 패턴을 이용해서 데이터를 기록한다.

dithering(디더링)

이미지 처리에서 광학 혼합에 근거하여 컬러를 픽셀 패턴으로 나타낸다. 예를 들면, CLUT에서 없는 컬러를 나타낸다. 디더링된 이미지는 '점들'로 보인다.

Document Object Model(문서 객체 모델)

월드 와이드 웹 컨소시엄에서 정의된 표준으로서, 웹 브라우저의 구성요소와 HTML이나 XML 문서의 요소를 표현하는 객체 사이의 인터페이스를 규정한다.

document type definition

DTD 참조

DOM

Document Object Model 참조

download(다운로드)

원격 서버에서 지역 기계로의 데이터 전송

downsample(다운샘플)

비트맵 이미지의 데이터 크기를 줄이거나 이미지 해상도를 출력 장치에 맞추기 위해서 해상도를 낮은 값으로 바꾸는 것. 업샘플 참조.

Dreamweaver(드림위버)

매크로미디어사의 웹 저장 응용프로그램

DTD

Document Type Definition. XML에서 문서 클래스의 문법을 정의하는 방법

DV

가전에서 손실 압축률 5 : 1을 사용하는 디지털 비디오 표준

DVCAM, DVCPRO

DV와 같은 압축 알고리즘과 데이터 스트림을 사용하는 DV의 테입 포맷 변형

DVD

Digital Versatile Disk. 비디오와 컴퓨터 데이터를 기록하는 데 사용되는 고밀도 이동형 광학 저장장치 포맷. 양면 DVD는 17 Gb까지 저장할 수 있지만, 이보다 더 적은 크기가 일반적이다.

Dynamic HTML(동적 HTML)

자바스크립트, CSS, 기본 HTML과 함께 사용되며, 애니메이션과 회전 버튼과 같은 동적 웹 페이지 기능을 브라우저 플러그-인이나 자바 없이도 구현할 수 있게 한다.

ECMAScript

계산 기능을 제공하는 스크립트 언어. 웹 브라우저와 플래시 영화와 같은 호스트 환경을 제어하는 객체로 확장이 가능하다.

edit(편집)

비디오나 음성 응용에서, 개별 클립이나 조각들을 자르고 이어붙여서 완성된 작품을 만드는 동작

effect(효과)

비트맵 이미지와 음성의 데이터 값을 변경시켜 개선하거나 특수한 화상 혹은 음성 효과를 얻는다.

element(요소)

XML 문서에서 구조를 정의하는 데 사용되는 기본 논리 단위

field(필드)

대부분의 비디오에서 각 프레임은 번갈아가면서 전송되는 두 개의 비월 필드로 이루어진다.

file(파일)

디스크의 데이터 저장 단위. 바이트의 순차이다. 모든 파일에는 이름, 소유자, 타입, 파일 생성 날짜와 시간 등과 같은 속성이 있다.

file format(파일 포맷)

표준(JPEG, TIFF, AIFF)의 일부로서 파일의 종류를 나타내는 내부적인 구조의 사양. 이 종류의 파일을 읽거나 쓰는 응용프로그램에서 파일 포맷을 이해한다.

filter(필터)

데이터의 일부를 선택적으로 제거하거나 변경시킨다. 예를 들면, 음성 샘플에서 높거나 낮은 오디오 주파수를 제거하거나 이미지에서 특정 공간 주파수를 제거하는 것.

Final Cut Pro(파이널 컷 프로)

데스크탑 비디오 편집과 후속작업을 수행하는 애플사의 응용프로그램

Fireworks(파이어웍스)

웹 그래픽을 개발하기 위한 매크로미디어사의 응용프로그램

Flash(플래시)

애니메이션과 웹 응용의 앞단을 만드는 매크로미디어사의 응용프로그램

font(폰트)

같은 기본 형태를 공유하는 문자들의 집합으로, 문자 표시가 시각적으로 연관되고 잘 어울리도록 만든다.

fps

Frames per second. 프레임률을 측정하는 단위

frame(프레임) 1

애니메이션에서 동영상 화면의 정지 이미지 한 장. 필름이나 비디오에서 각 사진 한 장. 편집이 가능한 가장 작은 단위.

frame(프레임) 2

웹 설계에서 웹 페이지 안에서 독립적으로 업데이트된다.

frame-rate(프레임률)

비디오, 필름, 애니메이션의 순차를 다시 재생시키는 속도의 지정 방식

FreeHand

벡터 그리기를 위한 매크로미디어사의 응용프로그램

FTP

File Transfer Protocol. TCP/IP 프로토콜 계열 중의 하나. 파일 전송에 사용된다.

gamma

입력 RGB 값과 모니터에 의해 방출되는 빛의 밝기 간의 관계를 근사하는 숫자. 이미지 처리에서 감마값의 변화를 시뮬레이트하기 위해 필터를 쓸 수도 있다.

GIF

Graphic Interchange Format. 8-비트 비트맵 웹 그래픽 파일 포맷. 인덱스 컬러를 이용한다. 애니메이트 GIF 참조.

glyph(문자 모양)

문자 모양의 시각적 표현. 문자 모양이 모여서 폰트가 된다.

graphical user interface

GUI 참조

Graphics Interchange Format

GIF 참조

greyscale(그레이스케일)

흰색에서 검은색까지의 명암으로 나타낸 색상의 범위. 그래픽 응용에서 픽셀당 1바이트를 사용해서 256 단계의 명암을 나타낸다.

GUI

Graphical user interface. 컴퓨터와 상호작용하는 방법. 마우스, 트랙볼, 터치스크린을 이용해서 윈도우즈, 메뉴, 아이콘 등과 같은 그래픽 요소를 조작한다.

hardware(하드웨어)

데이터 저장 매체를 포함해서 컴퓨터와 주변 전자 장치들의 물리적인 구성요소

HCI

Human-computer interaction. 사람이 컴퓨터와 상호 작용하는 방법을 연구

hotsopt(핫스팟)

이미지 맵에서 '활성화'된 영영으로서, 이 영역에서의 마우스 이벤트는 어떤 행위를 유발한다.

HSB

HSV 참조

HSV

hue(H). saturation(S), value(V) 혹은 brightness(B). 전통적인 매체에서 색조 작업을 흉내내도록 흑백으로 색조를 변화시키는 컬러 모델

HTML

HyperText Markup Language. 웹 페이지를 만드는 데 사용하는 문서 마크업 언어. 월드 와이드 웹 컨소시엄은 HTML 4.0을 정의했다.

HTTP

HyperText Transfer Protocol. 인터넷을 통해서 마크업 정보를 빠르게 전송하기 위한 간단한 프로토콜

human-computer interaction(인간-컴퓨터 상호작용)

HCI 참조

hypermedia(하이퍼미디어)

텍스트, 그래픽, 음성, 비디오와 여러 매체를 링크로 연결해 놓은 것. 월드 와이드 웹은 하이퍼미디어의 가장 대표적인 예이다.

hypertext(하이퍼텍스트)

같거나 다른 문서의 텍스트의 다른 위치를 가리키는 링크 확장된 텍스트

ICC

International Color Consortium. 1993년에 개방적이고 여러 플랫폼 컬러 관리 시스템 구조와 구성요소의 발전과 표준을 증진하기 위해서 설립된 모임

Illustrator

어도비사의 벡터 그래픽 응용프로그램

image map(이미지 맵)

웹 응용에 독특한 상호작용 이미지. 핫스팟과 같은 활성 영역을 포함한다.

ImageReady

포토샵과 함께 제공되는 어도비사의 응용프로그램. 웹 그래픽을 만드는 데 사용된다.

image slicing(이미지 슬라이싱)

디지털 이미지를 사각형 슬라이스로 나누어서 독립적으로 최적화하거나 애니메이트시킨다. 나뉘어진 이미지는 HTML 코드에 부착되어 웹 페이지에 나타난다.

in-between(중간)

애니메이션에서 중간 프레임은 순차의 양 끝에 있는 핵심 프레임에 의한 참조로 만들어진다. 디지털 애니메이션에서는 계산에 의해서 만들어진다. tween 참조.

indexed colour(인덱스 컬러)

간접적으로 컬러를 표현하는 방법. 각 픽셀에는 표의 인덱스로 사용될 값이 들어 있다. 표에는 컬러 구성요소가 들어 있다.

interface(인터페이스)

사용자 인터페이스 참조

interlace(비월)

비디오 프레임을 스캔하는 표준. 짝수와 홀수 래스터 라인 집합인 두 개의 필드가 교대로 표시된다. 반비월 참조.

Internet(인터넷)

컴퓨터의 거대하고 세계적인 네트워크. 특히 월드 와이드 웹 접근에 사용된다.

Internet Content Rating Association

웹 사이트의 내용을 평가하는 국제적인 조직

interpolation(보간)

알려진 값 사이의 근사값에 대한 계산. 이미지 업샘플링에 사용되어 디지털 애니메이션의 프레임 간에 필요한 추가적인 픽셀을 계산한다.

intranet(인트라넷)

한 회사의 내부와 같은 근거리 통신망. 인터넷 프로토

콜과 시스템을 사용한다.

inverse kinematics(역운동학)

체인 형태의 구조체의 움짐임을 계산하는 방법. 결과
에서 원인의 방향으로 계산한다. 인간이나 동물 몸의
움직임에 사용된다. 예를 들면, 다리의 뼈의 위치는
발의 위치에서부터 계산된다.

ISO

International Organization for Standardization. 전자
와 전기 분야를 제외한 모든 기술 분야의 국제 표준을
제정하는 책임을 진다. 정보 기술 분야에서는 IEC
(International Electrotechnical Commission)과 협력
한다.

ISO 10646

ISO/IEC 국제 표준으로, 모든 알려진 언어의 문자에
대한 문자집합을 정의한다. 현재 많이 사용되는 유니
코드는 ISO 10646의 일부이다.

ISO Latin-1

ISO/IEC 8859-1로 알려진 8-비트 문자 세트. 첫 128
코드는 ASCII와 똑같고, 나머지 128개는 서구 유럽
언어의 추가 글자로 사용된다.

ISP

Internet Service Provider. 다이얼 업 접근, 도메인 이
름 등록, 웹 사이트 호스팅과 같은 인터넷 서비스를
제공하는 회사

Java(자바)

썬마이크로시스템즈사에 의해 만들어진 컴퓨터 프로
그램 언어. 어떤 플랫폼에서도 실행될 수 있기 때문에
인터넷에서 사용하기에 적합하다. 자바 프로그램은 애
플릿으로 변환될 수 있다.

JavaScript(자바스크립트)

ECMAScript와 DOM에 기반한 객체지향 스크립트 언
어. 웹 페이지의 함수를 내장시키는 데 사용된다.

JPEG

Joint Photographic Experts Group. JPEG 손실 압축
을 사용하는 비트맵 그래픽 파일을 지칭할 때 사용한
다. JPEG은 사진에 적합하며, 웹 페이지에서 널리 사
용된다.

JSP

JavaServer Page. 자바를 이용해서 웹 개발자가 동적으
로 HTML, XML, 기타 웹 페이지를 생생하도록 하는
메커니즘

kbps

Kilobits per second. 초당 어느 지점에 몇 천 비트가
통과했는가에 대한 측정 단위. 네트워크를 통한 데이
터 전송률 표현에 사용. Mbps 참조.

key frame(키 프레임) 1

전통적인 셀 애니메이션에서 핵심 애니메이터가 캐릭
터의 행위 시작과 끝 주요 이미지를 그리고, 중간 프
레임들은 다른 사람에 의해 그려진다. 디지털 애니메
이션과 모션 그래픽에서 키 프레임은 그리거나 파라
미터 설정으로 완벽하게 내용이 표현된 프레임이고,
이에 반해 중간 프레임은 보간된 것이다.

key frame(키 프레임) 2

비디오 압축에서 전체 내용이 저장된 프레임. 프레임
간 압축의 기저가 된다.

link(링크)

하이퍼미디어에서 문서의 위치에 대한 참조. 예를 들
어, 링크는 문서에 내장되어 두 문서의 위치를 연결해
주며, 마우스 클릭에 의해 따라갈 수 있다.

link base(링크 베이스)

두 개 이상의 문서 간의 연결을 포함해서 문서 링크의
유연성을 위해 외부에 저장된 링크의 모임

lossless compression(무손실 압축)

원래의 데이터 값을 정확하게 복구할 수 있는 가역적
압축 기술

lossy compression(손실 압축)

완전히 가역적으로 복구할 수 없어서 원래 데이터의
근사치만 얻을 수 있는 데이터 압축

LZW(Lempel-Ziv-Welch)

유니시스사에서 특허권을 가지고 있고, GIF 파일에서
사용하는 무손실 데이터 압축 알고리즘

markup(마크업)

태그 형태의 명령어로, 문서에 포함되어 포맷의 구조와 조절을 규정한다.

markup language(마크업 언어)

태그와 태그 사용법을 관장하는 규칙으로 이루어진 언어. 마크업을 문서에 적용하는 데 사용된다.

mask, masking(마스크, 마스킹)

비디오, 그레이스케일 이미지를 포함한 비트맵 이미지 처리에서, 처리가 제외되어야 할 영역을 정의한다. 마스크는 또 다른 이미지의 일부로 저장되어 알파 채널이 되기도 한다. 알파 채널과 클리핑 경로 참조.

Mbps

Megabits per second. 초당 어떤 지점을 몇 백만 비트가 지났는지를 나타내는 단위. 네트워크를 통한 데이터 전송률을 표시하는 데 사용된다. kbps 참조.

memory(메모리)

컴퓨터 시스템의 하드웨어 구성요소로 데이터를 저장하고 꺼내는 데 사용된다. RAM과 디스크 참조.

MIDI

Musical Instruments Digital Interface. 전자 음악 악기와 음악 소프트웨어 간의 통신 표준.

MIME type

인터넷에서 데이터 타입을 기술하는 데 사용되는 사양. 예를 들어, MIME 타입은 HTTP 응답에 포함된 데이터 타입을 지정하는 데 사용된다.

mini-DV

소형 비디오 카세트 테입 표준으로 가전과 비전문가 수준 DV 기록에 사용된다.

MJPEG

Motion JPEG. 각 프레임에 JPEG 압축을 사용하는 비디오 압축 형태.

morph(ing) 몰핑

애니메이션에서 한 형태를 시간에 따라 다른 형태로 변환하는 것. 플래시에서 모양 보간은 몰핑의 계산 형태이다. 알드만의 캐릭터 몰프가 최초의 개념을 보여준다.

mouse event(마우스 이벤트)

어느 시점에서의 마우스 입력. 예로, 스크린 상의 활성 영역 위로 마우스 이동, 버튼 클릭 등.

MPEG

Motion Picture Experts Group. 일반적으로 이 그룹에서 정의된 비디오와 멀티미디어 표준을 지칭. DVD에서 사용되는 MPEG-2 압축과 인터넷에서 사용이 늘고 있는 MPEG-4 고품질 저비트율 코덱들이 있다.

navigation bar(내비게이션 바)

링크들의 모임으로, 회전 그림의 형태로 각 페이지에 대한 표준 내비게이션 접근을 제공한다.

navigation button(내비게이션 버튼)

작은 이미지나 웹 페이지에 내장된 회전 그림 형태의 링크

network(네트워크)

컴퓨터, 브리지, 라우터가 유선, 광섬유, 무선으로 연결되어 데이터 교환을 할 수 있는 모임. 컴퓨터 사이의 연결을 지칭할 때도 사용된다.

non-linear(비선형)

멀티미디어와 시간-기반 미디어에서 미리 정해진 순서대로 재생되지 않는 것을 나타내는 용어. 사용자 조정이나 작용의 의미가 들어 있다.

NTSC

National Television Standards Committee. 컴포지트 컬러 비디오 표준을 나타내며, 미국 위원회에서 제정했다. 초당 29.97 비월 프레임, 전체 525 라인에서 480 라인의 수직 해상도로 이루어진다.

object-based(객체-기반)

값과 메소드로 이루어진 객체를 만드는 방법을 제공하는 프로그램 언어를 나타낸다. 그러나 체계적인 클래스-기반 구조 제공이 부족하다.

object-oriented(객체지향)

객체를 클래스의 인스턴스로 생성하고, 상속의 원리를 이용해서 계층적 구조화를 제공하는 프로그램 언어를 나타낸다.

Open Source(오픈 소스)

소스 형태를 자유롭게 이용할 수 있는 컴퓨터 소프트웨어

operating system(운영체제)

기계 하드웨어를 직접적으로 관리하는 컴퓨터 소프트웨어. 응용프로그램이 컴퓨터를 사용하는 메커니즘을 제공한다.

packet(패킷)

메시지가 나뉘어져서 인터넷과 같은 네트워크로 전달되는 작은 조각

PAL

Phase Alternate Line. 컴포지트 컬러 비디오 표준. 초당 25 비월 프레임, 625 라인의 수직 해상도로 구성된다. PAL의 변형이 유럽, 호주, 뉴질랜드, 중국 등에서 사용된다.

PDF

Portable Document Format. 어도비사에서 개발되어 그래픽과 텍스트를 만들 때 사용한 하드웨어, 소프트웨어, 운영체제 시스템에 무관하게 표시하고, 전송하고, 표현할 수 있도록 한 파일 포맷

Perl(펄)

웹 응용에 사용되는 컴퓨터 프로그램 언어

Photoshop(포토샵)

비트맵 이미지를 조작하는 어도비사의 응용프로그램. 이 분야의 산업 표준으로 인정된다.

PHP

PHP Hypertext Processor. 서버쪽 계산과 동적으로 생성된 웹 페이지 결과를 내장시키는 것을 규정하는 오픈 소스 언어.

PICS

Platform for Internet Content Selection. 웹 페이지의 내용을 기술하는 메타데이터 시스템. 페이지 접근을 제한하는 서비스 필터링에 사용된다.

pixel(픽셀)

비트맵 이미지의 가작 작은 요소. 하나의 색을 표시할 수 있다. 픽셀은 사각형이며 행과 열이 모여서 이미지를 이룬다.

pixellation/pixellization(픽셀화)

비디오를 포함하는 비트맵 이미지 처리에서 가시적인 "블럭화"이며, 다운샘플링 혹은 손실 압축에 의한 결점으로 생긴다. 전체 그림은 보이지 않지만 개별 픽셀은 보이기 때문에 이렇게 이름이 붙여졌다.

plug-in(플러그-인)

특정 타입의 파일을 표시하는 것과 같은 특수한 기능을 수행하기 위해 큰 프로그램에 부착되는 작은 컴퓨터 프로그램. 플러그-인은 웹 브라우저 자체에서 직접 지원하는 못하는 포맷을 표시하기 위해서 사용된다.

PNG

Portable Network Graphics. 무손실 압축을 사용하는 비교적 새로운 비트맵 그래픽 파일 포맷. 특허가 걸려 있지 않으므로 PNG를 웹 페이지에서 사용하면 GIF처럼 라이선스 문제가 생기지 않는다.

Premiere(프리미어)

어도비사의 데스크탑 비디오 편집 응용프로그램

progressive scan

비디오 시스템에서 프레임의 모든 래스터 선을 비월 필드로 교대로 표시하는 것이 아니라, 연속적인 순차로 표시하는 것이다.

protocol(프로토콜)

네트워크 상의 프로그램 간 데이터 교환을 관장하는 규칙들

quantization(양자화)

신호처리에서 연속적으로 변화하는 신호를 유한한 이산값으로 제한하는 것.

QuickTime(퀵타임)

애플사에서 개발한 멀티미디어 구조. 매킨토시와 윈도우즈 플랫폼에서 동기화 음성이 포함된 비디오 포맷으로 가장 많이 사용된다.

QuickTimeVR

상호작용하는 3-D 장면과 객체에 사용되어 기초적인 가상현실을 제공하는 퀵타임 컴포넌트이다.

RAM

Random Access Memory. 컴퓨터의 고속 메모리. 모든 바이트에 주소가 있어서 저장된 값을 직접적으로 접근할 수 있다.

rasterize(래스터화)

벡터 그래픽 이미지를 비트맵 이미지로 변환하는 것. 이 과정에는 앨리어싱이 포함된다.

ray tracing

3-D 모델의 렌더링 기법. 사진과 같은 실제적 그림을 만든다.

Real Time Streaming Protocol

RTSP 참조

Real-Time Transport Protocol

RTP 참조

Real Video

소유권이 있는 웹 스트리밍 비디오 포맷. 사용자 브라우저에 플러그-인이 필요하다.

rendering(렌더링)

비디오와 3-D를 포함한 모든 종류의 디지털 이미지 처리에서, 사용자 파라미터 입력으로 계산에 의해 최종적인 2-D 비트맵 이미지나 이미지 장면을 만드는 것. 효과를 주거나 3차원 장면 설정 등.

resolution(해상도) 1

출력 장치나 스캐너에 의해 기록되는 단위 길이당 픽셀의 개수

resolution(해상도) 2

디지털 이미지나 비디오 프레임에서 수평과 수직 픽셀의 개수

RGB

가산 혼합에 기반한 컬러 모델. 컬러는 적, 녹, 청의 비율에 따라 표시된다.

RLE

run length encoding 참조

rollover(회전 그림)

커서가 놓이면 모양이 변하는 이미지나 텍스트 조각. 마우스 클릭에 응답할 수 있다는 것을 나타내며, 내비게이션 버튼으로 사용된다.

RTP

Real-Time Transport Protocol. 인터넷에서 스트림 매체 분배에 사용되는 프로토콜. RTP는 패킷의 신뢰성 있는 분배를 보장하지는 않는다.

RTSP

Real Time Streaming Protocol. 인터넷에서 스트림 매체 제어에 사용되는 프로토콜. '인터넷 VCR 리모콘 프로토콜' 이라고 불리기도 한다.

run length encoding

연속적으로 반복되는 문자열을 하나의 복사본과 반복 횟수로 표시하는 압축 기술

sampling(샘플링)

신호 처리에서 이산 시간 간격의 값 기록. 디지털화 과정의 일부이다. 양자화 참조.

script(스크립트)

스크립트 언어로 쓰여진 프로그램

scripting language(스크립트 언어)

제한된 구문으로 기존 시스템의 기능을 조작하는 데 사용되는 프로그램 언어. 자바스크립트는 웹 브라우저를 조작하는 데 쓰인다.

search engine(검색엔진)

사용자가 검색 조건을 넣어서 컴퓨터나 네트워크에 있는 문서를 찾도록 하는 자동화된 데이터 수집 프로그램

server(서버) 1

클라이언트-서버 참조

server(서버) 2

서버 프로그램이 실행되는 컴퓨터

SGML

Standard Generalized Markup Language. 구조적 마크업 언어. HTML과 XML의 선조이다.

SMIL

Synchronized Multimedia Integration Language.

XML에 기반한 마크업 언어. 동기화된 요소 멀티미디어 표현을 기술한다.

software(소프트웨어)

컴퓨터 프로그램

sprite(스프라이트)

애니메이션에서 컴퓨터 프로그램에 의해 조절되는 캐릭터나 객체. 서로 다른 이미지를 대체하거나 각 상태의 얼굴 화면을 프레임 내에서의 위치를 조절함으로써 움직임을 만든다.

sprite face

한 상태의 쪽화면을 나타내는 정지 이미지. 예를 들면, 걷기 사이클 동안 몸동작 하나.

stop-frame, stop-motion(스톱-모션)

전통적인 애니메이션에서 객체나 캐릭터를 한 번에 한 프레임씩 약간 이동하면서 사진을 찍어서, 프레임을 연속적으로 재생시키면 움직이는 것처럼 보이게 만드는 기법.

storyboard(스토리보드)

시각적 재료와 시간-기반 작품에서 핵심적인 순간, 행동을 표현하기 위한 일련의 작은 그림. 다단 만화처럼 보인다. 스토리보드에는 행동과 소리를 설명하는 내용이 간단히 들어가기도 한다.

stream(ed), streaming(스트림)

네트워크를 통해 전달되는 시간-기반 매체에서 도착 즉시 재생되는 것을 나타냄

SVG

Scalable Vector Graphics. 웹에서 사용되는 벡터 그래픽 포맷. 월드 와이드 웹 컨소시엄 권고로 정의됨.

SWF

처음에는 Shockwave Flash이었으나, 지금은 아님. 플래시 재생이나 플러그-인 재생을 위해 만들어진 영화 형식.

system(시스템)

구성요소가 모여서 전체로서 동작하는 통합된 모임. 예를 들면, 컴퓨터 시스템은 프로세서, 메모리, 주변장치, 소프트웨어로 이루어진다.

tag(태그)

마크업 언어의 명령어. 각 괄호와 같은 것으로 분리된다.

TCP/IP

Transmission Control Protocol/Internet Protocol. 인터넷과 인트라넷에서 사용되는 모든 프로토콜을 지칭하는 데 사용된다. TCP/IP는 응용프로그램과 호스트 간의 통신에 사용되는 가장 낮은 수준의 프로토콜이다.

thumbnail

큰 이미지를 다운샘플링한 아주 작은 이미지

TIFF, TIF

Tag Image File Format. 범플랫폼적인 비트맵 그래픽 파일 포맷. 비압축된 래스터 데이터를 저장하기 위해 설계됨.

time-based(시간-기반)

비디오나 사운드처럼 내재적으로 시간에 관련된 속성이 있는 매체를 나타내는 것.

timecode(타임코드)

비디오 순차에서 정확하게 한 프레임을 구별하는 표시. 편집 프로그램에서 오디오 트랙에서의 시간을 지정하는 데 사용된다. 타임코드로 정확한 프레임 편집과 화면과 음성 동기화가 가능하다. 테입에서도 로그 기록과 오프라인 캡처에 사용된다.

transition

비디오 편집에서 하나의 클립이나 장면과 다음 것과의 연결. 페이드-아웃/페이드-인과 같은 효과가 포함된 연결을 지칭하는 용어로 사용된다.

tree(트리)

모든 노드가 하나의 조상을 가지는 계층적인 구조

tween(ing)

애니메이션에서 키 프레임 간의 추가적인 프레임을 보간해서 움직이는 것처럼 보이게 만드는 것.

UDP

User Datagram Protocol. 데이터그램이라는 데이터 패킷을 이용해서 호스트 간에 통신을 하는 간단한 통신 프로토콜. UDP에서는 모든 데이터그램의 전송을

보장하지는 않는다.

Unicode(유니코드)

ISO 10646의 16-비트 부분집합. 세계 대부분의 글자 언어를 표현한다.

upload(업로드)

지역 기계에서 원격 기계로의 데이터 이동

upsample, upsampling(업샘플링)

비트맵 이미지의 해상도를 보간법에 의해 더 높은 값으로 변화시키는 것. 출력 장치의 이미지 해상도나 다음 처리를 위해서 픽셀의 수를 늘리기 위해 사용된다. 다운샘플 참조.

URI

Universal Resource Identifier. URL이나 URN 참조.

URL

Universal Resource Locator. 인터넷에 있는 모든 자원을 구별하는 방법. 프로토콜, 도메인 이름, 경로로 구성된다.

URN

Universal Resource Name. 인터넷에 있는 자원을 위치 무관하게 구별하는 이름.

usability(가용성)

특정 컴퓨터 소프트웨어뿐만 아니라 무엇이든지 사용자가 의도한 목적에 얼마나 쉽게 사용할 수 있는가를 측정하는 단위

user interface(사용자 인터페이스)

명령, 아이콘, 메뉴, 대화상자로 사용자가 컴퓨터 프로그램과 상호작용하도록 만드는 요소들의 집합. 예를 들면, 운영체제에 대한 데스크탑 인터페이스, GUI 참조.

UTF-8

Unicode Transformation Format-8. 단일 유니코드 문자를 가변 길이 바이트로 나타내는 인코딩

vector graphics(벡터 그래픽)

수학적으로 정의된 모양과 경로로 구성된 이미지. 벡터 그래픽은 작고, 확장성이 있으며 해상도에 무관하다.

VHS

Video Home System. 1980년대부터 비디오 녹화와 재생의 세계 내수 가전 표준이었다. 1/2인치 자기테이프 카세트를 사용. VHS는 소니사의 Betamax와의 경쟁 이후에 가정용 비디오의 표준으로 떠올랐다. 지금은 DVD가 많이 사용됨.

visualization(시각화)

복잡한 정보를 쉽게 이해할 수 있는 시각적 형태로 표현하는 것. 간단한 그래프에서 수집된 데이터의 정교한 애니메이션 장면에 이른다.

VRML

Virtual Reality Modelling Language. 상호작용하는 3-D 벡터 그래픽을 표현하는 표준 마크업 언어. 웹에서 사용되도록 설계되었다.

W3C

World Wide Web Consortium 참조

WAI

Web Accessibility Initiative 참조

Web

World Wide Web 참조

Web Accessibility Initiative

웹 사이트의 접근성을 증진시키기 위한 지침을 개발하는 프로그램

Web application(웹 응용프로그램)

웹 브라우저와를 최종 사용자 인터페이스로 사용하고, HTTP로 서버에서 실행되는 프로그램과 통신하는 분산 시스템

Web browser(웹 브라우저)

웹 페이지를 표시하는 프로그램

Web page(웹 페이지)

HTML 문서. 원격 서버에 있으며 웹 브라우저로 접근한다.

Web-safe colours

모든 컴퓨터 플랫폼에서 올바르게 표시되는 것이 보장된 216가지 컬러의 집합

Web server(웹 서버)

HTTP 요청에 대해 응답하는 프로그램. 웹 브라우저에 표시될 웹 페이지를 돌려준다.

Web site(웹 사이트)

통일된 주제, 일관적인 구조와 홈 페이지를 갖춘 웹 페이지의 모임

Windows Media

웹 비디오에서 널리 사용되는 마이크로소프트사의 멀티미디어 포맷

World Wide Web

인터넷에서 유지되는 세계적인 하이퍼미디어 시스템

World Wide Web Consortium(W3C)

웹 표준을 정하고 웹의 발전을 돕는 기구

WWW

World Wide Web 참조

XHTML

XML을 이용해서 정의된 HTML 마크업 언어의 버전

XLink

XML 문서에서 링크를 규정하는 방법. 목적에 맞도록 정의된 속성의 모임을 이용한다.

XML

Extended Markup Language. 태그를 정의하고 그 사용에 대한 제한을 규정하는 기능을 가진 마크업 언어. 따라서 XML은 다른 마크업 언어를 정의하는 메타 언어로 간주된다.

XPath

XML 문서 내의 요소를 가리키는 표현

XPointer

XML 문서 내의 위치를 가리키는 식별자를 규정하기 위해 XPath를 사용하는 언어

XSL

Extensible Stylesheet Language. XSL-FO(XSL Formatting Object)로 알려져 있다. XML에서 포맷팅과 레이아웃을 기술하는 문서를 생성하기 위해서 정의된 마크업 언어.

XSLT

Extensible Stylesheet Language for Transformations. XML 문서의 구조를 변경하는 변환을 기술하는 언어.

YUV

명도(Y)와 두 개의 색차(U, V) 요소를 이용하는 컴포넌트 비디오 시스템을 지칭하는 표현

z-order(ing)

웹 페이지에서 3-D 장면이나 이미지 조작을 하는 프로그램. 객체나 계층을 앞쪽에서 뒤쪽으로 순서대로 쌓는다.

[E]

■ 역자 소개 ■

- **최종필**(jpchoi@kpu.ac.kr)
  한국산업기술대학교 컴퓨터공학과

- **이상민**(smrhee@kangwon.ac.kr)
  강원대학교 IT특성화학부 컴퓨터과학전공

인터넷 시대의 **디지털 멀티미디어**

2006년 7월 10일 초판 인쇄
2006년 7월 18일 초판 발행

저 자 | Nigel Chapman, Jenny Chapman
역 자 | 최종필, 이상민
발행자 | 최규학
발행처 | 아이티씨
주 소 | 서울시 은평구 역촌동 85-8
전 화 | (02)352-9511~2
F A X | (02)352-9520

등록번호 제8-399호
ISBN | 89-90758-55-6 93560   값 26,000원